U0947705

全国生态现状调查与评估

华 北 卷

国家环境保护总局　编著

中国环境科学出版社·北京

图书在版编目（CIP）数据

全国生态现状调查与评估. 华北卷 / 国家环境保护总局编著. —北京：中国环境科学出版社，2006.4
ISBN 7-80209-180-2

Ⅰ. 全…　Ⅱ.国…　Ⅲ.生态环境－调查报告－华北地区　Ⅳ.X321. 2

中国版本图书馆 CIP 数据核字（2005）第 154688 号

责任编辑　李恩军　赵惠芬
封面设计　龙文视觉·陈莹

出版发行　中国环境科学出版社
（100062　北京崇文区广渠门内大街 16 号）
网　　址：http://www.cesp.cn
联系电话：010-67112765（总编室）
发行热线：010-67125803
印　　刷　北京中科印刷有限公司
经　　销　各地新华书店经销
版　　次　2006 年 4 月第一版
印　　次　2006 年 4 月第一次印刷
印　　数　1－3000
开　　本　787×1092　1/16
印　　张　36.25　　插页 6
字　　数　877 千字
定　　价　130.00 元

【版权所有。未经许可请勿翻印、转载，侵权必究】
如有缺页、破损、倒装等印装质量问题，请寄回本社更换

编纂委员会

全国生态现状调查领导小组

组　长： 解振华
副组长： 祝光耀
成　员： （按姓氏笔画为序）

万本太　尹　改　杨朝飞　陈　复　陈燕平
张力军　张　坤　周　建　孟　伟　高振宁

全国生态现状调查办公室

办公室主任： 杨朝飞
副主任： 庄国泰　崔书红
成　员： （按姓氏笔画为序）

王　桥　刘玉平　严文凯　陈和东　何　钧
沈渭寿　张文国　张林波　高吉喜

全国生态现状调查技术组

技术组组长： 高吉喜
副组长： 王　桥　沈渭寿
成　员： （按姓氏笔画为序）

王文杰　王　伟　王　桥　王艳萍　田志强
刘劲松　刘晓春　李岱青　何　萍　张文娟
张林波　张　波　张建辉　郑丙辉　柳海鹰
聂忆黄　高吉喜　韩永伟　潘英姿　魏　斌

北京市生态环境现状调查领导小组

牵头单位： 北京市环境保护局

协作单位： 北京市计划委员会　　北京市统计局
北京市规划委员会　　北京市林业局
北京市国土房管局　　北京市水利局
北京市农委员会　　北京市农业局
首都绿化办公室　　北京市园林局
北京市市政管理委员会　　北京市卫生局
北京市环境保护监测中心　　北京市气象局
北京市财政局

编写单位： 北京市环境保护科学研究院

河北省生态环境现状调查领导小组

组　长：何少存　河北省人大常委会副主任
　　　　柳宝全　河北省政府副省长
副组长：赵国昌　河北省政府副秘书长
　　　　姬振海　河北省环保局局长
　　　　杨振科　河北省政协人资环委主任
　　　　侯志明　河北省发展计划委员会副主任
　　　　刘刚海　河北省统计局副局长
成　员：王海敏　河北省国土资源厅副厅长
　　　　梁建义　河北省水利厅副厅长
　　　　张文军　河北省农业厅副厅长
　　　　刘运琦　河北省建设厅助理巡视员
　　　　陈金城　河北省财政厅副厅长
　　　　张　全　河北省交通厅副厅长
　　　　白顺江　河北省林业局副局长
　　　　李景华　河北省畜牧局副局长
　　　　韩振九　河北省水产局副局长
　　　　刘燕辉　河北省气象局副局长
　　　　续铁枢　河北省测绘局副局长
　　　　张天平　河北省旅游局副局长

河北省生态环境现状调查工作领导小组

组　长：姬振海　河北省环保局局长
　　　　杨振科　河北省政协人资环委主任
副组长：王军和　河北省环保局副局长
成　员：冯建军　河北省环保局总工
　　　　李　葆　河北省环保局办公室主任
　　　　杨晓龙　河北省环保局计财处处长
　　　　康丙申　河北省环保局监管处处长
　　　　扈　红　河北省环保局科技处处长
　　　　牛晓东　河北省环保局自然保护处处长
　　　　易　林　河北省环保局自然保护处副处长
　　　　王路光　河北省环保局环科院院长
　　　　赵　军　河北省环保局监测中心站站长
　　　　胡俊明　河北省环保局信息中心主任

领导小组办公室

主　任：王军和

副主任：牛晓东　易　林　甄瑞芳

成　员：董朝晖　高练同　李洪波　孙双跃　徐铁兵　杨云升

河北省生态环境现状调查报告项目组

组　长：王路光

副组长：高练同　钱金平

成　员：孙双跃　徐铁兵　李洪波　杨云升　张锡民
　　　　吕孟江　任晓玲　董朝晖　李石头　韩纯亮
　　　　温志广　张素珍　陈艳梅　葛丽颖　刘春兰
　　　　王红梅

内蒙古自治区生态环境现状调查领导小组

内蒙古自治区生态环境现状调查领导小组

组　长：吴国忠　内蒙古自治区环境保护局局长
副组长：永　红　内蒙古自治区环境保护局副局长
成　员：张自学　内蒙古自治区环境保护局自然生态处处长
　　　　王笑一　内蒙古自治区环境保护局计划财务处处长
　　　　陈　璞　内蒙古自治区环境保护局科技监测处处长
　　　　高震风　内蒙古自治区环境科学研究所所长
　　　　刘　孝　内蒙古自治区环境监测中心站站长
　　　　李贵重　内蒙古自治区环境信息中心主任
　　　　李铁锁　内蒙古自治区能源环保站站长

内蒙古自治区生态环境现状调查领导小组办公室

主　任：张自学
成　员：范树阳　乌日娜

内蒙古自治区生态环境现状调查技术组

组　长：张自学
副组长：张树理　阿荣其其格
成　员：宋贵民　范树阳　乌日娜　潘高娃　何　娜
　　　　布仁托娅　张成福
报告执笔：
　　　　张自学　阿荣其其格　范树阳　张树理　乌日娜　赵福全

山西省生态环境现状调查领导小组

组　　长：刘振华　山西省省长
常务副组长：杜五安　山西省人大常委会副主任（原副省长）
副 组 长：范堆相　山西省副省长
　　　　　牛仁亮　山西省副省长兼省计委主任
成　　员：李福龙　山西省政府办公厅副秘书长
　　　　　刘银才　山西省国防工办主任(省政府办公厅副主任)
　　　　　王树静　山西省环保局局长
　　　　　令政策　山西省计委副主任
　　　　　李广信　山西省环保局副局长
　　　　　马双柱　山西省林业厅副厅长
　　　　　潘军峰　山西省水利厅总工程师
　　　　　高　博　山西省国土资源厅副厅长
　　　　　李俊明　山西省建设厅副厅长
　　　　　任继林　山西省科技厅副厅长
　　　　　董希德　山西省农业厅畜牧局局长
　　　　　李成先　山西省煤炭工业局总工程师
　　　　　李宝卿　山西省统计局局长
　　　　　胡永祥　山西省气象局副局长
　　　　　刘和平　山西省测绘局局长

领导组下设办公室

办公室主任：李广信(兼)
办公室副主任：赵　义　山西省计委城建环保处处长
　　　　　　王野彬　山西省计委农经处处长
　　　　　　郑舰军　山西省环保局自然生态保护处处长
办公室成员：吕步云　李金环　王志刚　王志朝　罗邱生

技术组

负责人：曹贵禄　易植刚
成　员：李金环　石多多　刘建晖　贾彩霞　李　贞　徐世柱　史崇文
　　　　上官铁梁　许漂致　郝新波

遥感组

负责人：李金环
成　员：刘建晖　许漂致　郝新波　张定生　卫菊红

调查报告编写组

负责人：易植刚
成　员：石多多　贾彩霞　李　贞　徐世柱　史崇文　上官铁梁　李光毅

天津市生态环境现状调查领导小组

组　长：王德惠（天津市政府副市长）

副组长：陈质枫（天津市政府副秘书长）

　　　　邢振纲（天津市环保局局长）

成　员：崔玉成（天津市环保局）

　　　　宋　杰（天津市计委）

　　　　王世宏（天津市农委）

　　　　张常山（天津市市容委）

　　　　张中夫（天津市规划和国土资源局）

　　　　李森阳（天津市林业局）

　　　　任锡俊（天津市农业局）

　　　　赵连铭（天津市水利局）

　　　　邢传祥（天津市畜牧局）

　　　　张海河（天津市海洋局）

　　　　吴铁军（天津市地矿局）

　　　　蔡明玉（天津市水产局）

　　　　邹本友（天津市旅游局）

　　　　金　强（天津市财政局）

　　　　毕玉国（天津市出入境检验检疫局）

　　　　李文海（天津市统计局）

　　　　张幸福（天津大港油田）

　　　　赵国敏（天津市地震局）

　　　　王以宏（天津市测绘院）

　　　　孙玉萍（天津市和平区政府）

　　　　段金英（天津市南开区政府）

　　　　杨书奎（天津市河西区政府）

　　　　姚玉璠（天津市河北区政府）

　　　　曹国安（天津市河东区政府）

　　　　张学信（天津市红桥区政府）

　　　　迟广智（天津市东丽区政府）

　　　　周学九（天津市西青区政府）

　　　　王政山（天津市塘沽区政府）

　　　　杨　凯（天津市汉沽区政府）

　　　　高振中（天津市大港区政府）

　　　　李树义（天津市津南区政府）

　　　　穆瑞刚（天津市北辰区政府）

　　　　谭景俊（天津市宝坻区政府）

　　　　程焕金（天津市武清区政府）

　　　　吴华文（天津市静海县政府）

　　　　芦金声（天津市蓟县政府）

　　　　张国权（天津市宁河县政府）

　　　　崔广志（天津市开发区管委会）

天津市生态环境现状调查办公室

主　任：李炳言　梁思源

成　员：秦保平　李万庆　鲁德福　汪丽娟　曹　喆　白　净

　　　　贾春宁　丁立强　冯　颖

天津市生态环境现状调查报告编写组

组　长：李万庆

成　员：梁思源　李炳言　侯晓珉　沈伟然　汪丽娟　曹　喆

　　　　白　净　丁立强

天津市生态环境现状调查专家组

张壬午　朱　琳　李厚魂　侯一民　陈丽笙　王以宏

高德明	王　斌	郑裕君	应耀明	李果丰	梁思源
洪佩怀	刘文仲	陈子林	钱燮超	沈伟然	郑洪起

天津市生态环境现状调查参加工作人员

陈绍田	李桂先	李　钢	范鸿印	朱常海	石会平
戴　既	成振华	赵　岩	李月强	薛艳晨	高宝东
吕金福	穆　菁	叶宏武	史美文	穆　萍	汪旭东
孙建国	赵芳秋	底志强	宋　岩	张凤娇	王凤琴
芦玉东	孙长国	张影颖	许　玮	郭　静	张　凯
白丽芝	胡胜利	向　维	李宝英	李连和	戴汉英
张显俊	宋浩如	田守义	刘学增	郑诗重	古宝文
贾玉良	张华志	张树春	白　涛	刘　扬	吴　犇
赵恩超	王小春	吕兴国	焦玉华	朱敬之	梅鹏蔚

序

解放以来，特别是20世纪90年代以来，在党中央、国务院和各级地方政府的高度重视下，我国在生态保护和建设方面做了大量的工作，取得了很大成绩。先后启动了对改善我国生态具有深远历史意义的天然林保护工程、退田还湖工程、退耕还林还草工程、环京津风沙源治理工程等，建立起了一批不同类型的自然保护区，并在重要生态功能保护区、生态示范区和生态农业县建设试点方面进行了卓有成效的探索，为保护和改善我国生态、保障食品安全、促进社会经济的可持续发展起到了重要的作用。从1998年到2002年，中国在环境保护和生态建设方面的投入达到 5 800 亿元，是我国环保投资力度最大的时期。这种投资力度在发展中国家是少有的，在世界上也是很了不起的，表明我们的党和国家对子孙后代是负责任的。

我国虽然在生态保护和建设方面做出了不懈的努力，在推进经济与社会、环境协调发展方面迈出了重要步伐，形式多样的生态保护工作正在走向深入，但是我们必须清醒地看到，随着经济的快速增长和人口的增加，环境与资源面临着越来越大的压力，我国的生态现状不容乐观，生态退化的趋势在加剧，生态灾害在加重，生态问题更加复杂化。我国平均每年因生态灾害造成的经济损失约占 GDP 的 5%～13%，边治理边破坏，治理赶不上破坏的局面没有得到根本改变。党的十六大报告将“可持续发展能力不断增强，生态得到改善，资源利用效率显著提高，促进人与自然的和谐，推动整个社会走上生产发展、生活富裕、生态良好的文明发展之路”作为全面建设小康社会的四大目标之一。要实现这一目标，特别是在 2020 年经济翻两番的形势下，必须正确认识我国生态所要面临的巨大压力，必须充分认识生态保护工作的艰巨性和复杂性，正确处理经济建设中出现的各类生态问题，确保在经济发展的同时，生态质量状况有所好转，努力实现经济与环境“双赢”。

2000年，党中央、国务院决定实施西部大开发战略，为使经济发展、社会进步与生态保护协调发展，确保西部大开发避免重复历史上大开发伴随着大破坏的老路，国家环境保护总局于 2000 年 4 月会同国家测绘局、国家统计局、国土资源部、中国科学院，组织各省、自治区、直辖市，以中国环境科学研究院、中国环境监测总站、中日友好环保中心、国家环境保护总局南京环境科学研究所等单位为技术依托，利用遥感解译、典型区调查和现有数据收集分析相结合的方法开展了全国生态调查。该调查分三阶段实施，第一阶段（2000 年 4 月至 2001 年 8 月）完成了西部地区生态现状调查；第二阶段（2002 年 3 月至 2003 年 3 月）完成中东部地区生态现状调查；第三阶段（2003 年 3 月至 2003 年 12 月）汇总完成全国生态现状调查任务。调查基准时间为 80 年代中期和 90 年代末（少量数据引自 2001 年或 2002 年）。调查内容涉及社会、经济、环境、资源和灾害等 10 大类 371 项。与此同时，针对重点地区和突出存在的生态问题，调查共设置了近百个典型区，内容涉及森林、湖泊湿地、生态退化、生物多样性、水资源利用、外来物种入侵、城市快速发展、海岸带、风景旅游以及转基因生物安全等多个方面。

该项目是我国建国以来首次开展的针对全国各省区的最全面、最综合的生态调查与评估研究，先后完成了各省、自治区、直辖市生态调查报告，近百个典型区典型生态问题调查报告，以及《西部地区生态调查与评估报告》《中东部地区生态调查与评估报告》和《全国生态调查与评估报告》。建成省级和全国生态基础数据库，开发完成了生态数据管理应用软件。

生态调查报告及一些阶段性成果完成后，李鹏、朱镕基、温家宝、曾培炎、吴仪、陈慕华、彭珮云等党和国家领导人，以及全国人大资源环境委员会、全国政协、国务院西部办、国务院参事室等机构分别听取了成果汇报，并作出了重要指示，对该次调查成果给予了高度评价。朱镕基同志在听取汇报后表示，这是他听到的最完整的有关生态问题调查报告，并当即指示要开展全国生态警示教育；曾培炎同志在听取汇报后指示，“生态调查为我们当前经济社会发展做了一项非常重要的基础性工作，这样全面性的评估、调查，得出的一些结论、意见，很有必要让搞经济建设的同志，特别是省市和地方的领导同志，都能够了解这方面的重要性，了解生态问题，应该怎么正确认识，怎么正确对待，怎么样正确地保护、治理，以及建设”；“建议行政学院把这几年你们做的工作（指生态现状调查），你们的一些建议，能够办一些短期性的培训班，如 5～6 天的学习班，让各省市、部委的领导同志听一听，让他们了解在经济建设过程中怎么摆正生态保护的位置，如何处理好经济建设和生态保护的关系”。

本次生态调查的确非常成功，并对今后加强我国生态保护工作具有重要而深远的意义，具体表现在以下几方面：其一是深刻分析了我国生态的形势，各类生态问题的动态变化特征，揭示了生态问题产生的原因和危害，对于我们正确认识评估生态形势及问题具有重要意义。其二是总结了我国生态建设正反方面的经验教训，探讨了生态建设活动中存在的各种认识误区及其具体的表现形式，对于我们走出认识误区，提高生态建设投资效益，加强生态保护具有现实意义。其三是积累了生态保护的大量数据，为全国生态保护、管理、决策以及相关政策法规的制定提供了科学依据，对于强化生态保护的科学管理具有深远的意义。该项目所采集、整理的大量遥感、地面数据成为全国环境背景数据库的重要组成部分，并已陆续为国家及地方相关领域的科学研究项目引用和借鉴，同时为我国各级机构制定相关政策法规，特别是制定有关生态保护方面的重大决策提供了科学、有效的依据。各省、市自治区以及全国目前正在开展的生态功能区划都是建立在该次调查的基础之上。

我数次听取生态调查报告编写单位的汇报，并指导修改，深深体会项目组成员工作的艰辛。尤其是各省、自治区、直辖市以及各县环保部门是在没有和很少国家经费支持的情况下克服种种困难，很好地完成了任务。大家为这一成果付出了巨大心血和辛勤的劳动，充分体现了专家和科技人员的科学态度和历史责任感。通过本次调查，也锻炼、培养了一批致力于从事生态保护的队伍，特别是锻炼培养了一批年轻的专家队伍。在该成果正式出版之际，我谨代表国家环保总局向参加和支持这项调查的国家测绘局、中国科学院以及从事这项调查的科研部门和各级环保部门的同志，向为本项目提出建设性意见的专家们表示衷心的感谢。正是大家的全力合作，才使得第一部全面反映中国生态现状的巨著得以完成并与读者见面。

国家环境保护总局局长 解振华

2003.12

前　言

2000—2002 年，国家环境保护总局会同国家测绘局、国土资源部、国家统计局及各省、自治区、直辖市人民政府，组织中国环境科学研究院、中国环境监测总站、中日友好环境保护中心、国家环境保护总局南京环境科学研究所以及地方各级环境保护部门、相关院校和科研单位等先后开展了西部地区和中东部地区生态现状调查。

生态现状调查采用现有资料收集汇总、分析和遥感调查的方法进行，并通过典型案例的调查研究，深入揭示我国的生态现状和存在的问题及成因。其主要目标是:（1）掌握生态现状及其动态变化;（2）建成生态状况基本数据库，初步形成为生态管理与决策服务的查询系统;（3）完成生态现状报告和多媒体演示;（4）为开展生态功能区划和生态保护规划提供依据。

调查的内容涉及社会、经济、环境、资源和灾害等多个领域（西部调查指标涉及 9 大类 193 项，中东部调查指标涉及 10 大类 371 项），统计数据以 1986 年和 2000 年为基准年，主要源自 1949 年以来，我国统计、农、林、水、环保、国土等部门先后开展过的社会、经济、环境、资源等方面调查，内容涉及农业、森林资源、土壤侵蚀、沙化、土地资源、农村面源污染等；遥感调查以 1988 年和 2000 年为基准年，提取分析土地退化、城市化、海岸带、湿地等专题信息；典型案例调查以我国目前突出存在的生态问题为对象，共设置一百多个典型区，其中跨省、跨流域典型案例数十个，包括森林、湖泊湿地、生态退化、生物多样性、水资源利用、外来物种入侵、城市快速发展、海岸带、风景旅游以及转基因生物安全等典型案例。

本书是在《西部地区生态现状调查报告》《中东部地区生态现状调查报告》及各省、自治区、直辖市（不含台湾省、香港特别行政区、澳门特别行政区）生态现状调查成果和报告的基础上，由国家环境保护总局汇总编写而成。在全书修改过程中，又根据形势的变化，用 2003 年的数据对部分内容作了适当补充和更新。

在现状调查和全书编写中，参考了各相关部委、科研院所和科技工作者大量的研究成果和著作文献，由于篇幅所限参考文献中不能一一列出，在此表示感谢。

目　录

北京篇

河北篇

内蒙古篇

山西篇

天津篇

北京篇

北京编

1 区域生态环境和社会经济的现状及特点

1.1 区域自然生态环境特点

1.1.1 地理位置

北京市地处华北平原西北隅，北与内蒙古高原相连，东南面向华北平原。其地理坐标，南起北纬 39° 08′，北到北纬 41° 05′，西自东经 115° 25′，东至东京 117° 30′，东西宽 160 km，南北长 176 km，国土总面积为 16 807 km^2。

1.1.2 地势地貌

地势总的特征是西北高、东南低，过渡急剧。山区占 62%，平原占 38%，最高峰灵山海拔 2 303 m，最低处通县柴厂屯附近海拔仅 10 m。

地貌类型主要有 3 种：①侵蚀构造地貌（山地）；②剥蚀构造地貌（丘陵台地）；③堆积地貌（平原）。主要由西部山地、北部山地和东南平原三大地貌单元构成。

1.1.3 气候

北京属暖温带半湿润季风型大陆性气候，四季分明，气温的水平分布规律由东南向西北递减。平原地区的年平均气温为 12℃。年平均降水量为 600 mm，降水集中在 5—10 月，占年雨量的 90%以上。风向有明显的季节变化，冬季多偏北风或西北风，夏季多偏南风或东南风，春秋两季则两种风向交替出现，但全年仍以偏北风为主。年平均风速为 1.8～3.0m/s，春季风速最大。

1.1.4 水文条件

北京地处海河流域，分布着大小河流 100 余条，长 2 700km。这些河流分属于大清河系、永定河系、北运河系、潮白河系、蓟运河系五大水系。上述五大水系携带的沙砾等松散颗粒物形成了北京冲洪积扇平原，并成为北京平原区地下水的主要补给源。北运河水系上游的温榆河是源于北京境内的唯一河流，也是北京城区和平原区的主要排水河道。

北京的水文地质条件一般可分为平原区和山区两个水文地质单元，地下水开采集中在平原地区第四系含水层。

1.1.5 土壤

北京地区的土壤带属暖温带半湿润地区的褐土地带，但随海拔、地形差异以及成土母质、地下水位高低等因素的不同，形成了多种多样的土壤类型，共划分 7 个大类、17 个亚类，并随海拔由高到低，表现出明显的垂直分布规律，为山地草甸土、山地棕壤、褐土、潮土、沼泽土、水稻土、风砂土。地带性土壤为褐土和潮土。

1.1.6 植被

北京地区地带性植被类型为落叶阔叶林，兼有温带针叶林。受地形的影响及长期人类活动的干扰，现发育有五种类型的植被，即：针叶林、落叶阔叶林、落叶阔叶灌丛、灌草丛、草甸。山区植被垂直分布明显，森林群落主要分布在 400m 以上的阴坡。平原地区多为农田林网和田旁植树以及农作物等，自然植被仅在少量地方存在，如沙地、河岸和洼地有一些野生沙生植物和沼生植被生长。

1.1.7 动植物

北京地区有维管束植物 169 科，869 属，2 056 种，177 变种、亚种及变型。其中，栽培植物约占 1/5。若按植物的生活类型划分，乔木 243 种，灌木 308 种，草本植物 1 682 种。

北京地区有脊椎动物共 105 科，542 种；鸟类资源比较丰富，种类占全国各种类的近 30%，可在本区繁殖的留鸟和夏候鸟有 140 种；猛禽 41 种，占全国总数的一半。据不完全统计，北京有野生动物 2 000 多种。

1.1.8 矿产资源

北京市煤炭资源较丰富，属全国五大无烟煤产地之一。地热面积约 1 000km^2；铁矿探明储量 7.5 亿 t（2002 年普查资料）；此外，还有有色金属矿产和非金属矿产，非金属矿产主要为建材、化工原料和冶金辅料。矿产资源主要分布在山区。

1.2 区域社会经济特点

1.2.1 行政区划

北京市辖城区 4 个：东城、西城、崇文、宣武；近郊区 4 个：朝阳、海淀、丰台和石景山；远郊区 5 个：门头沟、昌平、房山、通县和顺义；远郊县 5 个：大兴、平谷、怀柔、密云、延庆（现在大兴、平谷、怀柔县已改为区，故远郊区增加至 8 个，远郊县仅为 2 个）。2000 年共有 123 个街道办事处，142 个镇，70 个乡，4 438 个居家委员会，4 039 个行政村。

1.2.2 人口

根据 2000 年第五次人口普查，全市总人口 1 381.9 万人，城镇人口 1 071.6 万人，占总人口的 77.5%，流动人口近 300 万人。北京市人口增加较快，与 1990 年相比，增加了 300 万人，人口增加的原因主要是机械人口增长。随着城镇社会经济的发展，北京 310.3 万农业人口将逐步减少，转入城镇就业与居住。

北京的人口密度以城区最高，达到 2.7 万人/km^2（最稠密区达到 5.3 万人/km^2），近郊区 3 340 人/ km^{2}左右，远郊区 390 人/ km^{2}左右，远郊县则为 200 人/ km^{2}左右。

1.2.3 经济发展

北京市 2000 年实现国内生产总值 2 460.5 亿元，人均国内生产总值达到 2.2 万元（折合美元为 2 700 美元）。经济增长率连续四年稳步上升，“九五”期间，全市经济年均增速达到 10%，全市国内生产总值累计超过 10 000 亿元，比“八五”时期增加 1.2 倍（现价），三个产业增速均比上年有所提高，三个产业比重由 1995 年的 5.8%、44.1%和 50.1%变化为 3.7%、38.0%和 58.3%（表 1-1-1），第三产业比重继续提高。

表 1-1-1　北京市 1996—2000 年国民生产总值

项　目	国民生产总值				
	1996 年	1997 年	1998 年	1999 年	2000 年
国内生产总值/亿元	1 615.7	1 810.1	2 011.3	2 174.5	2 460.5
第一产业/亿元	84.0	85.1	86.6	87.5	90.0
第二产业/亿元	683.5	735.8	786.9	840.2	943.5
第三产业/亿元	848.2	986.5	1 137.9	1 246.8	1 445.3
人均国内生产总值/元	15 044	16 735	18 478	19 846	22 460.0

（1）第一产业

从农业发展看，耕地面积逐年减少，大田农作物播种面积和总产量下降，农业总产值表现为上升（表 1-1-2），说明农业结构调整取得成效，农业增加值比上年增长 4%，比 1995 年增长 8%；从农业内部结构看，养殖业领先于种植业快速发展，在农业总产值中养殖业比重达 50.6%（顺义县达 53.3%）；从种植业结构看，蔬菜、花卉、林果业等经济作物的比重加大，名、特、优、新品种产量大幅提高，已达 170 多种，初步形成“粮、经、饲”三元结构。但农业总用水量并没有下降。

表 1-1-2　北京市 1996—2000 年农业发展概况

年 份	农业总产值/万元	农业总产值占工农业总产值比重（%）	农村劳动力/万人	耕地面积/万 hm^2	农业劳动力/万人	粮食总产量/万 t
1996	895 909.0	8.4	164.2	34.3	66.9	237.4
1997	904 152.5	5.8	161.2	34.2	65.3	237.5
1998	935 164.5	4.6	161.0	34.1	67.7	239.2
1999	996 231.3	4.6	165.3	33.8	71.1	201.0
2000	1 126 303.3	4.0	165.8	32.9	71.2	144.2

注：农业总产值按 1990 年不变价计算。

（2）第二产业

北京工业企业数量和职工人数有所减少，特别是电镀、造纸、印染、制革、化肥、农药等污染行业已大力调整，许多企业搬迁至三环路以外，城市中心区减少了污染，但工业产值却有较大增加，说明高新技术产业为工业发展注入了活力，成为带动工业增长的龙头，高新技术产业占全市国内生产总值的比重达 8.6%，对全市工业增长的贡献率达 60%左右（表 1-1-3）。工业增长中近 40%靠出口生产带动，出口的工业品以电子通讯产品为主。但轻、重工业比例中重工业所占的比重高达 76.2%，钢铁、石油、化工、电力等耗资源、能源行业尚待进一步调整。

表 1-1-3　北京市 1996—2000 年工业发展情况

年 份	工业总产值/亿元			在国民经济中所占比重（%）			工业企业平均职工人数（独立核算）/万人	企业单位数/个
	小计	重工业	轻工业	工业总产值占工农业总产值比重	重工业占工业总产值比重	轻工业占工业总产值比重		
1996	1 316.4	913.4	403.0	91.8	69.4	30.6	166.6	16 905
1997	1 475.6	1 026.3	449.3	94.2	69.5	30.5	157.5	19 387
1998	1 918.4	1 378.8	539.6	95.4	71.9	28.1	162.2	18 089
1999	2 081.0	1 524.9	556.1	95.4	73.3	26.7	170.1	19 628
2000	2 722.7	2 074.3	648.4	96.0	76.2	23.8	145.6	13 779

注：工业总产值按 1990 年不变价计算。

（3）第三产业

第三产业已成为北京市最重要的经济支柱。从第三产业的发展看，金融保险业排在第一位，批发零售和餐饮业排在第二位，社会服务业排在第三位，交通运输仓储及邮电业排在第四位，与 1999 年相比，社会服务业有所上升，但咨询服务业发展缓慢，交通运输仓储及邮电业由第三位下降到第四位。教育文艺广播电影电视业排在第五位，科学研究和综合技术服务业仍处在中等水平，排在第六位（表 1-1-4），这与北京市作为我国科学文化中心的地位并不相称。

表 1-1-4　北京市第三产业构成及产值　　单位：万元

项 目	第三产业产值	
	1999 年	2000 年
农林牧渔服务业	22 700	22 500
地质勘探业、水利管理业	46 000	53 300
交通运输仓储及邮电业	1 675 400	1 901 200
批发和零售贸易、餐饮业	2 104 300	2 185 400
金融保险业	3 163 700	3 788 900
房地产业	694 500	773 700
社会服务业	1 477 400	1 911 800
卫生、体育、社会福利事业	335 900	431 900
教育文艺广播电影电视事业	1 199 500	1 484 200
科学研究和综合技术服务业	1 011 700	1 028 700
国家政党机关、社会团体	579 100	700 100
其他	157 300	171 100

结论：

北京市处于华北平原，总面积为 16 807 km^2，西北高，东南低，山地占 62%，平原占 38%，属暖温带半湿润季风型大陆性气候，多年平均降水为 600mm，自然水资源丰富，野生动物和植物各有 2 000 多种，土壤类型主要为褐土和潮土，地带性植被类型是落叶阔叶林。

北京市有城近郊区 8 个，远郊区县 10 个，全市总人口 1 381.9 万人，流动人口近 300 万人。北京市人口增长较快，主要原因是机械人口增加较多。

北京市经济发展迅速，第三产业已成为北京市最主要的经济支柱，农业结构调整取得成效，高新技术产业成为工业增长的龙头，但重工业比重仍高达 76.2%，有待进一步调整，以使北京市工业经济结构符合首都功能要求。

2 生态保护和生态建设的成绩

2.1 机构与法制建设

北京市委、市政府重视生态环境保护机构的建设，目前已基本形成结构合理、功能齐全、适应需要的生态环境保护管理机构和执法网络，并出台了有关的地方法规，共有自然保护区、林业绿化、水源保护、文物保护、野生动物保护、水利保护、乡镇企业环保、渔业环保 8 个方面 23 项。

2.2 生态环境保护取得的成果

2.2.1 自然生态保护

①自然生态保护取得成果。1995 年全市仅有松山和百花山两处自然保护区，面积为 0.64 万 hm^2，占全市国土面积的 0.004%；到 2000 年底全市共建成 17 个自然保护区，总面积 8.73 万 hm^2，占全市国土面积的 5.3%。共建成 26 处风景名胜区和 15 个森林公园，进行规范化管理，减少生态破坏。

②重要生态功能区得到保护。全市划定了 3 个地表水水源保护区，五大风沙危害区和水土流失重点防治区，通过加强保护力度，实施综合治理初见成效。

2.2.2 生物多样性保护

珍稀濒危物种得到有效保护。一方面通过建立的自然保护区，就地使一些珍稀濒危野生动植物得到繁衍；另一方面还对部分濒危动植物进行有效的迁地保护，其中植物迁地保护场所主要有 3 个，共有植物近 8 000 种，动物迁地保护基地主要有 3 个，共有保护动物 600 多种。

2.2.3 农村生态保护

①无序使用农药、化肥的现象已经得到控制。全市已全面禁止和限制使用剧毒、高毒、高残留农药，测土施肥技术稳步推广。

②积极推广施用有机肥，努力推广秸秆还田，调整农村能源结构，使土地肥力得到保持，山场受到保护。但冬春季节的裸露农田对大气环境影响较大。2000 年全市畜禽粪尿综合利用率为 79.81%，夏季小麦秸秆禁烧面积占总面积的 99.7%。农村可再生能源用量占农村能源量的 24.1%。

2.2.4 城市生态保护

①市政设施建设步伐加快，污水处理率达到 41.9%，生活垃圾无害化处理率达到 67.2%。

②整治市区河道，提高了市区旅游、景观价值，市区河道基本符合水质功能要求。

③经过 5 个阶段的大气污染治理，市区空气污染指数二级和好于二级的天数达到 48.4%，大气环境质量有了很大改善。

2.3 生态建设的成效

2.3.1 绿化造林

2000 年全市林木覆盖率为 41.9%。

①山区实施了一系列生态建设项目。如“三北”防护林建设、太行山绿化工程、五大风沙危害区治理、密云水库上游水源保护林建设工程等，使山区林木覆盖率达到 57.2%。

②在郊区平原，大力开展以五河十路和农田林网化为重点的绿化建设，对沙化土地进行治理，流动沙丘全部治理，平原林木覆盖率达到 20%。

③城区绿化和城市绿化隔离地区建设步伐加快，城区绿化覆盖率达到 36.34%，人均公共绿地 8.68 m^2。

2.3.2 水土保持

山区坚持以小流域为单元，进行综合治理已见成效。累计减少水土流失面积 2 500 多 km^2，现有水土流失程度降低，以轻度水土流失为主，强度以上水土流失面积经治理得到解决。

2.3.3 退耕还林、还草

1992—2000 年间，耕地转化为林地、园地和牧草地的面积为 6.45 万 hm^2，三项合计占全市耕地面积的 16.8%。未利用土地已恢复为林地和牧草地的面积为 1 万 hm^2。

2.3.4 农村生态建设

①农业生态县建设不断发展。大兴区、密云县已建成国家级生态农业县，平谷区、怀柔区也被列入国家级生态农业示范县，生态示范区的面积占国土面积的 36.9%。大兴区留民营生态村被联合国环境规划署列为全球 500 佳。

②大力发展节水农业。节水灌溉面积占有效灌溉面积的 79.4%，喷、灌溉面积占灌溉总面积的 43.7%。

③绿色产业得到发展。全市有 12 种产品获得绿色食品证书，绿色食品生产企业 43 个，拥有绿色食品标志使用权的产品数达 100 种，位居全国第三，绿色食品基地面积已

达 1.27 万 hm^2。

④全市开展食用农产品安全生产体系建设工作，2000 年已确定了 99 家安全食用农产品生产基地，其中蔬菜类 57 个，生产面积 1.04 万 hm^2，占全市蔬菜总面积的 22%。

⑤在农村推行“改水、改厕”计划，自来水普及率累计达到 98.2%，改厕率达到 71%，粪便无害化处理率达到 40%，建设卫生村 568 个。

结论：

由于领导的重视和各方面的努力，北京市生态保护和生态建设取得了很大的成绩，已基本形成适应生态环境保护的管理机构和执法网络，山区、郊区平原及城区的森林及绿地覆盖率均有明显提高，小流域综合整治取得成效，水土流失得到基本控制，农业节水取得成效，农村生态环境有了改观，城市环境有了很大改善，北京市的生态环境总体状况初步得到改善。

3 生态环境现状及发展趋势

3.1 北京市土地资源现状与发展趋势

3.1.1 北京市土地利用现状与发展趋势

（1）土地利用现状

根据北京市国土房管局提供的 2000 年调查数据，全市土地面积 164 万 hm^2（注：此数为北京市国土房管局的详查数）（表 1-3-1）。林业、农业用地和居民点及工矿用地比重大。北京市未利用土地主要为荒草地，占未利用土地的 60.4%，主要为山区贫瘠坡地，不适用于农业利用。

表 1-3-1 北京市土地利用综合构成表

单位	辖区总面积	耕地	园地	林地	牧草地	居民点及工矿用地	交通用地	水域	未利用土地
万 hm^2	164.22	33.21	10.13	63.63	0.46	22.75	3.75	9.01	21.28
比例（%）	100	20.24	6.17	38.77	0.28	13.86	2.28	5.49	12.90

（2）土地利用类型变化

根据此次遥感调查表明，10 多年间，北京市土地类型变化较大的是耕地、园地、林地和城乡工矿居民用地，其中耕地变化幅度最大，减少 16.2%；其次为城乡工矿居民用地，增加幅度为 52.2%；林地也有较大幅度增加。

（3）土地利用地域变化

北京郊区土地利用地域发生明显变化，首先是城乡结合部，非农业用地迅速增加，如朝阳、海淀、丰台、石景山等区 1992—2000 年非农业用地增加了 0.81 万 hm^2，其中增长最快的是城市建设用地。

农业用地中，平原地区粮食生产用地大幅度减少，林地增长明显，8 年来，林地面积增加 0.32 万 hm^2。农业用地有向园田化、集约化发展的趋势。

远郊山区林业生产迅速发展，以防护林和经济林为主，1992—2000 年林地面积增加了 42.83%。

（4）土地利用格局特征

受自然条件特别是地貌条件和人类社会经济活动的影响，北京市土地利用格局逐步发展成了以城市为中心的三个功能圈层的土地利用圈层结构特征。

第一圈层为城市规划市区，包括 4 个城区和近郊的大部分地区，面积为 1 040 km^2，占全市总面积的6.2%，人口密度为每平方公里5 400人左右，但却集中了北京市的政治、文化、科技、教育、经济、商业、居住和服务的功能，是北京市的核心地区，这一圈层主要为城市生态系统。

第二圈层为北京郊区的平原区，范围包括近郊区的边缘部分和远郊区的平原地区，面积为5 342.4 km^2，占全市总面积的31.8%，人口密度为每平方公里560人左右，这一地区主要为农业用地，耕地面积占全市耕地总面积的90%左右，担负着向中心城区提供绿色生态用地和提供农副产品的任务；卫星城、小城镇和工业开发区的建设，也担负着分散中心城市人口、产业，缓解城市压力以及聚集农村人口和第二、第三产业的任务。这一圈层主要为农村生态系统。

第三圈层为远郊区县的山区部分，面积10 416 km^2，约占全市总面积的62%，人口密度为每平方公里230人左右，山区以森林、灌丛、草地及果园用地为主，是北京的绿色生态屏障，这一圈层主要为自然生态系统。

3.1.2 水土流失与沙质土地状况

（1）水土流失状况

受地域自然条件影响，山区坡度大于25°的土地面积占山区总面积的46%，表土层25cm以下的薄土山区占山区总面积的64%，根据北京市水土保持总站第三次土壤侵蚀遥感调查，全市2000年水土流失面积为4 088.9 km^2，约占山区面积的39.2%，其中中度侵蚀水土流失面积1 114.2 km^2，轻度侵蚀水土流失面积2 974.7 km^2，主要集中在密云、门头沟、延庆、房山和怀柔等区县。详见表1-3-2。

表1-3-2 北京市水土流失面积

地区	水土流失面积/km^2		
	合计	轻度侵蚀	中度侵蚀
房　山	582.06	436.22	145.84
门头沟	759.03	610.16	148.87
昌　平	214.66	179.26	35.40
延　庆	692.04	510.05	181.99
怀　柔	548.17	376.76	171.41
密　云	957.87	661.19	296.68
平　谷	285.64	167.77	117.87
其他区县	49.44	33.29	16.15
全市合计	4 088.91	2 974.70	1 114.21

（2）沙质土地状况

全市有沙质土地23.9万hm^2，占国土面积的14.4%，其中沙质耕地为10.88万hm^2，占全市耕地的32.75%，主要分布在大兴、昌平、延庆、房山等区县，其中大兴、昌平沙质耕地面积占该区域耕地面积的60%以上。五大风沙危害区原有面积约16.5万hm^2，主要分布在永定河流域，占66%。全市还有1.3万hm^{2}的裸露沙地未治理。

小结：

随着社会经济和城镇的快速发展，北京市土地利用格局发生了较大变化。第一圈层规划市区内，城市建设用地大幅度增加，基础设施和人居环境水平不断提高；第二圈层内，随着卫星城和中心城镇的建设以及农业结构调整，耕地面积在不断减少，土地利用格局有明显变化，部分地区沙质土地和风沙危害区面积仍然较大；第三圈层是北京的生态屏障，林地面积增大，水土流失得到初步治理。

北京市土地资源短缺，土地利用格局的调整，不仅要保证土地资源增值，还要注意节约和合理利用土地资源，严格控制新增建设用地，挖掘城市现有土地的利用潜力，调整土地利用方向和重点向生态建设用地方向转变。

3.2 植被状况及其动态变化

3.2.1 森林资源现状与动态变化分析

（1）林业用地面积构成

北京市林业用地面积 80.41 万 hm^2，占全市国土面积的 47.8%。林地主要分布在北部和西部山区。林地面积中森林面积最大，占 64.06%。森林面积最大的是密云县，占 20.2%。荒山荒地面积最大的是房山区，为 22.7%（表 1-3-3）。

表 1-3-3　各类林业用地构成面积　　单位：hm^2

项目	总面积	林地						荒山荒地	其他土地
		合　计	森　林	疏林地	灌木林地	无立木林地	苗圃地		
总计	1 680 780	804 076.7	515 121.9	8 262.5	257 452.7	19 843.3	3 396.3	126 391.1	750 312.2
比例(%)	100.0	47.8	30.6	0.5	15.3	1.2	0.2	7.5	44.7

注：由于数据来源不同，表 1-3-3 与表 1-3-1 的林地面积不完全一致，表 1-3-1 为北京市国土房管局统计的数据，表 1-3-3 为北京市林业局统计的数据。

（2）森林资源动态变化

1995 年与 2000 年两次开展的森林资源调查结果表明：北京森林、灌木林地面积在增长，疏林地、未成林地和荒山荒地面积减少，其中森林面积增加 10.9%，灌木林地面积增加 23.27%，而疏林地面积减少 50.8%，荒山荒地面积减少 27.6%（表 1-3-4）。

（3）林种面积变化

自 1995 年第四次森林资源调查以来，北京市防护林面积增加最快，增长率为 27.19%，特用林面积增长率为 11%，用材林减少比例最大，为 44.22%（表 1-3-5）。

（4）天然林与人工林变化

与 1990 年开展的第三次森林普查结果比较，北京市在 10 年时间里天然林面积有较明显的增长，增长了 42.83%，林种结构也趋于合理，说明绿化造林和封山育林等各项措施已经开始发挥作用。同期，人工有林地面积也有较大幅度的增长（表 1-3-6）。

表 1-3-4　林业地类面积变化表　　单位：hm^2

分期	森林	疏林地	灌木林地	未成林地	荒山荒地
第五次森林普查	515 121.9	8 262.5	257 452.7	14 054.0	126 391.1
第四次森林普查	464 594.0	16 798.0	208 852.0	28 303.0	174 612.0
增加	50 527.9	−8 535.5	48 600.7	−14 294.0	−48 220.9
增长率（%）	10.88	−50.81	23.27	−50.50	−27.62

表 1-3-5　林种面积变化表　　单位：hm^2

分期	合计	防护林	用材林	薪炭林	特用林	经济林
第五次森林普查	515 121.9	292 043.5	27 343.7	10 365.5	50 526.5	134 842.7
第四次森林普查	464 594.0	229 612.0	49 017.0	11 891.0	45 503.0	128 571.0
增加	50 527.9	62 431.5	−21 673.3	−1 525.5	5 023.5	6 271.7
增长率（%）	10.88	27.19	−44.22	−12.83	11.04	4.88

表 1-3-6　天然林与人工林变化情况　　单位：hm^2

分期	天然有林地面积					人工有林地面积
	合计	天然用材林面积	天然防护林面积	天然薪炭林面积	天然特用林面积	
第三次森林普查	116 322	59 116	51 790	68	5 348	100 452
第五次森林普查	166 142.2	12 884.5	141 317.7	228.9	11 711.1	191 585.4
增长率（%）	42.83	−78.20	172.87	236.62	118.98	90.72

（5）林龄结构面积构成变化

根据第五次森林普查结果，北京市中幼林龄面积所占比重较大，约占 85%，森林的整体生态效益不高（表 1-3-7）。

表 1-3-7　北京市林龄的面积构成

林龄种类	幼林龄	中林龄	近熟林	成熟林	过熟林
面积构成/hm^2	233 378	87 321	34 707	17 721	4 364
所占比例（%）	61.82	23.13	9.19	4.69	1.16

第五次森林普查结果，全市林木覆盖率 41.9%，森林覆盖率 30.65%。北京市林分总面积 377 492.5 hm^2，占全市国土面积的 22.46%，其中阔叶林分面积比重较大，占 72%，针叶林占 27.5%，但仍存在树种单一、生物单调、生长势弱、林分质量不高的状况。北京市活立木总蓄积量为 1 427.99 万 m^3，林分总蓄积量 1 070.58 万 m^3，占全市活立木总容积量的 75%。

3.2.2 草地数量动态变化

北京市有草地面积 4 563.36 hm^2，占全市国土总面积的 0.28%。其中，人工草地面积 749.35 hm^2，占草地总面积 16.42%；改良草地面积 80.27 hm^2，占 1.76%；天然草地面积 3 733.74 hm^2，占 81.82%。草地主要分布在门头沟、密云、房山、平谷等山区县。

与 1992 年相比，2000 年北京市人工草地和天然草地面积均有较大幅度的增长，改良草地面积减少，全市草地总面积增长了 9.90%。灵山等山区草场和山顶草甸，由于开发旅游和过度放牧，使草地草质退化，生态效益下降，严重的地区造成水土流失。

小结：

北京市生态建设取得较大成绩，天然林和人工林均有较大增长，林木覆盖率显著提高，林木资源持续增长，使首都生态环境有了初步改善，但仍有 12.6 万 hm^2 荒山荒地需要植树造林或生态恢复，特别是延庆、怀柔、房山和门头沟等区县要加大生态恢复力度；现有林木树种单一，林分质量不高，中幼龄林所占的比重为 85%，生态效益不高。

3.3 水生态环境现状及变化

3.3.1 水资源开发利用现状

（1）水资源量

根据 1991—2000 年的气象资料统计，北京市年平均降水量为 95.49 亿 m^3，入境水量为 12.16 亿 m^3，出境水量为 18.35 亿 m^3，形成的可取水资源总量约为 40 亿 m^3，其中：地表水资源近 13 亿 m^3，地下水资源 26.33 亿 m^3，平原区为 24.55 亿 m^3，山区为 1.78 亿 m^3。

由于上游用水截流及近年来的干旱趋势，永定河和潮白河入境水量减少（见图 1-3-1）。

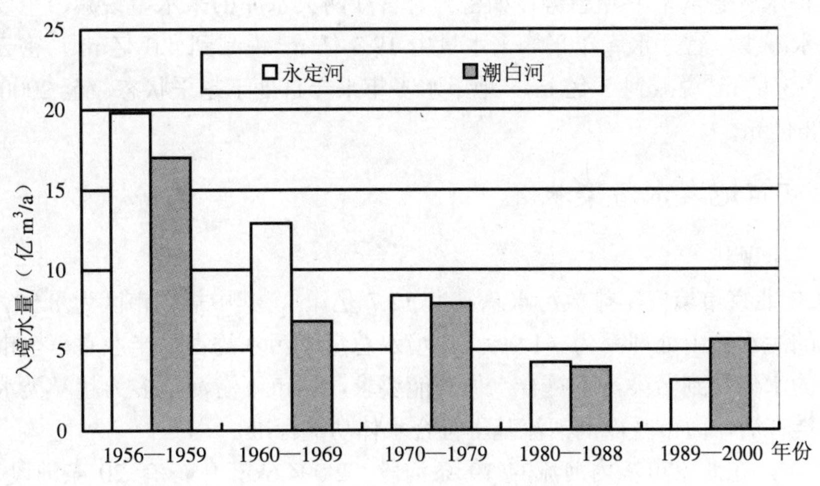

图 1-3-1　永定河、潮白河入境水量变化图

（2）用水状况

北京市 2000 年总用水量为 38.06 亿 m^3，其中农业用水量为 19.45 亿 m^3，占全市总用水量的 51.0%，工业与城镇生活用水分别为 27.0%与 21.9%（表 1-3-8）。地下水是北京的主要供水水源，占全市用水总量的 69.7%，地表水仅占 30.3%，地下水是保证北京用水安全的基石。

表 1-3-8　北京市 2000 年用水构成

行业	全市用水/（亿 m^3/a）		
	地表水	地下水	合计
工　业	5.72	4.55	10.27
城镇生活	2.77	5.57	8.34
农　业	3.04	16.41	19.45
合　　计	11.53	26.53	38.06

（3）水资源平衡状况

1991—2000 年期间北京市水资源平衡状况表明，10 年间北京市平均水资源量为 107.65 亿 m^3，总水消耗量及出境水量为 108.59 亿 m^3（表 1-3-9），说明北京总水资源量与总水消耗量已处于不平衡状况，年均水消耗量多 1 亿 m^3，干旱年份可达 2 亿～3 亿 m^3。

表 1-3-9　北京水平衡状况　　单位：亿 m^3/a

项　目	总水资源量	项　目	总水消耗量
大气降水量	95.49	水自然消耗	67.63
入境水量	12. 16	用水消耗	22.61
		出境水量	18.35
合计	107.65	合　计	108.59

（4）水资源变化趋势

北京市水资源量呈下降趋势，如密云、官厅两大水库的来水量锐减，主要原因是境外上游来水减少。官厅水库年平均来水量由 19.3 亿 m^3 锐减到 4.0 亿 m^3，密云水库平均来水量由 15 亿 m^3 锐减到 5 亿 m^3。地下水多年来一直处于超采状态，至 2000 年已累计超采 57.78 亿 m^3。

3.3.2 北京市地表水污染状况

（1）污染现状

2000 年北京市境内年排放污水总量为 12.7 亿 m^3，其中规划市区为 8.59 亿 m^3。规划市区内的污水集中处理率为 41.9%。出境水总量中污水约占一半左右。全市河流一半以上河段的水体受到污染，不符合水体功能要求，城市下游河道多为超Ⅴ类水体，基本上没有鱼类存活，而市区内的河流基本符合水体功能标准。

2000 年，在北京市境内河流的 79 条河段、2 094.6km 中，有 20 条河段、872.1km 符合相应功能的水质要求，占实测河流长度的 41.6%（见表 1-3-10）。

2000 年监测的 17 座大中型水库中只有 9 座达标，而城区的 19 个湖泊中仅有 7 个达标。在饮用水源方面，密云、怀柔水库及其供水渠道，均符合Ⅱ类功能水体水质集中式饮用水水源地标准要求，官厅水库现状水质为Ⅳ类，不符合Ⅱ类功能水体水质标准要求。

目前地表水主要污染类型属有机污染型，主要污染指标为 BOD_5、NH_3—N 和挥发酚。与 1990 年相比，城市污水中的生活污水所占比重逐年增加，2000 年已超过工业污水量。

表 1-3-10　2000 年五大水系污染情况

水　系	实测河段数	达标河段数	达标河段百分比（%）	实测河段总长度/km	达标河段总长度/km	达标河段长度占本河系长度百分比（%）
永定河水系	8	4	50.0	268.5	96.5	35.9
潮白河水系	11	9	81.8	527.0	454.0	86.1
北运河水系	42	3	7.1	849.1	155.0	18.3
大清河水系	12	4	33.3	299.0	166.6	55.7
蓟运河水系	6	0	0.0	151.0	0.0	0.0
总　计	79	20	25.3	2 094.6	872.1	41.6

（2）污染变化状况

从 1990—2000 年河流达标情况来看，Ⅱ、Ⅲ类功能水体水质达标河段长度百分比无明显变化；Ⅳ类水体水质达标河段长度百分比略有下降趋势，Ⅴ类功能水体水质五年中均不达标。

1990—2000 年间主要河流污染物污染水平基本呈上升趋势，水质类别均为劣Ⅴ类，污染物浓度值有升高趋势。其中莲花河、凉水河上段、温榆河下段、沟河下段的氨氮，凉水河上段的高锰酸盐指数以及凉水河中段的生化需氧量亦呈显著上升趋势。但随着污水处理厂的建成投产，通惠河、坝河等河流水质有明显改善。

1990—2000 年，密云水库水质符合Ⅱ类水体水质要求，但有富营养化发展趋势。1995—2000 年，官厅水库水质为Ⅳ～劣Ⅴ类，均不符合饮用水源水质要求，主要超标污染物有 COD、氨氮、总氮，水质无明显改善。

3.3.3 北京市地下水污染情况

地下水是北京市的主要供水水源，一般均符合饮用水水质标准。地下水污染分布以北京城近郊区污染最为严重，在全地区监测井（约 200 眼）中，地下水水质良好的占 47.2%，较差和极差的占 52.8%。其中总硬度和硝酸盐氮指标与 1990 年相比有上升趋势，总硬度超标面积约 327.1 km^2，硝酸盐氮超标面积 169.7 km^2。远郊区地下水水质与城近郊区相比，水质相对较好，但水源八厂地区硝酸盐氮指标有升高趋势，地下水位大幅度下降已引起部分地区水源涵养林枯死。

小结：

北京是世界上缺水的大城市之一，水资源的人均占有量不足 300m^3，远低于国际公认的人均水资源量 1 000 m^3 的下限。

用水结构不合理。北京的农业是用水大户，占全市总用水量的 51%，且大部分使用可供饮用的优质地下水；工业用水占 27.0%；生活用水占 21.9%，其中公共用水量占生活总用水量的 2/3，主要为机关、单位及三产用水；家庭生活用水仅占生活总用水量的 1/3。从总用水量的地域分布来看，规划市区用水占 43%，其他地区占 57%。用水结构不合理，形成结构性的水资源短缺，在大力加强生态恢复与重建中要增加生态用水。饮用水水源水质符合水质标准，但下游水体水污染依然严重，没有得到根本解决，过度开采地下水造成地下水资源严重亏损，地下水位下降，形成土壤干旱化趋势，生态环境功能较为脆弱。首都可持续发展受到水资源的严重制约。

3.4 大气环境质量状况

3.4.1 城近郊区大气环境质量

（1）2000 年城近郊区大气环境质量状况

北京城近郊区建立了空气质量自动监测系统，大气中二氧化硫、二氧化氮、一氧化碳、可吸入颗粒物浓度年日均值分别为每立方米 0.071 mg、0.071 mg、2.7 mg、0.162 mg，均比 1999 年有所减少。臭氧污染超标情况主要发生在 5—9 月间，全年超标总日数为 90 天。

2000 年城近郊区大气环境质量状况见表 1-3-11。

表 1-3-11　2000 年平均大气环境质量状况

项　目	年均值	超标倍数	日均超标率
硫酸盐化速率/［SO_3 mg /（dm^2·d）］	0.57	0.14	
SO_2/（$\mu g/m^3$）	71	0.18	14.6%
NO_2/（$\mu g/m^3$）	71		5.2%
CO/（$\mu g/m^3$）	2.7		
TSP/（$\mu g/m^3$）	353	0.77	50.7%
PM_{10}/（$\mu g/m^3$）	162	0.62	45.5%
降尘/［t/（km·月）］	15.5	0.19	

（2）空气质量日报

根据国家环保总局规定，用空气污染指数（API）来评估空气质量状况，自 1999 年 3 月开始发布每日的空气质量日报。2000 年北京市好于、等于二级的天数占 48.4%，好于、等于三级天数占 93.7%，四级以上天数占 6.3%。

3.4.2 远郊区县大气环境质量

远郊区县空气质量，经手工监测，二氧化硫 43μg/m^3，二氧化氮 46μg/m^3，硫酸盐化速率 0.49［SO_3mg/（dm^2·d）］，降尘 11.0t/（km^2·月），都未超过国家标准限值。

3.4.3 空气质量变化趋势

（1）气态污染物

“九五”期间二氧化硫年均值最高的年份是 1997 年，之后有明显下降（表 1-3-12），2000 年比 1998 年下降了 41%；氮氧化物、一氧化碳“九五”期间污染趋势为 1996—1998 年逐年上升，1999—2000 年逐年下降。

表 1-3-12　1996—2000 年北京市城近郊区气态污染物采暖期与非采暖期监测结果比较

单位：μg/m³

项　目		1996 年	1997 年	1998 年	1999 年	2000 年
二氧化硫	采暖期	207	269	252	168	150
	非采暖期	33	40	42	29	26
氮氧化物	采暖期	161	191	201	190	172
	非采暖期	91	99	122	111	100
一氧化碳	采暖期	3.5	4.4	4.4	4.2	4.0
	非采暖期	2.3	2.3	2.6	2.2	2.0

（2）颗粒状污染物

“九五”期间总悬浮颗粒物 1996—1998 年呈上升趋势，之后开始下降。降尘量 1996 年较低，而后几年基本持平，但有由加重到减少的趋势（表 1-3-13）。

表 1-3-13　1996—2000 年北京市城近郊区颗粒状污染物年内污染变化比较

项　目	1996 年	1997 年	1998 年	1999 年	2000 年
总悬浮颗粒物/（μg/m³）	366	375	380	362	352
降尘/［t/（km²·月）］	14.7	16.5	15.2	15.0	15.4

（3）变化原因分析

随着城市建设规模的不断扩大、城市人口和经济发展的持续增长，全市空气质量发生了明显变化。“九五”期间各项污染物浓度经历了由加重到减轻的过程，主要是由于北京市政府自 1998 年起，分阶段实施了一系列大气污染控制措施：清洁能源替代；对燃煤锅炉安装高效除尘脱硫装置；执行严格的汽车尾气排放标准，治理汽车尾气，加速机动车更新淘汰速度；实施污染扰民企业外迁和治理工业粉尘；对施工扬尘、道路遗撒等问题加强管理；加强绿化、铺装硬化等环境综合整治。这些措施使北京市在经济持续增长的情况下，一次气态污染物的污染发展趋势得到有效控制，颗粒物除春季外，其他季节均有所下降，但臭氧浓度呈现升高趋势。

小结：

北京市大气污染较为严重，1998 年以前北京城近郊区大气中 SO_2 及颗粒物浓度居高不下，NO_x 持续升高和 CO 浓度缓慢上升，自 1998 年实施防治大气污染 5 个阶段数十项措施以来，SO_2、NO_x、CO 浓度均有较大幅度下降，但颗粒物浓度居高不下，未出现显著下降趋势，年均浓度超标严重。夏季已出现一定程度的光化学污染现象。

颗粒物与大气污染物均有明显的季节性变化。

3.5 生物多样性保护

3.5.1 北京地区生物多样性现状

（1）植物种类

北京地区处于暖温带北部，年降水量在 600mm 左右，雨热同期，适合多种动植物的生长。北京地区植物组成比较丰富，同时北京还是华北平原向冀西北山间盆地、内蒙古高原的过渡地带，是华北平原植物亚地区和华北山地植物亚地区的交接处，地形条件复杂多变，构成了多样化的生境，适合不同生态特性的植物生存，还使北京地区的植物组成兼有过渡性的特点。

据统计，北京地区共有维管束植物 169 科，869 属，256 种，177 变种、亚种及变型，其中栽培植物约占 1/5。在北京记录有蕨类植物 78 种、裸子植物 47 种、被子植物 2 108 种。若按植物的生活型划分，则有乔木 243 种、灌木 308 种、草本植物 1 682 种。

悠久的历史文化背景，使北京拥有数量可观、分布广泛的古树名木。据统计全市共有古树名木 46 120 株，其中一级古树名木 8 446 株，二级古树名木 37 674 株。京郊还拥有超过千年的古柏和银杏。

在上千种植物中，有许多有用的经济植物。据统计有用材植物 40 多种、野生药用植物 291 种、纤维植物 29 种、食用野果类植物 11 种、芳香油植物 11 种、野生观赏植物 227 种、野菜类植物 10 余种，蜜源植物也十分丰富。

除野生植物外，北京栽培植物种类也很丰富。据不完全统计，北京市有园林植物上百种，新引入蔬菜品种达 130 多个。

（2）野生动物

丰富多样的植物是组成北京各种植被类型的基础，也为多种动物提供了食物和栖息条件。北京地区脊椎动物共 105 科，542 种。鸟类资源比较丰富，种类占全国总数的 30%，可在北京地区繁殖的留鸟和夏候鸟有 140 种。猛禽中北京有鹰科、隼科、鸱科，总数达 41 种，占全国总数的一半。《中国候鸟保护协定》规定保护的 227 种鸟类中，北京有 150 余种。

山区的森林生境包含了全市鸟兽的大部分种类，随着封山育林、植树造林和退耕还林活动的持续进行，野生动物生境质量开始恢复，如我国特有的褐马鸡自 20 世纪 70 年代自然扩散到东灵山地区以来，已经形成一个稳定的种群。

3.5.2 国家重点保护动植物物种情况

北京地区稀有濒危植物主要存在于山区，例如胡桃楸、黄波罗、紫椴、刺五加等 19 种。列入《北京重点保护野生植物名录》的共有 142 种，其中国家二级 25 种，暂列市级一级 15 种，市级二级 102 种。

北京地区存有国家一级保护动物 10 种以上，如黑鹳、白鹳、金钱豹、斑羚、金雕、红隼、褐马鸡等，列入国家二级重点保护动物的有 50 余种。北京市市级保护动物有 40 余种，如四声杜鹃、北京雨燕、金腰燕、发冠卷尾等。

3.5.3 生物多样性保护情况

（1）栖息地保护

北京市现有各类保护区 17 个，其中国家级 1 个，市级 10 个，县级 6 个；有森林系统类、湿地类、水生生物类和地质遗迹类 4 种类型，以森林生态系统类为主。现有自然保护区主要分布在延庆、密云、怀柔、房山和门头沟 5 个区县，总面积 8.73 万 hm^2，约占全市国土面积的 5.3%，却保护着全市 80%的野生动物和超过 60%的高等植物物种，如褐马鸡、斑羚、红隼等野生动物有所增加。此外，北京市还有森林公园 15 处，也是生物多样性保护的重要场所。

（2）迁地保护

植物迁地保护的主要基地有：中科院植物所、北京植物园，收集栽培各类植物 6 000 余种；北京市植物园有各类保护植物 3 000 多种；北京药用植物园，收集栽培 1 500 多种药用植物和药用真菌；北京市园林局系统的花圃、苗圃。动物迁地保护的主要场所有：北京动物园，共有动物 600 多种；北京濒危动物驯养繁育中心，有国家一、二级保护动物 57 种，每年繁育动物 300～400 只；1985 年北京市引渡回 20 只麋鹿，建立了北京麋鹿生态实验中心，现已发展到 130 只，在最后灭绝地京郊南海子重新恢复种群。这些迁地保护地共保护动物 600 多种。

（3）营造良好的生态环境

人工植被经过长期的自然演替，有些地段已形成半自然的植物群落。如潮白河、永定河畔营造了三四十年的片林下，已经出现多年生的草本、灌木层。香山、颐和园、圆明园、北大校园等古老园林区已经形成了天然、半天然的森林植被，为野生动物创造了栖息条件。城市中的河湖水系也是半自然的景观组分，近年来迁徙鸟类不断在此停留，为首都城市景观增添了生气。如玉渊潭水域吸引了许多越冬水禽，包括绿头鸭、鹊鸭、斑头秋沙鸭等。

3.5.4 生物多样性保护中存在的问题

多年来山区人为开发活动加剧，如筑路、采矿、旅游、农业开发、林业生产等活动未能同步考虑对生态环境的保护和恢复，造成植被破坏、草地退化和环境污染，使一些地区的动植物生境遭到破坏，对生物多样性产生不利影响，一些遗传资源已丧失，如油鸡。城市及郊区人工化程度高，物种明显减少，动物中只保留了少量亲人物种。有害外来物种入侵影响生物多样性保护，并造成重大经济损失。

物种的灭绝、遗传多样性的丧失、生态系统的退化都会影响到人类的生存环境。保护生物多样性，一是开展宣传教育，提高公民的生态保护意识，做好资源普查工作，创造良好的生态环境；二是在物种丰富地区建立自然保护区，加强管理、建全机构、增加投入。

小结：

北京市特有的自然条件构成了多样性的野生动植物生境，现有动物、植物种类均在 2 000 种以上。植物种类较丰富，绝大多数原生物种存在于北部和西部山区。植物的迁地保护物种主要存在于北京的几大植物园内。野生动物种类，近几年虽有个别动物数量有所增加，但只是个别物种。北京市迁地保护的动物物种丰富，主要存在于北京动物园和北京濒危动物驯养繁育中心。北京市的生物多样性保护工作主要是建立以森林生态系统为主的自然保护区，这样一方面保护野生植物物种，同时又为野生动物提供了栖息地。

3.6 工矿开发造成的生态破坏与生态重建情况

3.6.1 北京市矿产资源及开发利用情况

北京市矿产资源较丰富，矿产种类较齐全，包括有金属矿产、非金属矿产和能源矿产。目前已发现固体矿产 122 种，有探明储量并已编入《北京市矿产储量表》的固体矿产共计 66 种 349 处。其中，种类最多的矿种为煤矿、砖瓦用粘土、建筑用砂、水泥用灰岩、制灰用灰岩、建筑用大理石 6 种，主要分布在房山、门头沟、昌平、怀柔、密云、顺义 6 个区（县）。2000 年共有各类采矿企业 1 749 个，其中小型生产规模企业数量占总数的 99.2%。2000 年，全市矿业总产值为 13.1 亿元，占当年工业总产值的 0.47%。

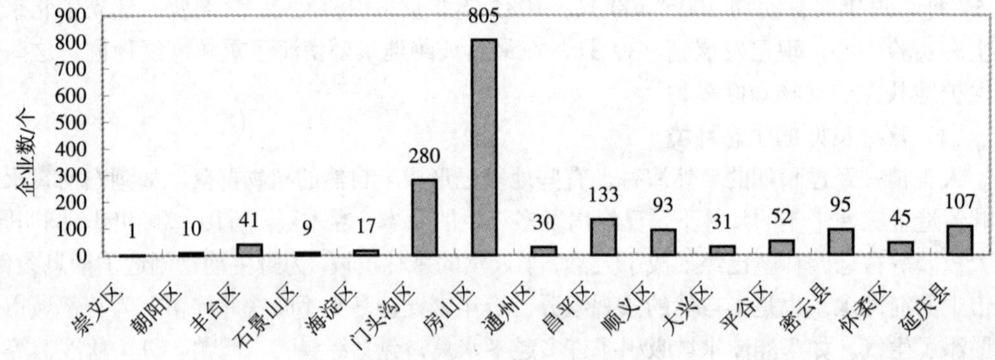

图 1-3-2 2000 年北京市矿山企业数统计

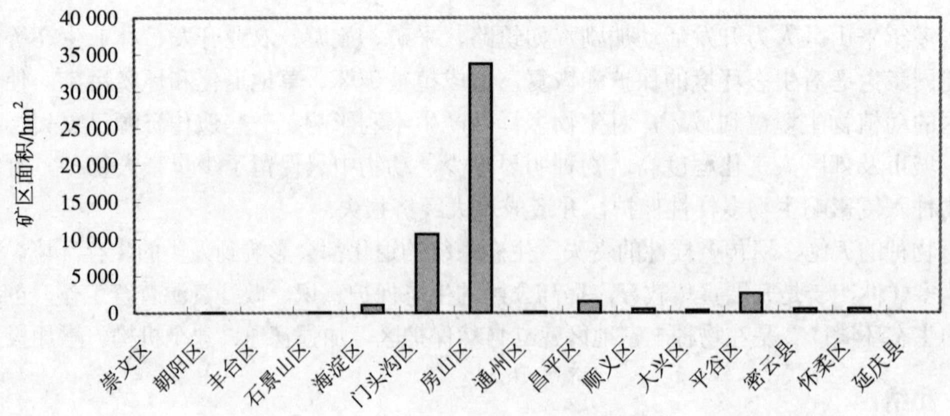

图 1-3-3 2000 年北京市各区县矿区面积分布

3.6.2 矿产开采造成生态破坏和环境污染情况

①占用大量土地并造成地表破坏，使局部地域水土流失加剧。2000 年北京市矿产开发占用土地面积为 5.19 万 hm^2，为全市国土总面积的 3.16%。采矿区多分布在西部和北部的浅山区，土层薄，植被稀疏，土壤淋溶作用强烈，是北京地区主要的水土流失区。随着矿山开采过程中植被破坏、地表土壤剥离、修筑环山公路和堆弃废石等固体废物，加上重型车辆行驶，使矿区的水土流失面积扩大，土壤侵蚀模数增加，土壤流失量增高。例如密云县冯家峪铁矿正式投产运行仅 4 年，该矿区原有的乔木和灌草丛面积明显减少，裸地大量增加，植被覆盖率由采矿前的 41.9%降至 34.1%，土壤侵蚀量增加了近 7.8 倍。又如位于昌平区的北京水泥厂凤山矿所在流域，中度侵蚀以上的土地面积达到了 80.3%。

②地质灾害增加、范围扩大，对矿区群众的生产、生活构成较大威胁。在北京的西山采煤区，出现了涉及房山、门头沟、丰台、海淀 4 个区的 20 多个乡镇和 9 个国营矿区的地面塌陷集中发育区，总面积约 1 370 多 km^2，塌陷造成的各类灾害直接经济损失累计达 2 亿元。特别是门头沟某地区，地下有近 5 km^2 的老窑采空区，近 10 年来已发生塌陷和沉降灾害 45 处，塌陷坑 17 个，塌房 32 间。据预测，今后 10 年该区累计塌陷面积还将增加。

③小型矿产企业的生产经营方式资源浪费严重，整体效益不高，同时造成难以偿还的“生态债务”。北京市小型矿山企业占矿山企业总数的 99.2%，但产值仅有全市矿山工业总产值的 31.7%；非国有矿山的人均矿业产值是国有矿山人均矿业产值的 39.5%。例如 2000 年底，房山区有 80 多个生产粘土实心砖的砖瓦粘土小矿，每年毁田高达 67 hm^2，这些小矿山企业有限的矿产收益根本不足以抵消所造成的生态破坏，也没有技术和资金用于污染控制，更难要求他们做到较高水平的生态恢复。

④大量排放矿物粉尘，影响了当地的环境空气质量。根据调查计算，北京地区的矿山开采和选矿生产过程中每年排放各类矿物粉尘量约 8.83 万 t。其中，小集体和个体矿山的粉尘排放量占全市矿山粉尘排放总量的 90%以上，单位矿石产量的粉尘排放量是国有矿山的 1.4～3.1 倍，矿山内粉尘浓度是清洁区的 10 倍以上。这些小矿山分布散乱，有些离居民点和基本农田、果园很近，粉尘污染直接影响到周围村民的正常生产和生活。

⑤对水环境造成不良影响。根据调查计算，北京地区在矿山开采和选矿生产过程中，每年排放矿业废水 6 212.1 万 t，这些废水就近排入地表河道水体和渗入地下。虽然从监测结果看，矿业废水尚未构成对地表水和地下水的有害物质污染，但由于悬浮物质增加，地表水体生态功能下降。在一些采煤矿区，因采矿作业使浅层水被疏干，一些饮水井干涸，耕地失去灌溉条件，造成居民生产、生活用水困难。例如，房山区周口店镇龙宝峪村因采煤造成大面积地下水疏干，地表出现缝裂，居民无法正常生产与生活而被迫搬迁异地。

3.6.3 矿山生态恢复与生态重建

近年来，矿区的生态恢复和生态重建正在逐步受到重视。在全市范围内结合采矿业的安全整治，关停了一批存在安全隐患、经济效益不高、环境影响大的小矿山；利用废石回填矿坑、矿洞，恢复地貌和植树绿化，以及小流域综合治理等一系列配套措施，一些矿区的生态恢复和生态重建初见成效。例如房山区南尚乐镇三岔村，在原大理石矿采区利用废石回填矿坑和覆土、修鱼鳞坑、造水平条田，连片整治出林地 130 多 hm^2，以菱枣为主，间种豆类、薯类作物，不仅基本恢复了当地的生态环境，同时取得了良好的经济效益。

小结：

北京市共有采矿企业 1 749 个，矿山开发占用土地面积占全市国土总面积的 3.16%，矿业总产值仅占当年工业总产值的 0.47%，大多采矿企业为中小型，主要分布在房山、门头沟等区，占全市的 62%，开发属粗放型方式，不仅资源浪费多，还造成严重的环境污染和景观破坏，加剧了水土流失与地质灾害。生态恢复和复垦基本没有得到落实，“生态欠账”突出。

3.7 农村生态环境现状

3.7.1 农药的使用及污染情况

1990—2000 年的 10 年间，北京市农业农药使用总量和施用农药的面积均增加了 21%，长期以来单位面积的使用量为 5.35kg/hm^2，远远高于全国的平均使用水平（2.33kg/ hm^2）。

表 1-3-14　北京市 1990—2000 年农药使用情况

年 份	施用农药总量/kg	施用面积/ hm^2	单位面积施用量/（kg/hm^2）
1990	1 450 244	270 205	5.37
2000	1 761 422	329 109	5.35

在病虫害防治中仍以化学农药为主，约占农药比重的 90%，在替代防治中主要推广薄膜覆盖除草技术、黄板诱蚜灭虫技术、生物农药防治技术等。全市赤眼蜂防治面积达 1.3 万 hm^2。

近年来高毒农药的使用量减少，但每年仍有 200～250 t 左右。高毒农药长期使用，造成田间天敌数量锐减，不利于田间生态保护。同时许多蔬菜、水果的农药残留量超过了国家规定的标准。据 2000 年 4 月底到 5 月中旬对全市主要农贸市场和主要蔬菜生产基地共 39 种蔬菜、225 个样品进行的抽样检测，有 20.9%的蔬菜农药残留超标。

3.7.2 农用化肥的使用与污染情况

1990—1997 年，化肥使用总量呈逐年上升趋势，单位耕地面积平均化肥施用量增加了 54.4%。1999 年化肥投入量开始下降。2000 年全市化肥投放总量 17.93 万 t（以纯养分计），主要是推广使用有机肥、平衡施肥技术、测土配方施肥技术、新型肥料使用技术等的结果。但目前北京郊区每公顷土地化肥施用量仍高达 544 kg，单位面积用量比全国平均水平 225kg 高出 1 倍多。

大量施用氮肥，造成蔬菜中硝酸盐含量超过食用标准。同时农田过量使用化肥是造成地下水硝酸盐污染的人为因素之一（图 1-3-4）。

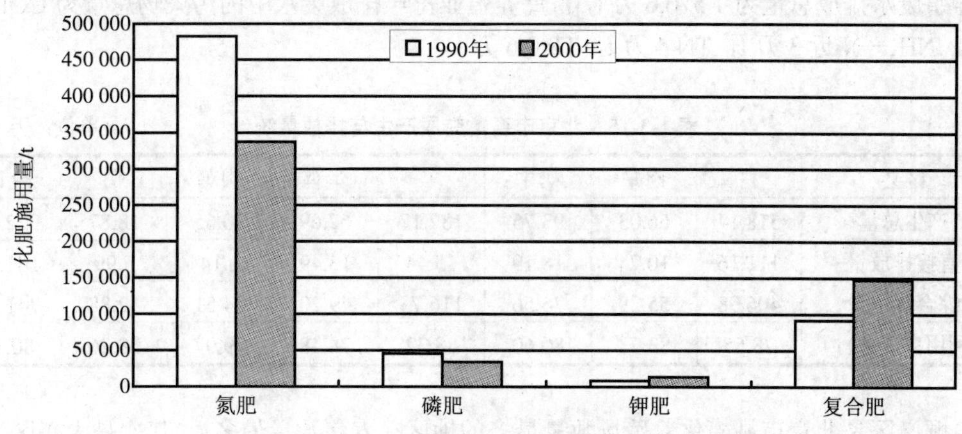

图 1-3-4 北京市各类化肥施用量

3.7.3 塑料农膜的使用和污染情况

北京市塑料农膜覆盖面积呈逐年增加趋势，至 2000 年已有 3.68 万 hm^2，占全市耕地面积的 15.59%，覆盖作物已由蔬菜发展到粮食、瓜果、花卉等各种作物。一年用农膜量为 1.8 万多 t（图 1-3-5）。残膜回收率为 83%。

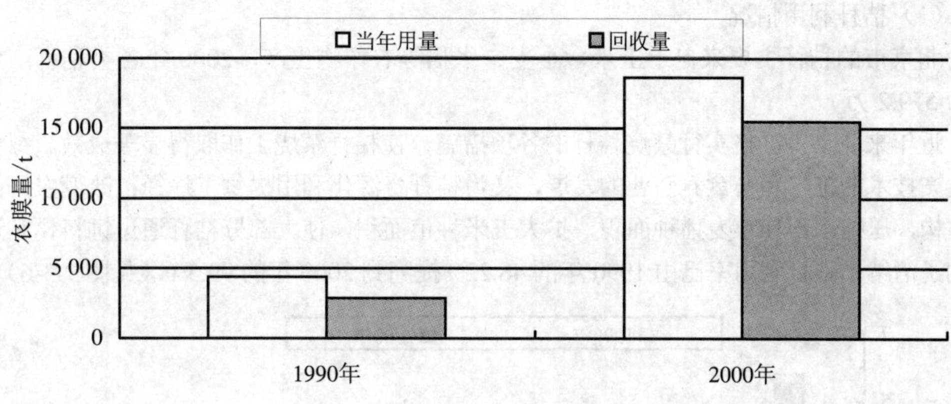

图 1-3-5 北京市农膜使用增长状况

由于地膜在自然环境中很难分解，使用地膜覆盖的农田土壤中的地膜残留日益增多，危害生产与环境。据重点调查郊区农田中残留地膜达 3 400t，污染面积在 6 万 hm^2 左右，平均每公顷残留地膜约 54～57kg。

3.7.4 畜禽养殖业污染

京郊畜牧业发展迅速，2000 年京郊畜禽养殖业总存栏数为 3 983.6 万头（只），其中猪 246.7 万头，牛 14.76 万头。

畜禽养殖粪便年产生量总计 922.30 万 t（表 1-3-15），其中猪粪便 518.14 万 t，占 55.28%，肉牛、奶牛粪便 159.78 万 t，占 17%。粪便综合利用率为 80.36%。2000 年畜禽养殖废水排放总量为 1 576.6 万 t，畜禽养殖业每年排放废水中的污染物总量为 COD 13 万 t，NH_3—N 近 3 万 t，TN 4 万 t，TP 0.6 万 t。

表 1-3-15　北京市畜禽粪尿产生与排放量统计　　单位：万 t/a

区县	猪	肉牛	奶牛	羊	蛋鸡	肉鸡	鸭	合计
产生总量	518.14	66.03	93.75	132.17	62.69	30.65	18.87	922.30
直接排放量	111.16	10.74	18.19	15.44	13.49	6.14	5.99	181.15
综合利用量	406.98	55.29	75.56	116.73	49.20	24.51	12.88	741.15
利用率（%）	78.55	83.73	80.60	88.32	78.48	79.97	68.26	80.36

顺义区是北京市规模化养殖场数量最多的地区（养猪数量最多），其次是大兴区（养鸡数量最多），畜禽养殖中粪便和污水的污染突出。

由于历史原因，全市养殖业布局和品种结构不合理，发展不平衡，加之养殖业为微利行业，绝大多数养殖厂在建厂初期未考虑粪便合理利用和污水处理问题。畜禽粪便和污水处理率为 12.2%和 8.2%，且技术水平低，设计容量小，污水多为简易过滤沉淀处理法。粪便多数采用简易堆肥法，没有防渗防淋设施，易造成水体污染。

3.7.5 秸秆利用与农村能源

（1）秸秆利用情况

北京市的秸秆主要来自于玉米、小麦、水稻等农作物生产，2000 年各类秸秆产生总量为 579.2 万 t。

近年来北京市严格实行禁烧秸秆的各项措施，使秸秆禁烧工作取得显著成效。绿色食品生产技术的推广和畜禽养殖业的发展，又为秸秆资源化利用提供了途径；改变农产品生产结构，压缩水稻和小麦播种面积，扩大玉米种植面积，使大部分秸秆通过饲料化和还田得到了消纳。秸秆利用率已由 1990 年的 48.22%提高到 2000 年的 99.5%（见图 1-3-6）。

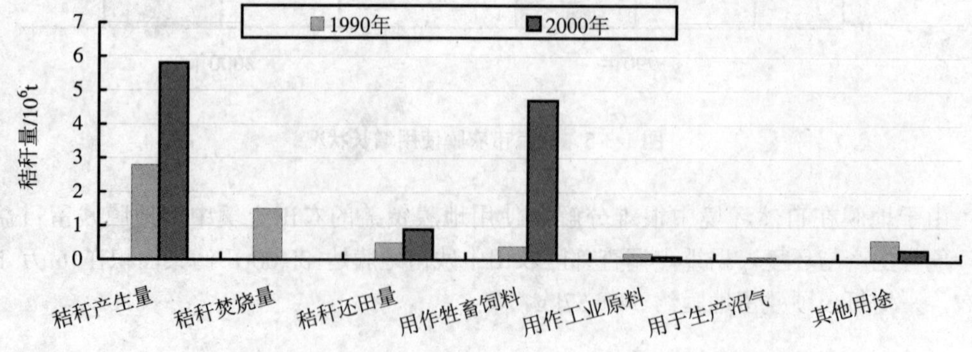

图 1-3-6　1990 年、2000 年北京市秸秆去向统计示意图

（2）农村能源结构

全市农村能源中生产用能与生活用能比例为 1.24（表 1-3-16），生物质能与非生物质能比例为 0.29，薪炭、秸秆在生活用能中的比例为 16.1%，延庆、密云、怀柔等远郊山区县相对较高；全市农村可再生能源占农村能源比例达到 24.1%。

表 1-3-16　北京市农村能源结构

地　区	生产用能与生活用能比例	生物质能与非生物质能比例	薪炭、秸秆占生活用能比例（%）	可再生能源占农村能源比例（%）
全　市	1.24	0.29	16.1	24.1

小结：

农业生产中为获得高产投入的化学产品数量不断增大，农药、化肥单位面积施用量均超过全国平均水平的 1 倍以上，对食用农产品的安全有影响；农用地膜使用量逐年增加，残膜积累日益增多，耕地品质下降；畜禽养殖业布局、结构不合理的问题依然存在，养殖业畜禽粪便产生量大，排放的污水基本未进行有效处理。因大量投入的农业化学品和养殖业大量排放污染物而产生的农业面源污染恶化了农业生态环境，对大气、地面水也有影响，并对地下水构成潜在污染。

3.8 城镇生态环境状况和污染控制

3.8.1 城镇发展概况

（1）城市发展格局

根据北京城市总体规划确定的中心城区、卫星城、中心镇和一般建制镇构成北京四级城镇体系，由中心城区（即规划市区，包括东城、西城、宣武、崇文 4 个区以及朝阳、海淀、丰台、石景山的大部分地区及 10 个边缘集团）、14 个卫星城以及 33 个中心镇和 119 个一般建制镇四级构成，属于“分散集团式”布局。按照这种布局建设，道路形状为环形加放射状的道路构成道路格局的骨架。

① 规划市区：

规划市区的范围是：东到定福庄、西到石景山、南到南苑、北到清河，面积为 1 040 km^2，由城市中心区、边缘集团及绿化隔离区构成。自 20 世纪 90 年代以来，北京市区扩展速度加快，每年以 10 多 km^2 的速度向外扩展，城市生态问题日趋突出。规划市区的绿化隔离带，1983 年总体规划确定的面积为 260 km^2，到 1999 年调查时已减少到 241 km^2，主要被城市建设用地挤占，到 2000 年实际可用于绿化的土地为 125 km^2。10 个边缘集团发展迅速，现状占地约 130 km^2，常住人口已达 90 万。

② 卫星城和小城镇：

近 10 年来，由于社会经济发展的良好环境为城市发展建设创造了有利的条件，卫星城、小城镇发展迅速，基础设施逐步完善，经济实力不断提升，10 个卫星城（区县城关镇）人口已达 140.6 万人，33 个小城镇镇区发展面积 151.7 km^2，人口约 28.44 万人，小城镇成为农村劳动力转移和农业人口集聚的载体。不少朝阳产业正在向郊区转移或新建，如昌平有了高校园区，顺义建设了汽车基地。

随着郊区城市化进程加快，地处五、六环路之间的卫星城和小城镇是近年来城市建设转移的重点地区。6 个卫星城现状建设占地 70 多 km^2，现状人口约 60 万人。西红门、后沙峪、北七家等小城镇房地产开发强度大，聚集人口多。卫星城、小城镇的发展虽起到了疏散城市人口、产业和聚集农村人口、产业的作用，但随着城市建设用地的急剧扩大，绿色空间被挤占，部分地区已相连成片，影响了市区与郊区及各区域之间绿色空间的贯通。

（2）城镇人口的增长与分布

北京市有 18 个行政区县，2000 年共有人口 1 381.9 万人，城镇人口 1 071.6 万人，占总人口的 77.5%，流动人口近 300 万人。2000 年全市机械人口增长率为 0.7%，自然增长率为 0.9‰。平均人口密度为每平方公里 658 人，其中城区的平均人口密度为每平方公里 27 332 人，人口最密集区达到每平方公里 40 504～52 995 人。

3.8.2 城镇水环境污染控制

北京市城近郊区每日排放生活污水和工业污水 229.28 万 t，其中生活污水 143.61 万 t，生活污水比重为 56%。

截至 2000 年，北京市建设并运行了高碑店、北小河、方庄、酒仙桥四座城市生活污水处理厂，设施的总设计处理能力为 128 万 t/d，当年生活污水处理量为 3.5 亿 t，处理率 41.94%。

市区河湖经整治和污水治理，市区中心区内的水系水质基本达到国家规定的水体水质标准。

3.8.3 城镇大气污染控制

为了防治大气污染，自 1998 年底开始，实施了 5 个阶段、数十项控制大气污染措施。2000 年市区天然气供应量已达 11 亿 m^3，液化石油气和轻质油使用量有所增加，热力集中供热已达 5 012 万 m^2，电采暖 300 万 m^2，地热供热面积 39 万 m^2；全市 4.4 万台燃煤茶炉、大灶和 6 700 台燃煤锅炉改用了清洁能源；低硫优质煤用量超过 500 万 t；推广无铅汽油，提高汽车尾气排放标准，近半数的轻型汽油车达到欧洲 20 世纪 90 年代初的排放标准，对重型车、柴油车等也实行了新标准；严格管理施工工地尘污染源；全市工业污染源全部达标；经过治理，大气环境质量得到明显改善，但颗粒物污染仍较严重（见表 1-3-17、表 1-3-18）。

表 1-3-17 北京市大气主要污染物各年日均值变化 单位：mg/m^3

主要污染物	1998 年	1999 年	2000 年	2000 年与 1998 年相比下降百分比
SO_2	0.120	0.080	0.071	41%
NO_x	0.152	0.140	0.126	17%

主要污染物	1998 年	1999 年	2000 年	2000 年与 1998 年相比下降百分比
TSP	0.378	0.364	0.353	7%
CO	3.3	2.9	2.7	18%

表 1-3-18　北京市空气污染指数变化

等级	1998 年		1999 年		2000 年	
	日数	占全年百分比	日数	占全年百分比	日数	占全年百分比
好于二级	100	27.4%	114	31.2%	177	48.4%
三级或好于三级	224	61.4%	286	78.4%	343	93.7%
四级以上	141	38.6%	79	21.6%	23	6.3%

3.8.4 城镇噪声污染控制

（1）交通噪声

在 1996—2000 年间，建成区道路交通噪声路长计权平均值为 71.0 dB；建成区道路平均车流量为每小时 3 907 辆。远郊区县建成区道路交通噪声路长计权平均值为 69.5 dB；道路平均车流量为每小时 984 辆。

（2）区域环境噪声

市区建成区区域环境噪声均值为 53.9dB，其中城区和近郊区分别为 55.5dB 和 53.6 dB，建成区噪声达标区覆盖率为 71.5%，建成区内社会生活噪声源占 69.5%；其次是交通噪声源占 21.4%，两项共占 90.9%。

远郊区县区域环境噪声均值为 55.0dB，在 10 个远郊区县中以通州区的区域噪声均值最高，为 56.8dB。

（3）噪声污染控制

“九五”期间，北京市实施了一系列交通疏堵工程和管理措施，使声环境质量向好的趋势发展。在机动车数量急剧增加的情况下，道路交通噪声保持在 71.0dB。区域环境噪声呈明显下降趋势，下降了 1.6dB，噪声声源以生活噪声声源为主，占 71%左右，其次是交通噪声声源，占 23%左右，两项合计占 94%。但随着道路增加，受交通噪声影响的人口在增加，投诉的人数也有增加。

3.8.5 固体废弃物污染控制

（1）工业固体废弃物

工业固体废物产生量为 1 139 万 t，综合利用率为 71.4%。与“八五”期间相比，“九五”期间工业固体废物产生量增加了 26%，综合利用率提高了 5.9 个百分点，工业固体废弃物处置量增长了 1.47 倍，工业固体废物排放量显著下降（表 1-3-19）。

（2）城市生活垃圾

城近郊区生活垃圾产生量为 245 万 t，无害化处理量为 164 万 t，无害化处理率为 67.2%。主要的垃圾消纳处理手段是卫生填埋，也有少量垃圾作为堆肥处理。

表 1-3-19 “八五”、“九五”期间北京市工业固体废物变化表　　单位：万 t

时 间	产生量	综合利用量	综合利用率（%）	处理量	排放量
“八五”	4 598	3 056	66.5	18.6	473
“九五”	5 785	4 188	72.4	46.0	197

现有大屯、马家楼、小武基、五路居 4 座垃圾转运站，每日处理转运垃圾 4 760t。

现有阿苏卫、北神树、安定、六里屯 4 座大型垃圾填埋场，每日处理能力为 5 180t。

现有两家垃圾堆肥厂，大兴南宫垃圾堆肥厂每日处理处理能力 400t，石景山垃圾堆肥厂每日处理能力 200t。

3.8.6 城镇绿化情况

城市绿化覆盖率由 1995 年的 32.40%增至 2000 年的 36.34%，人均公共绿地由 7.08 m^2 增至 8.68 m^2，城市隔离区绿化总面积达到了 65 km^2。2000 年与 1995 年相比，绿化覆盖率和人均公共绿地均有较大幅度增加（表 1-3-20），但城市绿化面积总量不足、绿化布局不平衡、城市中心地区缺少绿地的状况尚未根本改变。另外，北京绿化树种比较单一，缺乏层次，树木中春季杨树、柳树飘絮问题突出。

表 1-3-20 1995 年和 2000 年北京市绿地率及人均公共绿地增长情况

年 份	绿化覆盖率（%）			人均公共绿地/m^3		
	城区	近郊区	城近郊区	城区	近郊区	城近郊区
1995	24.77	35.57	32.40	3.57	9.66	7.08
2000	24.19	39.79	36.34	3.63	11.73	8.68
增长率	−0.58	4.22	3.71	1.68	21.43	22.6

3.8.7 城市热岛

北京年平均气温热岛强度已达 2℃，高于沈阳、西安、兰州、上海和广州。据市园林科所 2000 年 8 月遥感专项调查表明，在规划市区 1 040 km^2 范围内，强热岛面积达到了 53.45 km^2，次强热岛面积为 194.43 km^2，强、次热岛总面积占规划市区总面积的 23.91%。研究结果表明，绿地较少甚至没有绿地的地区均为城市热岛的中心。

二环路以内的地区，强热岛占区域面积的 11.43%，次强热岛的面积占区域面积的 41.18%，强、次热岛总面积已经达到了 52.61%。其中热岛核心地区的热岛效应更为突出，如大栅栏地区，强次热岛面积占区域面积的 89.79%。

主要强热岛集中区在人口集中、建筑物密集、重工业集中、绿化覆盖率低的大栅栏、首钢、西直门等地区（表 1-3-21）。

表 1-3-21　规划市区中强热岛集中区的辐射面积情况

热岛区	总面积/hm^2	强热岛		次强热岛		过渡区		非热岛区		热岛面积与总面积的比（%）
		面积/hm^2	H/S（%）	面积/hm^2	H/S（%）	面积/hm^2	H/S（%）	面积/hm^2	H/S（%）	
大栅栏	885.74	380.29	42.93	415.09	46.86	79.43	8.97	10.93	1.23	89.80
首钢厂区	635.24	311.74	49.07	229.43	36.12	69.48	10.94	24.59	3.87	85.19
东铁匠营	1 761.64	715.29	40.60	713.68	40.51	273.64	15.53	59.03	3.35	81.12
西直门	255.49	106.69	41.76	90.72	35.51	19.08	7.47	39	15.26	77.27
西黄庄	136.23	56.73	41.64	70.80	52.00	7.70	5.65	1.00	0.73	93.61
五棵松	194.51	75.21	38.67	73.35	37.71	41.07	21.11	4.88	2.51	76.38

在规划市区范围内，主要的次强热岛集中区有旧城区东北部、旧城区西北部、西客站、化工区和化工区南，其范围都超过 8 km^2。具体见表 1-3-22。

表 1-3-22　规划市区中次强热岛集中区热辐射面积比例

热岛区	总面积/hm^2	强热岛		次强热岛		过渡区		凉爽区		热岛面积与总面积的比（%）
		面积/hm^2	H/S（%）	面积/hm^2	H/S（%）	面积/hm^2	H/S（%）	面积/hm^2	H/S（%）	
旧城区东北部	936.96	88.22	9.42	633.63	67.63	208.03	22.20	7.08	0.76	77.04
旧城区西北部	803.81	80.60	10.03	510.29	63.48	196.45	24.44	16.47	2.05	73.51
西客站	830.14	182.79	22.02	428.04	51.56	175.02	21.08	44.29	5.34	73.58
化工区	1 001.51	264.46	26.41	467.57	46.69	240.36	24.00	29.12	2.91	73.09
化工区南部	1 765.59	245.54	13.91	696.64	39.46	662.37	37.52	161.04	9.12	53.36

小结：

中心城区由于人口密度大，经济活动强度高，能源、水资源和各种原材料消耗多，绿地不足，下垫面热辐射高，城乡结合部环境差，城市代谢的污染物数量大，且集中于城区周围，城区大气污染明显高于郊区，影响人群健康。因此，必须控制城市规模和调整城市布局，加大城市环境治理力度，削减排污总量，提高绿化水平，改善城市生态质量，提高首都人民的健康水平。

3.9 生态灾害

北京地区发生的生态灾害种类主要有：泥石流、滑坡、崩塌、矿山地面塌陷、地面沉降和干旱、浮尘与沙尘暴等。

3.9.1 浮尘和沙尘暴

因冬春季节地表植物稀少，加上西北强冷气流的动力作用，中国北方地区易产生扬尘天气甚至沙尘暴。根据北京气象台 1951—1985 年连续多年的记录，每年平均风沙活动 36 天，多出现在冬春季节，而夏季没有，城区大风日数明显少于郊区。近 3 年来的气象记录表明，沙尘天气的境外源地占 71%，境内源地占 29%。外来尘 20 世纪末有加剧趋势，2000 年春季连续出现了扬沙、浮尘和沙尘暴，3 月 3 日到 5 月 17 日北京地区先后出现了 13 次风沙活动，其中既有扬沙、浮尘，又有很强的沙尘暴，所造成的危害十分广泛，不仅对居民日常生活与健康造成严重影响，还加剧了地面交通的拥挤，严重影响北京与外面的交通联系，对北京的社会生活与形象、经济与环境等带来严重的不利影响。

3.9.2 地质灾害

北京地区地质灾害多而严重。除地震灾害之外，主要有泥石流、滑坡、崩塌、滑塌、地面塌陷和地面沉降等。这种灾害多发生在山区。

泥石流：北京地区泥石流分布广泛，有 9 个区县 69 个乡镇发育有泥石流。主要分布在密云县北部、怀柔县中部、延庆县东部、昌平区东部及平谷县等山区。据初步统计共有泥石流沟 584 条，潜在泥石流沟 232 条，影响面积 1 300 余 km^2，受威胁村庄 242 处。新中国成立以来泥石流灾害造成 502 人死亡、60 多人受伤、7 534 间房屋被毁。其中一次死亡 10 人以上的恶性泥石流 9 次，死亡人数超过 100 人的有 2 次。目前泥石流仍是山区最严重的地质灾害，对人民生命财产和社会经济发展形成较大的威胁。

滑坡：北京地区有滑坡 10 处，其中滑动滑坡 8 处，潜在滑坡 2 处。主要分布在房山、延庆、怀柔和平谷等地。滑坡主要是由于人为不合理的工程活动诱发的。

崩（滑）塌：北京山区崩（滑）塌分布广泛，危害较严重。据 1991 年调查资料：全市山区有崩塌 3 850 处、滑塌 30 700 处，规模从几立方米至几十立方米不等，多数发生在大雨之后。新中国成立以来，因崩（滑）塌造成 70 多人死亡，200 多间房屋被毁。

矿山地面塌陷：到 1993 年底已发现塌陷坑 1 232 个、地裂缝 577 条、不均匀沉降 47 处。主要发生在北京西山煤矿采空区，影响面积 1 370 km^2。有 42 个村庄受到不同程度的危害，共有 4 247 间房被毁，27 处公路干道及 12 处水力设施遭破坏，2 774 棵林木及 167 hm^2 耕地被毁，累计直接经济损失近 2 亿元。

地面沉降：多发生在北京平原地区。地面沉降随地下水开采量的增加，沉降范围和幅度逐年扩大。2000 年沉降面积达到 1 800 km^2，中心区最大累积沉降量已近 850 mm。北京地区沉降分布与河北、天津平原沉降带连成一体，成为华北平原的突出地质灾害问题。地面沉降已造成工厂和居民区楼房墙壁开裂、地基下沉、地下管道工程等不同程度的破坏达 50 余处，同时造成了测量水准点失准和降低了建筑物的抗震能力。北京东郊地区以及昌平海鹊洛、顺义城南，大兴赵村—榆垡的地面沉降区 10 年沉降量达 300～400 mm。

3.9.3 外来物种入侵的影响

在北京现已发现有害外来物种共 21 种，主要外来植物有：麦家公、看麦粮、三裂叶豚草等，外来病虫害有：番茄溃疡病、玉米疯顶病、玉米粗缩病和美洲斑潜蝇、蔗扁蛾、小麦收浆虫、油松腮扁叶蜂、落叶松尺蠖等。侵入面积共计 1.998 万 hm^2，共造成直接经济损失 1 607.22 万元。造成经济损失最大的物种是美洲斑潜蝇和小麦吸浆虫。

3.9.4 其他灾害

冰雹和风灾虽多发生，但一般都是局部灾害，冰雹山区多于平原。山区年平均雹日一般在 10 日以上，其他地区 4～10 天不等，从平原向山区增加。4 月中旬到 10 月初为降雹的主要季节。北京市旱涝灾害比较频繁，主要以旱灾为主。旱灾是近几十年来最主要的灾害。

小结：

北京地区发生的生态灾害类型主要有：浮尘和沙尘暴等天气灾害，泥石流、滑坡等地质灾害和矿山地面塌陷、地面沉降等人为生态灾害，外来物种的入侵影响以及旱灾。因此，应大力加强生态环境保护和建设，特别是加大对生态功能保护区和生态功能脆弱地区的保护和建设力度，增加投入，加强管理，减轻灾害损失，提高生态安全程度。

结论：

近 10 多年来，北京市在经济社会高速发展的同时，大力推进环境保护与生态建设，取得明显成效，已形成能适应北京生态环境保护需要的管理机构和执法网络，山区、郊区平原及市区的绿地覆盖率有较大提高，小流域综合整治取得成效，水土流失得到基本控制，全市大气环境质量明显好转，饮用水源水质保护良好，北京市的生态环境总体状况初步得到改善。但威胁北京生态安全的因素还未得到根本性改善，一些生态环境问题仍很突出，甚至有加剧的趋势。首先，高速的经济发展与城市化，对土地资源、水资源的压力还在加剧，中心市区同心圆向外扩展，“摊大饼”式的城市发展模式尚未得到有效的遏制，与北京生态环境条件与资源特征相适应的城市布局和经济结构还未形成；其次，北京的主要生态环境问题，如水资源短缺、地下水资源长期过度开采、森林生态效益不高、大气污染与风沙危害、城市热岛效应、农业面源污染等，仍是威胁北京生态安全的主要因素。北京市的生态环境状况还不能从根本上保障全市的生态安全，不能为北京市经济社会的可持续发展提供可靠的基础，生态环境状况还与其作为政治、文化和对外交往中心的首都形象不相称。

4 北京生态环境现存的主要问题、经济影响及其成因分析

4.1 水资源过度开发和水生态功能退化

4.1.1 水资源过度开发引发的生态环境后果及社会经济影响

水资源过度开发的表现是北京主要供水水源——地下水的超量开采，平水年约超采 1 亿 m^3，枯水年可达 2 亿～3 亿 m^3。地下水资源的过度开发引发了北京当前一系列水生态问题：①地下水存储量日趋减少，至 2000 年地下水累计亏损 57.78 亿 m^3；②地下水水位下降造成地面沉降范围和幅度逐年扩大。目前地面沉降面积已达 1 800 km^2，沉降中心区累计最大沉降量已达 850 mm，造成地基不均匀沉降，道路和建筑物墙壁开裂，降低抗震能力，地下管道断裂等问题；③部分地区地下水水质衰退，甚至超标不能饮用，总硬度超标面积为 327.1 km^2，硝酸盐超标面积为 169.7 km^2；④地下水水位下降剧烈（至 2002 年与 20 世纪 80 年代初相比，地下水位已下降了 11.78 m），以致土壤干旱化和盐分增加。如水源八厂等处地面土壤已经干旱化，引起草地退化和树木枯萎；⑤泉水干涸，特色旅游景观遭破坏。20 世纪 80 年代初，北京尚有近 1 300 多眼泉水，然而现今许多著名泉水如玉泉山、龙山、高庄等泉水也已断流。

由于水资源过度开发而引起的社会经济影响是巨大的，仅就地下水水源井而言，由于地下水位下降，使井深由 30～50 m 增加到 100～200 m，北京市每年由于抽水扬程增高，而导致耗电量增加、更新机井和水泵的费用，每年超过 1 亿多元。其他还有，由于水资源过度开发而造成的地下水位下降、引起的地面沉降、水源涵养林的死亡、土壤干旱、农业减产等一系列问题造成的社会经济影响，则更为巨大。

地表水体上筑坝截流取水和水体污染，使下游河流丧失原有水体生态功能，无法维持水生生物的多样性以及调节气候、补给地下水、泄洪、排涝、输沙及稀释降解水污染物等生态功能，影响下游地区水资源的利用。

4.1.2 水资源过度开发和水生态功能退化的成因分析

①北京多年平均降水量偏少，特别是 1999—2000 年来，北京年降水量仅为 300 mm 左右。

②永定河和潮白河境外上游地区由于干旱和水资源开发加剧，北京地区入境水量减少。

③“以供定需”未能有效实施，用水结构不合理，用水效率低，用水浪费仍然严重。

农业用水多而用水效益低。北京农业用水占总用水量的 51%。郊区超过 6.7 万 hm^2

农田没有安装节水灌溉设施，4 万多农业机井中有 3/4 没有安装计量水表。农业产业结构有待调整。

城市生活用水中公共用水浪费严重。郊区居住小区不适当的就地开采地下水营造水景。

工业用水量中高水耗、高能耗和高污染行业用水量过大。

城镇绿地建设过多发展高耗水的草坪，过多发展高尔夫球场。

④现有水资源开发不够合理，污水处理率只有 41.9%，中水回用率低，西部蓄水回灌工程尚未启动，汛期雨洪拦蓄不充分，雨水入渗量少。

⑤缺乏有效的水资源管理机制。

⑥部分单位和群众对水资源紧张状况的认识不高，忧患意识不强，浪费用水行为随处可见。

4.2 大气环境中颗粒物污染严重

4.2.1 大气中颗粒物污染是北京亟待解决的环境问题

2000 年北京大气好于、等于空气污染指数（API）二级的天数是 176 天，达标率为 48.4%，好于、等于三级的天数占 93.7%，但离实现国际化大都市的环境要求仍有较大差距。近年春季土壤颗粒物增加（3—5 月，增加 34%），其他季节显著下降（15%左右）。2000 年与 1998 年相比，虽然北京大气中二氧化硫浓度降低了 40.83%，一氧化碳浓度降低了 17.9%，氮氧化物浓度降低了 17.1%，但总悬浮颗粒物浓度仅降低 2.1%，可吸入颗粒物浓度降低 2.9%。造成空气质量超标的天数中，90%以上是由可吸入颗粒物（PM_{10}）造成的。PM_{10} 可进入呼吸系统，其中 $PM_{2.5}$ 以下的可进入肺泡，通过肺间质与血液交换，使有害物质进入血液循环，对人体有关器官产生危害。2000 年在 PM_{10} 和 $PM_{2.5}$ 的样品中，共检测出有机化合物 110 种。目前北京市的 PM_{10} 本底浓度值就是 80 μg/m^3 左右，说明北京郊区及周边地区生态环境差、尘源多，市区 PM_{10} 年日均浓度值在 160 μg/m^3 左右，要把市区范围中的 PM_{10} 浓度降到国家标准值 100 μg/m^3 十分困难。

4.2.2 大气环境中颗粒物居高不下的成因分析

北京大气环境中颗粒物居高不下的原因有自然因素和人为因素。

（1）自然因素

①北京处于华北平原西北部边缘，西部和北部群山环抱，东南是一片缓缓倾向渤海的平原。受地形影响，全年 70%被地方性山谷环流控制。风向常常是“南转北”、“北转南”，造成污染物在半盆地中打转，难以扩散。

②北京近年来降水偏少。2000 年降水量为 371.1 mm，降水少而集中不利于尘的消除。同时气温有所增高，比常年高 1.5℃，气温增高为二次粒子和臭氧的生成提供了有利条件。北京逆温频繁，1996—2000 年年均达 233 次，不利于污染物扩散，易出现重污

染。北京春季干旱多风，易发生扬沙、浮尘。

③沙漠化威胁北京，北京处于黄土高原和沙漠化地区的下风向，由于连年干旱，植被破坏等原因，区域生态状况恶化，北部沙漠化日趋严重。当受西北气流控制时，北京是沙尘危害重灾区之一。如：浑善达克沙漠的南端距北京已不足 180 km，其海拔高于北京 1 300 m，遇偏北大风时，沙尘直接影响北京，且近年愈加频繁。位于北京北部的张家口坝上地区，是北部风沙进入京津地区的重要通道和加强源区。

（2）人为因素

北京市大气污染市区污染较为严重，市区面积占全市面积的 6%，却集中了全部 53%的人口，80%的建筑和 80%的能源消耗。

工业与生活污染物大量排放。北京城近郊区人口已达 800 万人（包括暂住人口 136.8 万人），燃煤总量 1 600 多万 t，排放大量烟尘，机动车 150 多万辆，施工工地近 2 000 个，而且还有电力、冶金、化工、建材等行业排放大量的工业粉尘。

山区森林植被的破坏，造成严重的水土流失，使土地干旱贫瘠，就地扬尘突出，近年来虽然大力开展植树造林，但中幼龄林现在还难以起到防风固沙、涵养水源的作用。

郊区冬季有超过 15 万 hm^2 农田裸露，秋整地后农田中没有植被，农田土壤裸露，干旱松散，春季在大风作用下易起尘，颗粒物浓度峰值多出现在此季节。

同时，挖沙、采石、开矿、修路等也造成大气污染。

4.3 城市热岛效应突出

4.3.1 城市热岛效应明显

北京年平均热岛强度为 2℃，明显高于沈阳、西安、上海、兰州等大城市，在规划市区 1 040 km^2 范围内，热岛总面积占规划市区面积的 23.91%，而规划市区外的郊区部分，热岛总面积只占这些城镇总面积的 4.87%。

在规划市区内的强热岛集中区是：大栅栏地区、首钢厂区、东铁匠营地区、西直门地区、西黄庄地区和五棵松地区。次强热岛的集中区是：旧城区的西北部和东北部、西客站、化工区和化工区南。

4.3.2 北京城市热岛效应成因分析

城市规模过大，布局不合理，中心区人口稠密，能源消耗集中，直接加热市区大气。

建筑物、道路集中，绿地面积少，各种建筑和铺设的道路有较大的热容量和导热率，储存较多的热量。

城市上空悬浮物、二氧化碳含量较高，加剧了市区的热岛效应。

市区与郊区之间的楔型绿地系统与生态廊道没有形成，缺少城市中心区与郊区自然空间的联系与沟通，不能发挥其缓解城市热岛效应的作用。

强热岛集中的地区，一是集中的平房居住区，建筑高度密集，人流、物流、车流高度集中；二是城区绿地分布不均的旧城区，绿化覆盖率较低，仅为 24.79%，强热岛地区绿化覆盖率只有 2%～3%，远低于周边绿地量；三是集中的工业热源，如首钢厂区年消耗 400 万 t 煤，运输吞吐量达 4 000 万 t，产生大量的人工热量。

4.4 农业环境污染尚未有效控制

4.4.1 农业生产对生态环境的负面影响

①农业化学品投入量大，农药单位面积的使用量为 5.35 kg/hm^2，远远高于全国 2.33 kg 的平均使用水平。化肥施用量为 544 kg/hm^2，高于全国 225 kg/hm^2 的平均施用水平，有的地块氮施用量超过作物需氮量的 50%～200%。塑料农膜覆盖面积也呈逐年增加趋势。

2000 年对市场农产品品质的检测中发现，有 20.9%的农产品有害物残留量超过了国家规定的标准。大量施用氮肥，造成蔬菜中硝酸盐含量普遍超过食用标准。

②畜禽养殖场污染严重。2000 年北京市共产生畜禽粪便 935.54 万 t，排放废水中的污染物总量 COD 为 13 万 t，NH_3—N 近 3 万 t，TN 4 万 t，TP 6 000t。目前拥有粪便处理设施和污水处理设施的畜禽养殖场只分别占规模化养殖场总数的 12.2%和 8.2%。

4.4.2 农业面源污染问题的成因分析

①农业产业结构调整时缺乏前瞻性和可持续发展的考虑。

②农民的科学知识和环保意识有待加强，农业新技术推广力度不够（包括保护性耕作技术），投入不足，特别是农业病虫害综合防治技术、抗病虫害农产品开发技术、平衡施肥技术、环境友好型农业化学品应用技术及农业化学品替代技术的推广亟待加强。

③养殖方式落后，简单的水清粪工艺易造成严重的环境污染。种植业与养殖业结合不紧，使畜禽粪便不能得到有效的还田。环保投入不足，未能有效治理畜禽粪便及污水的污染问题。

4.5 其他有待改善的生态环境问题

4.5.1 现有植被的生态效益不高

①虽然北京林木覆盖率已达 41.9%，但有平原林木覆盖率仅有 20%，山区还有 12.6 万 hm^2 的荒山荒地缺少植被。

②林龄结构的中幼林龄面积所占比例为 85%，纯林较多，树种单一，林分质量不高，生态功能较差。

③城市绿地发展不平衡，城市绿地总面积不够，特别是城市中心区绿地严重不足，二环路内绿化率平均只有 24%，缺少大面积片林。

4.5.2 水土流失仍较严重

截至 2000 年，北京市中度以上水土流失面积为 1 114.2 km^2，轻度水土流失面积 2 974 km^2，约占全市总面积的 25%，主要集中于密云、门头沟、延庆、房山和怀柔 5 个区县。水土流失降低了土壤肥力，破坏了地貌完整、淤积水库、堵塞河道，易造成洪水和泥石流灾害。

4.5.3 土地沙化和季节性裸露农田问题突出

全市沙质土地共计 2 390 km^2，占全市国土面积 14.4%，集中分布永定河下游河滩、潮白河下游河滩、南口山前至温榆河的河床两侧和延庆盆地妫水河河滩。全市沙质耕地面积共计 1 087.83 km^2，沙质耕地面积较大的是大兴、昌平等区。

由于冬小麦种植面积由 1998 年的 16.8 万 hm^2 减少到 2000 年的 7.2 万 hm^2，由于未及时种植越冬作物，新增季节性裸地 9.6 万 hm^2，造成农田土壤风蚀和扬尘面积增多。

4.5.4 矿山开发造成的生态破坏得不到有效恢复

北京的矿山绝大部分为小型矿山，据 2000 年统计，全市共有各类矿山 1 749 个。矿山开发已造成严重的土地和植被破坏，并对大气、水体和土地造成一定的污染，而且矿山开发后得不到有效复垦。

结论：

北京市生态环境的主要问题有水资源过度开发和水生态功能退化，大气环境中颗粒物污染严重，城市热岛效应突出，农业环境污染尚未有效控制，其他脆弱生态环境问题有待改善等。上述问题都是生态系统功能脆弱的问题，特别是生态环境具有破坏快、解决难、恢复慢的特点，已成为制约首都可持续发展的主要因素。

上述问题的产生，原因是多方面的，除自然原因外，主要是人为原因。城市发展规模未能有效控制，经济结构尚未合理调整，重工业比重大，而且是高耗能与高耗水、高污染和低效益的行业企业，在经济发展中往往注重暂时或局部的经济利益，忽视生态环境建设和保护，对可持续发展战略的重要性缺乏足够的认识，生态环境治理与建设的投入不足，治理工程滞后等。

5 生态环境保护对策

北京作为伟大祖国的首都，首都性质决定了北京市必须要有一流的生态环境，这是我们做好“四个服务”的重要基础，是迈向现代化国际大都市的必要条件。江泽民同志在党的十六大报告中把“可持续发展能力不断增强”作为全面建设小康社会的 4 个目标之一，北京要率先实现现代化，必须把可持续发展放在十分突出的地位，可持续发展战略是制定北京生态环境保护对策的关键。

5.1 加强领导，强化宣传教育

各级政府依法对本区域环境质量负责，要把生态环境保护工作纳入重要的议事日程，实施可持续发展战略，防止以牺牲环境破坏生态的行为换取眼前的和暂时的利益，协调好经济、社会和环境的关系，把生态环境保护工作成效作为各级领导干部政绩考核的重要内容。

建立北京市生态环境保护联席会议制度，由市政府主管领导同志担任联席会议召集人，负责全市生态环境保护的协调工作。联席会成员单位由市政府有关部门组成，各部门分工协作，相互配合。在市环保局设立北京市生态环境保护协调办公室，负责日常工作事务。

加强生态环境保护工作的宣传教育，提高全体公民的生态环境保护意识，提倡健康、节能、环保型的消费理念。

5.2 加强法制建设，强化生态保护监管力度

各级政府的资源和环境管理部门要按照职责分工，认真执行现有环境保护、生态保护、资源保护等法律法规，严格控制各种生产、生活活动可能造成的生态破坏，严肃查处污染环境、破坏自然资源的违法行为。

抓紧建立、健全北京市生态环境保护法规、规章以及相应的标准与评价指标，逐步形成健全的生态环境保护法规体系和生态环境评价、考核指标体系。

建立起行之有效的生态环境保护监管体制。环保部门要加强统一监管；计划部门要积极安排生态建设和保护工作计划和经费，并纳入国民经济和社会发展计划中；农业部门要严格控制农业面源污染；土地、林业、水利、旅游等部门要在资源开发利用中明确开发者的生态保护责任，防止生态破坏，促进生态恢复。

5.3 加大科研支持能力，完善生态环境监测体系

建立在 3S（遥感系统 RS，地理信息系统 GIS，全球定位系统 GDS）技术支持下的生态环境监测网络和信息管理系统，及时掌握生态环境的变化趋势，提出对策措施，避免出现大的生态环境问题，适时公布《北京市生态环境状况报告书》。

各级政府要把生态环境保护科学研究纳入科学发展规划，加大科研投入，鼓励科技创新。在生态保护、生态恢复、农村面源污染控制、自然保护区建设管理规范、矿山环境复垦、生态环境评价指标体系等方面开展科学研究，并推动科研成果的转化。

5.4 制定和实施生态保护行动计划和生态保护规划

全面实施《北京市生态环境建设规划》、《奥运生态环境规划》及相关规划，加大生态保护和建设力度，不断改善北京的生态环境。

按照《全国生态环境保护纲要》的要求，编制生态环境保护规划和生态功能区划，划定生态功能保护区，采取强有力的保护措施，维护生态安全，改善区域生态环境质量，逐步建立起行之有效的生态保护运行管理机制。

5.5 完善环境经济政策，增加生态保护投入

各级政府要将生态保护工作纳入国民经济和社会发展计划，加大对保护生态环境的资金投入，按照“谁开发、谁保护”，“谁破坏、谁恢复”，“谁补偿、谁受益”的生态保护原则，逐步建立起与市场经济相适应的生态环境资金补偿机制；制定优惠政策，充分发挥市场配置资源的作用，拓宽社会资本投资领域，建立多渠道多元化投融资新机制，鼓励民间组织机构在生态保护方面的投入。

5.6 主要生态环境保护对策提要

北京是一座特大型的城市，既是首都又是我国政治和文化的中心。改革开放以来，城市的建设速度不断加快，国内生产总值和人口的增长都达到了空前的水平，城市对资源的需求和对环境的压力进一步增长，生态环境保护与建设所面临的任务也更加艰巨。

根据北京地区的地形地貌及人们的活动空间，北京的生态环境明显地分成中心城区、平原农村和山区三种不同地域的生态类型，构成了一个大的经济社会和生态复合系统。随着科技进步和社会发展，不同地域之间的人流、物流、信息流交换的频度不断加快，相互作用也越来越强。针对以城市为中心的三个圈层存在的生态问题和功能差异以

及它们之间的相互作用和影响，分别提出相应的生态环境保护对策，以便更有效地保护和改善北京市的整体生态环境，力争在10～15年内使北京市的生态环境实现良性循环。

5.6.1 第一圈层（城市）生态环境保护对策

北京市是全国的政治、文化中心和对外交往窗口，第一圈层是北京市的中心区域，是北京市生态环境保护的核心区。由于人流、物流、能流的高度集中和城市空间布局及产业结构不合理等因素，影响了首都城市整体功能的发挥。根据这些特征，主要应采取以下生态环境保护对策：

①城市总体规划要符合生态原则，遵循生态规律，避免“摊大饼”式的发展，严格执行中央批准的城市规模，市区城市人口控制在650万人，市区城市建设用地610 km^2，疏散城市中心高密度地区人口，完善城市基础设施，使城市规模和整体布局更趋合理；根据城市性质与功能的要求，调整全市的经济结构与产业结构，搬迁工业企业，发展高新技术产业和服务业。

②严格执行污染物排放总量控制。到2010年，大气环境质量好于二级标准的天数达到全年的70%以上；城市生活污水全部得到处理，城区湖泊全部达到水体功能的水质标准，城近郊区河流基本达到Ⅳ类水体水质标准；加大清洁能源比例，减少煤的消耗量；城市生活垃圾基本上实现分类收集和减量化、资源化和无害化处理；实施严格的汽车尾气排放标准，加快汽车更新速度；严格管理施工工地和裸露地面，减少颗粒物的排放。

③加强城市绿化，增加市区绿地总量，绿化覆盖率达到40%以上。结合旧城改造，合理规划建绿，建设多片万平方米以上的大型绿地，实施500 m内见公园、绿地工程，改善绿地分布不均的状况。绿化工作要强调整体的生态效益，多种适合北京生长的乔、灌木树种，少建草坪，防止因不适宜的绿化而带来新的生态环境问题。在主导风向上建立生态廊道，将城市外围的洁净空气引入城市内部，改善城市环境质量，减轻城市热岛效应。

④建立节水型城市，继续加强行之有效的各项节水措施和政策，工业、商业以及企、事业单位用水实现负增长，居民生活用水实现零增长。加强污水处理与回用，不断增大污水回用的比例。转变用水消费观念，尽快转向以供定需的用水观念和管理政策。限制以水造景以及过多建设高尔夫球场和大面积高级草坪，减少水的无效消耗，减少不渗水地面，实施雨水收集和入渗工程建设。

5.6.2 第二圈层（平原）生态环境保护对策

第二圈层是城郊平原地区，是为城市发展、城区人口和产业疏散及郊区城市化建设提供发展空间，也是提供绿色空间和农副产品的生产基地。这一圈层是城市与农村相互作用较为强烈的地区，也是第一圈层与第三圈层之间的过渡地区。因此，它虽以农村生态为主，但在一定程度上又兼有城市生态的特点，是未来发展变化最快的地区。根据这些特征，主要应采取以下生态环境保护对策：

①加快城市化进程，加强城乡结合部的环境综合整治，营造城市郊区整洁、优美的环境。加强卫星城、小城镇的规划建设，严格控制建设用地，节约土地资源，工业建设用地应集中在现有工业园区，不再新增建设用地，城镇及工矿用地应控制在30%左右。

完善卫星城、小城镇的基础设施，普及清洁能源，对乡镇污水和生活垃圾的排放进行规范管理，建立相应的处理设施。加强绿化，创建园林城镇。

②构建森林型的城市郊区，建设“五河十路”绿色通道和第二道绿化隔离地区，对西北山前地下水源涵养区实行退耕还林，建设 8 万 hm^2 水源涵养林，建设宽、厚、高标准的农田防护林带等，使平原区永久绿地达到 30%左右，减少风沙危害，将山区、平原与市区绿色空间连通，为市区增加环境质量。在温榆河和其他适宜地区利用坑塘、弃水等自然系统，恢复和建设湿地，结合南水北调，形成市区合理的水网水系工程，改善和调控区域生态环境。

③加强农业产业结构调整，建立都市型、节水型、效益型农业，对地下水超采区划定禁采区，到 2010 年农业节水力争达到 50%。全面建设食用农产品安全生产基地，减少化肥和农药的施用量，大力发展绿色食品和有机食品，实现食用农产品的安全优质。

④发展适度规模的畜禽养殖业，实现种养结合，使畜禽粪便得到有效利用，养殖污水全部得到治理、还田。加强秸秆禁烧和有机质还田工作，增加农田的有机质含量，防止耕地退化，增强土壤肥力，治理沙化土地。改变传统铧犁耕作方式，推广有利于农业生态保护的耕作新技术，增加越冬作物面积，减少裸露农田面积，防止就地起尘。加强农村环境的综合治理工作，强化农村的节水与改厕工作。

5.6.3 第三圈层（山区）生态环境保护对策

第三圈层是广大山区，拥有丰富的自然资源和众多的历史文化遗迹，是北京市的绿色生态屏障，是水源涵养地、水源水体保存地和矿产资源蕴藏地，同时又是北京市民休闲、旅游、度假的地方。根据第三圈层的生态功能和现状，应采取以下生态保护对策：

①对水源保护、水土流失、防风固沙的重点地区和生物多样性丰富的地区，划定生态功能保护区和自然保护区，采取移民、限制开发活动等严格的保护措施和积极的生态恢复和建设措施，减少人为破坏，实现生态恢复，保障生态安全。使饮用水源水质保持良好，五大风沙危害区得到全面根治，消灭中度以上的水土流失面积。自然保护区面积达到国土面积的 12%。

②加强对自然资源开发利用的管理，对筑坝、修路、采矿、旅游等活动，实行严格的环境影响评价制度并实施有效的生态恢复、补偿，防止盲目开发造成的生态破坏和环境污染问题的发生；关停污染环境破坏生态的采矿点；加强对旅游景区的规范管理，防止建设对生态环境有影响、与自然景观不协调的建筑与设施，完善游路与环保设施，开展生态旅游。

③加快山区绿化造林工作，重点实施京、津风沙源治理工程和“三北”防护林体系建设工程，完成宜林、宜草山地的造林、植草工作，对一些深山区实施封山育林、封山禁牧，恢复自然植被，使山区林木覆盖率达到 70%。加强中幼龄林抚育管理，禁伐天然林，对现有的成熟林、过成熟林资源适度采伐，及时更新，实现一些不适宜树种的更换。改善纯林多、林分树种单一、林分质量差的问题，使山区的绿色生态屏障发挥更大的效益。

④积极调整农业产业结构，实现坡度≥25°的耕地全部退耕还林，实施山区水利富民工程，因地制宜建设小水窖、小水池、小塘坝，增加蓄水能力，积极发展有利于改善

生态环境以及农民致富的林果业、牧草业、绿色食品和农产品深加工及生态旅游业等，减少农业面源污染。

⑤开展山区小城镇以及建制镇、乡和中心村的环境综合整治，推广使用清洁能源，完善垃圾收集和清运设施，建设小城镇、建制镇污水处理设施，绿化、美化、净化环境，改善农村生产生活条件。

⑥积极参与全国的生态环境建设，减少外来沙尘源，特别是北京周边环京、津地区重点风沙源治理工程，以及对北京市上游水源和尘污染贡献较大的河北、内蒙古等地的生态环境改善工作。

河北篇

1 前言

江泽民同志在 2002 年 3 月 10 日中央人口资源环境工作座谈会上要求“加快生态环境调查，抓紧制定生态功能区划和生态保护规划”，朱镕基同志也在第五次全国环境保护大会上强调，要切实搞好荒漠化和沙尘暴源的治理，大力造林固沙，改善生态环境。为扭转我国生态环境持续恶化的情况，国务院发布了《全国生态环境保护纲要》，要求各地区制定生态环境保护规划。生态环境现状调查是做好生态功能区划和生态环境保护规划的重大基础性工作，有利于保证社会经济和生态环境协调发展，全面推进小康社会建设。

河北省地处我国东部沿海地区，经济较为发达，其生态环境状况对实现河北省的经济跨越式发展战略具有重要意义。近年来，由于自然资源的开发利用强度不断加大，生态环境所面临的压力也不断加大。开展生态环境现状调查，及时、全面地掌握河北省的生态环境现状及动态变化，不仅能为搞好生态环境功能区划和生态环境保护规划奠定基础，也将为河北省经济结构战略性调整和重大建设项目科学布局提供决策依据。

2002 年 4 月接到国家环保总局《关于开展中东部地区生态环境调查的通知》后，河北省政府高度重视，成立了以省政府原副省长何少存同志为组长，省政府副秘书长赵国昌以及环保、计划、统计部门领导为副组长，国土、水利、农业、建设、财政、交通、林业、畜牧、水产、气象、测绘、旅游等部门领导为成员的河北省生态环境现状调查工作领导小组，领导小组办公室设在省环保局，负责生态调查的组织协调工作。省环保局成立了以省环科院为主要技术承担单位的项目组，负责有关具体工作。

按照这次生态环境现状调查组织实施方案，2002 年 4 月 29 日，省环保局对各市环保局人员进行了培训，各市于 5 月 15 日完成了对各县技术人员的培训。从 5 月中旬至 6 月初，各县收集汇总调查数据，并向省项目组上报，共统计各种数据约 15 万个，总的数据填报率为 63%。省项目组组织了大量人力物力，对各县数据进行汇总后，于 7 月初分别征求各市有关部门意见。共得到有关部门修改后的调查数据 8 896 个，依此汇总了河北省全省生态调查数据。分别于 9 月初和 10 月中旬两次征求省直各主管部门意见，形成了河北省生态调查数据库，共计数据 1 899 个。

从 2002 年 7 月到 8 月中旬，按照国家环保总局提供的卫星图片，由省环保局组织省环科院、省环境信息中心工作人员进行了生态环境野外核查工作。共核实卫星图片 17 幅，核查 324 个点，行程约 3 000 km，取得照片 618 幅，卫星图片野外核查解译正确率为 87%。

从 2002 年 8 月中旬开始，由省环保局组织，省环科院和河北师范大学共同编写了《河北省生态环境现状调查报告》（征求意见稿），10 月 11 日召集部分成员单位有关负责人，听取了他们对报告的意见，11 月上中旬征求了各成员单位的文字修改意见，据此对调查报告进行了反复修改完善。2002 年 11 月 28 日召集了省内有关专家和部分成员单位有关负责人对调查报告进行了评审，形成了调查报告报审稿。2003 年 1 月 2 日省政府批准了《河北省生态环境现状调查报告（简本)》。

本次调查范围为河北省全省范围，除有特殊说明外，数据采集、典型案例调查和遥感调查的基准时间均为 1986 年和 2000 年。调查内容涉及多学科、多部门，数据主要源自新中国成立以来河北省统计、农业、林业、水利、环保、国土等部门先后开展过的社会、经济、农业、森林资源、土壤侵蚀、沙漠化、土地资源、水资源利用、农村面源污染等方面的调查资料，必要时参考了有关权威部门的研究成果。引用资料未在文中一一列出出处，特向提供资料的单位和作者表示感谢。

本次调查技术流程为：

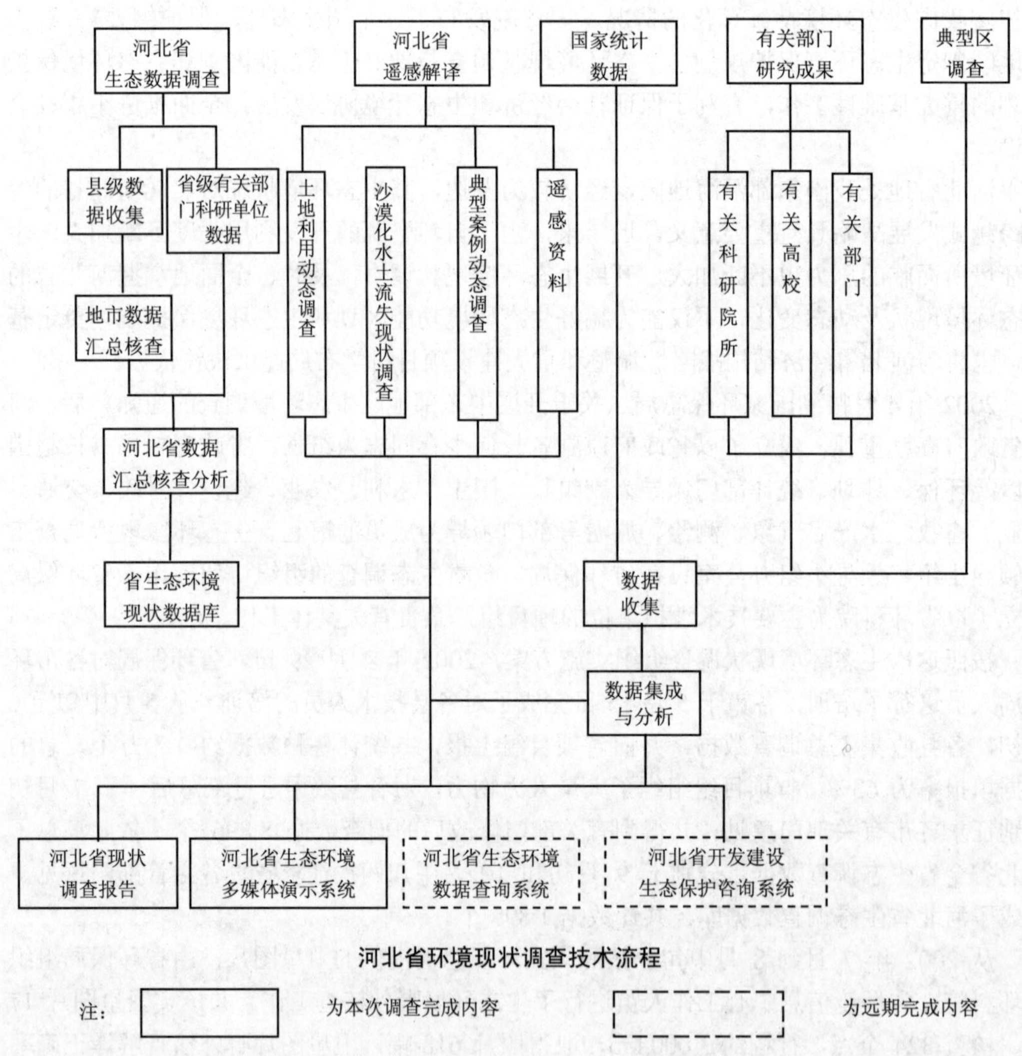

河北省环境现状调查技术流程

注：[实线框] 为本次调查完成内容　[虚线框] 为远期完成内容

2 生态环境建设与保护取得的成就

新中国成立后，河北省各级政府为保护和改善生态环境做了大量工作，取得了显著效果。特别是近年来，采取多种有效措施，对环境进行了综合整治，环境恶化与生态破坏加剧的势头得到一定程度的控制，部分区域环境质量有所改善。

2.1 生态建设取得一定进展

太行山驼梁林区

“九五”期间，河北省以首都周围绿化、太行山绿化、平原绿化、防沙治沙、沿海防护林、省会周围绿化“六大”防护林工程以及果树基地和速生丰产林基地建设为重点，绿化造林取得很大成绩。2000 年全省森林覆盖率达到 19.48%，比第五次森林资源清查（1996 年）提高 1.57 个百分点，比第三次森林资源清查（1988 年）提高 8.66 个百分点；林木总蓄积量达到 7 931 万 m^3；林果总产值达到 96.7 亿元（1990 年不变价），比“八五”末增加 29.1 亿元，年均增长 9.36%。林业建设创造出了太行山的“生态经济沟”、燕山的“围山转”、黑龙港的枣粮间作、坝上的林草间作和饲料薪炭林、平原的沙地开发等林业综合开发模式。

2000 年全省草地总面积为 501.58 万 hm^2，比 1995 年增加 3.35 万 hm^2，其中人工、半人工草地面积发展到 60.42 万 hm^2，比 1995 年增加 21.13 万 hm^2。人工、半人工草地的植被覆盖度由建设前的 30%提高到 80%以上，单位面积生产能力由每公顷不足 900 kg，增加到 3 000 kg，载畜能力由每公顷饲养 1.5 个羊单位，提高到 5 个羊单位。完成人工种草 25.05 万 hm^2，退耕还草 0.36 万 hm^2，改良退化草场 21.62 万 hm^2，草地围栏 9.99 万 hm^2，飞播 3.4 万 hm^2。

20 世纪 80 年代以来，河北省水土保持工作开始步入正轨，永定河、潮白河、滦河先后被列为国家水土保持重点防治区，开始以小流域为单元的综合治理。1998—2000 年，国家计委累计安排总投资 25 696 万元（其中中央预算内专项资金 17 670 万元），用于重点地区的生态建设综合治理，取得明显成效。据统计，全省开展重点治理的小流域共计 700 多条，已有 500 多条通过部颁标准验收，经过治理，小流域林草覆盖率比治理前普遍提高 20%～40%，缓洪拦沙效益达 50%。从 1991 年到 2000 年，全省共兴修各类梯田 21.7 万 hm^2，造林 99.02 万 hm^2，修建塘坝 1 399 座，谷坊坝 40.45 万个，水池水窖 2.19 万个，累计治理水土流失面积 2.14 万 km^2，比 20 世纪 80 年代（1.42 万 km^2）增加 7 200 km^2。全省水土保持工程年拦沙保土 5 000 万 t，蓄水能力达 1.2 亿 m^3，官厅水库入库沙量由 20 世纪 80 年代的平均每年 890 万 t 降到 90 年代末的 310 万 t。

生态农业试点县、生态示范区建设取得一定成绩，全省已建生态农业试点市、县 24 个，试点村、乡 400 余个，试点总面积达 300 多万 hm^2，12 个县被列为国家级生态示范区建设试点县。重点发展了城郊型、低平原型、山区型资源开发和城镇化环境洁净农工贸一体四种生态农业模式，初步形成了黑龙港旱作生态农业区、冀中南高科技生态农业示范区、冀西北冀东浅山丘陵区生态农业示范区、坝上草原生态农业区、燕山山区立体生态农业示范区、燕山山前无公害生态农业区六大生态农业经济区，促进了生态农业的发展。开发绿色食品涉及 32 家企业 72 个品种，成立了河北省无公害食品检测室，已颁证的有机食品基地 6 667 hm^2。

积极开展秸秆综合利用工作。1999 年农业部门秸秆综合利用面积达 293.1 万 hm^2，占当年小麦、玉米种植总面积的 53.05%。其中秸秆机械化还田 173.3 万 hm^2，秸秆堆沤还田 106.5 万 hm^2，种植食用菌利用秸秆 13.3 万 hm^2，分别占当年小麦、玉米种植总面积的 53.1%、31.37%、19.27%；农村新能源开发推广秸秆气化技术，建秸秆气化站 22 处，年消化秸秆 5 557.95t。有效利用了农业资源，减少了秸秆露天焚烧现象。

加大了工业污染源治理力度，全省主要污染物排放总量基本控制在国家要求的范围内。全省有污染的工业企业基本实现了主要污染物达标排放，263 家国控重点污染源已全部治理达标，取缔、关停了 1.1 万多家污染严重的“十五小”企业。大中型建设项目环境评价和“三同时”执行率均超过 96%，小型建设项目、非生产性项目和乡镇企业项目环保把关率也不断提高。

加快了城市集中供热、燃气、污水处理和垃圾处理设施建设。2001 年底，全省城镇燃气普及率达到 83.76%，用气人口达到 997.02 万人；集中供热面积达到 12 147.26 万 m^2，其中住宅集中供热面积 8 658.45 万 m^2；全省建成污水处理厂 15 座，污水处理能力达 139.9 万 t/d，按城市规模计算城市污水处理率达 38.7%；建成垃圾无害化处理厂 38 座，处理能力 12 358 t/d，垃圾无害化年处理量为 376.07 万 t，垃圾无害化处理率 66.54%。

节水工作进展显著，单位 GDP 耗水量从 1986 年的 0.456 m^3/元降低到 2000 年的 0.041 7m^3/元。农业节水取得很大成绩，“九五”期间全省共发展节水灌溉面积 110.86 万 hm^2，是“八五”以前累计发展节水灌溉面积的 1 倍多。目前节水灌溉面积已达 206 万 hm^2，占全省有效灌溉面积 1 316.8 万 hm^2 的 46.9%。

部分农村地区正在推行喷灌

2.2 生态保护初见成效

衡水湖自然保护区

河北省生态环境保护取得一定成效，自然保护区建设成绩显著，截至 2001 年底，已先后建立了 14 个自然保护区（国家级 3 个，省级 9 个，市级 1 个，县级 1 个）；51 个森林公园（国家级 9 个，省级 42 个），经营面积达 298 000 hm^2，其中湿地保护面积 48 787 hm^2；风景名胜区建设共分 3 级 27 处，总面积 718 200 hm^2，占全省国土面积的 3.82%。使分布于河北省境内的国家重点保护动植物及濒危物种得到了有效的保护和挽救。如分布于小五台山区的濒危珍稀雉类——褐马鸡，建立保护区初数量不足 1 000 只，经过十几年的精心保护和管理，目前已达到 2 920 只，而且分布范围正在逐步扩大，近几年与之毗邻的北京市小龙门林场和河北省涞源、涞水县的山区发现有一定数量的褐马鸡。有些迁徙鸟类已将河北省的适栖地作为越冬地，如灰鹤、大鸨等。近几年来，河北省还先后建立了秦皇岛、廊坊和保定野生动物救护繁育中心和多处珍稀植物资源保护基地，积极开展以濒危物种为主的拯救和繁育工作，促进了一些濒危物种的恢复和发展。

红松洼自然保护区

2.3 机构建设以及法律、法规、规划制定取得可喜成绩

环保工作人员正在进行鸟类保护工作

在各级领导的高度重视下，河北省生态环境保护机构和队伍建设取得了可喜成绩，省、市、县级环境管理机构和环境执法网络建设有了较大进展。从 1985 年到 2000 年底，全省环保机构数量从 173 个发展到 517 个，环境保护人员数量从 1 744 人发展到 9 078 人，河北省环保局于 1993 年成立了自然生态保护处，各市环保局也相继成立了自然保护科（处）。2000 年，省林业厅设立了专门的野生动植物资源管理机构——野生动植物保护处，各市

林业部门也相应配备了专门管理人员，全省共有各级野生动植物保护行政管理人员 3 080 人，林业公安干警 777 人。水生野生动植物的管理已纳入渔业行政管理部门的工作范围，并已取得明显的效果。全省农业环保机构从 1984 年到 2000 年底发展到 64 个（其中省级 1 个、市级 11 个、县级 52 个），执法人员达到 3 867 人。《水土保持法》颁布以来，省水利厅先后成立了“水土保持工作总站”和“水土保持处”，8 个山区市、50 多个县（市、区）成立了专职水土保持治理和预防监督机构，配备专职县、乡水土保持监督员 600 多人。

近年来颁布了《河北省环境保护条例》、《河北省水污染防治条例》、《河北省大气污染防治条例》、《河北省农业环境保护条例》、《河北省建设项目环境保护管理条例》、《河北省环保产业管理暂行条例》、《河北省地质环境管理条例》、《河北省野生动物保护条例》、《河北省白洋淀水环境保护管理规定》、《河北省重点野生动物名录》、《河北省实施〈中华人民共和国水土保持法〉办法》、《河北省大中型水利水电工程水土保持办法》、《河北省征收排污费暂行办法》、《河北省陆上石油勘探开发环境保护管理办法》、《河北省电磁辐射环境保护管理办法》等多部环保地方法规。编制了《河北省生态环境建设规划》、《河北省京津风沙源治理工程实施规划》、《河北省海河流域水污染防治规划》、《河北省自然保护区建设规划》等十几部生态建设与保护规划。

3 生态环境现状及发展趋势

3.1 区域自然生态环境特点

3.1.1 地理位置与地形地貌

河北省位于华北东部，地处北纬36° 03′～42° 40′，东经113° 27′～119° 50′，东临渤海，北部为坝上高原，高原南侧为弧形分布的燕山、太行山山脉，东南部为广袤的平原。全省面积18.77万km²，占全国土地总面积的1.96%。地形地貌表现为：

① 地势高差大。全省地势西北高，东南低。最高与最低之差达2 800余米，高差悬殊。

② 地貌类型齐全，复杂多样，有山地、丘陵、高原、平原和盆地。

③ 大地貌单元排列整齐。平原、山地、高原自东南向西北排列，井然有序，其面积分别占全省总面积的43.4%、48.1%、8.5%。

3.1.2 气候条件

河北省属温带大陆性季风气候，冬季寒冷少雪，春季干旱多风沙，夏季炎热多雨，秋季晴朗寒暖适中。气温南北较差大，光热资源丰富。年平均气温大部分地区为－0.3℃～14℃，由北向南逐渐升高。年平均降水量大部分地区为350～815 mm，降水集中于夏季，降水量地区分布不均，总的趋势是东南部多于西北部。

气候变化趋势：

（1）温度变化

河北省是全国气候变暖最显著的地区之一。据统计，全省年平均气温平均每 10 年上升 0.1℃，从 1951—2001 年全省各地年平均气温上升了 0.5℃左右，冬季增温最为明显，近50年全省各地冬季的平均气温上升了1.0℃左右。

（2）全省降水量呈减少趋势

据统计，20 世纪 80 年代全省降水量分别比五六十年代减少 110 mm 到 80 mm，90年代前期，全省降水量比80年代略有增加，但比五六十年代明显偏少。

从20世纪50年代开始，河北省中南部平原年降水量少于500 mm的范围逐渐扩大，西部山区多于600 mm的范围逐年缩小，降水量最大值逐年减小。20世纪五六十年代太行山区仅存的一条大于600 mm的多雨带，到70年代已破碎成少数几个多雨中心，到八九十年代，部分山区平均年降水量减少到 500 mm 以下。东部沿海沧州地区的年降水量从20世纪五六十年代的600 mm降到现在的500 mm左右。

持续升温，降水量减少，全省地表水径流量减少，大部分河流干涸，地下水位下降，干旱加剧，给全省人民生活和工农业生产带来极大影响。

3.1.3 土壤条件

按土类、亚类、土属、土种、变种五级分类制，全省土壤共有 21 个土类，62 个亚类，218 个土属，619 个土种，类型随地形、气候、植被等条件变化。全省土壤有机质含量低，肥力不足，土壤有机质累积水平自南而北递增。

3.1.4 植被条件

河北省植被类型比较丰富，从东南向西北方向逐渐更替。根据大地貌单元，可分为高原（坝上）植被、山地丘陵植被、山麓和平原植被 3 个植被带区。各种高等植物 2 800 多种，不少植物品种有较高的经济实用价值。

3.1.5 水文条件

河北省河流众多，分为海河、滦河、辽河和内陆河 4 个流域。其中海河、滦河与辽河直接流入渤海，为外流河，流域面积占全省总面积的 93.8%；坝上高原河流短小，多汇于内陆湖淖，形成内陆河，流域面积占全省总面积的 6.2%。

3.2 区域社会经济特点

①国民经济总量规模不断扩大，国民经济稳步增长，产业结构进一步完善，三次产业协调发展，区域经济实力进一步增强。

2000 年全省国内生产总值达到 5 088.96 亿元，比 1986 年增长了 10.7 倍，人均国内生产总值达到 7 663 元，比 1986 年增长 8.8 倍。

在国内生产总值的三次产业构成中，第一产业占 16.2%，第二产业占 50.3%，第三产业占 33.5%。产业结构由原来的以农业为主向大力发展工业和服务业转变，逐步形成了以农业为基础、优势工业为主导，发达服务业为依托的产业发展格局。2000 年与 1986 年相比，三次产业在国内生产总值构成中变化为：第一产业下降了 12.1 个百分点，第二产业提高了 2.8 个百分点，第三产业提高了 9.3 个百分点。

②人口总量得到有效控制，素质明显提高，城镇化进程加快，人口再生产类型基本实现由高出生、高增长到低出生、低增长的历史性转变。

2000 年底全省总人口数 6 674 万人，平均人口密度为每平方公里 355 人，为全国平均人口密度的 2.7 倍，比 1986 年增加 1 047 万人。人口自然增长率由 1986 年的 14.30‰下降到 2000 年的 5.09‰。第五次人口普查高中以上文化程度人口由第三次人口普查时的 7.98%增加到 13.41%。

据 2000 年第五次人口普查，全省城镇人口为 1 739.35 万人，占总人口的比重为 26.08%，与 1990 年第四次人口普查相比，城镇人口比重上升了 6.87 个百分点，全省城镇化水平显著提高。

③环境意识逐步提高，环保事业加快发展。

省委、省政府每年都要召开人口资源环境工作座谈会，环境保护工作已列入各级党委、政府的主要议事日程；生态建设工程列为河北省“十五”期间及 2010 年前十项重点建设工程之一。建设项目管理中环保的一票否决地位进一步确立。

2000 年，全年完成环境污染限期治理项目 2 830 个，总投资 10.41 亿元。全省城市中共建成 125 个烟尘控制区，面积达 771 km^2；建成 52 个环境噪声达标区，面积 329 km^2。

3.3 土地利用与土地退化现状及发展趋势

3.3.1 土地利用现状与动态变化

①河北省土地类型多样，人均土地面积小，耕地面积所占比例较大，草地、林地分布不均，牧草地和园地面积相对较小，土地利用布局地域差异明显。

河北省行政辖区面积 18.8 万 km^2，占全国土地面积的 1.96%，居全国第 14 位，人均土地面积 0.28 hm^2，相当于全国平均水平的 37.78%。据河北省国土资源厅 2000 年土地利用变更调查资料，全省耕地面积 685.60 万 hm^2，占全省土地总面积的 36.30%；园地 54.96 万 hm^2，占 2.91%；林地 390.86 万 hm^2；占 20.70%，牧草地 81.71 万 hm^2，占 4.33%；居民点及工矿用地 144.72 万 hm^2，占 7.66%；交通用地 32.86 万 hm^2，占 1.74%；水域 104.99 万 hm^2，占 5.56%；未利用土地 392.78 万 hm^2，占 20.8%（图 2-3-1）。根据 2000 年 LandSat7TM 影像解译结果绘制的河北省土地覆盖图见彩图 1。

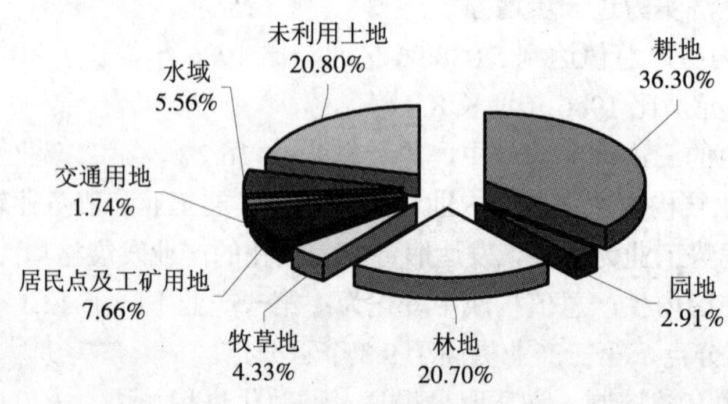

图 2-3-1　河北省土地利用结构图

土地利用布局地域差异明显。耕地主要分布在平原和盆地；园地分布较广泛，但面积相对较小；林地主要分布在山地、丘陵地区，低山区的林地多于丘陵地区，且北部多于南部；牧草地主要分布在坝上高原、冀西北山区和冀北、冀西的山地丘陵地区；山麓平原和盆地的城乡居民点密集且用地规模大，山区和坝上高原的居民点稀疏，且用地规模小；未利用土地主要分布在太行山山区、燕山山地丘陵区和冀西北间山盆地区。

②耕地面积逐年减少，园地和林地面积大幅度增加，牧草地面积减少，居民点及工矿用地逐年增加。

1949—2000 年的 51 年间，全省耕地共减少 40.98 万 hm^2，减幅 5.6%，平均每年减少 0.80 万 hm^2。园地面积增幅较大，2000 年园地面积由 1985 年的 40.79 万 hm^2 增加到 54.96 万 hm^2，增加了 34.76%。2000 年与 1989 年相比，林地面积增加了 7.57%；牧草地面积减少 10.46%；居民点及工矿用地共增加 13.52 万 hm^2，增幅 10.31%。交通用地明显增加；水域面积大致持平；未利用土地面积因陆续开发而逐渐减少。

3.3.2 土地退化现状与动态变化

（1）水土流失现状与动态变化

部分山地的水土流失严重

①水土流失面积大，是全国水土流失比较严重的省份之一。

据全国第二次土壤侵蚀遥感调查结果，2000 年，全省水土流失总面积为 62 957 km^2，占全省土地总面积的 33.3%，占全省山地丘陵区面积的 55.5%，是全国水土流失比较严重的省份之一。在水土流失面积中，水蚀面积为 54 662 km^2，占 86.8%；风蚀面积 8 295 km^2（主要分布在坝上地区），占 13.2%。按土壤侵蚀强度划分，轻度侵蚀面积为 33 101 km^2，占水土流失面积的 52.6%；中度侵蚀面积 27 381 km^2，占 43.5%；强度侵蚀面积为 2 303 km^2，占 3.6%；极强度侵蚀面积为 172 km^2，占 0.3%（图 2-3-2）。水土流失主要出现在植被覆盖率较低的低山丘陵地区。从行政辖区来看，张家口市居首位，其次为承德市，保定市位居第三（图 2-3-3）。

②水土流失面积呈减小趋势。

2000 年与 1990 年第一次土壤侵蚀遥感调查结果相比，全省水土流失总面积减少了 8 351 km^2，其中，中度以上土壤侵蚀面积均呈减小趋势，中度土壤侵蚀面积减少了 2 485 km^2，强度侵蚀面积减少了 6 163 km^2，极强度侵蚀面积减少了 837 km^2，轻度土壤侵蚀面积则增加了 1 134 km^2（图 2-3-4）。目前，河北省水土流失严重的局面仍未从根本上解决。

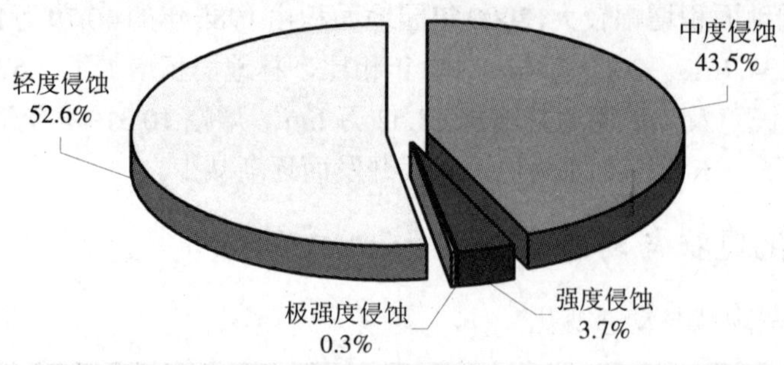

图 2-3-2　2000 年河北省水土流失面积结构图

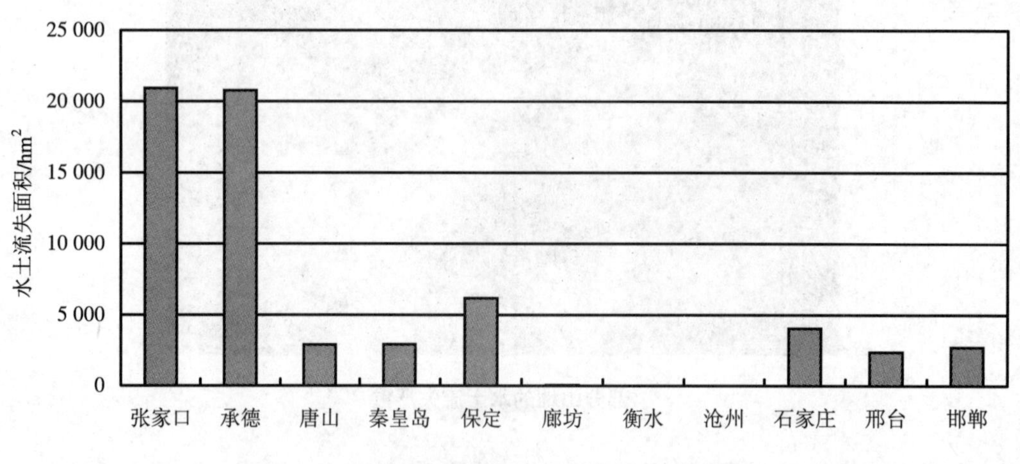

图 2-3-3　2004 年河北省水土流失面积分布图

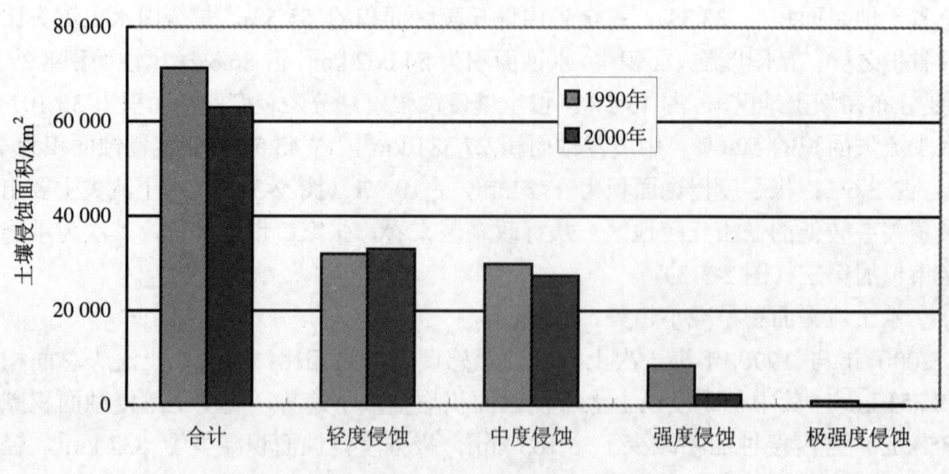

图 2-3-4　河北省土壤侵蚀面积动态变化图

③水土流失蚕食农田，削弱土壤肥力，泥沙淤积河道，造成生态环境恶化，加剧自然灾害的发生。

水土流失使有限的耕地资源遭到破坏，土壤肥力下降，农作物减产。新中国成立以来，全省因水土流失而毁掉的耕地多达 12.47 万 hm^2，年均流失土壤 4.5 亿 t，由此丧失的土壤肥力折合化肥 22.8 万 t，相当于全省年化肥产量的 12.1%。

水土流失产生的泥沙大量淤积水库、塘坝，降低了防洪、灌溉、发电等综合效益的发挥，缩短了水利工程使用寿命。位于河北省永定河的官厅水库自 1954 年建成以来，已淤积泥沙 6.51 亿 m^3，占总库容的 27%。

水土流失使大量泥沙进入河道随水下泄，造成下游河道淤积，河床抬高，大大降低了河道行洪能力。如子牙河自 1949—1979 年平均淤高了 1.5 m。近几年来，河北省一些河流出现小洪水、高水位、多险情的局面，水土流失淤高河床是其原因之一。

在水土流失严重地区，生态失调，风沙肆虐，水旱灾害频繁。据文献记载，太行山区水灾，在唐代，每 100 年发生 2.8 次，到清代增加到 5.6 次，现在每 10 年就发生一次；旱灾，唐代每 100 年发生 6.6 次，清代增加到 34.2 次，现在是十年九旱。河流上游森林草原植被遭受严重破坏，致使河水暴涨暴落加剧，增加了洪涝灾害的频率，扩大了受灾面积。

（2）土壤盐渍化现状与动态分析

滨海平原地区盐渍化程度较重

土壤盐渍化面积比例较低，呈逐渐减小的趋势。

2000 年全省盐渍化土地面积占全省土地总面积的比重为 1.5%。从全省分布情况看，盐渍化土壤主要分布在沧州、唐山、秦皇岛、衡水及张家口坝上地区。从土地盐渍化程度来看，滨海平原的盐渍化程度最重，治理难度最大，坝上高原西部地区和冀西北间山盆地区次之，低平原区盐渍化程度较轻。从土壤盐渍化的动态变化来看，土壤盐渍化的面积呈逐渐减小趋势，TM 遥感影像解译结果显示 2000 年全省盐渍化土地面积比 1986 年减少了 3.1%（图 2-3-5）。

（3）土地沙漠化现状与动态变化分析

①土地沙漠化面积大。

到 2000 年，全省土地沙漠化面积达 272 万 hm^2，涉及 114 个县，占全省土地总面积的 14.5%，其中流动沙丘 9 万 hm^2。沙化土地主要集中在张家口市和承德市的坝上高原。平原沙区面积较小，主要分布在河道两旁、古河道周围及河流入海口处，多为洪积、风积、海积沙漠化土地。

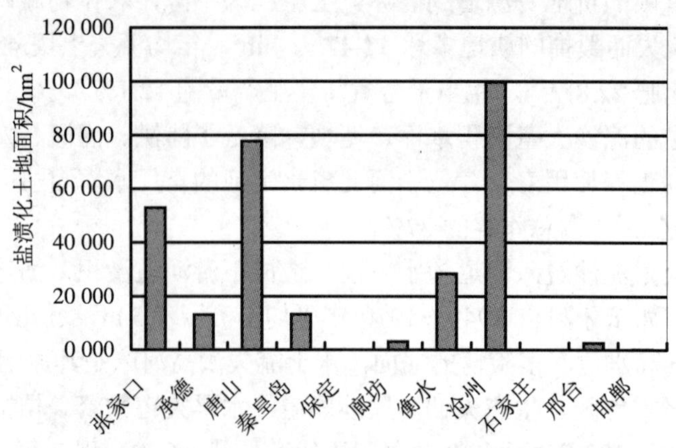

图 2-3-5　河北省盐渍化土地面积分布图

②土地沙漠化的面积呈现不断扩大的趋势。

张家口天漠沙漠化呈扩大趋势

2000 年的沙化土地面积比 1995 年增加了 29.3 万 hm^2，占全省土地总面积的比重增加了 2.6 个百分点。尤其是坝上地区土地沙化面积急剧增加，1986 年沙化土地面积为 60.5 万 hm^2，到 2000 年增至 112.5 万 hm^2，占坝上高原土地总面积的比重高达 68%，比 1952 年增加了 3 倍。风蚀模数达 3 000 t/(km^2 ·a)，平均每年刮蚀表土 5 cm，风口处多达 15 cm，沙尘暴平均每年发生 8～12 天。

（4）耕地数量与质量动态变化分析

①耕地的绝对数量和相对数量均呈现出日益减少的变化趋势。

1949 年，全省耕地面积 726.58 万 hm^2，人均耕地面积为 0.235 hm^2。到 2000 年末，全省耕地面积减少为 685.60 万 hm^2，人均耕地面积为 0.102 hm^2。1949—2000 年，全省耕地面积共减少 40.98 万 hm^2，人均耕地面积减少 0.133hm^2。1996—2000 年间，全省耕地面积仍逐年减少，耕地减少的原因主要是由于非农建设占用耕地、生态退耕还林还草、农业结构调整以及灾毁耕地等；同时由于受耕地后备资源有限以及土地开发复垦能力的限制，耕地增加的数量不足以弥补耕地的减少量，以至于全省耕地面积绝对数量减少（图 2-3-6、图 2-3-7）。

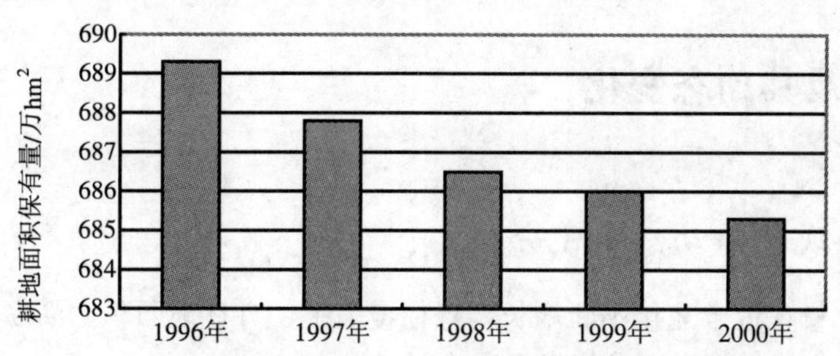

图 2-3-6 河北省耕地面积保有量变化图

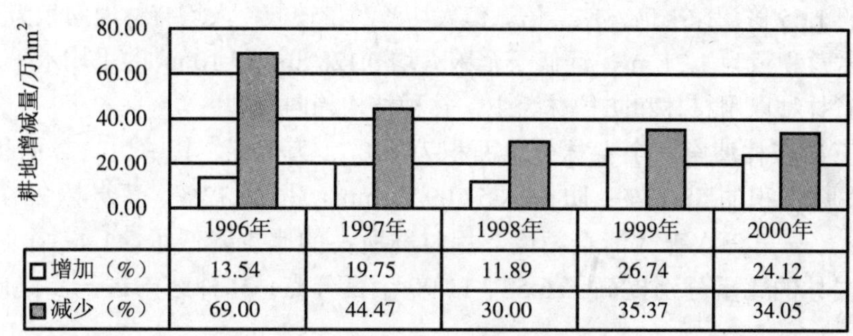

	1996年	1997年	1998年	1999年	2000年
□增加（%）	13.54	19.75	11.89	26.74	24.12
■减少（%）	69.00	44.47	30.00	35.37	34.05

图 2-3-7 河北省耕地增减数量变化图

②耕地总体质量不高。

具有水源保证和灌溉设施的耕地面积只占 53.1%，中低产田占耕地面积的 70%左右。从耕地质量的变化来看，≥25° 坡耕地面积减少了 3 万 hm^2，但是仍有 9.5 万 hm^2 在继续耕作。土地投入少，耕地土壤缺钾、缺磷、缺氮的状况仍未改观。2000 年与 1986 年相比，缺钾土地面积基本持平，缺磷土地面积减少了 16 万 hm^2，缺氮土地面积则扩大了 10 万 hm^2，污灌严重污染的农田面积扩大了 1.5 万 hm^2。

据 1986 年和 2000 年 TM 遥感影像解译结果，1986—2000 年期间，耕地面积净减少 2.7%，其中用于建设用地的耕地占耕地减少量的比重为 90.8%（见图 2-3-8）。根据 2000 年 LandSat7TM 影像解译结果绘制的河北省耕地现状分布见彩图 2。

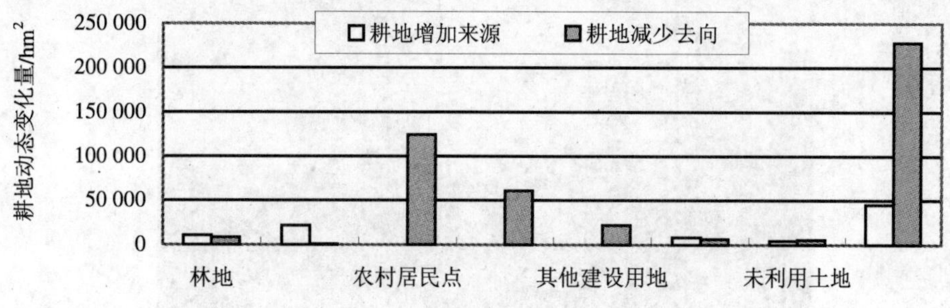

图 2-3-8 河北省耕地动态变化（1986—2000 年）

3.4 植被状况及其动态变化

3.4.1 森林资源现状与动态变化分析

①森林资源总量在近十几年不断增长，森林覆盖率、有林地面积、活立木蓄积总量均呈上升趋势，但人均森林资源量依然不高。

河北省的森林资源总量在近十几年不断增长，据第五次森林清查，森林覆盖率、有林地面积、活立木蓄积总量分别为17.91%、336.13万m^3、7 856.82万m^3，分别是第三次森林清查时的1.65倍、1.61倍、1.27倍。但人均资源量较低，人均有林地面积为0.052 hm^2，人均活立木蓄积量为1.21 m^3，远低于全国人均0.128 hm^2和10 m^3的平均水平。

②全省林种以用材林和防护林为主，林种结构趋向合理。

据第五次森林清查，全省林分总面积为198.71万hm^2，其中用材林面积为116.71万hm^2，占总面积的58.73%；防护林57.09万hm^2，占28.73%，薪炭林23.79 万hm^2，占 11.97%。与第三次森林清查相比，用材林所占的比重降低了 11.47 个百分点，防护林、薪炭林的比重分别提高了6.58、11.90个百分点，林种结构进一步趋向合理（图2-3-9）。

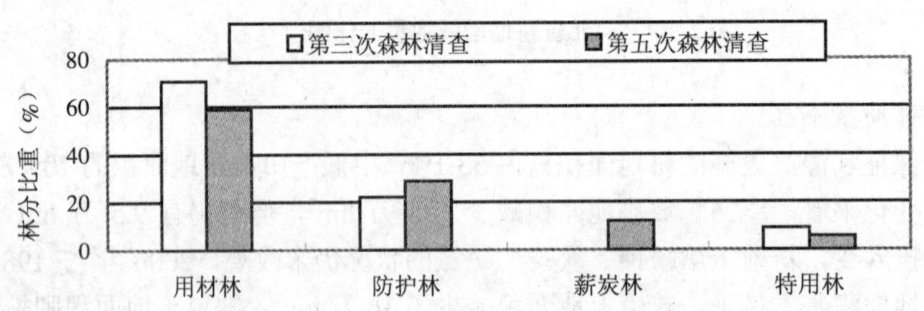

图 2-3-9　河北省各种林分比重变化图

③林龄偏小，树种结构单一，森林的生态调节功能较弱。

人工林场树种单一

依据第五次森林清查，从树龄来看，幼龄林、中龄林的面积比较大，分别占总面积的 51.55%、28.56%，成熟林（包括近熟林、成熟林、过熟林）的比重呈上升趋势，但仍仅占总面积的 11.48%（图 2-3-10）；从林相来看，天然林少，人工林多，混交林少，纯林较多，不利于对病虫害的综合防治，对生态环境的调节功能比较薄弱。

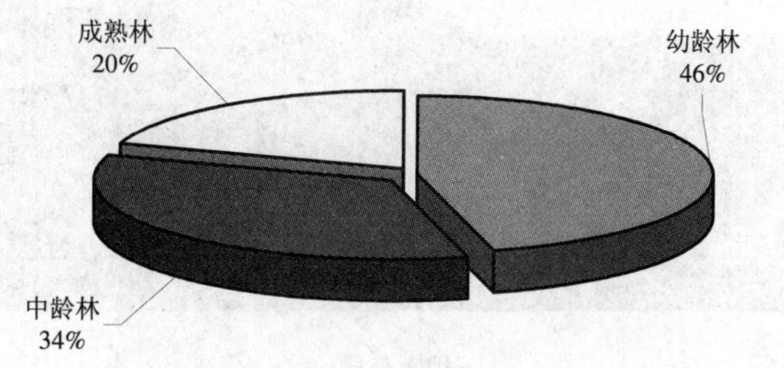

图 2-3-10　河北省森林树龄对照图

④活立木蓄积总量增长较为缓慢，林分单位面积蓄积量低，且呈下降趋势。

据第五次森林清查，活立木蓄积总量为 7 856.82 万 m³，是第三次森林清查时的 1.27 倍，蓄积量的增长以用材林和薪炭林为主，分别为第三次清查时的 1.37 倍、3.0 倍；防护林、特用林的蓄积量没有较大变化（图 2-3-11）。

按单位面积蓄积量算，全省林分每公顷蓄积量为 29.93 m³，比第三次清查（35.05 m³）降低了 14.60%，仅为全国第四次清查平均每公顷蓄积量（70.05 m³）的 42.73%，也远远低于世界平均林分蓄积量（110 m³）的水平。

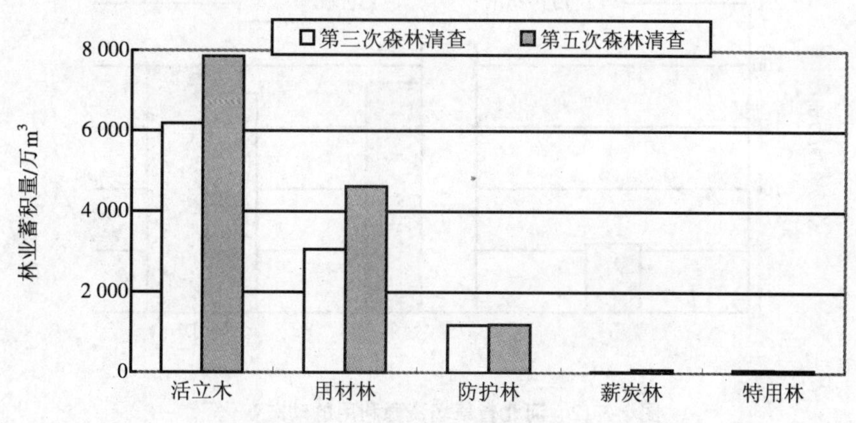

图 2-3-11　河北省林业蓄积量变化图

3.4.2 草地利用现状与动态变化分析

①草场资源总量丰富，类型多样，天然草场比例高，人均占有量较少。

河北省的草场资源包括坝上地区、冀西北间山盆地、冀西北山地和太行山区等众多的草山、草坡以及滨海地区面积广大的滨海草滩。

坝上草原

2000 年河北省草地总面积 501.58 万 hm^2，占全国草地总面积的 1.27%，占河北省土地总面积的 26.72%，人均草地面积 0.077 hm^2，约为全国人均占有草地面积的 1/5。其中天然草场面积 441.16 万 hm^2，人工半人工草场面积 60.42 万 hm^2。天然草场中可利用草场面积 438.89 万 hm^2。

②草场资源利用变化明显，放牧场减少，割草场、兼用场增加。

2000 年与 1986 年相比，草场资源利用变化明显，其中放牧场减少了 31.25 万 hm^2，割草场增加了 38.44 万 hm^2，兼用场增加了 21.62 万 hm^2（图 2-3-12）。

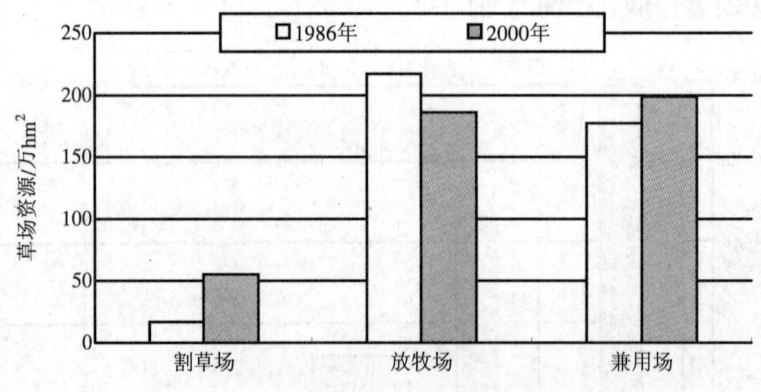

图 2-3-12　河北省草场资源利用的动态变化

③人工半人工草地建设取得很大进展，干旱、过度放牧使天然草场退化，草地质量下降。

2000 年全省草地总面积比 1995 年增加了 3.35 万 hm^2，比 1990 年增加了 27.6 万 hm^2。草地面积增加的主要原因是人工种草和退耕还草。到 2000 年底河北省人工半人工草地累计面积 60.42 万 hm^2，其中改良退化草地 21.62 万 hm^2，草地围栏 9.99 万 hm^2，飞播 3.40 万 hm^2，人工种草 25.05 万 hm^2，退耕还草 0.36 万 hm^2。

干旱、过度放牧使得天然草场退化。1986—2000 年 15 年间全省草场退化总面积 217

万 hm²，占可利用草场面积的 49.4%，其中中等程度以上退化的草地面积 139 万 hm²，占可利用草场面积的 31.7%。草场退化导致草地质量不断下降。以张家口为例，张家口地区坝上四县天然草场面积已由 20 世纪 50 年代的 73.3 万 hm² 减少到 56.8 万 hm²，草场盖度由 90%降到 44%，草地中禾本科牧草占的比例由 60%降低到 40%以下，豆科牧草由 20%减少至几乎为 0，牧草矮小，蒿类增多，狼毒等毒草比例上升。草地产草量由 20 世纪 50 年代的 3 750 kg/hm² 减少到 720 kg/hm²，草生密度由每平方米 749 株下降为每平方米 149 株，产草量下降了 3 030 kg/hm²，草生密度下降了 80%。

④鼠害、火灾不断发生，草场资源受到破坏。

2000 年全省草地鼠害发生面积 146.7 万 hm²，成灾面积 100 万 hm²。草原火灾受灾面积 5 971.77hm²，烧毁草原牧草 381.9 万 kg，草场资源受到破坏。2000 年因虫鼠害、草原火灾造成的经济损失为 3 406 万元。

3.5 水生态现状及变化

3.5.1 水资源总量

①水资源短缺，地区分布不均，供水以地下水为主，农业用水比重大。

据河北省水利厅资料，1956—1997 年 42 年评价，全省年均水资源总量为 203 亿 m³，其中，地表水 125 亿 m³，地下水 130.4 亿 m³，地表水与地下水重复计算量 52.4 亿 m³。人均水资源量为 304 m³（按 2000 年人口计），仅为全国人均水平的 13.2%，也远低于国际公认的人均 1 700 m³ 的水资源紧张警戒线。

全省水资源总量分布不均（图 2-3-13）。按人均水资源总量计算，秦皇岛市最大，为 1 073 m³，衡水市最小，为 182 m³；按耕地亩均水资源量统计，秦皇岛市最大，为 1 086 m³，衡水市最小，为 125 m³。2000 年全省总供水、用水量均为 212.18 亿 m³（图 2-3-14，图 2-3-15）。

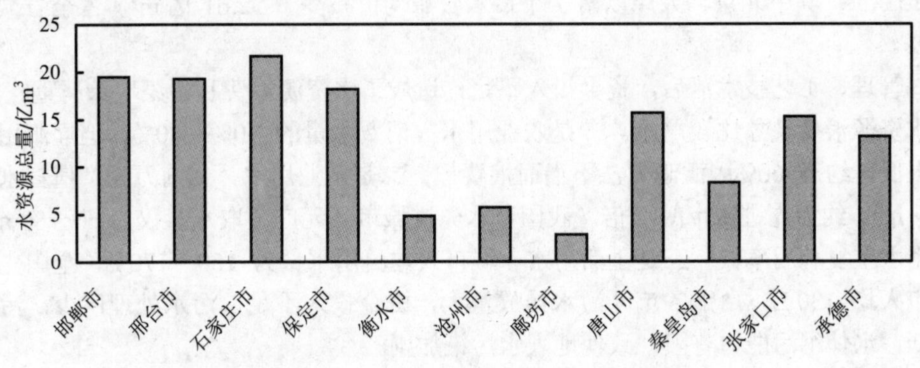

图 2-3-13　2000 年河北省各市水资源总量分布图

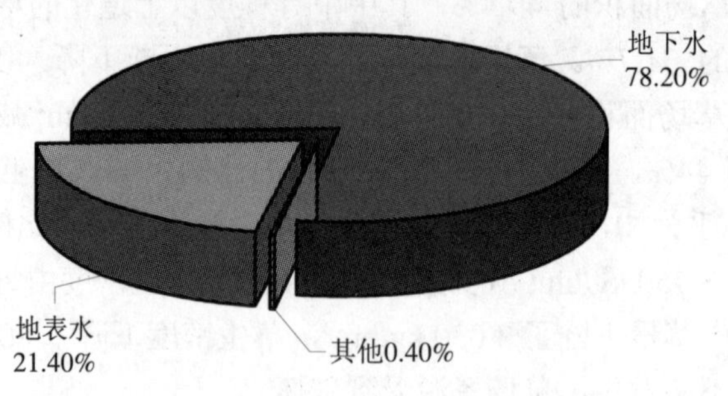

图 2-3-14　2000 年河北省供水组成

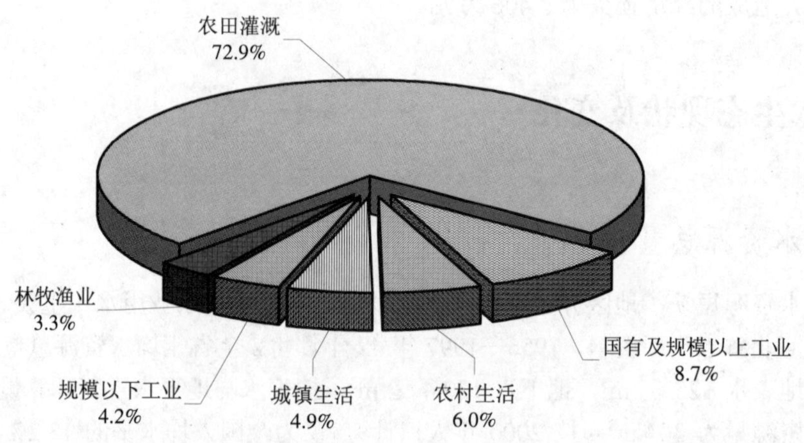

图 2-3-15　2000 年河北省用水组成

②全省水资源总量减少。

1956—1979 年的年均水资源量为 236.9 亿 m^3，人均 464 m^3，而 1956—1997 年的年均水资源量为 203 m^3，人均 311 m^3，两者系列均值相比减少了 33.9 m^3，人均水资源量少了 153 m^3；其中北京、天津以南 7 个市水资源均值减少了 32.61 亿 m^3，占全省减少量的 96%。

③管理、工艺技术落后，资金投入不足，造成了水资源浪费和污染现象严重。

水资源浪费现象比较严重。一是农业用水占消费水量的 70%～80%，但灌溉用水利用率很低，约有 60%因灌溉方法不当而浪费掉；二是工业用水，目前万元产值耗水量为 140 多 m^3，约为先进城市的 2 倍（我国节水先进城市万元产值取水量仅为 60～80 m^3），工业用水重复利用率低；三是生活用水，城市人均日用水量为 160～170 L，全国先进节水城市人均 130 L。由于各市区污水排放量大，资金投入不足，污水处理厂少，污水处理率低，水体纳污能力有限，致使地表水污染加剧。

3.5.2 地表水资源利用现状及动态变化

①地表水资源先天不足，地区分布不均，年际变化大，季节性地表水资源短缺现象严重。

据河北省水利厅资料，2000 年全省地表水资源总量 69.10 亿 m^3，比多年平均地表水资源量偏少 44.7%。全省地表水资源分布不平衡，秦皇岛市地表水资源量较为丰富，为全省均值的两倍，衡水市地表水资源量较贫乏，仅为全省均值的 1/4。全省地表水资源年际变化大，最大年径流量为最小年径流量的 5.6 倍；年内分布不均，60%～80%的年径流量集中于 6—9 月份，其他月份地表水资源短缺现象严重。

②地表水污染严重，使原本水资源短缺的河北“雪上加霜”。

2000 年，全省废水排放总量为 14.8 亿 t，其中，工业废水排放总量为 9.0 亿 t，生活污水排放量为 5.8 亿 t。全省化学需氧量（COD）排放量为 70.6 万 t，其中工业 COD 排放量为 49.2 万 t，生活 COD 排放量 21.4 万 t。

河北省东部平原“有河皆枯，有水皆污”的现象普遍存在。对省境内 56 条河流、148 个监测断面的监测结果进行分析，62%的断面水质为Ⅴ类、劣Ⅴ类，15%的断面水质为Ⅳ类，仅有 23%的断面水质为Ⅱ类或Ⅲ类水，且多分布在北部地区（图 2-3-16）。

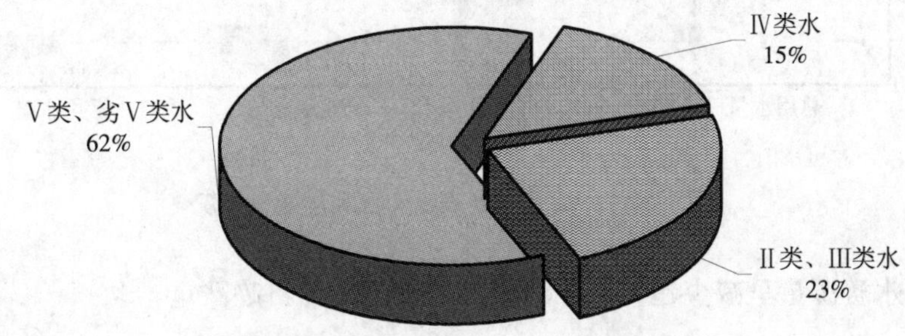

图 2-3-16　2000 年河北省不同水质级别断面组成

2000 年全省 14 座水库中，仅 28%的水质达Ⅱ类。湖淀水质差，衡水湖枯水期由于没有水源补给，水质为劣Ⅴ类；据白洋淀区 13 个断面水质监测结果，Ⅲ类、Ⅳ类、Ⅴ类水质面积分别占总面积的 23%、38.5%和 38.5%。从总的趋势来看，河流、湖库水体污染不断加重，致使河北省水资源更加短缺。

部分河流基本成为排污河

③农业用水量减小，工业用水量增加。

1986 年地表水年用水量 48.224 6 亿 m^3，农牧业用水量 47.8 亿 m^3，工业用水量 0.335 4 亿 m^3，生活用水量 0.090 8 亿 m^3，农业用水占总用水量的 99.1%；2000 年地表水年用水量 46.19 亿 m^3，其中农牧业用水量 38.15 亿 m^3，工业用水量 4.77 亿 m^3，生活用水量 3.27 亿 m^3，占总用水量的比例分别为 82.6%、10.3%、7.1%。从 1986 年到 2000 年，农业灌溉用水比例由 99.1%下降为 82.6%；工业用水量由 0.7%上升到 10.3%，上升幅度很大（图 2-3-17）。

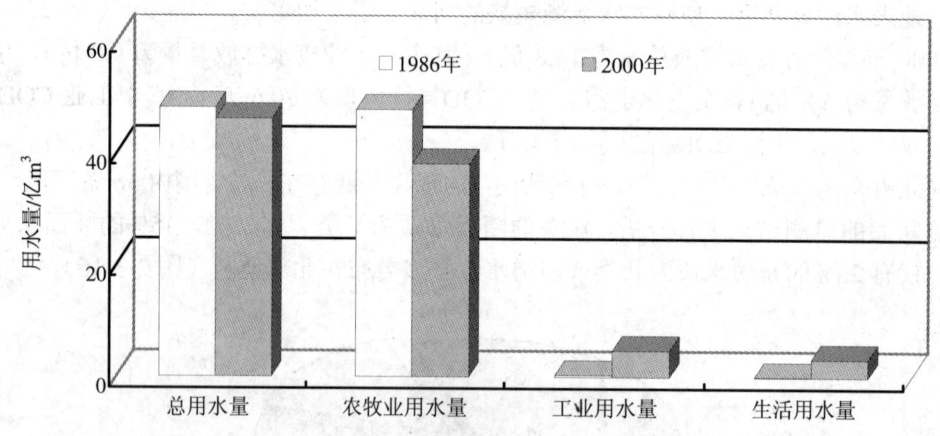

图 2-3-17 河北省地表水资源利用变化情况

④地表水资源量呈减少趋势，江河断流、湖泊萎缩日趋严重。

部分水库蓄水位达不到正常水位

全省地表水资源量从 20 世纪 50 年代到 80 年代呈减少趋势，90 年代有所增加（图 2-3-18）。

河北省京津以南 17 条主要河流，1980—1997 年各河平均河干天数为 335 天。河北省平原区在 20 世纪 50 年代万亩以上的洼淀总面积共 110.8 万 hm^2，目前仅有 6.7 万 hm^2，减少了 94%。东部平原有 11 490 个较大坑塘，蓄水能力达 1.15 亿 m^3，现绝大部分已干枯（图 2-3-19）。白洋淀 20 世纪 50 年代面积为 561.1 km^2，目前为 366 km^2，减少了 34.7%。

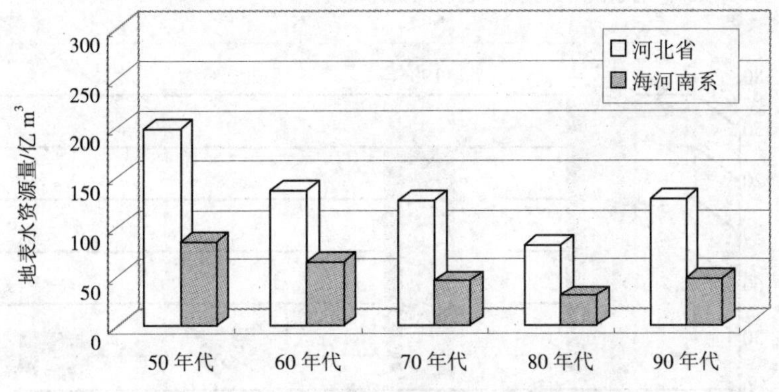

图 2-3-18　河北省及海河南系地表水资源量年代变化图

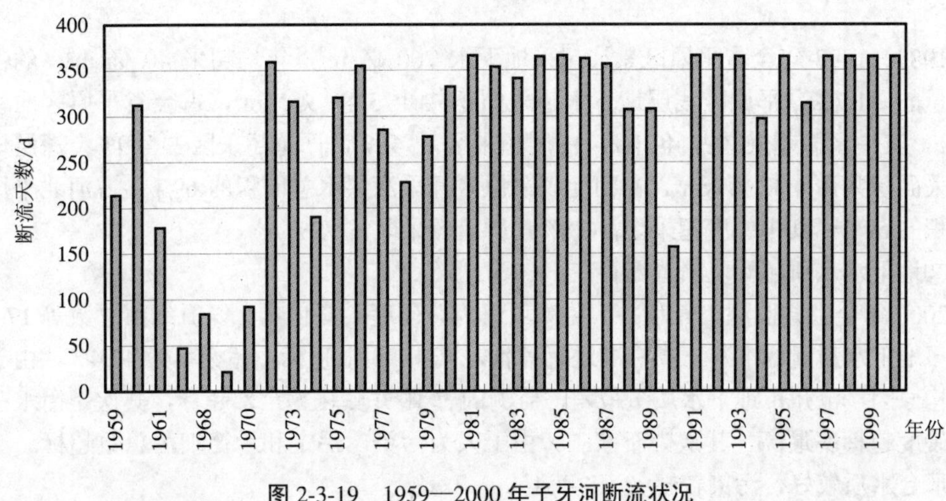

图 2-3-19　1959—2000 年子牙河断流状况

⑤气候干旱，降水量减少，入境水量急剧衰减，出境水量增加，城市生活用水由地下水供应为主转为地表水为主，导致供需矛盾日益突出。

自产地表水由 20 世纪 50 年代的 236 亿 m^3，减少到 80 年代的 81.3 亿 m^3，减少了 65.4%。入境水量由 20 世纪 50 年代的 83 亿 m^3 减少到 90 年代的 23 亿 m^3，减少了 72.3%。为保证京津用水，河北省平均每年要调水 21 亿 m^3 供给北京和天津。随着城市发展，越来越多的城市生活用水由地下水供应为主向地表水供应为主转变，使供需矛盾加剧。

3.5.3 地下水资源及其利用状况

①地下水资源开采量加大，超采严重。

根据河北省水利厅 1956—1997 年统计资料，河北省地下水年平均水资源量 130.4 亿 m^3，人均占有地下淡水资源量 254 m^3，年亩均占有地下淡水资源量 158 m^3，在全国分别排在第 26 位和第 28 位。1986 年地下水实际开采量 151.01 亿 m^3，其中农业用水量 125.08 亿 m^3，工业用水量 25.93 亿 m^3；2000 年地下水实际开采量 165.99 亿 m^3，其中农业用水量 123.61 亿 m^3，工业用水量 22.57 亿 m^3，生活用水量 19.81 亿 m^3。2000 年与 1986

年相比，地下水开采量增加了 9.9%（图 2-3-20）。

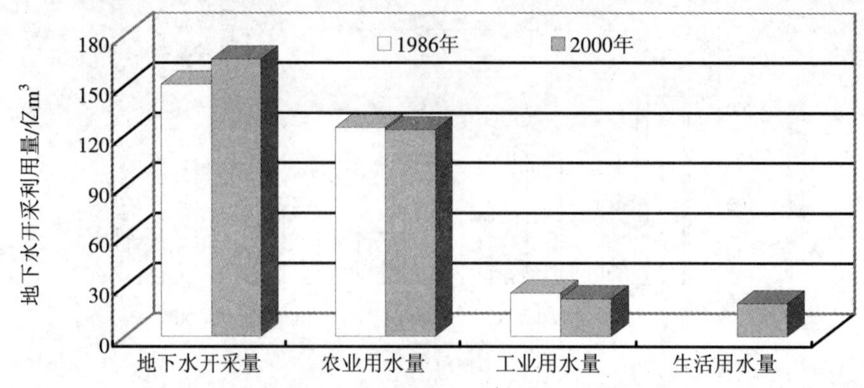

图 2-3-20　河北省地下水资源开采利用情况

1980—1998 年全省平原区累计超采地下水 760 亿 m^3，年均超采 40 亿 m^3，约占可开采量的 31.7%。平原区浅层地下水超采面积共计 3.48 万 km^2，占全省平原区面积的 47.6%，其中轻微超采区占 49.1%，中度超采区占 46%，严重超采区占 4.9%；深层地下水超采面积共计 4.32 万 km^2，占河北省平原区开采深层水总面积的 69%，占河北平原区总面积的 59%，其中中度超采区占 28%，严重超采区占 72%。

②地下水水质超标现象普遍存在。

2000 年全省共监测 196 眼井，监测项目为总硬度、氟化物、氨氮细菌总数等 17 项，采用《地下水质量标准》三类标准进行评价，其中 93 眼超标，超标率为 47.4%。由于地质结构原因，沧州市地下水质量最差，监测的 7 眼井氟化物全部超标，其次是衡水；邯郸总硬度超标率最高，其次为石家庄。由于人为污染，保定和承德细菌总数超标。秦皇岛、邢台水质较好，污染较轻（表 2-3-1）。

表 2-3-1　2000 年河北省地下水超标情况统计表

城市	监测井数/眼	超标率（%）	超标因子
沧州	7	100.0	氟化物*
邯郸	17	88.2	总硬度*
保定	21	76.2	细菌总数
石家庄	27	51.8	总硬度*
张家口	34	50.0	硝酸盐氮
衡水	16	43.7	氟化物*
廊坊	7	42.8	氨氮、氟化物*
唐山	13	30.7	六价铬
承德	21	23.8	细菌总数
邢台	31	16.1	总硬度*
秦皇岛	2	0.0	—

注：标*为自然原因引起。

③深层地下水开采量大，使局部地区产生一系列的生态问题。

地下水位持续下降。据水文水资源勘测局对 600 多眼浅层地下水观测井动态资料分析，全省平原区地下水水位埋深由 1983 年末的 7.23 m 下降到 2000 年末的 12.65 m，下降了 5.42 m。20 世纪 60 年代初至 1999 年，区域地下水位平均埋深下降 10～60 m。2000 年底深层地下水位平均埋深：沧州 51.48 m，衡水 46.17 m，邢台中东部平原 46.01 m（图 2-3-21）。

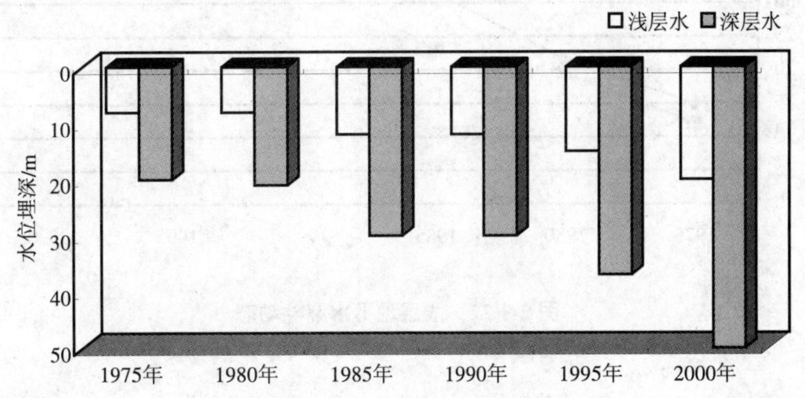

图 2-3-21　河北平原区平均地下水水位动态

地面沉降状况严重。由于地下水超采，20 世纪 70 年代以来产生了大面积地面沉降，全省年均沉降体积达 9.55 亿 m^3，形成了沧州市、衡水市、保定市、任丘市、南宫市、霸州市、大城县、曲周县、唐海县、晋州市 10 个沉降中心。如沧州市千里堤 20 世纪 80 年代就出现纵向裂缝，南运河部分堤段下沉了近 1.0 m。1993 年统计 49 个县市出现地裂缝 402 条。

漏斗面积不断扩大。2000 年底形成较大降落漏斗 20 处，总面积 4 万多 km^2，降落漏斗中心水位埋深 40～75 m，最深达 93.37 m，中心水位埋深呈下降趋势（图 2-3-22，图 2-3-23）。面积最大的浅层地下水漏斗为宁柏隆漏斗，漏斗面积达 1 000.3 km^2，中心埋深 40.20 m，与上年同期比较漏斗面积扩大了 49.0 km^2。面积较大的深层地下水位下降漏斗为沧州漏斗和冀枣衡漏斗。冀枣衡漏斗为一多中心的复合型漏斗，2000 年低水位期漏斗中心位于衡水市东滏阳，中心地下水位埋深 85.77 m；–35 m 等水位线封闭漏斗面积 1 841.3 km^2。沧州漏斗中心位于沧州市 641 厂，–65.0 m 等水位线封闭漏斗面积 1 039 km^2，较上年同期扩大 351.5 km^2。

海水入侵加剧，地下水咸化。截至 1993 年秦皇岛市抚宁县洋河和戴河的入海口处，已形成面积为 27.33 km^2 的海侵区，（枣园一带 20km^2，耀华玻璃厂 2.7 km^2，林场一带 4.6 km^2）。由于海水入侵使抚宁县枣园水源地逐渐报废，约 66.67 hm^2 稻田因咸化而减产或绝产。2000 年监测资料表明，秦皇岛海岸海水入侵长度已达 32 km，入侵面积近 300 km^2。衡水、沧州等地出现了咸淡水界面下移，上层咸水侵染深层淡水的现象。如沧县和河间市咸淡水界面下移 10 m 的面积已达 1 959 km^2，衡水 1983—1993 年间深层水矿化度平均每年升高 14.3 mg/L，咸水下移速度 0.1～0.2 m/a。浅层淡水也有水质被咸化现象，如武强城关，武邑县圈头一带咸淡水交接处，因大量开采浅层淡水引起咸水入侵，水质咸化，矿化度由 1990 年 1.57 g/L 上升到 1994 年的 2.66 g/L。

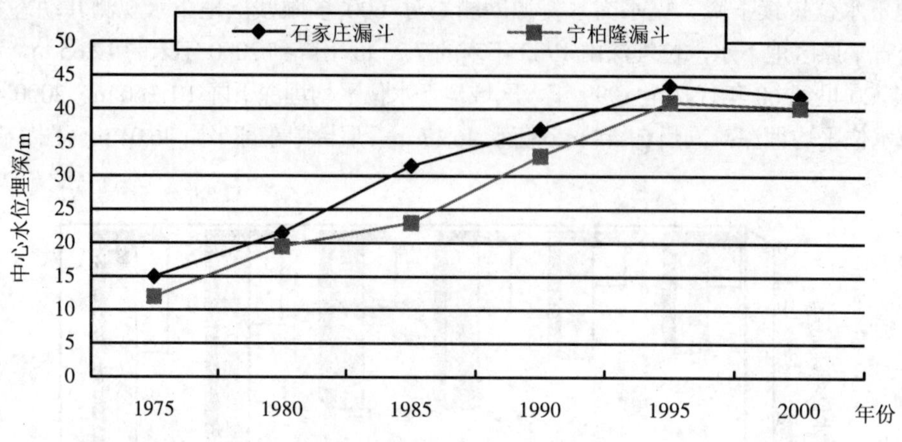

图 2-3-22　浅层地下水漏斗动态

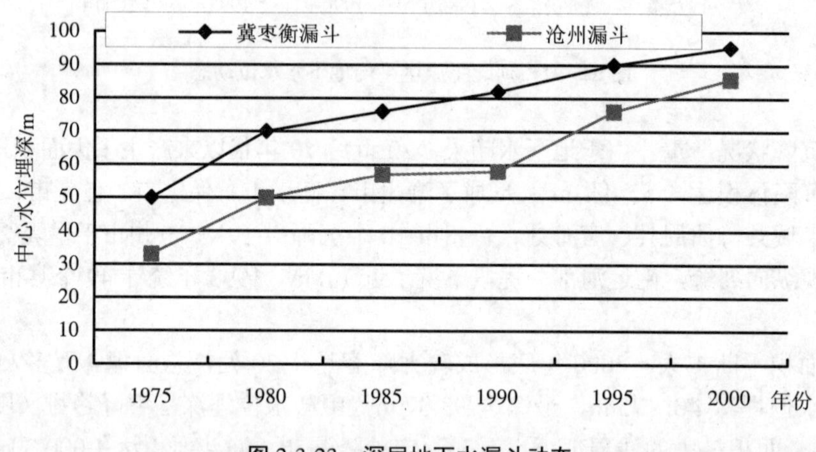

图 2-3-23　深层地下水漏斗动态

泉水逐渐干枯。太行山前许多泉水已经断流，如保定一亩泉、黑凤泉、鸡矩泉、红花泉、申泉等都已断流。有名的 6 个大泉中，已有 2 个常年断流（石鼓泉、百泉），1 个间接性断流（黑龙洞泉），3 个出水量减少（威州泉、东风泉、涞源泉）。

3.5.4 湿地资源

①湿地类型齐全，分布广而零散，湿地生物种类多样。

2000 年河北省共有湿地 110.7 万 hm^2，占全国湿地总面积的 1.68%，占河北省土地总面积的 5.9%，其中库塘面积 3.57 万 hm^2。

河北省处于暖温带向寒温带过渡的地区，湿地类型比较齐全，大致可分为近海及海岸湿地、河流湿地、湖泊湿地、沼泽和沼泽化草甸及库塘五大类。湿地分布广而零散，在沿海、坝上、平原地区及广大山区均有分布。

河北省湿地生物种类丰富多样，据初步调查统计，共有高等植物 77 科，248 属，492 种；湿地野生动物共有 50 目，124 科，576 种。

张家口坝上高原分布有很多淖

②工农业生产废水直接排入江河湖泊以及化肥、农药的大量使用使湿地环境受到污染。

工农业生产废水直接排入江河湖泊，使湿地因 N、P 等营养物质超标而富营养化，水生生物大量死亡，湿地生物多样性被破坏。稻田等人工湿地由于大量施用化肥、农药、除草剂等化学产品而受到污染。

③干旱、湿地资源的掠夺式开采和不合理利用使天然湿地面积减少，湿地生态调节功能下降。

由于近年来的连续干旱，盲目地进行农用地开垦，改变天然湿地的用途，过度取水和过量开采地下水等使天然湿地面积逐渐减少。一些河流上游水源涵养区的森林资源的过度砍伐，导致水土流失加剧，河流中的泥沙含量增大，造成河床、湖底淤积，湿地面积不断萎缩。一些水利工程的修建，隔断了自然河流与湖泊等水体之间的天然联系，挖沟排水使湿地不断疏干。湿地生态调节功能明显下降，生态平衡被破坏。据 1986 年和 2000 年遥感资料对比分析，15 年间天然湿地面积共减少了 4.2%，其中滩涂面积减少了 1.1%，滩地面积减少了 1.7%，沼泽湿地面积减少了 1.4%。

3.5.5 海岸带生态环境状况

（1）海岸带生态破坏现状

①入海污染物量较大，造成近岸海域局部污染严重。

河北省大陆海岸线长度为 487 km，沿海地带城市化程度不断提高，工业化快速发展，因而来自于陆源污染物的数量、种类都在不断增加，对海岸带生态造成了明显的破坏。1998 年河北省入海污染物总量为 153 067.33 t，入海污染物中 COD 占 68.46%，TN 占 27.05%，TP 占 3.10%。COD 和 TN 合计为 95.51%，是主要污染物。入海污染物的排放，导致各河流入海口区域水质较差，均超过四类海水水质标准。主要超标因子为无机氮、高锰酸盐指数、生化需氧量和活性磷酸盐。

②入海河流地表水资源的过量开发利用，加剧海岸侵蚀，威胁海洋生态系统的稳定性和多样性。

由于沿海入海河流地表水资源被过量开发利用，平时很少有径流下泄，断绝了海洋生物的重要饵料来源，同时使入海沙量剧减，造成海洋生物量和生物种类减少及海岸侵蚀，致使海滩变窄、变陡、砂质粗化，使原有的海岸地貌受到破坏。海岸侵蚀较重的岸段是秦皇岛岸线，汤河口至东堡岸段平均海蚀速度约为 3.6 m/a；油码头至沙河口岸段，平均海蚀速度约为 3～4 m/a；北戴河中直浴场岸段平均海蚀速度约为 2～3 m/a。

③沿海陆域地下水过量开采，造成海水入侵和地面沉降。

由于沿岸陆域地下水的集中过量开采，地下水位下降，致使沿岸地下水源受到海水入侵影响，并导致地面沉降。河北省沿海地区地面沉降较为严重，滦河口至捞鱼尖沿海平均累计沉降量达 80 mm（1983—1996 年），平均下降速率为 6.15 mm/a；捞鱼尖至涧河口平均累计沉降量达 400 mm（1975—1996 年），平均沉降速率为 19.05 mm/a；沧州沿海地区平均累计地面沉降 450.7 mm（1970—1997 年），平均沉降速率达 16.69 mm/a。

④一些开发建设工程失当，造成海岸带生态破坏。

沿海地区一些开发建设工程生态环境保护措施不健全，造成海岸带植被和地貌破坏。沿海养殖、工业开发区和旅游区的建设，使原有的自然景观被人工海岸景观所取代，并产生一定量的污染物，造成海岸带生态破坏。

沿海未利用的海涂资源

（2）海涂利用现状及动态变化分析

海涂利用类型多样，海涂面积有逐渐减小的趋势。

2000 年末，河北省海涂面积 14.1 万 hm^2。其中，沙砾质礁石滩涂主要分布在秦皇岛市区岸段，适宜发展旅游业；沙质滩涂集中分布于抚宁、昌黎及乐亭县岸段，适宜发展贝类等水产养殖业；淤泥质滩涂主要分布于乐亭沿岸及大清河口以西至黄骅市沿海、漳卫新河河口，适宜晒制海盐，全国著名的南堡、大清河及黄骅三大盐场均分布于河北岸段的淤泥质滩涂。

到 2000 年，河北省海涂开垦累计面积为 2.1 万 hm^2，海涂养殖面积为 4.84 万 hm^2，海盐生产面积为 8.06 万 hm^2。

从海涂利用的动态变化来看，海涂面积有逐渐减小的趋势，TM 遥感影像解译结果显示，2000 年全省海涂面积比 1986 年减少 25%。

部分海涂资源开发为晒盐场

（3）海产养殖及环境污染分析

海产养殖业主要为对虾养殖和名贵鱼类养殖，对近海海域水体的污染状况逐渐减轻。

河北省海产养殖业主要为对虾养殖和名贵鱼类养殖，贝类养殖在全国处于落后的地位，藻类养殖刚刚起步。到 2000 年，海水养殖面积由 1990 年的 23 640 hm^2 增加到 69 942 hm^2，海水养殖产品产量 2000 年达到 154 661 t。到 2000 年末，河北省滩涂养殖面积仅占可利用面积的 35%，浅海养殖面积则只是可利用面积的 5%。

海水养殖业的迅速发展在获取经济利益的同时，也给近海海域水体造成了污染。20 世纪 80 年代，由于海水养殖业生产方式落后，使大量未被利用的饵料及养殖水体中的病毒生物进入近海水体，同时由于滩涂坡度小，近岸水域的海水与远岸水域的海水交换缓慢，致使水体中有机物和其他有毒有害物质逐渐积累，近岸海域水体趋于富营养化，并加重了赤潮危害。20 世纪 90 年代之后，调整了养殖业结构，采用科学的养殖方式，减轻了海水养殖业对近岸海域的污染。目前，河北省浅海养殖仍局限在秦皇岛市、唐山市的局部地区，主要养殖品种为扇贝和文蛤。养殖方式以筏式养殖（扇贝）和底播养殖（文蛤）为主，无需投饵和施肥，所以基本上不会对海水造成污染。

（4）赤潮及其成因分析

赤潮发生的频率明显增加，重要成因之一是由于大量污水排入海域，海水营养盐含量增加。

河北省赤潮发生的频率明显增加，覆盖面积逐渐扩大，持续时间也越来越长。20 世纪 60 年代以前渤海很少发生赤潮，70 年代渤海赤潮记录为 3 次，80 年代后呈增加趋势。1989—1997 年 9 年间全省沿海海域共发生赤潮 4 次，而 1998 年 1 年就发生 3 次，面积合计 135 km^2。赤潮频繁发生对河北省的海洋生态、资源、环境造成了严重危害和重大的经济损失。

赤潮发生的原因除自然原因之外，主要是由于工业废水、生活污水大量向海域排放，近海养殖向海域中添加大量饵料，使海水营养盐含量增加，致使某些藻类等浮游植物旺长，形成赤潮。

3.6 生物多样性

①河北省野生物种较为丰富，生态系统多种多样。

河北省地域辽阔，是我国生物多样性较丰富的地区，据不完全统计，全省高等植物有 204 科，940 属，2 848 种，其中蕨类植物 21 科，占全国的 40.4%；裸子植物 7 科，占全国的 70%；被子植物 144 科，占全国的 49.5%。河北省共有陆生脊椎动物 530 余种，约占全国动物种类的 1/4。其中以鸟类居多，420 余种，约占全国的 36.1%；兽类次之，约 80 余种，占全国的 20.3%左右；两栖类和爬行类较少，分别为 8 种和 23 种。

河北省生物中属国家重点保护的动植物共有 149 种，主要分布于秦皇岛、张家口、承德、唐山 4 地市境内（表 2-3-2、表 2-3-3）。

国家一类保护动物褐马鸡

表 2-3-2 河北省重点保护陆生野生动物数量统计表

<table>
<tr><td rowspan="2">动物类别</td><td colspan="2">国家级</td><td rowspan="2">省级</td><td rowspan="2">合计</td><td rowspan="2">占拥有种类的比例（%）</td></tr>
<tr><td>I 级</td><td>II 级</td></tr>
<tr><td>兽类</td><td>1</td><td>11</td><td>11</td><td>23</td><td>26</td></tr>
<tr><td>鸟类</td><td>16</td><td>63</td><td>30</td><td>109</td><td>27</td></tr>
<tr><td>爬行类</td><td></td><td></td><td>2</td><td>2</td><td>10</td></tr>
<tr><td>两栖类</td><td></td><td></td><td>3</td><td>3</td><td>38</td></tr>
<tr><td rowspan="2">合计</td><td>17</td><td>74</td><td rowspan="2">46</td><td rowspan="2">137</td><td></td></tr>
<tr><td colspan="2">91</td><td></td></tr>
</table>

表 2-3-3 河北省国家重点保护植物

级别	国家重点保护植物
国家 I 级	水杉、苏铁、长芯木兰
国家 II 级	银杏、杜仲、翠柏、山豆根、绒毛皂类、石碌含笑、中华结缕草、黄梁木、太行花

河北省的生态系统多种多样，根据主要组成要素，可划分为 7 个生态系统。在山区多形成森林生态系统，在半干旱半湿润平原区形成农业生态系统，在北部的干旱地区形成草原生态系统，在西北部干旱地区形成荒漠草原和半荒漠生态系统，在东部平原低洼区形成湿地生态系统，在东部海区形成海洋生态系统，在人口集中的城市形成城市生态系统。

②缺乏管理，滥采、滥挖、滥捕使生物资源遭到破坏。

管理机构不完善，法制不健全，执法不力，珍稀动植物的过度捕捞、捕猎、采挖，给生物资源造成很大的破坏和浪费，使一些珍稀物种灭绝或濒临灭绝。如对坝上草原植物的采挖、沿海渔民对贝类资源的过度捕捞等现象，致使河北省生物资源遭到破坏，某些野生动植物面临灭绝的危险。

③水环境污染严重，水生生物物种减少。

大量工业污水和生活污水未经处理直接排入地表水体，使水生生态系统发生逆向转化——受重金属污染或高度富营养化影响，水生群落物种结构的多样性被破坏。

④自然保护区数量仍然较少，并且类型单一。

河北省自然保护区建设和管理严重落后，截至2000年底，全省有自然保护区10个，辖区总面积11.5万hm^2，仅占全省总面积的0.61%，远小于同期全国7.64%的平均水平。现有自然保护区以森林生态系统和野生动物保护为主，且多分布于自然植被较好的山区，而地质地貌、湿地、海洋等类型自然保护区较少，使河北省野生动植物资源不能得到有效保护。

⑤外来物种的侵入传播，对河北省的生态环境造成了一定的危害。

截至2000年底，外来物种的侵入传播使河北省农作物受灾面积达6.95万hm^2，经济损失高达5.01亿元。例如，美国的棉花黄萎病和欧洲的烟粉虱均以产品调运方式侵入河北，受灾面积共达16万hm^2，经济损失达1.2亿元。危害最严重的是美洲斑潜蝇，以蔬菜调运方式侵入河北，造成了严重危害，侵入面积达41.3万hm^2，经济损失达3亿元。

3.7 工矿开发造成的生态破坏与生态恢复情况

矿产资源开发规模大，生态破坏严重，恢复难度大。

河北省矿产资源丰富，开发历史久远，储量在全国占重要的位置，其中居全国前六位的矿种有31种。全省各种矿产地10 000多处，其中煤、铁矿890处，国营矿山400多个，乡镇集体个体矿山13 000多个。1996年省环保局对全省8个地市139家国营企业及632家乡镇集体企业进行了典型调查，共包括煤、铁等8种矿产，基本代表了河北省矿产资源开发规模和矿区生态环境总体现状。

无序的矿山开采严重破坏了生态环境

国营企业：从矿山用地情况看，各类矿山企业共占用土地30 204.5 hm^2，其中露天采矿场、排土场、尾矿场、塌陷区等共占地为20 943.4 hm^2，占矿区总面积的69.3%。矿区生态恢复面积总计5 618.7 hm^2，占被调查总矿区面积的18.60%。各行业历年用于治理水土流失、崩坡、滑坡等次生地质灾害的投资仅105.6万元。执行环评报告制度的企业仅80家，占被调查企业总数的57.6%。

乡镇集体企业：被调查的630家乡镇矿山企业共占地2 317.2 hm^2，恢复总面积31.2 hm^2，治理次生地质灾害投资21.3万元。执行环评报告制度的企业仅30家，占被调查企业总数的 4.8%。

河北省矿山开发规模大，生态破坏严重。矿产开发强度大，利用不当，甚至滥采乱挖，采富弃贫，造成资源浪费和生态破坏，污染大气和水环境，引发水土流失和土壤侵蚀，造成淤积河床、地面塌陷等生态环境问题。

生态恢复工作任重而道远。除煤、铁两个行业的矿山企业对露天采矿场进行部分恢复外，其余行业没有对资源开发过程中造成的生态环境破坏进行恢复；乡镇集体矿山企业生态环境恢复率更低。在资源开发中，环境管理的作用没有得到有效的发挥，开征生态环境补偿费势在必行。

3.8 农村生态环境状况

3.8.1 农用化学品使用及污染情况

河北省农用化学品（主要包括农药、化肥和塑料薄膜）用量大量增加，给土壤、水体等环境造成一定程度的污染，危害人体健康。

农药使用量逐年增加，2000 年全省使用农药 7.28 万 t，比 1990 年增加 3.24 万 t（图 2-3-24）。农药有效利用率较低，污染十分严重，农副产品和土壤中残留大量的有机磷、有机氯农药，直接危害城乡居民的身体健康，引起生态失衡和生物多样性丧失。

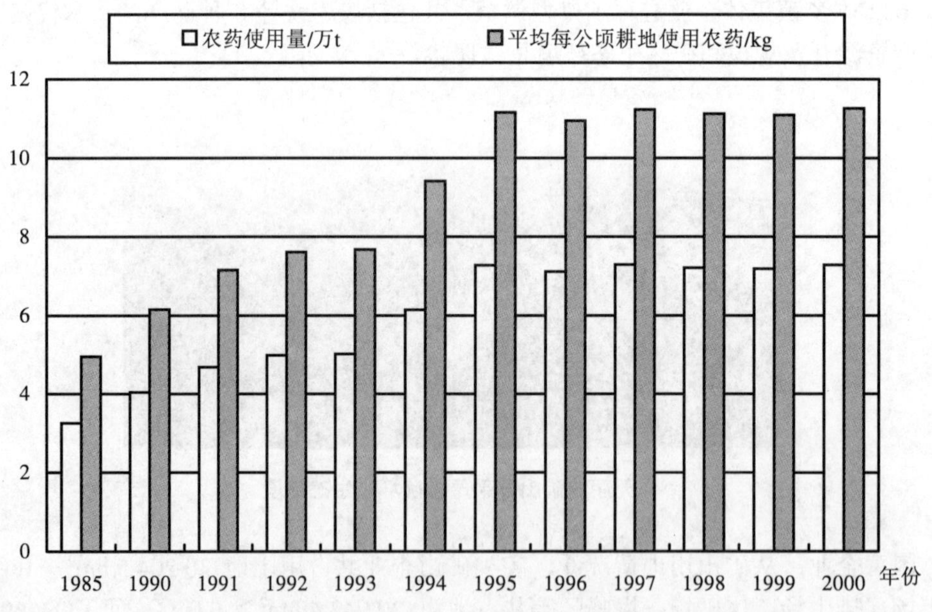

图 2-3-24 1985—2000 年河北省农药使用量

2000 年全省施用化肥 270.6 万 t（折纯量），比 1990 年施用量增加 125 万 t，年均增长 16.7%（图 2-3-25）。大量化肥的施用，导致土壤板结、肥效下降和土质恶化。

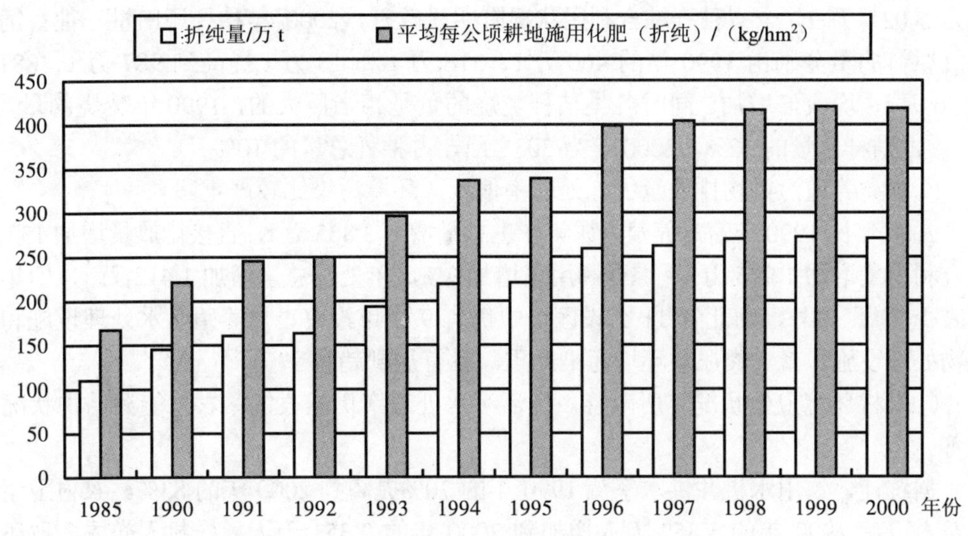

图 2-3-25　1985—2000 年河北省农用化肥使用量

2000 年全省农用塑料薄膜使用量为 6.25 万 t，比 1990 年增加 4.17 万 t（图 2-3-26）。残膜的积累逐年增加，今后一段时期内农膜污染对生态环境的影响将呈逐年加剧的趋势。

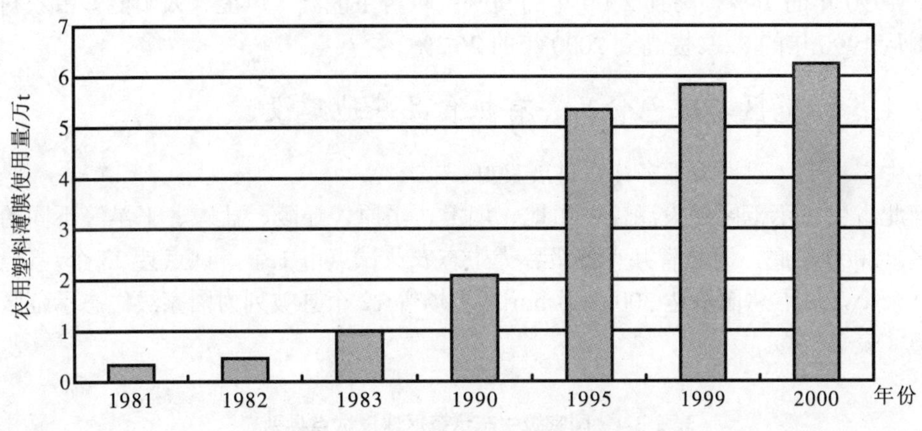

图 2-3-26　河北省农用塑料薄膜使用量

据《河北省环境质量报告书（1996—2000）》，农产品受污染情况越来越严重，综合样本检出率达 100%，超标率达 60%以上，有害物综合检出率达 100%，其中粮食、蔬菜、水果的样本超标率在 50%以上。农产品污染最严重的是邯郸市、保定市、沧州市、廊坊市、张家口市。

3.8.2 秸秆利用、畜禽养殖及农村能源结构

①秸秆产生量有所增加，秸秆焚烧现象有所缓解，但仍不能忽视。

秸秆是一种宝贵的资源，河北省 1990 年秸秆的总产量为 2 615 万 t，2000 年的总产

量为 3 027 万 t。全省秸秆综合利用状况有明显改善，2000 年秸秆还田量、牲畜饲料、沼气原料的量分别由 1990 年的 460 万 t、316 万 t 和 18 万 t 提高到 987 万 t、881 万 t 和 36 万 t，均成倍增加。同时各类秸秆焚烧的量是相当巨大的，1990 年焚烧的量为 311 万 t，占秸秆总量的 12%，2000 年为 303 万 t，占秸秆总量的 10%。

②畜禽养殖污染物排放量大，处理率偏低，环境污染比较严重。

2000 年比 1990 年畜禽养殖粪尿年产生总量增加 3 865 万 t，直接排放量增加 133 万 t，综合利用量增加 1 995 万 t，综合利用率增加 7%，年处理总量增加 1 413 万 t，但年处理率减少 2%。另外，河北省 11 个设区市中仍有 9 个市没有畜禽养殖污水处理设施和固体废物处理设施。畜禽粪尿对环境污染严重，且有加剧趋势。

③农村环境卫生状况有所改善，生活污水处理率仍然很低，农村能源结构状况有所改善。

据统计，饮用水机井供水率从 1990 年的 70%提高到 2000 年的 83%。农村卫生厕所受益人口从 1990 年的 1 352 万人增加到 2000 年的 2 351 万人。农村人粪尿多被还田或进行无害化处理，还田率从 1990 年的 58%增加到 2000 年的 60%，无害化处理率从 1990 年的 7%增加到 2000 年的 11%。农村生活垃圾无害化处理率 2000 年比 1990 年增加 7%。生活污水处理率很低，2000 年仅为 1.2%。

农村能源结构状况有所改善，节柴灶推广比例和可再生能源占农村能源的比例有显著增加。生物质能与非生物质能比值 1990 年为 1.7∶1，2000 年为 1.5∶1；节柴灶推广比例从 1990 年的 74%提高到 2000 年的 90%；可再生能源（风能、太阳能）占农村能源的比例从 1990 年的 8.6%提高到 2000 年的 26.2%。

3.8.3 生态示范区与绿色食品、有机食品基地建设

①生态示范区建设类型多样，进展良好。

河北省生态示范区建设涵盖了山地、坝上、平原、丘陵、盐碱、干旱等不同的生态类型区。2000 年底，河北省共有各级各类生态农业试点市 1 个，试点县 23 个，试点村、乡 400 余个，试点总面积达 300 多万 hm^2。围场等 12 个县被列为国家级生态示范区建设试点县（表 2-3-4）。

表 2-3-4　国家级生态示范区建设试点县列表

国家创建批次	下达建设时间	国家级生态示范区建设试点县
第一批	1996 年	平泉县、阜城县
第二批	1997 年	围场县、迁安市
第三批		
第四批	1999 年	赤城县、蔚县、涿鹿、怀来、平山县
第五批	2000 年	栾城、正定、涿州

②生态示范区建设取得了良好的社会、经济和生态效益。

生态示范区建设取得了良好的社会、经济和生态效益。例如迁安市自 1998 年下半年开始实施生态示范区建设以来，共投入资金 869.7 万元，重点抓了小流域水土流失综合整治和工业污染源治理，年获经济效益 3 948.9 万元，年保水量 179 万 m^3，年保土量

12.3 万 t，流域内泥沙减少 75%以上，森林覆盖率由治理前的 16.9%增加到 31.7%。迁安市的农民人均纯收入大幅度提高，生态环境质量得到了明显改善。

③绿色食品品种齐全，有机食品开发具有良好的资源和市场优势。

2000 年全省共有 32 家企业 72 个产品获得绿色食品标志。绿色食品品种齐全，有乳制品及乳饮料、蔬菜、水果、粮油、葡萄酒等。绿色食品年销售额 18 亿元，利税 2 亿元。绿色食品原料基地面积 13.33 万 hm^2。

河北省物产丰富，其中大豆、稻米、花生、蔬菜、干果等很受国际、国内市场欢迎，且有邻近京津的地理优势，有利于有机食品的开发。目前文安（杂粮）、蔚县（葵花仁、大枣）、大名（花生）、赞皇（核桃仁）等有机食品基地已获得认证，基地面积达 6 667 hm^2。

3.9 城镇生态环境保护概况

3.9.1 城镇发展生态环境保护概况

城镇数量增加，环境保护机构建设逐渐完善。

2000 全省年共有城镇 934 个，比 1986 年增加 159 个。其中省辖设区市 11 个，县级市 23 个，建制镇 900 个。环保机构和人员数量有所增加（图 2-3-27），环境保护机构建设逐渐完善。

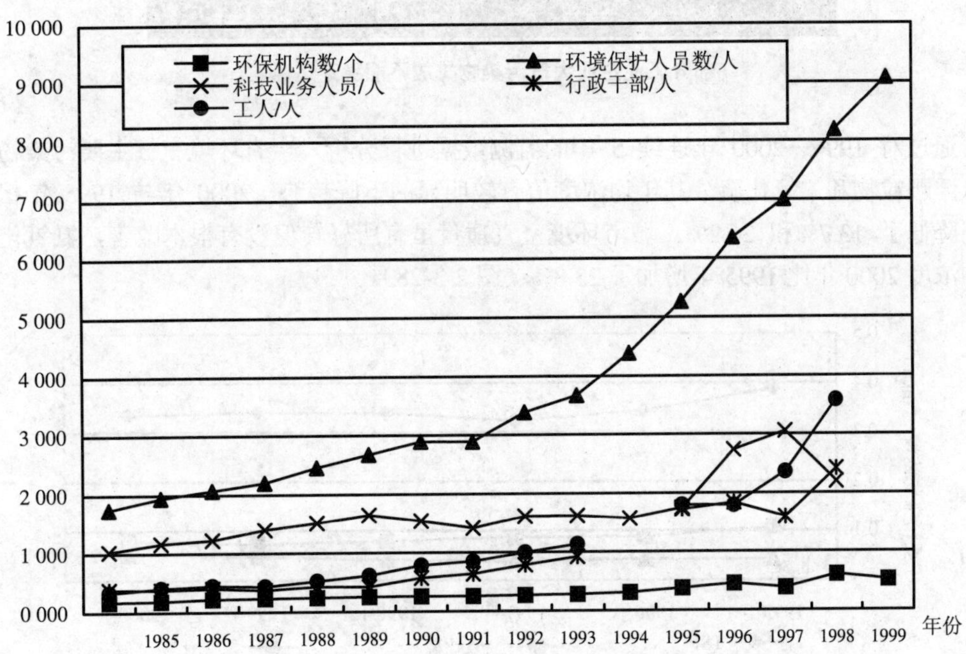

图 2-3-27　河北省环保机构和人员变化图

3.9.2 水环境污染控制情况

城镇生活污水处理率低，工业废水排放达标率逐渐上升，但废水排放总量增加，局部区域地下水体遭到不同程度的污染。

2000 年底，全省共建成城市污水处理厂 9 座，日处理污水 73 万 t，集中处理率为 30.58%，但县级镇污水基本没有得到有效处理。

2000 年全省工业废水排放总量为 89 599.93 万 t，工业废水排放达标率为 71%，处理率为 94.6%，与 1995 年相比，废水排放达标率及处理率分别上升了 2.6 和 78.8 个百分点，废水排放总量增加了 6 774.55 万 t。

工业废水、废渣通过渗漏、淋溶渗透到地下，使城镇地下水受到不同程度的污染。据监测，石家庄市区中度以上的污染区已达 27.1 km^2，占市区面积的 1/4，市供水总公司在市区的 130 眼水井中有 20 眼因水质严重污染而被迫封井停用。

3.9.3 空气环境污染控制情况

河北省城镇空气质量有所改善，但某些污染物排放总量呈上升趋势。

部分工业企业大气污染物排放不能稳定达标

通过对 1996—2000 年连续 5 年的监测数据进行分析，全省环境空气主要污染物为总悬浮颗粒物和二氧化硫，其年均浓度值有较明显的下降趋势，2000 年与 1995 年相比分别降低了 13.7%和 26.2%。城市环境空气质量虽有所好转但没有根本改善，氮氧化物年均浓度 2000 年比 1995 年增加了 23.8%（图 2-3-28）。

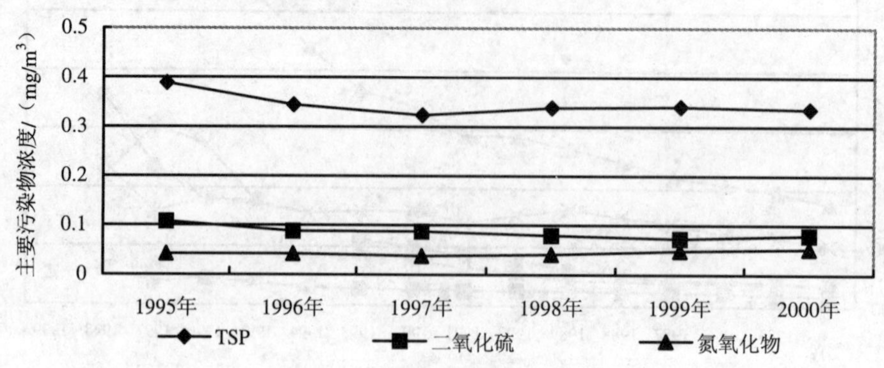

图 2-3-28　河北省城市空气质量变化趋势

3.9.4 城镇生活垃圾及固体废物处理情况

城镇垃圾处理率低，垃圾围城现象严重，工业固废产生量逐年增加，并产生一系列生态环境问题。

“垃圾围城”现象严重

2000 年全省生活垃圾产生量为 679.97 万 t，城市生活垃圾清运量为 563.11 万 t。生活垃圾无害化处理率过低，大部分露天堆放，垃圾围城现象严重，白色污染问题突出，不仅占去了大片的耕地，还可能传播疾病、污染环境。

2000 年工业固体废物产生总量为 7 027.92 万 t，综合利用量为 2 877.00 万 t，贮存量为 3 057.10 万 t，固体废物历年贮存占地面积为 8 151.00 hm^2；与 1995 年相比，固体废物的产生量、贮存量、占地面积均有较大程度的增加，增幅分别为 13.61%、95.33%和 97.29%；综合利用率有所下降，降幅为 1.02%。

3.9.5 城镇绿化情况

县及乡级镇绿化率低，人均绿地面积少。

2000 年全省设区市人均绿地面积为 6.46 m^2；县级镇人均绿地面积仅为 2.8 m^2，远低于国家环境优美城镇要求的人均绿地面积不低于 6 m^2 的标准。

3.10 生态灾害

3.10.1 灾害种类及发生频率

河北省生态灾害主要为旱灾、洪涝灾害、地质灾害和病虫害，春季沙尘暴频繁发生。

旱灾与洪涝灾害频繁发生，旱灾加剧，洪涝灾害受灾面积有减小趋势。1949—2000 年间，全省旱灾累计成灾面积 3 778 万 hm^2，成灾面积在 66.7 万 hm^2 以上的有 18 个年份；20 世纪 80 年代以来，成灾面积在 100 万 hm^2 以上的有 12 个年份，其中 1989 年、1992 年、1997 年、1999 年、2000 年旱灾灾情异常严重，成灾面积分别为 211.79 万 hm^2、235.86 万 hm^2、268.49 万 hm^2、266.98 万 hm^2 和 221.05 万 hm^2，旱灾有加剧发展趋势（图 2-3-29、

表 2-3-5）。新中国成立后的 52 年全省洪涝灾害有两个高值期：1953—1956 年和 1962—1964 年。其中 1954 年、1956 年、1963 年特大洪灾都在高值期内，成灾面积分别为 152.2 万 hm^2、237.7 万 hm^2、314.8 万 hm^2，此外 1977 年、1988 年、1996 年成灾面积也较大，分别为 170.1 万 hm^2、67.5 万 hm^2、102.8 万 hm^2，20 世纪 60 年代中期以后洪涝灾害有减轻的趋势（图 2-3-30、表 2-3-6）。

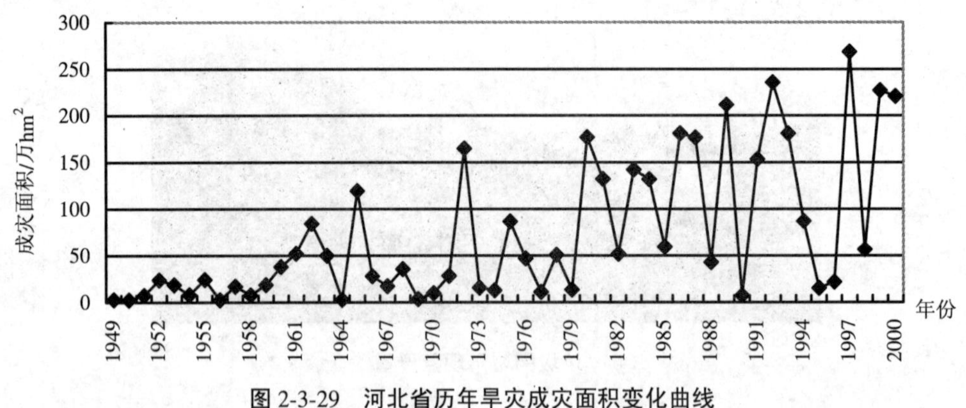

图 2-3-29　河北省历年旱灾成灾面积变化曲线

表 2-3-5　河北省 20 世纪 50—90 年代旱灾年均成灾面积

年　代	年均成灾面积/万 hm^2	年　代	年均成灾面积/万 hm^2
50 年代	12.9	80 年代	130.4
60 年代	43	90 年代	125.3
70 年代	44		

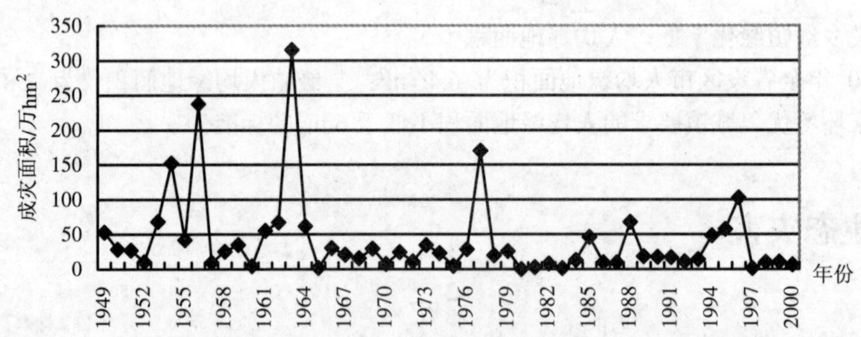

图 2-3-30　河北省历年洪涝灾害成灾面积变化曲线

表 2-3-6　河北省 20 世纪 50—90 年代洪涝灾害年均成灾面积

年　代	年均成灾面积/万 hm^2	年　代	年均成灾面积/万 hm^2
50 年代	63.73	80 年代	17.7
60 年代	60.13	90 年代	29.1
70 年代	34.19		

地质灾害类型多样。山区以崩塌、滑坡、泥石流、山体开裂塌陷为主，平原以地震、地面沉降、地裂缝为主，20 世纪六七十年代地震频繁发生，受灾严重（图 2-3-31）。1995 年和 1996 年泥石流、滑坡等地质灾害发生次数较多，分别为 8 100 和 6 000 多起。

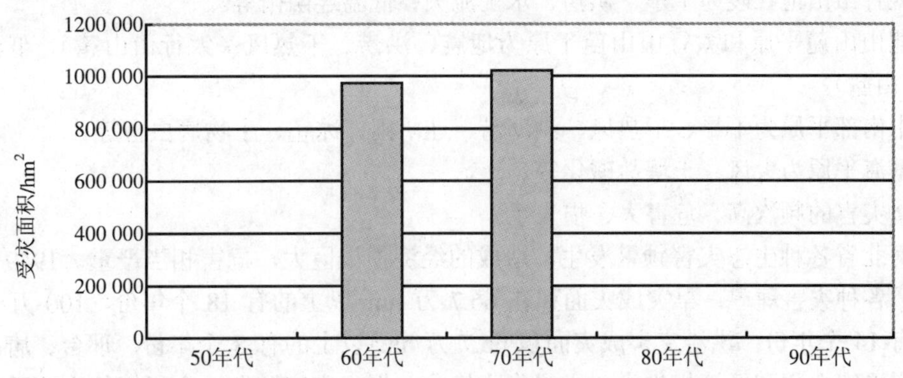

图 2-3-31　河北省 20 世纪 50—90 年代地质灾害受灾面积

病虫害危害加重。1994 年全省病虫害发生面积 2 000 万 hm^2，1995 年为 2 120 万 hm^2，1996 年为 2 467 万 hm^2，1997 年高达 3 133 万 hm^2。2000 年全省小麦病虫害累计发生面积 1 260 万 hm^2，棉田受灾面积 34 万 hm^2，发生面积占播种棉花面积的 100%，发生严重程度接近大爆发的 1993 年。

春季沙尘暴频繁发生。近几年沙尘暴在河北省每年出现的时间早、范围广、强度大、持续时间长。仅 2000 年春季，河北省先后发生了 10 次较大范围的扬沙、沙尘暴天气。

3.10.2 生态灾害发生特点

①生态灾害种类多、范围广，分布具有区域性。

部分煤矿矿区出现地面沉降现象

河北省是我国自然灾害种类最多的省份之一，除上述各种灾害外，还有风雹灾、霜冻、连阴雨、土壤盐碱化等，各种灾害分布相当广泛，且具有明显的区域性：

坝上高原区为干旱、沙尘暴、霜冻、生物灾害、冰雹。

冀北盆地山地为沙尘暴、干旱、霜冻、冰雹、水土流失、滑坡、泥石流等。

燕山山地丘陵为洪涝、水土流失、滑坡、泥石流、霜冻、病虫害等。

太行山山地丘陵为干旱、洪涝、水土流失、低温连阴雨等。

燕山山麓平原和太行山山麓平原为地震、洪涝、干热风（太行山山麓）、低温冻害（燕山山麓）。

中南部平原为干旱、干热风、洪沥涝、连阴雨、冰雹、生物病虫害等。

滨海平原为大风、土壤盐碱化等。

②灾害的频次高、危害大、损失重。

河北省各种生态灾害频繁发生，造成的经济损失巨大，危害相当严重。1949—2000年间，各种灾害肆虐，旱灾成灾面积在 66.7 万 hm^2 以上的有 18 个年份，100 万 hm^2 以上的有 14 个年份；洪涝灾害成灾面积 66.7 万 hm^2 以上的有 8 个年份，邢台、唐山两次大地震受灾面积和经济损失大，人员伤亡惨痛。据省灾害防御协会组织的灾情研讨会资料表明，进入 20 世纪 90 年代以来，河北省的灾害损失呈逐年递增之势：1990 年 29.22 亿元，1991 年 40.06 亿元，1992 年 63.16 亿元，1993 年 60 亿元，1994 年 76.6 亿元，1995 年 87.9 亿元，1996 年 456 亿元。1997 年，河北省又遭遇了新中国成立以来最严重的旱灾，受灾面积大、灾情重，加之严重的风暴潮和病虫害，当年造成了近 100 亿元的经济损失。同时，每年还发生无数起人为灾害事故。日益严重的灾害损失已成为河北省社会经济发展的重要制约因素。

4 基本结论

4.1 生态保护和生态建设工作取得一定进展

在生态保护和建设方面，通过植树造林，2000 年全省森林覆盖率达到 19.48%，比 1988 年提高 8.66 个百分点，绿化造林取得很大成绩；永定河、潮白河、滦河等国家水土保持重点防治区，水土流失治理成效显著；自然保护区建设步伐加快，生物多样性得到有效保护；城市生态环境得到改善，重点环境问题得到一定解决；环保机构加强，人员队伍壮大，法制建设和管理进一步完善。全省生态环境保护工作进入了一个新的阶段。

4.2 生态环境形势严峻

由于多方面原因，河北省生态环境恶化的趋势尚未得到有效遏制。具体表现为：

耕地面积逐年减小，山区水土流失依然严重，坝上地区土地沙化有扩大趋势，春季沙尘暴灾害频繁发生；

森林分布不均，林龄偏小，树种结构单一；

天然草场退化，草地质量下降，生态调节功能较弱；

水资源严重短缺，水污染、浪费严重，河流断流，湖泊萎缩，地下水位降落漏斗面积扩大，水生态环境恶化；

农用化学品使用不合理，秸秆焚烧现象时有发生，畜禽粪尿处理率低，农村生态环境污染呈加剧趋势；

矿产资源无序开发，生态破坏严重，生态恢复工作难度较大；

全省城镇空气环境质量不同程度、不同时段超过国家标准，空气污染较重，生活污水处理率低，多数城镇绿化覆盖率低，二次扬尘污染较重，噪声扰民现象普遍存在，垃圾围城问题依然突出。

4.3 结论

整体上看，河北省生态环境类型多样，且较为脆弱。近年来，由于各级党委、政府高度重视，生态环境保护与建设取得显著成绩，在面临人口大量增加及对自然资源持续高强度开发的形势下，环境恶化与生态破坏加剧的势头得到一定程度的控制，基本上维持了全省社会经济的发展。但是，由于全球气候变暖和河北省自然地理条件的限制，加上人口数量大，开发活动历史长，以及目前经济持续高速增长，土地、水等重要自然资源严重不足等诸多因素，河北省今后一个时期所面临的生态形势将十分严峻。因此，必须采取切实有效的措施，加强生态保护与恢复。

5 生态环境退化影响分析

5.1 对经济的影响

生态破坏和环境污染使生态系统调节能力不断降低，经济损失严重，制约了国民经济的发展。

据测算，河北省每年因水资源短缺造成的各行业直接和间接经济损失达 179 亿元；因水土流失损失 17.25 亿元；因地下水严重超标损失 1.87 亿元；每年的矿产资源浪费直接损失约 1 亿元，间接损失 3.76 亿元；另外，因为垃圾没有回收处理利用，每年浪费资源 9.5 亿元。河北省因生态破坏和环境污染造成的直接和间接经济损失（不包括自然灾害造成的损失）每年在 212 亿元左右，占国民生产总值的 5%。

5.2 对社会的影响

生态环境退化使生存环境恶化，直接危害人民的身心健康，影响社会安定。

由于生态环境的污染与破坏，使人们的生活空间日益缩小，生存环境不断恶化。不少地区人民身体健康受到严重影响，各种癌症、疑难病症发病率逐年上升。由此引发的上访、告状事件频频发生，目前此类事件已占全省群众来信来访的 1/4 左右，且在逐年增加，恶化了干群关系，影响了政府形象，增加了社会不安定因素。

5.3 对可持续发展能力的影响

良好的生态环境是可持续发展的物质基础，生态环境的破坏则使社会、经济发展成为无源之水，失去物质基础的支撑。河北省生态环境的退化制约了可持续发展的能力。

①严重的生态破坏加剧了不可再生资源的衰竭，同时也加剧了可再生资源的短缺，资源条件的限制制约了社会经济的可持续发展。

②耕地面积不断减少，土地的大面积水土流失、退化和荒漠化，加上干旱区域的不断扩大，严重弱化着土地承载能力，人地矛盾越来越尖锐。

③85%以上的贫困人口生活在水土流失和土地荒漠化地区，生态环境的不断恶化将使这部分人更加贫困，而脱贫攻坚却越来越难。

④生物资源的过量消耗和生态系统的破坏，不但破坏了生态系统的稳定性，还削弱了工农业生产的原材料供应能力。所有这些都破坏了我们赖以生存的环境和经济发展的物质基础，制约着河北省社会、经济的可持续发展。

6 生态环境退化成因分析

6.1 自然因素

①河北省降水量少而不均匀，降水变率大，旱涝灾害频繁，生态环境恶化。

河北省地处中纬度欧亚大陆东岸，气候属于温带半湿润半干旱大陆性季风气候，冬寒夏热，降水集中于夏季，全省降水量分布不均，降水变率高达 20%～30%，是全国降水变率高值区之一。旱涝灾害频繁发生，旱灾尤为突出。全省平均降水量从 20 世纪 50 年代到 90 年代末期，共减少 70 mm，平均每隔 10 年减少约 14 mm（图 2-6-1），而同期的地面蒸发量由 583.8 mm 增加到 609.9 mm。由于降水量减少，气候干旱，使河北省水资源短缺问题更加突出，生态环境不断恶化。

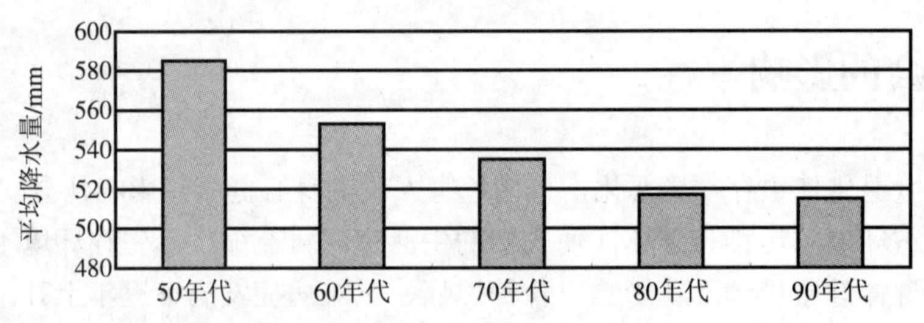

图 2-6-1　河北省各年代平均降水量

②河北省地形地貌复杂，境内相对高差大，生态灾害类型多样。

河北省坝上高原海拔较高，高原主体地势起伏小，岗梁、湖泊、河流、滩地相间分布，易受风蚀、水侵，多低温冻害。冀西北间山盆地，地形切割破碎，坡面陡峭，并且地表植被破坏严重，寒潮大风、霜冻多，夏季东南暖湿气流受燕山、太行山弧形山脉阻截，难以到达，降水少，旱灾频繁，且夏季多冰雹。燕山山地丘陵山高坡陡，暴雨多，大风寒潮经常发生。太行山山地丘陵多变质岩、石灰岩，坡陡土薄，光山秃岭多，无雨时干旱，暴雨时洪涝。滨海平原区海拔 5 m 以下，土壤盐碱化严重。

③河北省地处环太平洋地震带，地质结构复杂，断裂带发育，地质灾害频繁，影响生态环境质量。

河北省地处环太平洋地震带、地质构造复杂，断裂带发育，主要断裂带有：北部燕山褶皱断裂带、太行山山前断裂带、华北平原东部沧东断裂带。20 世纪 60 年代以来，河北地震活动进入高潮，相继发生 1966 年邢台地震、1967 年河间地震、1969 年渤海地震、1976 年唐山地震和滦县地震、1998 年张北及尚义地震等。这些活动使境内地表形态更加复杂，断裂带多，沟谷多，加剧了滑坡、泥石流、水土流失等地质灾害的发生。

④河北山区地带土层薄，成土母质疏松，植被覆盖率较低，生态环境脆弱。

在太行山、燕山淋溶条件下的中低山和丘陵区多为棕壤，土层薄、多砾石；在植被较少的山区多为石质土、粗骨土；低山丘陵多为褐土，质地疏松，易蚀性强；坝上高原中、西部为栗钙土和栗褐土，空隙发达，结构松散。河北省山区、高原的土壤特点，易导致水土流失、土壤风蚀沙化等生态环境问题。森林、草地等植被覆盖率低，分布不均匀，生物量相对较少，生物链简单，生态系统缺乏稳定性，对气候变化的反应特别敏感，易受到地方病虫害和荒漠化危害。

6.2 人为因素

①人口基数大、人口增长过快是造成生态平衡破坏和生态环境恶化的重要社会因素。

解放后人口增长迅速，2000 年人口是 1950 年人口的 2.12 倍（图 2-6-2）。伴随人口的增长，河北省资源短缺的形势更加严峻，对生态环境的压力持续增加。如：2000 年人均耕地为 0.102 hm^2，仅相当于 1949 年的 43%。

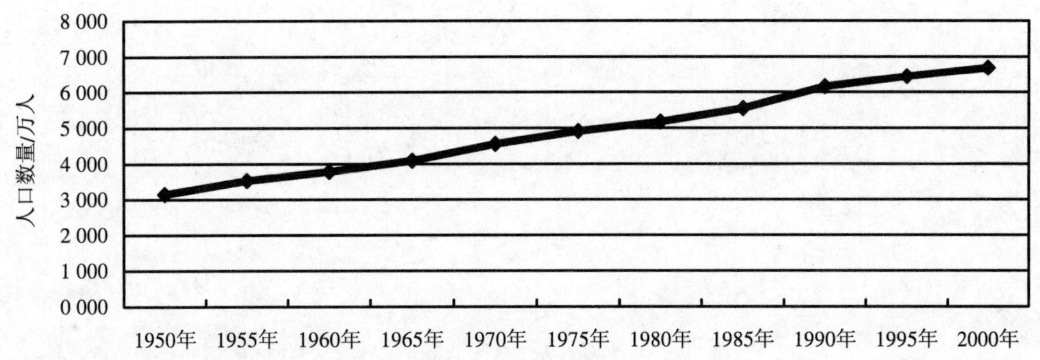

图 2-6-2　河北省人口数量变化曲线图

②粗放的经济发展模式是造成生态破坏的直接原因。

工业方面，生产工艺落后，资源和能源利用率低，单位 GDP 能耗、物耗高，部分企业不能实现稳定达标排放，污染大气、水和土壤等环境。

农业方面，落后的灌溉方式造成水资源浪费。山地丘陵区陡坡种植、广种薄收现象依然存在。农用化学品的不合理使用，引起土壤板结，肥力下降，农产品质量下降。农业在河北省环境污染和生态破坏中所占比例逐渐增大。

林业方面，木材消费超前增长，超计划采伐严重。毁林开荒事件屡屡出现，各地仍存在凭证采伐管理粗放、超证采伐现象。

在畜牧业方面，生产方式落后，重用轻养，靠天养畜，超载放牧，草场退化严重。

在矿产资源开发方面，采富弃贫，资源利用率低。矿区生态破坏严重，采矿后恢复治理率极低。

大量的铁路、公路建设项目，对地表植被及一些重要的自然生态系统、自然保护区造成一定负面影响。

个别风景旅游区的建设，没有全面贯彻落实景区建设总体规划，特别是在一些重要的生态敏感区、自然保护区和风景名胜区建设楼、堂、馆所，对自然景观和自然生态系统造成了一定程度的污染和破坏。

③法制不健全、执法不力，生态保护监督机制不健全，生态保护政策不能满足实际管理的需要。

加强法制建设是保护和改善生态环境的根本保证。环境法制建设是环境管理的有力手段。目前，我国有关生态保护的法规还不健全，不能满足实际管理的需要，这在客观上也是造成生态破坏现象屡禁不止的重要原因。

④历史遗留问题也是造成生态环境退化的一个重要原因。

河北省历史上因决策失误导致灾难性生态破坏的教训十分惨痛。解放后在相当长的一段时期所实行的"以粮为纲"的单一农业生产方针，使河北省很多地区出现了盲目、过度地"毁林垦荒"、"围湖造田"、"湿地开垦"、"草地农垦"以及"乱采乱挖"、"滥捕滥猎"等行为，致使很多地方生态平衡严重失调，至今还深受其害。

7 生态环境保护对策

7.1 宏观对策

①加强领导，提高认识，强化宣传教育。

建立和完善各级政府对本辖区环境质量负责、各部门对本行业和本系统生态环境质量负责的责任制，把对当地生态质量负责作为各级主要领导对环境负总责的一个重要组成部分，纳入政绩考核的内容，建立目标责任制。明确任务，落实目标，分级签订责任书，定期考核，将生态保护与建设的各项措施真正落到实处。

广泛开展生态保护的宣传教育，努力提高全民族的生态保护意识，树立可持续发展的观念，确立全局利益与局部利益、长远利益与短期利益、经济效益与环境效益统筹兼顾的大局观。树立节约利用资源的意识，力求把生态破坏消灭在萌芽之中。提高公民对生态环境价值和效益的认识，从而增强公民保护生态环境的自觉性，使其加入生态环境保护与建设的行列。

②加强法制建设，强化生态保护监管力度。

建立健全生态保护的法律体系，抓紧制定河北省生态保护地方法规，建立生态保护制度，制定相应的生态保护标准，以弥补各部自然资源法中生态保护的不足。从严执法，加大对省内重点地区、重点行业的重大生态破坏案件的查处力度。各级地方政府要根据国家生态保护的法律与法规，结合本地区的实际，制定相应的生态保护地方法规和管理办法，加强对本地区的生态保护。

尽快开征统一税率的绿色税种，包括资源税、大气污染税、水污染税、固体废物排放税、土地污染税、林草植被生态税等。

推行生态审计制度，在考核其经济指标增长的同时，对各级党政领导任期内生态环境保护工作进行审计考核。

对各种建设项目、各种规划要严格贯彻执行《中华人民共和国环境影响评价法》和“三同时”监督管理制度，对环境有重大影响的规划实施后及已建的大型建设项目必须开展环境影响的后评估和生态审计工作。各有关职能部门在制定规划时要充分考虑生态环境保护问题。

③加大科研支持能力，完善生态环境监测体系。

针对生态环境保护工作起步较晚、基础差、缺乏管理与研究人才等问题，采取一系列有效措施，培养一批熟悉业务的管理人员以及具有较高学术水平的生态研究人才，建立一支强有力的能从事一般基础性和应用基础性研究、重大生态环境问题研究的省级专家队伍。

建立生态环境保护监测网络，针对河北省重点生态保护重点问题，抓紧建立生态环境动态监测数据库，以便及时掌握生态环境的变化动向，探索其发展演变规律，并对其生态功能进行科学的预测和预警，为政府部门决策提供科学依据。

④制定和实施生态功能区划和生态保护规划。

抓紧制定河北省生态功能区划和生态保护规划。在主要河流源头地区设立特殊生态功能保护区，防止进一步的破坏；对生态严重破坏区实行限期恢复与治理；对天然林实行禁伐，对人工林实行限采，对草原实行以草定畜。各级政府应根据当地生态环境状况，划分不同的功能区和功能亚区，制定本地区保护行动计划和生态保护规划，分区、分类明确生态保护对象和生态保护任务。对具有重要生态功能的区域划定专门的生态功能保护区和自然保护区，采取严格的保护措施，并纳入当地国民经济与社会发展计划，确保各项资金的落实。

⑤完善环境经济政策，增加生态保护投入。

各级人民政府要按照“谁开发谁保护、谁受益谁补偿，谁破坏谁恢复”的原则，制定和完善有利于改善生态环境的环境经济政策，建立有偿使用自然资源和治理恢复生态环境的生态补偿机制，应尽快制定征收生态环境补偿费办法，为生态恢复提供治理基金，扩大专项贴息贷款规模，建立稳定的生态环境保护与建设的金融支持系统，制定对集体和私营部门在生态保护方面投入的优惠政策，促进并保证生态环境保护与资源开发利用同步发展。

增加生态保护科研投入。一方面，进一步加大政府在生态环境科研上的资金投入；另一方面，加大生态保护与建设的科技投入。要把生态保护与建设的研究纳入省科技发展的重点领域，给予重点扶持。针对河北省生态保护工作中存在的突出问题安排一些专项基础调查研究，如对白洋淀湿地、坝上草原区、沧州滨海地区和太行山区等进行专项调查。

⑥开展国际合作。

广泛开展与国外科研机构和高等院校的科研合作与学术交流活动，通过科研合作提高自身的科研能力和科研水平，加强学术交流，学习国外成功的管理经验；实施“大开放、大招商、大发展”战略，既争取资金投入又广招人才，促进河北省生态保护工作的开展。

⑦加强自然保护区建设。

建立自然保护区是一项政府行为，体现的是生态效益和社会效益的协调统一，需要政府的综合协调和资金支持。对自然环境保护较好的地带抢救性地建立一批自然保护区，对已建成的自然保护区，要加强管理，逐步增加资金投入，提高管理水平，彻底改变“建而不管，管而不力”和重开发、轻保护的局面。

7.2 针对性措施

7.2.1 科学利用水资源，提高水的重复利用率和效率

①调整农业结构，发展节水农业。

发展设施农业，因地制宜地采用渠灌、管灌、喷灌、滴灌等多种节水措施，推广覆

膜栽培、秸秆还田、集雨保水等农艺节水措施。培育引进耐旱作物品种。种植雨热同期农作物品种，发展旱作农业，通过多种节水措施，高效率利用好土壤水。

②调整工业结构，优化工业布局，走新型工业化道路。

通过产业结构、产品结构、企业组织结构和工业布局的调整，实现节约用水。加快工业节水新技术、新工艺和废水资源化的开发研究以及城市节水设施的研究制造。制定行业节水规划和用水标准定额，不断降低耗水量和排水量，提高水的利用率。严格控制或淘汰高水耗、重污染企业，鼓励发展低水耗型产业，推动生态工业园建设，对采用清洁生产工艺和清洁能源的工业部门，优先布局在比较理想的地区。

③提倡节约用水，调整水价和水资源费，控制对水的需求。

水价和水资源费调整关系到人民的根本利益，逐步提高水资源费（资源水价）、工程水价（自来水价、水利工程供水水价）、水污染处理费（环境水价），利用经济杠杆调整用水需求，促进节水工作。按照不同的行业实行不同的基本水价和不同的阶梯式水价标准。

④加快污水处理厂建设，发展城市污水和海水资源化。

据国家政策要求，河北省“十五”期间计划建设 84 个污水处理厂，10 个正在施工，23 个已完成可行性报告。今后应加快污水处理厂建设的步伐，重点扶持海河、滦河、滏阳河、大清河等流域沿线的污水处理厂建设，同时建设中水回用系统，提高污水处理能力，增加再生水回用量，发展城市中水道设施，可代替淡水用作绿地灌溉及河、湖、景观补充用水和城市绿化，以缓解水的供需压力。

实现废水资源化是提高水资源重复利用率的重要措施，也是水污染防治的重点。搞好废水综合利用，提高重复利用率，节约水资源，逐步实现零排放，重点抓好化工、冶金、造纸、酿造等废水综合利用。创造条件实施分质供水，优质优用。在沿海地区，积极利用咸水和微咸水作冷却水，发展海水淡化产业。

⑤南水北调工程。

南水北调工程是缓解河北省水资源紧张，整治生态环境的重大举措，对控制土壤沙化和干化、稳定地下水位、控制地面沉降等各个方面具有重大意义。

7.2.2 大力实施造林绿化工程、退耕还林还草工程、防沙治沙工程

（1）造林绿化工程

搞好环京津周围绿化、太行山绿化、平原和通道绿化、沿海防护林、省会周围绿化等大型造林工程建设，抓好“三个塞罕坝”林场项目，初步形成较为完善的环京津绿色生态屏障。大力发展水土保持林、经济林、水源涵养林。加强森林抚育，提高森林资源的整体质量。对现有天然林、天然次生林实施全面禁伐、封山育林和人工促进更新为主要措施的天然林保护工程，实现绿化河北，富民强省的目标。

（2）退耕还林还草工程

按照国务院提出的“退耕还林（草）、封山绿化、以粮代赈、个体承包”的十六字方针，重点抓好张承地区和太行山区的退耕还林还草工程建设。按照统筹规划、突出重点、相对集中、注重实效的原则，尊重自然规律，科学选择治理模式，因地制宜，宜林则林，宜草则草，实行乔灌草相结合，严格工程管理，巩固退耕还林成果，实现生态效

益、社会效益和经济效益的统一。

（3）京津风沙源治理工程

认真贯彻执行《河北省京津风沙源治理工程实施规划》，结合退耕还林还草工程和造林绿化工程，强化对北京生态环境有重大影响的坝上风蚀区防护林保护与建设；做好北京水源地——燕山水土流失区和冀西北间山盆地严重水土流失区的植被恢复工作。同时积极实施《21 世纪首都水资源可持续利用规划》中有关的河北项目建设，主要有水土保持、节约水资源、污水治理和生态环境建设。

7.2.3 大力发展生态农业，防止农业污染，改善农村生态环境

提高农业化学品利用率、农作物秸秆利用率，合理施肥，减少污染物排放量。大力提倡使用有机肥料，利用生物方法防治病虫害，利用行政、经济等手段提高农膜回收率，增加畜禽粪尿的综合利用率和处理率，改善农村的能源结构，提倡利用沼气、太阳能等清洁能源。加强对农业化学品的管理，发展有机食品和绿色食品，全面改善农村生态环境状况。

参考文献

1　国家环境保护局自然保护司. 中国生态问题报告. 北京：中国环境科学出版社，1999.

2　国家计委国土开发与地区经济研究所，国家计委国土地区司. 97 中国人口资源环境报告. 北京：中国环境科学出版社，1998.

3　河北省人民政府办公厅，河北省统计局. 新河北五十年. 北京：中国统计出版社，1999.

4　河北省畜牧水产局，河北省农业区划委员会办公室河北草地资源. 石家庄：河北科学技术出版社，1990.

5　河北省地方志编纂委员会. 河北省志：林业志. 石家庄：河北人民出版社，1998.

6　河北省地方志编纂委员会. 河北省志：环境保护志. 北京：方志出版社，1997.

内蒙古篇

内蒙古篇

1 自然生态环境和社会经济概况

1.1 自然环境概况

1.1.1 地理位置

内蒙古自治区地处我国北部边疆，其境界从北纬 37° 30′～53° 20′，东经 97° 10′～126° 02′，东西跨越了 29 个经度，南北跨越了 16 个纬度。内蒙古自治区是一个多边接壤的省区，外与蒙古、俄罗斯两国接壤，内与陕、甘、宁、黑、吉、辽、冀、晋八省区毗邻，国境线长达 4 200 km。内蒙古自治区呈弧形弯曲条带状，由东北斜向西南，东西直线距离约 2 400 km，南北最宽处为 1 700 km，总面积为 118.3 万 km^2（遥感调查面积为 115.3 万 km^2），占我国国土总面积的近 1/8。

1.1.2 地貌

内蒙古的地形条件复杂，地势起伏明显，主要有山地、丘陵、高平原、平原等地貌单元构成。境内东部的大兴安岭、中部的阴山山脉和西部的走廊北山、贺兰山呈弧带状构成了内蒙古的外缘山地，山地的北部为古老的蒙古高原区，南部的河套平原隔黄河与鄂尔多斯高原、黄土高原相连接，山地的东部是松辽平原的一部分。

1.1.3 气候特点

内蒙古地处北半球中纬度内陆地区，具有明显的大陆性气候特点。受海陆分布和地形条件的影响，全区各项气候要素形成了东北—西南走向的弧带状分布。

内蒙古属温带区，可划分为寒温带、中温带和暖温带 3 个气候带，从东到西跨越了温带湿润区、半湿润区、半干旱区、干旱区和极端干旱区等 5 个气候区。

内蒙古年降雨量 3 014.52 亿 m^3，单位面积年降雨量 263 mm，是全国 839 mm 的 31.3%。大部分地区蒸发量远大于降雨量。年降雨量的 80%～90%消耗于蒸发，只有 10%转化为地下水。

1.1.4 土壤

内蒙古地区土壤的特点是：资源丰富、类型多样，并呈弧带状分布；多种类型的土壤较为贫瘠，且面积较大；有机质和碳酸钙呈现出规律的变化。

内蒙古的主要土壤类型有：黑土、黑钙土、栗钙土、棕钙土、灰钙土、灰漠土、灰棕漠土、褐土，以及在山地上发育的灰白色森林土、灰色森林土、灰棕壤、棕壤和灰褐土等。此外，在许多局部的特殊环境中，还发育形成了草甸土、沼泽土、盐土、碱土以及沙土、披沙石土等 17 个非地带性土类。内蒙古总计有土类 30 个，亚类 90 个，占我国 60 个土类中的 50%，是我国土类最多的省区之一。

1.1.5 自然地带

随着古地理环境的演变，太阳辐射、水热组合等大气候条件的地区差异，生物区系组成及其生态组合的发生与发展，内蒙古地区明显地分化形成了一系列不同的自然地带及独特的生态系统。在湿润区形成了森林生态系统，在半干旱区形成了草原（森林草原和典型草原）生态系统，在干旱区形成了荒漠草原和草原化荒漠生态系统，在极干旱区形成了荒漠生态系统。而且随着热量分配状况的不同，又发生了森林、草原与荒漠类型的差别。

1.1.6 水资源

内蒙古水资源总量 508.91 亿 m^3，占我国总水量的 1.87%。其中，地表水年总量 370.93 亿 m^3，占全区总水量的 72.89%；地下水 137.98 亿 m^3，占全区总水量的 27.11%，并且多数地区地下水矿化度较高。全区人均占有水量 464 m^3，比全国平均 1 752 m^3，少 2.8 倍。内蒙古总流域面积在 1 000 km^2 以上的河流约 107 条。大于和等于 0.1 km^2 的湖泊 4 166 个，湖泊水域面积约 7 316.79 km^2，水量不大，淡水湖少，盐碱湖多，并且大都分布于降雨量 200～400 mm 的东部地区。

由于内蒙古水资源时空分布不均衡，供需不平衡，因此更加重了全区水资源的不足。内蒙古地表水多年平均流量 370.93 亿 m^3，其中嫩江和额尔古纳两大水系占 83%，加上西辽河流域共占 90%。内蒙古还有 43.4 万 km^2 占全区总面积 37.3%的地面，为海洋水气难以涉及的内陆干旱地区，有的地方根本形不成地面径流。

内蒙古地下水的分布同样存在着地区不平衡。约占全区 70%的广大地区，地下水贮量仅占全区地下水总贮量的 16%。

1.1.7 自然环境综述

由于内蒙古处在冰川拉锯带、地层松散带、气候巨变带、强烈季风带、温室效应敏感带、水热异地带、风旱植被稀疏同步带、多因子过渡和交错带、环境多变和多灾带、严重缺水带、生物低产带、生物区系交错带、农牧交错带、民族文化交错带、经济落后带等多种自然和人文地带，因此，内蒙古生态环境的特点表现出极大的脆弱性和生态环境问题的多样性。地球陆地生态系统中常见的生态环境问题在内蒙古均有所表现，有些则非常突出。

东部的大兴安岭林区、中部的辽阔草原、西部的荒漠为内蒙古自治区发展林业、畜牧业提供了良好的资源条件；嫩江、辽河水系和中西部过境的黄河为自治区发展灌溉农业提供了有利条件；内蒙古遍地是煤，金属矿藏的种类和储量相当丰富，建材化工原料十分可观，加之近年来陆续发现的油气田等，为自治区发展能源、化工、原材料工业提供了物质基础，这些都是自治区经济发展的物质保障。

内蒙古虽然有丰富的资源和一些有利的环境条件，但是全区大部分地区处在干旱、半干旱区域。由于这一区域受到蒙古高压气团的控制，形成了干旱寒冷的气候环境，寒潮、风雪、旱涝、沙尘暴等自然灾害时有发生。从水资源来看，全区水资源总量不够丰富，地区分布和年季分布又很不均衡。广大草原和荒漠地区自然生态环境十分脆弱，生物生产量不高，生态系统自我调节能力不强，草场退化、土地沙化、砾石化、盐渍化、水土流失、沙丘活化等现象极易发生。因此，内蒙古发展农牧业虽然有丰富的资源条件，但生态环境条件相对较差，利用不当将引发一系列的环境问题。内蒙古发展工矿业的资源条件较好，虽然生态脆弱，对破坏扰动的承受能力低，但相对来讲环境的容量较大，对污染的自净能力强，这一点又为工矿业的发展提供了有利条件。

1.1.8 气候变化趋势

内蒙古自治区气候变化总的趋势是降雨有所减少，温度有所增加，旱化进程加快，暴雨增多。

20 世纪 50—80 年代，降雨减少 50～80 mm，而温度提高 0.6～0.8℃。20 世纪 50—80 年代曾发生 6 个春旱年，7 个夏旱年，连年干旱占 20%～30%，连续三年干旱占 10%～25%，最长达 7 年干旱。全区降雨过于集中，一般夏季占 60%～73%。呼和浩特 1959 年降雨达 929.2 mm，1965 年仅为 155.1 mm，相差 6 倍；东胜曾在 24h 降雨 135.6 mm；鲁北曾在 1 h 降雨 82.6 mm；包头曾在 10 min 内降了全年 15%的雨量，共 44.8 mm。全区越是少雨的地区，降雨的时间变率越大，往往造成暴雨成灾、水土流失和水资源的浪费。

随着干旱进程的加速，大风加剧了水分的蒸发。内蒙古是全国的大风区之一，全区全年大风约 20～80 天，个别高达 87 天。春季大风日数占全年 35%～40%。干旱、大风、植被稀疏都同时发生于春季，因此特别容易引起沙尘暴。

另外，由于气候的变化，水文条件也发生了一定的变化，最突出的表现是湖泊呈缩小趋势。目前已干枯湖泊 307 个，面积 2 388.9 万 km^2。20 世纪 80 年代较 60 年代，短短 20 年，湖泊减少 1 321 km^2，总计退缩面积 10 943.4 km^2。有人将湖泊萎缩与草原退化、土地沙化和盐碱化作为内蒙古生态环境中的四大突出问题。

1.2 区域社会经济概况

1.2.1 人口

内蒙古自治区是以蒙古族为主体的少数民族自治区，截至 1999 年底，自治区人口总数达到 2 361.92 万人。其中，市镇人口 967.9 万人；乡村人口 1 394.06 万人。在总人口中，蒙古族人口为 382.8 万人，占总人口的 16.4%。

1.2.2 经济发展

1999 年底 GDP 达 1 268.20 亿元，人均国内生产总值达 5 350 元。其中第一产业占 27%，第二产业占 38.8%，第三产业达 34.2%。1999 年国内生产总值比上年增长 7.7%。见表 3-1-1。

表 3-1-1　社会经济基本状况

指　标	指 标 值	备　注
总人口/万	2 361.92	以 1999 年统计数据为准
农牧业人口/万	1 553.67	
非农牧业人口/万	808.3	
高中以上文化人口/万	247.78	第四次人口普查结果提供
文盲人口/万	3 328 158	同上
人口自然增长率（%）	0.72	
人口密度/（人/km^2）：城镇 农村	19.97 26.78*	 无呼市、包头、乌海、阿盟数据*
财政收入/万元	1 436 900	
国内生产总值 GDP/万元	12682000	
第一产业 GDP（%）	27.0	
第二产业 GDP（%）	38.8	
第三产业 GDP（%）	34.2	
农牧民人均纯收入/元	2003.39	
贫困人口比例（%）	14.8	农村牧区相对贫困人口，不包括城镇
单位 GDP 能耗/t 标煤	7.93	
单位 GDP 耗水量/m^3	241.06*	无通辽、呼盟、锡盟、乌盟、阿盟数据*

数据来源及时间：内蒙古统计局统计年鉴（2000 年）；（*）为各盟市汇总数据（2000-12）。

填表人：刘沙滨、杜芳红、潘高娃、乌日娜　负责人：阿荣

1.2.3 社会发展

1999 年末，全区从事科研活动人员达 3.37 万人，全区共有独立研究与开发机构 154 个，高等院校 19 所，年末在校研究生 1 262 人，高等学校在校学生 49 732 人，中等专业学校在校生 101 396 人，普通中学在校生 122.20 万人，小学在校生 213.68 万人。共有艺术事业机构 163 个，从业人员 6 579 人。公共图书馆 108 个，博物馆 25 个，档案馆 136 个。全区拥有广播电视电台 49 座，中短波广播发射台和转播台 47 座，广播人口覆盖率达 84.1%。拥有电视台 33 座，1 kW 以上电视发射台和转播台 82 座。自治区和盟市两级出版报纸 17 605 万份，杂志 1 563 万册。

1999 年底，全区共有卫生机构 4 468 个，病床 6.64 万张，卫生技术人员 10.1 万人。

1999 年底，全区从业人员 1 056.88 万人。再就业工作取得明显成效，全年有 20 万名下岗职工实现了再就业。全区有下岗职工的国有企业基本建立了再就业服务中心，通过各种渠道筹集下岗职工基本生活保障金 4.7 亿元，为 13.1 万国有下岗职工发放了基本生活费。

内蒙古自治区经济落后，财力不足，经济、社会等诸多方面都远不如东部地区。

2 生态保护和生态建设的成绩

2.1 机构建设管理和法律法规，规划与标准制定

2.1.1 机构建设

1995 年自治区人民政府成立了自治区环境保护局。全区 12 个盟市有 7 个成立了独立的环保机构，101 旗县区有 54 个成立了环保局，220 个乡镇设立了环境保护工作站。

2.1.2 法制建设

自治区人大常委会颁布了《内蒙古自治区境内黄河流域水污染防治条例》、《内蒙古自治区西辽河流域水污染防治条例》、《关于重视和加强资源与环境保护工作的决议》、《自治区征收排污费暂行规定》、《内蒙古自治区废物进口环境保护管理暂行规定》、《关于贯彻加强开发建设项目环境保护管理的若干规定》6 个法规性文件。自治区人民政府颁布了《内蒙古自治区自然保护区实施办法》。

加大执法检查力度，增加了执法检查频次。围绕取缔关停“十五小”和新“五小”治理，呼市、包头市、乌海市大气污染治理和执行建设项目“三同时”制度、《内蒙古自治区境内黄河流域水污染防治条例》、《内蒙古自治区西辽河流域水污染防治条例》贯彻执行和乡镇企业污染防治、全区“一控双达标”工作、生态环境保护和自然保护区、生态示范区建设与管理、发菜市场的关闭情况，先后多次组织开展了执法检查。严肃查处了内蒙古化肥厂、呼市炼油厂污染农田和西鄂尔多斯自然保护区“四合木”等珍稀植物受破坏案件。积极进行法制教育培训工作，完成了全区行政执法人员持证上岗培训，共培训 550 人，提高了环境执法人员业务素质和执法水平。

2.1.3 规划的编制和执行

①组织编制了《自治区环境保护“九五”计划和 2010 年远景目标》、《内蒙古自治区环境保护“十五”计划》，并经自治区政府批准实施。

②组织编制了《全区生态环境保护规划》，确定了全区生态环境保护的目标、主要内容和奋斗方向。

③编制了《黄河流域水污染防治规划》、《西辽河流域水污染防治规划》，确立了防治目标和对策。

④编制完成了《内蒙古自治区自然保护区发展规划》。

⑤编制完成了《自治区跨世纪绿色工程规划》，有 37 个项目列入国家规划，95 个项目列入自治区规划。全区 1997—1998 年启动实施绿色工程规划项目 70 个，完成 29 个，

完成投资 5.58 亿元。

⑥全区各盟市围绕“一控双达标”、自治区环境保护“321”工程，编制出台当地的重点工程规划。呼市编制了“蓝天绿地”工程，包头编制了“蓝天绿地碧水”工程，赤峰编制了“蓝天、碧水、生态、安静、信息”工程，巴盟编制了“11247”工程（保护黄河，保护乌梁素海，保护努登梭梭林自然保护区，建设乌拉山国家森林公园，治理水土流失区、沙化退化区、乌兰布和沙区、河套次生盐渍化区，建设 7 个烟尘控制区）。盟市旗县都结合实际编制了相应的规划，有计划、有重点地开展生态环境治理。

2.1.4 标准制定和执行

制定了《内蒙古自治区生态示范区验收标准》，将被广泛应用于全区生态示范区的验收。

2.1.5 其他标准性法规文件和政策

①《关于加强环境保护工作的决定》。

②《内蒙古自治区关于加快沙区、山区生态建设的决定》。

③《内蒙古自治区关于在西部大开发中加强环境保护工作的决定》。

④《内蒙古自治区关于加强旅游资源环境保护工作的通知》。

⑤《内蒙古自治区关于加强道路交通建设环境保护工作的通知》。

2.2 生态保护

2.2.1 区域（流域）生态环境保护

（1）生态功能保护区

国家环保总局将内蒙古自治区阴山北麓科尔沁沙地、阿拉善列为国家级生态功能保护区试点。自治区环保局组织编制了《阴山北麓科尔沁沙地生态功能保护区项目建议书》、《阿拉善生态功能保护区项目建议书》、《辽河源头生态功能保护区项目建议书》，总项目 48 个，总金额 10 亿元。编制了《阴山北麓科尔沁沙地生态功能保护区规划》，并通过自治区级专家论证。阴山北麓科尔沁沙地生态功能保护区涉及的 7 个盟市行署、政府已批准成立了生态功能保护区，自治区人民政府也将正式批准成立阴山北麓科尔沁沙地生态功能保护区。

（2）生态示范区

制定了《内蒙古自治区生态示范区验收标准》。全区已有 87 个各级各类生态示范区建成或正在实施，分布于全区 12 个盟市，其中 7 个被批准为“全国生态示范区建设试点地区”。呼伦贝尔盟被确定为盟级生态示范区试点，赤峰市敖汉旗被正式命名为国家级生态示范区。

位于科尔沁沙地南缘的敖汉旗，过去农业十年九旱，1972 年吃返销粮 5 000 万 kg，比全旗粮食总产还多，当年有 9 000 多人外出逃荒。从 20 世纪 70 年代开始，该旗加快了治沙造林步伐，每年以 1.33 万～2 万 hm^2 的速度向前推进，到 1998 年，全旗有林面积发展到 32.68 万 hm^2，占总土地面积的 34%，全旗基本实现绿化，土地荒漠化基本被控制，生态环境得到极大改善，粮食产量增加到 5 亿多 kg，跨入全区十大产粮旗县行列。

（3）矿山生态环境综合整治

内蒙古地下蕴藏着丰富的矿产资源，有 7 种矿产居全国首位。特别是煤炭资源极其丰富，探明储量 2 170 t，占全国已探明储量的 1/4 以上，且品质优良，易于开采。随着国家能源战略的西移和西部大开发战略的实施。内蒙古矿产资源的开发力度逐渐加大，对生态环境造成了一定破坏。内蒙古自治区对矿山生态环境恢复十分重视。自治区政府下发了《关于在西部大开发中加强环境保护工作的通知》，自治区人大颁布了《矿产资源法实施办法》，加强了对矿产资源环境保护工作的领导，使矿产资源环境管理工作走上了法制化管理的轨道。自治区环保局等开展了“矿区生态环境现状调查”，摸清了全区矿山生态环境的本底，为下一步大规模矿山生态环境综合整治奠定了理论基础。在矿产资源的开发中，严格执行环境影响评价制度和“三同时”制度，严防矿产资源开发对矿山生态环境造成生态破坏，大中型矿产资源开发环境影响评价制度和“三同时”制度执行率达 100%。准格尔、东胜等煤田加大矿山生态环境治理恢复力度，先后投入近亿元资金治理被破坏的生态环境，矿山生态环境得到有效恢复。准格尔、东胜、伊敏等煤田已建成花园式厂区。

2.2.2 生物多样性保护

（1）自然保护区

经过 20 年的发展，内蒙古的自然保护区事业有了长足的发展，主要特征如下：

①自然保护区的数量迅速增长，面积不断扩展。

以国务院国发［1980］108 号文件批转《“三北防护林”建设领导小组会议纪要》中批准内蒙古建立白音敖包云杉林、大青沟珍贵阔叶林、努登梭梭林和贺兰山森林生态系统 4 个自然保护区为起点，现在，自然保护区已遍布全区各盟市，全区已建成各级各类自然保护区 96 处，总面积达到 7.654 万 km^2，占全区国土面积的 6.5%。

②自然区级别和类型逐步齐全。

目前，内蒙古自治区有达赉湖、科尔沁、大青沟、贺兰山、大兴安岭汗马、锡林郭勒、达里诺尔、西鄂尔多斯、赛罕乌拉、白音敖包 10 个国家级自然保护区。锡林郭勒草原自然保护区已加入了国际人与生物圈网络。自治区级自然保护区已达 25 处。

③自然保护区的管理体制逐步理顺。

环境保护行政主管部门对自然保护区实施统一监督管理，各盟市及各有关部门建设保护区的积极性不断增强。

④自然保护区的建立、晋升、审批走向规范化。

自治区有专门负责自然保护区晋升的自治区级自然保护区评审委员会，环境保护行政主管部门负责自然保护区的评审工作。

⑤自然保护区的建设和管理列入领导班子考核指标。

自然保护区建设和管理指标在 1996 年和 1997 年两年纳入自治区党委、政府考核各盟市领导班子的指标体系。

⑥积极组织开展国际自然保护合作项目。

在国家环境保护总局的支持下，经过积极争取，加拿大政府援助项目“内蒙古生物多样性保护与社区发展项目”在自治区6个国家级自然保护区实施，2001年4月份正式启动。

⑦贯彻自然保护区法规。

认真贯彻执行《中华人民共和国自然保护区条例》，制定了内蒙古自治区自然保护区实施办法。贯彻执行了《国务院办公厅关于进一步加强自然保护区管理工作的通知》等有关文件。

⑧制定自然保护区规划。

编制完成了《内蒙古自治区自然保护区发展规划》。将自然保护区建设与管理列入全区环境保护“三二一”工程，即在“十五”期间建设好100个自然保护区。

（2）珍稀濒危物种的保护

自治区各级人民政府和有关部门重视珍稀濒危物种的保护工作，制定颁布了《内蒙古自治区自然保护纲要》、《内蒙古自治区珍稀植物、珍稀动物保护名录》，为加大对珍稀林木的保护，自治区人大即将颁布珍稀林木保护条例。

各级人民政府通过积极抢建自然保护区，加大了对珍稀物种的保护，加强了对猎取、盗伐野生珍稀动植物的管理，处理了一批典型案件。通过加大对珍稀物种保护的宣传，社会公众对珍稀物种的保护意识有了很大的提高，保护珍稀野生动植物已形成了一定的社会气氛。目前，自治区内主要珍稀野生动植物的栖息地都建立了自然保护区。四和木、半日花等珍稀植物得到有效保护，野驴、黄羊、丹顶鹤、大天鹅等珍稀动物种群数量有了一定的增长。

2.2.3 农村生态环境保护

（1）农药、化肥与农膜的控制和替代

内蒙古自治区颁布了《农业生态环境保护条例》，依法保护农村生态环境。自治区环保局下发了“关于贯彻落实国家环保总局加强农村生态环境保护工作若干意见的通知”，强调要采取得力措施，切实控制化肥、农药污染。大部分盟市划定了“农药化肥污染控制区”，提出了污染控制对策和措施，并抓好落实。有关部门积极探索防治农药、化肥、农膜污染的有效途径，促进农业化学品的合理使用。自治区环保局等严肃查处了内蒙古化肥厂排放污染物污染660多hm^2农田的恶性案件，有力地维护了农牧民的利益。

（2）畜禽污染控制与废物资源化

自治区环保局“关于贯彻落实国家环保总局加强农村生态环境保护工作若干意见的通知”明确要求：要加强畜禽养殖污染防治的监督，严格控制养殖废物的排放，新建、扩建或改建的具有一定规模的养殖场，必须按国家《国家建设项目环境管理条例》规定，严格执行环境影响评价制度和“三同时”制度；在大中城市周围已建的畜禽养殖企业，必须加强污染治理。

与此同时，各地大力发展畜禽粪便资源化，畜禽养殖场的粪便绝大部分被应用于水产养殖或农田有机肥料。

截至目前，全区未发生一起畜禽养殖厂污染案件。

（3）秸秆焚烧与能源结构调整

“九五”期间，自治区粮油产量较为稳定，平均达 1 573.82 万 t。粮秸比平均按 1∶1 综合计算，秸秆产量约为 1 573.82 万 t。从目前的情况来看，秸秆的主要利用方式有以下几个方面：养殖业的粗饲料、农村生活燃料、肥料、工业原料、建筑、过腹、直接还田和田间焚烧等。其中，用作饲料、肥料、工业原料等占秸秆总量的 30%左右，用于生活燃料和田间直接焚烧的占秸秆总量的 70%左右。

内蒙古自治区自国家六部委颁布了《秸秆禁烧和综合利用管理办法》以来，非常重视这项工作。2000 年下发了“关于加强秋季秸秆焚烧工作的紧急通知”，要求各地突出重点，严格执法。各盟市根据当地民航、铁路、交通干线的情况划定了相应的禁烧区。包头市划定的范围是：青山区、昆区、东河区、九原区、石拐区、白云矿区所辖行政区域、土右旗萨拉齐镇、固阳县金山镇、达茂旗百灵庙镇；以包头民航机场为中心 15 km 半径的区域；京包、包兰铁路以及呼包高速公路两侧各 2 km 带；110、210 国道两侧各 1 km 地带。赤峰市在 1999 年的基础上进一步扩大了禁烧区，除将森林分布地带，机场附近、铁路、公路两侧划为禁烧区外，又将居民集中地、小城镇和市区周边划为禁烧区，总面积达 400 多万 hm^2。巴盟将重点农业乡的 8.4 万 hm^2 土地划为禁烧区。同时沿 110 国道、包兰铁路两侧各 2 km 以内的地带和乌拉特前旗公庙子机场为中心、15 km 为半径的区域划定为重点禁烧区。

大部分盟市结合当地实际情况，将秸秆禁烧工作层层落实，纳入地方环保目标责任制，严格检查、考核，并组织了执法检查，未发现秸秆露天焚烧情况。赤峰市在市政府的统一部署领导下，责任具体落实，各旗县、乡、镇一把手负责，并组织有关部门人员组织执法检查小组，对林场、飞机场、公路、铁路沿线进行了为期 5 天的检查。各级政府、环保部门及有关单位责任落实到位，管理得力，群众配合积极；包头市严格执行奖惩制度，责成各乡镇主要领导负总责、抓落实，如出现秸秆焚烧现象，一律不予评优，形成了人人关心齐抓共管的良好局面；通辽市利用各旗县、乡镇的电台、电视台进行了广泛的宣传，并会同农业部门组织了执法检查；巴盟各旗县成立了以分管领导任组长，环保、农业、交通等有关部门组成的领导小组，对禁烧区内的乡制定了秸秆禁烧和综合利用目标责任制，层层签订责任书，并检查了磴口县、乌拉特前旗、五原县、临河 4 个旗县的禁烧区近 8 万 hm^2。

根据各地执法情况，迄今为止全区未发生一起因秸秆焚烧影响民航、铁路、高速公路正常运行的事件。

与此同时，各地大力发展沼气、天然气、煤炭等能源，逐步改变能源结构。

（4）小城镇建设的环境保护

发展小城镇是国家的一个大战略，小城镇环境保护是城市和农村环保工作的结合点。内蒙古自治区认真作好小城镇发展规划，在制定规划时考虑环境保护工作，促进小城镇基础设施建设，优化结构，合理布局，推进污染集中控制。积极在小城镇推行城市环境综合整治定量考核等制度，自 1993 年起连续开展了城市环境综合整治定量考核，有效地改善了小城镇环境质量。有的地区将小城镇环境考核列入党政领导班子考核指标，引导乡镇工业集中发展。

（5）农村“十五小”污染整治

自治区党委、政府出台了《关于加强环境保护工作的决定》，强调彻底取缔、关停 15

种污染严重的小企业。自治区党委、政府连续 3 年将取缔、关停“十五小”列入盟市党政领导班子工作实绩考核目标，加强了对取缔、关停“十五小”工作的领导。全区组织了多次取缔、关停“十五小”的专项检查，召开了多次现场办公会议，组织了多次声势浩大的宣传。全区共取缔、关停“十五小”3 642 家，取缔、关停率达 100%。

（6）有机食品、绿色食品的发展

①有机食品的发展：

随着我国加入 WTO 步伐的加快，我国农产品面临着国际技术性绿色贸易壁垒（TBT）在食品安全和环境保护方面的挑战。特别是内蒙古自治区是一个农畜产品大省，农畜产品所面临国际市场的压力较大，为了防范或减轻进口农畜产品的冲击，发展有机生态农业，开发适合于国际规范和标准的有机生态食品来扩大自治区优质农畜产品和高附加值农畜产品的生产和出口，已是当务之急。

内蒙古自治区地域广阔，天然和待开发的有机产品资源非常丰富。特别是自治区有 0.88 亿 hm^2 天然草场，畜牧业产品资源量大，其他土特产品也相当丰富，只有抓住机遇，尽快与国际市场接轨，使自治区有机食品在国内外市场占有一席之地，才能促进自治区经济发展。目前，经过内蒙古分中心的努力工作，在自治区已开发了部分有机食品，有的产品已经出口，为企业带来了非常丰厚的经济效益。如白旗的有机牛羊肉，经过开发认证，在北京、天津市场销售看好；固阳县的有机小麦、荞麦按照有机生产加工销售技术标准生产后，经过 OFDC 颁证，产品出口日本，提高了其利润；内蒙古土生金公司将部分土地转化为有机农业生产基地，使其生产的产品出口日本、台湾。

到目前为止，全区有机食品生产企业达 5 家，产品数量达 10 个，品种 7 个，生产总量已达到 5 000 t。有机食品产值达到 2 000 万元，有机食品销售额达 2 000 多万元，实现利润 500 多万元。产品类型包括牛羊肉、荞麦、葵花子、白瓜子、鱼、小麦等。

②绿色食品的发展：

内蒙古自治区发展绿色食品产业，是一件具有战略意义的工作。自治区有着闻名于世界的草原、森林、淡水湖泊和广袤的耕地，是我国乃至世界少有的一块绿色净土。多样的生态环境造就了丰富的动植物资源，具有开发、生产绿色食品的巨大优势和潜力。

到目前为止，全区绿色食品生产企业达 78 家，产品数量达 176 个，品种 20 多个，占全国绿色食品生产总数和生产总量的 11%以上，生产总量已达到 50.14 万 t，居全国首位。绿色食品产值达到 24.23 亿元，绿色食品销售额达 16.3 亿元，实现利润 1.75 亿元。产品类型包括大米、色拉油、牛羊肉、乳制品、杏仁饮料、面粉、大豆、杂粮等。原料环境监测面积达到 33.33 万 hm^2，其中，初级农产品种植面积达到 3 335 hm^2，饲料、饲草种植面积 18.28 万 hm^2，加工产品原料种植面积 14.81 万 hm^2。

2.3 生态环境建设

2.3.1 生态建设的政策措施

①加强组织领导，强化政府行为。

自治区党委、政府将防治荒漠化、改善生态环境作为国土整治、山河治理、人民群众尽快脱贫致富的根本大计。全区各级党委、政府把生态环境保护和建设纳入国民经济和社会发展总体规划，列入重要议事日程。自上而下建立、健全了党政领导任期环境保护目标责任制，签订责任状，并以此作为考核各级政府和领导班子政绩的一项重要内容。

②广泛发动群众，开展大会战。

全区统一领导、统一规划，联村联户，集中人力、财力、物力和时间，对重点治理地区集中连片治理。全区大张旗鼓地宣传生态环境保护和建设的重要意义以及国家方针政策，增强紧迫感和使命感。目前，已初步形成了全社会广泛发动，部门分工协作，广大群众积极投工投劳，全民搞绿化的良好局面。近几年来，全区农牧民群众每年为造林治沙投工投劳达 5 000 多万个工日，农村劳动力年人均用在林业建设上的工日在 10 个以上。

③深化改革，完善政策。

全区坚持“国家、集体、个人一起上”的方针和“谁造谁有，合造共有”以及“谁治理、谁投资、谁开发、谁受益”的政策。在农村牧区稳定和完善了以家庭承包为基础的统分结合的双层经营机制，实行了承包、联合、股份合作、租赁、拍卖、转让等多种经营方式、多种所有制并存的生态建设经营体制。1994 年自治区人民政府做出了《关于深化改革加快造林绿化步伐的决定》，1997 年 9 月自治区党委、政府又出台了《关于加快沙区山区生态建设步伐的决定》，进一步强化了生态建设的政策措施和激励机制，明确规定：各级财政每年安排生态建设的资金不得低于财政支出的 1%，其中新增收农牧业税中用于生态建设部分不得低于农牧业基础建设投入的 15%；对综合治理开发沙区山区的项目免征或减征农牧业税、所得税等 11 项税收；凡农牧民自愿用于生态建设的积累工，不视为增加农民负担；对煤炭、石油、矿石开采以及在允许采集的山区和沙区采集药材等野生植物征收生态建设补偿费等。不少地方也结合当地实际，相应制定出台了一些具体的政策，充实和完善了有关生态建设的政策体系。内蒙古自治区生态示范区与生态农业试点县建设情况见表 3-2-1。

表 3-2-1　内蒙古自治区生态示范区与生态农业试点县建设与管理

名称	类型与级别	时期	面积/hm^2	产业结构（%）			GDP/万元
				第一产业	第二产业	第三产业	
武川县哈乐乡农业示范区	农业县级	建设前	16 107	40	30	20	4 341
		截至 1999 年	16 107	42	28	30	4 484
巴彦镇（呼市）	区级	建设前	4 600				12 580
		截至 1999 年	4 600	9.57	78.87	11.56	12 580
清水河县	国家级	建设前	4 432	48.9	33.1	18.0	44 971
		截至 1999 年	4 432	33.7	42.2	24.1	59 905
固阳县生态农业示范县	国家试点	建设前	5 241.1	26.7	45.1	28.3	
		截至 1999 年	5 236.3	23.8	47.4	28.8	
包头西郊生态恢复示范区	国家试点	建设前		95	2	3	
		截至 1999 年	16 000	60	10	30	

名称	类型与级别	时期	面积/hm²	产业结构（%）			GDP/万元
				第一产业	第二产业	第三产业	
敖汉旗国家级生态示范区	国家级	建设前	830 000	57.4	17.2	25.2	169 086
		截至 1999 年	830 000	54.2	17.8	28	171 389
翁牛特旗全国生态农业试点旗	生态系统重建型，国家级	建设前	1 188 200	65	17	18	49 000
		截至 1999 年	1 188 200	54.8	23	22.2	131 395
喀喇沁旗全国生态农业试点县	国家级	建设前	311 520	42.7	35.9	21.4	31 705
		截至 1999 年		40.24	31.21	28.55	
孪井滩生态移民（阿盟）		建设前					
		截至 1999 年	756				
阿左旗		建设前					
		截至 1999 年	900				
科左中旗国家级生态示范区建设试点地区	综合生态恢复，国家级	建设前	964 644	67	11	22	
		截至 1999 年	964 644	61	12	27	
奈曼旗生态示范区建设试点地区	综合生态恢复，国家级	建设前	812 947				
		截至 1999 年		49.7	23.9	26.9	
呼伦贝尔盟生态示范区（环发［1999］274 号）	国家级	建设前	253 000	28.2	28.3	43.5	
		截至 1999 年	253 000				144.7
恩格贝绒山羊基地恩格贝综合开发示范区	自治区级	建设前	20 000				
		截至 1999 年	20 000				
兴安盟农场管理局	农业生态示范，级别未命名	建设前	400 000				
		截至 1999 年	23 542	50	30	20	
和林县*	国家级	建设前					
		截至 1999 年	343 600	56.81	28.88	14.31	

数据来源及时间：各盟市汇总数据（2000-12）；（*）内蒙古绿色食品统计资料（2000-07）。

填表人：乌日娜、樊彩霞、潘高娃　负责人：张自学、顾延强。

④依靠科技进步，增加科技含量。

针对内蒙古干旱少雨的特点，全区重点推广了抗旱造林系列技术、沙地衬膜水稻栽培技术、沙地麻黄种植技术等 50 项林业科研成果和适用技术，并以滚动发展的形式，每年从中选出优秀科研成果和适用技术作为指令性计划重点推广，年推广面达 10 多万 hm²。草原建设重点采取了飞播种草、建设草库伦、实行浅耕翻等措施。

⑤加大保护力度，维持生态平衡。

自治区实施了天然林保护工程，大兴安岭森工集团、岭南 8 个次生林经营局和黄河流域的 31 个旗（县市），占全区 67%的天然林面积已列入国家天然林保护工程，于 1998 年正式启动。针对自治区畜牧业工作的实际，制定了“草畜双承包”和“双增双提”增草增畜、提质提效的方针，通过制定、完善、管护制度，采取分户承包经营、项目区禁牧、轮封轮牧、牲畜舍饲等措施，强化了草原建设和草牧场的管理保护，严防超载过牧对草原生态环境造成的巨大破坏。

2.3.2 生态建设成绩

多年以来，内蒙古自治区各级政府十分重视生态环境建设。据自治区有关文件和生态建设行政主管部门提供的资料，全区生态建设取得了可喜的成绩。

（1）水土保持

十一届三中全会以来，自治区启动了一系列以水土保持为主体的生态环境建设重点治理工程。如国家 8 项水保重点治理工程——黄河上中游水土流失重点防治工程、多沙粗沙区重点治理工程、治沟骨干工程、沙棘种植工程、砒砂岩水土保持综合治理工程、昆都仑河流域水土保持综合治理工程、黄土高原水土保持世界银行贷款项目以及中央财政预算内专项资金水土保持项目等重点工程。

截至目前，全区累计治理水土流失面积 583.44 万 hm^2，建设骨干工程 232 座。

（2）造林绿化

自治区人民政府做出了《关于深化改革加快造林绿化步伐的决定》，1997 年 9 月自治区党委、政府又出台了《关于加快沙区山区生态建设的决定》，先后启动了三北防护林工程、平原绿化工程、天然林保护工程。全区农牧民群众每年为造林治沙投工投劳达 5 000 多万个工日，农村劳动力年人均用在林业建设上的工日在 10 个以上。

截至目前，全区森林面积达到 1 867 万 hm^2（含灌木），排在了全国第一位，森林覆盖率达到 14.82%，其中人工造林保存面积 533 万 hm^2，排在了全国第二位。按人口平均，内蒙古的这两项指标分别排在全国第二位和第一位；全区的活立木蓄积量达到 11.7 亿 m^3，位居全国第五，人均居全国第二。大兴安岭森工集团、岭南 8 个次生林经营局和黄河流域的 31 个旗（县市），占全区 67%的天然林面积已列入国家天然林保护工程。

（3）草地建设

自治区出台了《草畜平衡管理办法》，实施草畜平衡管理制度。针对自治区畜牧业工作的实际，制定了“草畜双承包”和“双增双提”增草增畜、提质提效的方针，通过制定完善管护制度，采取分户承包经营及项目区禁牧、轮封、轮牧、牲畜舍饲等措施，强化了草原建设和草牧场的管理保护，严防超载过牧对草原生态环境造成的巨大破坏。草原建设重点采取了飞播种草、建设草库伦、实行浅耕翻等措施。截至目前，草原建设面积达 945 万 hm^2，保有面积达 995.6 万 hm^2（14 933.39 万亩），其中草原围栏 550 万 hm^2（8 255.9 万亩），草原改良 145.9 万 hm^2（2 188.5 万亩），人工种草 111.6 万 hm^2（1 673.4 万亩），飞播种草 39.9 万 hm^2（598.32 万亩），饲用灌木 147.8 万 hm^2（2 217.63 万亩）。

（4）防治沙漠化

自治区先后启动了北京周边地区沙源治理工程和生态移民工程等，加大了荒漠化治理力度。全区近 200 万 hm^2（3 000 万亩）农田、213 万 hm^2（3 200 万亩）基本草牧场受到防护林的保护，800 万 hm^2（1.2 亿亩）的风沙危害面积得到初步治理，一些昔日沙进人退的地方，如今呈现出林茂、粮丰、草多、畜旺的喜人景象。

乌兰察布盟自 1994 年开始，大力实施“进一退二还三”战略，每建成 0.066 hm^2（1 亩）水旱高效标准田，退下 0.133 hm^2（2 亩）旱坡薄地，还林还草还木，恢复植被，防治荒漠化。全盟耕地面积由 1994 年的 160 万 hm^2（2400 万亩）压缩到 2000 年的 80 万 hm^2（1 200 万亩），粮食产量由 6.5 亿 kg 增加到 13 亿 kg，人均占有粮食由 200 多 kg 增加到 500 多 kg，马铃薯总产达 50 多亿 kg，成为全国闻名的商品薯生产基地。仅此一项农民人均收入 150 元。1999 年农民纯收入比 1994 年增加了 1 100 多元。

（5）水利建设

自治区党委、政府出台了《关于加强水利建设的决定》，强调：要充分认识和进一步加强水利在经济、社会发展中的重要地位，把水利建设列入经济、社会发展的总体规划，放到与能源、交通同等重要的位置，切实抓好。全区实施了“380”人畜饮水工程、“112”集雨节水灌溉工程等，解决了 380 万人口和 1 020 万牲畜的饮水问题。全区在黄河、西辽河、嫩江及其主要支流修筑堤防 4 616 km，在抗御 1998 年特大洪水中发挥了巨大的防洪效果，减少经济损失达 525 亿元，保护耕地 126.78 万 hm^2（1 901.76 万亩），保护人口 720.21 万人。建成大中小型水库 451 座，总库容 74.18 亿 m^3，修筑闸坝工程 137 座，建成机电井 24.64 万眼，配套 21.93 万眼，排灌机械动力达 215.71 万 kW。建成万亩以上水灌区 198 处，灌溉面积达 247.46 万 hm^2（3 711.96 万亩），治理盐碱地 52.8 万 hm^2（792.17 万亩），除涝面积 47.71 万 hm^2（625.67 万亩）。水利工程年供水量达 162.5 亿 m^3，解决了 692.38 万人、2 041.2 万头牲畜的饮水问题。小水电事业从无到有，装机达 3.33 万 kW，年发电量达 7 000 多万度。

2.4 生态环境保护监管

内蒙古自治区颁布了《关于加强环境保护工作的决定》、《关于重视和加强资源与环境保护工作的决议》、《关于在西部大开发中加强环境保护工作的通知》、《关于加强旅游资源环境保护工作的通知》等政策法规性文件，强调加强资源开发的环境管理。

资源开发环境管理在执行“三同时”制度上下工夫，制定了相关的开发管理制度、办法、标准，严格监管。对已经开工但未执行环评制度的，要求必须补做环评手续，已经带来破坏的必须限期治理恢复。

把旅游资源环境保护纳入各级环保部门重要议事日程，及时研究解决旅游资源开发中出现的重大环境问题。帮助旅游部门科学合理地制定旅游发展总体规划，在各旅游区确定合理的游客容量和旅游路线，游客容量、基础设施建设与生态环境的承载能力相适应。加大旅游资源环境保护监管力度，严格执行环境影响评价制度和“三同时”制度，各类建设项目竣工后必须对其环境保护措施进行验收，严禁在旅游区内开设污染型和损坏自然景观的生产、生活项目。已经对环境造成污染和破坏的，责令限期治理，治理无望的要限期拆除。

严禁在自然保护区内开设任何与自然保护区保护方向不一致的参观、旅游项目，自然保护区开发旅游必须符合自然保护区发展总体规划，进入自然保护区参观、旅游的单位和个人，必须服从自然保护区管理机构的管理。

加强生态建设的环境管理。正确处理生态建设与生态保护的关系，坚持“保护优先”，防止先破坏后保护，注意防止因生态建设失误而造成新的生态破坏。对重大生态建设项目，要实行建设前摸底存档、建设中现场监测、建设后评估审计的跟踪管理制度。生态建设跟踪管理制度具体要做到建设前通过生态监测，摸清区域生态环境的本底，选择适合该区域生态环境特点的生态建设项目；建设中期要对建设项目的全过程及时进行监测，防止在建设中造成新的生态破坏和环境污染；建设项目完成后，要求再度进行生态环境监测，衡量建设项目是否达到了预期目的和要求，并要做出项目竣工验收的生态审计报告。对于造成不可逆转的区域性和长期性生态破坏和影响的项目，严格禁止建设；对造成局部和短期生态影响的项目，要做到生态保护和生态恢复与资源开发和工程建设同步设计、同步施工、同步验收。

为了加强草原生态环境保护，遏制资源开发对生态环境的破坏，自治区树立了一些先进典型，总结推广了他们的先进经验。与此同时，协助矿业管理部门开展矿山秩序整顿工作，74 家大中型矿山企业补做了环境影响评价手续，有效地控制了矿山环境污染和破坏，全区大中型资源开发项目环境影响评价执行率达 100%。加强了矿山土地复垦和绿化工作，东胜煤田、准格尔矿区等一批重点矿山企业已建成花园式厂区。严肃查处了资源开发中破坏生态环境的一些恶性案件，依法管理了资源开发工作。全区共取缔、关停“十五小”3 642 家，取缔、关停率达到 100%。

2.5 国际合作

近些年来，内蒙古自治区加强了与国际间的合作与交流，先后与国际鹤类基金会、世界人与生物圈、日本、美国、俄罗斯、蒙古国、澳大利亚、韩国、挪威、瑞典、加拿大等国际组织和国家开展了有关自然生态保护方面的合作与交流。完成了中日内蒙古草地生态环境调查研究、中蒙边界地区黄羊资源考察等一批研究课题。达赉湖、锡林郭勒自然保护区分别与美国的马路尔、澳大利亚的布克马克自然保护区建立了姊妹保护区。与蒙古国和俄罗斯共同建立了中蒙俄达乌尔国际自然保护区。启动了澳大利亚政府援华项目“内蒙古兴安盟草场保护项目”、“阿拉善生态环境治理项目”和挪威、瑞典援助的“内蒙古乌梁素海综合治理项目”。2001 年 4 月启动的加拿大政府援助的“内蒙古生物多样性保护和社区发展项目”。

3 生态环境现状及发展趋势

3.1 土地利用与土地退化状况

3.1.1 土地利用覆盖组成及空间格局总体分析

根据本次基础数据采集（数据来源国土部门）内蒙古自治区土地总面积为 11 550.92 万 hm^2（合法数字 11 830 万 hm^2）。其中，耕地面积 780.12 万 hm^2，占土地总面积的 6.75%；园地面积 6.74 万 hm^2，占土地总面积的 0.058%；林地面积 2 033.30 万 hm^2，占土地总面积的 17.60%；草地面积 6 681.58 万 hm^2，占土地总面积的 57.83%；居民点及工矿用地面积 114.43 万 hm^2，占土地总面积的 0.99%；交通用地面积 33.26 万 hm^2，占土地总面积的 0.28%；水域面积 183.14 万 hm^2，占土地总面积的 1.59%；未利用土地面积 1 718.36 万 hm^2，占土地总面积的 14.88%。由《内蒙古自治区农牧业资源区划数据汇编（1991 年）》及《内蒙古自治区土地利用总体规划》所得数据见表 3-3-1。

表 3-3-1 内蒙古自治区土地利用状况 单位：hm^2

指 标	截至 1986 年	截至 1999 年
土地总面积	118 129 267.60	115 489 145.78
耕地面积	7 278 265.00	8 202 277.79
园地面积	27 831.60	57 757.71
林地面积	19 142 202.73	20 015 996.91
草地面积	70 427 870.20	68 179 856.57
居民点及工矿用地面积	2 345 013.60	1 158 712.95
交通用地面积	334 129.40	324 221.23
水域面积	1 507 011.267	1 692 081.63
未利用土地面积	17 066 943.80	15 858 240.99

数据来源及时间：《内蒙古自治区农牧业资源区划数据汇编》（1991 年）；《内蒙古自治区土地利用总体规划》。

填表人：潘高娃　　　　负责人：阿荣

据 1988 年出版的《内蒙古自然保护纲要》提供的数字，内蒙古自治区土地总面积 11 506.52 万 hm^2。其中，耕地 688.86 万 hm^2；占土地总面积的 5.99%；园地 3.23 万 hm^2，占总面积的 0.03%；林地 1 664.28 万 hm^2，占总面积的 14.46%；草地 6 909.22 万 hm^2，占总面积的 60.05%；居民点及工矿用地 66.07 万 hm^2，占总面积的 0.57%；交通用地 47.26 万 hm^2，占总面积的 0.41%；水域 150.70 万 hm^2，占总面积的 1.31%；其他 1 926.28 万 hm^2，占总面积的 16.74%。

据 20 世纪 80 年代中期李博先生主持的《内蒙古草场资源遥感应用研究》提供的数

字，内蒙古自治区土地总面积为 11 570.90 万 hm^2。其中，耕地 822.69 万 hm^2，占总面积的 7.11%；林地 1 818.39 万 hm^2，占总面积的 15.71%；草地 7 915.29 万 hm^2，占总面积的 68.41%；其他土地 1 014.53 万 hm^2，占总面积的 8.77%。

根据《二十世纪末内蒙古生态环境现状遥感调查研究》成果显示，内蒙古自治区国土总面积为 11 526.3 万 hm^2。其中，森林景观面积为 1 644 万 hm^2（含人工林景观），占自治区总面积的 14.3%；草原景观面积为 4 135 万 hm^2，占自治区总面积的 35.9%，在草原景观中含有 898 万 hm^2 的沙地景观；全区荒漠景观面积为 2 895 万 hm^2，占全区总面积的 25.1%，在该景观中含有 831 万 hm^2 的沙漠景观；全区湿地景观（含河流、湖泊）面积为 1 197 万 hm^2，占全区总面积的 10.4%；农业景观（含农田防护林、田间草地、道路、田埂等）与森林景观的面积接近，为 1 623 万 hm^2，占全区总面积的 14.1%；此外，可统计的人工建筑景观有 32 万 hm^2。见表 3-3-2。

表 3-3-2　内蒙古自治区二级景观生态类型统计表

景观名称	景观斑块数	面积/hm^2	占全区景观面积（%）
针叶林景观	982	3 377 087.475	2.93
针阔混交林景观	783	2 741 101.743	2.38
阔叶林景观	1553	4 114 237.519	3.57
疏林景观	22	68 601.993	0.06
灌丛景观	871	2 438 081.355	2.12
采伐或火烧迹地景观	1 182	2 380 387.655	2.07
林地景观	48	59 581.909	0.05
森林草原景观	2 503	7 482 959.569	6.49
典型草原景观	3 608	17 831 103.864	15.47
荒漠草原景观	999	7 052 529.071	6.12
沙地景观	3 759	8 979 147.434	7.79
草原化荒漠景观	941	8 379 194.883	7.27
典型荒漠景观	1 759	12 254 510.214	10.63
沙漠景观	322	8 316 077.004	7.21
河流型湿地景观	2 068	7 524 654.082	6.53
湖泊型湿地景观	2 712	2 039 236.496	1.77
沼泽型湿地景观	1 296	2 409 796.201	2.09
旱作农业景观	3 745	9 870 433.337	8.56
田林混合景观	815	1 922 524.217	1.67
水浇地景观	1 254	2 995 314.365	2.60
水田景观	127	256 777.040	0.22
盐化农田景观	175	1 154 163.647	1.00
撂荒地景观	58	31 014.230	0.03
人工乔木林景观	1 828	700 033.351	0.61
人工灌木林景观	322	530 213.895	0.46
人工林、草地混合景观	9	33 284.508	0.03
城镇景观	1 576	246 419.284	0.21
工矿景观	59	74 932.297	0.07
特殊用地景观	1	32.296	0.00
合　计	35 377	115 263 430.934	100.00

从上述两个时期的两组数据比较来看有较大的差异，但对于内蒙古的耕地、草地来说，总的变化趋势是一致的。在 10 多年间，内蒙古的耕地面积增长较快，而草地面积迅速减少。按遥感数据比较，内蒙古的森林面积保持相对稳定。

3.1.2 土地退化情况与变化趋势

（1）水土流失

据内蒙古自治区水利厅提供的数字，1986 年全区水土流失面积为 2 764.611 万 hm^2，占自治区土地总面积的 23.4%（按法定面积计算）。到 1999 年全区水土流失面积为 1 857 万 hm^2，占自治区总面积的 15.7%（同上）。13 年间，全区水土流失面积减少了 907 万 hm^2。见表 3-3-3。

表 3-3-3 内蒙古自治区水土流失情况表

指　标	截至 1986 年	截至 1999 年
水土流失总面积/hm^2	27 646 110.53	18 570 000
水土流失面积占总土地面积（%）	23.4	15.7
水土流失面积年扩展速率/（hm^2/a）		−3%
土壤水力侵蚀流失量/［t·（hm^2/a）］	500 000*	500 000*

数据来源及时间： 内蒙古水利厅水保处，1999 年；（*）内蒙古土壤侵蚀研究，1989 年。

填表人：李玉 、潘高娃　　　　负责人：阿荣

据内蒙古土壤侵蚀研究（遥感技术在内蒙古土壤侵蚀研究中的应用）提供的数据，20 世纪 80 年代中期，内蒙古水土流失面积为 2 591.88 万 hm^2，占全区总面积的 22.4%。其中，造成明显危害的水土流失面积为 1 261.2 万 hm^2，占全区总面积的 10.9%。水蚀模数在 5 000 t/（km^2·a）以上的面积达 254.56 万 hm^2，占全区总面积的 2.2%。

内蒙古水土流失的地域分布受侵蚀营力的空间差异与影响侵蚀的地貌分带的制约，具有与特定侵蚀环境相吻合的带状分布规律。由于受降雨侵蚀力和流水地貌的宏观控制，在内蒙古自治区的东部和南部的山地丘陵区形成了东北—西南走向的狭长侵蚀带。水土流失区主要发生在大兴安岭东南坡低山丘陵区、燕山北麓低山丘陵区、阴山山脉以南的中低山区和黄土丘陵区。在东部区以库伦旗、喀拉沁旗、敖汗旗为代表，受季风气候和山地的影响，该区域降雨侵蚀力均在 600 MJ/hm^2 以上；地貌上属于低山丘陵区，特别是地表物质多以黄土为主，沟壑发育，切割破碎，侵蚀模数均在 2 500 t/（km^2·a）以上。西部区以伊盟的准格尔旗、东胜县、呼和浩特南部的清水河县为代表，该地区虽然处于季风气候闾尾区，年降雨量为 350～400 mm，但由于暴雨的作用及地表植被覆盖差，地表物质又以黄土和砒砂岩为主，沟壑密度最大达 1.28 km/km^2，切割裂度高达 75%，侵蚀模数大于 1 500 t/（km^2·a）。

内蒙古水土流失发生的原因受自然因素和人为因素的双重作用，由于内蒙古所处的特殊地理位置，受气候、地形地貌、土壤、植被等因素的影响，水土流失较为严重，是全国水土流失最严重的区域之一。如果说外营力作用为水土流失提供了动力条件，下垫面为水土流失提供了基础的话，那么人为活动则是水土流失加速发展的催化剂。过度放牧、开垦、乱砍滥伐、开矿、筑路等是人为导致水土流失的主要原因。

根据本次遥感调查提供的数字，全区严重的水土流失面积为 436 万 hm^2。其中，在农业景观中水土流失面积 210.35 万 hm^2；在草原景观中水土流失面积 164.14 万 hm^2；在荒漠景观中水土流失面积 28.90 万 hm^2；在森林景观中水土流失面积 2.98 万 hm^2。

将本次遥感调查数据与 20 世纪 80 年代中期造成明显危害的水土流失面积 1 261.2 万 hm^2 相比，减少了 825 万 hm^2。

当然，两次遥感调查的指标有所不同，但可以说明内蒙古自治区在 10 多年中，通过水土保持工程，在开展小流域治理等方面取得了显著的成绩，在重点流域、重点区域加大了治理力度，有效地控制了水土流失。但从水土流失的分布来看，过去严重水土流失区经过多年的建设，水土流失得到了控制，相反过去一些水土流失较轻的地区，目前水土流失较为严重。

（2）盐渍化

土地盐渍化是一个自然过程，不良的自然因素如气候干燥、盐分补给来源充足、地下水位高、排水不畅等是土壤盐渍化的基础。而不良的人为活动，诸如不合理的灌溉方式、渠道渗漏严重等则加快了土地盐渍化的发展。

内蒙古地区的土壤盐渍化有些是在特定条件下具有地带性的特点，有些是人为活动所引起的次生盐渍化。内蒙古的土壤盐渍化广泛分布在全区各地，自东北向西逐渐加重。

据有关资料统计，内蒙古自治区在 20 世纪 80 年代盐渍化土地面积为 316 万 hm^2。其中，草原盐渍化面积约 54 万 hm^2，由于不合理灌溉引起的耕地次生盐渍化面积约 47 万 hm^2，占保证灌溉面积的 40%。

根据本次遥感调查结果，全区土地盐渍化景观面积约为 210 万 hm^2。其中，草原景观盐渍化面积 44.96 万 hm^2；荒漠景观盐渍化面积 49.93 万 hm^2；农业景观盐渍化面积 115.42 万 hm^2。见表 3-3-4。

表 3-3-4　内蒙古自治区土地盐渍化情况表

指　标	截至 1986 年	截至 1999 年
盐渍化土地面积/hm^2	3 160 000	2 100 000
盐渍化土地占总土地面积（%）	2.78	1.8
次生盐渍化土地面积/hm^2	466 666.67	54 700*
次生盐渍化土地占总土地面积（%）	0.040	0.051
次生盐渍化土地面积年扩展速率/（hm^2/a）		617.99

数据来源及时间：《内蒙古生态环境现状调查报告》，1999 年；《内蒙古生态环境预警与整治对策》，1994 年。

（*）各盟市数据汇总（2000-12）

填表人：刘沙滨　杜芳红　潘高娃　　　　负责人：阿荣

从草原盐渍化景观面积的变化情况来看，与 20 世纪 80 年代的数据相比减少了 9 万 hm^2；从耕地盐渍化景观面积变化来看，与 80 年代的数据相比增加了 68 万 hm^2。

在盐渍化农田景观中，巴盟河套灌区为 65.8 万 hm^2，占 57.23%，比 20 世纪 60 年代的 17.4 万 hm^2 增加了 48.4 万 hm^2；与 80 年代的 23 万 hm^2 相比增加了 42.8 万 hm^2，居全区之首。以盐渍化（沙坨地）农田景观为特点的哲盟（现改为通辽市）科左中旗、科右中旗，分别为 16.15 hm^2 和 8 033 hm^2，与 80 年代的 2.75 万 hm^2 和 1 033 hm^2 相比增加了 13.4 万 hm^2 和 7 000 hm^2。

从盐碱斑景观看，巴盟河套灌区盐碱斑景观面积现在为 3 448 hm^2，与 20 世纪 60 年代的 417 hm^2 相比增加 3 031 hm^2，和 80 年代的 3.5 万 hm^2 相比减少 3.2 万 hm^2。这表明水利等有关部门在灌区配套工程方面所做的工作是行之有效的，使该区盐碱地得以控制并向好的方面转化；虽然盐化农田景观面积增加，但轻度盐化农田明显大于中重度盐化农田景观。见表 3-3-5。

表 3-3-5　巴盟河套盐渍化农田景观 20 世纪分级动态变化表

年 代	轻度盐渍化农田		中度盐渍化农田		重度盐渍化农田	
	面积/hm^2	占耕地面积（%）	面积/hm^2	占耕地面积（%）	面积/hm^2	占耕地面积（%）
60 年代	650	10.5	625	10.1	465	7.5
80 年代	935	30.0	900	28.9	465	11.7
90 年代	4 054	50.1	599	3.3	—	—

通过草原景观动态监测，盐（碱）渍化草原景观面积为 45 万 hm^2，锡盟东乌旗为 29.7 万 hm^2，占 66%，苏尼特左旗为 4 458 hm^2，占约 1%，与 20 世纪 80 年代的 19.7 万 hm^2 和 12.89 万 hm^2 相比，分别增加近 10 万 hm^2 和 8 432 hm^2。

从土地盐（碱）渍化动态变化趋势看，巴盟河套地区盐渍化景观面积呈上升趋势，主要发生在耕地景观类型中；而盐碱斑及中、重度盐渍化景观面积却呈下降趋势；这与 20 世纪 80 年代后期河套水利配套工程的实施以及在排盐治理方面所做的大量工作，使该区域盐渍化得到控制分不开。与此相比，锡盟东乌、东苏旗，盐碱湖泊、草原盐渍化现象呈下降趋势，这一变化与当地降水量的变化有关。

由于受地理、气候及土壤条件的影响，通辽市科左中、后旗土地盐渍化与西部地区不尽相同，呈盐渍化、沙化复合体形式存在。20 世纪 80 年代虽然土地盐渍化现象在本区低地较普遍，但盐渍化程度轻，盐分积累单一，以苏打盐渍化为主，危害严重的盐渍化土地并不多见，但到了 90 年代，由于受人为及气象等因素影响，该区域盐渍化现象日趋严重，如科左中旗的盐碱斑面积增长较大。

从总体上看，内蒙古自治区盐渍化景观面积西部大于东部，这是地区特点所决定的。虽然西部土地盐渍化现象将长期存在，但是水利配套工程的实施使排灌趋于平衡所带来的良性循环，使盐渍化发展得到一定程度的控制。东部地区虽不及西部地区盐渍化土地面积大，但受人为干预加之气候条件影响，很有可能朝着继续扩大的方向发展。

（3）沙漠化

内蒙古是我国沙漠化土地面积分布最广、程度最严重的地区，是可以与非洲 Shahel 带相当的全球土地沙漠化带，特别是在内蒙古的半干旱草原与农牧交错带，土地沙漠化非常严重，已制约了社会经济的发展。

根据土地风蚀风积（侵蚀模数）指标（王静爱、史培军），即微度（Ⅰ）＜240 t/（km^2·a）；轻度（Ⅱ）240～2 250 t/（km^2·a）；中度（Ⅲ）2 250～4 500 t/（km^2·a）；强度（Ⅳ）4 500～9 000 t/（km^2·a）；极强度（Ⅴ）9 000～18 000 t/（km^2·a）；剧烈（Ⅵ）＞18 000 t/（km^2·a）。据此，在 20 世纪 80 年代中后期，内蒙古遭受风蚀的面积 7 435 万 hm^2，占自治区总面积的 64.57%。其中，微度（Ⅰ级）沙漠化土地面积 1 007.70 万 hm^2，占沙

漠化面积的 8.75%；轻度（Ⅱ级）沙漠化土地面积为 2 085.83 万 hm^2，占沙漠化面积的 18.11%；中度（Ⅲ级）沙漠化面积 1 879.17 万 hm^2，占沙漠化面积的 16.32%；强度（Ⅳ级）沙漠化面积 1 094.33 万 hm^2，占沙漠化面积的 9.50%；极强度（Ⅴ级）沙漠化面积 557.48 万 hm^2，占沙漠化面积的 4.84%；剧烈（Ⅵ级）沙漠化面积 811.21 万 hm^2，占沙漠化面积的 7.04%。总体来看，造成严重沙漠化危害的面积占 20%。

以上是广义的沙漠化，狭义的沙漠化也常被称之为风蚀沙化，是指在人为活动影响下（即开垦、过牧、樵采、挖药材、搂发菜等人为活动），并在风力作用下使固定沙地变为活动沙地或形成新的沙地。

据《内蒙古草场资源遥感应用研究》提供的数字（20 世纪 80 年代中期），内蒙古的沙化土地面积为 427 万 hm^2，占自治区总面积的 3.69%。

根据本次遥感调查，自治区土地沙化面积为 612 万 hm^2。其中，草原沙化面积 308 万 hm^2；荒漠区沙化面积 239 万 hm^2；森林区沙化面积 0.4 万 hm^2；农业景观区沙化面积 64.5 万 hm^2。此外，在自治区几大沙地中，沙丘活化现象也十分突出，沙丘活化面积已达 365 万 hm^2。目前全区沙化与沙丘活化面积合计为 977 万 hm^2，占自治区总面积 8.48%。见表 3-3-6。

表 3-3-6 内蒙古自治区沙（石）漠化情况表

指 标	截至 1986 年	截至 1999 年
沙（石）漠化土地总面积/hm^2	4 70 000	6 120 000*
沙（石）漠化土地面积占总土地面积（%）	3.69	5.3
沙（石）漠化土地面积年扩展速率/（hm^2/a）	4.4～64 587*	3.1～102 123*
其中：沙化耕地面积/hm^2	69 450 985.02	645 000
沙化草地面积/hm^2	4 907 480.978	9 120 000

数据来源及时间：《内蒙古生态环境现状调查报告》，1999 年；（*）《内蒙古土壤侵蚀》，1989 年；《内蒙古草场资源遥感研究》，1997 年；各盟市汇总数据（2000-12）。

填表人：潘高娃　　　　　　　　　　负责人：阿荣

将两次遥感调查数据相比，自治区在 13 年间，由于开垦、过牧、樵采、挖药材、搂发菜等人为活动，使沙化土地面积增加了 550 万 hm^2，平均每年增加 42.31 万 hm^2。

在内蒙古的荒漠景观中，分布着由巴丹吉林沙漠、腾格里沙漠、乌兰布和沙漠及库布齐沙带（西段）等组成的沙漠，其面积为 831 万 hm^2。其中，固定沙丘沙漠面积为 265 万 hm^2，占沙漠景观的 32%；半流动沙丘沙漠面积为 126 万 hm^2，占沙漠景观面积的 15%；流动沙丘沙漠面积最大，为 440 万 hm^2，占沙漠景观的 53%。

从沙漠景观面积变化情况来看，与 20 世纪 80 年代遥感调查数据资料相比，全区沙漠面积增加了 112 万 hm^2，平均每年增加 8.6 万 hm^2。

3.1.3 耕地面积与质量变化分析

（1）耕地面积变化情况

内蒙古自治区耕地面积变化情况见表 3-3-7。

根据本次遥感调查结果，自治区农业景观总面积为 1 623 万 hm^2，占全区总面积的

14.1%。在农业景观中，坡耕地景观面积最大，为 465 万 hm^2；旱地景观位于第二位，面积为 374 万 hm^2；水浇地景观为 300 万 hm^2；水田景观为 26 万 hm^2；田林混合景观 192 万 hm^2；草田混合景观 148 万 hm^2；盐化农田景观 115 万 hm^2；较大面积的撂荒地景观 3 万 hm^2。见表 3-3-8。

表 3-3-7　内蒙古自治区耕地面积变化情况表　　单位：hm^2

指　标	截至 1986 年	截至 1999 年
耕地总面积	7 278 256.0	8 202 277.8
基本农田面积	2 080 607.6*	5 852 800
水浇地面积	1 245 825.5	1 602 600
旱作农田面积	5 955 673.6	6 472 200
≥25°坡耕地面积	650 067.3*	1 364 746.4*
污染和酸化耕地面积	2 200*	6 364.9*
其他中低产田面积	1 111 069.5*	2 349 800
节水灌溉面积	47 723.8*	268 945.5*
退耕还林面积	27 259.7*	601 901.2*
退耕还草面积	39 286.5*	363 106.5*
退耕还湖面积		3667*
坡改梯面积	44 030*	227 269.4*
非农业占用耕地面积比率（%）	28.17*	20.09*

数据来源及时间：《内蒙古农牧业资源区划数据汇编》，1991 年；《内蒙古自治区土地利用总体规划》。

*为各盟市汇总（2000-12）。

填表人：潘高娃　　　　负责人：阿荣

表 3-3-8　内蒙古自治区农业景观生态类型统计表

景观编码	景　观　名　称	面积/hm^2	占森林面积（%）
51010400	低山丘陵坡耕地景观	2 493 906.607	15.37
51010405	低山丘陵侵蚀坡耕地景观	1 051 655.711	6.48
51010600	黄土丘陵坡耕地景观	335 831.169	2.07
51010605	黄土丘陵侵蚀坡耕地景观	772 059.169	4.76
51020700	高平原旱地景观	1 571 931.333	9.69
51020707	高平原风蚀沙化旱地景观	296 486.843	1.83
51020800	平原旱地景观	1 429 299.999	8.81
51031107	沙地风蚀沙化旱田景观	284 305.514	1.75
51031200	坨甸旱田景观	159 532.792	0.98
51040000	草田混合景观	275 562.396	1.70
51040600	黄土丘陵草田混合景观	2 304.574	0.01
51050500	丘陵七草三田混合景观	231 442.526	1.43
51050700	高平原七草三田混合景观	40 204.849	0.25
51051107	沙地风蚀沙化七草三田混合景观	33 236.331	0.20
51051200	坨甸七草三田混合景观	15 831.186	0.10
51060500	丘陵六草四田混合景观	177 187.358	1.09
51060700	高平原六草四田混合景观	1 439.824	0.01

景观编码	景 观 名 称	面积/hm²	占森林面积（%）
51060800	平原六草四田混合景观	14 138.620	0.09
51070500	丘陵草田均匀混合景观	135 154.363	0.83
51070700	高平原草田均匀混合景观	5 767.892	0.04
51070800	平原草田均匀混合景观	7 705.633	0.05
51090618	黄土丘陵沟壑四草三田三林混合景观	279 768.302	1.72
51091200	坨甸四草三田三林混合景观	26 647.689	0.16
51100500	丘陵八草二田混合景观	70 696.232	0.44
51110500	丘陵九草一田混合景观	27 018.005	0.17
51120000	四草六田混合景观	4 026.053	0.02
51120500	丘陵四草六田混合景观	11 495.218	0.07
51130500	丘陵三草七田混合景观	44 639.494	0.28
51150400	低山丘陵一草九田混合景观	71 157.655	0.44
52000000	田林混合景观	1 859 970.462	11.46
52010000	六田四林混合景观	23 681.593	0.15
52030000	八田二林混合景观	4 406.459	0.03
52060000	四田六林混合景观	17 301.134	0.11
52070000	三田七林混合景观	16 028.803	0.10
52080000	二田八林混合景观	1 135.766	0.01
53000000	水浇地景观	2 859 785.352	17.62
53010700	高平原农田湿地混合景观	135 529.013	0.84
54000000	水田景观	256 777.040	1.58
55000000	盐化农田景观（4：6）	417 406.932	2.57
55020000	中度盐化农田景观（3：7）	253 056.120	1.56
55030000	轻度盐化农田景观（2：8）	483 700.595	2.98
56000000	撂荒地景观	31 014.230	0.19
	合 计	16 230 226.836	100.00

从全区二级农业景观调查分析来看，旱作农业景观为 987.04 万 hm²，占全区农业景观面积的 60.82%，这说明内蒙古自治区农业生产的依赖性和不稳定性；水浇地景观为 299.53 万 hm²，水田景观为 25.68 万 hm²，盐化农田景观为 115.42 万 hm²，灌溉农业土地面积占全区农业景观面积的 27.15%，且主要集中在河套灌区与西辽河等河流两岸；其他农业景观，如田林混合景观为 192.25 万 hm²，撂荒地景观为 3.10 万 hm²，占全区农田面积的 12.03%。

从农业景观的分布情况来看，通辽（哲盟）、赤峰、乌盟的面积最大，分别为 267.4 万 hm²、267.2 万 hm² 和 262 万 hm²。呼盟排在第四位，面积为 209 万 hm²。兴安盟名列第五位，面积为 151 万 hm²。巴盟列第六位，面积为 119.10 万 hm²。呼市、伊盟、锡盟、包头的面积比较接近，分别是 91.88 万 hm²、89.60 万 hm²、84.28 万 hm² 和 78.08 万 hm²。阿盟、乌海的面积最小，分别是 2.97 万 hm² 和 0.695 万 hm²。从各旗县农业景观的分布情况看，最多的是呼盟的莫力达瓦达翰尔自治旗，面积达 62 万 hm²，通辽市的科左中旗、科左后旗、兴安盟的扎赉特旗农业景观面积均超过 50 万 hm²。见表 3-3-9。

表 3-3-9　内蒙古自治区各时期耕地面积　　单位：万 hm^2

地区	1949 年	1960 年	1970 年	1980 年	1984 年（遥感）	1988 年	1997 年	本次调查
呼　市	14.97	20.77	18.45	16.84	20.51	15.51	34.60	91.88
包头市	22.51	30.63	26.82	24.56	28.41	21.46	47.00	78.08
乌海市		0.33	0.13	0.36	0.34	0.29	0.70	0.695
呼　盟	15.09	44.05	32.51	60.57	59.73	60.43	131.10	209
兴安盟	33.75	40.98	32.73	38.63	87.39	39.68	72.37	151
通辽市	72.31	95.47	79.39	74.18	135.47	71.19	99.00	267.4
赤峰市	74.87	99.27	91.6	85.69	170.33	80.51	110.40	267.2
伊　盟	59.92	66.83	45.99	24.41	36.09	21.61	37.10	89.60
锡　盟	10.28	30.79	21.66	25.39	32.96	19.52	30.60	84.28
巴　盟	27.28	39.29	36.84	32.07	51.87	30.97	59.6	119.10
乌　盟	104.79	161.20	151.55	141.45	198.33	125.06	120.30	262.05
阿　盟	0.06	0.95	0.70	1.05	1.63	0.90	1.60	2.97
合　计	435.83	630.55	538.37	525.19	822.69	487.13	746.27	1 623.02

注：表中本次调查数据为农业景观面积，未剔除景观中的非耕地，其他数据来源统计部门。

通过上表分析，内蒙古解放 50 多年来，从统计部门数据来看，耕地面积从 1949 年的 435.83 万 hm^2，增加到 1997 年的 746.27 万 hm^2，增加了 1.71 倍。

本次遥感调查农业景观面积 1 623 万 hm^2，在剔除了田林、草田、盐化农田等各种农田景观中的田间非耕地外，内蒙古自治区目前实际拥有耕地 1 272 万 hm^2（合 1.9 亿亩），与 1997 年统计部门统计的数据相比，增加了 528.73 万 hm^2；与李博先生在 20 世纪 80 年代初期主持的草场资源遥感调查研究的数据相比，自治区在 13 年间，新增耕地面积约 450 万 hm^2（合 0.67 亿亩）。

新增耕地面积主要分布在东部草原区，呼盟、兴安盟、哲盟等盟市尤为突出。这与统计部门的统计数据相比的结果是相一致的，如呼盟耕地面积 1997 年为 131.10 万 hm^2，与 1980 年相比增加了 70.53 万 hm^2，与李博先生 20 世纪 80 年代中期调查相比增加了 73.37 万 hm^2。

（2）耕地质量变化情况

在农业景观中，生态环境的破坏十分严重，水土流失、盐渍化、沙化的农田面积达到 390.27 万 hm^2，占农业景观面积的 24%。其中，水土流失农田面积最大为 210.35 万 hm^2，主要分布在伊盟和赤峰市南部等地；盐化农田面积为 115.42 万 hm^2，主要分布在河套地区；沙化农田面积为 64.5 万 hm^2，主要分布在阴山北麓等地区。见表 3-3-10。

表 3-3-10　内蒙古自治区农业景观受破坏情况

景观名称	面积/万 hm^2	百分比（%）
沙化农业景观	64.50	16.53
水土流失景观	210.35	53.90
盐化农田景观	115.42	29.57
合计	390.27	100.00

内蒙古半农半牧雨养（半干旱农牧交错带）农业区是我国北方农牧交错带的重要组

成部分，东西延伸约 1 000 km²。这里不但有农、有牧，而且时农、时牧，是农牧业生产方式最不稳定的地带。在干旱、风沙危害的基础上，人为的活动加速了这里半干旱农牧交错带土地退化和土壤退化的进程。其主要农业生态问题表现为：

① 土地风蚀沙化严重。

内蒙古半干旱农牧交错带其土壤质地均较轻，通常在砂壤土到砂土范围内，砂粒含量（2～0.05 mm）可高达 70%～90%，甚至 90%以上。当沙质土地被开垦耕种后，土壤表层的砂粒含量可从 70.3%～71.4%增加到 72.3%～77.8%。与此同时，粘粒含量（小于 0.002 mm）相应地减少，其砂粒与粘粒之比从 8.5 分别增加到 8.6 和 12.6。表 3-3-11 列出乌盟后山地区土壤颗粒成分在开垦 20 年的变化情况。

表 3-3-11　乌盟后山地区开垦（开垦 20 年）土壤物理性质的变化

采样深/cm	粒级（mm）含量（%）								砂粒/粘粒	容重/(g/cm³)
	2～1	1～0.5	0.5～0.25	0.25～0.1	0.1～0.05	0.05～0.02	0.02～0.002	0.002		
0～11	—	0.7	9.0	18.6	44.1	8.7	10.5	8.4	8.62	1.26
11～40	0.2	2.1	19.5	34.6	23.5	3.7	9.6	6.8	11.8	1.39

另根据资料统计，阴山北麓沙化面积为 70.07 万 hm²，占阴山北麓总土地面积的 16.79%；占全区沙化土地约 4.27 万 km² 的 16.41%。70%以上耕地、草场程度不同地沙化，并且每年以 2.5%的速度扩展。有 2.7 万 hm² 耕地正向砾质化发展。就风蚀沙化较严重的太仆寺旗来讲，不论耕地草地，还是坡地、平地，冬春季节风蚀都很强烈。根据土壤调查资料，太旗北部和西北部沙化面积合计 4.49 万 hm²，占其土地面积的 41.7%，其中农田沙化面积 2.58 万 hm²，占该区农田的 62.3%。据遥感调查量算，该区以锦鸡儿灌丛沙滩密集为标志的严重沙化土地计有 0.77 万 hm²，占沙化面积的 17.5%。

② 土壤环境质量退化。

土壤环境质量退化是在自然因素基础上，人为强度活动作用的结果。在半干旱农牧交错带地区，由人为生产活动和管理条件下引起的土壤风蚀沙化，导致土壤养分丧失和肥力下降，最终导致土壤生产能力下降使土壤环境质量退化。

半干旱草原的植物根系主要集中在 50 cm 土层内，且地下部分对腐殖质的贡献约为地上部分的 3～4 倍。随着土地的开垦表层有机质迅速从 42.6～47.5 g/kg 下降到 27.7～13.7 g/kg。如若根据地表 20 cm 土层来计算，其有机质含量从 33.5～34.7 g/kg 下降到 23.4 g/kg 和 11.7 g/kg。

在人为活动影响下，半干旱与干旱农业开垦 20 年后，土壤表层全氮量由 2.21～2.02 g/kg 下降到 1.38 g/kg，减少了 0.83～0.64 g/kg。碱解氮和速效磷呈现出与全氮、全磷养分相同的变化趋势。例如阴山北麓地区水土流失总面积为 24 466.3 km²，占该区总土地面积的 58.63%。以风蚀为主，风蚀区风力侵蚀模数达每年 10～20t/km²，按当地土壤养分平均含量计算，每公顷每年损失土壤有机质 259.5 kg，氮素 255 kg，速效磷和速效钾 31.65 kg，使土地日益贫瘠。

③ 水土流失严重。

内蒙古半农半牧区雨养（半干旱农牧交错带）区既是强风蚀区，又是风—水两相复合侵蚀区。

根据土壤侵蚀危害度计算，阴山北麓土壤侵蚀水蚀危害度最强的旗县是武川县和固阳县，其危害程度分别为 1 065.83 t/km^2 和 2 265.86 t/km^2。风蚀危害程度较强的旗县有化德、商都、太仆寺旗、察右后旗等旗县，平均风蚀模数的大于 8 000 t/km^2，其危害程度分别达 9 484.2 t/km^2、8 486.98 t/km^2、7 839.55 t/km^2 和 7 090.13 t/km^2，而且这些旗县又都位于沙化地带。各旗县土壤侵蚀危害程度评价值见表 3-3-12：

表 3-3-12 阴山北麓各旗县土壤侵蚀危害度评价值 单位：t/km^2

旗县	水蚀危害程度	风蚀危害程度	总危害程度
多伦县	158.51	5 142.549	5 301.059
太仆寺旗	25.11	7 839.5475	7 864.657 5
商都县		8 486.979	8 486.979
察右后旗	325.135	7 090.131	7 415.266
化德县		9 484.2	9 484.2
四子王旗	30.215	4 888.780 5	4 918.995 5
察右中旗	422.41	3 478.354 5	3 900.764 5
武川县	1065.825	1 257.348	2 323.173
达茂旗		3 082.011	3 082.011
固阳县	2 265.86	259.73	2 525.033
乌拉特中旗	152.43	2 397.063	2 549.493
阴山北麓	4 445.159	53 406.1365	57 851.631 5

④ 土地退化的成因：

A．自然因素：

半干旱农牧交错带地区广泛分布有第四纪松散沉积物。其中黄土和黄土状沉积物多以 0.05～0.25 mm 及 0.01～0.05 mm 的颗粒为主，一般占颗粒组成的 60%～80%。因此，在这些母质上发育的土壤，其表层质地相当轻。显然，农牧交错带地表物质基础存在着土壤风蚀沙化的潜在危机。

半干旱农牧交错带属湿润向干旱过渡的大陆性气候，以春旱、风大为其特点。年降水量从东南部的 500 mm 向西北及西部地区渐减至 350 mm，甚至 150 mm，并且年变率大，一般为 25%～50%。多伦县近 10 余年平均降水量为 303 mm，比多年平均降水量 390 mm 减少了 70～80 mm，而 1984 年仅有 281 mm。其中春季降水仅占到全年降水量的 10%左右，春季干旱又时值大风季节。如多伦县年均风速 3.6 m/s，年均大风日数（17 m/s）可达到 67.3 天。“旱”、“风”同步为土壤风蚀沙化创造了条件。

B．人为因素：

在农牧交错带地表粗粒物质占优势、春季干旱且与大风同季的基础上，人为高强度、不合理的经济活动则将加速土壤退化的进程。

人口增长过快是导致土地退化发生发展的重要诱导因素。人口增长过快，对土地压力不断加大。阴山北麓地区的开发历史较晚，自 19 世纪末期才从东南部向西北部逐渐推进，到 20 世纪三四十年代才进入移民拓荒的高潮期，现在该区人口密度已达到每平方公里 50～100 人。

不合理的耕作方式是土地退化发生发展的重要因素。在生态脆弱地区对土地资源的不合理使用造成对土地的压力太大。如一些地区至今还保留着倒山耕作、顺坡耕种的习惯。

落后的生产经营方式没有多少改变。在农牧交错区，土地开垦后风蚀加重，加之粗放的生产方式使土壤养分得不到补充，土壤的迅速贫瘠化反过来又加速了沙漠化的发展。土地沙化和贫瘠化相互反馈，使生态环境极度不平衡，农业生产也极度落后和不稳定。

总之，“人口过快增长—扩大耕地面积—增加风蚀沙化—产量降低—再扩大耕地”的恶性循环之中，恶劣的生态环境，使被沙化的土壤陷入了难以恢复的境地。

3.2 植被状况与发展趋势

3.2.1 林地组成、分布与变化分析

（1）森林植被的主要类型与分布

内蒙古的森林划分为针叶林和阔叶林两大植被型组，下分 3 个植被型，即寒温性针叶林、温性针叶林及落叶阔叶林，共包括 48 个群系。内蒙古森林跨度大，从湿润、半湿润、干旱、半干旱到极端干旱区都有分布，隶属两大森林植被区，即欧亚—西伯利亚针叶林区和东亚阔叶林区，并且岛状生于草原区和荒漠区，因此类型复杂多样。

内蒙古的森林主要分布在大兴安岭、阴山山脉和贺兰山山地。据本次遥感调查森林面积为 1 518 万 hm^2，加上森林区以外的成片人工林，总面积为 1 644 万 hm^2，占自治区总面积的 14.3%。其中，阔叶林面积最大，为 411 万 hm^2；其次是针叶林，面积为 338 万 hm^2；排在第三位的是针阔混交林，面积为 274 万 hm^2；灌木林排在第四位，面积为 244 万 hm^2；采伐或火烧迹地的面积仅次于灌木林，达到 238 万 hm^2；疏林和受损林地面积较小，分别为 7 万 hm^2 和 6 万 hm^2；另外，在森林区以外，还有已成片的人工林 126 万 hm^2。

（2）林地面积变化情况

从林地面积来看，据国土资源部门提供的数字，20 世纪 80 年代中期林地面积为 2 033.30 万 hm^2，占土地总面积的 17.60%。据 1988 年出版的《内蒙古自然保护纲要》提供的数字，林地面积为 1 664.28 万 hm^2，占总土地面积的 14.46%。据 20 世纪 80 年代中期李博先生主持的《内蒙古草场自愿遥感应用研究》提供的数字，林地面积为 1 818.39 万 hm^2，占土地总面积的 15.71%。由内蒙古林业厅提供的数字见表 3-3-13。

表 3-3-13　内蒙古自治区 20 世纪森林资源及林产品利用

指　标	第三次森林清查	第五次森林清查*
土地总面积/hm^2	118 300 000	97 141 806.69
林业用地面积/hm^2	32 140 600	24 990 015
有林地面积/hm^2	14 065 700	10 651 267
其中 1：天然林面积/hm^2	11 862 700	6 068 261.2
其中 2：用材林面积/hm^2	11 781 200	4 539 708
防护林面积/hm^2	500 200	2 551 796
经济林面积/hm^2	866 100	348 665
疏林地面积/hm^2	1 100 700	523 409

指 标	第三次森林清查	第五次森林清查*
灌木林地面积/hm²	2 124 200	4 701 707
未成林造林面积/hm²	421 200	1 040 263
苗圃地面积/hm²	12 500	40 968
森林覆盖率（%）	13.81	8.61
平原绿化率（%）		6.01
不同龄组面积：幼龄林面积/hm²	4 785 900	2 735 562
中龄林面积/hm²	4 570 600	2 112 914
近熟林面积/hm²	1 110 500	611 377
成熟林面积/hm²	1 936 500	521 415
过熟林面积/hm²	796 100	95 269
活立木总蓄积/m³	1 123 892 800	287 559 526
新中国成立以来分年代平均森林火灾受害面积/hm²		
50 年代	505 168	85 886
60 年代	140 010	54 666
70 年代	186 681	34 803
80 年代	57 782	6 570.3
90 年代	16 784	1 465.14
新中国成立以来分年代平均森林病虫害面积/hm²		
50 年代	66 667	470 000
60 年代	184 066	120 333.3
70 年代	536 866	106 000
80 年代	807 466	1 455 129.8
90 年代	623 866	782 038.3
新中国成立以来分年代平均森林病虫害防治面积/hm²		
50 年代	61 333	
60 年代	7 866	246.6
70 年代	159 866	3 000
80 年代	162 466	514 062
90 年代	353 333	557 023
新中国成立以来分年代红树林面积/hm²		
50 年代		
60 年代		
70 年代		
80 年代		11 411.76
90 年代		26 635.32

数据来源及时间：内蒙古林业厅 林政处、防火办、森防站 ；"*" 为各盟市汇总（2000-12）。

填表人：刘沙滨　杜方红　潘高娃　　　　　负责人：　阿荣

据本次遥感调查，内蒙古森林主要分布在大兴安岭、阴山山脉和贺兰山山地，面积为 1 518 万 hm²，加上森林区以外的成片人工林，总面积为 1 644 万 hm²，占自治区总面积的 14.3%。其中，阔叶林面积最大，为 411 万 hm²；其次是针叶林，面积为 338 万 hm²；排在第三位的是针阔混交林，面积为 274 万 hm²；灌木林排在第四位，面积为 244 万 hm²；采伐或火烧迹地的面积仅次于灌木林，达到 238 万 hm²；疏林和受损林地面积较小，分别为 7 万 hm² 和 6 万 hm²；另外，在森林区以外，还有已成片的人工林 126 万 hm²。见表 3-3-14。

表 3-3-14　内蒙古自治区森林景观统计表

景观编码	景观名称	面积/hm²	占森林面积（%）
11000100	亚高山针叶林景观	35 949.229 0	0.24
11000200	中山针叶林景观	2 752 943.820 0	18.14
11000217	中山石质针叶林景观	90 198.726 0	0.59
11000400	低山丘陵针叶林景观	490 801.102 0	3.23
11000700	高平原针叶林景观	7 194.598 0	0.05
12000200	中山针阔混交林景观	1 091 764.191 0	7.19
12000400	低山丘陵针阔混交林景观	1 649 337.552 0	10.87
13000200	中山阔叶林景观	842 057.609 0	5.55
13000400	低山丘陵阔叶林景观	3 272 179.910 0	21.56
14010400	低山丘陵针叶疏林景观	2 881.565 0	0.02
14020400	低山丘陵阔叶、小叶疏林景观	65 720.428 0	0.43
15000100	亚高山灌丛景观	15 286.727 0	0.10
15000300	中山低山灌丛景观	1 942 275.630 0	12.80
15000500	丘陵灌丛景观	439 103.952 0	2.89
15010300	中山低山乔木、灌木林混合景观	41 415.046 0	0.27
16010000	采伐迹地景观	2 380 387.655 0	15.68
17000001	砾石化林地景观	25 813.844 0	0.17
17000002	水土流失林地景观	5 265.849 0	0.03
17000003	沙化林地景观	3 976.127 0	0.03
17000005	侵蚀林地景观	24 526.089 0	0.16
	合计	15 179 079.649 0	100.00

如按国土部门数据，自治区林地面积增加很大，10 多年间增加了 1 369.01 万 hm²，增加了 3.29 个百分点。但从遥感调查数据来看，林地面积略有减少，在剔除调查指标的差异后，内蒙古的林地总体来看，在 10 多年间基本保持稳定，但森林类型发生了较大变化，森林生态功能的作用在明显减弱。

从森林类型来看，原以针叶林为主体的森林景观逐渐被阔叶林及针阔混交林所取代，或者变为采伐迹地。由于阔叶林、针阔混交林多为次生林，而在针叶林中有很大一部分属砍伐后的人工林，加上大面积的采伐迹地，全区森林面积虽然没有减少，但是森林质量下降，生态功能降低，最突出的表现是森林可采资源面临枯竭、蓄水功能降低和生物多样性的丧失。

内蒙古大兴安岭森林覆盖率由“八五”期间的 66.9%增至 76.1%。因此，有人说生态环境得到了改善。到底怎样，首先我们分析一下统计数字的来源。一是把森林的范围扩大，把乔木郁闭度 0.3 降低至 0.2 以上都算森林，再就是把灌丛甚至半灌木丛也算作森林，称为灌木林。另外人工林在某些地区确实增加了，但是要得到人工林面积的真实数字，确实非常困难，有的人工林面积的统计数字已超出本地区总面积，可是还是见不到林。即使某些地区森林面积有所增加，但是森林结构失衡，生产力和综合效益普遍下降，用覆盖率增加的统计数字是不能弥补的。大兴安岭北部属寒温针叶林带，针叶林应占80%以上，可是1994年统计，落叶松林面积已下降到35.11%，白桦林增至25.15%。而现在两者已相差无几，为1.1∶1。大兴安岭林区未开发局落叶松占82%，白桦林占7%，开发局落叶松林占73%，白桦林占19%，过伐局落叶松林仅占27%，白桦林升至53%。樟子松林比过去减少了1/3以上。据本次调查，大兴安岭1999年木材产量为14 600万m^3。内蒙古自治区林产品利用情况见表3-3-15。

表3-3-15　内蒙古自治区林产品利用情况统计表

年份	森林资源消耗量，其中：商品材消耗/万 m^3	木材产量/万 m^3	林产品加工企业		
			数量/个	木材消耗总量/m^3	木材来源
1986	181 069.00 101 306.00	132 325.00	541	99 188	自产、外地
1987	194 954.00 119 432.00	128 700.00	547	94 110	自产、外地
1988	192 503.00 1 002 497.00	138 968.00	696	85 834	自产、外地
1989	225 574.00 130 743.00	153 658.00	913	81 355	自产、外地
1990	217 249.00 126 467.00	162 752.00	569	79 693	自产、外地
1991	226 646.00 122 905.00	294 833.00	662	152 534	自产、外地
1992	250 079.00 176 795.00	182 676.00	772	175 650	自产、外地
1993	301 899.00 214 410.00	216 840.00	973	213 233	自产、外地
1994	363 072.45 257 442.32	248 581.00	642	239 434	自产、外地
1995	359 328.00 243 645.00	250 745.00	674	226 350	自产、外地
1996	656 570.76 285 381.89	372 176.99	668	242 922	自产、外地
1997	671 313.76 263 112.02	382 898.09	659	319 653	自产、外地
1998	656 901.72 244 203.76	407 208.07	645	297 809	自产、外地
1999	588 679.98 366 612.95	344 724.31	691	320 771	自产、外地
2000	165 575.00 13 431.00	78 705.00	28	17 900	自产、外地

数据来源及时间：各盟市汇总（2000-12）。

填表人：乌日娜　潘高娃　　负责人：张自学

由于森林的过度采伐，森林的防护和调节功能降低，暴雨和洪水频繁，林区的水土流失加剧。虽然在森林景观中受破坏面积较小，不到1%，但森林的质量在下降、生态功能在丧失。森林重要的生态功能是对其他生态系统的调节作用。如作为呼伦贝尔草原和松嫩平原、科尔沁草原生态屏障的大兴安岭林区，是内蒙古生物多样性最集中分布的区域，森林面积占全区森林面积的 70%～80%，木材蓄积量达 8.9 亿 m^3，占全区木材总蓄积量的 90%以上。多年以来，大兴安岭一直作为重要的木材生产基地，为国家做出了重大贡献，但由于长期的过度采伐，致使林区可采资源面临枯竭，出现了经济围困。虽然森林面积与 20 世纪 80 年代相比基本保持稳定，但森林类型发生了较大变化，森林生态功能的作用却明显减弱。林区生态环境质量显著下降，暴雨频繁，河流含沙量增大，洪水增多，其屏障作用大为降低。受其保护的区域，生态问题也越来越多，生态环境受到破坏的区域也随之增大。

3.2.2 草地组成、分布与变化分析

（1）草原

① 草原的组成与分布：

草原景观是以多年生旱生草本植物为主体构成基质的景观类型。草原景观可按植被、土壤、气候的空间差异性进一步划分为 4 个亚类。

A.草甸草原景观（meadow-steppe landscape）：

草甸草原景观是在半湿润气候控制下，以黑钙土—草甸草原为基质，有岛状森林斑块出现的景观，占据森林和草原之间的生态交错地带，分布在大兴安岭东西两侧山麓地带和松嫩平原。

B.典型草原景观（true-steppe landscape）：

典型草原景观是在半干旱气候控制下，以栗钙土—干草原为基质的景观，占据草原景观带的中心位置，在内蒙古高原本部广泛分布。

C.荒漠草原景观（desert-steppe landscape）：

荒漠草原景观在干旱气候控制下，以棕钙土—荒漠草原为基质，并往往与荒漠群落斑块相结合的景观，占据草原向荒漠过渡的居间位置，广泛分布在内蒙古乌兰察布高原和鄂尔多斯高原中西部。

D.沙地草原景观（sand-steppe landscape）：

沙地草原景观在半湿润—半干旱气候区，以固定、半固定沙丘为基质的沙生草原，往往与疏林、灌丛斑块相结合的景观，主要分布在呼伦贝尔沙地、小腾格里沙地、科尔沁沙地、毛乌素沙地，为超地带性景观。以固定程度的不同，进一步划分为三类次一级类型：

固定沙地草原景观：指植被总覆盖度≥30%，风沙活动不明显的，地表基质稳定或基本稳定的沙地景观。

半固定沙地草原景观：指植被总覆盖度介于 10%～29%之间且分布比较均匀，风沙活动受阻，地表基质处于半稳定状态的沙地景观。

流动沙地景观：指植被总覆盖度小于 10%，地表基质处于不稳定状态的沙地景观。内蒙古草原景观统计数据见表 3-3-16。

表 3-3-16　内蒙古自治区草原景观统计表

景观编码	景　观　名　称	面积/hm²	占草原面积（%）
21010200	中山森林草原景观	322 070.156	0.78
21010400	低山丘陵森林草原景观	1 480 332.290	3.58
21020200	中山灌木草甸草原景观	227 823.182	0.55
21020400	低山丘陵灌木草甸草原景观	1 080 069.255	2.61
21030500	丘陵禾草杂类草草甸草原景观	1 910 841.426	4.62
21030700	高平原禾草杂类草草甸草原景观	1 194 973.650	2.89
21030800	平原禾草杂类草草甸草原景观	294 610.236	0.71
21040200	中山草甸草原景观	111 961.702	0.27
21040501	丘陵砾石化草甸草原景观	19 792.293	0.05
21040503	丘陵沙化草甸草原景观	300 909.606	0.73
21040504	丘陵土壤侵蚀草甸草原景观	58 536.953	0.14
21040703	高平原沙化草甸草原景观	151 393.870	0.37
21040706	高平原盐渍化草甸草原景观	108 320.043	0.26
21040800	平原草甸草原景观	8 985.504	0.02
21040803	平原沙化草甸草原景观	15 819.244	0.04
21040806	平原盐渍化草甸草原景观	5 547.842	0.01
21050800	平原森林草原地带草甸景观	60 051.276	0.15
21060000	森林草原地带打草场景观	70 233.999	0.17
21070000	森林草原地带草库伦（人工草地）景观	6 024.530	0.01
21080000	森林草原地带裸岩景观	18 079.747	0.04
21090000	森林草原地带裸沙景观	21 949.183	0.05
21100000	森林草原地带干谷冲沟景观	9 444.466	0.02
21110000	森林草原地带盐碱斑景观	5 189.116	0.01
22000401	低山丘陵砾石化典型草原景观	284 961.260	0.69
22000403	低山丘陵沙化典型草原景观	176 428.878	0.43
22000404	低山丘陵土壤侵蚀典型草原景观	298 826.824	0.72
22000503	丘陵沙化典型草原景观	25 287.912	0.06
22000603	黄土丘陵沙化典型草原景观	232 344.319	0.56
22000701	高平原砾石化典型草原景观	184 088.516	0.45
22000703	高平原沙化典型草原景观	1 261 185.426	3.05
22000706	高平原盐渍化典型草原景观	104 535.258	0.25
22000803	平原沙化典型草原景观	186 927.927	0.45
22000806	平原盐渍化典型草原景观	58 377.619	0.14
22010300	中山低山禾草杂类草典型草原景观	24 132.944	0.06
22010604	黄土丘陵土壤侵蚀禾草杂类草典型草原	551 383.443	1.33
22010700	景观高平原禾草杂类草典型草原景观	7 065 529.111	17.09
22020200	中山禾草典型草原景观	12 658.417	0.03
22020400	低山丘陵禾草典型草原景观	2 100 804.345	5.08
22020800	平原禾草典型草原景观	266 448.608	0.64
22021300	沟谷禾草典型草原景观	1 387.131	0.00

景观编码	景 观 名 称	面积/hm²	占草原面积（%）
22030700	高平原灌木典型草原景观	653 371.490	1.58
22030800	平原灌木典型草原景观	221 568.466	0.54
22040504	丘陵土壤侵蚀半灌木典型草原景观	162 995.973	0.39
22040604	黄土丘陵土壤侵蚀半灌木典型草原景观	236 734.228	0.57
22040700	高平原半灌木典型草原景观	1 714 992.409	4.15
22050700	高平原小半灌木典型草原景观	336 326.695	0.81
22050800	平原小半灌木典型草原景观	12 630.010	0.03
22060200	中山灌丛化典型草原景观	76 383.868	0.18
22060400	低山丘陵灌丛化典型草原景观	685 512.469	1.66
22071000	低地典型草原地带禾草杂类草盐化草甸	302 223.415	0.73
22081000	景观低地典型草原地带盐生灌木半灌木	31 030.094	0.08
22090000	草甸景观典型草原地带打草场景观	40 587.876	0.10
22100000	典型草原地带草库伦（人工草地）景观	321 621.666	0.78
22110000	典型草原地带裸岩景观	2 071.121	0.01
22120000	典型草原地带裸沙景观	6 206.700	0.02
22130000	典型草原地带干谷冲沟景观	98 326.274	0.24
22140000	典型草原地带盐碱斑景观	84 383.097	0.20
22150700	高平原典型草原景观	8 830.075	0.02
23000501	丘陵砾石化荒漠草原景观	229 758.915	0.56
23000503	丘陵沙化荒漠草原景观	150 036.896	0.36
23000504	丘陵土壤侵蚀荒漠草原景观	176 490.545	0.43
23000706	高平原盐渍化荒漠草原景观	57 026.801	0.14
23010200	中山禾草荒漠草原景观	43 812.787	0.11
23010500	丘陵禾草荒漠草原景观	409 826.532	0.99
23010700	高平原禾草荒漠草原景观	3 329.198	0.01
23010800	平原禾草荒漠草原景观	44 652.877	0.11
23011500	低山禾草荒漠草原景观	190 018.555	0.46
23020700	高平原禾草杂类草荒漠草原景观	1 927 713.700	4.66
23020703	高平原沙化禾草杂类草荒漠草原景观	127 186.871	0.31
23021100	沙地禾草杂类草荒漠草原景观	132 472.988	0.32
23030500	丘陵灌木荒漠草原景观	390 073.701	0.94
23030700	高平原灌木荒漠草原景观	223 759.080	0.54
23030800	平原灌木荒漠草原景观	13 888.978	0.03
23031400	石质丘陵灌木荒漠草原景观	363 724.183	0.88
23031500	低山灌木荒漠草原景观	130 627.177	0.32
23040700	高平原半灌木荒漠草原景观	1 196 981.553	2.90
23040701	高平原砾石化半灌木荒漠草原景观	178 579.864	0.43
23040703	高平原沙化半灌木荒漠草原景观	454 968.540	1.10
23041400	石质丘陵半灌木荒漠草原景观	327 735.930	0.79
23050700	高平原荒漠草原地带盐化草甸景观	149 113.760	0.36
23070000	荒漠草原地带草库伦（人工草地）景观	9 607.089	0.02

景观编码	景 观 名 称	面积/hm^2	占草原面积（%）
23080000	荒漠草原地带裸岩景观	38 608.545	0.09
23090000	荒漠草原地带裸沙景观	7 602.414	0.02
23100000	荒漠草原地带干谷冲沟景观	48 678.019	0.12
23110000	荒漠草原地带盐碱斑景观	26 253.573	0.06
24010000	固定沙地针叶林景观	110 955.412	0.27
24020000	固定沙地阔叶林景观	108 378.982	0.26
24030000	固定沙地疏林景观	1 317 251.281	3.19
24040000	固定沙地针叶灌丛景观	50.465	0.00
24060000	固定沙地夏绿灌丛景观	1 624 374.905	3.93
24070000	固定沙地禾草景观	983 209.254	2.38
24080000	固定沙地半灌木蒿类景观	858 234.830	2.08
24090000	半固定沙地疏林景观	332 829.444	0.80
24120000	半固定沙地夏绿灌丛景观	727 676.238	1.76
24130000	半固定沙地禾草景观	668 382.743	1.62
24140000	半固定沙地半灌木蒿类景观	408 135.714	0.99
24150000	流动沙地或裸沙地景观	1 479 540.341	3.58
24170000	沙地草库伦（人工草地）景观	213 842.795	0.52
24180000	固定沙地半灌木荒漠草原景观	97 734.323	0.24
24190000	固定沙地夏绿灌丛荒漠草原景观	48 550.707	0.12
	合 计	41 345 739.938	100.00

② 草原景观生态环境现状及动态分析：

A.草原景观生态环境现状：

根据本次遥感调查，内蒙古草原景观面积达 4 135 万 hm^2。其中典型草原景观占首位，面积为 1 783 万 hm^2，占草原景观面积的 43%；沙地草原景观排列第二位，面积为 898 万 hm^2，占 22%；森林草原景观和荒漠草原景观的面积相近，前者为 748 万 hm^2，占 18%，后者为 705 万 hm^2，占 17%。

在沙地草原景观中，固定沙地面积最大，为 536 万 hm^2（占 59.69%），半固定沙地面积为 214 万 hm^2（占 23.83%），流动沙地面积为 148 万 hm^2（占 16.48%）。

内蒙古自治区草地及畜牧业情况见表 3-3-17。

表 3-3-17 内蒙古自治区草地及畜牧业情况统计表

指 标	截至 1986 年	截至 1999 年
草地总面积/hm^2	69 071 902.47	78 804 000
可利用草场面积/hm^2	56 540 619.73	63 591 000
可利用草场理论载畜量/羊单位	42 150 300	30 684 378 *
草地实际载畜量/羊单位	55 766 500	50 768 698 *
草地超载率（%）	32.30	65.46
退化草地面积/hm^2	14 224 666.67	26 223 000
可利用草场年减少速率/（hm^2/a）	272 676.3*	712 626.831 8*

指　标	截至 1986 年	截至 1999 年
草地鼠害面积/hm²	（1980—1989 年）54 448 000	（1990—1999 年）59 619 800
草地开垦面积/hm²	1 312 760.9*	287 734.2*
工矿交通等占用和破坏草地面积/hm²	84 516.27*	141 446.23*
人工草地面积/hm²	1 090 580	1 292 890
改良草地面积/hm²	607 220	1 576 019
围栏草地面积/hm²	1 675 510	6 741 884
轮牧草地面积/hm²	3 072 580*	3 065 890*
年末畜牧存栏总数/只	37 345 400	51 475 600
年末畜牧存栏总数中山羊比重（%）	17.9	25.6*
舍饲、半舍饲养殖比重（%）	16.72*	23.22

数据来源及时间：内蒙古畜牧业统计资料（1986—1990 年）、内蒙古草地资源资料（1988 年）、草原工作资料汇编（1987 年）、1999 年草原建设统计报表、1999 年畜牧业统计年报资料 ；《内蒙古自治区农牧业资源区划数据汇编》（1991 年）；（*）各盟市汇总（2000-12）。

填表人：石秀兰　潘高娃　　　　　　　　　负责人：阿荣

B.草原景观生态环境动态分析：

a.无序开垦，原生草原景观面积锐减。

据 1988 年出版的《内蒙古自然保护纲要》提供的数字，内蒙古草地 6 909.22 万 hm^2，占总面积的 60.05%。

据 20 世纪 80 年代中期李博先生主持的《内蒙古草场自愿遥感应用研究》提供的数字，内蒙古草地 7 915.29 万 hm^2，占总面积的 68.41%。

本次遥感调查与 20 世纪 80 年代全区草场资源遥感调查数据相比较，90 年代中后期，内蒙古境内草原植被的面积显著减少，净减少面积达 510 万 hm^2。同期，草原景观受破坏面积达 972 万 hm^2，占草原景观总面积的 23%，占全区自然景观生态环境受破坏总面积 1 558 万 hm^2 的 61.42%。

草原景观大面积减少的直接原因，是由于 20 世纪 90 年代在内蒙古东部森林草原黑钙土地带和部分栗钙土地带大规模开垦草原造成的。新中国成立以来，内蒙古的草原出现了 3 次大的开垦高潮。每次开垦都对草原及其他区域的生态环境造成较大的损害，在前两次开垦的草原上，沙化及水土流失现象已十分严重，生态环境质量明显下降。自 20 世纪 80 年代末出现的第三次草原开垦高潮持续了近 10 年，开垦强度和开垦面积远大于前两次，危害程度也超过前两次。据遥感图像反映，大兴安岭东西两侧新开垦草地面积逾千万亩。这些被开垦的处女地，均为优良的天然放牧场和割草场。其中嫩江中上游开垦规模最大，约占开垦总面积的一半以上，额尔古纳河中上游、西辽河上游以及锡林郭勒草原东部乌拉盖河流域也占一定比例。如此大规模的人类经济活动对脆弱的草原自然景观系统的破坏，必然导致区域环境的恶化。土地沙化、水土流失、洪涝灾害、生物多样性丧失等生态问题的发生，在一定程度上无不与盲目无序地开垦活动破坏草原景观生态有关。

b.超强度放牧利用，草畜平衡严重失调。

内蒙古草原牧区天然草场第一性生产力较 20 世纪 50 年代平均下降了 30%～50%，而牲畜头数却直线上升、成倍增长，草畜平衡关系日趋紧张、严重失调。根据 1999 年最新草畜动态监测资料统计分析，内蒙古牧区饲草料总供给量折合可食干草为 286.59 亿 kg（其中天然草地 242.58 亿 kg，人工、半人工草地 25.08 亿 kg，农作物秸秆及饲料折合为 18.93 亿 kg）。现有食草牲畜 4 123.55 万绵羊单位，共需可食干草 352.64 亿 kg，全年共缺饲草 66.05 亿 kg。在 33 个牧业旗中，有 28 个旗（占 84.8%）牲畜超载，仅有 5 个旗饲草供大于求（它们是：呼盟的鄂温克旗、新巴尔虎左旗、陈巴尔虎旗；锡盟的东乌珠穆沁旗；阿盟的额济纳旗）。在超载旗中，有 2 个旗（锡盟的苏尼特左旗和阿巴嘎旗）缺草量达 40%以上，其余 25 个旗缺草量超过 20%。由于家畜对天然草地的超量采食和践踏，天然草场所能承受的牧压范围超过了系统恢复的弹性限度，牧草再生更新能力衰弱，人工增草补饲的能力又有限，导致部分地区的牲畜在冬春季节不得不处于饥饿、半饥饿状态。就是上列不超载的少数牧区旗，虽然饲草供给总统计量略有节余，但利用也是很不均衡的，局部地段草地退化也很明显，生态系统同样处于非稳定健康状态。草原超载过牧、草畜平衡失调问题已发展成为内蒙古牧区畜牧业未来经济可持续发展的主导制约因素。

c.草原土地退化、生态功能受损、环境恶化、抗灾能力明显下降。

由于受人口增加、牲畜头数猛增和全球气候变化的影响，内蒙古草原牧区土地退化、沙化、景观碎裂化现象日趋明显，退化草场面积逐年扩大。目前，全区草原生态环境受到严重破坏的面积为 972 万 hm^2，占草原总面积的 23.5%，其中有 308 万 hm^2 的草原沙化，有 217 万 hm^2 的固定沙地活化成为半固定沙地，有 148 万 hm^2 流动沙地或裸沙地，有 164 万 hm^2 的草原出现严重的水土流失，有 90 万 hm^2 的草原砾石化，有 45 万 hm^2 的草原盐渍化。此外，属于自然状态下在草原景观中形成的干谷冲沟、裸岩、盐碱斑等恶劣区域还有 603 万 hm^2，两者合计为 1 575 万 hm^2，占草原总面积的 38%。如将其视为严重退化的草原，与 20 世纪 80 年代中期相比，增长了约 18 个百分点。

重度退化草场，地表呈裸露、半裸露状态，优势牧草消失殆尽，草地覆盖防风、护土、涵养水源的综合生态功能减弱，生物多样性枯竭，鼠虫害、沙尘暴、干旱等自然灾害频繁发生，资源优势削弱，抵抗自然灾害的能力相应下降，因雪灾死亡牲畜的现象 1999 年冬季在呼盟、锡盟都有发生。草原生态系统的结构和功能呈现总体健康水平不佳的态势。

（2）荒漠

① 荒漠的组成与分布：

内蒙古阿拉善荒漠景观是内亚荒漠区的一个组成部分，它集中连片的展布在阿拉善高原和鄂尔多斯高原西部。向西与河西走廊荒漠、南疆荒漠、北疆荒漠以及北面的蒙古阿尔泰戈壁荒漠联结为一个整体，构成亚洲中部内陆腹地一个独特的超旱生生态系统占绝对优势的生物地理景观区域，通称为内亚戈壁荒漠区。

内蒙古荒漠按其区域—地带性的综合差异性可划分为五大景观类型组（一级）和 44 个景观类型（详见表 3-3-18）。

表 3-3-18　内蒙古自治区荒漠景观生态类型统计表

	景观编码	景观名称	面积/hm²	占荒漠（%）
草原化荒漠景观	31000001	砾石化草原化荒漠景观	440 097.511	1.52
	31000003	沙化草原化荒漠景观	623 441.100	2.15
	31000006	盐渍化草原化荒漠景观	499 335.643	1.72
	31000703	高平原沙化草原化荒漠景观	461 036.447	1.59
	31000803	平原沙化草原化荒漠景观	1 083 323.951	3.74
	31000816	平原砾质草原化荒漠景观	911 282.799	3.15
	31010009	泥质、砾质、沙质化灌木草原化荒漠景观	79 791.907	0.28
	31010400	低山丘陵灌木草原化荒漠景观	765 492.159	2.64
	31010408	低山丘陵石砾质灌木草原化荒漠景观	116 491.378 0	0.40
	31010700	高平原灌木草原化荒漠景观	1 673 886.393	5.78
	31010800	平原灌木草原化荒漠景观	35 788.549	0.12
	31010900	山前倾斜平原灌木草原化荒漠景观	144 229.910	0.50
	31020010	土质半灌木草原化荒漠景观	88 805.284	0.31
	31020408	低山丘陵石砾质半灌木草原化荒漠景观	35 507.060	0.12
	31020700	高平原半灌木草原化荒漠景观	3 268.990	0.01
	31030000	平原化荒漠地带草库伦（人工草地）景观	1 506.548	0.01
	31050000	草原化荒漠地带干谷冲沟景观	98 884.664	0.34
	31060000	草原化荒漠地带裸岩景观	1 317 024.590	4.55
典型荒漠景观	32010400	低山丘陵灌木荒漠景观	18 194.137	0.06
	32010700	高平原灌木荒漠景观	235 078.247	0.81
	32010714	高平原砾石质戈壁灌木荒漠景观	315 631.075	1.09
	32020417	低山丘陵石质戈壁灌木荒漠景观	314 800.186	1.09
	32020814	平原砾石质戈壁半灌木荒漠景观	473 617.251	1.64
	32060000	灌木、半灌木荒漠景观	2 532.643	0.01
	32060011	覆沙戈壁灌木、半灌木荒漠景观	679 048.828	2.35
	32060012	沙砾质戈壁灌木、半灌木荒漠景观	646 594.437	2.23
	32080000	典型荒漠地带裸岩景观	2 890 706.443	9.99
	32090000	典型荒漠地带平沙地景观	1 040 878.395	3.60
	32100000	典型荒漠地带干谷冲沟景观	190 070.715	0.66
	32110000	典型荒漠地带干湖盆景观	141 665.566	0.49
盐渍荒漠景观	32030700	高平原密集梭梭荒漠景观	711 769.276	2.46
	32040700	高平原稀疏梭梭荒漠景观	458 946.945	1.59
	32040714	高平原砾石质戈壁稀疏梭梭荒漠景观	162 823.128	0.56
	32040715	高平原沙质戈壁稀疏梭梭荒漠景观	189 256.737	0.65
	32071000	低地半灌木、灌木盐湿荒漠景观	164 588.355	0.57
	32071300	沟谷半灌木、灌木盐湿荒漠景观	41 722.879	0.14
	32130700	高平原梭梭荒漠景观	304 092.175	1.05
	32131000	低地梭梭荒漠景观	37 591.439	0.13
沙漠景观	33010000	流动沙丘沙漠景观	4 399 900.686	15.20
	33020000	半流动沙丘沙漠景观	1 264 260.705	4.37
	33030000	固定沙丘沙漠景观	2 651 915.613	9.16
极旱戈壁荒漠景观	32120000	戈壁滩景观	58 258.109	0.20
	32120008	石砾质戈壁滩景观	3 138 401.327	10.84
	32120900	山前倾斜平原戈壁滩景观	38 241.921	0.13

A.草原化荒漠景观：

草原化荒漠景观是指生态系统中优势植物为超旱生的灌木、半灌木，但一些强旱生的小禾草（如：沙生针茅、戈壁针茅、隐子草等）在群落中可形成明显层片的荒漠景观，也是最接近草原生态系统的一个荒漠景观类型。覆盖着阿拉善东部和鄂尔多斯高原西缘，呈东北—西南狭带状延展，约占荒漠景观总面积的 28%，共有 18 个景观型。其中面积占前五位的依次是：高平原灌木草原化荒漠景观（占 5.78%），草原化荒漠地带裸岩景观（占 4.55%），平原沙化草原化荒漠景观（占 3.74%），平原砾质草原化荒漠景观（占 3.15%），沙化草原化荒漠景观（占 2.14%）。草原化荒漠景观是荒漠区生产力较高的一类放牧场资源，也是抵御自然荒漠化防线中的一道至关重要的生态屏障。

B.典型荒漠景观：

典型荒漠景观的荒漠生态系统中超旱生的灌木、半灌木占绝对优势，旱生小禾草作用不明显或已根本不存在，成分单纯，仅由少数种组成，植丛稀疏，植物生产力不高。按地貌、基质和植物生活型的差异进一步可划分出多种典型荒漠景观。在多种典型荒漠景观中，分布在高平原上的红砂（*Reaumuria soongrica*）、珍珠（*Salsola passerina*）、绵刺（*Potaninia mongolica*）群系为最富有代表性的景观。典型荒漠占荒漠区总面积的 10.42%。

C.盐渍荒漠景观：

这是在干旱区与特殊的土壤水分和盐分相联系的一类荒漠生境中形成的生态系统，其中梭梭（*Haloxylon ammodendron*）群系、盐爪爪（*Kalidium gracile*，*K.foliatam*，*K.caspicum*）群系和白刺（*Nitralia sibirica*，*N.tangutorum*）群系最有代表性。

梭梭荒漠群落，林学上常称为梭梭林，它是发展养驼业的优良牧场，也是荒漠区最重要的生态屏障，兼有防风固沙和保护绿洲的多项生态功能，还是名贵中药材肉苁蓉（*Cistanche deserticola*）的寄主和高能优质燃料。因此，人为破坏极为严重，除梭梭保护区外，绝大部分已惨遭破坏。此次，遥感调查确认现有各种梭梭景观生境合计约 50.9 万 hm^2，占荒漠总面积的 5.23%，其中高平原密集梭梭荒漠景观、高平原稀疏梭梭荒漠景观分别占 2.46%和 1.59%（编码：32030700、32040700），高平原梭梭荒漠景观和低地梭梭荒漠景观，分别占 1.05%和 1.03%。保护梭梭植被应列为生态保护的首位。据观察，一些盐爪爪、白刺群落，往往是梭梭群落遭受破坏后派生的荒漠群落。

D.沙漠景观：

这是阿拉善荒漠区占面积最大也最富有区域特色的一类荒漠景观，面积 830.6 万 hm^2，占荒漠区总面积的 32.33%，其中：固定沙丘面积 265 万 hm^2，占沙漠景观面积的 32%；半流动沙丘沙漠面积为 126 万 hm^2，占沙漠景观面积的 15%；流动沙丘面积最大，为 440 万 hm^2，占沙漠景观面积的 53%。

E.极旱荒漠景观：

极旱荒漠是内亚极旱荒漠的一个组成部分，系指阿拉善荒漠最西端，居延低地—诺敏戈壁的广大空间。这里气候极端干旱，年降水量＜50 mm，平均相对强度在 40%以下，但光热资源极为丰富，≥10℃的有效积温多在此 3 500～4 000℃；沙暴日数多、强度大；植被极为稀疏，仅沿径流线分布，广大高平原和残山丘陵均为黑戈壁砾石覆盖。额济纳绿洲成为极旱荒漠区唯一适合于人类正常生存和发展的景观环境，其余广大空间环境极端恶劣，被认为是人类生存的极限区域。可见保护额济纳绿洲具有多么重要的生态战略意义！

诺敏戈壁和居延低地极旱荒漠面积约 41 万 hm^2，占全区荒漠区总面积的 11.17%，其中石砾质戈壁滩景观占 10.84%，其他山前倾斜平原戈壁滩景观和戈壁滩景观分别占 0.13%和 0.20%。

② 荒漠受破坏情况：

在荒漠景观中，由于搂发菜、挖甘草、砍伐灌木以及过渡放牧等原因，致使生态环境受到严重破坏，破坏面积达 362 万 hm^2，剔除沙漠和戈壁面积，占可利用荒漠草场面积的 18%。其中，草场沙化最为突出，面积达 239 万 hm^2，占受破坏区域的 66%。

全区沙漠总面积与 20 世纪 80 年代相比，净增加了 112 万 hm^2，平均每年增加 8.6 万 hm^2，增加的空间范围集中在草原化荒漠地带与草原带相接触区域，其原因主要是超载放牧和滥砍滥挖燃料和药材引起的，而巨大沙漠（如巴丹吉林沙漠）的形态和面积则变化不大。因此，对沙漠外缘植被的保护和合理利用对防止沙丘沙漠活化具有非常重要的意义。

③ 荒漠景观受损主要原因分析：

荒漠是陆地生物圈独特的生态结构组成部分，荒漠也是珍贵的自然历史遗产。在常人的观念中，“荒漠”系地广人稀的不毛之地，人类的影响相对较少，干扰点、破坏点不会招致产生重大的生态问题，完全忽视了荒漠生态系统的自然性、脆弱性和超阈扰动后可能会诱发产生连锁生态破坏性。当人们生活中缺乏燃料时，就肆无忌惮的砍伐梭梭、刨挖白刺包；当了解到肉苁蓉具有“沙漠人参”的神奇药效时，就不顾及这种植物的“寄生性”特性，连寄主梭梭一起毁灭性的挖掘；当发现超旱生的陆生蓝藻——发菜，具有极大的市场诱惑力时，不再考虑强度搂取会破坏地面藻类层片，导致近地面生物保护膜丧失，带来严重的土地沙化和植被退化的恶劣后果；同理，当“鄂尔多斯羊绒衫”等多种品牌的羊绒制品可获得巨大利润时，就全然忘记了恩格斯早在 100 多年前对人们的警告：当您不遵循自然规律，不按自然辩证法行事时，或迟或早必然要遭到自然的报复，并受到无情的打击。现代荒漠景观生态系统研究告诉我们，和森林、草地生态系统一样，荒漠景观生态也具有自己独特的演化历史和发展条件。在正确处理人与自然的关系中，要认识荒漠、了解荒漠、尊重荒漠的自然规律，人类只能在有限的范围内，合理开发自然资源，改造不利于人类生存的恶劣环境条件，造福人类。

迫于人口快速增长的压力，加大了荒漠区种植业的开发规模和速度。近 10 年来在阿拉善荒漠东部地区开垦牧场，发展灌溉农业，这对荒漠景观生态不能不产生一定的负面影响。

在经济利益的驱动下，超载饲养绒山羊，加大了荒漠牧场的承载能力，导致草场植被退化，草场生产力显著下降。

由于黑河流域水资源的分配不合理，额济纳胡杨绿洲处于急剧衰退之中，生态环境的恶化诱发和强化了沙尘暴的肆虐。

（3）草地状况分析

根据本次遥感调查数据分析，目前全区可利用的草场面积约为 5 170 万 hm^2，与 20 世纪 80 年代中期的遥感调查资料（5 998 万 hm^2）相比，减少了 828 万 hm^2，草场的生物生产量也比过去大大降低。而牲畜数量却在逐年增加，现已达到 7 000 万头（只），与 20 世纪 80 年代中期相比增加了约 3 000 万头（只）。每只绵羊单位所拥有的有效草场面积在 20 世纪 50 年代为 3.3 hm^2，80 年代中期为 0.87 hm^2，目前降至 0.42 hm^2，与 20 世纪 50 年代相比减少了 87.3%，与 80 年代相比减少了 51.7%。

由于开垦、超载过牧、搂发菜、挖药材等活动，致使草地生态环境遭到严重破坏，除一些无水草场受到轻微影响外，地带性的草原和荒漠植被均不同程度地退化。从草场受破坏的区域来看，草原最为严重。如按其分布和所占的比例来看，锡盟、乌盟北部、巴盟北部、呼盟的东西旗、包头北部、伊盟西部、阿盟等地区较为严重，这些地区牲畜数量过多，均严重的超过草场的承载能力，造成草场大面积的沙化和砾石化。

3.3 生物多样性

3.3.1 生物多样性现状与总体评价

内蒙古地处我国北部边疆，东部的大兴安岭，中部的阴山山脉和西部的走廊北山、贺兰山、龙首山、马宗山，东南部的燕北山地呈弧带状构成了内蒙古的外缘山地。北部为蒙古高原区，南部为河套平原隔黄河与鄂尔多斯高原、黄土高原相连接，山地的东部是松辽平原的一部分。内蒙古有众多的河流湖泊，由此形成大面积湿地。内蒙古的沙地和沙漠从东到西都有分布，科尔沁沙地、浑善达克和毛乌素沙地以及库布齐、乌兰布和、腾格里和巴丹吉林沙漠。内蒙古的气候从东到西跨越了温带湿润区、半湿润区、半干旱区、干旱区和极端干旱区 5 个气候区，具有寒温针叶林带、中温阔叶林带、暖温阔叶林带、中温草原带、暖温草原带和暖温荒漠带，并依次从东北至西南出现在高原面上，分别隶属于欧洲—西伯利亚针叶林区、东亚阔叶林区、欧亚草原区和亚洲荒漠区。在一个局部地区具有如此完整而多样的生态系列，隶属四大植被区，是非常难得的。

早在古生代，除阴山山脉和西鄂尔多斯外，内蒙古广大地区为汪洋大海。加里东造山运动，北部的蒙古海向西伯利亚板块俯冲，边缘形成阿尔泰、蒙古和大兴安岭北部山脉。晚古生代的海西造山运动，西伯利亚板块与南部的中国板块碰撞，合成亚洲板块。蒙古海消失，天山、北山和阴山山脉形成并进一步隆起。白垩纪的燕山造山运动，太平洋板块与亚洲板块碰撞，燕山、大兴安岭继续抬升。内蒙古西部，在新生代早第三纪是古地中海的一部分。距今 4 000 万年前，印度板块与欧亚板块碰撞，喜马拉雅造山运动，古地中海抬升，并逐渐退去，蒙古高原形成。第三纪末至第四纪，我国北方包括乌兰察布以东，火山频繁喷发，形成大规模台地。第四纪更新世冰川对内蒙古地区产生巨大影响。全新世进入冰期，我国北方又经历 4 次小冰期。更新世冰期以前，内蒙古陆地基本为森林覆盖。更新世大部分地面为冰雪世界。大约 3 万～4 万年末次冰川后，气温回升，植被恢复。近 1 万年，特别是 5 000 年以来，干旱成了最大的威胁，内蒙古大地经历了草原化和荒漠化过程。

（1）生态系统多样性

内蒙古有辽阔的草原和荒漠、茂密的森林以及大面积天然湿地、沙漠和农田。根据生态系统的主要组成要素，内蒙古可划分为 10 个自然地带，即温寒湿润针叶林灰色森林土地带、温凉湿润夏绿林灰棕壤地带、温暖湿润夏绿林棕壤地带、温凉半湿润森林草原黑钙土地带、温凉半干旱草原栗钙土地带、温凉干旱荒漠草原棕钙土地带、温暖半干旱草原黑壤土地带、温暖干旱荒漠草原灰钙土地带、温暖干旱草原化荒漠棕漠土地带和湿热极干旱荒漠灰棕漠土地带。

多样的自然地理条件是形成内蒙古生态系统类型地带分异的基础，因而在湿润地区形成森林生态系统，在半干旱地区形成草原生态系统，在干旱地区形成荒漠草原与草原化荒漠生态系统，在极干旱地区形成荒漠生态系统。

大兴安岭北部寒温带针叶林，为我国仅有的两块泰加林中的一块（另一块在阿尔泰），是欧洲—西伯利亚针叶林区的舌状南伸，是与东南亚阔叶林相连接，生物种类最丰富的泰加林区。我国泰加林生物资源主要分布于大兴安岭。内蒙古阔叶林为东亚阔叶林区的西北部边缘，或为草原区的森林岛，是受草原影响最大、目前保存较好的阔叶林。

内蒙古草原位于欧亚草原区东部，是最丰富、最典型、保存最完好的天然草原。位于亚洲荒漠东部的内蒙古荒漠，同样是荒漠中最典型、最丰富的地段，也是内蒙古自治区及亚洲干旱区最古老、特有现象最明显的所在。

大面积天然湿地是内蒙古自治区的另一资源优势，有湖泊型（包括淡水湖、盐碱湖）、河流型（其中有外流河和内陆河）、山地型、滩地型和洼地型。仅沼泽型湿地类型就不下 100 个，盐碱湿地类型 56 个，达赉湖、达里诺尔、科尔沁湿地为国际著名湿地，并建立了国家级自然保护区。湿地除众多的水生、湿生植物外，还有鱼类、两栖类、鸟类等动物，如珍稀鸟类丹顶鹤、大天鹅、鸳鸯等。湿地是生物多样性表现最充分的地方。

内蒙古的沙地，特别是东部沙地，分布有樟子松林、云杉林、杨桦林、栎林、油松林和大面积榆树疏林、西伯利亚杏、山楂、山荆子、稠李、木蓼、柳灌丛、岩黄芪、沙蒿半灌木丛等很多沙生植物。在沙丘间低地分布有草原、草甸和沼泽植被，组成多样的植被复合体。沙地还是冬季的好牧场。沙土质地粗，毛细管现象不明显，是避免土壤水分强烈蒸发最有效的土壤，因此一定面积的沙漠和沙地的存在，对维持干旱区水分平衡是必不可少的，所以说沙漠并非都是害，并非都要治理（雍世鹏）。内蒙古的沙地和沙漠蕴藏着丰富的生物和石油资源。沙地若保护不好，无限制扩张，也会造成危害。内蒙古的沙地和湿地，由于地处不同地带，有明显的地带性分异。

内蒙古的人工生态系统也很有特色。如人工林，经改造的天然林，草库伦，轮作农田，撂荒地，固定及游牧居民点等。由于农业经营粗放，杂草极其丰富，其中有多种药用、饲用及食用植物。

（2）物种多样性

内蒙古有野生高等植物 197 科 863 属 2 837 种，其中苔藓类 511 种，蕨类 58 种，裸子植物 23 种，被子植物 2 245 种。野生维管束植物多年生草本占一半以上，具有从水生到超旱生各种水分生态类型，特别是旱生植物，包括强旱生和超旱生，在草原和荒漠中起重要作用。种子植物温带属占一半，热带属占 11%。亚洲中部、中亚及其他泛地中海分布属共 91 属，还有 10 个我国特有属。维管植物种的区系来源比较复杂：东亚种，加上中国东北种和华北种共占 35%；以达乌里—蒙古、亚洲中部种等组成的草原种占 14%；以戈壁、阿拉善和东阿拉善种等组成的荒漠成分占 6%；欧洲—西伯利亚、东西伯利亚、环北极、北极高山、亚洲中部山地、青藏高原、欧亚及世界广布种；个别暖温带、亚热带种，还有不少特有种。各不同地带和植物群落，区系组成存在巨大差异。内蒙古有重点保护价值的珍稀植物有100余种，其中30种左右已列入国家重点保护植物红皮书。

大兴安岭北部的欧亚针叶林的东南端是内蒙古原始植被保存较好、物种较为丰富的地区，分布有东北岩高兰、钻天柳等珍稀植物；燕山北部山区保存着第三纪残遗植物，如臭椿、酸枣、白羊草等；科尔沁沙地疏林草原地区具有多种区系来源；内蒙古高原草原地区生长着羊草、针茅、扁蓄豆、冷蒿等多样的优良牧草和黄芪、甘草、麻黄等多种药用植物；内蒙古荒漠区是亚非荒漠区一个古老的植物地理区域，卓子山山麓是古老残遗植物的"避难所"，集中分布有四合木、半日花、绵刺、沙冬青、革包菊等国家重点保护的珍稀植物，内蒙古列入国家物种优先保护名录的10种植物有5种在这里分布。

内蒙古的动物区系在全国占有重要地位，有脊椎动物604种，其中野生鱼类约81种、两栖爬行类29种、鸟类376种、兽类118种，无脊椎动物4万～5万种。属国家重点保护动物99种，其中一级23种，二级76种。内蒙古虽然动物种类不很丰富，但由于动物区系与中亚及我国东北、华北有密切联系，因此成为多种动物的分布边界。由于内蒙古有大面积天然生态系统，成为野生动物，特别是鸟类和大型哺乳动物的乐土。大兴安岭林区栖息着古北界东北区大兴安岭亚区寒温带针叶林带动物种群中的绝大多数动物，如驼鹿、驯鹿、黑熊、猞猁、紫貂、雪兔等。在广大的草原和荒漠区分布着赤狐、沙狐、艾虎、狼以及黄羊、盘羊、野骆驼等珍稀动物。

内蒙古的鸟类尤其丰富，有36种为国家红皮书中一、二类保护鸟类，特别是鹤、鹳类、天鹅等珍禽从种类到数量在国内乃至国际上都占有较重要的地位。世界上有鹤类15种，我国有9种，在内蒙古有6种，占世界鹤类种数的40%，占我国鹤类种数的66.7%，在我国分布的3种天鹅，在内蒙古都有分布；内蒙古有鹳类2种，即白鹳、黑鹳，特别是濒危灭绝的白鹳在内蒙古还有一定数量的分布，并在此繁殖，具有很高的保护价值。见表3-3-19。

内蒙古还有多种多样的地质构造和地形地貌。有富饶的黑土带，著名的黄河河套灌区和辽河平原；有露天开采条件优越的丰厚煤田和可观的石油储量，众多的有色金属和盐、碱、硝矿等矿产资源。

表3-3-19　内蒙古自治区国家重点保护动植物种

保护物种名称（中文名）	学　名	保护等级
白鹳	*Ciconia ciconia*	国家一级
东方白鹳	*Ciconia boyciana*	国家一级
黑鹳	*Ciconia nigra*	国家一级
中华秋沙鸭	*Mergus squamatus*	国家一级
白肩雕	*Aquila heliaca*	国家一级
金雕	*Aquila chrysaetos*	国家一级
玉带海雕	*Haliaeetus leucoryphus*	国家一级
白尾海雕	*Haliaeetus albicilla*	国家一级
虎头海雕	*Haliaeetus pelagicus*	国家一级
胡兀鹫	*Gypaetus barbatus*	国家一级

保护物种名称（中文名）	学　名	保护等级
黑嘴松鸡	*Tetrao parvirostris*	国家一级
白头鹤	*Grus monacha*	国家一级
丹顶鹤	*Grus japonensis*	国家一级
白鹤	*Grus leucogeranus*	国家一级
大鸨	*Otis tarda*	国家一级
波斑鸨	*Otis undulata*	国家一级
遗鸥	*Larus relictus*	国家一级
紫貂	*Martes zibellina*	国家一级
貂熊	*Gulo gulo*	国家一级
豹	*Panthera pardus*	国家一级
雪豹	*Panthera uncia*	国家一级
野驴	*Equus hemionus*	国家一级
双峰驼	*Camelus bactrianus*	国家一级
梅花鹿	*Cervus nippon*	国家一级
蒲氏原羚	*Procapra przewalski*	国家一级
北山羊	*Capra ibex*	国家一级
角䴙䴘	*Podiceps auritus*	国家二级
赤颈䴙䴘	*Podiceps grisegena*	国家二级
斑嘴鹈鹕	*Pelecanus philippensis*	国家二级
黄嘴白鹭	*Egretta eulophotes*	国家二级
黑头白鹮	*Threskiornis melanocephalus*	国家二级
白琵鹭	*Platalea leucorodia*	国家二级
白额雁	*Anser albifrons*	国家二级
庞鼻天鹅	*Cygnus olor*	国家二级
大天鹅	*Cygnus cygnus*	国家二级
小天鹅	*Cygnus columbianus*	国家二级
鸳鸯	*Aix galericulata*	国家二级
（黑）鸢	*Milvus migrans*	国家二级
苍鹰	*Accipiter gentilis*	国家二级
雀鹰	*Accipiter nisus*	国家二级
松雀鹰	*Accipiter virgatus*	国家二级
棕尾鵟	*Buteo rufinus*	国家二级
大鵟	*Buteo hemilasius*	国家二级
普通鵟	*Buteo buteo*	国家二级
毛脚鵟	*Buteo lagopus*	国家二级
草原雕	*Aquila rapax*	国家二级
乌雕	*Aquila clanga*	国家二级
鹰雕	*Spizaetus nipalensis*	国家二级
白腹海雕	*Haliaeetus leucogaster*	国家二级
凤头蜂鹰	*Pernis ptilorhyncus*	国家二级
灰脸鵟鹰	*Butastur indicus*	国家二级
高山兀鹫	*Gyps himalayensis*	国家二级
秃鹫	*Aegypius monachus*	国家二级

保护物种名称（中文名）	学　名	保护等级
白尾鹞	*Circus cyaneus*	国家二级
鹊鹞	*Circus melanoleucos*	国家二级
白腹鹞	*Circus spilonotus*	国家二级
铜色鹞（白头鹞）	*Circus aeruginosus*	国家二级
短趾雕	*Circaetus gallicus*	国家二级
鹗	*Pandion haliaetus*	国家二级
猎隼	*Falco cherrug*	国家二级
阿尔泰隼	*Falco*（*cherruy*） *altaicus*	国家二级
矛隼	*Falco gyrfalco*	国家二级
游隼	*Falco peregrinus*	国家二级
燕隼	*Falco subbuteo*	国家二级
灰背隼	*Falco columbarius*	国家二级
红脚隼	*Falco vespertinus*	国家二级
黄爪隼	*Falco naumanni*	国家二级
红隼	*Falco tinnunculus*	国家二级
柳雷鸟	*Lagopus lagopus*	国家二级
黑琴鸡	*Lyrurus tetrix*	国家二级
花尾榛鸡	*Bonasa bonasia*	国家二级
蓝马鸡	*Crossoptilon auritum*	国家二级
暗腹雪鸡	*Tetraogallus himalayensis*	国家二级
灰鹤	*Grus grus*	国家二级
白枕鹤	*Grus vipio*	国家二级
蓑羽鹤	*Anthropoides virgo*	国家二级
花田鸡	*Coturnicops exquisita*	国家二级
小杓鹬	*Numenius borealis*	国家二级
小鸥	*Larus minutus*	国家二级
黑浮鸥	*Chlidonias niger*	国家二级
红角鸮	*Otus scops*	国家二级
领角鸮	*Otus bakkamoena*	国家二级
雕鸮	*Bubo bubo*	国家二级
毛腿渔鸮	*Ketupa blakistoni*	国家二级
褐渔鸮	*Ketupa zeylonensis*	国家二级
雪鸮	*Nyctea scandiaca*	国家二级
猛鸮	*Surnia ulula*	国家二级
花头鸺鹠	*Glaucidium passerinum*	国家二级
纵纹腹小鸮	*Athene noctus*	国家二级
长尾林鸮	*Strix uralensis*	国家二级
乌林鸮	*Strix nebulosa*	国家二级
长耳鸮	*Asio otus*	国家二级
短耳鸮	*Asio flammeus*	国家二级
鬼鸮	*Aegolius funereus*	国家二级
豺	*Cuon alpinus*	国家二级
黑熊	*Selenarctos thibetanus*	国家二级

保护物种名称（中文名）	学　名	保护等级
棕熊	*Ursus arctos*	国家二级
石貂	*Martes foina*	国家二级
黄喉貂	*Martes flavigulla*	国家二级
水獭	*Lutra lutra*	国家二级
草原斑猫	*Felis silvetris*	国家二级
荒漠猫	*Felis bieti*	国家二级
丛林猫	*Felis chaus*	国家二级
猞猁	*Lynx lynx*	国家二级
兔狲	*Felis manul*	国家二级
原麝	*Moschus moschiferus*	国家二级
马麝	*Moschus sifanicus*	国家二级
马鹿	*Cervus elaphus*	国家二级
驼鹿	*Alces alces*	国家二级
黄羊	*Procapra gutturosa*	国家二级
藏原羚	*Procapra picticaudata*	国家二级
鹅喉羚	*Gazella subgutturosa*	国家二级
斑羚（青羊）	*Nemorhaedus goral*	国家二级
岩羊	*Pseudois nayaur*	国家二级
盘羊	*Ovis ammon*	国家二级
雪兔	*Lepus timidus*	国家二级
四合木	*Tetraena mongolica*	国家一级
半日花	*Helianthemum nummularium*	国家一级
绵刺	*Potaninia mongolica Maxim*	国家一级
沙冬青	*Ammopiptanthus mongolicus*（Maxim）Chengl	国家一级
梭梭	*Haloxylon ammcdron* （C.A.Mey ）Bunge	国家一级
裸果木	*Gymnocarpos purzewalskii*	国家一级
肉苁蓉	*Cistanche deserticola*	国家一级
胡杨	*Populus euphratica*	国家一级
革苞菊	*Tugarnovia mongolica lljin*	国家一级
瓣鳞花	*Frankenia pulverulenta* L .	国家一级
沙芦草	*Agropyron mongolicum*	国家二级
毛披碱草	*Elymus villifer*	国家二级
内蒙古大麦	*Hordeum innermongolicum*	国家二级
钻天柳	*Chosenia arbutifolia*	国家二级
黄蘗（黄菠萝）	*Phellodendron amurense*	国家二级
水曲柳	*Fraxinus mandshurica*	国家二级
浮叶慈菇	*Sagittaria natans*	国家二级
发菜	*Nostoc flagelliforme*	国家二级
盐苁蓉	*Cistanche salas*（C.A.Mey.）Benth . et Mook.f.	国家二级
阿拉善苜蓿	*Medicago alaschanica* Vass	国家二级
百龙菖菜	*Panzeria alaschanica* Rupr.	国家二级
红花海绵豆	*Spongiocarpella gubovii*（Ulzij.）Yakovl.	国家二级
戈壁雀儿豆	*Chesneya grubovii* Yakovel	国家二级

保护物种名称（中文名）	学　名	保护等级
蒙古雀儿豆	*Chesneya mongolica* Maxim	国家二级
阿拉善沙拐枣	*Calligonum alashanicum* A.los	国家二级
阿拉善单刺蓬	*Cornulaca alashanica* Tsien et G.L.Chu	国家二级
戈壁藜	*Iljinia regelii*（Bunge）*korov*	国家二级
盐穗米	*Halostachys caspica*（Bieb.）C.A.Mey	国家二级
戈壁短舌菊	*Brachamthemum gobicum* Krasch	国家二级
贺兰山黄芪	*Astragalus hoantchy* Franch	国家二级
阿拉善马先蒿	*Pedicularis alaschanica* Maxim.	国家二级
斑子麻黄	*Ephedra rhytidosperma*	国家二级
羽叶丁香	*Syringa pinnatifolia* Memsl	国家二级
大叶细裂槭	*Acer stenolobium Rehd. var.* Meyalophyllum Fang et Wu	国家二级
长叶红砂	*Reaumuria trigina* Maxim	国家二级
草苁蓉	*Boschniakia rossica* （Cham.et Schlecht ） *Podtsch*	国家二级
岩高兰	*Empetrum nigrum* L.	国家二级
天麻	*Gastrodia elata* BL.	国家二级
脱皮榆	*Ulmus lamellosa* C. Wang et S. L.Chang	国家二级
猬实	*Klekwitzia amabilis* Graebn	国家二级
野大豆	*Glycine soja* Sieb. et Zucc	国家二级
单花郁金香	*Tulipa uniplora* （L.）Bess ex Baker	国家二级

数据来源及时间：内蒙古林业厅《内蒙古脊椎动物名录及分布》（1992 年）、《国家重点保护野生植物名录（第一批）》（1999 年 8 月 4 日）、《中国环境保护纲要》、《内蒙古环境保护纲要》、《内蒙古珍惜濒危植物图谱》。

填表人：群力　程学慧　　负责人：薛文　阿荣

（3）遗传多样性

内蒙古具有丰富的珍贵的动物驯养物种和栽培植物物种，如伊克昭白山羊、蒙古牛、蒙古马、阿拉善骆驼等动物及紫花苜蓿、野大豆等植物。其中阿拉善骆驼被列入我国驯化动物优先保护物种，伊盟新庙镇为我国亟须保护的农作物野生亲缘种野大豆的残存地。

（4）内蒙古生物多样性的特点

内蒙古生物多样性特点可归结为：地域跨度大，地带性分异清楚，类型复杂，联系广泛，主体明显，特点突出，特有集中。

内蒙古的生物种类并不十分丰富，但很有特色。由于地处四大植被区的交汇处，具有多条植被带，必然会形成与周边联系紧密的复杂多样的类型。通过大兴安岭与欧洲—西伯利亚的连通，成为欧洲—西伯利亚、环北极成分南下的通道；燕北山地为内蒙古东亚成分的门户；贺兰山则为蒙古高原与亚洲中部山地和青藏高原区系联系的跳板；东亚区系成分在内蒙古所占比例最大，草原和荒漠成分最能反映内蒙古植物区系的特点，草原和荒漠是内蒙古生态系统的主体。

由于更新世冰川对高原面的洗劫，特有种都集中分布于亚洲干旱区孑遗植物避难所，即西鄂尔多斯—东阿拉善地区，特别是乌海与伊盟交界的地区。这里有古老、珍稀、特有植物 70 余种，成为生物区系的主体成分。主要的生态系统是由半日花、四合木、沙冬青、绵刺等古老残遗种建成，而成为古老、特有的重点保护生态系统。这里从太古代到现在，经历了地球生命演化的全过程，成为生物演化的天然史书。

3.3.2 生物多样性受威胁现状及其原因

（1）受威胁现状

内蒙古土地沙化、砾石化、盐渍化、水土流失、沙丘活化等生态环境恶化面积达 1 730 万 hm^2，加上自然状况下的沙漠、戈壁、裸岩等面积为 3 220 万 hm^2，两者合计占全区面积的 43%。

内蒙古野生动物，特别是大型动物，正在迅速减少，有的已经灭绝。如全世界的黄羊，从 30 年前的几百万只，减少到目前的 50 万只，内蒙古已为数不多；野骆驼、野驴、盘羊、青羊已很少见到；野马已经绝迹；大鸨、蒙古百灵、猛禽也迅速减少。随着沙漠的扩大，位于荒漠区的残遗植物，如梭梭、胡杨、裸果木、肉苁蓉等生存空间逐渐缩小或失去。生于锡盟草原的珍稀类短命植物单花郁金香，已在我国灭绝。在内蒙古唯一生长天麻的大青沟三岔口，已开辟为游乐场。

环境破坏后，生物多样性变化的总趋势是向贫乏化发展。原天然植被的优势种、特征种、狭域分布种减少。广布种，一、二年生草本植物，黎科、禾本科和菊科蒿属植物增多。不同地带、各植被类型、不同破坏方式，其结果有明显的趋同现象，这就更加大了生物多样性向贫乏化发展的力度。

（2）受威胁的原因

① 内蒙古生态环境极其脆弱。

内蒙古处于冰川拉锯带、强烈季风带、地层松散带、风旱与植被稀疏同步带、温室效应敏感带、水热异地带、多种因子的过渡带和交错带、气候骤变带、环境多变带、多灾带、严重缺水带、生物低产带和经济落后带。所以内蒙古的生态环境是极其脆弱的。

内蒙古地处第四纪冰期和间冰期的拉锯带。进入人类文明历史时期，我国北方又发生了 4 次小冰期。近年由于温室效应引起的气候变化，内蒙古都处于敏感地带。近 50～80 年来平均气温升高 0.6～0.8℃，年降水减少 50～100 mm，全年大风日数 20～80 天，西北部 55 天以上，个别 87 天。蒙古高原由古地中海抬升形成，松散物质大量堆积，砂岩、披砂岩经多年强烈的风、水和冻融侵蚀，形成碎石、沙土、黄土，造成松散地层，成为沙漠化的物质基础。大风、干旱、植被稀疏都同时在春季骤烈发生，因此易发生沙尘暴。内蒙古降水从东北向西南递减，而气温递增，水热异地加速环境的破坏，不利于植物生长。内蒙古气温从寒温、中温过渡到暖温，水分从湿润、半湿润过渡到干旱和极端干旱。由于水热的过渡，引起土壤、植被等一系列过渡现象，进一步出现生物区系的交错带、农牧交错带、民族文化交错带等。气温和降水的年、季、日变化幅度大，再加上风的作用，造成植物生长的不稳定性。灾害频繁而多样（如旱、涝、雪灾、霜冻、风、沙、土壤侵蚀、水土流失、盐渍化、冻融侵蚀等）。内蒙古大部分地区处于干旱区，一般蒸发量远大于降雨量，是严重缺水带。上述特点均发生于同一地区，说明内蒙古生态环境非常脆弱，生物生产量低，而且还不稳定。相反，由于冬春季环境恶劣且时间长，造成家畜和动物的巨大消耗。也就是说，农业、林业等依赖第一性产品的行业，不能以增加产品数量为主导。而靠扩大开荒，增加牲畜头数，过量采伐森林，得到的收益相对较小，对环境的破坏相对较大。我们现在所获得的农牧业的产品主要靠大自然多年的积累。依靠广大地区的损失获得局部利益，依靠对未来的破坏得到眼前利益的做法，从长远讲都是得不偿失的。因此要扬长避短，面向未来。

② 过度放牧对草原生物多样性的影响。

内蒙古草原面积较 1985 年前减少了 9%，有 23%的草原生态环境受到严重破坏。加上自然状况下的草原恶化区域，两者合计占草原总面积的 38%。与 20 世纪 80 年代相比增加了 18%。有蹄类是草原生态系统的正常成员，适当放牧对维持草原植被的正常循环是必要的，但过度放牧则会适得其反。内蒙古可利用草场面积比 20 世纪 80 年代减少了 828 万 hm^2，而牲畜却增加了 3 000 万头（只）。每只羊所拥有的有效草场面积，20 世纪 50 年代为 3.3 hm^2，80 年代为 0.87 hm^2，目前降至 0.42 hm^2。

过度放牧首先造成植物种数减少，如大针茅草原，牧压梯度从无牧、轻牧、中牧、较重牧至极重牧，单位面积（约 10 m^2）植物种数从 83、64、51、63、71、54 种，最后降至 40 种。随着牧压梯度的增加，一年生草本增加，如克里门茨针茅草原各牧压梯度一年生草本的表现值分别为 1.38、0.71、0.5、1.34、8.17 和 11.21。半灌木增加更为显著。广布种及更耐旱的西部草原种增加。如大针茅草原各牧压梯度，泛北极种表现值分别为：3.40、2.78、4.21、16.11、28.64、24.93、68.49。达乌里—蒙古种从 71.13 下降到 8.17。随着牧压的增高，各草原群落类型有趋同现象，共有种类增多，如冷蒿、星毛委陵菜、糙隐子草等，成为退化草场的指示植物。

③ 生态环境恶化对生物多样性的影响。

目前全区土壤盐渍化面积 210 万 hm^2。草原盐渍化造成物种减少，藜科一年生肉质植物增加。泛北极、东古北极种和古地中海种增加，草原及东亚成分减少。

全区沙漠总面积与 20 世纪 80 年代相比增加了 112 万 hm^2，平均每年增加 8.6 万 hm^2。草原沙化最为突出，面积达 239 万 hm^2。草原沙化造成物种减少，一、二年生草本及西部草原种增加，达乌里—蒙古种减少。

土地盐渍化、沙化的重要原因除过牧外，就是大量开垦。内蒙古目前实际拥有耕地 1 272 万 hm^2（1.9 亿亩）。与 20 世纪 80 年代初相比，13 年间增加了 450 万 hm^2（0.67 亿亩）。水土流失、盐渍化、沙化的农田达 390 万 hm^2，占农田的 24%。

砍柴、挖土取石引起草原化荒漠生物多样性变化，世界种、古北极种增加，草原种、古地中海种、东阿拉善种减少。

旅游管理不善造成景观破坏，物种数量下降。一、二年生草本及广布种增加。

天然植被营造人工林对生物多样性的影响。如蛮汉山天然白桦林改造成人工落叶松林后，植物总种数从 127 种减少到 34 种。木本植物减少，草本植物增加，广布种增加。

对生物多样性的破坏还有森林的过度采伐，矿山、道路和城镇建设，以及水资源布局的不合理。如黑河下游额济纳河的存在，形成著名的东西居延海和广阔的荒漠区湿地。这里生长着大面积胡杨林，成为重要的生态屏障。由于黑河上游过度利用水资源，造成下游断流，胡杨林成片死亡，生态屏障崩溃。原来的绿洲成了沙尘暴的发源地，生活在这里的 2.5 万居民由此而沦为生态难民。

随着人类社会的发展，人们对生物和文化多样性、对回归大自然的需求越来越强烈。随着矿物燃料的大量消耗，人们对未来能源、太阳能和风能的开发利用迫在眉睫。随着地球气温升高，夏天越来越炎热，人们为迎接高温的挑战，一些更耐旱、耐高温、耐日晒的作物将取代现有品种。地处干旱区的内蒙古将提供大量种植资源。随着人类社会的发展，生态环境所提供商品价值的份额将逐渐被潜在的科技、文化价值取代。内蒙古这个曾为中华民族的繁衍、古老文化的产生和传播起到重要作用的地区，将会发挥更大的作用。但是其先决条件是必须保护好我们的生态环境和生物及文化的多样性。内蒙古历史上是东西方交流的通道之一。内蒙古人民，特别是蒙古族普通群众，具有易于接受新事物的开放性格。内蒙古的优势不是矿产、土地，而是生态系统的天然性和多样性，是丰富、古老的民族文化。背着物质资源优势的包袱，只能走贫穷之路。在国内外大好形势下，抓住当前西部大开发的机遇，最主要的举措是努力提高内蒙古发展中的科技和文化份额，明确提出“科技兴区”。

3.3.3 保护区管理与建设

（1）自然保护区建设与管理

截至 1999 年底，全区建成自然保护区 75 个，占国土面积的 5.18%，自然保护区总面积 6.14 万 km^2。

截至 2000 年底，全区自然保护区达 96 个，占全区国土面积的 6.5%，自然保护区总面积 7.654 万 km^2。其中：国家级 10 个，自治区级 24 个（2000 年新增自然保护区 21 个，新增面积 1.514 万 km^2）。见表 3-3-20。

表 3-3-20　内蒙古自治区自然保护区现状表

序号	自然保护区名称	级别	位置	面积/hm^2	主要保护对象	类型	建立时间	主管部门
1	达赉湖自然保护区	国家级	呼盟	740 000	珍禽、湿地、草原	生态系统、物种	1992-10	环保
2	科尔沁自然保护区	国家级	兴安盟	126 987	珍禽、湿地、草原	生态系统、物种	1995-11	环保
3	大青沟自然保护区	国家级	通辽市	8 183	珍贵阔叶林	生态系统	1988-05	林业
4	贺兰山自然保护区	国家级	阿盟	67 710	青海云杉林水源涵养	生态系统	1992-10	林业
5	大兴安岭汗马自然保护区	国家级	呼盟根河市	107 348	原始森林生态系统	生态系统	1996-11	林业
6	锡林郭勒自然保护区	国家级	锡盟	1 078 600	草原生态系统	生态系统	1997-12	环保 畜牧
7	西鄂尔多斯自然保护区	国家级	乌海和伊盟鄂托克旗交界处	555 849	珍稀植物	物种	1997-12	环保
8	达里诺尔自然保护区	国家级	赤峰克旗	119 413	珍禽、湿地、草原	生态系统、物种	1997-12	环保
9	努登梭梭林自然保护区	自治区级	巴盟	28 040	梭梭林、蒙古野驴	物种	1985-10	林业
10	白音敖包自然保护区	国家级	赤峰	6 737	沙地云杉林	物种	2000-04	林业
11	额济纳七道桥自然保护区	自治区级	阿盟额济纳旗	1 273.6	胡杨林	生态系统	1992-06	林业
12	敖鲁古鄂温克民族文化保护区	自治区级	呼盟根河市	1 240	鄂温克民族珍贵文物		1996-12	文化

序号	自然保护区名称	级别	位置	面积/hm^2	主要保护对象	类型	建立时间	主管部门
13	霸王河水源保护区	旗县级	乌盟集宁市	1 500	饮用水源	生态系统	1985-10	城建
14	阿贵庙自然保护区	旗县级	伊盟准格尔旗	107	植物	物种	1988	林业
15	阿巴嘎旱獭自然保护区	旗县级	锡盟阿巴嘎旗	45 000	旱獭	物种	1995-12	环保
16	蔡木山自然保护区	自治区级	锡盟多伦县	26 000	草甸草原、次生林	生态系统	1998-12	环保
17	图牧吉自然保护区	自治区级	兴安盟扎旗	90 300	珍禽、湿地、草原	生态系统	1996-02	环保
18	大黑山天然阔叶林自然保护区	自治区级	赤峰市敖汉旗	4 666	夏绿阔叶林	物种	1998-02	环保
19	陈巴尔虎草甸草原保护区	旗县级	呼盟陈旗	600 000	草甸草原	生态系统	1996-08	环保
20	罕山自然保护区	自治区级	通辽市	25 000	森林生态系统	生态系统	1998-05	林业
21	乌梁素海候鸟自然保护区	自治区级	巴盟乌拉特前旗	29 333	候鸟	物种	1998	农业
22	黑里河水源涵养林保护区	自治区级	赤峰市宁城县	53 200	水源涵养林	生态系统	1996	环保
23	热水镇地热资源保护区	旗县级	赤峰市宁城县	80	地热资源	地质遗迹	1996	环保
24	九峰山保护区	旗县级	包头市土右旗	22 000	森林	生态系统	1996	林业
25	白二爷沙坝保护区	旗县级	呼市和林格尔	8 000	荒漠植被、动物	生态系统、物种	1996	环保
26	哈素海湖泊保护区	旗县级	呼市土左旗	5 360	湿地、鸟类	生态系统、物种	1996-08	环保
27	黄旗海保护区	旗县级	乌盟察右前旗	13 570	湿地、鸟类	生态系统、物种	1996-08	环保
28	东胜泊江海保护区	自治区级	伊盟东胜市	4 500	遗鸥	物种	1998-05	环保
29	赤峰赛罕乌拉自然保护区	国家级	赤峰巴林右旗	100 400	森林类型水源涵养	生态系统	1998-02	环保
30	翁牛特五牌子自然保护区	旗县级	赤峰翁牛特旗	800	湿地、珍禽	生态系统、物种	1997-12	环保
31	大乌梁苏自然保护区	旗县级	赤峰市松山区	2 533	天然次生林	生态系统	1997-11	林业
32	上窝铺自然保护区	旗县级	赤峰市松山区	1 800	天然次生林	生态系统	1997-11	林业
33	李齐沟自然保护区	旗县级	呼市武川县	7 196	青海云杉林	生态系统	1997	环保
34	莫力庙水库自然保护区	旗县级	通辽市科尔沁区	12 000	内陆水域生态系统	生态系统	1997-12	水利
35	乌审旗臭柏自然保护区	自治区级	伊盟乌审旗	19 148	天然沙地柏	物种	2000-09-28	林业
36	辉河自然保护区	自治区级	呼盟鄂温克旗	120 000	珍禽、湿地、草原	生态系统	1999-11	环保
37	旺业甸自然保护区	市级	赤峰喀喇沁旗	12 500	水源、生物多样性	物种	1997-10	环保
38	罕山自然保护区	旗县级	赤峰阿鲁科尔沁旗	100 000	水源、生物多样性	生态系统、物种	1997-11	环保

序号	自然保护区名称	级别	位置	面积/hm²	主要保护对象	类型	建立时间	主管部门
39	红山自然保护区	旗县级	赤峰市红山区	1 480	红山自然遗迹	地质遗迹	1997-11	环保
40	大冷山自然保护区	旗县级	赤峰市林西县	3 766	水源、生物多样性	生态系统、物种	1997-06	环保
41	石棚沟自然保护区	旗县级	巴林左旗	59 428.9	生物多样性、水源	生态系统、物种	1997-09	环保
42	乌兰坝自然保护区	旗县级	巴林左旗	61 288	水源、生物多样性	生态系统、物种	1997-09	环保
43	阿尔山自然保护区	市级	兴安盟阿尔山市	37 667	天池温泉、樟子松	生态系统、物种	1997-05	环保
44	二连—查干诺尔恐龙保护区	自治区级	锡盟二连市、西苏旗、东苏旗	32 000	中生代恐龙化石	地质遗迹	1998-07	地矿
45	红花尔基自然保护区	自治区级	呼盟鄂温克旗	6 167	樟子松林	生态系统、物种	1998-05	林业
46	平顶山—七锅山自然保护区	自治区级	赤峰巴林左旗	10 000	冰臼群	地质遗迹	1998-06	环保
47	古迹自然保护区	旗县级	兴安盟科右中旗	6 500	野猪、蒙古栎	物种	1997	环保
48	老头山自然保护区	旗县级	兴安盟突泉县	45 000	野猪、蒙古栎	物种	1997	环保
49	乌兰布统草原自然保护区	旗县级	赤峰克什克腾旗	10 000	草原、文化古迹	生态系统	1998	环保
50	神指峡、四方山自然保护区	旗县级	呼盟鄂伦春旗	21 860	原始森林生态系统	生态系统	1998	林业
51	诺敏自然保护区	旗县级	呼盟鄂伦春旗	148 770	原始森林生态系统	生态系统	1998-07	林业
52	根河鸟曾自然保护区	旗县级	呼盟根河市	12 270	原始森林生态系统	生态系统	1996	林业
53	西伯利亚红松自然保护区	旗县级	呼盟根河市	33 900	珍贵树种	物种	1989	林业
54	西日特其自然保护区	旗县级	呼盟鄂伦春旗	1 025	原始森林生态系统	生态系统	1986	林业
55	五泉山自然保护区	旗县级	呼盟鄂伦春旗	770	珍贵树种	物种	1995-06	矿务局
56	黄羊自然保护区	旗县级	呼盟新巴尔虎右旗	560 000	野生动物	物种物种	1998-09	环保
57	赤峰大青山自然保护区	自治区级	赤峰克什克腾旗	4 200	冰臼群	地质遗迹	1998-04	环保
58	额旗梭梭林自然保护区	旗县级	阿盟额济纳旗	66 666	梭梭林	生态系统、物种	1998-12	林业
59	巴音恩格尔保护区	自治区级	伊盟杭锦旗	36 000	四合木、白柠条	物种	2000-09	林业
60	小河沿自然保护区	自治区级	赤峰市敖汉旗	18 000	鸟类、湿地	生态系统、物种	2000-12	环保
61	黄源（响水）自然保护区	旗县级	赤峰市克什克腾旗	24 030	水源、生物	生态系统、物种	2000-01	环保

序号	自然保护区名称	级别	位置	面积/hm^2	主要保护对象	类型	建立时间	主管部门
62	阿鲁科尔沁自然保护区	自治区级	赤峰阿鲁科尔沁旗	309 751	沙地、草原、湿地	生态系统	2000-12	环保
63	辉腾梁自然保护区	盟市级	乌盟察右中旗	16 000	草原、冰川遗迹	生态系统、	2000-09	环保
64	苏木山自然保护区	盟市级	乌盟兴和县	9 320	野生动物、森林	生态系统、物种	2000-09	环保
65	四子王旗胡杨林自然保护区	盟市级	乌盟四子王旗脑木更	322	天然胡杨林	物种	2000-09	环保
66	复兴自然保护区	旗县级	呼盟阿荣旗	19 960	次生林、动物	生态系统、物种	1999	林业
67	二卡自然保护区	旗县级	呼盟满洲里市	4 600	湿地、鸟类	生态系统、物种	1999	环保
68	莫尔道嘎自然保护区	旗县级	呼盟额尔古纳市	5 207	原始森林	生态系统	1999	林业
69	黑山头自然保护区	旗县级	呼盟额尔古纳市	47 000	湿地、鸟类	生态系统、物种	1999	林业
70	维纳河自然保护区	旗县级	呼盟鄂温克旗	76 500	矿泉、草原	生态系统	1999	环保
71	白音嵯岗自然保护区	旗县级	呼盟鄂温克旗	2 100	樟子松	物种	1999	林业
72	乌日根山自然保护区	旗县级	呼盟新左旗	12 037	原始森林、野生动物	原始森林	1999	林业
73	热水镇地热资源保护区	旗县级	呼盟新左旗	6 670	湿地、珍禽、草原	地质遗迹	1999	环保
74	古日格斯台自然保护区	地市级	锡盟西乌旗	544 600	草原，森林生态	生态	1999	林业
75	苏尼特盘羊自然保护区	旗县级	锡盟东苏旗	50 400	动物	物种	1999	林业
76	黑风河自然保护区	旗县级	锡盟正蓝旗	139 300	草甸草原，次生林	生态系统	1999	环保
77	大漠沙湖保护区	旗县级	伊盟杭锦旗	300	白天鹅	物种	2000	环保
78	柴河自然保护区	旗县级	呼盟扎兰屯市	9 471	原始森林	生态系统	1999	环保
79	莫达木吉自然保护区	盟市级	呼盟新左旗	6 670	湿地、珍禽、草原	生态系统、物种	1999	环保
80	根河冷水鱼	盟市级	呼盟根河市	649 500	珍贵鱼种	物种	2000	渔业
81	乌兰哈达	盟市级	乌盟察右后旗	200	火山遗迹	地质遗迹	2000-9	地矿
82	脑木更第三系剖面遗迹	盟市级	乌盟四子王旗	80	第三系地层剖面	地质遗迹	2000-09	地矿
83	店子乡太古界地层剖面	盟市级	乌盟兴和县	1 200	剖面遗迹	地质遗迹	2000-09	地矿
84	典型地层剖面古生物	盟市级	乌盟四子王旗	10	哺乳动物化石	地质遗迹	2000-09	地矿
85	岱海湖泊湿地	盟市级	乌盟凉城县	30 203	湖泊生态系统	生态系统	2000-09	环保
86	他拉干水库自然保护区	旗县级	通辽市开鲁县	4 000	湿地	生态系统	1996	水利
87	复兴自然保护区	旗县级	呼盟阿荣旗	19 960	次生林	生态系统	1999	旗政府
88	陈旗沙地樟子松	旗县级	呼盟陈旗	127 400	珍稀植物、草原	生态系统	1999	旗政府
89	木奎	旗县级	呼盟鄂化春旗	465	原始林	生态系统	2000	旗政府

序号	自然保护区名称	级别	位置	面积/ hm^2	主要保护对象	类型	建立时间	主管部门
90	鄂尔多斯恐龙足迹	自治区级	伊盟鄂托克旗	45 600	恐龙足迹	地质遗迹	2000	旗政府
91	库布齐沙漠	自治区级	伊盟杭锦旗	15 000	柠条（植物）	物种	1999	林业
92	哈腾套海	自治区级	巴盟磴口县	46 867	荒漠植物（沙冬青、蒙古扁桃、绵刺）	物种	2000	林业
93	荷叶花	自治区级	通辽市扎鲁特旗	60 130	湿地	生态系统	2000	林业
94	塔木素	自治区级	阿盟阿右旗	25 000	梭梭林	物种	2000	林业
95	雅布赖盘羊	自治区级	阿盟阿右旗	152 700	盘羊	物种	2000	盘羊
96	舍力虎水库自然保护区	旗县级	通辽市奈曼旗	4 000	水源地	生态系统	1999	环保

数据来源及时间：内蒙环保局自然生态处。

填表人：赵福全、乌日娜　　负责人：张自学

近年来，内蒙古各级人民政府、各级环境保护行政主管部门和相关部门加大了对自然保护区的建设与管理，重点抓了以下几个方面：

① 抢建自然保护区，扩大自然保护区面积。

按照自治区自然保护区发展规划的部署，在自治区经济建设快速发展过程中，积极抢建了一批自然资源丰富、保护价值较高的自然保护区，使自然保护区的数量从 1995 年的 14 个增加到 96 个。

② 加强自然保护区机构建设。

实践证明，设置完善的自然保护区机构，配置专职人员是实施保护区有效管理的关键。各级政府加大了自然保护区机构建设的力度，达赉湖等一些国家级自然保护区的机构设为处级事业单位，一些自治区级自然保护区设了科级事业单位，部分旗县级自然保护区设了股级事业单位，配置了专职人员。

③ 保证自然保护区的资金投入。

将自然保护区建设和管理纳入国家和自治区、各盟市计划和财政预算，初步设立自然保护区专项经费。确定以国家、自治区、各盟市、旗县投入为主，自然保护区自养为辅的解决经费的方针。

④ 加强自然保护区法制建设。

认真宣传贯彻《中华人民共和国自然保护区条例》、《内蒙古自治区自然保护区实施办法》，各自然保护区结合实际情况，制定切实可行的自然保护区管理办法，并报相应的政府、人大批准实施。

⑤ 制定自然保护区考核评比标准。

为加强对自然保护区的建设和管理的监督机制，对自然保护区的建设和管理工作的监督，形成一套考核评分标准，并将其列入对盟市党委、政府的考核目标，收到了很好的效果。

⑥ 加强自然保护区的宣传教育。

加强了自然保护区的宣传教育和科研、监测工作，普及自然保护区知识，鼓励公众

参与自然保护区的建设与管理，开展了对自然保护区人员的培训和对外合作与交流。

⑦ 提高自然保护区的建设质量和管理水平。

一些自然保护区明确了土地权属，逐步走向依法管理自然保护区。一半以上的自然保护区制定了自然保护区的发展规划，编制了项目建议书。

截至 1999 年底，全区建成自然保护区 75 个，占国土面积的 5.18%，自然保护区总面积 6.14 万 km^2。截至 2000 年底，全区自然保护区达 96 个，占全区国土面积的 6.5%，自然保护区总面积 7.654 万 km^2。其中：国家级 10 个，自治区级 25 个（2000 年新增自然保护区 21 个，新增面积 1.514 万 km^2）。

（2）风景名胜区和森林公园

内蒙古自治区自 1991 年以来，陆续建立了 9 处国家森林公园，详见表 3-3-21。

表 3-3-21 内蒙古自治区国家森林公园

森林公园名称	位置	面积/hm^2	主要景观	批建时间	经营单位
红山森林公园	赤峰市红山区	4 333	桃林、红山文化	1991	城郊林场
察尔森森林公园	兴安盟科尔沁右翼前旗	10 800	察尔森水库、野生动物	1992	察尔森林场
黑大门森林公园	呼市武川县大青山	3 600	一线泉、三叠泉瀑布及福寿碳	1992	五道沟林场
乌素图森林公园	呼市郊区	8 000	劈柴沟、喇嘛洞、乌素图召等	1992	乌素图林场
海拉尔森林公园	呼盟海拉尔市	14 066	古樟子松林	1992	海拉尔林场
乌拉山森林公园	巴盟乌拉特前旗	93 066	泉水、瀑布	1992	乌拉山林场
二龙什台森林公园	乌盟凉城县	9 466	大窑文化、龙山文化遗址	1993	蛮汗山林场
马鞍山森林公园	赤峰市喀喇沁旗	3 533	马鞍型山峰、小蓬莱、古寺	1993	马鞍山林场
兴隆森林公园	赤峰市元宝山区	2 700	针阔混交林、乌兰湖、辽塔、燕长城	1994	元宝山区兴隆村

内蒙古自治区目前已建立 3 处风景名胜区，它们是位于包头市的武当召和昭河，位于呼盟的扎兰屯市秀水公园。

3.3.4 生物多样性保护存在的问题

① 自然保护区的投入不足，绝大多数自然保护区缺少必要的基础设施和管护能力。

② 自然保护区的居民多数处在贫困线以下，发展与保护的矛盾非常突出。

③ 自然保护区的管理人才和技术人才严重匮乏，工作难以全面开展。

④ 公众缺乏对生物多样性保护及自然保护区的认识，生物多样性保护及自然保护区建设还没有得到社会的普遍支持和企业、财团的赞助。

⑤ 缺乏全区的生物多样性保护行动计划。

⑥ 部门间的协调、配合还存在一定的问题。

⑦ 急需制定一部生物多样性保护的综合法规。

3.4 水生态现状与变化

3.4.1 地表水

（1）地表水现状、变化与总体评价

内蒙古水资源总量 508.91 亿 m^3，占我国总水量的 1.87%。其中，地表水年总量 370.93 亿 m^3，占全国的 1.4%，占全区总水量的 72.89%。全区人均占有水量 464 m^3，比全国平均的 1 752 m^3，少 2.8 倍。内蒙古总流域面积在 1 000 km^2 以上的河流约 107 条。大于和等于 0.1km^2 的湖泊 4 166 个，湖泊水域面积约 7 316.79 km^2，水量不大，淡水湖少，盐碱湖多，并且大都分布于降雨量 200～400 mm 的东部地区。内蒙古自治区水资源基本情况见表 3-3-22。

表 3-3-22 内蒙古自治区水资源基本情况

指 标	截至 1986 年	截至 1999 年
全区水资源总量/m^3	50 881 000 000	69 317 082 400*
境内各流域水库、堤坝设计总库容/m^3	58 380 000 000 000	3 856 490 045.10*
境内各流域水库、堤坝实际蓄水量/m^3	14 022 000 000	1 194 722 000.00*
各流域年输沙量/（t/a）	443 749 621.30*	537 426 527.10*

数据来源及时间：水利厅水政处；内蒙古农牧业资源区划数据汇编（1991 年）；（*）各盟市汇总数据（2000-12）。
填表人：王学全、潘高娃　　　　负责人：阿荣

目前内蒙古的湖泊呈缩小趋势，已干枯湖泊 307 个，面积 2 388.9 万 km^2。20 世纪 80 年代较 60 年代，短短 20 年，湖泊减少 1 321 km^2，总计退缩面积 1 0943.4 km^2。从区内几大湖泊情况来看，呼盟达赉湖水面有所减少，现存面积为 23 万 hm^2；赤峰达里诺尔面积为 2.29 万 hm^2，也比 20 世纪 80 年代减少了近 1 000 hm^2；巴盟的乌梁素海原为自治区的第二大湖泊，现已屈居第三位，水面面积仅有 2 万 hm^2；而乌盟的岱海现仅为 1 万 hm^2；阿拉善的东西居延海，1997 年干涸的湖盆被浅水覆盖，其水面两湖合计也只有 1.5 万 hm^2，由于强烈的蒸发，很快又变成干枯的湖盆。湖泊面积的萎缩，其原因主要是河流水量补给减少、湖泊沼泽化进程加快。有人将湖泊萎缩与草原退化、土地沙化、盐碱化作为内蒙古生态环境中的四大突出问题。

由于内蒙古水资源时空分布不均衡，供需不平衡，因此更加重了全区水资源的不足。内蒙古地表水多年平均流量为 370.9 亿 m^3，其中嫩江和额尔古纳两大水系占 83%，加上西辽河流域共占 90%。内蒙古还有 43.4 万 km^2，占全区总面积 37.3%的地面，为海洋水气难以涉及的内陆干旱地区，有的地方根本形不成地面径流。内蒙古自治区地表水资源情况见表 3-3-23。

表 3-3-23　内蒙古自治区地表水资源

指　标	截至 1986 年	截至 1999 年
地表水多年平均资源量/m^3	37 092 000 000	37 090 000 000
地表水年消耗总量/m^3	13 152 000 000	21 195 243 300*
农业灌溉用水比例（%）	92.137 568*	59.45 013 756*
工业用水比例（%）	1.44 906 487*9	0.475 725 844*
生活用水比例（%）	1.209 436 528*	0.352 606 121*
水库富营养化个数/个；比例（%）		
水库富营养化面积/hm^2；比例（%）		
湖泊富营养化个数/个；比例（%）	8；100%	8；100%（典型湖泊）
湖泊富营养化面积/hm^2；比例（%）	300 000；100%	300 000；100%

数据来源及时间：水利厅水政处；（*）各盟市汇总数据（2000-12）；内蒙古农牧业区划数据汇编（1991 年）。

填表人：王学全　潘高娃　　负责人：阿荣

全区河流可在 1∶25 万的景观生态类型图上表示的河流总长度约为 9 851 km，是由 437 条片段河流所构成。河流形成如此多的片段，分析其原因，许多河流片段的形成完全是由于人为开垦、挤占河道使河道变窄，在卫星影像上出现了不连续的河流片段。根据水文资料，黄河内蒙古段全长 280 km，从宁夏石嘴山入境至内蒙古准格尔旗马棚乡出境，入境流量 975 亿 m^3，出境流量 773 亿 m^3。内蒙古主要过境河流及其流量变化见表 3-3-24。

表 3-3-24　内蒙古自治区主要过境河流名称及流量变化　　单位：m^3/a

河流名称	20 世纪 80 年代年平均流量	20 世纪 90 年代年平均流量
大黑河	386 719 000	369 749 000
浑河	232 656 000	22 319 600
黄河	2 288 000 000	
黄河（昭君坟站实测）	737m^3/s（1969—1990 年）	500 m^3/s
黄河（磴口水文站）	953m^3/s	681 m^3/s
黄河	31 500 000 000	31 500 000 000
黄河	971 m^3/s	962 m^3/s
西拉沐沦河	1 050 670 000	1 000 000 000
老哈河	1 340 000 000	1 220 000 000
哈通河	34 940 000	33 400 000
教来河	211 400 000	200 000 000
内陆河	147 000 000	100 000 000
大凌河支流	109 000 000	98 800 000
滦河支流	32 700 000	31 100 000
海拉尔河	109 m^3/s（海拉尔）	114 m^3/s
伊敏河	36.9 m^3/s（海拉尔）	39.3 m^3/s
嫩江	337 m^3/s（尼尔基）	
甘河	118 m^3/s（柳家屯）	
诺敏河	106 m^3/s（鄂伦春）	
雅鲁河	33.2 m^3/s（扎兰屯）	

河流名称	20 世纪 80 年代年平均流量	20 世纪 90 年代年平均流量
克鲁伦河	16.9 m^3/s（阿拉坦额莫勒）	
根河	70.4 m^3/s（黑山头）	
滦河		1.650 亿
洮儿河	17.4 亿	17.4 亿
绰尔河	20.7 亿	20.6 亿
归流河	3.55 亿	3.55 亿
哈拉哈河	4.32 亿	4.32 亿
霍林河	3.15 亿	3.15 亿

数据来源及时间：各盟市汇总数据（2000-12）（备注：无通辽、乌盟数据）。

填表人：张志明　潘高娃　　负责人：张自学

（2）典型区域变化分析

内蒙古乌盟的岱海，过去曾是自治区中部地区生物多样性分布较集中的一片重要湿地，也是自治区的渔业生产大户。由于近 10 年来大规模的开垦湿地，围湖造田，加之常年大量的化肥、农药及工业和生活污水的流入，造成湖泊污染，出现了严重的富营养化，结果导致湖区生物多样性严重丧失，渔业产量也从 20 世纪 80 年代的每公顷几百公斤降低到现在的几十公斤。

内蒙古西部阿拉善盟额济那旗有两个著名的姊妹湖泊——东、西居延海，由于额吉纳河的断流，湖泊干枯，生态环境恶化，生物多样性遭到严重破坏。

3.4.2 地下水

（1）地下水现状、变化分析

内蒙古地下水总储量约 25 203 亿 m^3，潜水储量 11 220 亿 m^3，承压水 13 983 亿 m^3。地下水资源量为 137.98 亿 m^3，占全区总水量的 27.11%，占全国的 5%，而总面积却为全国的 12.3%，并且多数地区地下水矿化度较高。随着干旱进程的加速，地下水利用过度，其矿化度有逐渐增高的趋势，特别是西部地区，很多已面临不能饮用的境地。全区地下水重复量 137.98 亿 m^3，占全区总水量的 27.11%。全区人均占有水量 464 m^3，比全国平均 1 752 m^3，少 2.8 倍。见表 3-3-25。内蒙古地下水的分布同样存在着地区不平衡。约占全区 70%的广大地区，地下水储量仅占全区地下水总储量的 16%。

表 3-3-25　内蒙古自治区地下水资源

指　标	截至 1986 年	截至 1999 年
地下水年平均资源量/m^3	13 798 000 000	13 790 000 000
地下水矿化度/（g/L）	0.2～1.7*	0.2～5*
地下水允许开采量/m^3	7 324 000 000	10 764 224 000*
地下水实际开采量/m^3	3 095 140 000*	6 151 000 000
地下水实际开采量中农业利用比率（%）	14.29*	72.00*
地下水实际开采量中工业利用比率（%）	39.40*	9.00*
地下水实际开采量中生活利用比率（%）	30.57*	12.00*
地下水水位年均下降深度/cm	104.0*	132.7*

指　标	截至 1986 年	截至 1999 年
地面沉降面积/hm^2		2 200*
地面沉降速度/（cm/a）		2*

数据来源及时间：水利厅水政处；内蒙古农牧业区划数据汇编（1991 年）；（*）各盟市汇总（2000-12）。

填表人：王学全、潘高娃　　　　　　负责人：王荣辉　阿荣

人为破坏使水资源短缺雪上加霜，不合理的活动加速了水分的丧失。过多水库的建设加速了水分的蒸发；森林过度砍伐、湿地开发、草原退化造成天然水库崩溃；水土流失使水分的丧失加速；农业为用水大户，灌溉水有很大部分被蒸发；不正确的植被建设，有时也使大量水分丧失，减少了地下水的补充。

（2）典型地区变化分析

内蒙古地下水并不丰富，但浪费却十分惊人。仅包头市地下水开采量就达 50 万 t/d，呼和浩特 27 万 t/d，致使包头市地下水位近年来下降约 20 m，呼和浩特地下水位每年约下降 1～1.5 m，通辽市潜水水位下降形成漏斗已扩展百余平方公里。大量用水的同时，城市废水、农药、化肥的排放，造成水污染。过量开采地下水，使其矿化度提高。地下水存在不同层次和环流，胡乱打井，过度利用地下水，不仅浪费了水资源，还会打乱地下水层次和正常流动，大大影响了地下水的保护和合理利用。

在半干旱、干旱的草原和荒漠区，由于大量的开采地下水，已出现地下水位下降，地表旱化，草地植被退化。

3.4.3 水资源变化成因与危害

从水热情况来看，水分条件较好的东部地区，热量不足，而降雨少的西部地区，热量较高。这种水热不同地的格局，更加重了内蒙古中西部的干旱化进程。

内蒙古降雨的时间不平衡也相当突出，年变化大，且十年九旱。20 世纪 50—80 年代曾发生 6 个春旱年，7 个夏旱年，连年干旱占 20%～30%，连续 3 年干旱占 10%～25%，最长达 7 年干旱。全区越是少雨的地区，降雨的时间变率越大，往往造成暴雨成灾，水土流失和水资源的浪费。

大风加剧了水分的蒸发。内蒙古是全国的大风区之一，全区全年大风约 20～80 天，个别高达 87 天。春季大风日数占全年的 35%～40%。干旱、大风、植被稀疏都同时发生于春季，因此特别容易引起沙尘暴。

盲目兴修水利，上游过度用水，导致河流断流。内蒙古西部阿拉善盟的额济那绿洲位于黑河的下游，由于上游兴修水利，农业灌溉大量用水，结果导致黑河下游的额济那河断流，湖泊干枯、绿洲消失，引发了严重的生态问题。

水的另一大支出是人类生产、生活用水，主要是对地下水的开采。干旱区的地下水是比任何矿藏都要珍贵的资源。内蒙古有限的地下水是靠多年的积累所得。我们仅考虑短时期的利益，盲目地打井、开采地下水，如赤峰市元宝山为了开采煤矿，大量抽取地下水，已造成许多环境问题，实际上是得不偿失。内蒙古的大中城市大量开采地下水，用地下水灌溉引来的草坪和中生树木，城镇建设根本不考虑干旱区的水平衡，没有任何的节水设施，而让雨水顺着马路白白流走。在干旱区靠地下水维持农牧业生产也是不合算的，其所以能够进行，是由于多少年来环境成本无价，特别是人们已习惯于地下水白

用，政策上支持打井，并且还可得到奖励。

内蒙古较少的大气降水，大部分又返回天空。不同的地面，水分返回大气的程度差异很大，那么保护和改善地面状况，减少蒸发，就成了节水的另一重要方面。内蒙古的山地，特别是大兴安岭林区，由于降雨较多、气温偏低、植被繁茂，大量水分停留于森林和湿地，成为天然水库。干旱区林地的主要贡献不是木材，而是水。因为内蒙古 90%以上的地面水源来自山地林区。森林可将暴雨变为缓流，源源不断地补充河川和地下水。山地、森林、湿地若受到破坏，给周边广大地区将带来水灾或干旱缺水。

草原和荒漠地区降雨很少，由于土壤钙积层的存在，降水下渗受阻，又易于蒸发，当植被退化后，蒸发更加强烈。农作物大部分为中生植物，在自然条件下，特别在草原和荒漠地带，必须补充水分，以满足作物的需要和土壤蒸发的损失。另外在漫长的冬春，地面裸露，加上大风，土壤水分的蒸发加速进行。因此农田无疑是内蒙古耗水较大的人工植被。尤其是湿地、草原和林地开荒，更是短见之举。

水是干旱区的命脉，内蒙古占有的水资源还不足世界严重缺水线的一半。水资源成了内蒙古进一步发展的最大障碍，水也成了我国西部大开发应优先解决的问题。水生态必然成了干旱区生态学及其他领域的主攻方向。维持水的正常平衡，是我们一切工作必须遵守的原则，做到以水定厂、以水定牧、以水定农、以水定林，节约每滴水，牢记蒙古族牧民的一句真言：水是大地母亲的血液，是养育我们的乳汁。

3.4.4 湿地

（1）湿地现状与变化总体分析评价

内蒙古自治区地处欧亚大陆腹地，气候特征分异极为显著，年降雨量从东部的 450～500 mm，降到西部的 30～50 mm，而蒸发量却从东到西明显递增。多样的气候类型和复杂多样的地形地貌，发育形成了大面积类型多样的湿地。根据 1998 年全区生态环境遥感调查结果，内蒙古湿地面积达 1 197 万 hm^2 的湿地景观（包括河流和湖泊），占自治区总面积的 10%。其中，河流型湿地景观面积为 753 万 hm^2，河流景观面积为 40 万 hm^2；沼泽型湿地景观面积为 241 万 hm^2；湖泊型湿地景观面积为 204 万 hm^2；湖泊面积为 73 万 hm^2。见表 3-3-26。

表 3-3-26　内蒙古自治区湿地

指　标	截至 1986 年	截至 1999 年
湿地总面积/hm^2	894 142.67	11 970 000
天然湿地面积/hm^2	752 894.20	3 122 167.38*
天然湿地占土地总面积（%）	0.64	29
其中：湖泊个数（1km² 以上）	3 948（个）（＞0.1）	329*
湖泊面积	731 700	730 000
滩涂总面积	11 362 307 847	1 310 000
滩涂占土地总面积（%）	0.3*	1.11
人工湿地面积/hm^2	162 442.67	359 244.89*
人工湿地占土地总面积（%）	0.014	3.33
天然湿地围垦面积/hm^2	2 800*	3 000*

指　标	截至 1986 年	截至 1999 年
天然湿地面积减少率（%）		
湿地恢复面积/hm^2		

数据来源及时间：内蒙古生态环境现状调查报告（1999 年）；内蒙古农牧业资源区划数据汇编（1991 年）；（*）各盟市数据汇总（2000-12）。

填表人：刘沙滨　杜芳红　潘高娃　　负责人：阿荣

湿地是内蒙古生物多样性分布最集中的区域之一，许多国家级重点保护物种都分布在湿地。湿地特殊的环境是水禽和鱼类赖以生存的必要条件。另外，湿地还起到了涵养水源、蓄水、保水和雨季调节径流、减弱洪峰的作用。湿地也是重要的草牧场和牲畜水源地，湿地还是一些河流的水源区。湿地净化水质、调蓄水量的功能，对整个河流水系的水环境质量及河流中下游的流量都起着至关重要的作用，同时湿地处在水与陆地之间，对区域生态系统的稳定尤为重要。

湿地的分布不仅受经向和纬向等地带性因素的控制，而且还受降雨量的地区差异、区域地形和下垫面其他因素的制约。内蒙古的湿地由东部向西南形成了递减的基本规律，湿地的地区分布极不平衡。见表 3-3-27。

表 3-3-27　内蒙古自治区湿地景观生态类型统计表

景观编码	景　观　名　称	面积/hm^2	占湿地总面积（%）
01010000	河流型森林湿地景观	213 018.172	1.78
41020000	河流型灌丛湿地景观	1 329 238.285	11.10
41030000	河流型高草丛湿地景观	674 290.867	5.63
41040000	河流型草丛湿地景观	1 484 974.325	12.40
41060000	河流景观	402 902.267	3.36
41070000	河流型裸滩湿地景观	151 430.109	1.26
41080000	河流草丛与草丛沼泽湿地景观	1 502 648.241	12.55
41090000	河流灌丛与草丛沼泽湿地景观	1 610 502.314	13.45
41100000	河流型森林灌丛湿地景观	155 649.502	1.30
42010000	淡水湖泊景观	520 754.049	4.35
42020000	盐碱湖泊景观	212 870.672	1.78
42030000	湖滨灌丛湿地景观	62 519.928	0.52
42040000	湖滨高草丛湿地景观	191 907.493	1.60
42050000	湖滨草丛湿地景观	104 214.931	0.87
42060000	湖滨盐生灌丛湿地景观	194 682.861	1.63
42070000	湖滨盐生草丛湿地景观	262 916.985	2.20
42080000	湖滨裸滩湿地景观	163 374.205	1.36
42090000	湖滨碱滩湿地景观	325 995.372	2.72
43000000	沼泽型湿地景观	3 117.893	0.03
43010000	森林沼泽湿地景观	607.367	0.01
43020000	灌丛沼泽湿地景观	260 727.269	2.18
43030000	高草丛沼泽湿地景观	90 608.759	0.76
43040000	草丛沼泽湿地景观	328 468.293	2.74

景观编码	景 观 名 称	面积/hm^2	占湿地总面积（%）
43050000	湿草甸湿地景观	100 563.841	0.84
43060000	盐化湿草甸湿地景观	1 361 889.928	11.37
43070000	盐沼湿地景观	263 812.851	2.20
	合 计	11 973 686.779	100.00

从全区河流的分布也可看出内蒙古湿地分布的差异。内蒙古的河流分属嫩江、额尔古纳河、西辽河、滦河、海河和黄河水系。此外，境内还有若干条内流河水系。从地表水径流量看，全区各河流水系的地表径流总量为 376.88 亿 m^3（不包括黄河和额尔古纳河过境的河川径流量）。其中嫩江和额尔古纳河水系的径流量占 80.97%，其次为西辽河水系占 10.40%，而整个中西部区的河流径流量还不足 10%。位于内蒙古中西部干旱区的河套平原虽属贫水区，但有过境的黄河水资源，形成了内蒙古第三大湖泊乌梁素海及其周围大面积的湿地，同时这里还是全区地表水资源利用条件最佳的农灌区。

内蒙古东部的大兴安岭地区，属温带湿润区。这里地处高寒山地，蒸发量小，森林茂密，河流众多，水系密布，有嫩江水系和额尔古纳河水系等，是全区降雨量最高的地区。优越的自然条件，使这里成为全区湿地分布最集中、类型最多的地段，其中沼泽型湿地（特别是森林沼泽湿地和藓类沼泽湿地）、河流型湿地、湖泊型湿地、湿草甸型湿地等均有大面积的分布。

位于西辽河上游段的地区，地形多变，境内河流较多，有大面积的河流型湿地分布。而西辽河中下游段，地貌以科尔沁沙地和冲积平原占较大面积。故除局部有沙丘间低湿地外，由于地表水的下渗强烈，加上土壤条件较好的区域多已辟为农田，所以这一区域湿地的分布面积相对较少。

内蒙古北部的蒙古高原，属干旱和半干旱气候区。海拔相对较高，降雨量较低，蒸发量高，河流多为内流河，并且数量不多。分布在这一地带的湿地有河流型湿地、湖泊型湿地、沼泽型湿地、湿草甸型湿地、盐化湿草甸型湿地等。最突出的特点是湿地受季节变化的影响十分明显。

位于内蒙古西部的鄂尔多斯高原，降雨量较少，水分不足，加之其地貌及土壤等自然条件，限制了湿地的形成。仅在丘间谷地、沿河滩地、湖滩洼地及盐化低地等区域零星分布，并且湿地的类型较少，多为盐化湿草甸湿地和湖滨碱滩湿地。

内蒙古最西部的阿拉善属干旱和极端干旱区，降雨量少，蒸发量高，河流稀少，除有一条额吉纳河在其尾端可形成一片大面积湿地外，阿拉善的其他区域只是分布有一些盐沼湿地，而在沙漠中分布有较多的湖泊湿地。

（2）湿地变化成因与造成的不利影响和后果

随着人类对资源需求量的加大及开发能力的提高，湿地受威胁的程度也越来越大。在内蒙古许多地区湿地的不合理利用问题十分突出，致使全区湿地在不同程度上遭到了破坏。一些湿地已经丧失，许多重要湿地已失去了原有的功能。其中湖泊、河流的围垦对湿地的破坏性最大，直接受破坏的是湿地的土壤基底。特别是将水体与陆地之间连接的地带辟为农田，使原本为生物多样性最丰富、生物量最高的自然生态系统变为单一的农田。这虽然给局部区域带来了暂时的经济收入，但随之引发的环境问题以及带来的经济损失却是巨大的。由于湿地的丧失和功能的改变，由此引发了一系列的生态环境问题，这些问题已影响到自治区经济社会的持续发展，有些已带来了灾难性的后果。

1998 年，内蒙古东部的霍林河发生特大洪水，科右中旗各族人民付出了惨痛的代价，全旗受灾农田面积为 7 万 hm^2，草场 87 万 hm^2，破坏房屋 11 000 户，共造成经济损失 27 亿元。分析这场灾难发生的原因，除了由于多年来在上游过度砍伐森林外，更主要的原因是近 10 年来对湿地的开垦，农田挤占河道，河道变窄，大量湿地丧失。从 1997 年的卫星影像图上可清楚地看到，仅在兴安盟科右中旗境内的主河段，就被农田挤占成 5 段，其上游支流两岸的湿地绝大部分被开垦为农田，湿地的蓄水抗洪，阻滞洪峰的功能几乎全部丧失。而在下游科尔沁国家级自然保护区内，由于保留了大面积的湿地，这些湿地在此次洪水中发挥了强大的蓄水抗洪功能，使其下游的吉林省通榆县免受到更大的洪灾。

发源于大兴安岭中段岭西的辉河，流经内蒙古自治区鄂温克旗草原。在 1998 年内蒙古东部地区普降暴雨，绝大多数河流普遍发生洪水之时，虽然在该河的上源地段，森林植被也遭到了不同程度的破坏，但由于辉河两岸大面积湿地保存完好，湿地在这次洪水中发挥了强大的蓄水、错峰的抗洪功能，使位于该河下游河岸附近的旗政府所在地和相邻的海拉尔市免受了洪水带来的灾难。

近些年来在内蒙古西部连续发生的沙尘暴，究其原因，除了气候等自然要素外，主要是人类活动引起的生态环境恶化造成的。其中，在荒漠区湿地的破坏和丧失是一个主要原因。黑河下游的额济钠河是内蒙古荒漠区一条十分重要的河流，该河在内蒙古额济纳旗境内逐渐形成无尾河，发育形成了著名的东西居延海（两大湖泊）和大面积的湖滨湿地。在河流两岸形成了带状的胡杨和柳灌丛湿地。它们对调节局地气候、防风固沙以及当地居民的生产生活起到了非常重要的作用，是内蒙古西北部的重要生态屏障。但由于黑河上游的甘肃省张掖地区大力发展灌溉农业，过度利用水资源，造成黑河下游水量锐减，入境额济纳的水量从过去的十几亿立方米降到 2 亿 m^3，额济纳河几乎常年断流，东西居延海干枯，胡杨林死亡，周围生态环境急剧恶化，原来的绿洲成了今日沙尘暴的发源地。生活在这里的 2.5 万居民由此而沦为生态难民。

3.5 矿产资源开发、利用及其造成的生态破坏

3.5.1 *矿产资源资本情况*

内蒙古自治区地下蕴藏着丰富的矿产资源，到目前共发现矿种 133 种，探明一定储量的矿产 94 种；发现各类矿产地 4 100 余处，其中大型矿产地 362 处；有 65 种矿产的保有储量居全国前 10 位。探明储量的 94 种矿产，潜在经济价值 13.4 万亿元，居全国第三位。特别是煤炭资源极其丰富，探明储量 2 170 t，占全国已探明储量的 1/4 以上，且品质优良、种类齐全、易于开采。全区储量在 10 亿 t 以上的大煤田有 15 个，

国家“七五”期间新开采的五大露天煤矿，有 4 个在内蒙古境内。石油天然气的蕴藏量也十分可观，全区已探明 13 个大油田，世界级的大油气田陕甘宁油气田的主体就在内蒙古的鄂尔多斯盆地。内蒙古稀土资源得天独厚，誉满中外，已探明的稀土氧化物储量占全国的 90%，居世界第一位。此外，黑色金属、有色金属和贵重金属、建材原料和其他非金属以及化工原料等矿产资源，有相当部分在全国也名列前茅。据有关专家估算，全区矿产资源储量潜在价值（不含石油、天然气）达 13 亿元，居全国第三位，具有巨大的开发价值。

3.5.2 西部地区矿产资源开发情况

（1）总体开发利用情况

截至目前，内蒙古自治区已建成各类矿山企业 5 055 个，年开采矿石量 1.5 亿 t，从业人员逾 40 万，矿业的快速发展促进了全区经济的繁荣。

全区已开发利用的矿产有 55 种，其中能源矿产 2 种，金属矿产 11 种，非金属矿产 42 种。已开发利用的矿产地 409 处，占总产地数的 52%。

（2）典型区域开发利用情况

内蒙古的煤炭资源分布广泛又集中，分布于伊盟、锡盟和呼盟，该三盟的煤炭储量占全区煤炭储量的 86%以上。其中伊盟的东胜煤田、准格尔煤田和呼盟的希拉木伦煤矿、宝日西勒煤矿都已开发利用。

铁资源主要分布在包头市、乌盟、巴盟及锡盟等，包头市的白云鄂博矿等已开发利用。

3.5.3 矿产资源开发的生态破坏与危害情况

（1）总体破坏情况

内蒙古是资源开发型省区，矿业在国民经济中占有相当重要的地位。但内蒙古地处内陆，干旱少雨，植被稀疏，生态环境十分脆弱。据 1995 年全区矿区生态环境现状调查，40 个国有大中型矿区（山）共占地 4.448 万 hm^2，煤矿占地 3.6 万 hm^2，占用的土地类型主要是耕地、林地、草地等，其中占用草地 15 009.9 hm^2，林地 1 067.5 hm^2，耕地 3 277.7 hm^2。

矿产资源开发的生态破坏与危害主要体现在废石、尾矿产生量多，治理量少，赔款也较多。1995 年全区矿区生态环境现状调查的 40 个国有大中型矿区（山）共产生废石 61 423.2 万 t，而治理量仅为 341.8 t，赔款达 299.0 万元；尾矿产生量为 1326.9 万 t，治理量为 142.2 万 t，赔款 59 万元。石墨矿产生选矿废水 1 500 t，赔款 2.8 万元。

次生地质灾害在内蒙古矿山企业开发过程中主要表现在水土流失严重，土壤沙化面积不断增大。1995 年全区矿区生态环境现状调查的 40 个国有大中型矿区（山）的水土流失面积达 3 154.4 hm^2，土壤沙化面积为 699.6 hm^2。工矿开发造成的生态破坏和恢复状况见表 3-3-28。

（2）典型区域破坏与危害情况

内蒙古准格尔矿区，一期工程增加侵蚀量 2 300 万 t/a，输沙量 1 300 万 t/a；二期工程增加侵蚀量 6 300 万 t/a，输沙量 1 600 万 t/a，水土流失面积涉及全矿区。乌盟察右中旗金盆乡历年采金破坏农田 835.8 hm^2，占全乡耕地面积的 1/3，生态环境严重恶化。二连油田等在开发过程中，勘探的炮台和落地油不能及时回收，钻机搬运和石油运输对草场碾压，破坏了植被，加剧了土地沙漠化。

表 3-3-28　内蒙古自治区工矿开发造成的生态破坏和恢复状况

指　标	截至 1986 年*	截至 1999 年
矿山企业类型	粘土、片石、砂、金、铜、铁、铅锌矿、磁铁矿、石灰石、煤、石墨、高岭土、石膏、砂、稀土、其他非金属矿等*	煤（1 722 个）、石油（2 个）、地热（1 个）、铁矿（122 个）、锰（2 个）、络铁（2 个）、铜（21 个）、铅（25 个）、锌（19 个）、钼（11 个）、钨（3 个）、锡（4 个）、沙金（4 个）、岩金（90 个）银（6 个）、脉石英（20 个）、萤石（46 个）、石灰石（2 个）、白云岩（20 个）、沙岩（15 个）、耐火岩（8 个）硫铁矿（4 个）、芒硝（22 个）、天然碱（40 个）、制碱灰岩（50 个）、泥碳湖岩（13 个）、天然卤水（1 个）、矿泉水（23 个）、石墨（14 个）、滑石（16 个）、云母（1 个）、石膏（21 个）
矿山企业数量	1 827*	4 342
矿产开发历年破坏土地总面积/hm^2	153 988.6*	179 124.59
其中：林地/hm^2	57 247.1*	62 976.01*
草地/hm^2	73 673.8*	83 904.34*
耕地/hm^2	11 254.5*	12 634.42*
其他类型/hm^2	11 093*	19 609.82*
矿产开发造成土壤污染面积/hm^2	7 027.7*	10 204.59*
矿产开发破坏土地恢复面积/hm^2	3 448.2*	112.28
矿产开发污染土地治理面积/hm^2	4 066.8*	16.91
矿产资源开发生态重建率（%）	4.88	0.07
工程建设造成的生态破坏面积/hm^2	130 078.3*	158 516.5*
其中：交通建设造成的生态破坏面积/hm^2	43 749.5*	57 541.9*
水利、水电工程造成的生态破坏面积/hm^2	76 458.6*	88 346.8*
石油勘探开发造成的生态破坏面积/hm^2	2 200*	4 953*
其他工程建设造成的生态破坏面积/hm^2	7 530.2*	7 554.1*

数据来源及时间：*各盟市汇总，(2000-12)；内蒙古国土资源厅。

填表人：乌日娜　负责人：张自学

3.5.4 矿产资源开发的治理情况

（1）总体治理情况

根据《国务院关于整顿矿业秩序维护国家对矿产资源所有权的通知》（国发[1995]33 号）精神，从 1996 年开始，全区利用近 4 年的时间，对矿业秩序进行了全面的清理整顿，一大批资源浪费、污染严重的小采矿企业被勒令关闭，全区基本建立了正常的矿产勘察开发秩序，实现了矿产资源的持证有序开发。经过 4 年大规模的矿业秩序治理整顿，全区共取缔非法采矿企业 3 000 余处，封停矿井 2 000 余个。国有矿山、三资矿山企业采矿许可证持证率达到了 100%，全部矿山持证率达 99.5%，勘察许可证持证率达 100%。全区先后查处违反环保规定的各类矿山开发案件 1 000 余起，使矿山企业的环保意识明显加强，矿区的生态环境有了明显改观，涌现出一批注重环保的矿山企业。

1995 年全区矿区生态环境现状调查的 40 个国有大中型矿区（山）重建总面积为 4 051.8 hm^2，是占地总面积的 9.11%，其中煤矿重建 2 886.8 hm^2，铅锌矿重建 1 165 hm^2，其他矿区基本未进行生态重建。

矿山废石治理量仅为 341.8 t，治理率为 0.56%；尾矿治理量仅为 142.2 t；矿坑水产生量 113 663.6 万 t，治理量 7 349.3 万 t，治理率 6.47%；选洗矿水产生量为 9 182.7 万 t，治理量 4 442.6 万 t，治理率为 48.38%；石墨矿产生选矿废水未治理。

次生地质灾害治理总投资 853.5 万元，崩塌治理投资 4.8 万元。

（2）典型区域治理情况

通辽市大林型沙矿将采矿空地和废水用于发展种植业和养殖业，收到了很好的环保效益和经济效益。目前该矿山企业已在原来的采空区造林 533.33 hm^2，林业每年为企业增加产值 300 万元，昔日满眼黄沙的采空区已全部掩映在翠绿之中。

内蒙古准格尔煤田建设项目一期工程是国家“八五”重点建设项目，是集煤、电、路一体的大型煤炭建设项目，总投资 92 亿元。过去，矿区植被稀少，沟壑纵横，土地贫瘠，风沙弥漫。项目开工后，建设者制定了环境保护总体规划和部署，投资 2.5 亿元建设环保工程。公司各直属单位先后成立了绿化队，负责矿区、厂区、中心区、公路、铁路两侧的绿化工作，经过近 9 年的努力，中心区形成防护林、经济林、风景林综合体系，乔、灌、草立体结构，数万株树木，近万延长米的绿篱，约 6.67 hm^2 草坪，约 10 hm^2 苗圃组成的“三季有花，四季常清”的绿色公园，绿化面积超过 80%；发电厂厂区绿化约 4 hm^2，灰场绿化面积约 133.33 hm^2，占应绿化面积的 100%；建成矿区道路防护林带 7 288 m；排土场复垦种植率达 15.43%，是我国平均复垦水平（2%）的 7 倍多，绿化系数是设计方案的 6 倍多。

在煤炭及水土资源开发过程中，准煤公司严格执行环境影响评价和“三同时”制度，先后投资 5 650 万元建成全国煤炭系统一流的污水处理厂，日处理污水能力达 12 500 t；建成一座日生产能力 50 300 m^3 的煤气厂，使 4 000 余户家庭彻底告别了煤烟炉、煤烟灶，利用发电厂余热供暖、供浴，实现供暖、供浴、供气“三集中”。

1998 年，准煤公司以特有的环保成绩，被评为全国环保先进企业。

3.6 农村生态环境

3.6.1 农药、化肥与农膜使用情况及危害

（1）农药

近年来，内蒙古自治区农作物播种面积每年均在 608 万 hm^2 左右（数据来源于农业部门），种植农作物品种繁多，病、虫、鼠害频繁发生。据 1999 年统计，受灾面积在 40.14

万 hm^2 以上，防治面积在 38 万 hm^2 以上，农药折纯施用量在 350t 以上。

内蒙古农业区地处温带干旱半干旱区，种植农作物为一季一熟，施用农药数量水平与农业发达省市相比还算偏低。因此，农区环境和大多数农产品基本上没有受到农药的污染，但是少数农田由于不能安全合理的施用农药，造成人畜中毒事件和农产品中农药残留量超标的事情常有发生。据 2000 年 9 月对呼市、包头市地区种植的玉米、高粱、大宗蔬菜农作物抽样检测，粮食作物未发现农药残留超标，蔬菜农药残留超标率在 7%左右。其中黄瓜和叶菜类蔬菜超标现象比较突出，其原因是这些蔬菜在生长期虫害发生种类多，危害比较严重，从苗期到收获期间，需施用 2～4 次农药，才能最低限度地减轻其危害。另外有些禁止在蔬菜上施用的农药种类，如有些有机磷农药，由于市场价格低，杀虫效果好，有些菜农受利益趋使，滥用农药导致有些蔬菜农药残留超标。见表 3-3-29、表 3-3-30。

表 3-3-29　内蒙古自治区 20 世纪主要农药品种及施用量　　单位：kg/hm^2

主要农药品种	80 年代末施用量	90 年代末施用量		备　注
一六〇五	2.25	3		
50%一六〇五 EC		15.8		
3911	3.25	4.45		
50%3911 EC		14.6		
2.4-D 丁酯	6.15	7.025	0.029*	
72%2.4-DJ 酯	0.6	6.9		
40%乙磷铝	6.7	8.6		
40%拌种双	0.4	0.4		
40%氯化乐果	0.8	1.2		
5%来福灵	0.4	0.4		
50%多菌灵 WP		24.5		
50%乐福灵		0.4		
50%甲胺磷乳油		0.75		
50%敌敌畏	1.2	0.6		
70%代砷锰锌	6.7	79.2		保护地蔬菜占 70%左右
代砷锰锌	6	20.3		
72%克螨特	0.2	0.2		
DDT	15	0		
D-M 合剂	1.8	1.2		
丁草胺	7.5	11.3		
二草胺	0	2.25		
三环唑		0.225		
五氯硝基苯	10	0		
六六六	23.5	0		
东黑	1.3	1.5		
乐果	13.69	16.27	0.3*	
乐果乳油	3	3		
氯化乐果		1.95		
40%乐果	0.6	0.7		

主要农药品种	80 年代末施用量	90 年代末施用量		备　注
40%氧化乐果		19		
功夫或来福灵	0.375	0.45	0.000 09*	
2.5%功夫	0.4	0.8		
对硫磷	0.75	1.5		
甲托	0.6	0.75		
60%甲拌磷	2.6	6		
甲拌磷	8	7.5		
甲基一六〇五	0.4	0.4		
甲基异柳磷	0.5	1.5		
20%甲基乙柳磷	3.1	3.5		
40%甲基异柳磷	6.8	13.4		
甲铵磷	18.14	21.27	0.375*	
多菌灵	5	13.86	0.03*	
25%多菌灵	2	4		
杀虫剂	1.19	1.68		
杀菌剂	4	5.4		
75%百菌清 WP		21		保护地蔬菜用
百菌清	1.4	2.475	0.085*	
快杀稗	0	1		
杜邦巨星		0.15		
芬酯类农药	0.75	1.125		
豆黄隆		0.015		
辛硫磷	2.3	3.925		
拌种剂	0.75	0.75	4.2*	
46%拌种霜	0.3	0.3		
拌种霜	0.825	2.395		
除草剂	3.75	6.15		
除草醚	8	7.5		
拿捕净		2.46	0.2*	
敌百虫	16.15	20.7	0.001 2*	
80%敌百虫	1.8	2.3		
敌克松	0	5.25		
敌敌畏	8.55	13.4	0.006*	
80%敌敌畏	1.7	31.8		
爱福丁		0.45		
病毒 A	0	3		
菊酯类	0.75	17.2		
普施特		0.09		
瑞毒霉	0.525	0.75		
乙草胺			5*	

主要农药品种	80 年代末施用量	90 年代末施用量		备　注
氯戊菊酯			0.000 045*	
溴氰菊酯			0.000 075*	
精禾草克		1.5		
其他	11.5	13.75		

数据来源及时间：各盟市数据汇总（2000-12）；（*）内蒙古绿色食品统计资料 2（2000-07）。

注：包头、乌海、兴安盟、锡盟无 20 世纪 80 年代末数据，阿盟 80 年代、90 年代数据均无。

填表人：乌日娜　樊彩霞　潘高娃　　负责人：张自学、顾延强

表 3-3-30　内蒙古自治区农药使用及污染情况

指　标	截至 1986 年	截至 1999 年	备注
年均农药施用总量/（kg/a）	3 150 700*	4 000 000	
单位面积平均施量/（kg/hm^2）	11.233*	0.68	
施用农药面积占全部耕地面积的比例（%）	24.17*	70	
重大污染事故次数/次			1980—1989，1990—1999
重大污染事故污染面积/hm^2			1980—1989，1990—1999
重大污染事故造成的经济损失/万元			1980—1989，1990—1999
重点县（区、市）	达旗、杭锦旗*	达旗、杭锦旗、前旗、扎旗*	

数据来源及时间：内蒙古绿色食品统计资料（2000-07）；（*）各盟市汇总（2000-12）。

填表人：樊彩霞 、乌日娜、潘高娃　　负责人：顾延强、阿荣

（2）化肥

近年来，全区农用化肥施用量有逐年加大的趋势，据 1999 年统计全区化肥折纯施用量为 176 万 t，每年平均施用化肥折纯量在 289kg / hm^2 左右。实际上农用化肥每亩施用量很不均匀，由于自治区地域辽阔，农业生产条件差异大，化肥主要集中施用在生产能力强的高产农田上，农田长期大量施用化肥，农用化肥施用主要品种为氮肥，流失的氮素渗漏到地下，造成地下水硝酸盐含量增加，并导致农畜产品中硝酸盐含量增加。据对部分地区农田地下水和农产品中硝酸盐含量检测，已超出其自然本底值 4 倍以上。并有继续上升的趋势。见表 3-3-31、表 3-3-32。

表 3-3-31　内蒙古自治区 20 世纪主要化肥品种和施用量　　单位：kg/hm^2

主要化肥品种	80 年代末施用量	90 年代末施用量	备　注
磷酸二铵*		194.8	
尿　素*		115.4	
磷　铵*		126.7	
复合肥	253.51	332.89	
钾肥	115.62	185.04	
氮肥	615.61	836.1	
磷肥	172.39	483.43	

数据来源及时间：（*）内蒙古绿色食品统计资料（2000-07）；各盟市汇总数据（2000-12）。

填表人：樊彩霞　乌日娜　潘高娃　　负责人：顾延强　张自学

注：盟市汇总中呼盟兴安盟无 1986 年数据。

表 3-3-32　内蒙古自治区化肥使用情况

指　标	截至 1986 年*	截至 1999 年
年均化肥施用总量/（kg/a）（折纯）	282 248 112	2 900 000 000
单位面积平均施量/（kg/hm^2）（折纯）	734.281 25	300
施用化肥面积占全部耕地面积的比例（%）	31.12	90
重点县（区、市）	土旗、托县、赛汗区、达旗、杭锦旗、乌盟的各旗县	巴盟

数据来源及时间：内蒙古绿色食品统计资料（2000-07）；（*）盟农业局。

填表人：张国春　樊彩霞　潘高娃　　负责人：韩继明　顾延强

（3）农膜

近年来，全区农膜施用量逐年加大。其中约 90%为农用地膜，其余为大棚农膜，据不完全统计目前全区农膜覆膜面积在 60 万 hm^2 左右，占播种面积约 10%左右，其中地膜用量 2.7 万 t 左右（每公顷覆膜约 45 kg），覆膜面积比较大的盟市主要有巴盟、包头市、呼市、通辽市、赤峰市。据调查，巴盟地区农田、土壤中废膜残留为 16 kg/hm^2 左右，这些残膜碎片都以卷曲和折叠状态分布在农田耕作层内。覆膜农田每年约有 12%残留碎片埋入农田土壤中，还约有 15%的地表残留农膜随风飘落在农田周围。据内蒙古农业能源环保站调查，试验结果农田土壤耕作层中残留地膜每公顷在 100 kg 左右时，对农作物生长发育及其产量无明显危害作用。其主要原因是农作物主要根系生长时均能穿透土壤中残留地膜，在自然状况下农田土壤中地膜残留量再多，也不会造成农作物减产 15%以上。但是农田地表农膜残留量较多，对周围环境卫生状况会造成明显的损害，主要原因是废农膜表面沾满了灰尘和杂菌，其中不少是人畜的病原菌，这些废膜飘落在人畜饮用水井、水池中，影响了水的清洁，对人畜健康有不良影响。农膜污染情况见表 3-3-33。

表 3-3-33　农膜污染情况

指　标	截至 1986 年*	截至 1999 年
农膜使用面积/hm^2	5 748.9	723 000
平均使用量/（kg/hm^2）	221.7	57
使用面积占全部耕地面积的比例（%）	1.95	12.4
平均残留率（%）	4.2～100	75
重点县（区、市）	托县、土左旗、赛汗区、达旗、杭锦旗	托县、土左旗、赛汗区、达旗、杭锦旗、兴安盟的前旗和扎旗*

数据来源及时间：内蒙古绿色食品统计资料（2000-07）；（*）各盟市汇总（2000-12）。

填表人：樊彩霞　乌日娜　潘高娃　　负责人：顾延强　张自学

农田和农田周围环境中的残留农膜对牲畜的危害主要表现在冬天和早春季节，可能与牲畜饥饿和体内缺乏什么需要的物质引起偏食有关。在这个季节，常有牲畜误食废农膜，引起胃中不消化，造成胃堵塞，导致食量养活和停食，最后牲畜瘦弱死亡，从发病到死亡在 15 天左右。据查每个乡村每年都曾发生这样的牲畜死亡事故。通过调查，农业环境中的废膜对牛、羊、马等牲畜造成一定程度的危害。

3.6.2 秸秆焚烧与利用情况

1999 年全区粮食油料作物总产量达 15 293 567 t，粮秸比按 1∶1 计算，全区秸秆产量达 15 293 567 t。其中生活用能占 50%左右；秸秆还田占 30%左右，用于饲料占 25%，工业原料占 20%左右，丢弃或焚烧占 20%。见表 3-3-34。

由于秸秆焚烧对农村环境造成一定的污染，火灾等事件时有发生，一些地区交通受到一定的影响。最近两年加大了对秸秆综合利用的管理，严禁秸秆焚烧，收到了一定的效果。

表 3-3-34　内蒙古自治区秸秆利用及畜禽养殖环境污染情况

指标名称	截至 1986 年	截至 1999 年
秸秆综合利用率（%）	41.66	50.50
秸秆主要利用方式	燃料、饲料、过腹还田	燃料、饲料、工业原料、肥料通用、建筑、过腹及直接还田
大型养殖场畜禽粪便年产生量/t	491 159	8 088 704.4
大型养殖场畜禽粪便处理率（%）	67.08	83.84
大型养殖场畜禽粪便污染面积/hm^2	12.8	44
重点县（区、市）	土左旗、托县、赛汗区、和林县	土左旗、托县、赛汗区、和林县、阿左旗、扎兰屯、阿荣旗、莫旗、亚克石市、海拉尔、兴安盟前旗、扎赉特旗、科右中旗

数据来源及时间：各盟市汇总（2000-12）。

填表人：乌日娜　　负责人：张自学

3.6.3 西部地区有机食品现状与发展趋势分析

（1）有机食品现状

内蒙古自治区地域广阔，天然和待开发的有机（天然）产品资源非常丰富。目前，经过国家环保总局有机食品发展中心内蒙古分中心的努力工作，在内蒙古已开发了部分有机食品，有的产品已经出口，为企业带来了非常丰厚的经济效益。随着我国改革开放步伐的加快和社会主义市场经济的发展，国内消费者会逐步认识到有机食品的优越性。因此，充分发挥内蒙古得天独厚的自然优势，发展内蒙古的有机（天然）食品事业，促进内蒙古更进一步深化改革和开放，已是必然趋势。内蒙古有机食品主要开展工作如下：

① 开展有机食品的宣传工作。

利用新闻媒体广泛宣传有机食品知识，先后在内蒙古经济电视台、内蒙古电视台、内蒙古日报周末版、内蒙古日报、内蒙古环境保护信息和内蒙古环境保护杂志等新闻媒体上发布信息，全面介绍了有机食品方面的知识和开发有机食品的意义，在社会上引起了一定程度的反响，使社会对有机食品知识和发展有机食品事业有了部分了解。

印发《中国有机食品》宣传小册子 1 000 份，向社会各有关单位寄发，受到了有关单位的重视。

在中央电视台拍摄“有机农业与有机食品”科技宣传片，在全国范围内宣传有机食品。

② 内蒙古有机食品的开发工作。

确定我国最大的肉食品生产基地——锡林郭勒大草原生产的牛、羊肉为有机畜牧业生产基地。

对内蒙古较丰富的荞麦进行了广泛的调查工作，并确定固阳县的荞麦为工作重点，经过认真审查，完成了对固阳县“有机荞麦”的开发工作，固阳县的“有机荞麦”已经出口日本。

开发了国家级自然保护区达里湖的鱼产品为有机水产品生产基地。

确定内蒙古土生金技术有限公司生产的白瓜子和葵花子为出口创汇生产基地，其产品已销往全国各地和港澳地区。绿色食品及有机食品基地建设情况见表3-3-35。

表3-3-35 绿色食品及有机食品基地建设

基地名称	主要品种	基地面积/hm²	年产量/t	年销售额/万元
绿色食品畜禽养殖基地*	牛、羊	182 600	300 000	163 000
农产品绿色食品基地*	大米、色拉油、乳制品、雪花粉、杂粮等	148 000	201 400	
武川县燕麦基地	华北2#燕麦	66.67	90	10
南天门林场	沙棘果	200		
菲达罐头厂	番茄酱	330	3 000	613
有机水稻基地	大　米	30	225	30
赤波集团	杏仁乳	46 353	1 158	6 021.6
赤波集团	沙棘饮品	39 616	1 208	6 629.6
杂粮基地	荞麦、豆类	24 975	92 500	29 500
山杏基地	山杏基地	56 000	29 670	9 986
野生食用基地	山野菜	25 000	230	40
绿色食品荞麦	荞麦米	13.32	2 000	
绿色食品水稻	大米	100.1	60 000	
绿色食品红干椒	红干椒	40	12 000	
绿色食品绿豆	绿豆	26.7	2 000	
绿色食品饲料玉米	牛肉、奶粉	13.3	牛肉1 540 奶粉3 000	
莫旗、大杨树农场局绿色食品基地	大豆及其系列产品	A级：800 AA级：200	大豆油：9 000 豆粕：50 000 腐竹：200 豆粉：800	
万佳公司	水稻 大豆	400	1 000	180
万乐公司	水稻	133	1 000	130
乌市乳品公司	玉米	333	2 500	200
前旗酒厂	高粱	1 333	7 000	610
上原园农场	绿豆	133	200	40

数据来源及时间：各盟市数据汇总（2000-12）；*内蒙古绿色食品统计资料2000年7月。

填表人：樊彩霞　乌日娜　潘高娃　　负责人：顾延强　张自学

③ 有机食品的颁证与审查。

内蒙古分中心已有 3 名同志获得《中国有机食品颁证检查员证书》，为今后开展有机食品打下了基础。

A．固阳县的有机小麦1994年获得了OCIA的颁证，产品出口日本。

B．白旗的有机牛羊肉1998年获得了OFDC颁证，产品在北京畅销。

C．固阳县的有机荞麦1998年、1999年、2000年获得了OFDC的颁证，产品出口日本。

D．武川县的有机小麦1999年获得了OFDC的颁证，产品出口日本。

E．达里湖的有机鱼1999年获得了OFDC颁证，产品在北京、沈阳畅销。

F．土右旗的有机白瓜子、葵花子1999年获得了OFDC颁证，产品在广州、香港畅销。

此外，内蒙古其他地区的山杏、白瓜子、葵花子、红小豆等也获得了不同颁证组织的颁证，产品出口世界各国。

④ 有机食品机构建设。

为了加强对有机食品事业发展的领导工作，1998年国家环保总局有机食品发展中心内蒙古分中心成立，并在区内成立了赤峰市有机食品发展办公室、多伦县有机食品开发办公室、商都县有机食品开发办公室、翁牛特旗有机食品开发办公室、集宁市有机食品发展办公室、呼盟有机食品发展办公室，为开发全区有机食品工作打下了基础。

（2）有机食品的开发策略和发展趋势

① 有机食品的开发策略：

A．摸清内蒙古有机（天然）食品资源，研究制定开发战略规划。

B．选择基础好的有机（天然）食品先开发。

C．选择基础好、容易变成有机（天然）食品的加工厂和产品进行深加工，开发系列产品，如牛羊肉、小麦、大豆、荞麦、大米、荞麦啤酒等。

D．国际、国内市场同时开发。外贸部门应尽可能与国际有机食品贸易机构建立关系，以国际市场促进国内市场，国内市场推动国际市场发展，如包头市粮杂品进出口公司，产品已出口日本，并与日方有机食品机构建立了联系。

E．积极组织对现有有机（天然）食品的检测、审查和颁证工作。

F．加强国际和国内的信息交流工作，积极参加有机食品的研讨会和贸易博览会。

G．实施高新科学技术发展农业与保护环境战略，变资源优势为经济优势。

② 西部大开发与内蒙古有机食品发展趋势：

西部大开发的核心任务是生态建设，有机农业是一种可持续发展的生产体系，它符合农业生产过程的环保清洁生产原理，其生产的食品是真正的纯天然食品。随着全球经济一体化进程的加快，我国农副特产品的污染问题正在成为制约农业国际化发展战略实施的最主要技术性障碍。

内蒙古的草场占全国草原面积的27%，野生植物如甘草、麻黄、黄芪、发菜、蕨菜、锁阳、苁蓉、霸王等产品丰富。在内蒙古的东部地区土质肥沃，后山高平原寒冷干旱，大部分地区沿用传统的耕作方式，很少使用或不用农药化肥，具有开发有机生态产品的先天条件；而另一方面，一些地区草场沙化、土壤退化，由于长期使用农药化肥，环境和农产品受到污染，急需改善生态和产品品质。

据资料，有机生态产品成本比常规产业成本减少 40%，有机生态食品销售价格比同类普通食品销售价格高20%～30%（美国）或30%～50%（西欧）。内蒙古有机小麦、有机荞麦出口比普通价格提高 50%，有机大豆出口比普通大豆出口价格提高 1 倍。内蒙古众多农牧业有机生态产品因为没有开发为有机生态产品，仅作为普通农牧业产品（食品）在国内、国外市场销售，影响了其经济价值的发挥。为了振兴内蒙古的经济，改善和提高农村生态环境质量，使农牧业生产者得到高收入，变资源优势为经济优势，实施科技扶贫战略，促进内蒙古经济腾飞，开发内蒙古的有机生态产品是刻不容缓的工作。因此，通过制定内蒙古有机生态产品的开发规划，研究有机生态产品开发的技术与产业化方法技术，研究建立有机生态产品发展和示范基地的可行性方法，提高内蒙古农副产品在国际、国内市场的竞争能力的途径，以及改善生态环境质量、防止农村牧区环境污染的措施，使其面向国内、国际市场，提高产品的资源价值，使内蒙古的农牧业和生态环境走向持续发展的道路。

3.6.4 农村能源结构现状与发展趋势

“九五”期末，全区生活和生产耗能约 1 200 万 t 标煤，人均能耗达 0.8t 标煤。其中生活耗能占总能耗的 80%左右，约 960 万 t 标煤；生产耗能占总能耗的 20%左右，约 240 万 t 标煤。在生活耗能中生物质能（秸秆、薪柴、粪便）占总能耗的 62%，商品能源（煤炭、电力、成品油）和新能源（风能、太阳能利用、沼气）占 38%左右。生产耗能中商品能源约占总能耗的 98%，生物质能占 2%左右。见表 3-3-36。

表 3-3-36 农村能源结构

指标名称	截至 1986 年	截至 1999 年
生产用能与生活用能的比例（%）	38∶62*	25
生物质能与商品能源的比例（%）	58∶42*	143.9
薪柴、秸秆在生活用能中的比例（%）	5～99*	233.3
可再生能源（风能、太阳能）占农村能源的比例（%）	0.025～60*	0.024～80*

数据来源及时间．内蒙古绿色食品统计资料（2000-07）；（*）各盟市汇总数据（2000-12）。

填表人：樊彩霞　乌日娜　潘高娃　　负责人：顾延强　张自学

随着经济水平的提高和商品能源供应的增加，新能源开发利用技术的逐步扩大（如风能、太阳能、秸秆汽化、大中型能环工程）等，农村能源总耗能将有所增加，结构有较大变化。

按规划到 2015 年，全区生活和生产总能耗人均达 1.0 t 标煤，总能耗达 1 500 万 t 标煤，其中生活耗能占 65%，生产耗能占 35%。生活耗能中生物质能占 50%左右，商品能源及新能源占 50%左右。生产能耗电 100%为商品能源。

3.7 生态灾害

3.7.1 洪涝灾害

内蒙古自治区大部分地区地处干旱半干旱地区，降水主要集中在 7—9 月份，若降水量超过常年的 1 倍以上，或者其中的 1 个月降水量超过常年的 3 倍以上，就会出现局部洪涝灾害。

内蒙古地区从 1961—1970 年的 10 年资料看，春涝有 1964 年、1967 年和 1968 年，其中 1964 年夏季连涝。1998 年的特大洪涝灾害是内蒙古新中国成立以来发生的强度最大、影响范围最广的一次灾害，涉及内蒙古东部 4 个盟市，成灾面积 1.3 万 km^2。

新中国成立以来分年代洪涝灾害发生频率，20 世纪 50 年代为 3 次，60 年代为 1 次，70 年代、80 年代、90 年代为 2 次。从 1950—1999 年《中国灾情报告》内蒙古历年洪涝灾害成灾面积（见表 3-3-37）累计 7.82 万 km^2。内蒙古洪涝发生的特点是，沿河低洼地水涝成灾，其他大部分地区是丰收。

表 3-3-37 内蒙古自治区 20 世纪干旱、洪涝灾害情况统计表

年代	旱灾频率/次	洪涝频率/次	白灾频率/次
50 年代	5	3	1
60 年代	7	1	1
70 年代	7	2	1
80 年代	6	2	2
90 年代	6	2	1

数据来源及时间：《内蒙古自治区水旱灾害史》，内蒙民政厅。填表人：张志明

内蒙古地处季风环流过渡带，降水时空分布不均，大部分地区降水量小于 300 mm，水资源匮乏，全区地表水资源总量 370.92 亿 m^3。

内蒙古地区外流河有黑龙江水系的额尔古纳河和嫩江、黄河水系、西辽河水系等。

黑龙江水系在内蒙古有额尔古纳河、嫩江两大干流，额尔古纳河是中苏界河，上游是海拉尔河，全长 1 608 km，常年有水流，从历史统计资料来看没有河水断流记录。

黄河在内蒙古境内干流长度为 830 km，常年有水流，从历史统计资料来看没有河水断流记录。

3.7.2 河流断流

西辽河水系主要有老哈河、西拉木伦河、乌力吉木仁河等。老哈河兴隆坡水文站从 1952 年到 1999 年水文资料记载中无河流断流记录。西拉木伦河通辽水文站从 1951—1999 年水文资料记载中，除 1952 年、1953 年、1964 年与 1989 年外均有河流断流记录。其中 20 世纪 50 年代断流 529 天，60 年代断流 1 827 天，70 年代断流 2 928 天，80 年代断流 2 148 天，进入 90 年代断流 988 天，断流河段长度均为 85km，90 年代断流时间短的原因主要是上游兴建控制性水利枢纽工程。乌力吉木仁河扎鲁特旗梅林庙站从 1958—1999 年水文资料记载中，无断流的年份有 24 年，断流 1～10 天的年份有 11 年，断流 11～30 天的年份有 12 年，断流 30 天以上的年份有 5 年，断流河段长度均为 35 km。

其他多为内陆河，河流断流情况见附表。

3.7.3 旱灾

干旱是内蒙古主要生态灾害。内蒙古大兴安岭以西地区均属于干旱与半干旱区，其面积占 60%以上。从近百年历史资料来看，3 年有 2 年旱，7 年有 1 年大旱，并且干旱

持续时间长，干旱1年的大约占干旱年数54%，连旱2年的大约占20%～39%，连旱3年的约占10%～20%，在最近的30年，共发生6个春旱年、10个夏旱年、9个秋旱年，几乎每年都有不同程度的干旱发生。新中国成立以来分年代旱灾发生频率20世纪50年代为5次，60年代、70年代各为7次，80年代、90年代各为6次。历年干旱成灾面积累计达到48.6万km^2，其中最干旱的1951年干旱成灾面积达到7.8万km^2，最小的1979年干旱成灾面积为240 km^2。干旱给内蒙古地区脆弱的生态系统造成了严重的灾难。干旱及洪涝灾害情况见表3-3-37。

3.7.4 沙尘暴

内蒙古中西部地区生态环境极其脆弱，是沙尘暴频发地区。1993—2000年，内蒙古中西部地区连续7年26次发生沙尘暴，仅1998年就发生6次，2000年发生12次，2000年3月26日的沙尘暴阿拉善盟府巴彦浩特最大风速达10 m/s，空气含尘量高达74.89 mg/m^3，是该地历年来年日均值的764倍。据估算，历次沙尘暴直接、间接经济损失达27亿多元，其中1998年5月20日发生的沙尘暴所造成的经济损失就达2 499万元，许多地区已失去生存条件，2.5万人沦为生态难民，远徙他乡，17万人的生存受到威胁。横贯东西800 km的113.33万hm^2梭梭林仅剩下20万hm^2，额济纳绿洲正以每年1 333.33 hm^2的速度锐减。阿拉善腹地和草场植被相对较好的贺兰山一带，沙尘暴也呈愈演愈烈之势。沙尘暴不仅对内蒙古地区造成严重影响，还波及周边地区。见表3-3-38。

表3-3-38　内蒙古自治区沙尘暴情况统计表

年份	次数	天数	地点	影响范围/km^2	能见度/m	最大风速/（m/s）
1950	10	10	阿左旗	80 000	200	22.3
1951	43	71	赤峰市、通辽市、阿左旗	450 042.44	200～500	18.3
1952	43	56	赤峰市、通辽市、包头市、阿左旗	710 188.2	200～500	19.7
1953	105	201	赤峰市、通辽市、包头市、巴盟、阿左旗	1 000 334	100～1 000	25
1954	135	296	赤峰市、通辽市、包头市、巴盟、阿左旗	1 260 479.7	200～1 000	35.7
1955			赤峰市、通辽市、包头市、巴盟、阿左旗	1 550 625.5	200～1 000	32
1956	25	81	赤峰市、通辽市、包头市、阿左旗头道湖外、额济纳旗地区	1 800 771.2	40～1 000	35
1957	68	181	赤峰市、通辽市、包头市、巴盟、阿左旗、额济纳旗地区	2 010 917	200～1 000	31
1958	145	311	赤峰市、通辽市、包头市、巴盟、阿右旗额镇、阿左旗、额济纳旗地区	2 221 062.8	100～1 000	27
1959	250	422	赤峰市、通辽市、包头市、巴盟、阿右旗额镇、阿左旗、额济纳旗地区	2 431 208.5	200～1 000	28
1960			赤峰市、通辽市、包头市、巴盟乌海市海勃湾地区、兴安盟大部、阿右旗额镇、阿左旗、额济纳旗地	2 774 538.3	100～1 000	23.7
1961	114	144	赤峰市、通辽市、包头市、巴盟乌海市海勃湾地区、兴安盟扎旗、伊盟、阿右旗额镇、阿左旗、额济纳旗地	3 083 868	100～1 000	33.3

年份	次数	天数	地 点	影响范围/km²	能见度/m	最大风速/（m/s）
1962	251	323	赤峰市、通辽市、包头市、巴盟、乌海市海勃湾地区、兴安盟大部、伊盟、阿右旗额镇、阿左旗、额济纳旗地	3 422 197.8	200～1 000	105.7
1963	328	428	赤峰市、通辽市、包头市、巴盟乌海市海勃湾地区、兴安盟中东部伊盟、阿右旗额镇、阿左旗吉兰泰外、额济纳旗地区	3 730 527.6	200～1 000	40
1964	502	588	赤峰市、通辽市、包头市、巴盟、乌海市海勃湾地区、兴安盟、伊盟、阿右旗额镇、阿左旗头道湖外、额济纳旗地区	4 078 857.3	60～1 000	28
1965	669	785	赤峰市、通辽市、包头市、巴盟、乌海市海勃湾地区、兴安盟大部、伊盟、阿右旗额镇、阿左旗、额济纳旗地	4 417 187.1	100～1 000	24
1966	725	890	赤峰市、通辽市、包头市、乌海市海勃湾地区、兴安盟突泉县、扎旗、中旗、伊盟、阿右旗额镇、阿左旗、额济纳旗地	4 654 135.8	100～1 000	22.1
1967	780	1 001	包头市、乌海市海勃湾区、赤峰市、通辽市、兴安盟扎旗、中旗、伊盟、阿右旗额镇、阿左旗、额济纳旗地	4 881 084.6	200～1 000	23
1968	79	73	包头市、乌海市海勃湾地区、赤峰市、通辽市、兴安盟扎旗、集宁、伊盟、巴盟、阿右旗额镇、阿左旗、额济纳旗地	204 381	200～1 000	25
1969	167	180	包头市、乌海市海勃湾地区、赤峰市、通辽市、兴安盟扎旗、中旗、集宁、伊盟、巴盟、阿右旗额镇、阿左旗、额济纳旗地	514 710.76	100～1 000	22
1970	329	365	包头市、乌海市海勃湾地区、赤峰市、通辽市、兴安盟、集宁、伊盟、巴盟、阿右旗额镇、阿左旗、额济纳	873 040.52	100～1 000	24
1971	487	589	包头市、乌海市海勃湾地区、赤峰市、通辽市、兴安盟大部、集宁、伊盟、巴盟、阿右旗额镇、阿左旗、额济纳	1 211 370.3	100～1 000	24
1972	653	809	包头市、乌海市海勃湾地区、赤峰市、通辽市、兴安盟大部、集宁、伊盟、巴盟、阿右旗额镇、阿左旗头道湖外、额济纳	1 529 700	100～1 000	24
1973	777	953	包头市、乌海市海勃湾地区、赤峰市、通辽市、兴安盟扎旗、中旗、集宁、伊盟、巴盟、阿右旗额镇、阿左旗、额济纳	1 836 029.8	100～1 000	25
1974	872	1 068	包头市、乌海市海勃湾地区、赤峰市、通辽市、兴安盟扎旗、中旗、集宁、伊盟、巴盟、阿右旗额镇、阿左旗、额济纳	2 077 978.6	100～1 000	27

年份	次数	天数	地 点	影响范围/km^2	能见度/m	最大风速/（m/s）
1975	1 030	1 239	包头市、乌海市海勃湾地区、赤峰市、通辽市、兴安盟大部、集宁、伊盟、巴盟、阿右旗额镇、阿左旗、额济纳	2 416 308.3	100～1 000	27
1976	1 180	1 390	包头市、乌海市海勃湾地区、赤峰市、通辽市、兴安盟大部、集宁、伊盟、巴盟、阿右旗额镇、阿左旗、额济纳地区	2 759 638.1	100～1 000	26
1977	1 288	1 497	包头市、乌海市海勃湾地区、赤峰市、通辽市、兴安盟中旗和扎旗、集宁、伊盟、巴盟、阿右旗额镇、阿左旗、额济纳地区	3 082 967.8	200～1 000	22
1978	1 379	1 585	包头市、乌海市海勃湾地区、赤峰市、通辽市、兴安盟中旗和扎旗、集宁、伊盟、巴盟、阿右旗额镇、阿左旗、额济纳地区	3 401 297.6	200～1 000	25
1979	1 465	1 667	包头市、乌海市海勃湾地区、赤峰市、通辽市、兴安盟中旗和扎旗、集宁、伊盟、巴盟、阿右旗额镇、阿左旗、额济纳地区	3 724 627.4	100～1 000	25
1980	1 562	1 772	包头市、乌海市海勃湾地区、赤峰市、通辽市、兴安盟中东部、集宁、伊盟、巴盟、阿右旗额镇、阿左旗、额济纳地区	4 052 957.1	200～1 000	25
1981	1 668	1 901	包头市、乌海市海勃湾地区、赤峰市、通辽市、兴安盟大部、集宁、伊盟、巴盟、阿右旗额镇、阿左旗、额济纳地区	4 306 265.7	100～1 000	237.7
1982	1 729	2 006	包头市、乌海市海勃湾地区、赤峰市、通辽市、兴安盟中南部、集宁、伊盟、阿右旗额镇、阿左旗、额济纳地区	4 463 193.2	50～1 000	27
1983	1 798	2 098	包头市、乌海市海勃湾地区、赤峰市、通辽市、兴安盟大部、集宁、伊盟、阿右旗额镇、阿左旗、额济纳地区	4 796 523	100～1 000	22
1984	1 858	2 175	包头市、乌海市海勃湾地区、赤峰市、通辽市、兴安盟大部、集宁、伊盟、阿右旗额镇、阿左旗、额济纳地区	5 042 831.5	200～1 000	20
1985	1 921	2 225	包头市、乌海市海勃湾地区、赤峰市、通辽市、兴安盟、集宁、伊盟、阿右旗额镇、阿左旗、额济纳地区	5 311 140	100～1 000	26
1986	1 996	2 308	包头市、乌海市海勃湾地区、赤峰市、通辽市、兴安盟大部分地区、集宁、伊盟、阿右旗额镇、阿左旗、额济纳地区	5 649 469.8	100～1 000	23
1987	2 049	2 382	包头市、乌海市海勃湾地区、赤峰市、通辽市、兴安盟中旗、扎旗、集宁、伊盟、阿右旗额镇、阿左旗、额济纳地区	5 882 778.3	100～1 000	24

年份	次数	天数	地 点	影响范围/km²	能见度/m	最大风速/（m/s）
1988	2 083	2 431	包头市、乌海市海勃湾地区、赤峰市、通辽市、兴安盟中旗、扎旗、集宁、伊盟、阿右旗额镇、阿左旗、额济纳地区	6 196 108.1	100～1 000	21.7
1990	2 130	2 478	包头市、乌海市海勃湾地区、兴安盟中旗、扎旗、集宁、伊盟、阿盟	6 385 463.6	500～800	22.3
1991	23	24	乌海市海勃湾地区、赤峰市、集宁、伊盟、阿盟	449 252.22	100～900	22.3
1992	29	31	集宁市、伊盟、巴盟、阿盟	921 558	200～1 000	20
1993	31	32	海勃湾地区、赤峰市、兴安盟扎旗中旗、集宁市、伊盟、阿盟	474 252.22	500～900	25
1994	30	33	海勃湾地区、赤峰市、兴安盟中旗、伊盟、巴盟、阿盟	998 382.22	100～800	27
1995	53	57	包头市、海勃湾地区、赤峰市、兴安盟中旗、突泉县、伊盟、巴盟、阿盟	1 031 506.8	100～1000	26
1996	37	43	包头市、海勃湾地区、赤峰市、兴安盟中旗、突泉县、伊盟、阿盟	425 376.76	200～900	23.7
1997	30	38	包头市、海勃湾地区、赤峰市、兴安盟中旗、突泉县、集宁市、伊盟、巴盟、阿盟除东北部为	1 059 506.8	500～1 000	23
1998	43	51	包头市、海勃湾地区、赤峰市、兴安盟大部、集宁市、伊盟、巴盟、阿盟	1 145 397.2	100～1 000	27
1999	34	42	包头市、赤峰市、兴安盟中旗扎旗、集宁市、伊盟、巴盟、阿盟除西南部	10 535 94.2	100～1 000	22
2000	46	59	包头市、赤峰市、兴安盟大部、伊盟、阿盟	504 464.23	50～1 000	26

数据来源及时间：各盟市汇总　2000 年 12 月

填表人：乌日娜　　　　　　　　　　　负责人：张自学

注：1. 次数和天数为各地累加数值；2. 呼市、锡盟、呼盟无数据，其他盟市现有数据为：包头市 1953—2000 年；赤峰市 1951—1999 年；乌海市 1961—1999 年；阿盟 1990—2000 年；通辽市 1950—2000 年；巴盟：1954—1999 年；伊盟 1961—2000 年；乌盟 1969—1999 年；兴安盟 1961—2000 年。

影响内蒙古西部的西伯利亚冷空气主要有 3 条：西路和西北路冷空气，均从阿拉善盟额剂纳旗入境，沿巴盟、包头、乌盟北部，锡盟西部向东南方向移动，影响北京及周边地区。北路冷空气则从贝加尔湖和蒙古国中部、我国锡盟，影响北京及周边地区。

经实地调查和自治区气象专家论证证实：2000 年春季造成北京地区 9 次沙尘天气的冷空气移动路径，有 8 次是西路和西北路径，1 次是北路路径。内蒙古西中部是北京及周边地区沙尘天气的主要沙尘源。

3.7.5 地质灾害

内蒙古地质灾害发生现象相对较少，地质灾害的主要类型为泥石流、滑坡等，自然地质灾害主要发生在东部林区、黄土丘陵沟壑区。

内蒙古发生地质灾害区从调查来看仅在扎兰屯市、达拉特旗等地区发生小面积，其发生频次无规律。见表 3-3-39。

表 3-3-39　地质灾害

指标	截至 1986 年	截至 1999 年	
地质灾害类型	震灾、泥石流*	泥石流	地面滑坡、地面塌陷、地裂、沙漠化、震灾、泥石流、煤自燃
发生地点	巴盟（五原、前旗、磴口）锡盟全盟*	扎兰屯市内、伊盟达拉特旗	呼市、乌海（各煤矿区、露天采矿区）、阿盟（古拉本、额镇东南、呼鲁斯太）、巴盟（五原、前旗）、锡盟、伊盟*
影响范围/hm²	305 428*		386 250*
泥石流发生频率/（次/a）			
其他地质灾害发生频率/（次/a）			
灾害点密度/（个/100km²）			0.02～150*

数据来源及时间：内蒙古国土资源厅（*）为各盟市汇总数据（2000-12）。

填表人：刘沙滨　布仁托娅　乌日娜　潘高娃　　负责人：张自学

3.7.6 其他生态灾害

（1）白灾

主要指冬半年由于降雪过多，积雪过深，对畜牧业生产造成的雪灾。内蒙古白灾多发生在大兴安岭以西，阴山以北的广大牧区，白灾出现的几率，呼盟在 24%以下，锡盟中东部在 24%～32%之间，锡盟北部、乌盟北部、巴盟北部为 32%～36%。

白灾对畜牧业的危害，主要是由于积雪掩埋草场，牲畜吃不饱，挨饿受冻，致使牲畜瘦弱掉膘，母畜流产，仔畜成活率低，老、弱、幼畜死亡率增高，积雪过多则阻碍交通，使偏僻牧区交通断绝，给灾区人民的生活生产带来极大的不便。

1977 年 10 月—1978 年 3 月的 150 多天里，降大雪 3 次、中雪 3 次、小雪 9 次，牧场平地积雪 30～60 cm，深处达 1 m 以上，锡盟、乌盟 11 个牧业旗 216.8 万头（只）牲畜死亡，锡盟 70%的牲畜受灾。

2000 年入冬以来，锡盟、呼盟、兴安盟、通辽、赤峰部分旗县连续出现降雪天气，积雪厚达 15～60 cm，最深处达 4 m，形成严重雪灾。截至 2001 年 2 月 12 日统计，内蒙古受灾旗县 34 个，受灾苏木 427 个，受灾 496 662 户，受灾人数 2 034 901，因灾死亡 40 人，冻伤 16 518 人，受灾牧场 2 986.60 万 hm²，受灾牲畜 2 087.16 万头（只），死亡牲畜 48.739 6 万头（只），雪灾造成直接经济损失 35 405.614 万元。在遭受雪灾的同时，还出现了黄灾（暴风雪加沙尘暴）。

（2）黑灾

主要指牧区长时间连续无降雪而造成牲畜无法饮水，使牲畜死亡，疫病流行，并影响牧草返青。

黑灾主要发生在呼盟西部，几率为 24%；锡盟，几率为 24%～36%；乌盟北部、巴盟北部，几率为 36%～42%。

3.7.7 生态灾害发生规律与特点分析和评价

内蒙古生态灾害主要为气象灾害，内蒙古气象灾害主要包括干旱、大风和沙尘暴、霜冻、冰雹、洪涝、白灾、黑灾、冰拔和日灼等，其中干旱是造成内蒙古生态灾害的最主要因素，其次是因干旱造成的沙尘暴。见表 3-3-40、表 3-3-41、表 3-3-42、表 3-3-43。

表 3-3-40 内蒙古自治区生态灾害和生态破坏造成的社会经济问题（一）

年份	白（雪）灾影响地区	白（雪）灾成灾面积	积雪厚度/cm
1953—1954	锡盟的东部联合旗、西部联合旗和东苏旗	18 万 km^2	平地 33.3～66.7，深处 166.7～200
1962	锡盟、乌盟、巴盟和包头市		2～5
1977—1978	锡盟、乌盟等 11 个牧业旗		平地 33.3～66.7，深处＞100
1985	锡盟		
1986—1987	锡盟、哲盟和赤峰市牧区		100
2000—2001	锡盟、赤峰市、通辽市、兴安盟、呼盟	2 986.60 万 hm^2	15～60

数据来源及时间：内蒙古自治区民政厅。

填表人：乌日娜　　负责人：张自学

表 3-3-41 内蒙古自治区生态灾害和生态破坏造成的社会经济问题（二）　单位：hm^2

年份	水灾影响面积	水灾、成灾面积		旱灾影响面积	旱灾、成灾面积		病虫害影响面积	病虫害、成灾面积		水灾直接经济损失/万元
1950	710 000	504 200	4 000*	545 302	259 771	*	561 324	168 397	*	
1951	14 025	2 960	9 333	1 904 769	567 637.8	7 766 667	44 966.9	14 675.6		97.05
1952	17 012.9	6 600.8	44 000	950 097.9	478 087.9		670 080.2	237 929		0
1953	587 336.1	318 344.6	76 667	828 807.9	237 566.4	594 667	598 551.7	222 557		0
1954	163 248.1	43 552.1	154 000	1 001 054.1	401 562.7	80 000	68 730.7	24 068.5		0
1955	337 488.3	288 657.5	86 667	866 255.1	357 043.9	767 333	457 783.1	234 794.3		86.9
1956	30 234.1	23 004.4	158 000	5 281 031.1	2774 567.5		72 347.9	36 175.8		0
1957	42 494.4	15 759.1	96 000	6 225 776.8	4 625 144.3	2 000 000	647 513.8	233 727.9		0
1958	66 122.5	25058.4	162 000	2 075 261.1	729 143.8	400 000	393 183.1	150 222.3		1 108
1959	333 049.9	142 718.9	128 667	2 450 511	1 100 949.4	353 333	692 964.6	286 557.3		1 165.7
1960	23 330.1	13 978.4		2 205 468.3	512 994.4	1 736 000	447 950.7	140 266.9		0
1961	104 269.1	60 287.4	244 667	1 404 694.8	499 818.6	1 312 000	605 020.1	283 073.1		1 477
1962	577 256.3	420 267.9	263 333	1 761 668.6	467 071.3	2 540 000	593 583	242 627.9		0
1963	43 089	19 729.7	188 667	1 280 965	276 122.2	1 706 667	177 754	64 721.2		0
1964	156 199.6	48 004.5		1 132 442	350 322		457 165.5	189 615.5		0
1965	467 429	28 116		3 873 578.7	1 200 422.7	2 000 000	522 300	179 569		0
1966	56 066	8 814	42 667	3 479 632.2	1 520 241	1 600 000	160 847	80 424		0
1967	1 126 165	401 869		2 388 966	632 156		113 890	48 973		121.6
1968	254 713	10 871		7 600 480	4 609 429		482 700	183 426		0
1969	1 470 700	34 950		846 151	345 689		320 000	153 600		0
1970	11 850	4 414		1 225 868	345 891		590 802	193 035		0
1971	56 000	7 040		868 638	332 110		489 455	192 029		0
1972	92 842.6	21 065.3		3 529 512.7	153 9051.1		2 567 118	1 115 315		0
1973	103 514.2	21 896.9		1 537 055	426 837.3		685 353	213 008.7		0
1974	12 671.2	5 534		2 141 083	303 828.3		705 500.7	180 585		0

年份	水灾影响面积	水灾、成灾面积		旱灾影响面积	旱灾、成灾面积		病虫害影响面积	病虫害、成灾面积		水灾直接经济损失/万元
1975	64 889	12 243.2		509 680.3	181 925.7		273 902.5	516 866.1		99.6
1976	53 554	59 846.1		1 118 119	183 980		142 670	81 228		2 282.5
1977	1 470 844	35 862.7		1 919 821	767 918.7		427 893	210 672.7		78.5
1978	102 217.2	36 824.5		1 027 752.3	125 115.9		275 350	153 212.8		822.1
1979	246 302	73 201.1	329 333	1 036 055	506 785	24 000	655 953.7	187 302.6		63.3
1980	47 996	31 516	105 333	4 578 785.6	1 226 864.5	2 473 333	362 054.6	150 964.7		0
1981	1 509 611.1	51 683.1	184 000	4 208 322.3	1 173 506	1 000 000	504 944	156 786		0
1982	1 269 982	54 024		4 802 739.3	2 044 395	1 479 333	363 271	115 522		0
1983	192 171	114 406	208 667	1 795 427.2	633 559	1 256 667	169 115	69 042		0
1984	3 733 247	207 038.5	230 000	3 495 777	983 547.6	926 667	850 879.3	178 871		35.6
1985	501 672	118 722	510 667	2 094 128.9	1 011 673.7	1 226 667	756 184.7	283 882		3 090
1986	1 737 128	276 400	419 333	4 066 234.1	1 448 705.8	1 938 000	894 701.6	381 230.7		42.8
1987	500 119.7	70 802.8	166 667	3 770 416.4	932 646.4	1 817 333	822 895.7	289 693.8		40.5
1988	251 923.9	142 279.1	466 667*	1 869 391	831 914	884 667*	1 007 416.3	869 628.6	*	161.5
1989	503 216	183 288.2	256 000	5 701 713.6	4 258 784.8	2 133 333	1 010 038.2	470 817.2		177.5
1990	263 436	163 545.2	369 333	1 101 636.1	415 446.9	366 667	809 053.8	277 111.2		60.2
1991	515 392.8	104 508.9	284 000	2 447 232.1	1 051 905.4	1 099 933	972 156.2	281 308.9		0
1992	131 643	57 946.4	134 667	3 120 898.9	1 033 506.9	1 421 333	1 511 732.3	719 922.7		0
1993	13 122 179	328 212.7	53 000	2 195 515.7	841 293.4	1 387 333	924 645.6	280 331.2		0
1994	671 759.3	169 022.7	670 000	3 105 329.6	1 150 965.6	1 850 000	1 160 233	310 107.3		0
1995	433 921	96 590		4 309 064.3	1 586 403.3		1 351 298	429 966.2		0
1996	302 038.1	108 178.7		3 527 340.3	1 277 735.9		750 152.3	124 198.9		0
1997	182 613.7	91 763.6		24 455 955.6	6 179 887		1 460 294.7	358 608		0
1998	14 249 155.4	815 652.5	1 304 500	3 433 473.1	836 152	288 200	1 795 763.1	319 933.9	96 000	0
1999	6 136 580	76 712	139 300	9 565 994	6 809 605.9	4 127 900	4 767 039.1	1 980 671	401 400	2030
2000	110 739.1	48 739.05		5 988 527	1 522 606.5		1 630 584.1	304 656.7		0

数据来源及时间：各盟市汇总（2000-12）；中国灾情报告（1949—1995年）。

填表人：乌日娜　刘沙滨　　负责人：张自学

注：缺少的数据有：乌海1950—1961年，阿盟1950—1992年，通辽1950—1992年（通辽1993—2000年数据为旗县汇总数据），呼盟1950—1978年，锡盟1950—1990年，兴安盟1950—1979年；水灾直接经济损失只有包头市的数据。

表3-3-42　内蒙古自治区生态灾害和生态破坏造成的社会经济问题（三）

生态灾害和生态破坏类型		受灾人数（其中死亡人数）	经济损失/万元	作物产量下降（%）
水灾	50年代	677 810（101）	43 135.8	10～30
	60年代	785 339（173）	31 467.6	9～27
	70年代	5 484 892（98）	586 066.5	6～30
	80年代	5 870 247（278）	1 308 392.4	7～40
	90年代	5 329 088（134）	1 036 864.2	9～60
旱灾	50年代	1 634 258	42 181.6	7～65
	60年代	2 644 711（23）	92 816	2～61
	70年代	10 414 061	301 566	6～60
	80年代	13 108 004	623 060.5	6～60
	90年代	10 745 749（9）	460 465.1	8～60

生态灾害和生态破坏类型		受灾人数（其中死亡人数）	经济损失/万元	作物产量下降（%）
沙尘暴	50 年代	1 464 695	1 184.4	2～20
	60 年代	2 009 125	1 439.2	3～21
	70 年代	2 412 317	32 718.3	2～23
	80 年代	2 957 675（11）	44 966.1	2～38
	90 年代	1 679 380	113 610.7	2.5～39
水土流失	80 年代	432 220	60 736.0	4～22
	90 年代	332 590	26 970.0	5～30
沙（石）漠化	80 年代	306 060	19 256.0	3～33
	90 年代	347 100	23 988.6	4～45
盐渍化	80 年代	218 000	14 122.3	1.2～18
	90 年代	259 000	13 642.3	1.1～23
江河断流	50 年代			
	60 年代			
	70 年代			
	80 年代	10.3	5 368.5	1.2
	90 年代	13.6	7 432.3	1.6
其他灾害	50 年代	4.3	480.0	0.2
	60 年代	3.8	963.2	1.9
	70 年代	260 005.2	7 459.0	0.5
	80 年代	300 004.6	8 938.0	0.1
	90 年代	640 004.2	11 693.0	0.3

表 3-3-43　内蒙古自治区生态灾害和生态破坏造成的社会经济问题（四）

生态灾害和生态破坏类型		受灾人数（其中死亡人数）	经济损失/万元	受灾牲畜：死亡牲畜/万头
白灾	50 年代			80
	60 年代			141：42.19
	70 年代	102 000		87：216.8
	80 年代	46 600		N：43.67
	90 年代～2001 年	2 034 901（40）	35 405.614	2 087.16：48.7396

数据来源及时间：各盟市汇总数据　2000 年 12 月。

填表人：乌日娜　　负责人：张自学

内蒙古生态灾害发生规律几乎与干旱的发生规律一致。内蒙古素有十年九旱之称，干旱的特点是：干旱的范围大、几率大、持续的时间长，因而造成内蒙古生态系统的脆弱性，特别是连年的干旱，更是造成内蒙古生态灾难的主要原因。

另外，内蒙古生态灾害的发生规律还与人为对自然生态的破坏有关，特别是进入 20 世纪 90 年代每年连续几次到十几次的沙尘暴，与内蒙古草场过载、土地沙化以及气候旱化有着密切的关系，其造成的生态灾难也是触目惊心的。

总之，内蒙古生态灾害的发生对自治区生态环境产生巨大影响，洪涝灾害、严重的旱灾和沙尘暴使大面积农田草场被破坏，河水断流使河流湿地生态系统破坏等，频繁的自然和人为生态灾害是造成内蒙古总体生态环境恶劣的主要原因。

4 生态环境恶劣区

4.1 生态环境恶劣区的含义

生态环境恶劣区是指在自然状态下形成的沙漠、戈壁、裸岩、裸沙、干谷冲沟，以及受人为活动的影响，生态环境遭到严重破坏，出现了土地沙化、砾石化、盐渍化、水土流失、沙丘活化等生态环境恶化现象的区域。

4.2 生态环境恶劣区现状与分布

根据本次遥感调查结果分析，内蒙古生态环境恶劣区面积为 4 956.56 万 hm^2，占自治区总面积的 43%。属自然状态下形成的生态环境恶劣区为 3 226.27 万 hm^2，占恶劣区总面积的 65.09%；受人为活动影响，生态环境遭到破坏所形成的恶劣区为 1 730.29 万 hm^2，占恶劣区总面积的 34.91%。在全部恶劣区中，生态环境质量十分恶劣的区域为 2 180 万 hm^2，占全部恶劣区面积的 44%；属中等恶劣的区域为 1 755 万 hm^2，占全部恶劣区面积的 35.5%；一般恶劣区域为 1 015 万 hm^2，占全部恶劣区面积的 20.5%。见表 3-4-1。

表 3-4-1　内蒙古自治区生态环境恶劣区统计表（一）

类　　别	景观斑块数	面积/hm^2	占恶劣区域面积（%）
砾石化区域	310	1 363 092.203	2.75
沙化区域	1 527	6 120 767.505	12.35
水土流失区	1 495	4 063 647.224	8.20
盐渍化区域	679	2 103 132.639	4.24
沙丘活化区	2 276	3 652 322.777	7.37
自然状态下的恶劣区域	4 907	32 262 688.208	65.09
合　　计	11 194	49 565 650.560	100.00

从恶劣区域的分布来看，主要分布在内蒙古中西部的荒漠景观中，面积为 2 895 万 hm^2，占全部恶劣区域的 58%。其次主要分布在草原景观中，面积为 1 575 万 hm^2，占全部恶劣区域的 32%，且多为人为活动诱发而导致了生态环境的严重破坏。在农业景观中，恶劣区域为 390 万 hm^2，主要分布在阴山北麓、黄土丘陵地区。另外，在湿地景观中还有 90 万 hm^2 的恶劣区域，主要分布在内蒙古的中西部地区。见表 3-4-2。

表 3-4-2　内蒙古自治区生态环境恶劣区统计表（二）

景观名称	恶劣分区	斑块数	面积/hm^2
草原景观			
丘陵砾石化草甸草原景观	轻度恶劣区	25	19 792.293
丘陵沙化草甸草原景观	轻度恶劣区	127	300 909.606
丘陵土壤侵蚀草甸草原景观	轻度恶劣区	29	58 536.953
高平原沙化草甸草原景观	轻度恶劣区	35	151 393.870
高平原盐渍化草甸草原景观	轻度恶劣区	13	108 320.043
平原沙化草甸草原景观	轻度恶劣区	11	15 819.244
平原盐渍化草甸草原景观	轻度恶劣区	7	5 547.842
森林草原地带裸岩景观	中度恶劣区	18	18 079.747
森林草原地带裸沙景观	中度恶劣区	27	21 949.183
森林草原地带干谷冲沟景观	中度恶劣区	2	9 444.466
森林草原地带盐碱斑景观	中度恶劣区	23	5 189.116
低山丘陵砾石化典型草原景观	轻度恶劣区	123	284 961.260
低山丘陵沙化典型草原景观	轻度恶劣区	79	176 428.878
低山丘陵土壤侵蚀典型草原景观	轻度恶劣区	55	298 826.824
丘陵沙化典型草原景观	轻度恶劣区	2	25 287.912
黄土丘陵沙化典型草原景观	轻度恶劣区	53	232 344.319
高平原砾石化典型草原景观	轻度恶劣区	30	184 088.516
高平原沙化典型草原景观	轻度恶劣区	252	1 261 185.426
高平原盐渍化典型草原景观	轻度恶劣区	14	104 535.258
平原沙化典型草原景观	轻度恶劣区	99	186 927.927
平原盐渍化典型草原景观	轻度恶劣区	44	58 377.619
黄土丘陵土壤侵蚀禾草杂类草典型草原景观	中度恶劣区	134	551 383.443
丘陵土壤侵蚀半灌木典型草原景观	中度恶劣区	43	162 995.973
黄土丘陵土壤侵蚀半灌木典型草原景观	中度恶劣区	169	236 734.228
典型草原地带裸岩景观	严重恶劣区	7	2 071.121
典型草原地带裸沙景观	严重恶劣区	22	6 206.700
典型草原地带干谷冲沟景观	严重恶劣区	128	98 326.274
典型草原地带盐碱斑景观	严重恶劣区	202	84 383.097
丘陵砾石化荒漠草原景观	中度恶劣区	49	229 758.915
丘陵沙化荒漠草原景观	中度恶劣区	16	150 036.896
丘陵土壤侵蚀荒漠草原景观	中度恶劣区	12	176 490.545
高平原盐渍化荒漠草原景观	中度恶劣区	40	57 026.801
高平原沙化禾草杂类草荒漠草原景观	中度恶劣区	62	127 186.871
沙地禾草杂类草荒漠草原景观	中度恶劣区	8	132 472.988
石质丘陵灌木荒漠草原景观	中度恶劣区	53	363 724.183
高平原砾石化半灌木荒漠草原景观	中度恶劣区	13	178 579.864

景观名称	恶劣分区	斑块数	面积/hm²
高平原沙化半灌木荒漠草原景观	中度恶劣区	149	454 968.540
石质丘陵半灌木荒漠草原景观	中度恶劣区	50	327 735.930
荒漠草原地带裸岩景观	严重恶劣区	35	38 608.545
荒漠草原地带裸沙景观	严重恶劣区	6	7 602.414
荒漠草原地带干谷冲沟景观	严重恶劣区	44	48 678.019
荒漠草原地带盐碱斑景观	严重恶劣区	71	26 253.573
固定沙地疏林景观	轻度恶劣区	172	1 317 251.281
固定沙地针叶灌丛景观	轻度恶劣区	1	50.465
固定沙地夏绿灌丛景观	轻度恶劣区	430	1 624 374.905
固定沙地禾草景观	轻度恶劣区	261	983 209.254
固定沙地半灌木蒿类景观	轻度恶劣区	179	858 234.830
半固定沙地疏林景观	中度恶劣区	110	332 829.444
半固定沙地夏绿灌丛景观	中度恶劣区	350	727 676.238
半固定沙地禾草景观	中度恶劣区	349	668 382.743
半固定沙地半灌木蒿类景观	中度恶劣区	179	408 135.714
流动沙地或裸沙地景观	严重恶劣区	1 233	1 479 540.341
沙地草库伦（人工草地）景观	轻度恶劣区	422	213 842.795
固定沙地半灌木荒漠草原景观	轻度恶劣区	9	97 734.323
固定沙地夏绿灌丛荒漠草原景观	轻度恶劣区	8	48 550.707
荒漠景观			
砾石化草原化荒漠景观	中度恶劣区	47	440 097.511
沙化草原化荒漠景观	中度恶劣区	59	623 441.100
盐渍化草原化荒漠景观	中度恶劣区	90	499 335.643
高平原沙化草原化荒漠景观	中度恶劣区	35	461 036.447
平原沙化草原化荒漠景观	中度恶劣区	62	1 083 323.951
平原砾质草原化荒漠景观	中度恶劣区	175	911 282.799
泥质、砾质、沙质化灌木草原化荒漠景观	中度恶劣区	14	79 791.907
低山丘陵灌木草原化荒漠景观	中度恶劣区	86	765 492.159
低山丘陵石砾质灌木草原化荒漠景观	中度恶劣区	7	116 491.378
高平原灌木草原化荒漠景观	中度恶劣区	95	1 673 886.393
平原灌木草原化荒漠景观	中度恶劣区	3	35 788.549
山前倾斜平原灌木草原化荒漠景观	中度恶劣区	22	144 229.910
土质半灌木草原化荒漠景观	中度恶劣区	1	88 805.284
低山丘陵石砾质半灌木草原化荒漠景观	中度恶劣区	2	35 507.060
高平原半灌木草原化荒漠景观	中度恶劣区	1	3 268.990
草原化荒漠地带草库伦（人工草地）景观	轻度恶劣区	6	1 506.548
草原化荒漠地带干谷冲沟景观	严重恶劣区	85	98 884.664
草原化荒漠地带裸岩景观	严重恶劣区	151	1 317 024.590
低山丘陵灌木荒漠景观	中度恶劣区	5	18 194.137
高平原灌木荒漠景观	中度恶劣区	21	235 078.247

景观名称	恶劣分区	斑块数	面积/hm²
高平原砾石质戈壁灌木荒漠景观	严重恶劣区	13	315 631.075
低山丘陵石质半灌木荒漠景观	严重恶劣区	56	314 800.186
平原砾石质戈壁半灌木荒漠景观	严重恶劣区	5	473 617.251
高平原密集梭梭荒漠景观	轻度恶劣区	139	711 769.276
高平原稀疏梭梭荒漠景观	中度恶劣区	98	458 946.945
高平原砾石质戈壁稀疏梭梭荒漠景观	严重恶劣区	16	162 823.128
高平原沙质戈壁稀疏梭梭荒漠景观	严重恶劣区	8	189 256.737
灌木、半灌木荒漠景观	中度恶劣区	2	2 532.643
覆沙戈壁灌木、半灌木荒漠景观	严重恶劣区	118	679 048.828
沙砾质戈壁灌木、半灌木荒漠景观	严重恶劣区	206	646 594.437
低地半灌木、灌木盐湿荒漠景观	中度恶劣区	17	164 588.355
沟谷半灌木、灌木盐湿荒漠景观	中度恶劣区	27	41722.879
典型荒漠地带裸岩景观	严重恶劣区	263	2 890 706.443
典型荒漠地带平沙地景观	严重恶劣区	151	1 040 878.395
典型荒漠地带干谷冲沟景观	严重恶劣区	139	190 070.715
典型荒漠地带干湖盆景观	严重恶劣区	27	141 665.566
戈壁滩景观	严重恶劣区	11	58 258.109
石砾质戈壁滩景观	严重恶劣区	321	3 138 401.327
山前倾斜平原戈壁滩景观	严重恶劣区	8	38 241.921
高平原梭梭荒漠景观	中度恶劣区	101	304 092.175
低地梭梭荒漠景观	中度恶劣区	7	37 591.439
流动沙丘沙漠景观	严重恶劣区	94	4 399 900.686
半流动沙丘沙漠景观	严重恶劣区	132	1 264 260.705
固定沙丘沙漠景观	严重恶劣区	96	2 651 915.613
湿地景观			
河流型裸滩湿地景观	轻度恶劣区	152	151 430.109
湖滨裸滩湿地景观	中度恶劣区	199	163 374.205
湖滨碱滩湿地景观	中度恶劣区	373	325 995.372
盐沼湿地景观	中度恶劣区	66	263 812.851
农业景观			
低山丘陵侵蚀坡耕地景观	中度恶劣区	349	1 051 655.711
黄土丘陵侵蚀坡耕地景观	中度恶劣区	274	772 059.169
高平原风蚀沙化旱地景观	中度恶劣区	45	296 486.843
沙地风蚀沙化旱田景观	中度恶劣区	332	284 305.514
沙地风蚀沙化七草三田混合景观	中度恶劣区	5	33 236.331
黄土丘陵沟壑四草三田三林混合景观	中度恶劣区	12	279 768.302
撂荒地景观	中度恶劣区	58	31 014.230

5 生态环境总体评价

5.1 生态环境的特点

内蒙古地处我国北部边疆，东部的大兴安岭、中部的阴山山脉和西部的走廊北山、贺兰山呈弧带状构成了内蒙古的外缘山地，山地的北部为古老的蒙古高原区，南部为河套平原，隔黄河与鄂尔多斯高原、黄土高原相连接，山地的东部是松辽平原的一部分。内蒙古的气候从东到西跨越了温带湿润区、半湿润区、半干旱区、干旱区和极端干旱区等 5 个气候区，从而形成了多样的地理环境和丰富的自然资源。东部的大兴安岭、中部的辽阔草原、西部的荒漠为发展林业、畜牧业提供了资源条件；嫩江、辽河水系和中西部过境的黄河为内蒙古发展灌溉农业提供了有利条件；丰富的矿藏为能源、原材料工业提供了物质基础，这些都是自治区经济发展的物质保障。

内蒙古虽然有丰富的资源和有利的环境条件，但是全区大部分地区处在干旱、半干旱区域。由于这一区域受到蒙古高压气团的控制，形成了干旱、寒冷的气候环境，寒潮、风雪、旱涝、沙尘暴等自然灾害时有发生。全区水资源总量不够丰富，地区分布和年季分布又很不均衡。广大草原和荒漠地区自然生态环境脆弱，自我调节能力不强，草场退化、土地沙化、砾石化、盐渍化、水土流失等现象极易发生。因此，内蒙古发展农牧业虽然有丰富的资源条件，但生态环境条件相对较差，利用不当将引发一系列的环境问题。内蒙古发展工矿业的资源条件较好，虽然生态脆弱，对破坏扰动的承受能力低，但环境的容量大，对污染的自净能力强，这一点又为工矿业的发展提供了有利条件。

5.2 生态环境保护的重要性

内蒙古生态环境保护的重要性在于内蒙古自治区是我国生态环境保护的关键地区，起着生态屏障的作用。

内蒙古处在东部季风与干燥寒冷的西北风的交会地带，内蒙古高原是我国西北风的风口，广大区域的草原和荒漠植被一方面保护着地表的土壤，另一方面有效地减缓着西北风前进的速度。大兴安岭有着丰富的森林资源，对调节气候、涵养水源、维护呼伦贝尔草原和松嫩平原生态系统的稳定发挥着巨大作用。东北、华北地区的大江、大河的上源均分布在内蒙古，而华北、华中等地区风沙和泥雨的沙源也多来源于内蒙古。

内蒙古生态环境保护的重要性还在于对世界生物多样性保护的贡献。内蒙古大的地域跨度和分异清楚的自然地带，形成了复杂多样的生态系统，孕育了丰富的物种资源，其中有许多是世界少有的珍稀物种和特有群落。

保护内蒙古生态环境的重要性更在于为了实现自治区经济、社会的持续发展。

5.3 生态环境保护的成就

内蒙古自治区各级党委、政府和广大干部群众深感生态环境保护和建设的重要性，经过几十年的努力，全区生态环境建设取得了可喜的成绩，先后实施和启动了水土流失、小流域治理、三北防护林、平原绿化、治沙工程以及大规模的草牧场建设和开始启动的天然林保护工程，并制定出台了一系列的政策和法规。

在生态环境保护方面，自 1995 年自治区人大常委会作出《关于加强资源和环境保护的决定》以来，生态环境保护的力度加大，《内蒙古自治区自然保护区实施办法》、《内蒙古自治区环境保护"九五"计划和 2010 年远景目标》、《内蒙古自治区自然保护区建设发展总体规划》、《阿拉善生态环境综合治理规划》、《黄河流域水污染防治规划》、《西辽河流域水污染防治规划》、《内蒙古自治区生态环境保护规划（2000—2050 年）》、《内蒙古自治区生态示范区验收标准》、《内蒙古自治区环境保护"十五"计划》、《内蒙古自治区关于加快沙区、山区生态建设的决定》、《内蒙古自治区关于在西部大开发中加强环境保护工作的决定》、《内蒙古自治区关于加强旅游资源环境保护工作的通知》、《内蒙古自治区关于加强道路交通建设环境保护工作的通知》等有关的政策、法规及规划相继出台，生态环境保护的宏观调控能力逐步得到加强。全区大中型建设项目环境影响评价制度和"三同时"制度的执行率达到 100%；污染和破坏生态环境的 3 462 家"十五小"企业全部取缔；启动了一批绿色工程项目。截至 2000 年底，全区自然保护区的数量从 1995 年的 14 个增加到 96 个，自然保护区的面积达到 7.65 万 km^2，占自治区国土面积的 6.5%。结合生态环境建设，全区已有 3 个旗县以及 91 个乡镇（苏木）、村（嘎查）编制完成了生态示范区建设规划并已开始实施。一些盟市、旗县提出了建立生态盟、生态市、生态旗的目标，有的已开始付诸实施。

5.4 生态环境面临的形势

长期以来，由于过度放牧、不适当的开垦和耕作、森林过度采伐，以及对水资源的不合理利用等原因，致使内蒙古的资源与环境在开发过程中遭到了严重破坏，生态环境的承载能力越来越低，突出的生态环境问题也越来越多，生态环境恶化的趋势明显加剧。生态环境的恶化，导致自然灾害频繁发生。内蒙古西部阿拉善地区的沙尘暴在逐年向东推移，被称为绿色净土的呼伦贝尔在草原垦区内也出现了黄沙天气。在世界享有盛名的大兴安岭，除北部林区外，其他区域森林可采资源已近枯竭，林区生态环境已发生明显变化。全区水灾、旱灾频繁发生，水灾的隐患越来越多。

随着工矿业的建设和乡镇企业的发展，内蒙古自治区出现了一些新的生态环境问题。油田开采对草原生态环境带来的影响及污染与破坏；矿山开发引发的一系列生态环境问题；小煤窑、小土焦、土法采炼金等企业对生态环境造成的污染与破坏，这些都影响了自治区经济及社会的持续发展。

内蒙古生态环境总的形势概括为以下几点：

① 从全区总体情况来看，生态环境形势不容乐观，局部地区生态环境虽然有所改善，但整体生态环境仍在恶化，其恶化速度在加快。

② 一方治理、多方破坏，治理一个点、破坏一个面的现象仍然十分突出。

③ 过去生态环境非常恶劣的地区经过多年的生态建设，生态环境状况有了明显改善，而过去生态环境比较好的地区，目前生态环境正在恶化。

④ 全区大部分地区的生态环境普遍受损，除一些无水草场受到轻微影响外，地带性的草原和荒漠植被均不同程度地退化。

⑤ 内蒙古草原开垦十分严重，草原面积在迅速减少，森林草原面临消失的危险。

⑥ 内蒙古农田面积增长过快，坡耕地的比例过高，盲目开垦已引发了许多生态环境问题。

⑦ 内蒙古森林面积相对保持稳定，但森林类型发生了明显变化，森林的生态功能受到损害，森林的质量在降低。

⑧ 内蒙古的湿地受威胁程度加大，湖泊面积在缩小，河道在变窄，湿地的蓄水抗洪功能在减弱。

⑨ 在草原、荒漠地区生态环境的主要问题是沙化、砾石化；在农业景观区主要是水土流失和盐渍化；在沙区主要是沙丘活化，沙漠面积在扩展。

5.5 生态环境受破坏的原因

内蒙古自治区大部分地区处于干旱区和半干旱区，生态系统具有很强的不稳定性，利用不当，生态环境就容易受到损害。从全区生态环境受破坏的原因分析，过度放牧、不适当的开垦和耕作、森林过度采伐是生态环境受破坏的主要原因，水资源的不合理利用也是导致生态环境遭受破坏的一个重要原因。此外引起生态环境破坏的原因还有矿山开采、城镇以及交通道路建设等。

①草场超载、过度放牧。

全区草原建设取得了很大成绩，局部草原生态环境得到改善，但由于草场的严重超载过牧，退化已成为全区草场普遍存在的问题。

从草场受破坏的区域来看，草原最为严重。如按其分布和所占的比例来看，锡盟、乌盟北部、巴盟北部、呼盟的东西旗、包头北部、伊盟西部、阿盟等地区较为严重，这些地区牲畜数量过多，均严重地超过草场的承载能力，造成草场大面积沙化和砾石化。

②开垦与不适当的耕作。

开垦是导致生态环境受破坏的又一重要原因。近半个世纪以来，内蒙古的草原出现了三次大的开垦高潮。每次开垦都对草原及其他区域的生态环境造成较大的损害，在前两次开垦的草原上，沙化及水土流失现象已十分严重，生态环境质量明显下降。自 20 世纪 80 年代末出现的第三次草原开垦高潮持续了近 10 年，开垦强度和开垦面积远大于前两次，危害程度也超过前两次。目前，在一些垦区已出现了环境整体功能下降的趋势，在有些垦区出现了小规模的沙尘暴（如海拉尔垦区），并影响到其他地区。由于开垦，草原、湿地面积大幅度减少，草场的承载负荷加大，草原生态环境受到严重损害。

在农业景观区，不适当的耕作方式也对生态环境造成了损害。目前全区有 1 000 多万 hm^2 农田没有任何防护设施、许多坡耕地顺坡耕种、大面积的水浇地实施大水漫灌等，这些都是造成农田沙化、水土流失、盐渍化的原因。

③森林过度采伐。

由于森林的过度采伐，森林的防护和调节功能降低，暴雨和洪水频繁，林区的水土流失加剧。虽然在森林景观中受破坏的面积较小，不到 1%，但森林的质量在下降、生态功能在丧失。森林重要的生态功能是对其他生态系统的调节作用。如作为呼伦贝尔草原和松嫩平原、科尔沁草原生态屏障的大兴安岭林区，是内蒙古生物多样性最集中分布的区域，森林面积占全区森林面积的 70%～80%，木材蓄积量达 8.9 亿 m^3，占全区木材总蓄积量的 90%以上。多年以来，大兴安岭一直作为重要的木材生产基地，为国家做出了重大贡献，但由于长期的过度采伐，致使林区可采资源面临枯竭，出现了经济困因。虽然森林面积与 20 世纪 80 年代相比基本保持稳定，但森林类型发生了较大变化，森林生态功能的作用明显减弱。林区生态环境质量显著下降，暴雨频繁，河流含沙量增大，洪水增多，其屏障作用大为降低。受其保护的区域，生态问题也越来越多，生态环境受到破坏的区域也随之增大。

④搂发菜、滥挖野生植物。

内蒙古是发菜的主要产区，发菜分布面积约为 933 万 hm^2，约占全区草场面积的 30%。药材资源在内蒙古也十分丰富，分布范围很广。多年来，搂发菜、挖药材对内蒙古的草场造成了严重的破坏，许多草场由此沙化。

⑤水资源利用不当。

由于水资源利用不当导致生态环境遭受破坏的现象在全区也是普遍存在的问题，大到额济纳河历史上的改道与近些年来的断流，小到通辽市科左中旗乌力吉木仁水库的修建等，都对下游较大面积的生态环境造成了损害。地下水的过度采伐，出现大范围的浅水层水位下降、地表旱化，从而导致土地沙化的现象在全区也较为普遍。

⑥其他因素。

矿山开采、城镇及交通道路建设等活动对生态环境造成的损害也是不容忽视的一个问题。这类活动对生态环境的损害虽然发生在局部地域，一个点或一条线，但是其损害程度是强烈的。在大兴安岭北部的原始林区，采金翻砂造成的森林破碎景观，已清晰地出现在遥感卫星影像片上。交通道路，特别是无序的自然路对生态环境的破坏在草原和荒漠区非常严重，仅在乌海市桌子山与岗德格尔山间约 2 000 hm^2 的范围内，在遥感影像上可辨的网状道路达到几十条。

5.6 对策

① 生态环境保护与生态环境建设并举应作为生态环境保护的一项基本工作方针，必须牢固树立保护优先的思想。生态环境保护与生态环境建设是防与治的关系，以防为

主、防治结合、以防促治。

② 加强对生态环境保护工作的领导，把生态环境保护列入各级党委、政府的重要议事日程。加大对生态环境保护的投入，各级人民政府必须将生态环境保护纳入地方国民经济和社会发展计划。

③ 提高生态环境保护的监控能力，明确部门职责，建立综合协调、统一监督、分部门实施的生态环境保护监督管理体制。

④ 加快生态保护法或条例的制定与出台，加快生态功能区划和生态环境标准的制定。制定专门法律，严禁开垦草原，在牧区实行限牧制度。在土地、草场承包中，应该明确承包者的生态责任。

⑤ 加强对各类自然资源开发活动的监督管理，制止和避免资源开发活动对生态环境造成新的破坏。各类资源开发和工程建设，包括生态建设，都必须执行国家有关环境保护的法律、法规，做好环境影响评价工作，履行环境影响评价手续。

⑥ 保护大兴安岭森林，将其作为永久性的生态公益林，以旅游和林副产品开发取代森工。压缩现有耕地，将受损耕地全部退耕，将全区耕地保持在 8 000 万 hm^2。严格控制湿地的丧失。

⑦ 为保持流域、区域的生态平衡，确保自治区和国家的生态安全，在一些生态环境十分脆弱和具有重要生态功能的地域，实施强制性的保护，建立特殊生态功能保护区。

⑧ 在强化对已有自然保护区的建设与管理的同时，在生物多样性集中的区域和自然历史遗迹丰富的区域抢救性地建立一批自然保护区。

⑨ 结合生态环境建设，建立一批高标准的生态示范区，树立一批区域生态建设与社会经济发展相协调的典型，逐步在全区广大地区推广普及，最终实现自治区经济与社会的可持续发展。

⑩ 利用各种有效方式在全区范围内开展生态环境保护和区情的宣传教育，增强全民生态环境保护意识和公德意识。

⑪对草地功能重新定位。内蒙古草地犹如一块地毯，保护着我国正北方辽阔的土地免受强劲的西北风的吹蚀。保护好这片草地才可防止沙尘暴给人类带来的损失和灾难。草地功能第一位的是生态功能，而不是要生产多少畜产品。因此，国家应按照实施天然林保护工程一样，尽快实施天然草地保护工程。

6 生态环境保护规划

6.1 生态环境保护的指导思想和基本方针

6.1.1 指导思想

高举邓小平理论伟大旗帜，遵循国家的政策法规，围绕两大转变，依靠科技进步，坚持生态环境保护与生态环境建设并举，以实现自治区经济、社会的持续发展为目标，动员和组织社会各界力量，紧紧抓住重点地区和突出生态环境问题，切实加强生态环境保护和监督管理的力度，尽快控制生态环境总体恶化的趋势，彻底扭转“一方治理、多方破坏，治理一个点、破坏一个面，边建设、边破坏，建设速度总赶不上破坏速度”的被动局面，确保自治区生态安全，为自治区经济社会持续发展、人民生活水平的提高和生活质量的改善创造良好的生态环境条件，全面再现祖国北疆生态屏障的作用。

6.1.2 基本方针

①生态环境保护与生态环境建设并举。

生态环境保护与生态环境建设并举应作为实现生态环境保护总目标的一项基本工作方针。

为使生态环境恶化的趋势得到有效控制，实现山川秀美的宏伟目标，在加大生态环境建设力度、加快对生态环境恶劣区域建设的同时，必须强调生态环境保护的重要性，加强对生态环境的保护，确立保护优先的思想。生态环境保护与生态环境建设是防与治的关系，应以防为主、防治结合、以防促治。“防”强调的是保护，“治”强调的是建设，在保护中蕴涵了建设的内容，在建设中也包括了保护的思想。

②统筹兼顾、综合决策、合理开发。

经济发展必须遵循自然规律，决不能以牺牲生态环境为代价换取一时的和局部的利益，要坚持近期利益与长远利益相统一、局部利益与全局利益兼顾的原则。资源开发活动必须严格限制在生态环境承载能力范围之内，局部的开发要避免破坏流域和区域的生态平衡。

③分类指导、分区推进、重点突破。

根据全区生态环境现状和经济发展的需求进行统一规划，按照统一监督、分工负责的原则组织实施。紧紧抓住自治区重点地区和突出生态环境问题，点面结合、分类指导、分区推进、重点突破，最终实现自治区生态环境的彻底改善。

④依法保护生态环境。

坚持“谁开发谁保护，谁破坏谁恢复，谁使用谁付费，谁治理谁收费”的原则。要明确生态环境保护的权、责、利，依法行政。要充分应用经济手段、行政手段和技术手段依法保护生态环境。

⑤生态环境保护和两个文明建设相结合。

生态环境保护是物质文明和精神文明建设的重要内容，要积极鼓励和动员社会各界力量参与和支持生态环境保护工作，促进两个文明建设。

6.2 生态环境保护目标

6.2.1 近期目标（2000—2010 年）

① 在生态环境脆弱和具有特殊生态功能意义的区域，建立 10 个特殊生态功能保护区，面积达到 23 万 km^2，约占自治区国土面积的 20%。力争使特殊生态功能区生态环境恶化趋势得到遏制。

② 抢救性地建立一批自然保护区，使自然保护区总数达到 136 个，面积为 9.3 万 km^2，占自治区国土面积的 8%，最终建成布局合理、类型齐全、管理科学、执法严格的自然保护区网络，使各类良好的自然生态系统和重要的物种资源得到有效保护。

③ 建设一批高标准的生态示范区，包括 2 个盟市、15 个旗县、500 个乡镇（苏木）、1 000 个村（嘎查），面积达到 30 万 km^2，占自治区国土面积的 26%，力争使这些区域基本实现生态良性循环、经济社会持续发展。

④ 制定出台《内蒙古自治区生态环境保护条例》、《内蒙古自治区生态功能区划》、《内蒙古自治区生态环境标准》及有关的政策法规，建立、健全生态环境保护监督管理体系，努力将各类资源开发活动对生态环境的破坏和影响降低到最低程度。

6.2.2 中期目标（2011—2030 年）

① 彻底扭转“一方治理、多方破坏，治理一个点、破坏一个面，边建设、边破坏，建设速度总赶不上破坏速度”的被动局面，力争使自治区生态环境恶化趋势基本得到遏制。

② 特殊生态功能区的生态环境得到有效保护，重要的生态功能和作用得以有效发挥。

③ 建成一批具有国际水准的自然保护区，重要的生态系统和物种得到恢复与重建。

④ 力争使全区 50%以上的旗县基本实现生态系统良性循环，经济、社会达到可持续发展。

⑤ 各类资源开发活动对生态环境产生的破坏和影响程度达到规定的标准，生态破坏恢复治理率达到 80%以上。

6.2.3 远期目标（2031—2050 年）

从根本上遏制生态环境恶化的趋势，全区生态环境总体得到改善，生态环境基本实现良性循环，经济、社会达到可持续发展，在全区大部分地区实现山川秀美这一宏伟目标。

6.3 生态环境保护的主要任务

6.3.1 建立一批特殊生态功能保护区

为保持流域、区域的生态平衡，确保自治区和国家的生态安全，在一些生态环境十分脆弱和具有重要生态功能的地域，实施强制性的保护，建立特殊生态功能保护区，尽快遏制这些区域生态环境不断恶化的趋势，并努力使其不断恢复。抢建一批特殊生态功能保护区，对其实施严格监管，应作为生态环境保护工作的首要任务。

在特殊生态功能保护区内，要严禁导致生态功能继续退化的各类生产建设活动和其他人为破坏活动；严格控制区内人口的增长，对已超出生态承载能力的特殊生态功能保护区，要采取必要的移民措施，或通过调整经济结构、改变生产方式降低对生态环境的压力；特殊生态功能保护区必须改变目前粗放式的生产经营方式，走生态经济型的发展道路；对特殊生态功能保护区内已遭受破坏的生态环境应限期重建与恢复，各级人民政府应设立专项资金用于特殊生态功能保护区的建设和管理，并优先考虑在特殊生态功能保护区内实施生态环境建设项目。

在未来的 10 年中，内蒙古自治区优先在以下区域建立特殊生态功能保护区：

①在嫩江、西辽河的上源地区抢建一些特殊生态功能保护区。

位于大兴安岭东侧的嫩江水系是松花江的上游，其干流和右岸支流大都位于内蒙古境内，干流长达 719 km，流域面积 15.9 万 km^2。右岸支流自北向南主要有那都里河、多布库尔河、欧肯河、甘河、诺敏河、阿伦河、雅鲁河、绰尔河、洮尔河、霍林河等，这些河流均发源于大兴安岭。在这些河流的上源建立一处或几处特殊生态功能保护区，对确保嫩江流域及松花江的生态安全具有重要的意义。

位于通辽、赤峰境内的西辽河干流长 827 km，流域面积 14.18 万 km^2。西辽河的支流主要有老哈河、西拉木伦河、乌力吉木伦河等，在这些河流的上源建立一些特殊生态功能保护区对维护西辽河流域的生态稳定和下游辽河的生态安全具有十分重要的意义。

②在大兴安岭西麓的森林草原区建立特殊生态功能保护区。

目前内蒙古现存的森林草原面积为 748 万 hm^2，主要分布在大兴安岭西麓。森林草原是草原生物多样性最丰富的一类草原。近年来森林草原受到严重威胁，特别是农业开垦对森林草原造成了严重破坏，由此引发了许多生态环境问题。如按照前 10 年的发展势头，森林草原面临着消失的危险。因此，建立森林草原特殊生态功能保护区，有效地保护森林草原、维护区域生态环境的稳定、保持草原生物多样性已是草原保护的一项紧迫任务。

③在阴山北麓农牧交错带建立特殊生态功能保护区。

阴山北麓农牧交错带跨越了 11 个旗县，这里生态环境脆弱、经济基础薄弱、人口压力巨大，已超过环境容量和生态承载能力，是我国荒漠化、贫困化最严重的地区之一，其贫困面之广、贫困程度之深、生态环境恶化之严重在全国也是罕见的。该地区自然灾害频繁发生，日趋严重的荒漠化不仅威胁当地人民的生存，而且影响到华北地区的生态安全。在该地区建立特殊生态功能保护区对遏制生态环境的恶化趋势、改善区域生态环境、提高人民的生活水平、维护华北地区的生态安全具有非常重要的作用。

④在黄河流域建立特殊生态功能保护区。

黄河在内蒙古流经乌海、巴盟、伊盟、包头、呼和浩特 5 个盟市，流域内土地沙化、盐渍化、水土流失等生态环境问题非常突出，特别是水土流失最为严重，每年输入黄河的泥沙量达 1.5 亿 t。在该流域建立特殊生态功能保护区，对维护区域生态环境的稳定，保障黄河的生态安全具有重大意义。

⑤在阿拉善地区建立特殊生态功能保护区。

阿拉善地区位于内蒙古自治区的西部，发源于祁连山的黑河在其下游孕育形成了著名的额吉纳（居延）绿洲，它与东西横贯阿拉善 800 km 的梭梭林带和贺兰山天然次生林，在阿拉善筑成了三道独特的天然生态屏障，对维护西北、华北的生态稳定起着重要作用。进入 20 世纪 60 年代以来，由于气候极度干旱、河水断流、湖泊干枯、地下水位下降以及不合理的人为活动等因素，致使阿拉善地区生态环境日趋恶化，危机日益加剧。特别是近年来沙尘暴连年发生，其影响已波及到西北、华北、华东地区，当地有 2.5 万人沦为生态难民。阿拉善生态问题引起了社会的广泛关注，国家已将阿拉善生态环境综合治理工程列入“九五”计划和 2010 年远景规划。为尽快遏制阿拉善地区生态环境恶化趋势，恢复额吉纳绿洲和梭梭林带生态屏障的功能和作用，急需建立额吉纳绿洲和梭梭林带特殊生态功能保护区。

6.3.2 加强自然保护区的建设与管理，抢救性地建立一批自然保护区

近几年来，内蒙古的自然保护区事业有了长足的发展，保护区的数量迅速增长，管理体制逐步理顺，建立、晋升、审批制度逐步走向规范化。截至 2000 年底，内蒙古自治区已建立了自然保护区 96 个，自然保护区总面积 7.654 万 km^2，占全区国土面积的 6.5%。其中国家级 10 个，自治区级 24 个。但是在保护区的建设管理中，还存在着“批而不建、建而不管、管而不善”等问题；许多急需保护的地带和珍稀物种还没有得到有效保护，自然保护区的类型和数量与自治区生物多样性和资源丰富度相比还远不相适应。因此，必须强化对自然保护区的建设与管理，在生物多样性集中的区域和自然历史遗迹丰富的区域抢救性地建立一批自然保护区。

①动员、组织社会各界力量，抢建一批自然保护区。

针对自治区境内的一些特有的生态系统逐渐失去其典型性和代表性、许多珍稀濒危物种面临消失的威胁、一些价值极高的自然历史遗迹正在遭到破坏的严峻形势，必须抢救性地建立一批自然保护区。力争到 2010 年，自然保护区的总数达到 136 个，自然保护区面积占全区国土面积的比例达到 8%。其中将生态系统类型的自然保护区增加到 36 个；珍稀植物和特殊植被类型的自然保护区达到 36 个；野生动物类型的自然保护区达到 26 个；自然历史遗迹类保护区发展到 33 个；其他类型自然保护区 5 个。

②加强自然保护区的建设与管理。

加强自然保护区的建设与管理，从根本上解决“批而不建、建而不管、管而不善”等问题。首先要将自然保护区建设发展规划纳入当地国民经济和社会发展计划之中；各级人民政府应设立保护区专项资金，增加对自然保护区的投入；要加强自然保护区的机构建设、法规建设、能力建设，90%的自然保护区有健全的管理机构和素质较高的管理

队伍，70%以上的自然保护区具有较完善的管护设施；要尽快建立自然保护区监理队伍，依法强化对自然保护区的监管；要加强自然保护区的宣教、科研、监测工作，加强国际合作与交流；要注重自然保护区内的社区发展，实现保护与发展的协调统一。

6.3.3 结合生态环境建设，建立一批高标准的生态示范区

生态示范区是以生态学和生态经济学原理为指导，经济、社会和环境保护协调发展，经济效益、社会效益和环境效益相统一，以行政单元为界限的区域。建设生态示范区是实施可持续发展战略的必要途径，是落实环境保护基本国策的重要保证，对改善区域生态环境具有现实意义和深远影响。

生态示范区的建设要与农牧区脱贫致富、经济社会发展、城乡建设、环境综合整治结合起来，因地制宜，统一规划，突出重点，分步实施。通过生态示范区的建设，树立一批区域生态建设与社会经济发展相协调的典型，逐步在全区广大地区推广普及，最终实现自治区经济社会的可持续发展。

在生态示范区的建设中要包括生态农业示范区建设、乡镇合理规划布局示范区建设、生态旅游示范区建设、生态城市示范区建设、农工贸一体化示范区建设等区域生态建设的内容。还应包括矿区生态破坏恢复治理示范区建设、农村环境综合整治示范区建设、湿地资源合理开发与保护示范区建设、土地退化综合整治示范区建设等生态破坏恢复治理建设内容。

到 2010 年，力争有 2 个盟市成为生态示范盟市；15 个旗县成为较高标准的生态示范旗县；500 个乡镇（苏木）、1 000 个村（嘎查）成为高标准的生态示范乡镇或生态示范村。全区将有 30 万 km^2，占自治区国土面积的 26%的区域，生态环境得到改善，基本实现经济、社会的可持续发展。

6.3.4 对资源开发区的生态环境实施强制性的保护

为尽快扭转“一方治理、多方破坏，治理一个点、破坏一个面，边建设、边破坏，建设速度总赶不上破坏速度”的被动局面，必须对资源开发区的生态环境实施强制性的保护。各级政府、各有关部门在加快生态建设的同时，应切实加强对各类自然资源开发活动的监督管理，制止和避免资源开发活动对生态环境造成新的破坏。各类资源开发和工程建设，包括生态建设，都必须执行国家有关环境保护的法律、法规，做好环境影响评价工作，履行环境影响评价手续，否则严禁开发和开工。对于造成不可逆转的区域性和长期性生态破坏和影响的项目，要严格禁止开发建设。对造成局部和短期生态影响的项目，要做到生态保护和生态恢复与资源开发和工程建设同步设计、同步施工、同步验收，真正做到“谁开发谁保护、谁破坏谁恢复、谁使用谁付费、谁治理谁收费”。

（1）矿产资源开发活动的监督管理

防止次生地质灾害的发生，应作为矿产资源开发活动监督管理的重要内容，对可能加剧和诱发滑坡、泥石流、河道淤积等地质灾害的，或不具备综合利用技术和开发条件的，凡属新项目应该停建或缓建，老项目要按要求进行全面清理整顿。加强对新矿区生态环境监管，落实生态保护措施，防止和最大限度地降低对生态环境的破坏，是对矿产资源开发活动监督管理的又一项重要内容。此外，要加强矿产开发造成生态破坏的恢复

治理工作，要实行限期恢复治理制度和补偿制度。

（2）土地资源开发活动的监督管理

土地资源开发必须做到统筹规划、合理安排。宜农土地的确定必须增加环境指标，并要考虑地域特点。重要生态功能区应划为禁垦区，除特殊情况外，严禁开垦。在农村和牧区的土地、草场承包中，要明确承包者的生态保护责任。对土地实行用途管制制度，土地变更使用应增加履行环评手续。

（3）水资源开发活动的监督管理

水资源开发利用要从流域、区域的范围统筹规划，经济发展要以水定规模，要建立缺水地区高耗水项目的管制制度，在发生严重断流的河流、水位急剧下降的湖泊，应停止或缓上新的不利于缓减断流和湖泊萎缩的水库、灌溉项目及引水工程。要加强对天然水体和农村水网的保护，切实保护好湿地，禁止围垦湖泊、填占河道，已围垦、填占重要湿地、湖泊、河道的应逐步恢复，对新建项目要严格禁止，国家特殊项目要按环境影响评价要求给予等量恢复和补偿。要加大水污染防治的力度，防止水体污染。

（4）森林资源开发活动的监督管理

加快生态公益林、兼用林、商品林的划分和管理，根据各自的功能，采取相应的保护措施。对于水源涵养林、水土保持林、防风固沙林、特种用途林、天然林等生态公益林，要重点加以保护，严禁随意开采。在自然保护区、特殊生态功能区内不得以任何理由采伐天然森林。兼用林的开发必须以生态环境保护为前提，采伐后可能造成生态环境严重破坏的要坚决禁止采伐，对采伐迹地实施限期恢复、更新制度。商品林的开发要在采伐量不超过生长量的前提下进行，确保森林总量逐年增加、质量不断提高。严禁毁林开垦、采石、采沙、取土，对开发建设中确需占用林地的，要给予生态补偿。在生物多样性丰富的地区，以及容易引发水土流失、沙漠化的地区，严禁全垦整地造林。

（5）草地资源开发活动的监督管理

草地是维护生态平衡的重要生态系统，要严加保护，严禁开垦新的草原，对不符合草业开发与保护规划要求的已垦草地，要逐步退耕还草。要有效控制工程建设活动对草地的破坏，已造成草地破坏的要限期予以恢复。在牧区要尽快实行限牧制度，以草定畜，减轻草场压力，遏制草地退化的趋势。要加强草地野生生物资源开发活动的管理，要规范野生植物的采集方式，实行限量开采，严禁乱挖乱采。要严禁采集发菜资源。

（6）农业资源开发活动的监督管理

减轻农业环境污染，防止耕地退化，加快中低产田的改造，有效控制新增弃耕土地和加大已弃耕土地的恢复治理，努力提高农业资源利用率，应作为农村生态环境保护的主要内容。积极推广秸秆综合利用技术，严禁焚烧秸秆污染环境。鼓励畜禽粪便资源化、无害化处理，鼓励生产无污染的农产品、绿色食品、有机食品，加强对畜禽和水产养殖厂（场）污水排放以及农药、化肥、农用薄膜使用的监督管理。

（7）生物资源开发活动的监督管理

生物资源的开发应坚持开发利用与保护增殖并重的原则，保持野生物种的多样性。要加强对国家、自治区颁布的重点野生生物物种的保护，禁止一切形式猎杀和买卖濒危野生动植物的活动，严厉打击濒危野生物种的非法贸易，积极开展珍稀、濒危物种的养护与繁育。要加强生物安全观念，加强对地方种的保护，引进外来种必须进行环境影响评价。

（8）旅游资源开发活动的监督管理

要加强对旅游区的环境管理，积极发展生态旅游。生态旅游资源的开发必须制定总体规划，明确环境保护目标，确保旅游设施与自然景观相协调，确保游客流量控制在生态环境承载能力范围内，禁止在生态环境敏感区建设旅游基础设施，已建立的应限期拆除。要加强对自然景观的保护，防止旅游资源对生态环境的破坏。要限制对重要自然遗迹的旅游开发，禁止在自然保护区内的核心区、缓冲区开展旅游。

6.4 生态环境保护的对策与措施

6.4.1 加强对生态环境保护工作的领导

加强生态环境保护，将生态环境保护的各项任务落实到实处，首先要加强对生态环境保护工作的领导，把生态环境保护列入各级党委、政府的重要议事日程。各级政府应对本辖区的生态环境质量负责，应进一步建立和完善生态环境保护目标责任制，要把生态环境保护列入各级领导干部环境保护政绩考核内容。生态环境保护目标责任制的实施情况，应定期向同级人大和上级政府报告，并向社会公布。

6.4.2 依法对生态环境监督管理

加快和完善生态环境保护法规建设，尽快制定出台《内蒙古自治区生态环境保护条例》，研究制定特殊生态功能保护区保护和湿地保护管理办法，进一步建立、完善生态环境保护管理制度。要依法对生态环境进行监督管理，切实做到有法可依、执法必严、违法必究。要严格执行环境影响评价制度，有效控制资源开发活动对生态环境产生的新的破坏，对重点生态敏感区的开发建设活动，应逐步开展环境影响评估制度。

6.4.3 加大对生态环境保护的投入

各级人民政府必须将生态环境保护纳入地方国民经济和社会发展计划，生态环境保护的投入应以各级政府投入为主，要纳入各级财政预算。要按照谁利用谁补偿的原则，尽快建立生态环境补偿机制。要研究制定吸引和鼓励社会对生态环境保护的投入政策，拓宽生态环境保护的融资渠道。努力增加生态环境保护的投入，建立适应市场经济体制的生态环境保护投入机制。

6.4.4 提高生态环境保护的监控能力

明确部门职责，建立综合协调、统一监督，分部门实施的生态环境保护监督管理体制。建立自治区、盟市、旗县三级生态环境保护监理队伍，乡镇（苏木）设生态环境保护监理员，依法实施对生态环境的监理。建立自治区生态环境监测网络，以高科技的手段开展生态环境监测，建立生态环境信息系统，及时掌握生态环境动态变化，定期发布自治区生态环境状况白皮书。

6.4.5 加快生态功能区划和生态环境标准的制定

各级政府要尽快组织编制所辖区域生态环境功能区划，依据功能区划对生态环境进行管理。加强生态环境保护的科学研究，建立生态环境与社会经济协调发展的基础理论与方法，制定自治区生态环境宏观调控指标体系，指导自治区社会经济发展和生态环境保护。根据国家有关法规，结合自治区生态环境特点和社会经济发展的需求，制定自治区生态环境标准并尽快颁布实施。

6.4.6 努力提高全民生态环境保护意识

利用各种有效方式在全区范围内开展生态环境保护和区情的宣传教育，增强全民生态环境保护意识和公德意识。要将普及生态环境保护教育列入中小学的基础教育，不断完善高等院校生态环境保护专业教育，在各级党校、行政学院开设生态环境保护课程，要注重对党政干部、新闻工作者和企业管理人员的培训。要支持和鼓励公众和非政府组织参与生态环境保护。

6.4.7 广泛开展合作与交流

保护和改善生态环境是一项全球性的工作，内蒙古生态环境对我国乃至全球具有重要的意义。要充分利用国际和国内的有利形势，在加强同国际间交流与合作的同时，拓展国内各省区间在生态环境保护方面的合作。积极引进国内外的先进经验和技术，拓宽引资渠道，以内引外、以外促内、相互促进、共同发展。

6.5 投资概算及效益分析

6.5.1 投资概算

实现生态环境保护规划近期（2001—2010 年）目标，在未来 10 年中，投资概算总计 123.63 亿元，其中：争取国家投资 40 亿元，自治区投资 40 亿元，地方投资 20 亿元，其他渠道筹集资金 23.63 亿元。

——特殊生态功能保护区建设投资为 12 亿元

——自然保护区建设投资为 6.03 亿元

——生态示范区建设投资为 100 亿元

——水资源开发利用保护规划示范项目投资为 0.5 亿元

——矿产资源开发利用保护规划恢复示范工程项目投资为 3.6 亿元

——农村牧区生态环境保护规划示范项目投资为 0.4 亿元

——小城镇生态环境保护规划示范项目投资为 0.1 亿元

——生态环境保护自身建设 1 亿元

6.5.2 效益分析

通过生态环境保护法规和有关政策的制定，依法加强生态环境保护的监督管理，在资金投入的支持下，通过规划的有效实施，将使面积为 23 万 km^2，约占自治区国土面积的 20%的区域的生态环境恶化趋势得到遏制；使面积为 9.3 万 km^2，占自治区国土面积的 8%的良好自然生态系统和重要的物种资源得到有效保护；使 2 个盟市、15 个旗县、500 个乡镇（苏木）、1 000 个村（嘎查），面积约 30 万 km^2，占自治区国土面积的 26%的区域，基本实现生态良性循环、经济社会持续发展；使各类资源开发与生态环境保护达到协调发展，资源开发对生态环境的影响降低到最低程度，一些受破坏的区域得到恢复。

附表

江河断流（内蒙古自治区）通辽站

年份	断流河流名称	断流时间（起止日）	断流天数/d	断流区段长度/km
1999	西拉木伦河	05-21—06-02	12	85.0
		06-10—06-24	14	
		07-01—07-09	8	
		08-04—12-31	149	
1998	西拉木伦河	01-01—03-06	65	85.0
		03-14—06-19	97	
1997	西拉木伦河	04-14—05-16	32	85.0
		05-23—06-02	18	
		06-15—08-02	48	
		08-14—09-18	35	
		09-22—12-31	100	
1996	西拉木伦河	04-19—04-26	7	85.0
		04-30—05-06	7	
		05-31—06-24	24	
		06-28—07-10	12	
		09-01—09-07	7	
		10-25—10-29	4	
1995	西拉木伦河	06-11—06-19	8	85.0
		07-23—07-28	5	
		08-08—08-20	12	
		08-30—09-28	29	
		10-13—10-16	3	
1994	西拉木伦河	06-11—06-16	5	85.0
1993	西拉木伦河	05-26—07-01	35	85.0
1992	西拉木伦河	07-15—07-18	3	85.0
		09-06—09-13	7	
		11-12—11-18	6	
1991	西拉木伦河	05-21—06-10	20	85.0

年份	断流河流名称	断流时间（起止日）	断流天数/d	断流区段长度/km
1990	西拉木伦河	01-01—07-16	198	85.0
		09-08—09-09	1	
		09-12—09-20	8	
		09-23—09-26	3	
		10-28—11-03	6	
1989	西拉木伦河	无断流		85.0
1988	西拉木伦河	06-12—07-21	39	85.0
		07-28—12-31	156	
1987	西拉木伦河	08-03—08-05	2	85.0
		12-03—12-11	8	
1986	西拉木伦河	05-01—06-19	50	85.0
		06-26—06-31	5	
1985	西拉木伦河	01-01—04-27	117	85.0
		05-03—05-10	7	
1985	西拉木伦河	05-15—05-16	1	85.0
		05-31—06-02	3	
		06-05—06-19	14	
		08-30—09-04	5	
1984	西拉木伦河	01-01—09-16	260	85.0
		09-21—12-31	101	
1983	西拉木伦河	01-01—09-05	248	85.0
		10-10—10-21	73	
1982	西拉木伦河	01-01—12-31	365	85.0
1981	西拉木伦河	01-01—12-31	365	85.0
1980	西拉木伦河	01-01—04-21	112	85.0
		05-31—12-31	214	
1979	西拉木伦河	01-01—05-07	127	85.0
		05-30—07-16	47	
		10-08—12-31	84	
1978	西拉木伦河	01-01—12-31	365	85.0
1977	西拉木伦河	01-01—03-28	87	85.0
		04-01—12-31	275	
1976	西拉木伦河	01-01—12-31	365	85.0
1975	西拉木伦河	01-01—03-20	79	85.0
		04-12—04-16	4	
		04-24—04-29	5	
		05-05—12-31	240	
1974	西拉木伦河	01-01—03-30	89	85.0
		04-22—04-24	2	
		04-28—12-31	247	
1973	西拉木伦河	01-01—3-29	88	85.0
		04-07—12-31	268	

年份	断流河流名称	断流时间（起止日）	断流天数/d	断流区段长度/km
1972	西拉木伦河	01-01—03-23	83	85.0
		04-11—12-31	264	
1971	西拉木伦河	01-01—03-30	89	85.0
		04-23—07-13	50	
		07-17—12-31	167	
1970	西拉木伦河	06-14—06-26	12	85.0
		06-30—07-07	7	
		08-01—12-31	152	
1969	西拉木伦河	01-01—04-23	112	85.0
		04-29—08-15	108	
		09-25—10-02	7	
		10-27—11-14	18	
1968	西拉木伦河	01-01—03-16	76	85.0
		04-22—12-31	253	
1967	西拉木伦河	01-01—03-20	79	85.0
		04-14—04-15	1	
		04-24—06-28	65	
		08-01—12-31	153	
1966	西拉木伦河	01-01—04-02	92	85.0
		05-08—08-29	113	
		09-17—12-31	105	
1965	西拉木伦河	05-07—05-15	8	85.0
		05-24—06-14	21	
		08-23—08-29	6	
		09-01—12-31	122	
1964	西拉木伦河	无断流		85.0
1963	西拉木伦河	05-16—06-13	28	85.0
		06-16—06-17	1	
		06-26—07-14	18	
1962	西拉木伦河	01-01—03-20	79	85.0
1961	西拉木伦河	01-01—03-19	78	85.0
		03-30—04-08	9	
		04-12—04-15	3	
		04-21—07-08	78	
		09-07—11-17	71	
		12-01—12-31	30	
1960	西拉木伦河	05-30—06-26	27	85.0
		09-07—09-24	17	
		09-28—12-31	94	
1959	西拉木伦河	04-15—04-20	5	85.0
		04-24—04-30	6	
		05-05—07-04	60	
		12-01—12-06	5	

年份	断流河流名称	断流时间（起止日）	断流天数/d	断流区段长度/km
1958	西拉木伦河	05-02—05-24	22	85.0
		06-06—06-25	19	
		08-25—08-30	5	
		09-09—09-11	2	
		10-26—11-27	31	
1957	西拉木伦河	05-15—06-29	45	85.0
1956	西拉木伦河	05-11—05-12	1	85.0
		05-16—06-06	21	
1955	西拉木伦河	06-18—06-20	2	85.0
		10-04—10-07	3	
		10-09—10-11	2	
		11-01—11-15	14	
1954	西拉木伦河	03-05—03-25	20	85.0
1952—1953	西拉木伦河	无断流		85.0
1951	西拉木伦河	02-21—12-31	313	85.0

江河断流（内蒙古自治区通辽扎鲁特旗）梅林庙站

年份	断流河流名称	断流时间（起止日）	断流天数/d	断流区段长度/km
1999	乌力吉木仁河	无断流		
1998	乌力吉木仁河	06-26—07-15	13	35.0
1997	乌力吉木仁河	07-04—07-22	18	35.0
1996	乌力吉木仁河	06-10—06-18	8	35.0
1995	乌力吉木仁河	08-29—09-28	30	35.0
1994	乌力吉木仁河	无断流		
1993	乌力吉木仁河	无断流		
1992	乌力吉木仁河	无断流		
1991	乌力吉木仁河	01-01—03-18	78	35.0
1990	乌力吉木仁河	无断流		
1989	乌力吉木仁河	08-13—09-11	29	35.0
1985—1988	乌力吉木仁河	无断流		
1984	乌力吉木仁河	06-08—06-17	9	35.0
1983	乌力吉木仁河	06-23—07-01	8	35.0
1982	乌力吉木仁河	09-26—10-11	15	35.0
1981	乌力吉木仁河	07-31—08-02	3	35.0
1980	乌力吉木仁河	07-03—07-26	23	35.0
1979	乌力吉木仁河	无断流		
1978	乌力吉木仁河	08-14—08-24	10	35.0
		09-04—09-20	16	
		09-27—10-18	21	
1977	乌力吉木仁河	05-21—05-30	9	35.0
		08-05—08-06	1	
		08-08—08-16	8	
		08-29—10-30	62	

年份	断流河流名称	断流时间（起止日）	断流天数/d	断流区段长度/km
1976	乌力吉木仁河	01-01—04-10	100	35.0
		05-21—06-13	23	
		06-26—07-03	7	
		07-17—08-07	21	
1975	乌力吉木仁河	09-05—12-31	117	35.0
1974	乌力吉木仁河	06-18—06-20	2	35.0
		06-27—07-08	11	
1973	乌力吉木仁河	无断流		
1972	乌力吉木仁河	06-17—07-01	14	35.0
		07-07—07-24	17	
		08-13—10-04	52	
1969—1971	乌力吉木仁河	无断流		
1968	乌力吉木仁河	09-09—09-28	9	35.0
1958—1967	乌力吉木仁河	无断流		

江河断流（内蒙古自治区兴安盟市科右前旗县）索伦站

年份	断流河流名称	断流时间（起止日）	断流天数/d	断流区段长度/km
1952	洮儿河	02-02—03-31	59	453

江河断流（内蒙古自治区兴安盟市科右中旗县）白云胡硕站

年份	断流河流名称	断流时间（起止日）	断流天数/d	断流区段长度/km
1999	霍林河	无断流		
1998	霍林河	04-01—05-05	36	103
		05-18—06-05	19	
1997	霍林河	04-24—05-29	35	103
		07-13—08-01	19	
1986—1996		无断流		
1985	霍林河	06-04—06-10	6	103
		06-13—06-19	6	
1984	霍林河	04-08—04-09	1	103
		05-25—06-07	13	
1983	霍林河	03-30—05-14	44	103
		05-19—06-09	21	
		08-27—08-28	1	
		09-19—10-06	17	
1982	霍林河	04-10—05-04	24	103
		05-26—07-15	50	
		09-30—10-24	24	
1981	霍林河	无断流		
1980	霍林河	04-15—04-17	2	103
		04-24—04-24	3	
1979	霍林河	无断流		
1978	霍林河	05-18—05-24	6	103

年份	断流河流名称	断流时间（起止日）	断流天数/d	断流区段长度/km
1977	霍林河	无断流		
1976	霍林河	01-01—03-12	72	103
1975	霍林河	10-15—12-31	77	103
1958—1974	霍林河	无资料		

江河断流（内蒙古自治区呼和浩特市）哈拉沁站

年份	断流河流名称	断流时间（起止日）	断流天数/d	断流区段长度/km
1999—1967	哈拉沁沟	无断流		
1966	哈拉沁沟	04-14—04-20	6	13.8
		04-27—05-02	5	
		05-12—05-17	5	
		05-23—05-26	3	
		06-02—06-07	5	
		06-22—06-29	7	
		07-20—07-30	10	
		08-10—08-20	10	
		09-11—10-09	28	
1965	哈拉沁沟	04-01—04-07	6	13.8
		05-19—05-29	20	
		06-10—06-16	6	
		06-29—07-06	7	
		07-20—07-31	11	
		08-10—08-22	12	
		09-07—09-29	22	
		10-23—10-29	6	
		04-13—04-16	3	
		05-18—05-25	7	
		06-07—06-17	10	
		07-05—07-12	7	
1963	哈拉沁沟	06-20—06-29	9	13.8
		07-28—08-01	4	
1962—1959	哈拉沁沟	无断流		
1958	哈拉沁沟	04-20—04-24	4	13.8
		05-15—05-22	7	
		06-02—06-05	3	
		06-09—06-15	6	
		06-29—07-10	11	
1957	哈拉沁沟	04-24—04-29	5	13.8
		07-29—08-05	7	
		09-08—09-14	6	

江河断流（内蒙古自治区包头市土右旗）红砂坝站

年份	断流河流名称	断流时间（起止日）	断流天数/d	断流区段长度/km
1999—1961	水涧沟	无断流		
1960	水涧沟	08-04—08-06	2	23.6
		09-16—09-24	8	23.6
		11-11—11-18	7	23.6

江河断流（内蒙古自治区呼和浩特市清水河）挡阳桥、放牛沟站

年份	断流河流名称	断流时间（起止日）	断流天数/d	断流区段长度/km
挡阳桥 1999	红河	03-10—04-04	25	20.0
1998—1995	红河	无断流		
1994	红河	05-27—07-05	39	20.0
		07-11—07-23	12	20.0
1993	红河	无断流		
1992	红河	07-13—07-20	7	20.0
		09-07—09-11	4	20.0
		09-13—09-17	4	20.0
1991	红河	05-13—05-31	18	20.0
1990—1987	红河	无断流		
1986	红河	05-19—06-25	37	20.0
		11-03—12-10	37	20.0
1985	红河	07-21—08-21	31	20.0
1984—1981	红河	无断流		
1980	红河	04-02—04-22	20	20.0
		05-06—05-15	9	20.0
1979	红河	无断流		
1978	红河	02-03—03-05	30	20.0
		07-19—07-23	4	20.0
1977	红河	无断流		
放牛沟 1976—1956	红河	无断流		

江河断流（内蒙古自治区伊克昭盟市达拉特旗）红塔沟站（每年汛期：6—9 月观测）

年份	断流河流名称	断流时间（起止日）	断流天数/d	断流区段长度/km
1999	罕台川	06-01—07-11	40	42.1
		07-25—09-20	57	42.1
1998	罕台川	06-01—07-05	34	42.1
		07-20—07-31	11	42.1
		08-28—09-30	33	42.1
1997	罕台川	06-01—06-27	26	42.1
		07-03—07-25	22	42.1
		08-26—09-30	35	42.1

年份	断流河流名称	断流时间（起止日）	断流天数/d	断流区段长度/km
1996	罕台川	06-01—07-12	41	42.1
		08-16—08-19	3	42.1
		09-04—09-30	26	42.1
1995	罕台川	06-01—07-28	57	42.1
		07-30—08-16	17	42.1
		08-18—09-06	19	42.1
		09-11—09-30	19	42.1
1994	罕台川	06-01—07-06	35	42.1
		07-09—07-11	2	42.1
		07-14—07-22	8	42.1
1993	罕台川	06-01—08-15	75	42.1
		08-17—09-30	44	42.1
1992	罕台川	06-01—07-24	53	42.1
		07-30—08-08	9	42.1
		08-21—08-25	4	
		09-07—09-30	23	
1991	罕台川	06-01—06-10	9	42.1
		06-12—09-30	110	
1990	罕台川	06-01—07-11	40	42.1
		07-13—08-27	45	
		09-02—09-04	2	
		09-06—09-26	20	
		09-28—09-30	2	
1989	罕台川	06-01—07-21	50	42.1
		08-20—09-30	41	
1988	罕台川	06-01—06-15	14	42.1
		06-28—07-13	15	
		07-24—08-05	12	
		08-10—09-09	30	
		09-11—09-30	19	
1987	罕台川	06-01—06-16	15	42.1
		06-18—08-13	56	
		08-15—08-22	7	
		08-24—09-30	37	
1986	罕台川	06-01—06-19	18	42.1
		06-21—09-19	28	
		07-21—09-30	81	
1985	罕台川	06-01—07-10	9	42.1
		07-12—08-04	23	
		08-07—08-10	3	
		08-17—08-23	6	
		09-18—09-30	12	

年份	断流河流名称	断流时间（起止日）	断流天数/d	断流区段长度/km
1984	罕台川	07-01—07-03	2	42.1
		07-12—07-19	7	
		08-12—08-17	5	
		08-30—09-05	6	
		09-10—09-30	20	

江河断流（内蒙古自治区伊盟杭锦旗县）图格日格站

年份	断流河流名称	断流时间（起止日）	断流天数/d	断流区段长度/km
1999	毛不浪沟	04-18—07-11	84	35.0
		07-18—09-18	62	35.0
		09-25—11-23	59	35.0
1998	毛不浪沟	04-22—07-12	81	35.0
		07-14—08-21	38	35.0
		08-27—11-09	84	35.0
1997	毛不浪沟	04-27—07-25	89	35.0
		10-25—11-15	21	35.0
1996	毛不浪沟	04-26—07-23	88	35.0
		08-02—08-09	7	35.0
		08-15—08-18	3	35.0
		09-15—09-28	13	35.0
1995	毛不浪沟	04-28—07-11	74	35.0
		07-21—08-01	11	35.0
		08-19—08-31	12	35.0
1994	毛不浪沟	04-27—07-07	71	35.0
		07-09—07-25	16	35.0
1993	毛不浪沟	05-06—07-31	86	35.0
		08-06—08-11	5	35.0
		08-18—08-20	2	35.0
		09-14—11-20	77	35.0
1992	毛不浪沟	04-15—06-27	73	35.0
		07-01—07-08	7	35.0
		07-12—07-25	13	35.0
		08-01—08-07	6	35.0
		08-25—11-18	85	35.0
1991	毛不浪沟	04-20—06-10	51	35.0
		06-16—07-14	28	35.0
		07-16—07-27	13	35.0
		07-29—11-26	119	35.0
1990	毛不浪沟	04-27—05-15	18	35.0
		05-22—07-04	43	35.0
		07-15—07-19	4	35.0
		07-23—07-26	3	35.0
		07-28—08-26	29	35.0

年份	断流河流名称	断流时间（起止日）	断流天数/d	断流区段长度/km
1990	毛不浪沟	09-08—09-25	17	35.0
		09-28—11-19	52	35.0
1989	毛不浪沟	04-10—06-11	62	35.0
		06-16—06-28	12	35.0
		06-30—07-06	6	35.0
		07-09—07-16	7	35.0
		04-12—05-20	38	35.0
		05-22—06-26	34	35.0
1988	毛不浪沟	06-30—07-05	5	35.0
		09-04—11-27	84	35.0
1987	毛不浪沟	04-16—08-12	118	35.0
		08-19—09-02	14	35.0
		09-05—10-13	38	35.0
1986	毛不浪沟	04-25—06-14	50	35.0
		06-28—07-20	22	35.0
		07-23—09-06	45	35.0
		09-10—10-04	24	35.0
1985	毛不浪沟	04-28—05-04	6	35.0
		05-08—05-14	6	35.0
		05-22—06-03	11	35.0
		06-07—07-07	30	35.0
		07-14—07-18	4	35.0
1984	毛不浪沟	05-25—06-13	18	35.0
		06-16—06-10	4	35.0
		06-28—07-01	3	35.0
		07-08—07-19	11	35.0
		07-27—08-01	5	35.0
		08-05—08-08	3	35.0
1983	毛不浪沟	06-07—06-11	4	35.0
		06-14—06-22	8	35.0
		06-26—07-01	5	35.0
		07-04—07-23	19	35.0
		08-28—09-04	7	35.0
1982	毛不浪沟	06-01—07-08	37	35.0

江河断流（内蒙古自治区呼和浩特市土左旗）三两站

年份	断流河流名称	断流时间（起止日）	断流天数/d	断流区段长度/km
1999	大黑河	01-14—07-11	178	53.0
		07-16—07-20	4	53.0
		07-30—09-18	50	53.0
		09-21—10-12	21	53.0
		11-14—12-05	21	53.0

年份	断流河流名称	断流时间（起止日）	断流天数/d	断流区段长度/km
1998	大黑河	02-21—05-16	84	53.0
		05-24—06-01	8	53.0
		06-24—07-06	12	53.0
		07-08—07-11	3	53.0
		11-12—11-24	12	53.0
1997	大黑河	02-11—06-29	138	53.0
		07-02—07-26	24	53.0
		09-30—10-15	15	53.0
1996	大黑河	02-15—04-01	46	53.0
		04-05—04-10	5	53.0
		05-21—06-05	15	53.0
		06-11—07-12	31	53.0
		07-15—07-20	5	53.0
		07-24—07-28	4	53.0
		11-15—11-21	6	53.0
1995	大黑河	02-16—04-03	46	53.0
		05-11—05-12	1	53.0
		05-24—07-25	62	53.0
1994	大黑河	02-21—05-15	83	53.0
		05-24—07-07	48	53.0
		07-15—07-19	4	53.0
		09-30—10-14	14	53.0
1993	大黑河	01-01—03-23	81	53.0
		05-24—06-11	18	53.0
		06-13—07-07	24	53.0
		09-16—09-27	11	53.0
		10-03—10-13	10	53.0
		12-05—10-26	21	53.0
1992	大黑河	02-23—04-12	49	53.0
		05-29—07-25	57	53.0
		11-27—12-31	34	53.0
1991	大黑河	01-02—03-29	86	53.0
		05-24—06-02	9	53.0
		06-22—07-21	29	53.0
		08-17—10-12	56	53.0
1990	大黑河	02-20—04-06	45	53.0
		05-23—07-17	55	53.0
		08-24—08-27	3	53.0
1989	大黑河	01-26—04-08	72	53.0
		05-23—07-21	59	53.0
		07-30—08-04	5	53.0
		08-07—08-20	13	53.0
		09-05—09-27	22	53.0
		10-01—10-07	6	53.0

年份	断流河流名称	断流时间（起止日）	断流天数/d	断流区段长度/km
1988	大黑河	02-23—04-06	43	53.0
		05-23—06-27	35	53.0
		09-24—10-04	10	53.0
1987	大黑河	02-22—04-05	42	53.0
		05-25—09-04	102	53.0
		09-12—09-30	18	53.0
1986	大黑河	02-05—03-11	34	53.0
		03-22—03-28	6	53.0
		05-24—06-30	37	53.0
		07-13—07-18	5	53.0
		07-30—09-02	34	53.0
		09-26—10-11	15	53.0
1985	大黑河	02-22—02-28	6	53.0
		03-01—04-05	35	53.0
		05-06—07-11	66	53.0
1984	大黑河	02-23—04-05	42	53.0
		05-23—06-14	22	53.0
1983	大黑河	02-22—04-05	42	53.0
		05-23—07-13	51	53.0
		09-25—10-12	17	53.0
1982	大黑河	02-23—04-05	41	53.0
		05-25—07-30	66	53.0
		08-30—09-04	5	53.0
1981	大黑河	02-22—04-03	40	53.0
		05-23—07-02	40	53.0
		10-01—10-11	10	53.0
1980	大黑河	06-28—07-01	3	53.0
		07-10—07-14	4	53.0
		07-22—08-30	38	53.0
		09-05—10-12	37	53.0
1979	大黑河	06-09—09-19	10	53.0
		07-05—07-20	15	53.0
1978	大黑河	05-23—08-11	80	53.0
		08-20—08-30	10	53.0
1977	大黑河	05-23—07-06	44	53.0
		07-16—08-02	17	53.0
		08-17—10-12	56	53.0
1976	大黑河	02-29—03-08	8	53.0
		05-24—07-16	53	53.0
		07-20—07-28	8	53.0
1975	大黑河	02-23—04-05	44	53.0
		05-24—08-25	93	53.0
		08-28—09-09	12	53.0
		09-13—10-12	29	53.0

年份	断流河流名称	断流时间（起止日）	断流天数/d	断流区段长度/km
1974	大黑河	02-23—04-05	41	53.0
		05-25—10-13	141	53.0
1973	大黑河	02-23—03-12	17	53.0
		05-23—09-27	127	53.0
1972	大黑河	05-23—10-11	141	53.0
1971	大黑河	03-02—03-13	11	53.0
		05-24—10-11	140	53.0
1970	大黑河	06-01—06-05	4	53.0
		06-27—08-16	50	53.0
		10-01—10-11	10	53.0
1969	大黑河	06-08—07-31	53	53.0
1968	大黑河	06-01—08-02	62	53.0
1967	大黑河	06-01—08-04	64	53.0
1966	大黑河	05-26—06-30	4	53.0
		06-11—07-28	47	53.0
		08-30—09-30	31	53.0
1965	大黑河	05-30—10-12	135	53.0
1964	大黑河	06-06—07-21	45	53.0
		07-24—08-05	12	53.0
1963	大黑河	03-17—04-05	19	53.0
		06-06—07-12	36	53.0
		07-20—08-06	17	53.0
		08-16—08-31	15	53.0
		09-06—09-13	7	53.0
		09-17—10-10	23	53.0
1962	大黑河	06-14—07-05	21	53.0
		09-23—09-30	7	53.0
		10-04—10-12	8	53.0
1961	大黑河	06-05—06-30	25	53.0
		07-17—07-20	3	53.0
1960	大黑河	06-09—07-05	26	53.0
		07-17—08-15	29	53.0
		08-26—09-28	33	53.0
1959	大黑河	05-24—06-04	11	53.0
1958	大黑河	05-25—05-30	5	53.0
		06-03—07-26	53	53.0
1957	大黑河	06-17—08-26	69	53.0
		09-10—10-08	28	53.0
1956	大黑河	02-25—04-02	37	53.0
		05-24—06-29	36	53.0
		08-25—10-05	41	53.0

年份	断流河流名称	断流时间（起止日）	断流天数/d	断流区段长度/km
1955	大黑河	06-11—06-13	2	53.0
		06-18—06-23	5	53.0
		06-27—06-30	3	53.0
		07-05—07-09	4	53.0
		07-12—08-09	28	53.0
		08-23—10-07	45	53.0
1954	大黑河	04-21—05-02	11	53.0
		06-01—06-24	23	53.0
1953	大黑河	06-28—06-29	1	53.0
		07-05—07-14	9	53.0
		07-19—08-16	28	53.0
		10-05—10-10	5	53.0
		11-07—11-20	13	53.0
		11-25—12-05	10	53.0
		12-19—12-21	2	53.0

注：1970—1957 年汛期观测，5 月或 6 月至 9 月或 10 月。1963 年为全年观测。

江河断流（内蒙古自治区锡林浩特市）锡林浩特站

年份	断流河流名称	断流时间（起止日）	断流天数/d	断流区段长度/km
1958—1976	锡林河	无断流		
1977	锡林河	08-08—09-27	50	125
1978—1979	锡林河	无断流		
1980	锡林河	07-07—09-30	83	125
1981—1999	锡林河	无断流		
2000	锡林河	07-08—09-20	73	125

数据来源及时间：水文资料。　　　　填表人：张志明　张利峰

山西篇

山西篇

1 山西省自然环境与社会经济概况

1.1 位置及行政区划

山西省位于我国华北地区，东邻河北，南靠河南，北以外长城与内蒙古自治区接壤，西以黄河与陕西为界，属华北经济协作区。黄河从西北而来沿西部和西南绕境而过。

山西在形态上略呈从东北向西南偏斜的平行四边形。位于北纬 34° 4′～40° 43′，东经 110° 14′～11° 33′，最东端和最西端分别在广灵县和永济县境内，最南端和最北端分别在芮城县和天镇县境内。全省面积 15.6 万 km^2，有 119 个县（市、区），分属于太原（6 区、1 市、3 县）、大同（4 区、7 县）、朔州（2 区、4 县）、忻州（1 区、1 市、12 县）、阳泉（3 区、2 县）、晋中（1 区、1 市、9 县）、长治（2 区、1 市、10 县）、晋城（1 区、1 市、4 县）、临汾（1 区、2 市、14 县）、运城（1 区、2 市、10 县）和吕梁地区（3 市、10 县）11 个市地。2000 年总人口 3 248 万，其中城市非农业人口 878 万，农业人口 2 370 余万，城市化率 27.0%。省会太原市，城市非农业人口约 200 万，是全国的特大城市之一。

1.2 自然环境概况

1.2.1 山多平地少

山西山多平地少，在地势上属于我国阶梯状地势的第二级阶梯，以巨大的断块隆起于华北西侧，平均海拔在 1 000 m 以上，呈现出高原形态，统称为山西高原。山西高原实质上是一个山地型高原，地面起伏较大，山地占山西国土面积的 40%，丘陵占 40.3%，平川盆地仅占 19.7%。第四纪以来，整个高原又呈现不均匀断块隆起与下陷，东西两侧隆起强烈，为山地高原状态，中部则相对下沉，呈现一系列断隔盆地。整个山西的横剖面像一个“凹”字形态。

（1）东部山地区

东部山地区是晋与冀、豫两省的省界，由一系列北东向山脉组成。主要山脉有蜿蜒于晋冀、晋豫边界上的太行山，它北起北京西山经河北延伸到山西省的广灵、灵丘、五台、盂县、昔阳、和顺、左权、黎城、平顺、壶关、陵川、晋城，接阳城边境的王屋山，绵延 400 余公里，海拔多为 1 500～2 000 m 之间。最高峰在和顺、左权一带，这里 2 000 m 以上山峰达六七座之多，其中左权县城东的岔山村附近为最高，海拔 2 180 m。太行山东坡陡峭，直立于华北平原西侧，十分雄伟壮观，山体被自西向东流的多条河流深切，形成无数峡谷关隘，自古为晋冀、晋豫两省的来往通道。这里有雄伟壮丽的自然风光，有久负盛名的旅游胜地，最著名的有娘子关、平型关、壶关、陵川的太行山大峡谷等。东坡比较平缓，由一系列北东向山脉和断陷小盆地和丘陵组成，主要山脉从北到南，依次有恒山、五台山、系舟山和霍山（太岳山）、王屋山、中条山等。其中恒山位于大同盆地和忻定盆地之间，是我国著名的五岳之北岳，最高峰馒头山，海拔 2 126 m，已建立风景名胜区。恒山也是山西省暖温带和中温带的地理分界线，在生态保护与恢复中具有重要意义。

五台山　位于忻定盆地北段南侧，由五座山顶平坦的山峰组成而得名。主峰北台又称叶斗峰，海拔 3 058 m，是山西也是华北的最高峰。五台山是佛教四大名山之首，也是文殊菩萨道场所在地，中心台怀镇及其周围地区寺庙繁多，是举世闻名的佛事活动和旅游避暑胜地。目前已建成五台山高山草地自然保护区和国家级风景名胜区。

太岳山　东连太行山，西段转向南又称霍山，有绵山（海拔 2 405 m）、石膏山、霍山（海拔 2 346 m）等峰，森林茂密，南延逐渐降低直至与中条山相接。

中条山　位于省境西南，运城盆地南侧，最高峰舜王坪，海拔 2 322 m，以此为中心建有国家级历山自然保护区，区内有小片原始森林及连香树等亚热带植物和猕猴、大鲵等国家级保护动物。

东部山地区各山脉之间还散布有多个山间盆地，其中南部太行山和太岳山之间的广大地区称为沁潞高原，这里展布着一个宽浅的向斜构造，以褶皱轻微的高原地形为主，由于河流侵蚀和堆积而形成黄土丘陵和盆地景观。其中以长治盆地为最大，面积约 1 000 km^2，海拔在 900～1 000 m 之间，地势较为平坦宽广，农业发达，盆地中还散布着侵蚀残丘。此外，高原上还散布有较小的寿阳—阳泉盆地、武乡—襄垣盆地、黎城盆地、高平—晋城盆地、阳城盆地等。

北部较重要的盆地有广灵—灵丘盆地、五台—东冶盆地等。

（2）西部高原区

西部高原区是以吕梁山脉为骨架的断块隆起而成，吕梁山耸立于高原东侧，东坡以巨大断层直立于中部盆地西侧，山势陡峭、雄伟，西侧缓缓倾斜于黄河河谷中，切割强烈，是山西严重的水土流失区。

吕梁山　是与太行山齐名的主要山脉，它北起大同市西山，南达河津龙门，自北而南主要山峰有洪涛山、黑驼山、管涔山、芦芽山、云中山、黑茶山、关帝山、石千峰、龙门山等。全长 400 余 km，中北部管涔山至关帝山一带最为雄伟、高大，其中关帝山主峰南阳山位于方山与文水县交界处，海拔 2 831 m；北部的芦芽山主峰荷叶坪，海拔 2 784 m，两山区内森林茂密，是国家一级保护动物褐马鸡的栖息地，均被列为国家级自然保护区。

吕梁山脉以西是黄土高原的核心组成部分，按照地貌形态可分为北部晋西北黄土丘陵和南部晋西黄土丘陵沟壑区，海拔 1 000～1 400 m。

晋西北黄土丘陵区，系指大同盆地以西的区域，在行政区划上包括左云县、右玉县、平鲁区等，整个地区是一个缓坡丘陵区，海拔 1 300～1 500 m，相对高差不足 200 m，北部地面切割轻微，南部切割较强，地面比较破碎。

晋西黄土丘陵沟壑区，指管涔山、吕梁山以西地区，在行政区划上包括忻州市、吕梁地区和临汾市的西山地区。按地表形态又可分为三部分：

晋西北神池、五寨、岢岚黄土丘陵宽谷、缓坡区，海拔 1 500 m 左右，风蚀严重，土地沙化明显。

沿黄北部丘陵沟壑区，包括偏关、河曲、保德、兴县、临县、柳林峁状黄土丘陵区和离石、中阳、石楼、永和等县，切割强烈，原始黄土高原仅以梁峁形态残存，称为梁峁状黄土丘陵区。

南部临汾市西山的大宁、吉县、乡宁、蒲县、隰县地面切割强烈，有小片黄土塬残存，称为黄土残塬沟壑区。

（3）中部盆地区

山西省中部从东北到西南为一断裂下陷带，断裂带又被一系列北东向突起所分隔，形成一系列盆地。初时盆地积水成湖，随着水系的发育，切穿盆地、疏干湖水，堆积了黄土和洪积、冲积物，各盆地均以断崖和两侧山地相连，山麓多涌泉，著名的有神头泉、下马圈泉、晋祠泉、兰村泉、郭庄泉、广胜寺泉（霍泉）、龙子祠泉等。盆地地势平坦，土地肥沃，又有灌溉之利，是山西开发最早的人口稠密、城市密布的经济最发达的区域。

大同盆地 位于恒山以北，介于采凉山、恒山、七峰山、洪涛山之间，海拔 1 000～1 100 m，西南向东北倾斜，面积 5 084 km²，桑干河沿盆地中部穿流而过。平原面上被轻微切割，盆地东部有第四纪火山活动形成的 30 余座火山丘，并断续分布着玄武岩熔岩流，当桑干河切过此熔岩流时，形成不深的平原峡谷地形，平原上风沙危害明显，可见雏形沙丘和沙地。排水不畅之处有程度不同的盐渍化现象。盆地东北部有不大的天镇、阳高盆地，以低山与其分隔。

忻定盆地 忻定盆地大致呈勺状，勺柄是滹沱河上游谷地，呈东北延伸，起于繁峙大营一带，包括繁峙、代县的平原部分，勺部是忻定平原，大致包括原平、忻府区和定襄三县（区）的平原部分，总面积 2 157 km²（海拔 800～1 000 m），滹沱河绕流其间，低洼处有盐渍化现象，忻州奇村一带有较为丰富的地热资源，现已开发为旅游度假区。滹沱河原为古汾河的上游，后因石岭关隆起才被迫改道东流。

太原盆地 北起石岭关，南达韩侯岭，东西两侧与山地相接，海拔 700～800 m，呈北东—南西方向展布，面积 5 016 km²，盆地中部汾穿穿流而过，河道宽浅。盆地边缘分布着被分割的黄土台地，有的切割成丘陵状，中部为汾河冲积平原，发育有二级阶地。盆地内有汾河的较大支流潇河和文峪河等。盆地内土地肥沃，灌溉便利，经济发达，山西省省会太原市即坐落于盆地北部。

临汾盆地 北起韩侯岭，南至侯马转向西至黄河岸，海拔 400～600 m，面积 5 000 余 km²。汾河穿流其间，形成多级阶地，现代冲积平原比较狭窄，山麓发育有洪积扇，沿山前断裂带有大型泉水出露，水源丰富，为工农业发展创造了有利条件。

运城盆地 介于中条山与峨嵋岭之间，海拔 330～360 m，面积 3 000 余 km²。湖相沉积深厚，涑水河两侧分布多级黄土阶地。盆地南侧处于中条山山前强烈凹陷带内，地势最低，海拔仅 320 m，是我国中东部地区唯一的内流盆地。盆地四周径流向盆地内汇集，盐分累积，浓度甚高，形成著名的盐池，土壤盐渍化严重。

1.2.2 黄土广布

山西地处黄土高原东部，省境东界的太行山是黄土高原的东界。山西全省广大高原、丘陵、大山山麓、河谷平川阶地均为黄土覆盖，仅在山地中上部少见黄土，均为基岩风化形成的土石物质。黄土对山西的生态环境有着巨大的影响。

黄土是一种特殊的土状堆积物，有其显著的特征：呈灰黄色或棕黄色；质地均一，以粉沙颗粒为主，结构疏松，多孔隙，有肉眼可见到的大孔隙；无沉积层理；富含碳酸钙达10%左右；垂直节理发育，常形成陡崖；遇水浸湿后，易分散，且会发生坍塌。

西北荒漠地区是黄土物质（粉沙和尘土）的源地，这里有强大的风从荒漠中部吹向外围，把黄土物质输送到生长灌木的草原地带，经过上百万年，逐渐堆积成厚厚的黄土层。在有些地区，也有原生黄土受流水作用而再堆积的现象。

黄土形成的时代，起始于第四纪即更新世初期，结束于更新世后期，大约在距今约240 万年前开始至 1.2 万年前的旧石器时代末期结束。在这以前或以后虽有风成黄土产生，但已经不很重要了。在黄土层中发现有多层古土壤层，这表明黄土在形成过程中，环境也是变化的，反映了沉积过程的间断。根据这些间断和黄土的颜色差异，黄土可大致分为三个主要形成阶段：

午城黄土　属更新世早期堆积，距今大约240万～80万年前。颜色暗红，质地黏重，含有几层古土壤，以隰县午城附近剖面为代表。

离石黄土　属中更新世堆积，距今大约80万～12万年前。黄土厚度约100 m，有10余层棕红色古土壤，上部颜色较黄，下部颜色较红，含化石，以离石陈家崖剖面为代表。

马兰黄土　颜色灰黄，质地疏松，以北京西山斋堂马兰阶地沉积最为典型，故而得名，距今约 12 万～1.2 万年，易分散。黄土所在区水土流失十分强烈，成为山西生态环境脆弱的又一主要自然因素。

1.2.3 矿产丰富

山西矿产资源十分丰富，已发现矿种 120 余种，其中煤、铝土矿、铜、铁、溶剂石灰岩、耐火粘土、铁钒土等 17 种在全国探明储量中居前 10 位。其中煤为第一大矿种，总储量为 8 700 亿 t，居全国第三位；探明储量 2 300 余亿 t，占全国探明储量的 1/3，含煤面积 5.7 万 km^2，占国土面积的 36.5%，且煤种齐全，煤质优良，赋存条件好，易于开采，其中焦煤储量占全国同类煤种储量的 58%。20 世纪 80 年代初被国家确定为全国的煤炭能源基地，十几年来，煤炭产量迅速增长，曾达到 3.4 亿 t/a，商品煤数量一直保持全国70%以上的份额。

1.2.4 光照充足，降水量少

山西处于中纬度地区，属于温带大陆性季风气候。按全国气候区划，山西分属于中温带、暖温带气候区。恒山—内长城—管涔山—紫荆山一线以北属中温带半干旱气候区；此线以南至昔阳—太岳山—河津一线之间为暖温带半干旱气候区；昔阳—太岳山—河津一线以南为暖温带半湿润气候区。气候总的特点是：冬季较长、寒冷干燥，夏季温高、降雨集中，春秋短促，春季多风，秋季温和。

（1）光辐射

山西光能资源丰富。全省年总辐射量 481.4～598.7 kJ/cm^2，仅次于青藏高原和西北地区，是我国光能资源的高值区。

光热资源的空间分布大致由南向北递增，北部及西部高原区较多，南部平原区较少。同一纬度区差别不大，但高度不同，有所变化，一般平地较高，山地较少。

光热资源季节差异明显，4—9 月辐射总量约占全年的 64%，其中 5—6 月达到最大值，月辐射量 62.8～71.2 kJ/cm^2，12 月最小，月辐射只有 25.1 kJ/cm^2。植物光合作用只能利用光源中的 0.38～0.71 cm 区间的能量，称为光合有效辐射，而光合有效辐射的利用随纬度和高度增加、气温降低、生长期缩短而减少。据测算，一些农作物产量较低的地区仅利用 0.2%～0.4%，而一些高产地块可达到 2.0%以上。

（2）气温

山西地势较高，气温相对同纬度的河北平原为低，年平均气温在－4.1～13.0℃之间。年、日温差大，呈自南向北，自平原盆地向高原递减。稳定通过 0℃的积温，全省在 2 500～5 200℃之间，相差超过 1 倍，南部运城、临汾最高能达 5 200℃，中部太原约 4 000～4 150℃，北部大同降至 3 300～3 500℃，右玉、神池一带只有 2 700～2 900℃，而高山地区降至 2 500℃以下。全省无霜期在 100～210 天之间，相差也在 1 倍以上。其中运城大于 200 天，太原 160～175 天，大同盆地 125～135 天，右玉、五寨一带 100～120 天，恒山、五台山、吕梁山等高山区小于 100 天。

（3）降水

山西降水受地形影响很大，全省除少数高山外，年降水在 400～650 mm 之间，从整体上看降水从东南向西北递减；从局部看山地多于盆地平原、迎风坡多于背风坡；降水量随山地高度增加而增加（见表 4-1-1 和图 4-1-1、图 4-1-2）。

表 4-1-1　山西省部分不同纬度、地形部位年降水量统计表

地　区	市县名称	海拔高度/m	地　　势	多年平均降水量/mm
晋东南—晋西北陵川—河曲剖面	陵川	1 311	太行山西坡	673.6
	襄垣	877	盆地	537.4
	沁源	1 000	太岳山东坡	656.7
	祁县	768	盆地	441.8
	太原	777	盆地	459.5
	岚县	1 205	吕梁山之芦芽山黑茶山之东山间盆地	504.9
	五寨	1 401	芦芽山西麓	478.5
	河曲	1 032	黄河河谷	447.8
晋东南—晋西北和顺—右玉剖面	和顺	1 265	太行山西坡	592.8
	阳泉	742	太行山西坡山间盆地	576.4
	盂县	953	太行山西坡山间盆地	585.9
	五台（豆村）	1 096	五台山南坡山间盆地	559.8
	五台山	2 895	五台山顶部	913.3
	繁峙	1 077	五台山北麓河谷平地	377.2
	山阴	1 045	盆地	397.3
	大同	1 067	盆地	384.0
	右玉	1 346	黄土高原丘陵	443.0

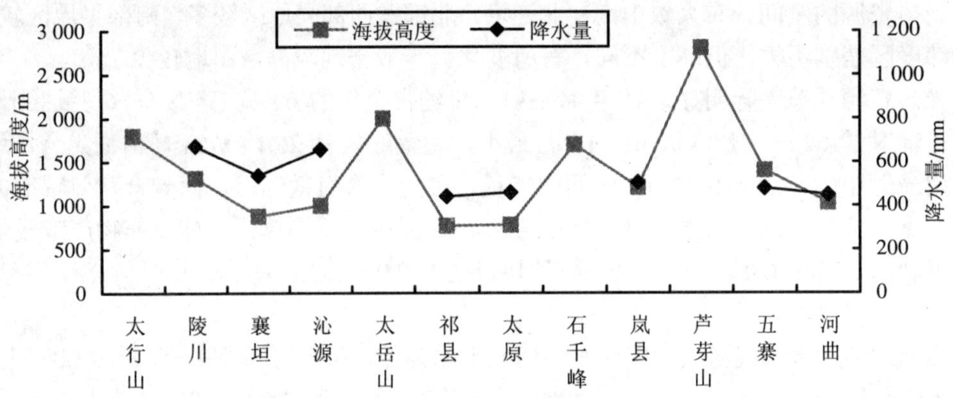

图 4-1-1　山西省平均降水量 SE—NW 向变化趋势暨地形影响示意图（Ⅰ）

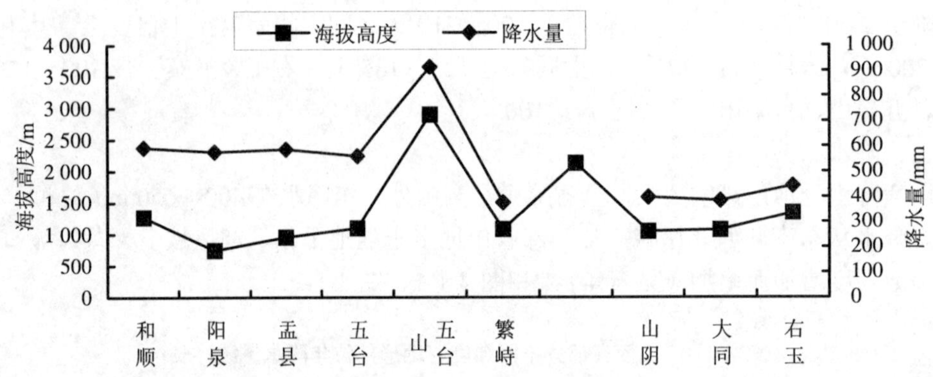

图 4-1-2　山西省平均降水量 SE—NW 向变化趋势暨地形影响示意图（Ⅱ）

山西有 3 个多雨区，一是晋东南和晋南太行山区和中条山区，年降水量普遍在 600 mm 以上；二是五台山区为 600～700 mm；三是吕梁山区亦在 600 mm 左右。

这些多雨区和夏季湿润气流有关，迎风坡对气流的抬升是降水的根本原因。山西还有 3 个少雨区，一是大同盆地，年降雨量在 400 mm 左右（大同市 380 mm）；二是忻定盆地，年降雨量 400～450 mm；三是吕梁山以西黄土丘陵区，年降雨量 450 mm 左右。这些少雨区是受高山叠嶂的影响阻止暖湿气流深入内地加上焚风效应所致。

山西由于受季风环流控制，降水的季节分配极不均匀，夏季风（东南风）是输送太平洋和印度洋水汽的主要媒介。故夏季（6—8 月）降水高度集中，约占全年总降水量的 60%以上，且多暴雨；冬季（12 至翌年 2 月）在蒙古干燥寒冷气团控制下，降雨（雪）很少，仅占年降水量的 2%～3%；秋季（9—11 月），处于气流更替时期，冷气团南下将暖气团抬升降水机会亦较多，约占年降水量的 20%～30%；春季（3—5 月），寒冷干燥气团虽然减弱，但富含水汽的海洋暖气团尚未到达，降水亦不多，约占年降水量的 15%～20%。

山西降水的另一个特点是年际变化很大，形成这种情况主要是季风环流在不同年份中其进退有早有晚，影响有强有弱，则导致雨季长短及雨量多少等年际变化和季节变化都极不稳定。以太原为例，多年平均降水量 473.9 mm，最少年仅为 261.1 mm，最多年达 749.1 mm，相差 3 倍之多。由于海洋暖湿气团通常要到 6 月以后才登临山西，故山西往往发生严重春旱。

（4）蒸发与干燥指数

一个区域的干湿程度，并不完全取决于降水的绝对数量，还取决于它的蒸发量，为了较准确地反映一个区域的干湿程度，常采用干燥度这个指标。干燥度常采用以下公式计算。

$$K=E/R \qquad E=f E_0$$

式中：K——某区域的干燥度；

E——某区域的最大可能蒸发量；

R——某区域同期降水量；

F——随季节而变化的系数；

E_0——为水面蒸发量。

E_0 是根据平均风速、平均相对湿度、日照百分率和平均气温等气象要素计算得出的。

干燥度指数反映了水分最大需要量与自然降水量之比。当比值＞1，表示降水量不敷需要；＜1 时，表示降水量有余。在我国气候区划中，年干燥度指标为：K=1.00 为湿润；K=1.00～1.49 为半湿润；K=1.50～3.49 为半干旱；K＞3.50 为干旱。根据这一指标，山西的东南部包括太行山、太岳山、中条山及其间的盆地区和吕梁山中的高山地区（包括芦芽山、云中山、关帝山、黑茶山和紫荆山等）为半湿润地区，其余均为半干旱地区。

在半干旱气候区中，K=1.50～3.49 的叫做轻半干旱气候区，包括中温带气候区西部和暖温带气候区的东部山地区及西部黄土丘陵和吕梁山南段。K＞1.9 的称为重半干旱气候区，它包括中温带大同盆地，晋西紫荆山北的兴县及其以北的河曲、保德沿黄河河谷地区；暖温带忻定、太原、临汾及运城盆地区，峨嵋台地和中条山南黄河谷地地区。显然，盆地内的重半干旱区的生态系统是依靠外来补充水，如地下水、河流等的汇水来调节，而西部和西北部因水土流失，为水分输出区，故实际干旱更为严重。

1.3 社会经济发展概况

山西在全国属于尚不发达地区。2000 年 GDP 为 1 643.81 亿元，占全国（89 403.6 亿元）的 1.84%；人均 GDP 为 5 137 元，是全国（7 078 元）的 72.48%，在全国 31 个省市区中排名第 20 位；城市职工平均工资 6 918 元，排名第 31 位。农民人均纯收入在全国的位次从 1985 年以后也在下滑，2000 年为 1 906 元，排名全国第 21 位（见图 4-1-3、图 4-1-4、图 4-1-5，表 4-1-2）。

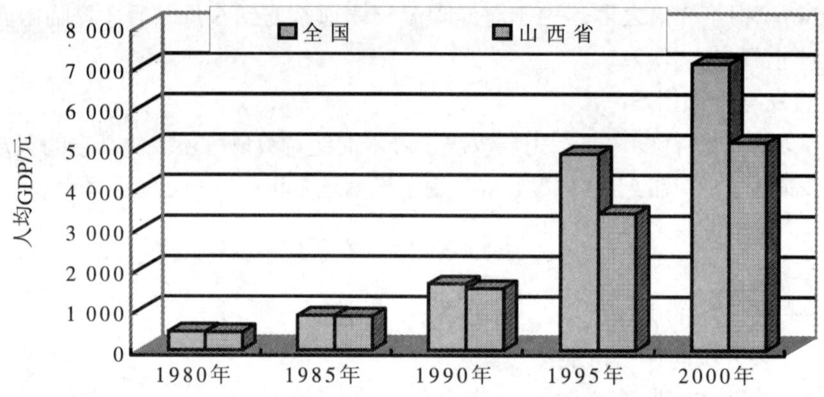

图 4-1-3　山西省人均 GDP 与全国平均水平比较

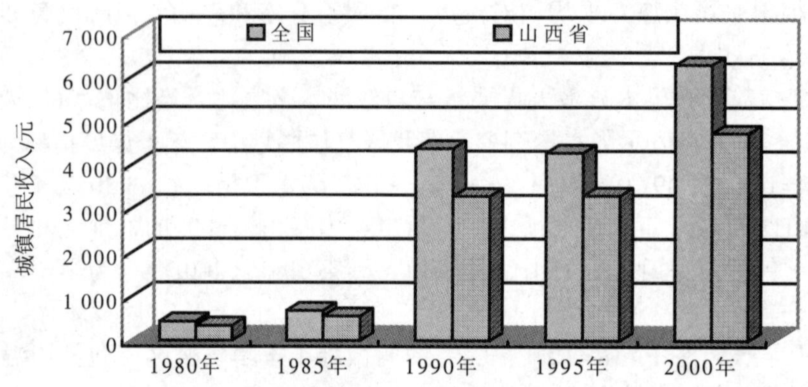

图 4-1-4　山西省城镇居民收入与全国平均水平比较

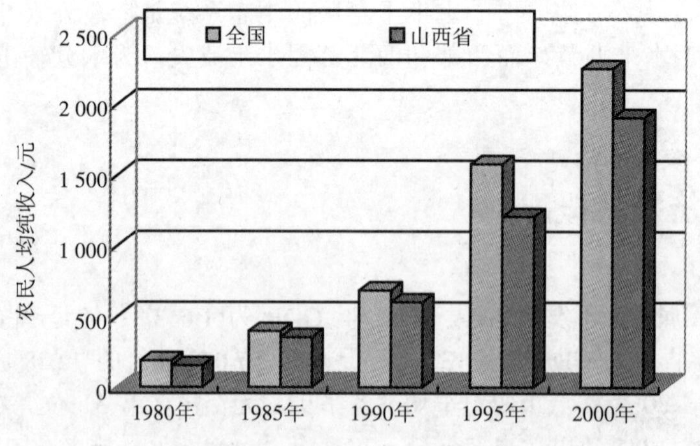

图 4-1-5　山西省农民人均纯收入与全国平均水平比较

表 4-1-2　山西经济发展与全国平均水平比较表　　单位：元

项　目		1980 年	1985 年	1990 年	1995 年	2000 年
人均 GDP	全国	460	853	1 643	4 854	7 078
	山西省	442	838	1 528	3 380	5 137
	差距	−18	−15	−106	−1 474	−1 941
	位次	12	12	16		20
城镇居民人均可支配收入	全国	439	685	4 377	4 283	6 280
	山西省	346	560	3 291	3 306	4 724
	差距	−93	−125	−1 086	−977	−1 556
	位次	23	28	27		31
农民人均纯收入	全国	191	398	686	1 578	2 253
	山西省	156	356	604	1 208	1 906
	差距	−35	−42	−82	−370	−347
	位次	25	19	20		21

资料来源：《中国统计年鉴》、《山西统计年鉴》。

中国科学院可持续发展战略报告（2002 年）的评估表明，在其评估的 6 项指标中，山西省生存支持系统排在全国 31 个省（区）市的第 31 位，环境支持系统排在第 30 位，智力支持系统排在第 22 位，发展支持系统排在第 28 位，社会支持系统排在第 10 位，可持续发展总能力排在第 28 位。显然，山西多年来单纯走资源开发的发展道路，既没有解决快速发展问题，又造成了严重的环境污染和生态破坏。

1.3.1 资源开发型经济结构

山西矿产资源丰富，是资源大省，素有“煤铁之乡”的称誉，手工采掘业和冶炼业具有悠久的历史。新中国成立以后一直是国家重点建设的区域，经济得到快速发展，特别是改革开放以后的 20 世纪 80 年代初，山西被国家确定为煤炭能源重化工基地，煤炭工业和与煤炭有关的电力工业、冶金工业、炼焦工业均得到空前的高速发展。到 2000 年，原煤产量为 2.52 亿 t，占全国产量的 1/4 左右和商品外调量的 70%以上；发电量 625 亿 kW · h，居全国第七位；生铁 1 628 万 t，居全国第二位；焦炭 4 967 万 t，占全国总产量（1.22 亿 t）的 40.8%，占出口量的 70%以上。总的说山西工业特别是煤焦工业在全国占有重要地位，但同时也存在不可忽视的问题：

一是结构单一，抗风险能力较差。2000 年山西工业增加值为 431.9 亿元，其中煤炭采掘为 116.3 亿元，占 26.9%；电力工业 64.5 亿元，占 14.9%；黑色冶金 59.4 亿元，占 13.8%；炼焦业 26.4 亿元，占 6.1%。直接与煤炭能源相关的产业累计占工业总增加值的 61.4%。在 1997—1999 年亚洲金融危机期间，煤焦、冶金、电力市场萎缩，山西经济处于十分困难的境地。

二是以重工业为主，轻工业所占比重很小。在重工业中又以采掘、原料工业为主，加工业落后。2000 年全省工业总产值为 945 亿元，采掘业为 153.8 亿元，占 16.3%；原料工业为 413.3 亿元，占 43.7%；制造业仅占 23.2%；轻工业在工业总产值中仅占 16.8%（见图 4-1-6）。

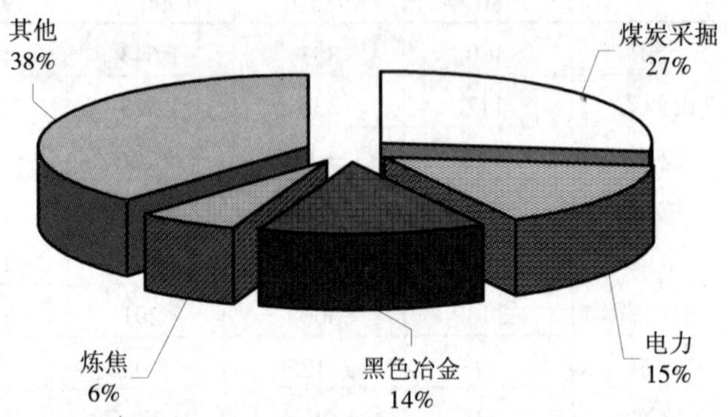

图 4-1-6　2000 年山西省工业增加值比例图

三是造成环境污染和生态破坏。煤矿开采引起的大面积土地塌陷和地下水漏失，其直接经济损失每年在数十亿元，加之煤焦铁行业小型企业多、技术落后、管理粗放，更造成严重的资源浪费、环境污染和生态破坏。山西煤炭产量曾达到 3.5 亿 t/a，其中约有 1.5 亿 t 是 1 万多个小煤窑生产的，这些小煤窑的资源回收率平均只有 15%左右，丢弃的资源比采出的多得多。山西每年生产 4 900 余万 t 焦炭，其中改良焦和小机焦生产所占比重大，化产、煤气等资源几乎全部丢弃，还造成严重的大气污染。另外约有 2/3 的生铁是小高炉生产的。粗放的资源开发利用方式是造成山西生态破坏和环境污染的主要原因。

1.3.2 农业生产落后、效率低

山西山多平地少，气候干旱，农业生产条件不好。2000 年山西省农业（第一产业）在国内生产总值中仅占 10.9%，远低于全国平均 15.9%的水平。在农业内部结构中也表现为落后的态势，农业产值构成中耕作业所占比重为 67.8%，全国平均为 55.7%，山西高出全国平均 12.1 个百分点，而具有林牧业发展优势的山西，牧业却低于全国平均两个百分点（见表 4-1-3，图 4-1-7）。

粮食生产单位面积产量很低。2000 年山西粮食播种面积 318.6 万 hm^2，平均产量每公顷仅 2 678 kg，而全国平均水平为 4 753 kg，山西仅为全国平均产量的 56.3%。可见土地利用结构的调整势在必行。

表 4-1-3　2000 年山西第一产业产值及构成　　单位：亿元

项　目	总产值	农业	林业	牧业	渔业
山西	322.4	218.3	12.7	89.7	1.6
所占比例（%）	100	67.8	3.9	27.8	0.5
全国平均构成（%）	100	55.7	3.8	29.7	10.9

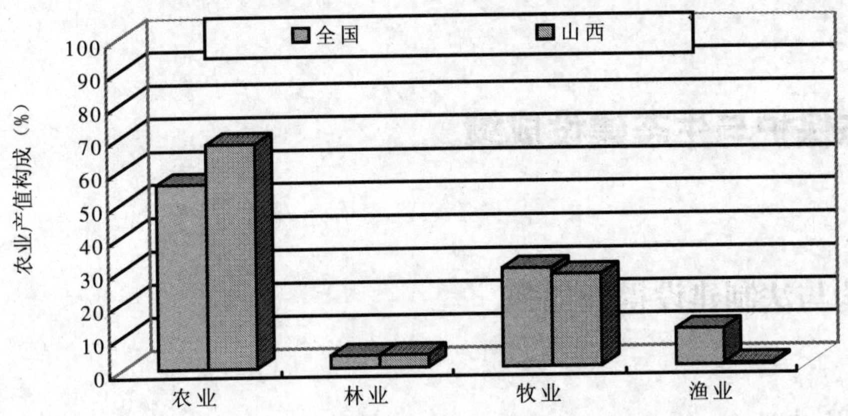

图 4-1-7　2000 年农业产值构成与全国平均水平比较

2 生态保护与生态建设成绩

2.1 机构与法制建设得到加强

2.1.1 机构建设

改革开放以来，生态环境保护引起了省委、省政府的高度重视，环保机构和法制建设也日益得到加强。山西省环境保护机构和队伍建设自 20 世纪 80 年代中期以来，逐步发展壮大（见表 4-2-1），由环保办、二级环保局，发展成独立行使执法监督职能的一级局；环保队伍也由过去的 100 多人增加到现在的 8 265 人，其中大专以上学历的 3 333 人，占总人数的 40.3%。

表 4-2-1　山西省环境保护机构建设情况

省级							地市级								县级							乡镇
合计	环保局	监理所	监测站	科研所	信息中心	其他	合计	环保局		监理所	监测站	科研所	信息中心	其他	合计	环保局			监理所	监测站	其他	环保机构
								小计	独立设置							小计	独立设置	未独立				
12	1	1	1	1	1	7	55	11	11	11	11	8	2	12	384	119	98	21	121	106	38	13
自然保护生态处室　1 个							自然生态保护科室　8 个								自然生态保护科室　无							

2.1.2 法制建设

山西生态环境保护法制体系不断健全，针对《森林法》、《水保法》、《土地法》、《矿产资源法》、《野生动物保护法》、《自然保护区条例》等原有法律，先后制定了相应的实施办法和多种地方法规，环保、农业、林业、水利、国土资源等部门联合执法力度明显加强。"九五"以后，省委、省政府颁发了《关于加强全省生态环境建设的意见》（晋发［1998］50 号），号召全省人民行动起来，建设山川秀美的三晋大地；先后制定了《山西 21 世纪议程》、《山西省生态环境建设规划》，提出了加大林草植被建设，治理水土流失，以预防为主，保护与治理并举，管理与建设并重，开展生态环境建设。《全国生态环境保护纲要》颁布实施后，省政府立即组织环保、农业、林业、国土、水利等相关部门和有关专家进行调查研究，出台了《山西省人民政府关于贯彻落实〈全国生态环境保护纲要〉的实施意见》，进一步明确了全省生态环境保护的任务、职责，为依法监督开发建设引起的新的人为生态破坏起到了积极的推动作用。自 20 世纪 80 年代中期起，山西省及其各市地、县区编制了大量的环境保护规划，并逐步纳入到地区社会经济发展计划和年度计划（见表 4-2-2）。规划编制和法制建设的加强，为维护生态环境安全，深化生态环境管理奠定了良好基础。

表 4-2-2　山西省环境保护法制建设及规划编制情况

法规		标准	规划	其中：生态保护法规	其中：生态保护规划
省级	地方				
11	3	2	57*	6	8

注：*据不完全统计。

2.2 生态保护取得一定成效

2.2.1 建立自然保护区

自然保护区的建立，为生物多样性，尤其是珍稀濒危动植物的保护提供了有效途径，发挥了重要作用。山西省自 20 世纪 80 年代初期以来，陆续建起了一些自然保护区。《全国生态环境保护纲要》颁布后，山西省对生态环境良好区实施积极性保护，在生物多样性丰富区、集中区抢建了一批省级自然保护区。到 2002 年 7 月，全省共建成各类自然保护区 39 个，其中国家级 4 个，省级 35 个，总面积 1 058 700 hm^2，占全省国土总面积的 6.78%（见表 4-2-3）。自然保护区建立以后，主要保护对象数量明显增加，栖息地生态得到改善，而且区内其他国家和省保护动植物及其生境也得到了有效保护。

表 4-2-3　山西省自然保护区名录

序号	名称	地点	面积/hm^2	主要保护对象
1	历山国家级自然保护区	垣曲、沁水、阳城、翼城交界处	24 800	暖温性植被及猕猴、大鲵等珍稀动物
2	芦芽山国家级自然保护区	宁武、五寨交界处	21 453	褐马鸡及华北落叶松、云杉次生林
3	庞泉沟国家级自然保护区	交城、方山交界处	10 466	褐马鸡及华北落叶松、云杉次生林
4	蟒河国家级自然保护区	阳城	5 600	猕猴及匙叶栎、山白树等
5	天龙山省级自然保护区	太原	2 867	森林环境及自然景观
6	灵空山省级自然保护区	沁源	1 334	油松天然母树林及金钱豹、金雕等
7	绵山省级自然保护区	介休	17 827	华北落叶松及野生林果资源
8	五鹿山省级自然保护区	蒲县、隰县	14 350	褐马鸡及其生境及油松天然次生林
9	运城省级湿地自然保护区	运城	79 830	天鹅、灰鹤及其他水禽和湿地沼泽生态系统
10	五台山省级自然保护区	五台	3 333	亚高山草甸生态系统
11	人祖山省级自然保护区	吉县	15 940	野生动物褐马鸡、原麝及森林生态系统
12	四县垴省级自然保护区	祁县	16 000	野生动物金钱豹及森林生态系统
13	超山省级自然保护区	平遥县	18 560	森林生态系统

序号	名称	地点	面积/hm^2	主要保护对象
14	八缚岭省级自然保护区	榆次区	15 267	野生动物金钱豹、丽豆及森林生态系统
15	汾河上游省级自然保护区	娄烦县	27 000	野生动物褐马鸡、金钱豹及森林生态系统
16	黑茶山省级自然保护区	兴县	25 741	野生动物褐马鸡、金钱豹、原麝及森林生态系统
17	朔州紫金山省级自然保护区	朔城区	11 420	云杉、落叶松天然次生林及油松人工林，珍稀植物华北驼绒藜、玫瑰等
18	应县南山省级自然保护区	应县	20 810	华北落叶松人工林及森林生态系统
19	桑干河省级自然保护区	朔城区、怀仁县、大同县、阳高县及天镇县	60 787	迁徙水禽及其停歇地，杨树、樟子松、油松人工林
20	臭冷杉省级自然保护区	繁峙县	25 049.4	珍稀树种臭冷杉、裂唇虎舌兰及森林生态系统
21	云中山省级自然保护区	忻府县	39 800	野生动物褐马鸡及森林生态系统
22	孟信垴省级自然保护区	左权县	39 300	野生动物金钱豹及森林生态系统
23	铁桥山省级自然保护区	和顺县	38 974.4	野生动物金钱豹和油松天然次生林
24	韩信岭省级自然保护区	灵石县	38 334	侧柏、杜松及森林生态系统
25	灵丘黑鹳省级自然保护区	灵丘县	134 667	野生动物黑鹳、青羊和省级保护树种青檀及森林生态系统
26	团圆山省级自然保护区	石楼县	16 477	野生动物褐马鸡、金钱豹、麝及人工侧柏林生态系统
27	涑水河源头省级自然保护区	绛县	23 144	涑水河源头森林生态系统
28	太宽河省级自然保护区	夏县	23 947.4	野生动物金钱豹、金雕和珍稀树种野生板栗及森林生态系统
29	尉汾河省级自然保护区	兴县	16 890	野生动物褐马鸡、原麝及森林生态系统
30	薛公岭省级保护区	离石市、中阳县	19 976.5	野生动物褐马鸡、金钱豹、原麝及森林生态系统
31	崦山省级自然保护区	阳城县	10 009	天然侧柏母树林生态系统及爬行类动物
32	云顶山省级自然保护区	娄烦县	23 029.2	野生动物褐马鸡、金钱豹、黑鹳、林麝及森林生态系统
33	泽州猕猴省级自然保护区	泽州县	93 775.1	猕猴及森林生态系统
34	浊漳河源头省级自然保护区	沁县	14 200	浊漳河源头的森林生态系统、泉源
35	南方红豆杉省级自然保护区	陵川县	21 439.6	南方红豆杉为主的森林生态系统及猕猴、金钱豹等
36	药林寺冠山省级自然保护区	平定县	11 017	重点保护野生动物金钱豹、青羊及森林生态系统
37	中央山省级自然保护区	黎城县	32 671.1	金钱豹及森林生态系统和猛禽类
38	凌井沟省级自然保护区	阳曲县	24 920	野生动物褐马鸡、金钱豹、原麝及森林生态系统
39	霍山省级自然保护区	霍州、古县、洪洞	17 851.7	野生动物金钱豹、原麝、黑鹳、金雕、核桃楸、水曲柳及森林生态系统

2.2.2 启动生态功能保护区

根据《全国生态环境保护纲要》和山西省人民政府《关于贯彻落实〈全国生态环境保护纲要〉的实施意见》要求，实施了对重要生态功能区的抢救性保护。省政府办公厅转发了由省环保局起草的《关于省级生态功能保护区申报审批的意见》，印发了《建立省级生态功能保护区申报书》，在全国率先推行省级生态功能保护区申报审批程序。按照山西省人民政府《关于贯彻落实〈全国生态环境保护纲要〉的实施意见》，重点在汾河源头、沿黄河流域水土流失防治区、沁河源头、桑干河流域水源涵养区等地区调查研究，拟建立 4 个省级生态功能保护区。这 4 个区在维护山西区域和流域生态环境安全方面起着举足轻重的作用。

2.2.3 开展生态示范区试点

环境问题说到底是一个“发展”的问题，一方面是发展不足的贫穷问题；另一方面是发展方式不当的掠夺性的粗放型开发方式问题。按照可持续发展思想，建设生态示范区正是要解决发展过程中存在的“发展不足”与“发展不当”两个方面的问题。生态示范区以生态经济学原理为指导，以协调经济、社会、环境建设为主要对象，在县域生态良性循环的基础上，实现经济社会全面健康的持续发展。生态示范区建设是解决区域经济发展与生态环境恶化之间的矛盾，实现区域可持续发展的必要途径。从 1996 年国家环保总局推行第一批生态示范区建设试点至今，山西省先后有榆次、壶关、武乡、清徐、五寨、安泽、右玉、沁源、沁县、平鲁、平陆、永和、祁县、盂县、陵川、沁水共 16 个县区被国家正式列为生态示范区建设试点区，示范区总面积 26 174.7 km^2（见表 4-2-4）。其中，壶关县委、县政府重视生态示范区建设，已于 2001 年 8 月通过国家环保总局的验收；2002 年 3 月 8 日正式被国家环保总局命名为国家级生态示范区；县委书记程前、县长赵春英、环保局局长张建国受到国家环保总局的表彰。

通过 6 年多时间的努力和探索，山西省的生态示范区建设已经在改变传统的发展模式、以较低的资源和环境代价换取较高的经济发展速度、达到经济社会效益与生态环境效益的统一、实现城镇乡村的可持续发展方面取得了一定成效，积累了一些经验。

表 4-2-4　山西省生态示范区名录

序号	名称	级别	性质	面积/km^2	建设内容
1	壶关县	国家级	已验收	1 012.7	生态经济建设
2	武乡县	国家级	试点	1 610.0	水土流失治理
3	五寨县	国家级	试点	1 391.3	生态农业
4	榆次区	国家级	试点	1 328.3	城市化生态示范
5	清徐县	国家级	试点	609.1	乡镇工业型
6	安泽县	国家级	试点	1 967.3	生态农业
7	右玉县	国家级	试点	1 964.0	生态农业（畜牧）

序号	名称	级别	性质	面积/km²	建设内容
8	平鲁区	国家级	试点	2 302.0	生态农业
9	祁 县	国家级	试点	850.0	农工商一体化
10	盂 县	国家级	试点	2 521.0	生态农业
11	沁 县	国家级	试点	1 323.0	生态农业
12	永和县	国家级	试点	1 220.0	生态农业
13	平陆县	国家级	试点	1 176.0	生态农业
14	陵川县	国家级	试点	1 686.0	生态旅游
15	沁水县	国家级	试点	2 660.0	生态旅游
16	沁源县	国家级	试点	2 554.0	生态旅游
合 计				26 174.7	

2.2.4 保护与繁育珍稀濒危物种

山西境域狭长，纬度跨度大，气候、地形条件复杂多样，造就了多种多样的生态系统和丰富的动植物资源。山西省已知的野生植物共有 2 749 种，以温带分布类型居多。全省共有珍稀濒危野生植物 16 种，其中濒危类 2 种（矮牡丹、红豆杉），稀有类 6 种（领春木、青檀、猥实、无喙兰、连香树、山白树），渐危类 8 种（翅果油树、核桃楸、刺五加、水曲柳、天麻、黄蓍、蒙古黄蓍、野大豆）。根据有关文献记载及多年来的调查统计，全省共有野生动物 430 余种，属于国家重点保护野生动物有 69 种，其中Ⅰ级重点保护动物 15 种，Ⅱ级重点保护 54 种，省级重点保护动物 27 种，珍稀濒危动物繁殖场 4 个（见表 4-2-5）。

表 4-2-5 山西省国家重点保护野生动植物种类分布情况表

国家Ⅰ级保护植物/种	国家Ⅱ级保护植物/种	国家Ⅰ级保护动物/种	国家Ⅱ级保护动物/种	珍稀濒危动物繁殖场/个	省级重点保护动物/种
4	17	15	54	4	27

生物多样性是人类宝贵的资源，长期以来，由于受到人类活动的干扰，生物适宜生存的环境日趋缩小，物种灭绝速度加快。山西省历史上曾有过的熊、虎基本消失，梅花鹿、马鹿、猞猁、兔狲、豺、貉也已绝迹，青羊、麝、石貂分布区域逐渐缩小，鸟类明显减少，种群数量所剩不多。近几年来，通过抢建自然保护区和珍稀濒危动物繁殖场，以及加大对倒卖、贩卖野生动物的打击力度，珍稀濒危物种得到一定保护。

2.2.5 推行农村环境保护

随着社会经济的不断发展，农村生态环境问题日益突出，开展农村环境保护摆上了各级政府的议事日程。山西省位于农牧交错带，发展畜牧养殖有条件。在当前退耕还林还草农村经济大循环的形势下，以种植业为基础，通过养殖业和加工业增值，靠第三产业商品化，已成为农民的普遍共识。2000 年全省开展了规模化畜禽养殖业污染调查，完成了专题报告的编写，初步摸清了规模化畜禽养殖业的污染情况，为规模化畜禽养殖业污染的预防和治理打下了基础。与此同时，结合环境优美小城镇建设，加强了农村面源污染防治，提倡施用农家肥和生物肥料，严格控制农药、化肥施用量，积极引导农民回收农用塑料薄膜，减少残留地膜破坏土壤结构、影响作物正常生长。加强秸秆综合利用，改善和调整农村能源结构是做好农村环境保护的一项重要工作。全省年产秸秆 1 190 万 t，综合利用率达 76%，利用量达 840 万 t。目前，秸秆利用方式主要包括秸秆还田、秸秆造气柴灶和秸秆工艺品、家用器皿等，2000 年秸秆还田面积达到 44.07 万 hm^2。

2.3 生态建设取得一定进展

2.3.1 绿化造林

改革开放以来，历届省委、省政府为改善生态环境做出了很大努力，进行了一系列的生态环境建设，取得了一定成绩，创造出户承包治理小流域、拍卖“四荒”土地使用权等新措施，调动了广大群众的积极性，在实践中产生了很好的效应。从 20 世纪 80 年代中期开始，先后开展了“三北”防护林体系建设、太行山绿化工程、平原绿化工程、防沙治沙工程、黄河中游防护林工程五大国家重点林业生态工程，建成万亩以上的林业工程 156 个，其中 6 666.67 hm^2 以上的林业工程 12 个，种树种草 363.8 万 hm^2，涌现出右玉、壶关等一批生态建设先进县。截至 2000 年，全省有林地面积为 206.3 万 hm^2，森林覆盖率仅 13.2%，比全国低 2.2 个百分点，加上灌木林后，林木覆被率也只有 16.27%（见表 4-2-6）。

表 4-2-6　山西省造林绿化情况表

项 目	20 世纪 80 年代中期	20 世纪 90 年代中期
有林地面积/万 hm^2	127	206.3
森林覆盖率（%）	11.72	13.2
人工有林地面积/万 hm^2	33.23	53.54

据 20 世纪 80 年代全省草地普查，山西省拥有面积在 20 hm^2 以上的连片天然草地 371.07 万 hm^2，主要是东西山区海拔 1 000 m 以上能够作为放牧打草的牧坡草地；20 hm^2 以下零星四边草地 84.13 万 hm^2，主要是靠近农区村边、地边、路边、水边的能够为家畜所利用的天然草地。全省草地总面积为 455.2 万 hm^2，占国土总面积的 29.2%。近 20 年来，全省先后引进优良牧草品种数十个，经过试验，筛选出适宜山西省种植的优良牧草紫花苜蓿、沙打旺等 10 余种，选育了城市绿化、公路护坡等方面的优良草种，制定了相应的栽培技术规程。截至 1999 年，全省累计人工种草、改良草地面积达 46.67 万 hm^2，其中：人工种草 28.2 万 hm^2，改良草地 17.33 万 hm^2，草地围栏 1.2 万 hm^2，保留牧草种子田 333.33 hm^2，年新增牧草产量 400 余万 t，新增载畜量 200 多万个羊单位（见表 4-2-7）。

表 4-2-7　山西省草地建设情况（1999 年）

土地面积/万 hm^2	建设人工草地/万 hm^2	改良退化草地/万 hm^2	草地总面积/万 hm^2	占土地总面积（%）
1 562.66	28.2	17.3	455.2	29.2

2.3.2 退耕还林还草

实施退耕还林还草是进行农业结构调整，改善农村生态环境，促进农田生态系统良性循环的重要手段和措施。省政府计划 5 年内逐步完成 25° 以上坡耕地的退耕还林还草。2000 年全省退耕还林 1.67 万 hm^2，荒山造林 6.67 万 hm^2。根据国家和省里安排，2001 年在忻州、吕梁、临汾、运城等 16 个县开展了退耕还林试点，退耕还林 1.67 万 hm^2，荒山造林 5 万 hm^2，总面积为 6.67 万 hm^2。

例：山西省原平市沿沟乡班政铺村，人称“雁门关下苗木第一村”。人们绕村走一遭会看到，这里到处是树，一片绿的海洋。全村 80%的土地育苗，80%的劳力种树，农民收入的 80%也来自苗木。

班政铺共有 173.33 hm^2 土地，1 000 多口人。过去农民收入靠种玉米，亩收入仅 200 元左右。1997 年，村里一个贩运树苗的个体户开始种下 0.33 hm^2 新疆杨，经济效益很好，村民们由此看到了致富亮点。1998 年春天，村里把 2.67 hm^2 机动地包给 16 户农民，集中引育了大西北地区的树苗，秋天销售剪条亩收入达 2 000 元。次年又有 20 户育苗 6.67 hm^2，到 2000 年，全村发展到 120 户约 40 hm^2，每亩收入高达 4 000 元以上。

班政铺村民算过一笔账：1 亩树苗等于 10 亩玉米，留下买口粮的钱，其余就成了经济收入，咋种都合算。1999 年以来，村民们把过去卖树苗的收入全部拿出来再投入，总计 100 多万元的资金用于育苗，使全村育苗总面积上升到 140 hm^2，占耕地的 80%，人均约 0.13 hm^2。树苗品种发展到乔、灌、针、阔、果五大类 40 多种，金丝柳、速生杨、毛白杨、桧柏等新品种成了市场上的“抢手货”，远销内蒙古、河北、陕西和山西省各地。2000 年上半年，全村林业收入达 160 万元，仅此一项村民人均收入 1 500 元。

2.3.3 水土保持

山西省水土流失面积达 9.33 万 km^2，占总土地面积的 59.7%。其中，黄河流域水土流失面积为 6.76 万 km^2，占黄河流域总土地面积的 69.4%；海河流域水土流失面积为 4.04 万 km^2，占海河流域总土地面积的 68.3%。全省多年平均输沙量（悬移质）4.56 亿 t，平均输沙模数 3 000 t/km^2。

新中国成立以来，特别是改革开放以来，省委、省政府带领全省人民坚持不懈地治理水土流失，取得了明显成效。从集体化的大兵团作战到以户承包小流域、股份制治理小流域和拍卖“四荒”治理水土流失；从种苜蓿、栽刺槐、打地埂等单项水土保持措施发展到机修梯田、水力充填筑坝、飞播种草育林，以流域为单元，治沟与治坡结合，生物措施与工程措施、农艺措施结合，山水田林路、梁峁垣沟坡综合治理。有 13 个县（市、区）列入环北京地区防风固沙区工程范围，沙区已累计完成造林种草约 39.33 万 hm^2，封山育林（草）8 万 hm^2，在流动沙丘区设置沙障 0.9 万 hm^2，全省水土保持累计治理面积 4 万 km^2，建成梯田、沟坝滩地高产稳产基本农田 145 万 hm^2，治理度达到 32%。其中汾河上游、三川河、永定河上游、沿黄及太行山等重点流域治理保存面积达 1.92 万 km^2，减沙效益均在 40%以上，初步形成了网带片和乔灌草相结合的防护林体系骨架（见表 4-2-8）。到 2000 年底，已累计治理水土流失面积 4 万 km^2，占流失面积的 42.9%；其中能保持治理效益的仅有 1.4 万 km^2，仅占治理面积的 35%。

表 4-2-8　山西省水土保持情况表

土地面积/万 hm^2	截至 1986 年		截至 1999 年		水土流失累计治理面积（2000 年）/万 hm^2	占全省水土流失面积百分比（%）
	水土流失总面积/万 hm^2	占土地总面积百分比（%）	水土流失总面积/万 hm^2	占土地总面积百分比（%）		
1 562.66	985.77	63.1	933.00	59.7	400	42.9

2.3.4 生态农业县（乡、村）建设

早在 20 世纪 80 年代初，山西省就从旱作农业起步，开始了生态农业试点建设，随着不断地探索和发展，生态农业由原来星星点点的生态户、生态村发展到较大范围的生态县、生态区的试验示范；总结推广了多种适合于山西省经济、生态环境建设的生态农业模式，主要有立体种植复合经营模式、农林牧副渔协调发展模式、种养加资源利用模式、果园养殖沼气模式、北方农村新能源生态模式、山区立体林果业模式等。1991 年，吕梁地区首先制定了生态农业发展规划，开始了生态区建设的探索；1993 年，省里又把这一规划扩展到晋西北黄河沿岸 27 个县作为试验示范区；1994 年，制定出了跨行政区域六大片生态农业建设总体规划。截至 2000 年，全省已有 60%的县开展了生态农业试点建设，被正式立项扶持的有 14 个生态农业县，其中国家级 3 个、省级 11 个（见表 4-2-9），试点示范面积达 46.67 万 hm^2。此外还有农村能源综合建设县 10 个，省柴节煤改灶县 40 个。

表 4-2-9　山西省现已正式立项扶持的生态农业县

序号	县（市）	面积/km^2	级别
1	闻喜	1 164	国家级
2	中阳	1 424	国家级
3	河曲	1 320	国家级
4	壶关	1 013	省级
5	祁县	850	省级
6	平陆	1 176	省级
7	绛县	982	省级
8	恒曲	1 176	省级
9	稷山	684	省级
10	洪洞	1 495	省级
11	长子	1 029	省级
12	陵川	1 686	省级

序号	县（市）	面积/km²	级别
13	平遥	1 253	省级
14	吉县	177.5	省级
合　计	15 429.5 km²		

2.3.5 矿区恢复与生态重建

山西矿产资源丰富，矿业开发是全省的支柱产业。截至 1999 年底，全省已开发利用矿产 67 种，已生产在建各类矿山 10 323 个（其中国有矿山 739 个），1999 年全省矿业总产值 248.76 亿元。煤炭是山西最重要的支柱产业，到 1999 年底，全省办理采矿登记的各类煤矿共 5 831 个，产原煤 24 894 万 t。与此同时，矿产开采造成的生态破坏也成为山西的主要生态环境问题。

从 20 世纪 80 年代中期开始，山西省广泛开展了对矿区生态破坏和植被重建的研究，加强了矿区恢复与生态重建的管理。1987—1990 年完成了山西省“七五”计划攻关项目《利用固体废弃物覆土造田的研究》；1991—1995 年完成国家“八五”攻关课题《安太堡露天煤矿废弃地复垦系统工程的研究和开发示范》；1991—1994 年完成国家环保局课题《煤矿塌陷区生态经济开发利用分析研究》等。

由于山西特定的自然经济社会条件，土地复垦工作对山西来说显得尤为重要。1993 年 6 月，省政府成立了山西省土地复垦工程领导组，负责协调全省各行业的土地复垦工作。为掌握全省各类破坏土地的数量、程度、空间分布、变化规律以及对环境的影响等情况，1994 年在省土地复垦工程领导组的统一部署下，依据有关技术规程和规定，全省八大矿务局、35 个重点产煤县以及冶金、建材、电力行业的大型企业，开展了对工矿区土地破坏状况的调查，并在此基础上编制土地复垦规划。1998—1999 年完成了《山西省煤炭造成土地破坏情况汇总分析及土地复垦规划》，为全省因地制宜，开展不同复垦区域的土地利用奠定了可靠的基础。

3 生态环境现状及其发展趋势

3.1 土地利用类型及变化趋势

据国土部门2000年调查，全省土地总面积156 270km^2，合1 562.7万hm^2（约23 500万亩）。按照全省总人口计算，人均占有0.48hm^2。

山西土地资源的特点为：山地丘陵多、地势高差悬殊、土地类型复杂多样。

山西地形复杂，东西有太行山和吕梁山，中部为一系列断陷盆地，大部分地区海拔在1 000m以上。由于山区、丘陵土地坡度大，土地利用不当极易引起水土流失，但同时也具有土地利用类型丰富、宜林宜牧地广阔的优势。概括而言，土地利用类型可分为东、西山地系列的土地资源类型，中部盆地、台地系列的土地资源类型和广泛分布的黄土丘陵系列的土地资源类型。从土地资源利用的角度分析，山西的土地利用方向应该是农林牧综合发展，以林牧为主。

3.1.1 土地资源利用现状

2000年山西各种类型的土地利用情况见表4-3-1和图4-3-1。

表4-3-1　山西省土地利用情况表（2000年）

土地类型	面积/万hm^2	所占比例（%）
耕地	445.7	28.4
园地	28.5	1.8
林地	375.1	23.9
牧草地	71.5	4.6
居民点及工矿用地	72.4	4.6
交通用地	16.8	1.1
水域	34.0	2.2
未利用土地	519.0	33.1
土地总面积	1 562.7	100

数据来源：省国土资源厅。

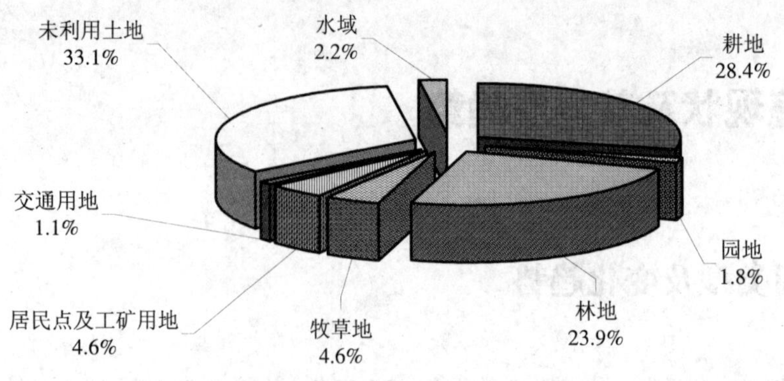

图 4-3-1　山西省国土构成现状（2000 年）

从图和表看，山西土地利用类型丰富，未利用土地面积广阔，占 33.1%，但利用难度较大；已利用土地中，耕地所占比重最大，占 28.4%，林地次之，占 23.9%，草地比重偏低，占 4.6%；其余为居民及工矿、水域、交通和园地共占 9.7%。生产用土地类型比例，未体现山西作为农牧交错带，宜林宜牧地广阔的特点，土地利用结构不尽合理。

据国土部门调查，2000 年未利用土地 519.0 万 hm^2，占土地总面积的 33.1%。这些土地中除一部分为裸露的山岩和其他难以利用的土地外，还有相当一部分为可利用而尚未利用的荒山、荒坡等，但由于地处偏远、人迹罕至、交通不便，开发难度较大，适宜于发展林牧业，可作为林业和牧业的后备土地资源。

在已利用的各类型土地中，耕地面积达 445.73 万 hm^2，所占比重（28.4%）最大，大于林地（23.9%）和牧草地比重（4.6%），未能体现出山西作为农牧交错带，宜林宜牧地广阔的特点，土地利用结构不尽合理。

需要指出的是，耕地面积的实际数字可能还要比上述数字更多。根据历年来土壤普查、林业动态监测以及典型县土地资源详查资料分析，西部山区实际耕地面积平均比上报面积大 86.76%，东部山区大 65.63%，中部盆地一般也大 20%左右。本次生态环境现状调查的遥感解译结果也表明，山西实有耕地面积占到全省土地总面积的 37.1%，这个比例远远高于其他类型的土地利用。

在各土地利用类型中，居民点和水域所占比例较小，分别为 4.6%和 2.2%；园林和交通用地所占比例最小，分别为 1.8%和 1.1%。

3.1.2 土地利用变化趋势分析

20 世纪 80 年代中期数据采用省农业区划委员会组织的土地概查汇总数据；2000 年采用省国土资源厅数据。土地利用变化见图 4-3-2。

山西省土地利用变化总趋势为：建设占用耕地与开垦荒地现象并存，耕地总面积减少，质量下降；林地面积有所增长，但质量低下、生态功能脆弱的局面并未改观；草地面积大量减少，破坏严重；水域面积下降；居民点及工矿建设、交通用地面积增加。

1986—2000 年期间，全省耕地面积减少了 139.8 万 hm^2，降幅为 23.9%。耕地减少的原因包括国家工程建设、交通建设、城镇建设等基建占用；乡镇集体基建占用；农民个人建房占用、弃耕撂荒以及灾害性毁损耕地等。增加的耕地来源主要包括新开荒地和打坝淤地。由于建设占用的耕地往往是当地的平川好地，而新开荒地大多是位于偏远山地丘陵区的旱地，故导致耕地总体质量下降。

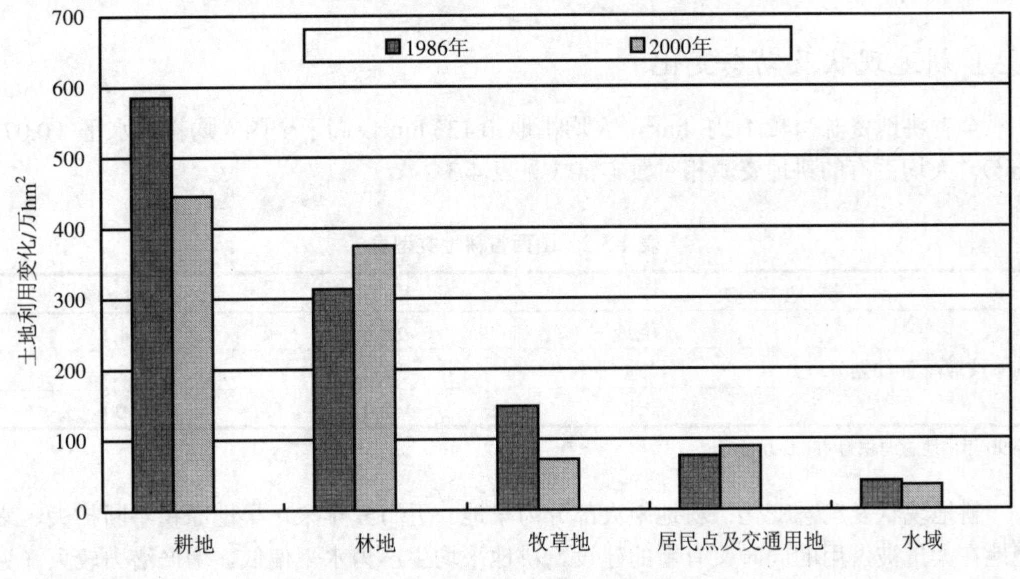

图 4-3-2　山西省土地利用变化情况

20 世纪 80 年代中期至 2000 年，由于进行了太行山绿化工程、黄河中游防护林工程以及平原绿化工程等一系列建设，加强了天然林保护力度，使林地面积得到一定幅度的增长；其中经济林、防护林及天然林面积均有明显增长，森林退化的趋势得到一定遏制，但森林质量低、生态功能脆弱的局面并没有改观，表现为中幼林比例高，成熟林少，人工林树种单一，生态功能弱。

2000 年山西牧草地面积显著减少，较 1986 年减少 75.6 万 hm^2，降幅达 51.4%。草地减少的原因包括开垦为耕地及以煤炭为主导的工矿建设破坏等。在牧草地面积不断下降的同时，退化草地和发生鼠害的面积却逐渐增加，草地质量不断下降。

山西属于缺水省份，水资源本来就很少，1986 年水域面积只占到土地总面积的 2.5%，至 2000 年又减少了 0.4%，河流断流现象严重。究其原因，除气候变化因素外，还有如下几点：

① 上游水库的建设使河道水量减少；

② 盆地平原区农田建设需要提水灌溉，增加了水的利用；

③ 山区河流两岸梯田的建设拦截部分降水，减少汇入河道的水量；

④ 森林面积的扩大也会增加对降水的蓄积，使林区河流水量减少；

⑤ 超采地下水导致地下水位下降，缺水现象日益严重，环境污染又进一步导致水质恶化，水生态严重失衡。

3.2 耕地现状及变化趋势

3.2.1 耕地现状及动态变化

全省耕地资源 442.4 万 hm^2，人均耕地 0.133 hm^2，高于全国人均耕地水平（0.073 hm^2），人均占有的耕地资源相对较丰富（见表 4-3-2）。

表 4-3-2 山西省耕地类型表

耕地分类		面积/万 hm^2	比例（%）
按灌溉条件划分	水浇地	88.6	24.1
	旱地	353.8	75.9
	合计	442.4*	100

*1990 年耕地总面积为 480.6 万 hm^2。

耕地现状及动态变化：耕地中大部分为旱地。近 15 年来，旱地面积不断扩大，水浇地在大量被占用的同时又有新的建设。耕地平均生产力水平偏低，增产潜力较大（见图 4-3-3）。

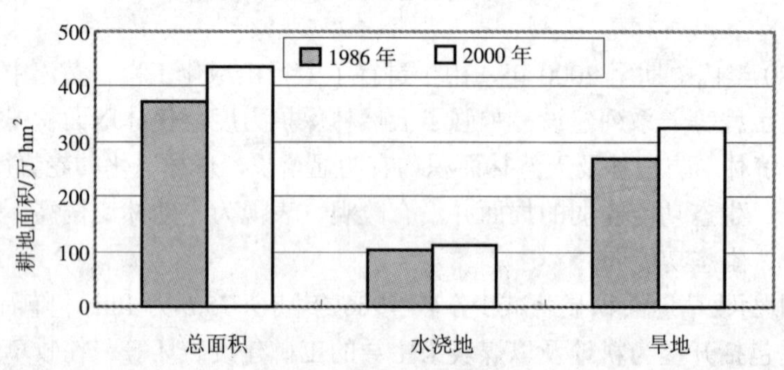

图 4-3-3 山西耕地面积变化

（1）水浇地和旱地

山西农业以旱作方式为主，水浇地所占比例小，只有约 1/4。水浇地主要分布在中部盆地平原区，旱地主要分布在东西山地丘陵区。从 1986—2000 年，山西水浇地总面积增加了 5.3 万 hm^2，但在部分经济发展较快的地区，也存在水浇地数量急剧减少的现象，如临汾，1986—2000 年期间水浇地减少了 4.86 万 hm^2，约占原有水浇地面积的 27%。总体看来，水浇地的增加速度远不及旱地的增加速度，2000 年水浇地占耕地总面积的比例较 1986 年下降了 2.7 个百分点。

受水资源短缺的制约，现有的旱作方式农业生产力水平十分低下。全省范围内，一般水浇地粮食作物单产可以达到 6 000 kg/hm^2，而旱地的粮食产量仅有 2 500 kg/hm^2，亩产只有 150 kg 左右。在水土流失严重的吕梁山区，完全靠天吃饭的坡耕地甚至收不抵种，土地的利用效益十分低下。理论上，北方旱作农业地区主要粮食作物平均生产潜力的理论值为 5 593 kg/hm^2，试验值为 4 287 kg/hm^2，而现实产量仅达到生产潜力的 40%～50%，即还有 0.5～1 倍的生产潜力可供开发，从这个角度来说，山西省旱地增产潜力巨大。

现状农田灌溉供水远不能满足农业稳产、高产的要求，2000 年灌溉供水量 36.06 亿 m^3，亩均毛供水量为 191.8 m^3，亩均净供水量为 91 m^3，只能满足作物丰产需水量的 56%，在供水量上有很大的缺口。农业灌溉一方面供水严重不足，另一方面损失和浪费很大。

2000 年全省喷灌、滴灌、低压管灌面积达到 54.27 万 hm^2，加上渠道防渗控制面积 17.75 万 hm^2，共有节水灌溉工程面积 72.05 万 hm^2，占全省有效浇灌面积的 57%。目前渠道中防渗长度的比例为 52.2%，有近一半的渠道还是土渠，平均渠系水利用系数为 0.66，灌溉水有效利用为 0.47，就是说 53%的灌溉水量损失在输水工程和田间，节水的潜力很大。由于水资源贫乏，解决农业缺水的出路只能是节水。

（2）不同坡度的耕地与退耕还林

据国土资源厅 2000 年 5 月—2001 年 8 月完成的一项调查，15°～25°之间的坡耕地面积为 62.16 万 hm^2，占耕地总面积的 13.9%，其中 86.4%为宜耕地，13.6%为不宜耕地；25°以上坡地 16.24 万 hm^2，占耕地面积的 3.6%，其中 90%以上为不宜耕种的坡地或梯田（见图 4-3-4）。

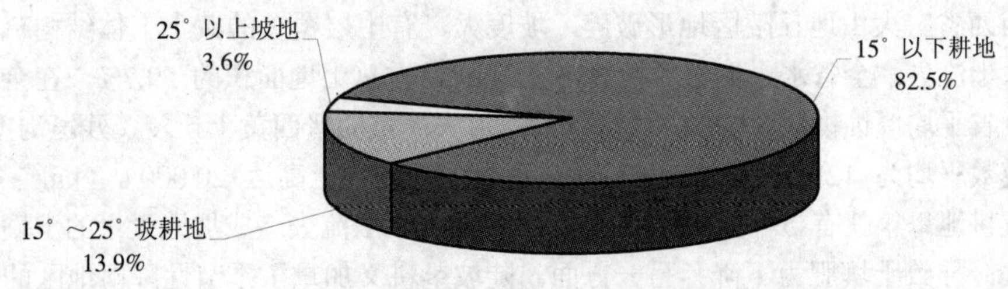

图 4-3-4　山西省不同坡度的耕地结构（2000 年）

按照这个数据，将 25°以上的坡地全部退耕还林，也只占全省耕地面积的 3.6%，并且这部分土地一般靠天吃饭，亩产不足百斤，土地生产力十分低下。但截至 2000 年底，全省退耕还林的面积只有 1.67 万 hm^2，只占 25°以上坡耕地面积的 10%左右，仍有大约 90%的 25°以上的坡地该退未退，退耕还林政策的执行力度远远不够。

为了说明耕地退化状况，引用了另一研究成果。该成果将全省耕地按质量优劣分为四等（见表 4-3-3）。

表 4-3-3　山西省耕地优劣分类表

耕地等级	面积/万 hm^2	比例（%）	备　注
一等	130	24.9	平地
二等	143	27.3	旱平地
三等	228	43.6	坡耕地、轻度盐碱、极易退化
四等	22	4.2	严重退化
合计	523	100	

摘自《黄土高原整治研究》（1992 年出版）。

按照黄土高原地理研究所《黄土高原整治研究》，山西的耕地可分为 4 个等级：一等地地形平坦，土层深厚，土壤肥沃，稳产高产，多集中分布于各河谷平原、川地和山间盆地，属基本农田，长期科学使用不会退化；二等地主要包括平川旱地、台塬地和轻度盐化地，平整连片，改造后可为基本农田，需防止退化，前两者合计为 273 hm^2，占耕地总面积的 52.2%；三等地广泛分布于黄土丘陵地区和平地中度盐渍化地区，受坡度、质地、干旱、瘠薄、盐碱等因素制约，极容易引起退化；四等地土地严重退化，受盐碱、坡度、质地等强烈制约，产量低，不宜继续农耕。后两者合计 250 万 hm^2，占 47.8%。全省一等、二等、三等、四等地面积分别占到耕地总面积的 24.9%、27.3%、43.6%和 4.2%。也就是说在全省耕地中，严重退化的耕地约占 4.2%，极易退化的耕地约占 43.6%，轻微退化的耕地约占 27.3%。

3.2.2 耕地退化原因分析

造成耕地退化的原因是多方面的，有自然灾害的损毁、人为的弃耕撂荒以及环境污染的影响等，但最为主要的原因包括如下几方面：

①水土流失的影响。

由于山西省广大山地丘陵区地形破碎，坡度大，有土层覆盖的黄土土体结构疏松，极易发生水土流失。全省水土流失面积 933 万 hm^2，占总土地面积的 59.7%，在全国占第二位。全省平均侵蚀模数 3 000 t/（km^2 • a），流失严重的晋西黄土丘陵、残垣沟壑区，土壤侵蚀模数平均为 12 000 t/（km^2 • a），最严重的地区甚至高达 20 000 t/（km^2 • a），平均每亩坡耕地每年就有 5～6 t 泥沙流失。一方面，水土流失造成坡地大量的土壤养分的直接流失，导致土壤肥力下降；另一方面，陡坡垦耕又加重了季节性降雨地区的水土流失。二者互为因果，恶性循环。

②广种薄收的耕作方式。

广大旱作地区由于受自然条件限制（主要是降水少），收成无保证，人们不愿对土地投入，养成了广种薄收、靠天吃饭的习惯，导致土壤养分不断下降，土地瘠薄，粮食生产维持在很低的水平上。1986—2000 年，中低产田面积从 288 万 hm^2 增加到 325 万 hm^2，占全部耕地面积的 84.5%。

③化肥、农药、地膜的大量使用。

为了追求产量，人们不合理地大量使用化肥、农药和地膜，有机肥施用量不足，造成大多数在用耕地土壤物理性状恶化，有机质含量逐年下降，土壤养分不均衡，引起耕地退化。

④不合理的灌溉。

在河流两岸低洼处的耕地，由于排水不畅，容易发生盐渍化。全省共有盐渍化耕地 22.8 万 hm^2，占耕地总面积的 5.1%。另外，过度的污水灌溉也会导致农田土壤受到污染，造成产量降低，作物品质下降。全省污灌耕地面积 8.6 万 hm^2，其中，太原盆地、涑水河流域等区域污灌已造成农业减产、作物品质恶化。

⑤土地管理不当。

土地使用和所有权分离，农民对土地实行承包制，使用权限有限，因此不愿过多投入，存在急功近利的短期行为，如掠夺式耕种。

此外，耕地退化还发生在晋北和晋西北的沙化区。山西省沙化区主要分布在大同、朔州、忻州三市的 18 个县（区），共有沙化耕地 12.5 万 hm^2，约占全省耕地的 5%。据林业部门沙化土地普查报告，1994—1999 年，全省沙化土地面积减少约 10.1 万 hm^2，但同期，沙化耕地——闯田的面积却增加了约 0.4 万 hm^2，增加的主要原因是一些固定沙地或半固定沙地的植被被破坏，被群众辟为农田造成的。

3.3 森林现状及其动态变化趋势

山西境内多山，具有发展林业的基础条件。南部和东南部是以次生落叶灌丛和落叶阔叶林为主的夏绿阔叶林，中部以旱生落叶灌丛和针叶林为主，其次是夏绿阔叶林。北部和西北部是暖温带及温带灌丛和半干旱草原。

天然次生林主要分布在东西两大山脉的河流上游山脊两侧。西面自乡宁、吉县开始，沿吕梁山脊蜿蜒北上，直达五寨县，主要集中在蒲县、中阳、方山、交城、宁武、五寨等县；主要树种，南部以栎类、杨、桦等阔叶杂木林为主，夹有少数油松、侧柏、白皮松，往北到关帝山是华北落叶松和以油松为主的针阔混交林，再往北到管涔山是青木千、白木千、华北落叶松针叶林。东面从平陆、垣曲开始的中条山，植被为栎类、山杨、白桦阔叶灌木林，到太岳山、太行山是油松、山杨、白桦、栎类针阔混交林，往北过渡到五台山、恒山是华北落叶松、青木千为主的针叶林区。

第五次森林清查结果表明，森林面积和森林蓄积均得到一定增长，有林地、天然林和防护林面积迅速增加，但森林总体质量低下，生态功能脆弱的局面并没有改观。表现为中幼林比例大，成熟林少，人工树种单一，生态功能差，病虫害增加。

据林业部门森林资源清查数据：第三次清查，有林地面积 127.0 万 hm^2，森林覆盖率为 8.13%，加上灌木林地面积后，覆盖率达到 13.2%；第五次清查，有林地面积 206.3 万 hm^2，森林覆盖率为 13.17%，加上灌木林地面积后，覆盖率达到 16.27%。二者比较，增加了 3 个百分点（见表 4-3-4 和图 4-3-5）。

表 4-3-4　山西省森林资源及动态变化（部分指标）

指　标	第三次森林资源清查（1990 年）	第五次森林资源清查（2000 年）	增长比例（%）
有林地面积/万 hm^2	127.0	206.3	62.4
其中：天然有林地面积/万 hm^2	76.5	107.1	40.1
人工林有林地面积/万 hm^2	33.2	53.5	61.1
人工林/天然林	0.43∶1	0.5∶1	—
林分总面积/万 hm^2	109.7	160.5	46.3
其中：中、幼林面积/万 hm^2	89.8	120.4	34.0
近熟林面积/万 hm^2	12.8	25.4	98.4
成过熟林面积/万 hm^2	7.0	14.7	108.4
森林覆盖率（不含灌木林）（%）	8.1	13.2	63.0
活立木蓄积量/万 m^3	5 086	7 293	43.4

注：数据由省林业厅提供。

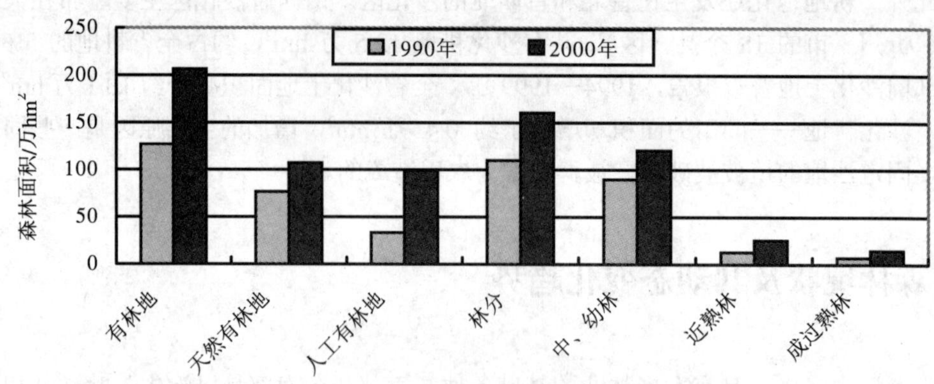

图 4-3-5 山西省森林面积动态变化

（1）林地面积

从第三次到第五次清查，有林地面积、灌木林地面积均有明显增长。疏林地面积、未成林造林面积显著减少。有林地面积增加了 62.4%，其中天然有林地面积增加 40.1%，防护林面积增加 291.4%，而用材林面积减少 30.0%（见图 4-3-6）。

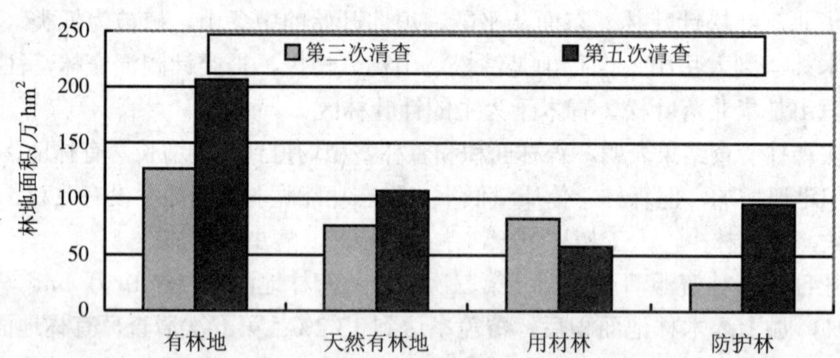

图 4-3-6 近 10 年山西林地面积动态变化

（2）林龄结构构成变化

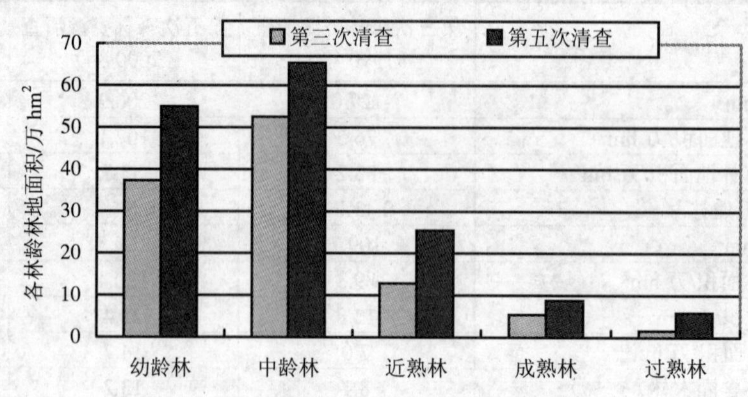

图 4-3-7 近 10 年山西林龄结构构成变化

由图 4-3-7 可见，两次清查，林龄构成均以幼龄林和中龄林最多，二者之和分别占到林地总面积的 81.9%和 75.0%；近熟林、成熟林、过熟林所占比例相对较小，其中过熟林面积最少，两次清查仅占全部林地面积的 1.5%和 3.7%。这表明山西省林龄结构不合理，生态功能差。

近 10 年来，林龄构成中，近熟林、成熟林和过熟林的面积以及所占比例均有所增加，林龄结构缓慢向合理化方向发展（见图 4-3-8）。

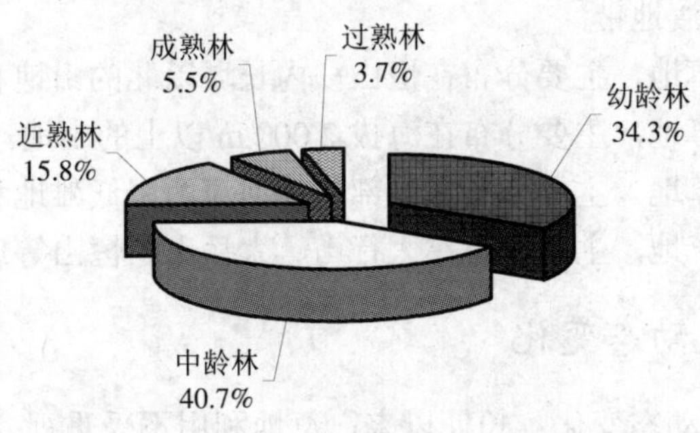

图 4-3-8　山西省第五次清查林龄结构现状图

（3）活立木蓄积量变化

第三次和第五次森林资源清查期间，活立木总蓄积、林分总蓄积、防护林蓄积均有明显增长，增幅分别为 43.4%、38.1%和 457.3%，用材林蓄积和薪炭林蓄积有明显下降，降幅分别为 31.3%和 24.6%（见图 4-3-9）。

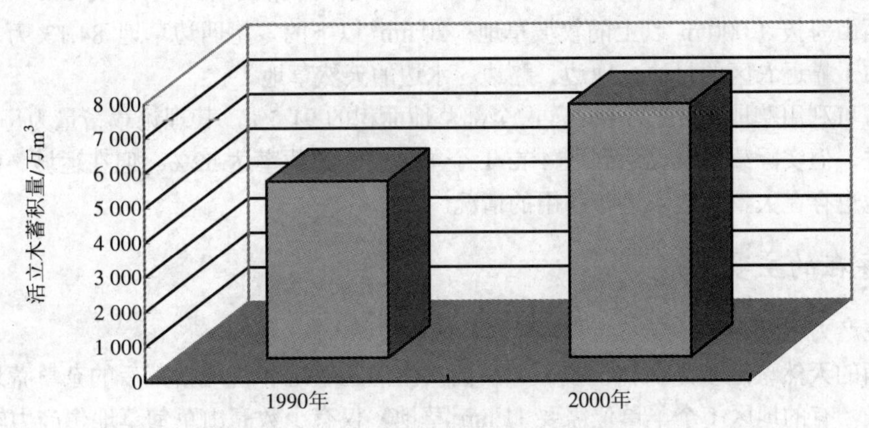

图 4-3-9　山西省活立木蓄积量动态变化

3.4 草地利用现状与动态变化

山西山地丘陵区面积大，牧坡草地较多，发展畜牧业潜力很大。由于地形气候复杂，组成草地的植物种属类型也较复杂多样。已查明牧草种类 400 多种，较优质牧草在 100

种以上。其中以花麦、白羊草、鹅冠草、狐茅、兰花棘豆及胡枝子等适口性好，营养价值高。据农业部门提供的资料，全省草地总面积有近 500 万 hm^2，占国土面积的 31.7%。

山西天然草地按自然类型分为六类：

① 喜暖灌木草丛类草地，主要分布在中南部的低山丘陵地区，是山西省面积最大的一类草地。

② 山地灌丛类草地，主要分布在海拔 1 200～1 800 m 左右的山地阴坡，处于喜暖灌丛草类到森林的过渡地带。

③ 山地草原类草地，主要分布在恒山—内长城以北的山地和黄土高原。

④ 山地草甸类草地，主要分布在海拔 2 000 m 以上的山地。

⑤ 低湿草甸类草地，主要分布在中部盆地河流两岸低滩地和盐碱地。

⑥ 疏林草地类草地，主要分布在太行山、太岳山、恒山等地。

3.4.1 草地现状及动态变化

草地利用现状及动态变化：长期以来，草地利用不受重视。一方面，大量草地资源闲置，得不到利用；另一方面，超载放牧，只用不管，引起草地大面积退化，虫鼠危害增加，草地生产力和载畜水平不断下降。同时，农、林、工矿建设均挤占草地，导致牧草地面积大量减少。

据省农业厅草原站提供的数据：2000 年，全省草地总面积 497.4 万 hm^2，占全省土地总面积的 31.7%，其中包括天然草地 455.2 万 hm^2，人工草地 42.2 万 hm^2。全省草地主要集中分布于东西两山的森林上限（亚高山草甸）和山体的中下部，其次分布于河流两岸和低湿盐碱地区。其中，连片面积在 20 hm^2 以上的天然草地 371.07 万 hm^2，主要分布在东西山海拔 1 000 m 以上的牧坡草地；20 hm^2 以下的零星四边草地 84.13 万 hm^2，主要分布于靠近农区的村边、地边、路边、水边的天然草地。

全省可利用草地 455.2 万 hm^2，占全部草地面积的 91.5%，其理论载畜量为每 6 亩 1 个羊单位，但实际载畜量已达到每 4 亩 1 个羊单位，超载率达 52%；但在运城、临汾、阳泉等地也存在大量草地未进行利用的情况。

3.4.2 存在的主要问题

①生产力很低。

山西的天然草地多为森林植被破坏后的次生灌丛草地和耕地撂荒后的杂草荒地，生产力很低，有的地区 1 个羊单位需要 11 hm^2 草地，仅有少数高山草甸草地生产力较高。

②退化严重。

2000 年全省退化草地 373 万 hm^2，占天然草地总面积（445 万 hm^2）的 82%。

③草地内涵存在不同统计口径。

国土部门统计的牧草地仅 71.5 万 hm^2，未利用土地面积是 519 万 hm^2，而草原站提供的草地面积是 495.4 万 hm^2。其中相差约 424 万 hm^2，显然这 424 万 hm^2 应该在国土部门的未利用土地中。

3.4.3 草地退化原因分析

2000 年全省退化草地 373 万 hm^2，占天然草地总面积（445 万 hm^2）的 82%。草地退化的主要原因有：

①只利用不养护。

长期以来，以粮为纲，对草地重视不够，草地恢复再生则完全听其自然。

②侵占严重。

人们习惯于把生长良好的草地视为宜农荒地加以开垦，把荒草地划为宜林地进行造林，工矿建设占用草地，工业废物的排放污染草地，造成草地面积减少和质量下降。

③利用不合理。

一方面，运城、临汾、阳泉等地区有大量草地被闲置，资源得不到利用；另一方面，又普遍存在草地超载放牧的现象，造成草地退化，草地生产力水平和载畜能力降低。目前全省草地退化面积（包括退化、沙化、碱化）占到草地总面积的 75%。

④鼠害猖獗。

退化草地稀疏和低矮的群落结构以及开阔的生境，为鼠类创造了适宜生存与繁衍的环境，导致鼠害严重，发生鼠害的草地面积占 63%，进一步加速了草地的退化。草地覆盖度和产草量明显下降，毒害草增多，岩石裸露，涵养水源和保持水土功能大为减弱。

3.5 水生态系统现状

3.5.1 水资源现状特点

①水资源缺乏。

山西是一个严重缺水的地区。全省河流分属于黄河水系和海河水系，黄河流域 9.7 万 km^2（主要河流有汾河、沁河、涑水河、三川河等），海河流域 5.9 万 km^2（主要河流有桑干河、滹沱河、漳河等），分别占山西国土总面积的 62%和 38%。2000 年全省水资源总量为 81.5 亿 m^3，人均水资源占有量 247 m^3，仅相当于当年全国人均水资源占有量（2 167m^3）的 11.4%。

②地下水重要。

在水资源总量中，地下水为 65.64 亿 m^3，约占 89%，涌泉众多。全省大于 0.1 m^3/s 的岩溶泉有 86 个，其中大于 1 m^3/s 的大泉 18 个，泉水总流量 32.07 亿 m^3/a，占地下水总资源量的 49%。岩溶大泉是山西城市供水的主要水源，也是山西能源重化工基地大型企业厂址选择的主要对象，对山西经济发展有举足轻重的作用。

③水资源利用率高。

1999 年山西的 74.04 亿 m^3 水资源总量中，工农业及生产生活用水为 56.76 亿 m^3，占总资源量的 76%。

④水资源衰减严重。

20 世纪 80 年代中期和 90 年代末比较，水资源减少量达到 42%，造成河流断流，水库干涸。据永定河、滹沱河、漳卫河、汾河、涑水河、沁河、晋西入黄各河总长 7 110 km 统计，断流长度 3 330 km，占 47%，未断流的源头河段和有大泉汇入的平原河断分别占 17.6%和 35.4%。全省大小水库设计总库容 37.21 亿 m³，2000 年末水量仅 9.43 亿 m³，占库容总量的 25%左右，供水量仅 5.68 亿 m³，许多小水库均已干涸。见表 4-3-5，图 4-3-10。

地下水资源量也减少 27%，中部各盆地地下水位普遍大面积、大幅度下降，各岩溶大泉流量明显减少。据水利部门资料，20 世纪 50 年代全省 0.5 m³/s 以上泉水总量每年平均为 30 亿 m³，到了 80 年代降为 20 亿 m³。闻名三晋的晋祠泉、兰村泉曾经流量分别为 2.0 和 4.1 m³/s，90 年代均先后断流。究其原因与降水减少有一定关系，但更主要的原因则是高强度利用。

表 4-3-5　山西省水资源衰减趋势表

水文系列	时段长度/a	平均降水量/mm	河川径流量/亿 m³	水资源总量/亿 m³
1956—1979	24	534	114	142
1980—1999	20	482	63.3	102.7
变化比例		–9.73%	–44.47%	–28.05%
1956—1969	14	552.58	127.89	156.46
1970—1979	10	502.75	95.88	123.98
1980—1989	10	488.90	74.58	105.96
1990—1999	10	474.69	64.67	98.38

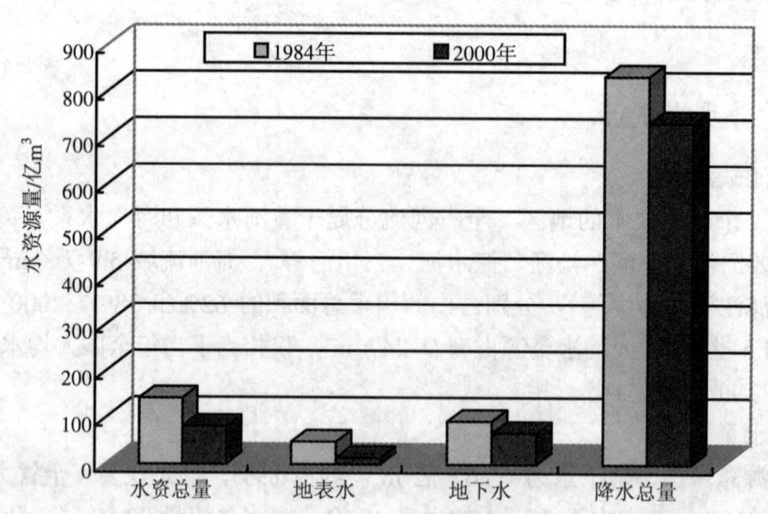

图 4-3-10　山西省水资源衰减趋势图

3.5.2 水资源概况

1999 年山西降水总量 622.09 亿 m³，平均雨深 398.1 mm，属枯水年。全省河川天然年径流量 42.04 亿 m³，地下水资源量 65.64 亿 m³，两者重复计算量 33.64 亿 m³，水资源总量 74.04 亿 m³；全省河川径流入境水量 0.45 亿 m³，出境水量 26.70 亿 m³，人均水资源量 228 m^3（见表 4-3-6）。

表 4-3-6　1999 年山西省水资源概况

项　目			数　量
降水		降水总量/亿 m^3	622.09
降水		平均雨深/mm	398.1
降水		相应频率（%）	86
河川径流	来水量	入境水量/亿 m^3	0.45
河川径流	来水量	当地天然径流量/亿 m^3	42.04
河川径流	来水量	相应频率（%）	99
河川径流	用水量	工业及城镇生活用水/亿 m^3	4.37
河川径流	用水量	农业用水/亿 m^3	15.98
河川径流	用水量	合计/亿 m^3	20.35
河川径流	用水量	其中：提引黄河水量/亿 m^3	0.952 6
河川径流		出境水量/亿 m^3	26.70
地下水		资源量/亿 m^3	65.64
地下水	开采量	工业及城镇生活用水/亿 m^3	13.44
地下水	开采量	农业用水/亿 m^3	22.97
地下水	开采量	合计/亿 m^3	36.41
水资源总量/亿 m^3			74.04

水资源利用现状及动态变化：

山西省用水量逐年在变化，以 1985 年、1999 年为例（见表 4-3-7）。

表 4-3-7　山西省水资源变化状况　　单位：亿 m^3

年份	供取水量			用水量		
	地表水	地下水	小计	农业	工业	城镇生活
1985	24.82	27.94	52.76	39.51	10.99	2.26
1999	20.35	36.41	56.76	38.96	13.31	4.49

从 1985—1999 年，山西取水量增加 4 亿 m^3，农业用水减少 0.55 亿 m^3，工业用水增加 2.32 亿 m^3，城镇生活用水增加 2.23 亿 m^3。1999 年全省实际供水量 57.250 6 亿 m^3，其中，地表水源供水量 20.345 1 亿 m^3（包括提引黄河水量 0.952 6 亿 m^3），占供水总量的 35.5%；地下水开采量 36.415 6 亿 m^3，占供水总量的 63.6%；污水处理回用量 0.489 9 亿 m^3，占供水总量的 0.9%。

地表水源供水量中，蓄水、引水、提水工程所供水量分别占地表水源供水量的 31.6%、34.9%和 33.5%；地下水开采量中，浅层水占开采量的 25.7%。

1999 年全省用水总量 56.760 7 亿 m^3。其中，农田灌溉用水量 34.408 4 亿 m^3，占用水总量的 60.6%；工业用水量 13.314 3 亿 m^3，占用水总量的 23.5%；城镇居民及城镇公共用水量 4.492 9 亿 m^3，占用水总量的 7.9%；农村居民及牲畜用水量 3.404 4 亿 m^3，占用水总量的 6.0%；林牧渔用水量 1.140 7 亿 m^3，占用水总量的 2.0%（见表 4-3-8、表 4-3-9）。

表 4-3-8 1999 年山西省行政分区供用水量 单位：亿 m³

行政分区	供水量				用水量				水资源总量
	地表水	地下水	污水处理回用	供水总量	农业	工业	生活	用水总量	
太原市	0.942 4	4.358 7	0.459 9	5.761 0	1.351 1	2.006 2	1.943 8	5.301 1	3.509 6
大同市	1.361 9	3.235 1	0.030 0	4.627 0	2.731 3	1.049 1	0.816 6	4.597 0	5.753 5
阳泉市	1.884 2	0.697 3		2.581 5	0.286 6	1.947 6	0.347 3	2.581 5	4.462 0
长治市	2.062 9	1.990 4		4.053 3	2.097 0	1.346 5	0.609 8	4.053 3	6.203 0
晋城市	0.466 7	1.361 6		1.828 3	0.547 3	0.813 3	0.467 7	1.828 3	8.549 9
朔州市	2.101 1	2.464 4		4.565 5	3.387 4	0.862 7	0.315 4	4.565 5	5.350 7
忻州市	2.290 9	2.992 8		5.283 7	3.997 5	0.673 2	0.613 0	5.283 7	10.957 5
吕梁地区	1.806 0	2.804 8		4.610 8	3.565 8	0.579 5	0.465 5	4.610 8	5.602 1
晋中市	1.540 4	4.542 1		6.082 5	4.597 0	0.771 2	0.714 3	6.082 5	5.462 2
临汾市	3.778 2	3.900 5		7.678 7	5.043 3	1.862 1	0.773 3	7.678 7	8.238 1
运城市	2.110 4	8.067 9		10.178 3	7.944 8	1.402 9	0.830 6	10.178 3	9.951 4
全省	20.345 1	36.415 6	0.489 9	57.250 6	35.549 1	13.314 3	7.897 3	56.760 7	74.040 0

表 4-3-9 1999 年山西省流域分区供用水量 单位：亿 m³

流域分区		供水量				用水量				水资源总量
		地表水	地下水	污水处理回用	供水总量	农业	工业	生活	用水总量	
海河北系	永定河	3.366 1	5.569 5	0.030 0	8.965 6	5.947 7	1.899 3	1.088 6	8.935 6	9.286 9
海河南系	大清河	0.090 1	0.085 2		0.175 3	0.115 2	0.021 2	0.038 9	0.175 3	1.386 1
	子牙河	3.869 0	3.472 5		7.341 5	4.008 0	2.534 3	0.799 2	7.341 5	11.610 1
	漳　河	2.197 1	2.206 8		4.403 9	2.200 1	1.504 4	0.699 4	4.403 9	6.165 5
	卫　河	0.010 2	0.002 0		0.012 2	0.003 7	0.003 8	0.004 7	0.012 2	1.643 5
海河流域		9.532 5	11.336 0	0.030 0	20.898 5	12.274 7	5.963 0	2.630 8	20.868 5	30.092 1
黄河各支流	河口—龙门	1.032 6	0.778 7		1.811 3	0.959 0	0.363 8	0.488 5	1.811 3	8.434 0
	汾　河	7.785 3	17.120 3	0.459 9	25.365 5	15.989 5	5.280 5	3.635 6	24.905 6	17.542 7
	龙门—三门峡	1.240 2	5.671 1		6.911 3	5.628 3	0.707 3	0.575 7	6.911 3	6.777 8
	三门峡—沁河	0.252 4	0.057 2		0.309 6	0.111 1	0.138 9	0.059 6	0.309 6	1.917 9
	沁河	0.502 1	1.452 3		1.954 4	0.586 5	0.860 8	0.507 1	1.954 4	9.275 5
黄河流域		10.812 6	25.079 6	0.459 9	36.352 1	23.274 4	7.351 3	5.266 5	35.892 2	43.947 9
全　省		20.345 1	36.415 6	0.489 9	57.250 6	35.549 1	13.314 3	7.897 3	56.760 7	74.040 0

3.5.3 水体环境概况

（1）河流

山西境内共有大小河流共 1 000 余条，分属黄河流域及海河流域。黄河流域面积 97 136 km^2，海河流域 59 133 km^2；流域面积大于 100 km^2 的河流共 240 条，流域面积大于 4 000 km^2 的河流有 8 条，分别为三川河、昕水河、汾河、涑水河、沁河（以上属黄河流域）、桑干河、滹沱河、浊漳河（属海河流域）。除北部有汇水面积不大的少数支流自内蒙古流入山西省外，山西省河流均自境内发源，呈辐射状从省内向四周发散，汇入省外河流。受地理环境和气候条件影响，山西河流具有山地型及夏雨型双重特征。表现为沟壑密度大，水系发育；河流坡陡流急，洪水暴涨暴落，含沙量大，侵蚀切割严重；径流集中于汛期，枯水期径流小而不稳。主要河流水系见表 4-3-10。

表 4-3-10　山西省主要河流水系特征表

流域	水系	河流名称		河流特征		
		干流	支流	省内控制面积/km^2	河长/km	平均纵坡（‰）
海河	永定河	南洋河	南洋河	2 239	90.0	4.30
		桑干河	干　流	14 745	260.0	3.30
			源子河	2 133	111.0	
			黄水河	2 349		
			浑　河	1 956	99.6	
			御　河	2 619	94.1	
			壶流河	13 330	59.0	18.0
	大清河	唐　河	唐　河	2 071	96.0	
			沙　河	1 213	5.5	
	子牙河	滹沱河	干　流	11 936	256.0	2.17
			桃　河	1 313	80.0	
			松溪河	1 974	94.7	
			阳武河	972	74.5	
			温　河	1 184		
			乌　河	1 230	54.0	
			清水河	2 045	113.0	8.31
			牧马河	1 498	118.3	3.06
	南运河	浊漳河	干　流	11 206	232.0	
			浊漳北系	3 685	116.0	
			浊漳南支	3 522	1 040.0	
		清漳河	浊漳西支		80.0	
			清漳东源	103.5	1 620	
			浊漳西源	100.6	1 578	
			干流	4 159	146.0	
		卫　河		1 613		
	晋西入黄清河	苍头河		2 103	96.0	
		偏关河		2 040	125.0	6.52
		县川河		1 610	109.0	6.53
		朱家川		2 915	167.6	5.02
		岚漪河		2 195	94.5	7.10
		蔚汾河		1 478	81.8	9.73

流域	水系	河流名称		河流特征		
		干流	支流	省内控制面积/km²	河长/km	平均纵坡（‰）
海河	晋西入黄清河	湫水河		1 989	122.0	6.50
		三川河		4 161	168.0	4.14
		昕水河		4 326	134.0	4.89
		屈产河		1 220	74.0	9.32
	汾河流域水系	汾 河	干 流	39 471	694.0	1.12
			岚 河	1 146		4.05
			潇 河	3 894	147.0	2.85
			文峪河	3 979	155.0	3.67
			双池河	1 111	72.0	10.70
			昌源河	2 175	87.0	
			红安涧河	1 123	81.8	10.4
			浍 河	2 060	117	2.99
	涑水河流域	涑水河	干 流	5 565	196	1.47
	丹沁河水 系	沁 河	干 河	9 151	396	3.01
			丹 河	2 931	144	6.15

（2）水库

山西省有大型水库 6 座，中型水库 56 座，水库控制流域面积 54 115 km²，占全省面积的 35%，设计库容 3 721 亿 m³。2000 年来水量 9.43 亿 m³，供农灌水 35 698 万 m³，供发电用水 11 847 万 m³，供城镇生活及工业用水 9 221 万 m³；设计发电 22 340 kW，设计农灌面积 30.81 万 hm²，年捕鱼 1 163 t。

（3）地下水

岩溶大泉的地下水是山西省主要的城镇生活、工业用水水源。主要含水源所在的寒武系，奥陶系碳酸盐岸的分布面积为 3.2 万 km²，占全省总面积 15.6 万 km² 的 25%；流量大于 0.1 m³/s 的岩溶泉有 86 个，其中大于 1 m³/s 的有 18 个；泉水总流量为 32.07 亿 m³/a，占全省河川清水流量 65.5 亿 m³/a 的 49%。全省岩溶水天然资源总量为 112.2 m³/s，合 35.31 亿 m³/a。岩溶大泉天然资源总量为 101.8 m³，占岩溶水总资源量的 91%。18 处大于 1m³/s 的岩溶大泉中，现在作为饮用水源和将来可能作为饮用水源的岩溶大泉有神头泉、兰村泉、柳林泉、娘子关泉、郭庄泉、辛安泉、广胜寺泉等 10 处。此 10 处大泉天然水资源量 85.03 m³/s，占全省岩溶水天然资源总量的 75.7%。

总的来说，山西省水资源严重短缺，但局部地区相对丰富。岩溶大泉 20 世纪六七十年代主要功能是农灌，70 年代末期改革开放以来，在岩溶泉流域范围内兴建了一批大中型企业，泉水功能又增加工业用水。进入 20 世纪 90 年代，工业发展，城市人口增加，城市生活用水逐年增加，这些泉水又将成为城市生活用水水源，例如神头泉、坪上泉、辛安泉、娘子关泉等，这种趋势还在迅速扩大中。由于泉水实为地下水，各级政府、企业只考虑水量，对水质考虑较少，保护岩溶大泉必须提到议事日程上。

3.5.4 水质状况

（1）地表水水质状况

① 监测断面的设置：

2001 年全省地表水共设监测断面 105 个，这些断面分属于山西省黄河、海河两大流域的 26 条河流，断面位置主要布设在河流源头及出入境处；大型污染源或工业集中区及城市污染集中汇入的上、下游河段或水文有明显变化特征的河段，控制了全省 90%左右的流域面积和 80%以上的污染源。其中对照断面 23 个，控制断面 67 个，削减断面 15 个。2001 年监测了 101 个断面。

② 水质监测结果分析：

依据 GB 3838—2000《地表水环境质量标准》的规定，对全省 105 个监测断面进行分析评价，采用单因子法得出：2001 年全省监测的 101 个断面中劣于Ⅴ类的断面 66 个，占 65.35%；符合Ⅴ类水质要求的 9 个，占 8.91%；符合Ⅳ类水质要求的 23 个，占 22.77%；符合Ⅲ类水质要求的 1 个，占 0.99%；符合Ⅱ类水质要求的 2 个，占 1.98%。

符合Ⅱ类功能要求的河段为汾河和滹沱河的源头区，劣Ⅴ类水质要求的河段分布于大、中、小城市及工业区废污水集中汇入河段及下游。由于山西省河流自然径流小，加之沿途污染源的废水不断汇入河道，从而导致了整个河段的水质严重污染。如汾河自太原铁桥以下至河津入黄河；桑干河朔州以下至出境及其中泄入该河的支流御河、十里河的大同以下河段；浊漳河的干流及南源、西源及长治区以下河段；三川河沙会则以下；文峪河岔口以下；丹河小赵庄以下；桃河的阳泉市区以下等河段水质浓度均劣于Ⅴ类标准要求（见表 4-3-11）。

表 4-3-11　2001 年山西省各类水质及各指标分类断面数统计表

水质类别	断面	pH	溶解氧	化学需氧量	生化需氧量	非离子氨	亚硝酸盐氮	硝酸盐氮	挥发酚	总氰	总砷	总汞	六价铬	总铅	总镉	石油类	氨氮
Ⅰ类	0	97	0	24	34	28	36	92	60	68	97	42	81	58	53	13	28
Ⅱ类	2	0	64	0	0	0	4	0	0	29	0	0	20	38	43	0	0
Ⅲ类	1	0	12	7	4	0	5	1	13	4	0	7	0	0	0	0	0
Ⅳ类	23	0	11	16	13	26	49	0	5	0	3	17	0	0	0	50	11
Ⅴ类	9	3	7	7	9	0	0	0	14	0	0	0	0	4	3	13	5
劣Ⅴ类	66	1	7	47	41	47	7	0	9	0	1	2	0	1	2	25	57
统计断面总数	101	101	101	101	101	101	101	93	101	101	101	68	101	101	101	101	101

③ 地表水污染变化趋势：

2001 年水质与工业污染源未达标排放前 2000 年水质比较：全省 105 个监测断面有 59 个监测断面综合污染指数下降，总的趋势 2001 年与 2000 年相比较地表水水质污染程度有所减轻。

④ 主要水库水质变化趋势：

与 2000 年相比，全省 11 个水库水质综合污染指数呈下降趋势的分别是文峪河水库、册田水库、任庄水库、汾河水库，指数下降幅度在 35.05%～71.88%之间；呈直升趋势的水库分别是蔡庄水库、后湾水库、东榆林水库、关河水库、申村水库，水质综合污染指数上升幅度在 13.20%～153.58%之间；漳泽水库、屯绛水库水质较稳定（详见表 4-3-12）。

表 4-3-12 2000 年、2001 年山西省水库污染程度对比表

河流名称	水库名称	P_{2001}	$P_{2001}-P_{2000}$	变化幅度（±%）	污染程度变化	
					2000 年	2001 年
桑干河	册田水库	1.724	−1.634	−48.67	严重污染	重度污染
桑干河	东榆林水库	1.302	0.329	33.78	中度污染	重度污染
文峪河	文峪河水库	0.880	−2.250	−71.88	严重污染	中度污染
潇　河	蔡庄水库	0.700	0.424	153.58	尚清洁	轻度污染
丹　河	任庄水库	0.680	−0.550	−44.74	重度污染	轻度污染
浊漳西源	后湾水库	0.454	0.157	52.94	尚清洁	轻度污染
浊漳南源	漳泽水库	0.440	−0.022	−4.78	轻度污染	轻度污染
汾　河	汾河水库	0.340	−0.183	−35.05	轻度污染	尚清洁
浊漳北源	关河水库	0.289	0.037	14.51	尚清洁	尚清洁
浊漳南源	申村水库	0.276	0.032	13.20	尚清洁	尚清洁
绛　河	屯绛水库	0.265	0.001	0.36	尚清洁	尚清洁

（2）地下水水质状况

① 岩溶大泉水质情况：

山西省 19 个岩溶大泉中，符合地下水质标准Ⅱ类的有 2 个，符合Ⅲ类水质标准的 13 个，符合Ⅳ类水质标准的 2 个，符合Ⅴ类水质标准的 2 个，其主要污染物硬度和硫酸盐本底较高。

② 重点城市生活饮用水水质状况：

山西省主要城市太原、大同、朔州、阳泉、长治、晋城、忻州、榆次、临汾、运城、离石等。大中城市生活用水水质基本符合标准要求。

③ 城镇工业及生活污水排放渠及污灌区地下水水质简介：

城镇排放的污水经排污渠、河道引入农田污灌，污染了地下水，主要表现在排污渠对地下水污染、纳污河道对地下水污染、污灌对地下水污染。

排污渠道对地下水的污染。工厂污水经排污渠入河流，排污渠两侧地下水受到污染。山西化肥厂所排含氮废水经黄花沟入浊漳河，黄花沟两岸地下水氨氮超标 6.2 倍，亚硝酸盐氮超标 10.2 倍，使附近村井水不能饮用，平顺县安乐村井水水质开始受到污染。山西农药厂排放的含三氯乙醛废水污染永济市龙王塔洪积扇地下水，三氯乙醛超标 30.5 倍。

纳污河道对地下水的污染。工厂废水排放河道后，由于河水渗透污染沿河两岸地下水。原平化肥厂废水排放滹沱河后，使原平市、忻州市滹沱河两岸地下水受到氨氮污染，地下水中氨氮、硝酸盐氮严重超标，影响数万人吃水水质；大同市口泉河、十里河、御河、太原市汾河两岸、阳泉市桃河两岸，地下水水质亦受到污染。

污灌污染地下水。大同市田村污灌区地下水含氯丁二烯 0.4 mg/L，挥发酚 0.06 mg/L；太原市一坝、二坝灌区地下水受到污染。

3.5.5 污水灌溉概况

山西省工业及农业大部分集中在全省六大盆地，工业及生活污水排放量占全省的 85%，这些地区又是山西省粮油菜生产基地，由于水资源匮乏，使用污水灌溉成为普遍

现象，污水灌溉集中在六大盆地及大中城市周围。全省灌溉基本情况调查见表 4-3-13。

表 4-3-13 山西省各地市农灌水质调查表 单位：$\times 10^3$ hm²

地市名	总灌溉面积			不同水质灌溉面积			
	小计	地表水	地下水	符合地面水Ⅰ～Ⅲ类	符合地面水Ⅳ～Ⅴ类	超农灌水标准清污混灌	纯污灌
太原市	54.1	48.7	5.4	5.4	17.0	24.0	2.27
大同市	75.5	60.4	15.1	6.0	47.0	5.0	1.04
阳泉市	5.07	3.04	2.03	1.5	0.75	0.5	0.25
长治市	42.5	21.5	21.0	4.3	14.7	1.8	0.2
晋城市	18.7	11.22	7.48	3.0	8.22	1.4	0.2
朔州市	93.3	37.32	55.98	6.72	26.87	3.0	0.73
忻州市	11.29	6.55	4.74	0	0	6.3	0.22
吕梁地区	102.0	60.18	41.82	9.35	48.1	2.67	0.06
晋中市	136.6	69.67	66.93	12.1	47.93	9.0	0.33
临汾市	128.7	68.21	60.49	11.64	46.57	9.0	1.0
运城市	293.9	117.56	176.34	20.55	80.0	16.67	0.34
合计	961.66	504.35	457.31	80.56	337.14	79.34	6.64

从表中得知，全省超过农灌水质标准的清污混灌及纯污水灌溉面积占 85.98×10^3 hm²，占有效灌溉面积的 8.9%。有污水进入灌溉水体符合地表水Ⅳ类、Ⅴ类水的灌溉面积 337.14×10^3 hm²。

纯污灌地市，太原市分布在北郊、南郊、清徐县。大同市分布在大同市南郊、阳高县。忻州市分布在定襄。朔州市分布在朔城区和应县、怀仁、山阴县。晋中市分布在榆次、太谷、祁县、平遥、介休、灵石。阳泉市分布在盂县和市区周围。长治市分布在潞城、襄垣、沁县、长子。晋城市分布于晋城、高平、阳城。吕梁地区分布在离石、临县、孝义、汾阳、文水、交城。临汾市分布在霍州、洪洞、临汾、襄汾、侯马。运城市分布在新绛、河津、闻喜、临猗。

全省污灌区和超农灌水质标准的清污混灌区利用污水 3.1 亿 m³，清污混灌达农灌水标准的灌区利用污水约 2.5 亿 m³，共计利用污水量 5.6 亿 m³，占全省污水排放量的 54%。

污水灌溉典型案例：

1. 太原市晋祠灌区原为晋祠泉，在当地农民上百年精心培植下生产的晋祠大米，是山西省有名的农产品，大米质量不亚于天津小站米。由于晋祠泉水逐渐减少直到断流，晋祠灌区引太原市污水灌溉由清污混灌水质达农灌标准到超农灌标准直至全部利用污水灌溉。随之晋祠大米质量下降甚至消失。晋祠大米消失的主要原因是晋祠泉断流，污水灌溉，大米质量下降，大米最终呈黄色，有异味。

2. 太原市汾河公园的建设是一项举世公认的生态工程，改善了城市形象，增强了太原市的竞争力，也为吸引资金创造了良好条件。汾河公园建设是城市经济建设、基础设施建设和生态环境建设协调发展的一个典范，形成长 6 000 m、宽 220 m 的水面，在水面两岸各建的宽 100～150 m 的景观绿地平台上，广植草木，建造园林景点广场，建成 6 个景区、4 个广场、10 个园子、14 个观赏景点及多个体育健身活动场地，形成 130

万 m²的绿地。但是由于汾河公园的建成，汾河水库每年 3 次放水农灌和公园河段下雨雨水皆走东西灌渠，再不进入汾河太原市区段上兰到二坝。以往每年上兰至二坝之间近百天有清水流量，而现在是除公园外，汾河上兰到二坝 46 km 河道流着太原市工业及生活污水，基本上无人管理，河道堆满垃圾，使本来污染严重的汾河太原市段雪上加霜。在小店姚村机电站抽汾河水灌溉，以往每年春季汾河水库放水，抽汾河水灌溉（属清污混灌），而现在成纯污灌。由于污水含盐量高，各种污染物超标，农作物发芽率不足 70%，有的基本不足 50%。近年产的玉米、小麦做食品有异味，小麦粉颜色呈黄色，当地农民不吃自己产的农作物，转而向市场购买。

3.5.6 地表水资源动态变化分析

（1）河流断流情况

本次调查共统计永定河水系 14 条河流，子牙河水系 9 条河流，漳卫南运河水系 10 条河流和汾河、涑水河、丹沁河水系的 18 条由晋西、晋南入黄河的河流，长度共 7 110.2 km。断流河段（指清水流量断流）长 3 330.2 km，占总河长的 46.8%；未断流的源头河段长 1 255 km，占总河长的 17.65%。平原地区未断流河段长 2 525 km，占总河长的 35.51%。

断流河段大部分集中在平原地区，这些河段在 20 世纪 70 年代还未断流。

（2）大中型水库变化情况

1985 年全省有大中型水库 58 座，2000 年有 62 座，它们的控制流域面积、总库容、淤泥库容、年耗量、有效灌溉面积、当年实灌面积和年末蓄水量见表 4-3-14。

表 4-3-14　山西省大中型水库基本情况变化

年份	大中型水库量/个	控制流域面积/km²	总库容/万 m³	淤泥库容/万 m³	兴利库容/m³	年末水量/万 m³	有效灌溉面积/万 m³	实灌面积/万 hm²	年末蓄水量/万 m³
1985	58	51 499	312 031	103 036	121 981	210 335	438.77	—	—
1995	62	540 65	361 900	114 527	158 429	175 094	300.72	12.79	88 019
2000	62	541 15	364 424	117 284	148 749	94 247	308.11	9.65	45 953

从表中得知，水库淤泥库容由 103 036 万 m³ 增加到 117 284 万 m³，1995 年兴利库容 158 429 万 m³，2000 年下降到 148 749 万 m³；实灌面积逐年减少，年末水量 1985 年为 21.033 5 亿 m³，1995 年降至 17.509 4 亿 m³，而 2000 年降至 9.424 7 亿 m³。1985—2000 年，总库容增加了 52 393 万 m³，而淤泥库容却增加了 14 248 万 m³。

全省 6 个大型水库：汾河水库、文峪河水库、册田水库、清漳水库、关河水库、后湾水库基本情况变化如表 4-3-15 所示。

表 4-3-15　山西省大型水库基本情况变化

年　份	总库容/亿 m³	兴利库容/亿 m³	已淤积库容/亿 m³	年末水量/亿 m³	灌溉面积/万 hm²	
					有效	实灌
1985	17.08	16.76	6.31	10.55	15.41	13.34
1995	20.92	9.17	6.90	9.25	10.00	7.75
2000	21.06	8.93	7.095	3.44	10.43	5.29

这几个大型水库控制流域面积基本不变，总库容由于不断建设，加高水坝，库容逐年增加，而兴利库容却逐年减少，淤积库容不断增加，由1985年的6.31亿m^3增至2000年的7.095亿m^3，灌溉面积逐年减少，来水量不断下降，由1985年的10.55亿降至1995年的9.25亿，2000年降至3.74亿。

以上河流断流、水库来水量减少说明水资源量正在逐年减少。

3.5.7 水环境问题分析

（1）水资源时空分布特征

① 水资源分布不均匀：由于降水量分布不均及水文下垫面的差异，使山西的水资源在地区分布上不均匀。总的趋势是东部山区和东南部地区水资源相对丰富，西北部水资源贫乏；山西石灰岩分布面积较广，岩溶比较发育，岩溶水量丰富，但多分布在河流下游及边境地带，出露由高呈低、利用率差。

② 三水转化强烈：河川径流和地下水转化条件复杂，降水补给地下水，地下水补给河流（以泉形式出露），而河川径流又渗漏补给地下水，这样遭污染的河川径流容易污染地下水。同时又由于泉水的集中出露及泉水与降水的滞后关系，给水资源利用又提供了有利的条件。

③ 水土流失严重：河道含砂量大。水土流失面积占全省面积的59.6%，山丘地区沟深坡陡、河短流急，不仅难以控制利用，而且严重的水土流失使已建成的水库被泥沙淤积。其中有的已淤满报废，许多水库已经难以充分发挥调节控制水资源的作用。

④ 丰枯悬殊，年际变化大：山西水资源在时间上变化显著，降水量高度集中在7—9月，漏期径流集中、山洪暴发，枯季径流锐减、大部分河流断流。连续干旱年或连续大水年时有发生。1964年河川径流量最大达到184亿m^3，1972年为64亿m^3；而大旱的光绪三年全年河川流量只有29.3亿m^3，仅为多年径流均值的26.9%。这种状况增大了山西水资源开发利用的难度。

⑤ 河川径流受水库及引水工程影响大：山西大部分河流均建有水库或修建多处引水工程，使有清水流量的河流受水库、引水工程调节，造成水库放水时（农灌季节）河流流量大，平时断流。如汾河中上游受汾河水库调节，平时汾河水库以下几乎无清水流量，汾河水库放水时河水流量大。

⑥ 岩溶大泉水量丰富：全省岩溶泉水资源量有26.8亿m^3，已为农业、工业及城市饮用水提供了优质稳定的水源，但有10亿m^3的泉水分布在河流下游及省境地带难以利用。

（2）水资源利用情况

① 水资源利用不平衡，地区差异明显。

由于山西省内区域经济发展的不平衡与地区差异的存在，导致明显的水资源利用地区差异。全省大致可分为中部盆地高开发区、东部山区小盆地中开发区和西部沿黄河低开发区。中部大同、忻州、太原、临汾、运城盆地开发利用率高，再开发潜力已极小，水资源紧缺，尤其大同、朔州、太原、运城严重缺水。东部水资源近年来逐步开发利用，如娘子关泉、辛安泉和延河泉、三姑泉已开始开发利用为城市及工业供水。西部沿黄河区内水资源十分贫乏，且大部分河流为源短流急的间歇性河流，难以开发利用，水资源利用率低，当地岩溶水基本未开发，如龙口、天桥岩溶泉均属此列。

② 水资源遭到采煤的破坏日益严重。

山西省煤炭资源分布广、面大、开采量大、开采强度高。煤矿排水漏水，带来了水资源污染和大面积地下水位下降，造成水井干枯、地面下陷，使本来就十分贫乏的水资源利用量更少。由于采煤已造成约 1 905 个自然村庄、9 598 万人没有水吃或吃水困难，2 万多 hm^2 水浇地变成旱地。

③ 中部盆地地下水超采严重，许多泉水流量锐减，甚至干枯断流。

山西中部盆地由于工农业发展、城市化加快，水的供需矛盾日趋尖锐。尤其是太原、大同、忻州、运城盆地，进入 20 世纪 90 年代，开采强度急剧增大，严重超采地下水，造成地下水位持续下降，漏斗面积增大，采补失衡状态最为突出。

采补失衡的另一表现是泉水流量锐减，甚至断流。20 世纪 50 年代全省流量大于 0.5 m^3/s 的泉水出水总量在 30 亿 m^3 左右，现在降至 26 亿 m^3。著名的晋祠泉 20 世纪 50 年代流量为 2.0 m^3/s，70 年代减为 1.3 m^3/s，80 年代降至 0.37 m^3/s，90 年代断流；兰村泉流量曾为 4.1 m^3/s，现已断流；娘子关、神头泉、辛安泉等流量亦大幅度衰减。

④ 整体水资源短缺，但东部部分山区水资源得不到利用。

1999 年山西入境水资源量仅 0.431 亿 m^3，而出境水量达 26.7 亿 m^3，尤其是黄河流域沁河出境 6.26 亿 m^3，海河流域滹沱河出境水量 5.095 亿 m^3。

（3）河流主要水环境问题

① 河流水质污染已相当严重。

85%以上的河段已经受到污染，半数以上的河流或河段已经丧失了使用功能，流经城镇或近郊工矿区的河道几乎都成了排污沟，广大平原地区已基本无清水，主要水库如汾河水库、册田水库、漳泽水库已受到污染。

水污染主要是工矿企业的废水和城镇生活污水中携带大量的污染物进入河流水体，以及河道径流量大幅度减少造成的。本次调查统计，全省每年排放河道的废污水量达 10.51 亿 t，其中乡镇工业排废水 2.15 t，生活污水 2.42 t。

② 污水灌溉造成浅层地下水污染和农业生态污染。

1999 年全省总用水量 56.86 亿 m^3，其中农业用水 35.55 亿 m^3，占总用水量的 62.6%。其中海河流域污灌面积（包括清污混灌）占流域内灌溉面积的 60%，利用污水达 2 亿 m^3。

黄河流域的汾河污染控制区汾河灌区、汾西灌区、潇河灌区实际灌溉面积 11.46 万 hm^2，尤其是汾河灌区 8.17 万 hm^2 土地，利用城市废水 2.2 亿 m^3。污灌主要集中在大中城市附近郊县区，如太原市废水经汾河二坝、三坝截流，全部进入农田灌溉；大同利用口泉河、十里河、御河废水灌溉，形成大面积污灌区范围内浅层地下水受到污染，直接对人民身体健康造成威胁。

③ 饮用水安全受到严重威胁。

流域内大部分城镇、平原区乡村以地下水为主要水源，排污渠、河及污灌区 2/3 的浅层地下水水质达不到饮用水标准。如大同市南郊区、忻州、原平、襄垣、潞城、河津、永济、介休、临汾等污灌区及排污渠的两岸地下水水质受到污染，农村井水氨氮严重超标。

在大中城市地下水源地，受补给区污灌和流经水源地被污染的河水影响，地下水如大同市白马城水源地已有氨氮污染。依靠饮用河水的山区居民，不得不常年饮用污染的河水。各种肠道病流行，严重威胁人民群众的身体健康。

全省由于水污染，已经使 1 006 个自然村 74.14 万人吃水受到严重污染。受水质污染影响的人数由 49.65 万人升至 74.14 万人，受采煤漏水影响的人数由 24.37 万人上升至 95.98 万人。

④ 人为的水利工程措施破坏了原有水环境，水利工程未考虑生态环境需水要求。

山西省属于黄土高原，山区占去大部分土地。从北到南有桑干河流域形成的大同盆地，滹沱河流域形成的忻定盆地，汾河流域形成的太原晋中盆地、临汾盆地和运城盆地，浊漳河流域形成的上党盆地和诸多河流形成的小盆地，全省大中小城市集中在平原地区的河流附近。

20 世纪 50 年代，为防洪和农灌在河流出山口、流干流支流上建成 6 个大型水库、56 个中型水库和数百个小型水库，控制各条河流的径流量，使原有河流变成季节性河流。尤其在大中城市河流上游兴建水库和引水工程，使这些城市附近河道无清水流量，人为的水利工程措施破坏了原有水环境，水利工程未考虑生态环境需水的要求。如太原汾河上游的汾河水库、汾河二库，大同御河上游孤山引水工程，长治浊漳河上多座水库，使中心城市附近河道无清水流量，河道流水为工业和生活污水。

3.5.8 地下水利用及其引起的生态环境问题

（1）地下水利用现状分析

山西省地下水开发利用历史悠久，凿井取水以润田园的历史可追溯到唐朝，甚至更远，特别是城郭周围的菜园有相当一部分是利用井水灌溉。解放前地下水开采量很少，解放后随着工农业生产的发展和人民生活水平的提高，地下水的开采量也逐年增加，已成为山西省工农业生产及生活的主要供水水源。1993 年全省共取地下水 390 045 万 m^3，其中泉口提引水量为 44 568 万 m^3，供水量占到全省用水总量的 70%，地下水资源的开发利用已与国民经济的发展密切相关。山西省地下水开发利用的历史大致可分为三个阶段：

第一阶段：解放初期至 20 世纪 60 年代中期。此阶段全省的各项建设尚处于起步阶段，国民生产力发展水平较低，地下水开采量较小，以开采第四系浅层水和石炭系层间岩溶裂隙水为主。从井型上看，多以浅井和“大锅锥”井为主，提水方式多采用辘轳吊筒式提水，主要用于改善人畜吃水条件和灌溉。对于岩溶泉的利用，从此阶段开始进入了较具规模的开采阶段，1957 年以兰村泉为水源的兰村水厂正式投产，供城市生活用水，1957—1960 年 3 年间平均开采 12 万 m^3/d；1958 年开始在郭庄泉下游修建“七一”渠，引郭庄泉水灌溉农田。到 20 世纪 60 年代中期，岩溶大泉流量衰减问题还不很突出。

第二阶段：20 世纪 60 年代中期到 80 年代初期。随着国民经济的发展，城市居民生活、公共事业及工业生产用水的不断增加，全省进入了大规模开发地下水时期，兴起打井高潮，成井技术、提水设备也有了显著提高。1979 年全省总用水量达到历史最高值，地下水开采量达 26.3 亿 m^3。特别是农业灌溉也开始大量开采地下水，先后建成一些井片工程，井灌面积发展迅速；机井配套近 10 万眼，有效灌溉面积达 115.73 万 hm^2，农业灌溉 1979 年用水量为 50 亿 m^3，占总用水量的 78.6%，农业灌溉开采地下水 16.7 亿 m^3。农业用水量的猛增，使地下水的开采从浅层转向中深层。各种类型的地下水开始全方位开采，深层岩溶水也进入了勘探开发利用阶段。当时由于缺乏统一规划、统一管理，形成地下水大规模无序开采状况。此阶段岩溶泉水的利用量也迅猛增加，主要用于工业和农业灌溉，其开采形式主要以泉域内凿井与泉口提水相结合。如 20 世纪 70 年代，晋祠泉域边山开采岩溶水进一步增加，工农业井达到 44 眼，泉水流量减为 0.66 m^3/s，致使圣母、善利两泉断流。娘子关电厂投入运行后，在泉口提水供生产生活用水，使娘子关泉的开采量猛增，取水量约 4.5m^3/s。1972 年霍州电厂建成投产后，在泉区凿井 37 眼取水，使泉水水位逐渐下降，不少泉眼断流干枯。随着太原市城市规模的不断发展，兰村水厂开采量不断增加，20 世纪 70 年代开采量为 14.9 万 m^3/d，到 1980 年增至 26 万 m^3/d，使兰村泉流量急剧下降至 0.67 m^3/s。总之，在这一阶段，由于地下水的过猛开采，局部地区出现地下水水位下降，部分浅层水井水量减少或干枯，泉水流量减少，部分泉眼断流。

第三阶段：20 世纪 80 年代以后。进入 20 世纪 80 年代，改革开放带来的经济迅速发展，使各行各业对水资源的需求量迅猛增长，地下水的开采量也呈逐年增加的趋势。1984 年全省开采地下水为 24.83 亿 m^3，到 1999 年扣除泉口提引水量后为 36.42 亿 m^3，平均每年以 3.4%的速度增长。1984 年工业开采地下水为 5.86 亿 m^3，1999 年增至 13.24 亿 m^3，增长速度为 8.5%。城市生活取用地下水 1984 年为 1.95 亿 m^3，到 1999 年增加到 4.01 亿 m^3（不包括商品菜田用水），平均增长速度为 5.44%（见表 4-3-16）。加之山西是全国主要煤炭生产基地之一，煤炭开采引起水资源的破坏，大量浅中层地下水排出地表，此阶段地下水开采出现了大范围的超采区，至 1993 年统计全省超采面积达 12 632 km^2，超采量达 54 384 万 m^3。

表 4-3-16　山西省历年（1984—1999 年）取水量统计表　　单位：亿 m^3

年 份	总取水量		农业		工业		城市生活	
	合计	地下水	小计	地下水	小计	地下水	小计	地下水
1984	52.88	24.83	40.57	17.02	10.36	5.86	1.95	1.95
1985	46.04	25.66	33.43	17.48	10.55	6.12	2.06	2.06
1986	52.76	27.94	39.51	20.06	10.99	5.62	2.26	2.26
1987	52.32	30.16	38.32	20.74	11.63	7.05	2.37	2.37
1988	49.72	30.01	35.17	19.23	11.88	8.36	2.67	2.42
1989	54.67	30.30	39.36	19.75	12.69	8.07	2.71	2.48
1990	24.37	31.28	38.53	19.74	12.81	8.96	3.03	2.58
1991	56.77	32.65	40.85	20.91	13.01	9.12	2.91	2.62
1992	57.22	34.45	40.19	21.65	13.82	9.88	3.32	2.92
1993	55.99	34.65	38.14	23.07	14.76	12.92	3.09	3.01
1994	56.68	34.48	38.70	23.41	14.67.	12.84	3.31	3.22
1995	57.42	34.43	38.51	23.46	15.29	13.21	3.52	3.43
1999	56.76	36.34	35.55	22.59	13.31	13.24	4.49	4.01

注：1999 年城镇生活用水包括公共工程用水。

（2）地下水利用引起的生态变化

地下水是工农业生产和人民生活的重要资源。随着山西能源重化工基地的建设和农业生产的发展，供水需求量越来越大，对地下水资源的开发利用日益广泛。长期以来，由于开发利用地下水缺乏统一的规划和管理，工农业竞相开发地下水，造成水源地布局不合理，开采井群在平面位置和定单层位上高度集中，致使腹部几个盆地区的地下水超量开采。不合理的开采状况改变了区域地下水的天然流场，地下水位大幅度下降，形成以城市水源地为中心的大面积的地下水降落漏斗。并由此引发水井枯竭、泉水断流、地面沉降、地裂缝、含水层疏干、水质恶化、产水量减少等诸多生态环境问题，加剧了本来已经十分尖锐的水资源供需矛盾。

① 地下水位下降。

A．盆地松散层孔隙水地下水位下降。

与 1992 年比较，到 1993 年底山西省几大盆地松散层孔隙水地下水位平均下降 0.10 m。稳定区面积 16 671 km^2，占计算面积的 72.6%，平均下降 0.06 m；上升区面积为 2 550 km^2，占计算区面积的 11.1%，平均上升 1.04 m；下降区面积为 3 730 km^2，占计算区面积的 16.3%，平均下降 1.12 m。

通过对 1984—1993 年 10 年的观测资料分析，全省几大盆地 10 年平均地下水水位累计下降值为 1.94 m，下降速率为 0.194 m/a。海河流域 10 年地下水水位累计下降值达 1.24 m，黄河流域 10 年地下水水位累计下降值达 2.35 m。几大盆地地下水水位下降幅度在 0.88～3.88 m 之间，太原盆地累计下降值最大，达 3.88 m。运城涑水盆地承压水 1984—1993 年 10 年地下水水位累计下降值达 7.15 m，下降速率为 0.715 m/a（见表 4-3-17）。

采煤对地下水疏干的影响是山西省生态进一步恶化的重要原因，建议以省计委的研究课题成果为参考尽量充实。

表 4-3-17　山西省 1984—1993 年地下水动态分区统计表

盆地名称	分区面积/km^2	地下水位平均升降值/m										累计下降值/m
		1984 年	1985 年	1986 年	1987 年	1988 年	1989 年	1990 年	1991 年	1992 年	1993 年	
天阳	947		0.00	−0.38	−0.70	−0.06	−0.12	−0.10	−0.06	−0.05	−0.28	−1.75
大同	5 826		−0.14	−0.18	−0.12	0.13	−0.17	−0.13	−0.04	−0.07	−0.16	−0.88
忻定	2 751		0.11	−0.62	−0.26	0.56	−0.29	−0.17	−0.50	−0.05	−0.36	−1.58
长治	1 169		0.21	−0.66	−0.17	0.45	−0.15	0.00	−0.52	−0.51	0.21	−1.14
海河流域小计	10 693		0.06	−0.46	−0.31	0.27	−0.18	−0.12	−0.21	−0.11	−0.18	−1.24
太原	4 741		0.11	−1.28	−0.57	0.13	−0.51	−0.11	−1.07	−0.55	−0.03	−3.88
临汾	4 359	0.18	−0.20	−0.29	0.03	−0.08	−0.04	−0.40	−0.15	0.05	−0.90	−0.90
运城	3 158		0.20	−0.51	−0.48	−0.17	−0.07	−0.23	−0.83	−0.02	−0.13	−2.24
黄河流域小计	12 258		0.16	−0.66	−0.45	0.00	−0.22	−0.11	−0.77	−0.27	−0.03	−2.35
全省合计	22 951	−0.18	0.09	−0.54	−0.34	0.17	−0.22	−0.11	−0.51	−0.20	−0.10	−1.94
运城承压水	6 603			−2.19	−0.91	−0.19	−0.24	−0.46	−2.55	−0.54	−0.07	−7.15

B．岩溶地下水位下降。

20 世纪 50 年代至 60 年代，煤炭、地质等部门对山西岩溶地下水进行普查勘探，多局限于泉口地带，70 年代泉域内已有个别单位凿井开采岩溶地下水，80 年代中期已进入大量的开采阶段。20 世纪 80 年代后期，地质、电力、煤炭、水资源管理等部门对岩溶地下水位先后开展了局部和全面的长期观测工作。根据监测资料分析，各泉域岩溶地下水动态，受降水减少和泉域区内开采的影响，岩溶地下水从 1984 年以来水位呈下降趋势。由于水文地质条件和大气降水及开采量的差异，造成各泉域多年水位下降幅度也不尽相同。

a.晋祠泉域岩溶水：从 20 世纪 60 年代初到 70 年代末，太化在泉域区晋祠后山一带凿井 10 眼，开采量达 0.08 m^3/s；边山一带工农业相继开采岩溶水，进一步加强开采井达 44 眼，泉水流量减少为 0.66 m^3/s，致使圣母、善利两泉断流；80 年代以来，区内已建成各类岩溶水井 58 眼，开采量增加到 3 648 万 m^3：再加上西山矿务局白家庄矿 701 工程的抽排，排水量达 1.53 m^3/s，同时各级各类煤矿 297 个，排水量达 0.76 m^3/s，导致岩溶水位普遍下降 2～3 m，泉域岩溶水已处于严重超采状况，1994 年 4 月 30 日泉水断流。

b.兰村泉域岩溶水：自 1986 年 12 月自来水一厂改造工程投产以来，开采量由改造以前的 25 万 m^3/d 猛增到 31 万～32 万 m^3/d，水位每年下降 1 m。随着枣沟水厂的扩大开采，岩溶水位每年以 2.0 m 的速度大幅度下降，到 1986 年寒石泉断流。1995 年累计水位下降值达 22 m，同时形成岩溶水位降落漏斗，袭夺了兰村泉补给量。枣沟水源自 1986 年投入试采以来，累计下降值达 19.1 m。

c.太原东山杨家峪观门前岩溶水：天然状态下，水位标高为 813.2 m（Ts-17 号孔），自枣沟水源投产和郝庄乡开采水源以来，水位逐年下降，到 1995 年水位标高为 797.98 m，累计水位下降值为 15.02 m。

d.从多年监测资料分析，辛安泉、延河泉、三姑泉域岩溶地下水水位呈逐年下降状态。

由于辛安泉和三姑泉水位下降值的差异，造成两泉域间地下水分水岭的迁移，即产生了两泉域边界袭夺现象（见表 4-3-18、表 4-3-19）。

表 4-3-18　辛安泉域岩溶水位多年变化统计表

位置	始测水位/m		统测水位/m		水位差/m	间隔/a	水位年平均下降值/m
	时间	标高	时间	标高			
潞城市黄牛蹄	1980-08	644.14	1994-04	638.74	7.40	14	0.53
潞城市侯家庄	1957-05	658.92	1994-04	643.51	15.41	37	0.41
郊区黄碾	1958-02	675.5	1994-04	653.40	22.12	36	0.61
平顺县城关	1959-10	839.19	1994-04	789.00	50.19	35	1.43
太行锯条厂	1981-11	676.65	1994-04	647.57	28.08	13	2.16
襄垣县后堡	1981-08	683.68	1994-04	654.49	29.19	13	2.24
城区原行署院	1979-10	377.86	1994-04	674.81	30.05	15	2.00
壶关县修善	1976-11	696.21	1994-04	651.85	44.36	18	2.46
长治县西池	1981-06	704.87	1994-04	649.06	55.81	13	4.29

表 4-3-19　三姑泉域岩溶地下水动态状况表

井孔位置	始测水位		现状年水位		水位累计下降值	下降速率/（m/a）	备注
	时间	水位/m	时间	水位/m			
高平杜村	1975-01	653.40	1996-04	606.51	46.53	2.11	补给—径流区
效区南沟	1978-10	625.33	1991-04	587.20	38.13	2.72	
王台铺矿	1978-04	628.38	1996-04	577.46	50.92	2.68	
凤凰山矿	1977-08	633.20	1996-04	579.30	53.92	2.57	
古书院矿	1977-06	599.00	1996-04	564.56	34.44	1.64	
晋钢	1978-08	596.64	1996-04	564.05	32.59	1.72	
侯匠	1977-06	603.51	1996-04	567.70	35.81	1.79	
东贤子	1976-10	519.62	1996-04	536.62	13.00	0.62	排泄区
东坡车站	1977-11	491.73	1996-04	491.65	0.08		

② 地下水大面积超采，形成以城市水源为中心的地下水降落漏斗。

地下水过量开采，地下水位逐年下降，是地下水资源开发消耗大于补给，出现逆差的必然结果。随着城市规模的扩大以及工业生产的布局与发展，工业与城市供水系统即集中供水的自来水厂与自备水源相继有了较快的发展。1988 年全省盆地松散岩类孔隙水超采面积达 5 182 km^2，占盆地总面积的 19%；1993 年盆地超采区面积达 6 528 km^2，占盆地总面积的 24.0%。超采区大部分集中在盆地边缘富水性好的洪积倾斜平原区，尤其是一些强富水的冲积扇地带，20 世纪 70 年代初全省地下水降落漏斗仅有 3 处，出现在太原市自来水公司二水厂与六水厂一带、运城涑水盆地及介休城区，面积 885.9 km^2。20 世纪 80 年代以来，高强度开采地下水，使城市地下水位大幅度下降，除太原、运城、介休三大漏斗区不断扩大外，还形成了以大同、侯马、临汾、祁县、榆次、汾阳、原平、交城等城市水源地为中心的新的地下水降落漏斗。1993 年末全省地下水降落漏斗 20 余处（其中岩溶水降落漏斗 2 处），漏斗面积 2 966.18 km^2。1993 年山西省盆地区地下水降落漏斗状况详见表 4-3-20。

表 4-3-20　1993 年山西省盆地区地下水降落漏斗要素统计表

漏斗名称		含水层性　质	中心水位/m		出现雏形年份	水位下降值/m	下降速度/（m/a）	漏斗面积/km^2
			埋深	标高				
太原	城区	中、深层水	87.30	695.59	1965	71.15	2.45	248.00
	西张	中、深层水	48.00	760.28	1969	46.01	2.00	160.00
	重机学院	中、深层水	77.88	738.48	1981	36.65	2.74	7.90
	清徐	中、深层水	32.00			65.00	1.50	60.00
大同	机、柴厂	浅、深层水	53.69	999.68	1981	20.89	1.61	31.87
	御铁大桥	浅、深层水	51.56	992.91	1974	36.68	3.67	31.09
	白马城	浅、深层水	36.69	1 034.3	1988	3.46	0.58	11.69
	智家堡	浅、深层水	33.16	1 001.8	1988	19.54	3.26	18.33
忻州	城区	中、深层水	18.79		1981	4.24	1.06	71.00
	原平	中、深层水	29.40		1990	21.21	0.81	26.00
运城—永济		中、深层水		281.66	1961	53.35	1.72	1 809.00

漏斗名称		含水层性　质	中心水位/m		出现雏形年份	水位下降值/m	下降速度/(m/a)	漏斗面积/km^2
			埋深	标高				
临汾	临汾城汾	中、深层水		358.00	1976	36.80	1.94	85.00
	侯马城区	中、深层水		368.00	1978	15.5	0.97	87.00
晋中	榆次城区	中、深层水	48.90	758.10	1984	23.4	2.34	43.00
	祁县	中、深层水			1976	14.4	0.8	50.00
	太谷	中、深层水			1980	26.0	1.2	43.6
	介休	中、深层水		687.40	1967	46.49	130.00	
吕梁	交城边山	中、深层水	94.00		1987	76.00	2.50	17.39
	文水汾阳	中、深层水	117.00		1987	53.00	1.08	25.11
	孝义边山	中、深层水	30.00		1987	10.00	0.61	10.20

太原市深层地下水区域降落漏斗自 1965 年形成以来，不断向外扩展，漏斗闭合面积由 1965 年的 11.2 km^2 扩展到 1993 年的 475.9 km^2；随着地下水开采量的增加，漏斗中心水位不断加深，水位降深近百米，个别地区与地段已超过 100 m，地下水位平均每年以 2～3 m 的速度下降，而且有加快的趋势。

20 世纪 70 年代以来，大同市地下水开采量日益增多，使区域地下水位逐年下降，从而形成了区域地下水降落漏斗。1981 年前在城西水源地先形成了机车厂—柴油机厂降落漏斗；1984 年在城北水源地形成了御河铁路大桥降落漏斗；1988 年在城北水源地又形成了白马城—古店漏斗和在城南水源地形成了智家堡漏斗。由于过量开采，漏斗面积由 20 世纪 80 年代初 20 km^2 扩展到目前近 100 km^2，中心水位埋深达 53.69 m，水位下降速度为 3.67 m/a，有些地方的含水层已接近疏干，造成附近农村水井干枯、吃水困难，加剧了供水不足的矛盾。随着国民经济的迅速发展，需水量的不断增加，大同市漏斗区面积扩展到 132.4 km^2。智家堡漏斗中心水位每年平均下降 9.93 m，水位降到 995.11 m；机车厂—柴油机厂漏斗中心水位每年平均下降 9.85 m，水位降到 998.46 m；白马城漏斗水位平均每年下降 6.40 m；铁路漏斗中心水位下降 8.15 m，水位降到 1 006.30 m。

运城—永济地下水降落漏斗，随着深层水的逐步开发，不仅使深层水水位持续下降，漏斗中心转移，同时使其降落漏斗面积不断扩展，自 1965 年以来随着开采量的增加，水位开始下降，逐渐形成地下水降落漏斗。1976—1979 年漏斗中心水位累计下降 12.78 m，平均年下降 4.26 m；1980—1984 年由于引黄灌溉局部积涝和井孔产生“天窗”深浅层含水系统联通的影响，水位回升 6.56 m；1985—1987 年又连续下降 9 m，1986 年漏斗边界水位由原来的 380 m 降至 330 m，其圈闭面积达 1 100 km^2；1986 年后漏斗面积进一步扩展，340 m 等水压线所包围面积达 1 320 km^2；至 1993 年降落漏斗区面积扩展到 1 809 km^2，中心水位累计下降 53.35 m，在地下水开采量逐年增加的情况下，漏斗面积呈不断扩展的趋势。

介休市地下水降落漏斗区自 20 世纪 60 年代中期以来，随着城市大规模不断扩大，工农业生产迅速发展，地下水开采与日俱增。进入 20 世纪 70 年代，工业耗水大户相继建成，宋古井片的建立和农业开采量的增加，使区域水位明显下降，出现了地下水降落漏斗。从 1967—1973 年 10 年间，水位累计下降 11.86 m，1978 年漏斗区面积扩展到 100 km^2，漏斗中心水位于 1978—1987 年再降 22.03 m，介休降落漏斗面积已扩展为 130 km^2

左右，中心水位累计下降 46.49 m，年平均下降 1.94 m。

据 1993 年临汾地区地下水位普查资料表明，以临汾市为中心的地下水降落漏斗有不断扩展的趋势。1975—1976 年在城北、城区一带形成了地下水的降落漏斗。据 1979 年 12 月省勘察院实测资料表明，漏斗中心闭合线为 380 m，外围闭合线水位为 400 m，漏斗面积约 50 km^2。1985 年太原工业大学对区域地下水位进行了一次实测，结果表明漏斗中心闭合线为 380 m，外围闭合线为 400 m，中心最低水位 373 m，漏斗面积达 74 km^2。到 1988 年漏斗中心水位 357m，漏斗外围闭合线为 390 m，中心水位 358 m，漏斗区面积扩展为 85 km^2。从 1976—1993 年漏斗中心水位累计下降 39.8 m，年平均下降速度为 2.21 m。

近年来，随着岩溶地下水开采程度的不断提高，造成了岩溶水位的普遍下降。特别是太原市兰村水源地上兰村一带和朔州市神头泉域的刘家口一带都出现区域岩溶地下水降落漏斗。如在太原上兰村水厂改造后及随着枣沟水源地采水量的扩大，使区域岩溶地下水位出现大幅度的下降。据典型井兰村 S1 孔水位分析，1965—1970 年水位保持在 814 m 以上，保持稳定状态，从 1965 年的 814.19 m 降到 1970 年的 814.02 m，5 年仅下降了 0.17 m，平均每年下降 0.03 m；到 1985 年改造前，水位下降到 810.06 m，15 年共下降了 3.96 m；到 1990 年水位降到 802.52 m，5 年共下降 7.54 m，平均下降速度 1.51 m/a，降落漏斗中心位于兰村水源地，中心水位埋深 11.70 m，水位闭合线 808 m，漏斗呈浅碟状，闭合面积 212 km^2，漏斗中心水位降速见表 4-3-21。到 1993 年水位降到 795.97 m，1985—1993 年水位下降 14.09 m，年均下降达 1.57 m，随着岩溶地下水的大量开采，降落漏斗中心水位呈逐年下降、漏斗面积呈不断扩大的趋势。

表 4-3-21　太原兰村—枣沟岩溶水降落漏斗要素统计表

年份	间隔/a	中心水位/m		水位下降值/m	下降速度/（m/a）	漏斗面积/km^2
		埋深	标高			
1965		0.03	814.19			
1970	5	0.20	814.02	0.17	0.03	
1985	15	4.16	810.06	3.96	0.26	
1990	5	11.70	802.52	7.54	1.51	212.0
1993	3	18.25	795.97	6.55	2.18	
1994	1	20.07	793.55	2.42	2.42	

③ 地面沉降。

超量开采地下水，使含水层中水的浮托力与松散岩层孔隙水的支持力消失，增大了粘性土或砂性土的压缩性，同时，改变了自然状态下地下水的流向、流速、水力坡度，部分增加了地下水的潜蚀、搬运能力，使土体收缩，从而产生地面沉降，由于不均匀沉降出现了地裂。全省以开采地下水为主要水源的城市，如太原、大同、运城涑水盆地及晋中、榆次、介休均发现不同程度的地面沉降和裂缝。

④ 岩溶大泉流量不断减少甚至断流。

岩溶泉水流量集中，水质优良，是山西省城市及能源基地重要的供水水源。20 世纪 70 年代以前岩溶泉水开发利用规模还不大，70 年代以来，对岩溶水的开发利用量大大增加，很多泉区都建立或扩大了水源地，采取群井抽水或调水方式开采，农村也开始在补给径流区找水。由于缺乏统一规划，盲目开采，加之近年来气候偏旱，各泉域降雨量普遍比往年平均降雨量减少 3%～10%，直接影响了岩溶水的补给，致使岩溶泉水一直处于流量下降的趋势。据有关 12 个大泉监测统计资料分析，实测流量减少 50% 以上至干涸的有 4 个，占 33%；流量减少 5%～30%的有 7 个，占 58%；流量减少 5% 以下的 1 个，占 9%。由于各泉域岩溶水的大量开采，泉水流量的减少程度有所不同。根据对娘子关等 11 处大泉流量多年系列分析，1981—1993 年 13 年平均流量较 1956—1993 年 38 年均值减少 31.5%，较 1956—1984 年 29 年均值减少 36.8%；1986—1993 年 8 年均值减少 36.2%，较 1956—1984 年 29 年均值减少 41.16%，详见表 4-3-22。由于泉水出露处建立特大型水源地或不合理开采，兰村、郭庄、晋祠等著名泉水已出现断流。太原晋祠泉水流量在 20 世纪 50 年代平均为 1.95 m^3/s。自 20 世纪 60 年代起，在晋祠附近大量凿井开采岩溶地下水，泉水流量随之逐年减少，到 1971 年泉水流量减少到 1.30 m^3/s。20 世纪 70 年代，由于干旱少雨，再加上沿西边山断裂带陆续开凿农业井 21 眼，使得晋祠泉水流量急剧下降，到 1980 年减少到 0.8 m^3/s，鱼沼、善利两泉断流。进入 20 世纪 80 年代以来，西山煤矿的大规模开采使矿坑拌水量骤增，加快了晋祠泉流量的减少，到 1990 年进一步减少为 0.3 m^3/s 左右；到 1994 年 4 月 30 日千古名胜难老泉断流。作为太原市生活主要水源的兰村水源地（开采岩溶水），日产水量 30 万 m^3 左右。自 1986 年水厂改建后，兰村烈石寒泉断流，近年来岩溶水位以 2.0～2.5 m/a 的速率下降。神头泉流量仅 1984—1993 年 10 年间每年平均减少 2.15 m^3/s。北方最大的岩溶泉——娘子关泉多年平均流量为 12.13 m^3/s，1993 年下降到 7.13 m^3/s。

岩溶泉水流量的减少，严重危及工农业生产与城市居民的正常生活，而且目前山西省各大煤田正在向深部拓进，进入岩溶水带压开采区，矿井一旦突水后果难以设想，应采取相应措施，加强岩溶水资源的保护。

表 4-3-22　山西省娘子关等 11 处主要岩溶大泉系列均值比较表　　单位：亿 m^3/a

项目	岩溶大泉径流量	1981—1993 年 13 年系列			1986—1993 年 8 年系列		
		径流量均值	减少量	减少率（%）	径流量均值	减少量	减少率（%）
1956—1984 年 29 年系列	18.10	11.44	6.66	36.80	10.65	7.45	41.16
1956—1993 年 38 年系列	16.70		5.26	31.50		6.05	36.23

⑤ 地下水高强度开发，加剧水环境恶化。

地下水高强度开发，水位不断下降，地下水漏斗区扩大。井愈深，井的上部井壁封闭不严或不加封闭，有的井上下几个含水层混采，使浅层污染水进入中、下深层水，使深层水受到污染。由于超采加剧地下水动力条件，使污水和降水渗透速度加快，地下水矿化度、硬度不断升高。

本次调查收集到“七五”到“九五”期阳泉市环境监测站对娘子关泉总硬度的监测结果（见表 4-3-23）。

表 4-3-23　娘子关总硬度历年监测结果

项　目	监测结果		
	1985—1990 年	1991—1995 年	1996—1999 年
总硬度/（mg/L）	372.4	418.3	427.8

娘子关泉水总硬度由“七五”期间的 372.4 mg/L 上升到“九五”期间的 427.8 mg/L，总硬度呈上升趋势，到“九五”期间总硬度已接近饮用水卫生标准。相应的地下水硫酸盐含量有上升的趋势，阳泉、娘子关泉、五龙泉硫酸盐由 50.4 mg/L 增至 282 mg/L。

（3）地下水动态变化成因分析

由于地下水利用产生一系列生态环境问题，主要成因是地下水利用开采量超过其可开采量及采煤对地下水的破坏。

① 地下水开发利用程度分析：

按照年实际开采量与可开采量之比，分区进行简单分析，分析结果详见表 4-3-24。

表 4-3-24　山西省 1993 年地下水开发利用程度分析　　单位：万 m³

分区	山丘区						平原区			合计		
	一般丘区			岩溶山区			山间盆地平原区					
	现状开采量	可开采量	开采程度（%）	现状开采量	可开采量	开采程度（%）	现状开采量	可开采量	开采程度（%）	现状开采量	可开采量	开采程度（%）
永定河区	6 304	5 792	108.8	16 652	22 400	74.3	46 239	64 550	71.6	69 195	92 742	74.6
大清河区	784	2 837	27.6	9	1 600	0.6				793	4 437	17.9
滹沱河区	4 793	9 164	52.3	15 796	42 318	37.3	23 021	37 024	62.2	43 610	88 506	49.3
漳河区	5 321	3 850	138.2	5 897	27 783	21.2	6 128	7 700	79.6	17 346	39 333	44.1
卫河区	74	161	45.9							74	161	45.9
海河流域小计	17 276	21 804	79.2	38 354	94 101	40.8	75 388	109 274	69.0	131 018	225 179	58.2
晋西北入黄区	3 422	5 557	61.6	963	22 186	4.3				4 385	27 743	15.8
晋西支流区	2 226	3 186	69.9	792	8 700	9.1				3 018	11 886	25.4
汾河上中游区	12 670	8 634	146.7	35 920	42 548	84.4	72 473	72 285	100.3	121 063	123 467	98.1
汾河下游区	2 056	2 066	99.5	14 755	26 835	55.0	49 070	44 801	109.5	65 881	73 702	89.4
涑水河区	27	93	29.0				46 675	32 587	143.2	46 702	32 680	142.9
潼关至三门峡区	85	106	80.2				4 493	6 206	72.4	4 578	6 312	72.6
沁丹河区	5 669	9 898	57.3	6 862	42 300	16.2				12 531	52 198	24.0
三门峡至沁河区	869	1 251	69.5							869	1 251	69.5
黄河流域小计	27 024	30 791	87.8	59 292	142 569	41.6	172 711	155 879	110.8	259 027	329 239	78.7
全省	44 300	52 595	84.2	97 646	236 670	41.3	248 099	265 153	93.6	390 045	554 418	70.4

从上表分析看，全省地下水 1993 年开发利用程度为 70.4%，海河流域地下水开发利用程度为 58.2%，黄河流域地下水的开发利用程度为 78.7%，高于全省程度。从各规划分区对比来看，盆地地下水开发利用程度最高，为 93.6%，岩溶山区较低为 41.3%。

A．一般山丘区：

通过分析，一般山丘区地下水的开发利用程度为 84.2%。从流域看，海河流域开发利用程度较黄河流域低，分别为 79.2%与 87.8%。从各分区来看，开发利用程度最高为汾河上中游区，达到 146.7%，其次为漳河区、永定河区、汾河下游区，其开发利用程度分别为 138.2%、108.8%和 99.5%。开发利用程度最低的大清河区为 26.4%，其次涞水河为 29.0%，卫河区相对较低为 45.9%。其他各分区均在 50%以上。一般山丘区开发利用程度差异较大，一方面是受地理位置的限制，另一方面是由于在一般山丘区经济发展相对较弱。造成个别区开发利用程度高的原因，主要是校核前的现状可开采量是采用 1984 年当时的开采水平计算得来，造成可开采量偏小所致。

B．岩溶山区：

经现状开采量与现状可采量比较分析，岩溶山区地下水开发利用程度为 41.3%。从流域看，黄河流域较海河流域略高，分别为 41.6%与 40.8%。从各分区来看，开发利用程度最高的汾河上中游区，达到 84.4%，其次为永定河区，达到 74.3%，汾河下游区为 55.0%，其他各分区均在 40%以下。最低为大清河区，其次为晋西北入黄区，分别是 0.6%与 4.3%。从以上分析可以看出，在岩溶山区，地下水开发利用程度较其他区低，各分区之间存在差异。在岩溶泉水出露区，由于引泉工程的兴建，使泉水的利用量提高，在非排泄后，受自然条件限制，水井工程相对投资大，经济发展较慢，开发利用程度低。总的来说，岩溶山区有一定的开发潜力。

C．山间盆地平原区：

通过分析可以看出，盆地区的开发利用程度最高，为 93.6%。从流域来看，黄河流域为 110.8%，已超过可开采量；海河流域较低为 69.0%。从各分区来看，最高为涞水河区，达到 143.2%，其次为汾河下游区、汾河上中游区，分别为 109.5%与 100.3%。在这三个分区中工业发达、人口密集，是山西主要的粮棉产地，决定了地下水的开发利用程度高，已处于超采状态。其他各分区分别都达到 60%以上，滹沱河区相对较低为 62.2%。总之，地下水的开发利用与当地的地表水利用程度及工业结构、种植比例都有较大的关系。

从以上对三个分区的分析看，山西省地下水开发利用程度有以下特点：

腹部地区：由于是山西能源重化工基地的中枢地区，又是主要的粮棉产地，工农业发达，人口最密集，地下水的开发利用程度最高，局部已出现严重的超采现象，如汾河上游中游区、汾河下游区、涞水河区和永定河区。

东部山区：包括沁丹河区、漳河区、滹沱河区等，地下水的开发利用程度相对较低，均在 50%以下。该区岩溶水比较丰富，现状开发利用程度不高，如沁丹河区岩溶水的开发利用仅为 16.2%。但东部山区，工农业有一定的基础，人口相对集中，地下水有一定的开发潜力。

西部山区：包括晋西北支流区、晋西支流区等。该区工业基础薄弱，农业生产不发达，人口稀少，地下水开发利用程度最低，对岩溶水的开发利用不足 10%，因此地下水开发利用有很大的潜力。

② 地下水超采区状况：

经过对本次调查大量资料的综合分析，全省确定了 22 个超采区，其中盆地平原区 16 个，一般山丘区 2 个，岩溶山丘区 4 个。至 1993 年山西省地下水超采区面积达到 10 632 km^2，严重超采区面积达 5 097 km^2。超采区 1993 年地下水的开采量为 153 157

万 m³，超采量达 51 068 万 m³。其中：盆地平原区地下水超采区面积达 6 528 km²，超采区 1993 年地下水的开采量为 130 090 万 m³，超采量为 47 404 万 m³ 。各盆地及部分地（市）地下水超采情况详见图 4-3-11 和表 4-3-25、4-3-26。

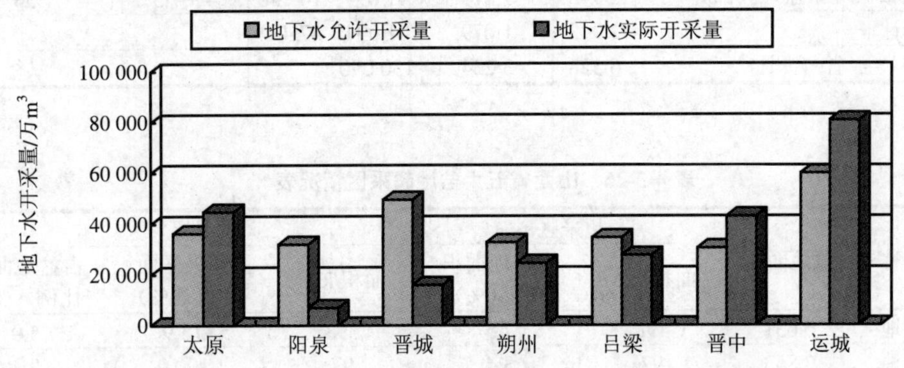

图 4-3-11　2000 年山西省部分地（市）地下水利用情况

A．盆地区地下水超采区状况：

由于地下水长期超量开采，开采量大于可开采量，水井密度较高，致使腹部五大盆地区域地下水水位呈明显持续下降状态，形成大面积的地下水降落漏斗区，盆地区超采区面积达 6 528 km²，占五大盆地区面积的 27.6%，严重超采区面积 3 224 km²，占五大盆地区面积的 13.6%，超采区面积的 49.5%。各盆地超采区情况见表 4-3-25、表 4-3-26。其中海河流域超采区面积为 595 km²，黄河流域超采区面积为 5 933 km²。盆地超采区开采系数、农业生产及城乡人畜饮水已受到严重的威胁。

表 4-3-25　山西省五大盆地地下水超采区特征表

所属盆地	所在地市	分布范围	面积		现状年开采量/万 m³	超采量/万 m³	水井密度/（眼/km²）	开采系数（K）/万［m³/(km²・a)］
			总面积/万 m²	严重超采面积/万 m²				
大同	大同	大同城郊一带	394	289	14 292	7 488	13.2	1.8～2.1
	朔州	怀仁鹅毛口洪积扇、山阴、朔城区周围	104	104	2 901	1 730	11～19	1.9～3.4
	小计		498	393	17 193	9 218		
忻定	忻州	原平、忻州城区周围	97	97	5 406	3 618	4.4	2.2～5.7
	小计		97	97	5 406	9 349		
太原	太原	太原城区、西张、清徐边山、盆地	977	580	24 990	2 905	2～14	1.1～1.9
	晋中	榆次、太谷、祁县、介休城区一带	821	187	17 945	416	4～14	1.0～1.1
	吕梁	交城、汾阳、孝义城区一带	227	150	4 297	12 670	5～7	1.1～1.3
	小计		2 025	917	47 232	2 437		
临汾	临汾	城区、侯马城郊	210	210	7 495	5 245	7～16	1.2～2.1
	运城	汾河谷地一带	755	538	11 670	7 682	2.9	1.1
	小计		965	748	19 165	14 216		

所属盆地	所在地市	分布范围	面积		现状年开采量/万 m^3	超采量/万 m^3	水井密度/(眼/km^2)	开采系数（K）/万［$m^3/(km^2 \cdot a)$］
			总面积/万 m^2	严重超采面积/万 m^2				
运城	运城	涑水盆地大部分	2 943	1 079	41 094	14 246	4～7.3	1.53
	小计		2 943	1 079	41 094	47 404		
全省合计			6 528	3 234	130 090			

表 4-3-26 山西省五大盆地超采区情况表

盆地名称	盆地面积	超采区		严重超采区		
		面积/km^2	占盆地面积比例（%）	面积/km^2	占超采区面积比例（%）	占盆地面积比例（%）
大同盆地	6 631	498	7.5	393	78.9	5.9
忻定盆地	2 853	97	3.4	97	100.0	3.4
太原盆地	4 822	2 025	42.0	917	45.3	19.0
临汾盆地	4 686	965	20.6	748	77.5	16.0
运城盆地	4 703	2 943	62.6	1 079	36.7	22.9
合　计	23 695	6 528	27.6	3 234	49.5	13.6

B．山丘区地下水超采区状况：

随着工农业生产的发展，山丘区地下水的开采量也不断增加，造成局部地带地下水位下降，水井报废，泉水枯竭，形成了以集中开采为中心的区域性超采，主要分布于太原黄大盆地阳曲县一带、榆次源涡地一带、晋祠泉域、兰村泉域、高平市区一带的隐伏岩溶水及晋城市巴公、北石庙、市区的三个水源地一带，超采面积达 4 104 km^2，严重超采区面积达 1 863 km^2。1993 年地下水实际开采量为 23 067 万 m^3，超采量 3 664 万 m^3，平均开采系数 1.21（详见表 4-3-27）。

表 4-3-27 山西省山丘区地下水超采区特征表

分区		分布范围	总面积/万 m^2	严重超采面积/万 m^2	年开采量/万 m^3	超采量/万 m^3	开采系数/万［$m^3/(km^2 \cdot a)$］
一般山区	汾河上中游	黄大盆地阳曲县	246		334	19	1.06
		榆次源涡，郭家堡鸣潇、沛霖等	84	55	1 345	63	1.05
	小计		330	55	1 679	82	1.05
岩溶山区	兰村泉域	泉域区	2 033	1 204	14 257	1 106	1.12
	晋祠泉域	泉域区	1 528	391	3 648	1 693	1.87
	三姑泉及丹河排泄带	高平城关一带	35	35	268	28	1.12
		晋城巴公、北石店及市区水源地	178	178	3 215	755	1.24
	小计		3 774	1 808	21 388	3 582	1.22
合　计			4 104	1 863	23 067	3 664	1.21

③ 采煤对地下水资源的破坏：

山西省煤炭资源丰富，大小煤矿星罗棋布，煤炭产量以 1996 年 3.488 1 亿 t 达到最高，1999 年降至 2.489 亿 t。山西省环保研究所 2001 年提交的“山西省污水资源化潜力与途径初步研究”报告，提出山西煤矿矿井水量表，统计出山西煤矿矿井水量表以及全省各地市统配煤矿和地方煤矿矿井水排放量（见表 4-3-28）。

表 4-3-28 山西煤矿矿井排水量估算表 单位：万 m^3/a

地 区	统配煤矿排矿井水量	地方煤矿排水量	合 计
太原市	1 495.0	1 286.5	2 781.5
大同市	1 580.7	2 614.7	4 195.4
阳泉市	841.2	2 061.8	2 903.0
长治市	767.2	2 878.5	3 645.7
晋城市	311.2	3 483.9	3 795.1
朔州市	1 275.0	1 910.0	3 185.0
忻州市	275.6	1 414.6	1 690.2
离石市	—	1 516.0	1 516.0
晋中市	368.9	1 952.5	2 321.4
临汾市	921.1	2 943.6	3 864.7
运城市	—	360.0	360.0
合 计	7 835.9	22 422.1	30 258.0

每生产 1 t 煤，排矿井水 0.87～1.22 t，可以认为每产 1 t 煤平均排矿井水 1 t。由于采煤改变了煤系含水层及其上部含水层中地下水原有的循环转移条件，引起地下水往下降；由于水往下降产生一系列水环境生态问题。

值得注意的是，山西煤田面积 6.18 万 km^2，占全省面积的 40%左右。除大同煤田开采侏罗系煤层外，其余煤田都以石炭一二叠系煤层为主，全煤层在碳酸盐地层之上，受沉积建造和区域耕造控制，形成水煤共有的基本环境条件。如朔州、太原、阳泉、长治、晋城等能源城市，由于碳酸盐形成的岩溶大泉出露在城市下游，城市上游为煤田开采区，采煤同时产出大量的矿井水，实质为岩溶大泉的补给水。煤田开采必然破坏岩溶大泉水资源，这些城市由于以岩溶大泉水为工业和城镇生活用水，而排出的工业和生活污水流入河道，污染地下水，造成恶性循环。

3.5.9 水资源变化趋势

水资源需求量不断增长，用水矛盾趋于尖锐。随着山西经济和社会的发展，工业化和城市化的稳步推进，以及城乡人民生活的改善，用水需求压力将会越来越大，生产、生活、生态用水的矛盾将会更加激烈。水资源生态出现劣化趋势，水资源供需矛盾日益尖锐，缺水已经上升为全局性、长期性、根本性的问题。在今后相当长的时期内，水资源短缺将成为全省社会经济发展的主要制约因素。

地表水供给减少，地下水供给增加。“九五”期间全省平均供水量为 57.4 亿 m^3，其中地表水供水量 21.5 亿 m^3，占总供水量的 37.4%；地下水供水量 35.9 亿 m^3，占总供水量的 62.6%。与 1980 年相比，地表水供水量及所占比重都减少了 1/3。

城市与农村生活用水、工业用水增加，农灌用水减少。从 1980—2000 年，城镇生活用水增长 292%，工业用水量增长 34%，农村生活用水增加速度 39%，农业灌溉及林牧副渔用水减少 23%。

3.6 工矿开发造成的生态破坏及其重建

3.6.1 煤炭开采造成的生态破坏与环境污染

山西煤炭储量丰富，煤层遍布全省 9 个县（市）区，集中分布于大同、宁武、西山、沁水、霍西、河东六大煤田和浑源、五台、繁峙、垣曲、平陆等产煤基地。全省煤炭总储量 6 400 亿 t，占全国总储量的 16%；探明储量 2 663 亿 t，约占全国的 1/3。山西煤炭品种繁多，煤质优良，低灰分、低含硫、高热值。晋城的“蓝花炭”、阳泉的无烟煤等均驰名中外。

解放后，特别是改革开放以来，山西煤炭产量逐年增加，1979 年全省原煤产量突破 1 亿 t；1985 年达 2 亿 t；1993 年达 3 亿 t；1996 年产量达至顶峰，为 3.49 亿 t，约占全国同期煤炭产量的 1/3。现今，煤炭生产已成为山西的龙头产业，例如 1997 年，煤炭利税占全省工业企业利税总额的 37%；煤炭工业收入占全省可用财力的 50%，成为山西经济发展的支柱。

（1）煤炭开采造成的土地与植被破坏

——土地破坏　由于煤炭开采量大，对土地的破坏也大。截至 1995 年，全省因采煤而引起的地面塌陷面积 6.55 万 hm^2，其中耕地 2.66 万 hm^2，林草地 0.92 万 hm^2，未利用地 2.98 万 hm^2。预计至 2010 年因采煤而新增的地面塌陷面积将达 6.90 万 hm^2，其中耕地 3.11 万 hm^2，林草地 0.98 万 hm^2，未利用地 2.81 万 hm^2。到 2010 年，全省地面塌陷总面积达 13.45 万 hm^2，其中耕地 5.77 万 hm^2，林草地 1.90 万 hm^2，未利用地 5.79 万 hm^2（见表 4-3-29）。

表 4-3-29　山西省采煤所致地面塌陷面积　　单位：hm^2

年份	塌陷总面积	采煤所致塌陷面积					
		耕地	占总（%）	林草地	占总（%）	未利用地	占总（%）
1949—1995	6.55	2.66	40.7	0.92	13.8	2.98	45.5
1996—2010	6.90	3.11	45.1	0.98	14.2	2.81	40.7
合　计	13.45	5.77	42.9	1.90	14.0	5.79	43.1

除地面塌陷外，废弃物（煤矸石）的地面压占也造成土地破坏。截至 1995 年，全省因煤矸石压占所破坏的土地面积为 0.23 万 hm^2，预计到 2010 年，煤矸石压占面积将新增 2.67 万 hm^2。即到 2010 年，全省因煤矸石压占所破坏的土地总面积将达 0.50 万 hm^2。

一般情况下，在煤炭开采一年以后才开始出现不同程度的地面塌陷，所以煤炭开采面积远大于地面塌陷面积，开采面积减去已塌陷面积等于待塌陷面积。截至 1995 年，全省煤炭开采面积为 20.83 万 hm^2，其中已塌陷面积 6.55 万 hm^2，待塌陷面积 14.27 万 hm^2；

1996—2010 年，预计全省煤炭开采面积 13.67 万 hm^2，其中塌陷面积 6.90 万 hm^2，待塌陷面积 6.77 万 hm^2。即到 2010 年，全省煤炭开采总面积将达到 34.49 万 hm^2，其中塌陷面积 13.45 万 hm^2，待塌陷面积 21.04 万 hm^2。现将采煤所破坏的土地总面积（包括土地塌陷面积和废弃物压占面积）以及煤炭开采面积列于表 4-3-30。

表 4-3-30　山西省煤矿开采破坏土地总面积　　单位：万 hm^2

年份	土地破坏总面积*	煤矿开采破坏面积				开采面积	待塌面积
		塌陷地	占总（%）	压占地	占总（%）		
1949—1995	6.78	6.55	96.6	0.23	3.4	20.82	14.27
1996—2010	7.17	6.90	96.2	0.27	3.8	13.67	6.77
合　计	13.95	13.45	96.4	0.50	3.59	34.49	21.04

*该表总面积不包括平朔露天矿破坏的土地面积 35.11 万 hm^2。

——植被破坏　煤矿开采过程中，由于矿井挖掘、煤矸石排放、房屋道路建设以及原煤加工等，均导致矿区植被的破坏。如河东、宁武、西山三大煤田 1988—1999 年的 10 年间植被的破坏呈加重趋势（见表 4-3-31）。

表 4-3-31　1988 年、1999 年山西省部分煤田植被覆盖面积比较　　单位：km^2

煤田名称	煤田植被覆盖面积						
	1988 年			1999 年			1999 年增（减）
	耕地	林地	草地	耕地	林地	草地	
河东煤田	625	236	90	602	302	0.4	−46.6
宁武煤田	307	110	59	313	102	67	6
西山煤田	341	102	8	175	121	84	−71
总　计	1 273	448	157	1 090	525	151.4	−111.6

由上表可以看出，10 年间，河东煤田的耕地、草地明显减少，林地有所增加，但煤田总覆盖面积趋于减少，10 年间共减少 46.6 km^2；宁武煤田耕地和草地各有增加，林地有所减少，煤田总覆盖面积 10 年间稍有增加（6 km^2）；西山煤田耕地大幅减少，林地、草地有所增加，煤田总覆盖面积 10 年间趋于减少（71 km^2）。三大煤田整个覆盖面积 10 年间趋于减少，由 1988 年的 1 878 km^2 减少为 1999 年的 1 766.4 km^2，共减少覆盖面积 111.6 km^2，占三大煤田总覆盖面积的 5.9%。

（2）煤炭开采对水资源的破坏

——地下水的破坏　采煤对地下水的破坏主要是对静储量和动储量的破坏。煤层开采后，由于顶板冒落，使采空区上覆含水层遭到破坏，原来储存于含水层中的水在短时间内排空，这部分水称之静储量；在含水层遭受破坏后，矿井涌水量迅速增加，然后，随着时间的延长，排水量趋于稳定，这个相对稳定的量称为动储量。截至目前，山西采煤所破坏的地下水静储量为 71.34 亿 m^3。由于动储量的破坏是在矿井开采延伸到一定深度时才发生，将此过程出现以近 10 年为基准，按每年破坏动储量 4.2 亿 m^3 计，近 10 年所破坏的动储量共 42 亿 m^3。

按照目前山西省煤炭开采的规模和速度，以吨煤排放的静、动系数计算，平均每生产 1 t 原煤，破坏地下水静储量 1.05 m^3，动储量 1.34 m^3，两者之和为 2.39 m^3/t。未来 10 年，全省地下水静储量将损失 32.1 亿 m^3，动储量损失 42.3 亿 m^3，两者合计共 74.4 亿 m^3，年均 7.44 亿 m^3。

到目前为止，山西煤炭开采对水资源破坏的总面积已达 20 352 km^2，占全省总面积的 13%。其中严重破坏区为 2 670 km^2，占全省总面积的 1.7%；一般破坏区为 10 113 km^2，占全省总面积的 6.5%；影响区为 7 569 km^2，占全省总面积的 4.9%（见表 4-3-32）。

表 4-3-32　山西省各煤田煤炭开采对水资源破坏面积　　单位：km^2

煤田名称	严重破坏区		一般破坏区		影响区		排水量/（万 t/a）
	个数	面积	个数	面积	个数	面积	
大同煤田	2	827	1	465	1	646	5 269
宁武煤田	3	264	8	650	6	901	3 718
西山煤田	1	558	2	653	1	403	2 220
霍西煤田	4	394	3	2 063	5	1 267	2 965
沁水煤田	8	627	18	4 783	6	2 296	14 029
河东煤田	0	0	15	1 499	8	2 056	1 498
总　计	18	2 670	47	10 113	27	7 569	29 699

——对大泉的破坏性影响　近年来，由于大规模开采煤炭，对泉域内煤系地层分布较广的大泉产生直接影响，使泉水流量减少甚至断流。

郭庄泉：该泉群有 6 个泉组，大小泉眼 60 个。1991 年前泉水流量较大，最大平均流量为 9.14 m^3/s（1968 年），最小平均流量为 6.20 m^3/s（1990 年）。由于大规模采煤的影响，20 世纪 90 年代后流量迅速下降，至 1999 年减小为 2.23 m^3/s；2001 年已基本无泉水流出，只在千佛崖底有细细小流。

晋祠泉：该泉水流量在 1958 年前基本稳定，1933 年约为 2.0 m^3/s，1954—1958 年最小流量 1.72 m^3/s，最大流量 2.18 m^3/s。由于大规模煤炭开采以及地下水超量开采，泉水流量迅速减小，于 1994 年 5 月断流。

采煤破坏了裂隙水引起水井报废，人畜吃水困难（见表 4-3-33）。

表 4-3-33　山西省煤矿开采所致塌陷及其对水资源影响统计表

地区	开采煤层编号	塌陷面积/km^2	影响项目及数量								备注
			村庄/个	人口/人	井泉/个	水量	耕地/hm^2	水渠/m	管道/m	大牲畜/头	
太原市	3，4，6，7，8，9，12，13，15	44.74	41	27 661	22	减少	28.67			1 785	
阳泉市	2，3，7，15	159.25	86	66 600	235	减少	1 681.13	700	8 500	3 200	3 386 间房；水利工程 125 处；水库 15 座；提水站 3 处
长治市	3，9，15	38.21	316	87 577	862	减少	3 043.73	40 770	40 770	1 900	1 117 间房；水利工程 3 处；水库 3 座

地区	开采煤层编号	塌陷面积/km²	影响项目及数量								备注
			村庄/个	人口/人	井泉/个	水量	耕地/hm²	水渠/m	管道/m	大牲畜/头	
晋城市	3，9，15	19.81	153	100 243	129	减少	409.87	167 200	13 430	10 760	440 间房；水利工程 3 处；水库 22 座
朔州市	4，9，10，11	0.50	57	32 109	32	减少	581.67	3 900	9 950	5 942	
大同市	3，4，5，12，14	81	44	55 000		减少				3 617	水利工程 10 处；搬迁 5 个村庄；200 口人
雁北	3，4，5，12，14，16	35.20	191	63 807	112	减少	300			25 521	水利工程 26 处；180 间房
忻州	3，4，5，7		98	55 940	210	减少	133.33			29 000	129 间房
吕梁	2，4，5 12，14，16	9.75	119	54 547	202	减少	173.27	500	46 240	10 499	水利工程 45 处
晋中	2，3，8，1，5	59.68	509	227 500	542	减少	6.67	21 340	675 000	11 510	351 间房；水利工程 221 处；提水站 186 处
临汾	2，3，4 6，10 11，12	16	51	19 998	60	减少	41.13			2 707	
运城			13	21 733	20		120.67			1 800	90 间房；窑洞 1 502 孔

（3）煤炭开采造成的水体污染

由于煤炭开采使地表水通过采动裂缝渗入地下，与此同时，地表污水也随之进入地下含水层，从而使地下水源受到污染。山西省大部分煤矿采区均分布在岩溶泉域的径流区，故使泉水污染较为明显。目前，全省岩溶泉中被污染的主要污染物有：

——铅：晋祠泉、柳林泉、龙子祠泉、三姑泉的铅含量平均超标 0.11～0.62 倍，最高超标 1.16 倍。

——氰化物：天然条件下，岩溶泉水不含氰化物，但在山西省 19 个大泉中其检出率为 97.35%，检出量一般为 0.002～0.01 mg/L；大于 0.1 mg/L 者有娘子关泉、下马圈泉、神头泉、红石楞泉、坪上泉等，其中以娘子关泉最为严重，该泉域的污染范围达 50 km² 以上，平均超标 6.78 倍，最大超标 16.2 倍。

——汞：兰村泉、晋祠泉、郭庄泉和辛安泉域均有检出，其体积分数大于 0.2×10^{-6}。

——氟：晋祠泉、古堆泉、郭庄泉、柳林泉等泉域均受污染，平均超标 1 倍左右。

——氮氧化物：娘子关泉 NO_3^-超标；神头泉 NO_2^-超标。

——有机物：坪上泉、辛安泉 COD 超标；晋祠泉 DO 超标。

——铁：在 19 个大泉中，除洪山泉、广胜寺泉、下马圈泉和古堆泉外，其余大泉的铁超标率为 14.3%～100%，超标倍数最高为 3.44 倍。

此外，硫酸盐、总硬度、矿化度等指标，在上述各泉中也时有超标。

（4）煤炭开采引发的地质灾害

——煤矿顶板冒落：山西省煤矿经常发生顶板冒落事故，例如大同矿区自 1956 年以来曾发生过大小不等的 40 次顶板冒落，其中 20 次冒落面积超过 1 万 m^2。最大一次发生于 1972 年青年湾矿井，当时 12.8 万 m^2 的顶板瞬时冒落，引发了 3.4 级地震，致使巷道和工作面遭到严重破坏，所产生的冲击波好像大风暴，摧毁了棚子、风桥及其他设备，造成了人身伤亡和重大经济损失。再如 1958 年 5 月汾西水峪矿的顶板冒落事故，造成 15 人死亡。其他矿区也曾发生过不同程度的顶板冒落事故。

——矿井突水：20 世纪 60 年代以来，山西煤矿曾多次发生矿井突水事件，其中轩岗矿和霍州矿区所发生的突水事件较多。如轩岗矿区在 30 年间曾发生矿井突水事件 39 起，其中该矿区的刘家梁矿突水事件最多，达 16 次，最大突水量达 841 m^3/h，致使矿床淹没，无法工作。轩岗矿还发生过两次老窑突水，造成 10 人死亡并危及矿井安全。霍州矿区 20 年来曾发生突水事件 8 次，其中突水量为 300～600 m^3/h 者 7 次，大于 1 800 m^3/h 者 1 次；该矿区的圣佛矿在 1969 年的一次突水中，开始突水量为 340 m^3/h，最大达 468 m^3/h，稳定水量仍为 420 m^3/h，迫使开拓工程报废。

其他一些煤矿也发生过大小不同的突水事件。1967 年汾西水峪矿老窑发生突水，水量达 3 600 m^3/h，造成 4 人死亡，并危及矿井安全，影响矿井建设；1987 年翼城县牢寨矿在基建过程中发生突水，迫使基建停工，经过 1 年的堵水努力也未堵牢，目前排水量仍为 50 m^3/h；1980 年灵石县南王中煤矿，因断层突水，使奥陶系岩溶水导入矿井，从而形成长期排水，至今排水量仍达 60 m^3/h 以上，造成很大浪费。

——矿坑漏水：煤矿开采，使地下水的垂向渗漏增加，流速加快，导致上覆层中的地下水甚至河水漏入坑道，从而使煤系地层中地下水及上覆层地下水疏干，在矿区范围内形成规模较大的下降漏斗，造成浅层水枯竭、泉水断流和人畜用水恐慌。

截至 2000 年，全省因采煤漏水而导致井水、泉水水位下降或断流者达 3 218 处，造成 1 678 个村庄、81.27 万人和 10.82 万大牲畜用水困难。另一方面，因采煤所造成的地下水漏失、地表径流减少或干涸等，迫使山西省 0.65 万 hm^2 水浇地变为旱地，严重影响粮食产量。

——建筑物破坏：地面塌陷和裂缝使地表建筑物和构筑物遭受严重破坏。截至目前，全省已有 5 639 间房屋、433 处水利工程、40 座水库、79 万 m 输水管道受到不同程度的破坏。其他地面设施如铁路、公路、桥梁等也都有被破坏的事例。

（5）煤炭开采的经济损失

煤炭开采的经济损失可从地面塌陷和水资源破坏两个方面进行估算。

——地面塌陷造成的经济损失：地面塌陷的经济损失可按充填开采与非充填开采两种方法的比较进行估算。充填开采法可避免地面塌陷，但生产成本较高，约提高 10%以上，即吨煤成本至少增加 10 元。按照山西省矿区煤层赋存条件，每亩土地覆盖下的煤炭产量至少为 2 000 t，即开采每亩面积煤炭的成本至少增加 2 万元。截至 1995 年，全省原煤开采面积约为 20.8 万 hm^2，根据上述计算方法，则采煤经济损失达 624 亿元，占 1981—2000 年 20 年全省 GDP 总和的 5%。预计 1996—2010 年全省煤炭开采面积约为 13.67 万 hm^2，则采煤的经济损失达 410 亿元，占未来 10 年山西 GDP 增长量的 20.4%。

——水资源破坏的经济损失：水资源破坏的经济损失量可根据采煤漏水、矿井排水和水利工程破坏等方面进行估算。20 年来，采煤漏水造成人畜用水困难损失 3.23 亿元；

采煤漏水使水地变为旱地，损失 3.46 亿元；矿井水排放造成的经济损失 340.5 亿元，合计 347.88 亿元，占全省 1981—2000 年 20 年 GDP 总和的 2.8%。未来 10 年，煤炭开采造成水资源破坏的经济损失可能达到 195.55 亿元，占未来 10 年山西 GDP 增长量的 9.6%。

从上述两方面统计，1981—2000 年间所造成的经济总损失约占同期 GDP 的 7.8%。这就是说，同期 GDP 14.5%的增长率有一半以上（53.8%）被煤炭开采造成的生态破坏所抵消掉了。

（6）矿区生态恢复与重建

——土地复垦：对塌陷地的复垦，首先应及时填堵塌陷裂缝。在此基础上，经过详细调查，将塌陷地分为宜复垦地和不宜复垦地两大类。像荒草地、盐碱地、沼泽地、砂土地、冲沟、裸岩等不适合作物生长之地属不宜复垦地，不作为复垦对象。对宜复垦地，可根据其不同的类型、地形、坡度、土壤性质、破坏程度以及压占物排放量、堆放高度、理化性质、自燃情况等，采用相应的标准，对宜复垦地进行评价，通过评价将其划分为宜农地、宜林地、宜牧地和宜土建地，然后再根据各类土地的生产潜力、适宜程度、限制因子等将其划分为一、二、三等地。根据划分类型分别进行农业种植、植树造林和放牧养殖等。

2000 年，山西大地复垦环保工程技术有限公司对山西省地面塌陷情况进行了详细调查，并在详查的基础上对宜复垦地做了详尽规划。根据规划，1996—2010 年，全省复垦总面积将达到 5.38 万 hm^2，其中耕地 3.99 万 hm^2，占 74.2%；园地 0.32 万 hm^2，占 5.9%；林（草）地 0.75 万 hm^2，占 13.9%；其他用地 0.17 万 hm^2，占 3.2%；矸石压占地 0.15 万 hm^2，占 2.8%。按上述规划进行复垦，每亩土地大约需投资 1 500～2 000 元，即从每生产 1 t 原煤中，提取土地复垦费 1 元，进行专款专用，即可缓解开矿对生态的影响。

山西省早在 1995 年前已开始复垦，截至 1995 年，已复垦井工开采塌陷地面积 1.0 万 hm^2，占埋塌陷面积的 15.3%。露天开采压占地面积 646.67 万 hm^2，加之上述规划的复垦面积 5.38 万 hm^2，至 2010 年全省复垦总面积将达到 6.44 万 hm^2。复垦的经济效益可根据国家的有关政策进行估算。根据政策规定，如果采煤破坏的农用地不进行复垦，将采用征购土地的方法处理。按每亩平均征地费 10 万元、复垦费每亩平均 1 500 元计，每亩塌陷地复垦至少可节约 9.88 万元。

由于山西大多数矿区位于山区和丘陵地带，采煤破坏的耕地中，一等地极少，二等地也不多，三等以下的耕地占绝大多数，且主要是梯田和坡地，因而对塌陷地的复垦要特别注意如下生态复垦措施：

其一，蓄水保土，防止水土流失。修建内倾式梯田、打坝淤地和闸沟垫地，控制土壤侵蚀。同时应分期分批修建水利工程和排灌设施，控制地面径流和洪水，蓄水回灌，以逐渐恢复因采煤而漏失的地下水位和地表水系，为矿区生态恢复奠定基础。

其二，改良土壤，增加土壤肥力。改良土壤质地和不良性质，如对过砂和过粘的土壤要适当掺泥或掺砂；对过酸和过碱的土壤要适当施用石灰或石膏。在此基础上要合理施用肥料，特别是有机肥、绿肥和磷肥。

其三，选择优良品种。根据当地水土和气候条件，应选择产量高、适应性强、抗逆性好和耐旱的作物品种，必要时与科研单位结合，通过试验加以优化。

其四，推广生态农业技术。建立高层次、多结构、多功能的集约型综合性农业生态体系，即宜农则农、宜林则林、宜牧则牧；开展荒山造林，营造防护林带，扩大森林和绿化面积；因地制宜，将 15° 坡角以上的耕地退耕还林还草；推广高地种植技术，如玉米间作马铃薯、马铃薯间作豆类、果园间作马铃薯或其他药用植物，以发挥资源的多级利用。

——水资源保护、合理利用与生态涵养：

水资源保护方面：摸清全省水资源的数量和质量，建立观测水位和水质变化的动态监测网，为地下水的保护性开发提供科学依据；控制煤炭的大量开采，对一些煤质差、排水量又大的煤矿应立即关闭；加强煤矿开采的技术管理，采煤之前，根据当地水文地质条件，提前打井开采煤系水作为饮用水和其他用水，这样既可减少矿井排水，又可避免水质污染；采煤期间，要对地下水和地面水及各含水层的水力联系、岩层位移、水资源破坏等进行跟踪监测，对矿坑涌水量、矿区塌陷等进行定量预测，以便及时发现问题，及时解决，使水资源的破坏减少到最低限度；在矿区地下水补给区的过水断面上打钻灌浆，建立地下帷幕，以减少矿坑水涌出，防止降落漏斗的扩展。

水资源合理利用方面：加强宣传山西省缺水现实，20 世纪 80 年代后，山西省水资源量不断减少，由 1956—1979 年的平均水资源量 142 亿 m^3 减少到 1980—1999 年的平均水资源量 102 亿 m^3；2000 年全省缺水量达 20.01 m^3，形势十分严峻。对大量排出的矿井水进行清污分流，按质供水，提高利用率，减少外排，避免浪费；对污染严重的矿井水，要定期监测，限期治理，对由于煤矿开采而导致地表水、地下水互补关系混乱的矿区，更应密切注视，加大治理力度；进一步开发外排泉水，由于山西省泉水的外泄量约占全省水资源总量的 1/3，更加剧了山西省水资源的紧缺，所以大力开发这部分外泄水是非常必要的。

在水资源的生态涵养方面：由于山西省煤矿大部分位于山区和丘陵地带，优质耕地较少，宜林、宜草地较多，根据国家退耕还林还草政策，应将宜林宜草地坚决退耕还林还草，在水土保持专家和林牧业专家指导下，因地制宜，实行重点流域治理与小流域治理相结合，草、灌、乔、木相结合的方法，在矿区开展多层次、多结构的种树种草工作，恢复和增加矿区植被覆盖率，减少水土流失，调节径流，提高入渗率，涵养水源，使矿区逐步进入良性的水生态循环。

在水资源的有关政策方面：制定保护优质地下水、名泉、名水的相关政策，对上述水域内的煤矿开采业应进行限制和限量开采；建立水资源损耗补偿机制，全面推行水资源有偿使用制度和价格体系，逐步将水资源破坏的环境成本核算纳入国民经济核算体系；建立水环境保护基金，基金来源主要为污水排放费、水资源使用费、高耗水费及国内外的各种捐赠等，基金主要用于水资源开发利用、节水、退耕还林还草补偿等，从而使水资源得以补偿使用，滚动发展；对各类煤矿根据其产量实行统一征收水资源损耗税与污染税制度，将其纳入煤炭生产成本，作为地方税种，专款专用，主要用于生态保护和环境治理，征税可由税务部门实施、环保部门协助；结合山西省实际，在全社会按用水量普遍征收水资源保护费和排污费，这样既可提高全社会的水患意识，又可使水资源的开发、利用和保护持续发展。

3.6.2 交通建设造成的生态环境破坏与恢复

（1）土地破坏与水土流失

目前，山西省公路通车里程达 55 408 km，预计到 2010 年，全省将新增高等级公路 1 980 km，一般公路 1 020 km。按照这一建设速度，今后 10 年因修建公路而占用的土地面积为 1.38 万 hm^2，其中耕地 0.76 万 hm^2，荒地、林地、建筑用地及水域 0.62 万 hm^2，对自然生态环境将造成严重影响。同时，山西省公路建设的很多路段需要通过山区，而修建高等级公路势必高填深挖，由此而引起的水土流失十分严重。据有关部门测算，山西省每公里公路施工所引起的水土流失面积平均为 0.04 km^2，若按每年平均修建 300 km 计，则每年将新增水土流失面积 12 km^2，由此带来的泥沙流失量占全省水土流失量的 1.30‰。

此外，公路将原有的地表植被破坏，改为硬化地面，对生态也有一定影响。

（2）社会环境破坏

今后 10 年，全省将新修公路 3 000 km，公路沿线不可避免的将拆迁建筑物和迁移居民，按每公里公路平均拆迁建筑物 100 m^2、迁移居民 15 人计，未来 10 年将拆迁建筑物 30 万 m^2，迁移居民 45 000 人，直接影响山西省部分居民的生产和生活。

公路建设还造成山西省文物古迹的破坏，如原 109 国道由于紧靠云冈石窟，而运输车辆以运煤车居多，沿路煤尘飞扬严重，造成石窟佛像严重侵蚀，使国家级文物受到损害，直到公路改道后才得以挽救。

（3）环境污染

——噪声污染：据 1998 年对全省 11 条主要交通干线的 136 个噪声点的监测结果表明，在夜间，路肩处噪声超标 14.1 dB；路肩 25 m 处超标 9.1dB；路肩 50 m 处超标 0.3 dB，说明山西省主要交通干线两侧 50 m 范围内夜间噪声污染较重。白天噪声不超标，基本不受干扰。

——煤尘污染：据对全省 5 条主要运煤干道 30 个煤尘监测点的监测结果表明，山西省运煤干道在 50 m 范围内受到煤尘污染影响。其中路肩处影响较重（超本底值 123%）；路肩 25 m 处较轻（超本底值 21%）；路肩 50 m 处略低于本底值，不受影响。

——空气污染：据对全省 11 条主要交通干线 39 个空气监测点的监测结果表明，山西省主要交通干道两侧 100 m 范围内 TSP 的日均浓度超标率为 23%～190%。其中路肩处超标率最高（190%），距路肩 100 m 处超标率最小（23%）；NO_x 在路肩处超标 40%。

未来 10 年，全省公路交通运输量迅速增加，主要交通干道两侧的噪声、煤尘、TSP 和 NO_x 的污染将随之加重，污染距离也将扩大，必须引起足够重视。

（4）交通建设的生态环境恢复

——保持水土：为避免公路建设中的水土流失，在公路布线时，应绕避国家和省级自然保护区，路线距保护区边缘不得少于 100 m；在保证工程质量的情况下，路线布设应尽可能减少对森林植被的占用，当路线通过森林覆盖茂密的山体时，应采用隧道穿越的方式，以减少林木砍伐量；修建公路过程中，应充分利用地形，减少土石方填挖量和弃方量，保持填挖平衡；对高路堤和非稳定深切坡要因地制宜采用护面墙、护面板、拱形或菱形护坡等工程措施，与种植草皮、乔、灌或攀援植物等生物措施相结合的方法进行边坡防护；设置截水沟、急流槽、拦水带等公路排水设施。通过上述措施使路域内的水土流失减少到最低限度。

——保护农田：在修建公路过程中应尽量减少对农田的占用，特别是对高产水浇地的占用，如果非占用不可时，则应根据“占一补一”政策，实行生态补偿或异地补偿，将其损害减少到最低水平；对临时占用的耕地，必须及时复耕；不得将公路积水排入农田灌溉渠道中，以免造成对农田的污染和破坏。

——植被恢复：对路域内的绿化地带，如路基边坡、路堤排水沟或路堑截水沟、中央隔离带等应分别采用种植草本植物或灌木等进行绿化，并因地制宜采用先进的种植技术和管理措施，提高种植植物的存活期，增加植被覆盖率；对路域内的美化区，如服务区、立交区和隧道出口三角地带等，可采用种植草坪或设置盆景的方法进行美化，在美化的同时提高植被覆盖率。

3.7 农村生态环境状况及发展趋势

山西省总的地势是“两山夹一川”，东西两侧山地丘陵隆起，中部串珠式盆地沉陷，同时地势南北狭长，跨度达 6 个纬度，作为农作物生长需要的无霜期相差很大。如北部右玉县仅 113 天，南部的垣曲县长达 239 天，年平均气温相差 10℃多；北部的积温仅 2 000℃，南部积温达 4 400℃，相差达 1 倍以上。全省自然灾害繁多，干、热、冷并存。因此，自然条件的多样性和不稳定性形成了山西农业环境的逆境生产及多样性的农业环境。从全国来看，山西农业生态环境属于生态环境脆弱、经济贫困类型区，属生态经济文化的“多重贫困区”。

山西农业生态环境问题是与农业自然资源交织在一起的，大致可以分为三类：一类是原生生态环境问题，主要表现为旱涝盐碱、水土流失等；二类是由于农业本身集约化造成的化肥、农药、地膜污染和畜禽粪便污染等，这一问题可进一步扩展为对地表水、甚至地下水的危害；三类是由于工业和城乡生活造成的外源污染。

从总体上看，山西三类农村生态环境问题均呈加剧之势，其中原生生态环境破坏尤为严重，在广度和深度上最为突出，广大生态脆弱区与经济贫困交织在一起，构成山西的生态经济“双重贫困”难题。农业集约化导致的次生生态环境问题在广大平原农业主产区长期处于潜在的积累状态，近年来逐渐显露，将成为制约山西农业可持续发展的又一深层隐患，在井灌区与水资源短缺、浪费问题交叉在一起，呈现日益加剧的趋势。

3.7.1 农用化学物质使用及其污染

农药的科学合理使用，可提高农作物产量，但超量使用或使用不当，甚至滥用，则会对人类生活和生态环境造成不利的影响和严重破坏。1983 年以后，六六六、DDT 高残留有机氯农药禁用后，替代品甲胺磷、氨基甲酸酯类杀虫剂以及磺酰脲类除草剂又出现了污染问题，蔬芽抽检超标率较高。农药用量大，不仅导致了许多地区土壤、水体、粮食作物与生态环境的严重超标污染，而且农药的广泛使用，还将影响到有益生物与生物多样性的保护。如：农田内蛇和蚯蚓数量明显减少，使用呋喃丹的地区，鸟类数量和种类明显减少。

化肥对农作物的增产作用不容置疑，但并非用量越大越好。一般来说，各种作物对肥料的平均利用率氮为 40%～50%，磷为 10%～20%，钾为 30%～40%。通常化肥施肥量越高，流失到环境中的量也就越大，对生态环境的污染程度也就越高。长期过量使用化肥，将造成土壤物理性质恶化、土壤板结、肥力下降、肥效降低。肥效的降低反过来又促使用量的增长，使农产品的成本增高，并造成对农产品及生态环境的进一步污染。同时，由于长期使用化肥，忽视甚至完全不使用有机肥，使土壤中的矿物质、有机质、水分、微生物遭到破坏和丧失，土壤酸化，蚯蚓锐减，破坏土壤的团粒结构，造成土壤板结、坚硬、地力下降，农作物减产，耕地贫瘠化。

使用农膜增产幅度大，经济效益显著，但是残留在土壤中的废膜逐年增多，在自然条件下难以分解，改变了土壤的物理性状，污染了土壤，影响了农作物的生长发育，使作物减产。而且由于地膜残片小而多，拾捡十分困难，地膜残留作为一种新的环境问题——"白色污染"引起人们的重视（见图 4-3-12）。

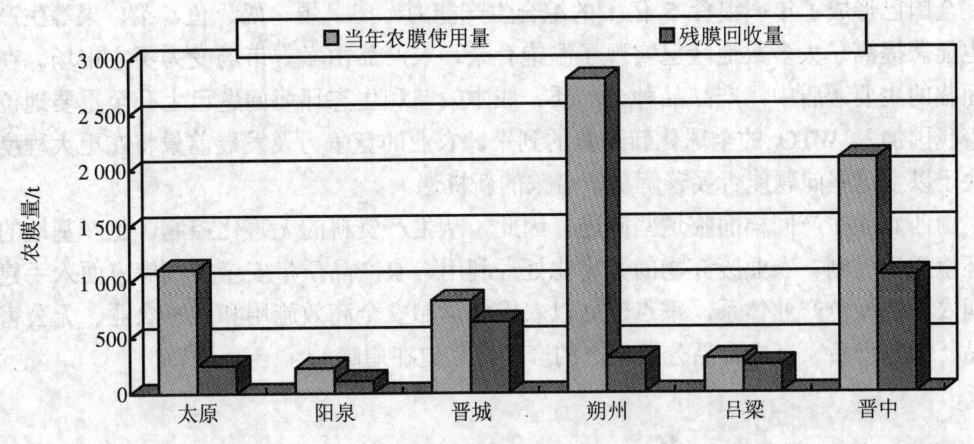

图 4-3-12　2000 年山西省部分地（市）农膜使用情况图

受绿色革命技术传播的影响，生态农业在山西虽然已推行多年，但是，仅停留在一般的号召上，20 世纪七八十年代一度颇受重视的生物防治和化学农药相结合、有机肥和化肥相结合的方法，至今几乎成为农药、化肥一统天下。据统计，2000 年山西省农药施用总量 1 751.6 万 t、化肥施用总量 869 882 t、生物农药总量 2 000 t、施用生物农药耕地面积 86.8 万 hm^2。

化肥、农药、农膜的施用失控，使农业生产的生态环境呈逐年恶化趋势。化学品投入效益递减，水、土、农产品及生物体内残留日增，过量滥用化学品威胁生产者和消费者的健康，损害了农业生态系统的生物多样化，后患无穷。

3.7.2 秸秆利用、畜禽养殖及其污染

（1）秸秆利用

农作物秸秆是农业生产的副产品，也是一项重要的生物质资源。山西省农作物秸秆资源丰富，2000 年产秸秆大约在 1 200 万 t 左右，每年除用作还田、养畜、燃料及工业

造纸原料等外，还有 400 万 t 以上的秸秆未得到有效利用，占到全省农作物秸秆总产量的 1/3 以上。除此之外，山西省年产树枝、木屑等其他剩余物大约 100 万 t，也没有得到很好利用，特别是在一些经济条件较好的地方，每到收获季节露天焚烧秸秆的现象十分严重，不仅造成资源的巨大浪费，而且使山西省本来就十分突出的环境污染问题更为严重。可见，禁止秸秆露天焚烧，开辟秸秆利用新途径，在山西具有特殊的意义。

（2）畜禽养殖及污染

据实测，一头肉猪的排泄量约为 12 kg/d，其中有机物、氮、磷的含量分别为 25%、0.45%和 0.19%，鸡、鸭等禽类粪便中的氮、磷含量则更高。近年来，山西畜禽的规模养殖逐年上升。畜禽粪便大量堆积，造成面源性污染，是流向水体、污染空气、孳生蚊蝇的重要污染源。

3.7.3 生态示范区和有机食品基地建设

中国农业经历了半个世纪的发展，粮食及农产品的供求状况已发生了根本性的变化：全国已形成了年产粮食 5 亿 t 的综合生产能力，肉、蛋、奶、鱼、菜、果等生产能力也显著提高。大多数地区已实现了温饱有余，农产品由卖方市场变为买方市场。在农业面临的主要矛盾中，产品品种、品质、成本效益和生态环境问题已上升至重要地位，随着我国加入 WTO 的全球化新形势的到来，农业的竞争力及发展前景将在更大程度上取决于以上这些问题能否妥善解决所带来的新机遇。

山西农业生产同样面临这些问题，因此，从生产资料的无害化控制、生产基地的生态环境质量控制、农业废弃物的无害化处理利用、农产品质量安全控制等方面入手建立山西农业的绿色产业体系，重点建立以农用化学品安全高效施用和生态农业、无公害农产品、绿色食品、有机食品分级生产的产业体系迫在眉睫。

3.8 生物多样性保护

生物多样性的工作在国内已经开展了几十年，关于生物多样性的内涵被人们所理解和接受，也只是 20 世纪 80 年代后半叶以来的情形。尽管如此，由于山西地处黄土高原生态环境脆弱带，原始自然资源开发强度大、范围广、生态破坏严重、环境质量差、可持续发展的承载力较低，生态环境问题对生物多样性的生存发展构成极大威胁。历史、观念、经济和管理诸多方面的原因，全民对生物多样性的保护意识相对较差，尤其是对野生动物的滥捕、乱杀、滥采的事件时有发生，局部地区生物多样性还在继续遭受严重破坏。调查表明，山西省生物多样性保护的现状不容乐观，生物多样性受到的威胁来自于各个方面，若不及时采取积极有效的对策，则难以遏制面临的严峻威胁。

3.8.1 植物物种多样性的保护

（1）物种多样性的基本组成

山西地形、地貌的特殊性，南北气候条件的差异性，土壤类型的丰富性和空间分布的复杂性，为植物多样性的发生、发展和繁衍生息提供了十分有利的生态条件。据调查和有关资料记载，山西省有维管植物2 749种（包括变种，以下同），隶属于181科，871属。其中蕨类植物22科，36属，93种；裸子植物6科，12属，24种；被子植物151科，724属，2 614种。种子植物占华北科、属、种的100%、72.18%和62.79%，占我国维管束植物总种数的9.89%。

山西的种子植物中森林物种约有1 500多种，其中木本植物有501种，分别占山西省种子植物科、属、种的43.6%、21.1%和17.7%。由此组成的森林类型复杂多样，重要的森林类型中针叶林有9个类型，它们是华北落叶松林、白木千林、青木千林、樟子松林、油松林、华山松林、白皮松林、侧柏林和杜松林，据1975年普查资料，针叶林占森林总面积的42.9%；落叶阔叶林有15个类型，它们是辽东栎林、栓皮栎林、槲栎林、锐齿槲栎林、白桦林、山杨林、青杨林、鹅耳枥林、刺槐林、泡桐林、杨树林（包括以杨属其他种为建群种的林型）、旱柳林、翅果油树林和胡桃楸林等，据林业部门1984年清查，天然的落叶阔叶林面积占全省有林地面积的43.3%。

由于自然条件和人为长期对森林的破坏，使山西成为一个森林资源贫乏的省份。山地丘陵的广大地域主要分布的是灌丛和草地植被类型，主要的类型有箭叶锦鸡儿灌丛、金露梅灌丛、银露梅灌丛、沙棘灌丛、黄栌灌丛、山桃灌丛、蚂蚱腿子灌丛、牛奶子灌丛、酸枣灌丛、荆条灌丛、虎榛子灌丛、榛子灌丛、胡枝子灌丛、拧条锦鸡儿灌丛、野皂荚灌丛、白刺花灌丛、绣线菊灌丛、白蜡叶荛花灌丛、连翘灌丛、白羊草草地、蒿类草地等。

（2）植物区系地理成分的多样性

山西省种子植物科及种子植物属的分布区类型见表4-3-34和表4-3-35。

表4-3-34　山西省种子植物科分布区类型

分布区类型	科　数	占总科数（%）
世界分布	45	28.7
热带分布	56	35.7
泛热带分布	49	31.2
热带亚洲和热带美洲间断分布	3	1.9
旧大陆热带分布	3	1.9
热带亚洲分布	1	0.6
温带至亚热带分布	15	9.6
东亚分布	3	1.9
温带分布	29	18.5
东亚和北美间断分布	4	2.5
旧世界温带和地中海西亚至中亚分布	4	2.5
中国特有种	1	0.6

表4-3-35　山西省种子植物属的分布类型表

分布区类型	山西属数	占总属（%）	华北属数	占华北属数（%）	中国属数	占中国属数（%）
世界分布	76		95		104	
泛热带分布	81	12.5	105	77.1	362	2.4

分布区类型	山西属数	占总属（%）	华北属数	占华北属数（%）	中国属数	占中国属数（%）
热带亚洲和热带美洲间断	10	1.5	10	100.0	62	16.1
旧世界热带分布	19	2.9	28	67.9	177	10.7
热带亚洲和热带大洋洲分布	14	2.2	17	82.4	148	9.5
热带亚洲至热带非洲分布	16	2.5	16	100.0	164	9.8
热带亚洲分布	14	2.2	27	51.9	611	2.3
北温带分布	214	33.0	248	86.3	302	70.9
东亚和北美间断分布	46	7.1	73	63.0	124	37.1
旧世界温带分布	97	15.0	106	91.5	164	59.1
温带亚洲分布	27	4.2	37	73.0	55	49.1
地中海区西亚至中亚分布	24	3.7	24	100.0	171	14.0
中亚分布	8	1.2	8	100.0	116	6.9
东亚分布	56	8.6	87	64.3	299	18.7
中国特有分布	22	3.4	41	53.7	257	8.6

山西植物区系的特点表现为：

① 地理成分的过渡性明显。由于山西省南北跨越暖温带和温带两个气候带，植物区系分区上又存在显著的异质性，因此植物区系和植被类型具有呈南启北的衔接和过渡性特点，南北植物的交汇和渗透比较显著，成为许多植物种类分布的南北界线。如许多亚热带植物在山西境内为其分布的北界，有南方红豆杉、红豆杉、异叶榕、竹叶椒、络石、郁香野茉莉、四照花、省沽油、暖木、膀胱果等；许多分布中心在高纬度地区的种类，山西境内为其分布的南界，有臭冷杉、绵马鳞毛蕨、白刺、蒙古莸、蒙古黄芪等。虽然上述种类在山西植物区系组成中所占份额极小，又不是植被组成的优势种群，但能够反映出山西省植物区系具有亚热带向暖温带、暖温带向温带的过渡性特征。

② 区域差异性明显。由于南部中条山系离秦岭北坡较近，木本植物区系 462 种，占山西省木本总种类的 92%，而且与山西北中部相比有显著差异。如华山松、栓皮栎、匙叶栎、山桐子、刺楸、老鸹铃、山胡椒、泡花树等在北部的五台山、恒山、关帝山绝无分布，而臭冷杉、水马桑、华北落叶松、迎红杜鹃、大果青杆在中条山、太行山南端皆无其踪迹。草本植物的南北分布也有明显不同，如角柱花、华山参、荞麦叶百合、野百合、天麻、紫萁、延羽卵果蕨等仅在南部山地分布，而宁武乌头、红景天、山西鹿蹄草、山西异蕊芥、山西乌头等在南部尚未见分布。

③ 特有属数量少。山西省植物区系中大多数特有种是与华北地区、黄土高原亚地和东蒙古亚地区共有。属自己特有的种类比较贫乏，如中条槭、山西杨、楔裂美花草、山西异蕊芥、宁武乌头、山西鹿蹄草、山西杓兰、太原黄芪、山西银莲花、稷山牡丹、反曲贯众等。华北特有的有太行菊、太行花、虫胃实、华北落叶松、文冠果、太行阿魏、翅果油树、太行白前、华北绣线菊、角柱花等。中国特有种，见于山西植物区系的有山白树、矮牡丹、水曲柳、青檀等。

④ 多度中心比较明显。多度中心是指在某一定不大范围内植物种类分布最多和最密集的地区，代表高度的多样性和表明该地具有最适宜的生存条件。根据该定义山西植物区系的多度中心可分为 4 个中心，它们是中条山和太行山南段中心，这一中心含华北

特有种 157 种，中心特有种 12 种；太岳山和太行山中段中心，含华北特有种 132 种，中心特有种 12 种；吕梁山中心，含华北特有种 110 种，中心特有种 10 种；五台山和恒山中心（包括太行山北段的广灵、灵丘山区），本中心与河北山地相连，中心特有种有兴安牛防风、五台益母草、宽叶多序岩黄芪、五台山锦鸡儿等。

（3）山西的珍稀濒危保护植物

山西地处黄土高原生态环境脆弱带，长期以煤炭为主的经济发展加剧了生态环境的恶化。目前，山西是全国生态破坏最严重、环境质量最差、可持续发展能力最低的省份之一，也是生物多样性受威胁最为严重的地区。经调查，山西境内有国家重点保护野生植物（1999 年 8 月 4 日中华人民共和国国务院正式批准公布）17 种，它们是银杏、水杉、红豆杉、南方红豆杉、连香树、翅果油树、水曲柳、沙芦草、无芒披碱草、短芒披碱草、中华结缕草、野大豆、紫椴、莲、黄檗、野菱、松口蘑。

（4）植物物种多样性所受威胁

由于全球气候变化和人类经济社会活动的影响，山西生物多样性受到来自自然和人为的双重威胁，尽管我们对此了解的尚不全面，但是，物种丧失和种群数量减少的事实确实令人吃惊。山西太原的晋祠由于对泉水环境缺乏保护意识，导致泉水断流，造成该地区依赖泉水生存的水生和湿生植物灭绝，1992 年调查时尚有外果串珠藻、地钱等，1995 年泉水枯竭，1998 年再去调查时已经消亡。位于山西原平市红旗大桥段的滹沱河河漫滩在 1997 年 6 月调查时，野大豆分布十分广泛，2002 年 8 月再次调查野大豆种群面积仅为 1997 年的 2%，种群数量已经难于维系其繁衍。

3.8.2 动物物种多样性的保护

（1）动物物种的多样性及其保护物种

现已知山西省有陆栖野生动物 439 种，占全国 2 166 种的 19.09%，隶属于 37 目，105 科。其中哺乳类 71 种（中国 581 种），鸟类 328 种（中国 1 244 种），爬行类 28 种（中国 376 种）和两栖类 13 种（中国 284 种）。其中国家一级重点保护动物 15 种，二级重点保护动物 54 种；我国和日本国签订的保护候鸟 140 多种；被列为省级保护的动物有 27 种。

（2）处于濒危状态的物种名单

由于栖息地面积的缩小、破碎和破坏以及资源动物的过度利用和环境污染等因素，山西动物多样性面临严重威胁，许多物种处于濒危状态，特别令人关注的有山噪鹛、贺兰山红尾、耳疣壁虎、林虫胃、岩松鼠、白冠长尾雉、狐等类。

3.8.3 已知的有害外来物种

外来的有害物种是指从国外或省外自然传入或人为引种后成为野生，对本地生态系统和农林牧生产构成危害的动植物物种。调查已知山西省外来有害植物主要有反枝苋、皱果苋、王不留行、豆瓣菜、白香草木樨、泽漆、圆叶牵牛、三叶鬼针草、一年蓬、洋金花、牛筋草等。

3.8.4 生物多样性受威胁程度

（1）物种丧失速度日益加快

到目前为止，山西省大约已鉴定出 5 600 多个物种，其中动物 2 200 多种，包括昆虫约 1 800 多种，爬行动物 28 种，两栖动物 14 种，鱼类 47 种，鸟类 325 种；植物 3 300 多个物种，包括大型真菌 130 多种，藻类 220 多种，苔藓植物 60 多种，蕨类植物 93 种，裸子植物 24 种，被子植物 2 614 种。物种的实际数目肯定比这要高得多，因为山西省地形地貌、气候、土壤和植被的复杂性，决定了生物栖息地和生境的多样性和多变性，必将导致生物种类极其丰富，而对于这些人们却所知甚少。由于森林的大量砍伐，草地的过度放牧，土地资源的不合理利用，使生物多样性日益受到严重损害。据联合国粮农组织（FAO）和环境规划署（UNEP）估计，全世界已有 10%的高等植物生存受到威胁，在山西境内可能比这个数字还要高。据资料记载，2000 年以来，有 110 多种兽类和 130 多种鸟类已从地球上消失，其中 1/3 是 19 世纪前消失的，1/3 是 19 世纪期间消失的，另 1/3 是 20 世纪前 50 年中消失的，近年来消失更快。可见，物种绝灭速度因人为影响增大而日益加快。物种丧失的压力除来自自然的因素外，主要是来自于人类的影响，如人类生产活动引起动物栖息地的缩小和破坏、自然分布区的人为分割和岛屿化、人与野生动物争夺资源矛盾加剧、环境污染导致生存环境质量恶劣、不合理的开发利用和滥捕乱杀等。

（2）物种多样性编目亟待加强

山西省从事生物多样性研究的科技工作者和大专院校的专家学者在分类学、生态学、资源学、区系学、遗传学等学科领域，进行物种多样性和生态系统多样性的大量调查研究。有关综合考察、物种鉴定、志书编写、保护动植物的甄别等为山西省生物多样性保护和评价奠定了重要基础。但与兄弟省区相比，山西省生物多样性编目工作很不完善，迄今为止山西省植物志仅维管植物部分正在出版之中，动物志尚属空白，生物多样性研究的成果系统性不强，大多数研究报告散落在浩瀚的各领域文献中或研究者个人手中。目前，山西省在生物多样性的编目，受威胁生物的调查、鉴别和评价，重要物种的种群结构、稀有物种致濒危原因以及保护的生物——生态学，生物资源的持续利用和退化生境的恢复重建等工作亟待完善和加强。上述种种使得山西省生物物种多样性的家底不清，极大地妨碍了生物多样性保护针对性和目的性的实现。

（3）保护对象应持续评价和调整

由于山西省自然条件复杂，形成丰富的自然生境，包括森林、草地、山地、丘陵、平原、湿地、水域等多种生态系统类型，为物种多样性提供了生境基础。山西省有 10 种珍稀动物物种被列入国际贸易公约，64 种被列为国家级重点保护物种（见表 4-3-36、表 4-3-37）还有 140 种鸟类为我国和日本鉴定的保护候鸟。从实际出发山西省公布了省级保护的野生动物名录（表 4-3-37）。被保护物种的种群数量在不同程度上获得了有效恢复，保护效果在褐马鸡、猕猴、金钱豹、金雕等少数物种上做了持续评价，保护成效显著。在此基础上调整保护对策，保证保护的持续有序发展。然而，对于大多数保护对象来说，没有相关的持续评价资料，保护的目的性不具体和保护目标比较模糊，难以根据保护的效果及时调整保护对策。

表 4-3-36　濒危野生动植物种国际贸易公约中山西分布的种类

序号	中文名称	拉丁文学名	备注
1	猕猴	*Macaca mulata*	
2	狼	*Canis lupus*	山西曾有分布
2	豺	*Cuon alpinus alpinus*	
3	水獭	*Lutra lutra*	
4	豹	*Panthera pardus*	
5	虎	*Panthera tigris*	山西曾有分布
6	马鹿	*Cervus elaphus*	
7	林麝	*Moschus berezowskii*	
8	原麝	*Moschus moschiferous*	
9	斑羚	*Nemorhaedus goral*	
10	盘羊	*Ovis ammon*	

表 4-3-37　国家级和山西省级重点保护陆栖野生动物

序号	中文名称	拉丁文学名	保护级别			居留类型	备注
			国家级		省重点		
			Ⅰ	Ⅱ			
1	普通刺猬	*Erinaceus europaeus*			√		
2	小麝鼩	*Crocidura suaveolens*			√		
3	猕猴	*Macaca mulata*		√			
4	豺	*Cuon alpinus alpinus*		√			
5	水獭	*Lutra lutra*		√			
6	青鼬	*Martes flavigulla*		√			
7	石貂	*Matres foina*		√			
8	虎	*Panthera tigris*	√				山西曾有分布
9	豹	*Panthera pardus*	√				
10	猞猁	*Lynx lynx*		√			山西曾有分布
11	兔狲	*Felis manul*		√			山西曾有分布
12	林麝	*Moschus berezowskii*		√			
13	原麝	*Moschus moschiferous*		√			
14	梅花鹿	*Cervus nippon*	√				
15	马鹿	*Cervus elephus*		√			
16	狼	*Canis lupus*					山西曾有分布
17	黄羊	*Procapra gutturosa*		√			
18	青羊	*Nemorhaedus goral*		√			
19	豹鼠	*Eutamias sibiricus*			√		
20	复齿鼯鼠	*Trogopterus xanthipes*			√		
21	飞鼠	*Pteromys volans*			√		
22	角鸊鷉	*Podiceps auritus*		√		旅	
23	斑嘴鹈鹕	*Pelecanus philippensis*		√		旅	
24	苍鹭	*Ardea cinerea*			√	夏候	
25	池鹭	*Ardeola bacchus*			√	旅	
26	黄嘴白鹭	*Egretta eulopotes*		√		旅	

序号	中文名称	拉丁文学名	保护级别			居留类型	备注
			国家级		省重点		
			Ⅰ	Ⅱ			
27	白鹳	*Ciconia ciconia*	√			旅	
28	黑鹳	*Ciconia nigra*	√			夏候	
29	朱鹮	*Nipponia nippon*	√			旅	
30	白琵鹭	*Platalea leucorodia*		√		旅	
31	白额雁	*Anser albifrons*		√		旅	
32	大天鹅	*Cygnus cygnus*		√		旅	
33	小天鹅	*Cygnus columbianus*		√		旅	
34	蜂鹰	*Pernis ptilorhynchus*		√		旅	
35	鸢	*Milvus korschum*		√		留	
36	苍鹰	*Accipiter gentilis*		√		旅	
37	雀鹰	*Accipiter nisus*		√		冬候	
38	松雀鹰	*Accipiter virgatus*		√		旅	
39	大鵟	*Buteo hemilasius*		√		冬候	
40	普通鵟	*Buteo buteo*		√		冬候	
41	毛脚鵟	*Buteo lagopus*		√		旅	
42	金雕	*Aquila chrysaetos*	√			留	
43	草原雕	*Aquila rapax*		√		旅	
44	乌雕	*Aquila clanga*		√		旅	
45	玉带海雕	*Haliaeetus leucoryphus*	√			旅	
46	白尾海雕	*Haliaeetus dlbicilla*	√			旅	
47	虎头海雕	*Haliaeetus pelagicus*	√			旅	
48	胡兀鹫	*Cypaetus barbatus*	√			冬候	
49	秃鹫	*Aegypius monachus*		√		旅	
50	白尾鹞	*Circus cyaneus*		√		冬候	
51	鹊鹞	*Circus melanoleucos*		√		旅	
52	白头鹞	*Circus aeruginosus*		√		旅	
53	鹗	*Pandion haliaetus*		√		旅	
54	猎隼	*Falco cherrug*		√		冬候	
55	游隼	*Falco peregrinus*		√		冬候	
56	燕隼	*Falco subbuteo*		√		夏候	
57	灰背隼	*Falco columbarius*		√		旅	
58	红脚隼	*Falco vespertinus*		√		夏候	
59	黄爪隼	*Falco naumanni*		√		夏候	
60	红隼	*Falco tinnunculus*		√		留	
61	褐马鸡	*Crossoptilon mantchuricum*	√			留	
61	勺鸡	*Pucrasia macrolopha*		√		留	
62	血雉	*Ithaginis cruentis*	√			留	
63	白冠长尾雉	*Syrmaticus reevesii*		√		留	
64	灰鹤	*Grus grus*		√		旅	

序号	中文名称	拉丁文学名	保护级别			居留类型	备注
			国家级		省重点		
			I	II			
65	丹顶鹤	*Grus japonensis*	√			旅	
66	蓑羽鹤	*Anthropoides virgo*		√		旅	
67	大鸨	*Otis tarda*	√			旅	
68	金斑鸻	*Pluvialis dominica*		√		旅	
69	小杓鹬	*Numenius borealis*		√		旅	
70	鹮嘴鹬	*Lbidorhyncha struthersii*			√	旅	
71	遗鸥	*Larus relictus*	√			旅	
72	红角鸮	*Otus scops*		√		留	
73	领角鸮	*Otus bakkamoena*		√			
74	雕鸮	*Bubo bubo*		√		留	
75	纵纹腹小鸮	*Athehe noctus*		√		留	
76	长耳鸮	*Asio otus*		√		冬候	
77	短耳鸮	*Asio flammeus*		√		冬候	
78	普通夜鹰	*Caprimulgus indicus*			√	夏候	
79	冠鱼狗	*Ceryle lugubris*			√	旅	
80	蓝翡翠	*Halcyon pileata*			√	夏候	
81	戴胜	*Upupa epops*			√	夏候	
82	星头啄木鸟	*Dendrocops canicapillus*			√	留	
83	牛头伯劳	*Lanius bucephalus*			√	夏候	
84	灰伯劳	*Lanius excubitor*			√	旅	
85	黑枕黄鹂	*Oriolus chinensis*			√	夏候	
86	灰卷尾	*Dicrurus leucophaeus*			√	夏候	
87	发冠卷尾	*Dicrurus hottentottus*			√	旅	
88	北椋鸟	*Sturnus sturninus*			√	夏候	
89	褐河乌	*Cinclus pallasii*			√	留	
90	贺兰山红尾鸲	*Phoenicurus alaschanicus*			√	冬候	
91	红腹红尾鸲	*Phoenicurus erythrogaster*			√		
92	白顶溪鸲	*Chaimarrornis leucocephalus*			√	夏候	
93	山噪鹛	*Garrulax davidi*			√	留	
94	黄眉(姬)鹟	*Ficedula narcissina*	√			夏候	
95	红翅旋壁雀	*Tichodroma muraria*			√	留	
96	芦鹀	*Emberiza schoeniclus*		√		旅	
97	金眶鸻	*Charadrius dubius*			√	夏候	
98	四声杜鹃	*Cuculus micropterus*			√	夏候	
99	小杜鹃	*Cuculus poliocephalus*			√	夏候	
100	大鲵	*Andrias davidianus*		√			

（4）农牧业生物多样性保护薄弱

我国有几千年的悠久农业历史，山西是黄河中游农牧业文明的发源地，在生产实践中驯化了许多品质优良的栽培作物和家畜品种，包含着极其丰富的遗传多样性。在过去的数十年乃至一两百年中，当地农牧业生物多样性受到人口激增的严重压力。由于现代品种的取代，一批传统的地方土著作物、果树、家禽、家畜的品种资源濒临绝灭或已丧失。土地的农业利用、耕作、作物育种方式、农药化肥的施用以及农业动植物遗传改良的不合理应用，导致作物品种单一化、古老地方种的丧失，以致造成物种多样性的不持续发展。如运城黄牛、广灵毛驴、汾阳核桃、稷山大枣等地方珍稀品种濒临绝灭。

（5）生物侵入和生态破坏的威胁引起关注

外来有害生物不仅直接构成经济效益的危害，也已成为威胁土著生物多样性的关键因素。外来有害生物可导致土著生物多样性的丧失。从生物学的角度来看，生物侵入是全球变化的现象之一，与温室气体增加、生物地化循环改变、有害物质滞留、土地质量下降、生态景观改变、自然种群收缩共同造成物种绝灭和遗传基因的丧失。入侵生物包括病原生物如病毒、支原体、衣原体、细菌、真菌、寄生虫等；农林业病虫害、杂草等。关于山西省外来生物种类、分布、危害及其对自然生态系统和农、林、牧业的影响应予以高度重视，病原生物侵入对人类健康的研究亟待加强。

（6）生态环境破坏对生物多样性的威胁

山西省生态环境破坏主要表现在以下方面：

①长期的森林破坏，使山西省成为一个森林资源贫乏的省份。全省人均森林面积仅为全国平均水平的 1/2，森林覆盖率比全国平均值低 2.2 个百分点，人均占有林地 0.04 hm^2，是全国平均水平的 1/3。

②退化草地面积约占全省草地总面积 95%，30%的草地退化达到了 4～5 级，几乎失去利用价值，成为北方地区草地退化最严重的省份之一。

③山西省水土流失面积达 9.33 万 km^2，占全省总面积的 59.7%，每年向黄河、海河输送泥沙 4.56 亿 t。全省 119 个县（市、区）都存在水土流失问题。

④长期以来，矿产资源的不合理开采，矿区土地和生态环境破坏严重，矿区生态安全受到严重威胁。1949—2000 年，山西省各类土地塌陷面积约 8 万 hm^2，其中耕地占 40%。2002 年全省发生的各类地质灾害为 111 起，塌陷裂缝占 89 起。煤矸石、尾矿等占压土地导致植被破坏。开山采石形成大面积人为裸地和次生荒漠，初步估计由于开山采石造成的裸地面积为 5 万 hm^2。

⑤山西省湿地主要为河流，由于土地利用方式和人类活动干扰造成湿地面积减少。湿地资源本来就很贫乏，受河流污染、河道工程、滩涂开发、排水疏干、放牧过度、盐渍化和旅游等影响，水禽和水生植物的栖息地面积缩小了 40%，有 80%的湿地生态系统功能退化，生物多样性的损失极大。

3.8.5 保护生物多样性的对策

通过以上分析，可见导致山西省生物多样性丧失的最主要原因是人类对自然资源的不合理利用和对自然生态系统过度开发。为了保护生物多样性，我们应该制定的对策是：

①加大生物多样性保护的立法和执法力度。

生物多样性的持续利用和有效保护必须以政策和法规为保证，尽快制定地方性生物多样性保护的法规，建立生物多样性政策分析中心，及时评价国家和地方的有关法律、法规、管理措施的执行情况，检查和评估政策、法规在生物多样性保护方面的效果。现在我国已有不少保护生物多样性的法律法规，应尽快制定山西省生物多样性保护的地方法规和监管制度，强化生物多样性的法制管理，加大对野生动植物滥捕、乱猎、滥采、乱伐等执法力度，坚决杜绝破坏生物多样性的行为。

②加快生物多样性的编目和分类步伐。

编目是生物多样性保护和研究的基础工作，内容涉及山西省生态系统类型、生物物种及家养动物、栽培植物和转基因生物的品种或品系等，其中物种的编目通常较为困难。物种（包括动物、植物、菌类、原始生物、甚至病毒等所有物种）数量、分布的清单是评价与保护生物多样性的必备资料。山西省生物多样性编目的和分类研究基础十分薄弱，需要各部门协调，尤其是政府决策部门的支持和参与，以解决经费和技术上的问题。建立与此相配套的生物多样性信息系统、存储、记录、处理和监测有关生物多样性的信息，在此基础上评价生物物种受威胁的状态和原因，制定适宜的保护对策。

③开展生物多样性的服务功能和经济价值评估。

现行的经济体系中的价格体系不能够准确反映生物多样性的价值，生物多样性的无代价地滥用和生境破坏，是导致生物多样性丧失的重要原因，《生物多样性》将“生物多样性共享”作为保护生物多样性的原则之一。生物多样性的直接经济价值视而可见，是造成重短期利益、轻长远效益的原因，也是激化生物多样性利用和保护矛盾的本质。因此迫切需要对山西省的生物多样性进行经济价值评估，特别是定量评估生物多样性的所具有的效益外在性和收益对象广泛性的特点，评估内容要包括服务功能价值和直接经济价值。建立“谁受益、谁投资、谁破坏、谁治理”的生物多样性利用原则，促进生物多样性的保护和持续利用。

④增加经费投入恢复和重建受损的生物栖息地。

实践证明受损的生物栖息地恢复和重建必须有足够的经费投入，多投入多受益，少投入少受益，早投入早受益。经费投入应坚持以国家投入为主，集体、个人投入为辅的原则。按照“谁受益、谁补偿，谁建设、谁得利，谁破坏、谁恢复”的原则，建立生态补偿与投资机制，多渠道吸纳资金。5～10 年期间重点抓好六大工程，即环境污染治理工程、水土流失治理工程、自然保护区建设工程、退耕还林还草工程、天然林保护工程和生态示范区建设工程。

⑤加强宣传教育，提高民众生物多样性保护意识。

做好对山西省生物多样性的保护，并使生物多样性达到持续利用，必须加强对民众宣传教育、提高全民对生物多样性保护意识是极其重要的方面。从可持续发展的战略高度，深刻认识生物多样性保护的重要性和必要性。各级政府和媒体应加强生物多样性保护的宣传教育，广泛宣传生物多样性保护的意义，使民众充分认识生物多样性保护不仅关系到人民生活水平的改善、关系到可持续发展，更是关系国家安全和稳定的战略问题。通过宣传教育，提高全体民众保护生物多样性的主动性，形成全社会关心、爱惜和保护生物多样性的良好氛围。

4 主要生态环境问题

尽管山西省生态保护与生态建设取得了很大成绩，但是由于人口的增长和粗放型经济的发展，全省自然生态系统受到的影响和破坏十分严重，原始生态系统已消失殆尽，生态系统的功能也大为削弱，造成较大的社会经济损失。从全国来看，山西省是生态环境破坏最严重、环境质量最差的地区之一，其可持续发展能力也是全国最低的。

4.1 水土流失严重，土地质量降低

山西地处黄土高原东部，地面 53%被黄土覆盖。疏松的黄土，高低悬殊的地形，多暴雨的降水形式，构成了水土流失严重的自然因素。再加上缺乏植被保护的坡耕地、弃耕荒地和植被覆盖率极低的荒草地和灌木草地面积广大，导致山西成为全国水土流失最严重的省区之一。严重的水土流失，造成流失地区沟壑纵横，土地质量下降，农作物产量低而不稳，植被恢复困难，当地群众生活贫困，成为生态环境恶劣、经济极为落后的“双差”地区，全省 50 个贫困县全部集中在水土流失严重区。几十年来，广大科技工作者和各级政府都给予了极大的关注，也有好的成功典型，然而整体上并没有太大的改观，所以水土流失仍是山西省生态环境保护与恢复最首要的问题。

山西是全国水土流失面积大、分布广、危害最严重的地区之一，这是生态环境长期遭受破坏的结果。据调查，全国水土流失面积占国土总面积的 38.2%，而山西水土流失面积达 9.33 万 km^2，占全省总面积的 59.5%，占全省山区、丘陵区总面积的 88%。近年来省内一些城市也出现较为严重的水土流失问题，全省平均侵蚀模数为每平方公里 3 000 t，严重地区可达每平方公里 1.0 万～2.0 万 t。每年平均向黄河、海河输送泥沙 4.56 亿 t，其中黄河流域输泥沙 3.67 亿 t，占全省输泥沙量的 80%，占黄河泥沙总量的 1/4，在黄河中上游省区中，仅次于陕西，是黄河泥沙的重要来源地。山西山区丘陵面积大，水土流失分布广，省内各县（区）除个别城区外都有水土流失问题，水土流失最严重的是晋西、晋西北各县（区）。

由于气候干旱，再加上大风天气多，晋西北、晋西地区土地沙质荒漠化发展很快，对山西构成新的威胁。仅在晋西北受沙质荒漠化影响和威胁的土地面积就达 10 064 km^2，占全省土地面积的 6.4%，沙质荒漠区以每年 10 km 的速度向南扩展，使沙尘暴和扬尘天气大为增加，不仅影响农村地区，也严重影响城市居民的生活。土地沙质荒漠化（简称沙漠化）主要出现在气候干燥、大风天气多的地域，以风蚀为主要特征，与水蚀也有联系。山西沙漠化土地主要分布在晋西北各县（区），以偏关、保德、河曲县面积较大，左云、右玉、岢岚、五寨等县也有分布。山西沙尘暴天气的主要沙尘源来自于该地区，其影响范围已波及全省各地和周边省份。

山西省土地盐渍化面积达 5 370 km^2，主要分布在中部各大盆地中，占盐地面积的

15%。随着万家寨引黄工程等大型水利工程的建设，盐渍化土地面积将呈继续扩大的趋势，其危害不可低估。

山西盐渍化土地类型有斑状盐化土、运积盐化土、底层盐化土、下湿盐化土等，另外还有一定的碱化土。由于生态条件的变化，近年来盐化地有一定的发展，随着引黄工程等水利工程的兴建，盐化土潜在扩展的可能性很大。盐渍化土地在大同盆地、晋中盆地、晋南盆地、忻州盆地等都有较大面积出现，尤以汾河平原河谷地、滹沱河所流经的平原以及桑干河冲积平原为重。

4.2 自然灾害频度加快，农业生态条件恶化

由于生态环境的破坏，自然灾害发生的频率和强度不断增大，使农业生态条件趋于恶化。气象灾害是山西农业生产条件恶化出现频次最多、影响范围最广、危害最大的灾害，其与农业生产密切相关。最重要的是干旱。据统计，新中国成立以来大约 1.3～1.5 年一遇，个别地区十年九旱，尤其以春夏季干旱最为常见，约占所有干旱的 75%左右，春夏秋连旱发生的频次较小，但危害严重。气象灾害还有冰雹、暴雨、霜冻、干热风和大风。在 20 世纪 80 年代以前，气象灾害平均每年受灾面积占全省总耕地面积的比例为：干旱 25%、冰雹 4.5%、洪涝 1.8%、霜冻 3.7%、大风 1.9%。20 世纪 90 年代平均每年受灾面积占总耕地面积的比例上升为干旱 43.7%、冰雹 9.5%、洪涝 7.1%、霜冻 5.2%。自然灾害的频次和受灾面积有增加的趋势。1990 年以来，全省每年平均受灾面积占总耕地面积的 73%，严重地影响了农业生产。

干旱在山西发生频率最高，一般春旱最多，伏旱也较普遍。地域分布上全省各地普遍存在，但全省同时发生干旱的几率比较低。冰雹在山西发生的几率比较高，主要以大同、朔州、晋中东山区以及晋西北河曲、五寨等县雹灾较重，其余地方也偶有发生，但灾情不重。暴雨在山西多为地区性暴雨，全省同时出现较少，时间以每年 7—8 月份为多，地域上全省各地都有发生，以南部和山区多见。暴雨不同程度地形成洪水，冲、淹农田较为普遍。霜冻在山西成灾的也较普遍，主要有春霜冻和秋霜冻，前者对山西中南部冬小麦有较大影响，而后者主要影响中北部和山区的大秋作物。干热风近年出现频次呈增加趋势，主要影响冬小麦，干热风短短几天便可使小麦大幅减产，临汾、运城地区受影响最大，对晋中也有影响，但强度较弱。

4.3 沙尘暴频繁危及周边省份，社会生态环境质量降低

因森林破坏、草地退化，沙漠化土地迅速扩展，使山西扬沙天气和沙尘暴天气频次大增，已波及河北、北京、天津等地，尤其是冬春季，在晋西北地区的沙尘天气十分频繁。据研究，山西多数沙尘天气的尘埃可以影响到北京。尽管 2000 年北京的几次大沙尘暴主要源于蒙古，但有相当一部分沙尘来自山西高原，就连隔海的日本也认为他们的大气尘埃主要是“来自山西的黄土高原”。2000 年仅 3—4 月份沙尘暴就有 8 次之多。

由于自然生态环境的破坏，必然波及社会生态环境，使其质量降低，从而影响社会的发展和进步。生态环境破坏会深入影响到社会的各个方面，如旅游环境、投资环境、人才环境、人体健康等诸多方面。

山西旅游资源得天独厚，尤其是人文资源极为丰富，但山西旅游产业发展并不理想，这与生态环境的破坏密切相关，因为景点虽然很吸引游客，但沿途生态环境让人扫兴。例如，从太原到灵石王家大院沿路几乎是黑色代替了绿色，影响了游客数量。同时，投资环境受生态环境的影响也很大，尤其是高新技术投资一般对生态环境要求较高。有不少投资者来山西考察，但因山西生态环境质量太差，而放弃了投资意向。山西的人才流失是全国最严重的省份之一，这与生态环境有着密切的关系。经济落后、收入低是人才流失原因的一个方面，生态环境质量差，不适宜人类居住也是一个重要方面。

4.4 矿山开发破坏严重

山西多年以来以煤炭为中心发展经济，煤炭产量占全国总产量 10.36 亿 t 的 1/4，省际交易量的 70%以上。到 2000 年，煤炭矿区达到 1.4 万 km^2，累计煤炭开采总量已达 67 亿 t。由于煤炭开采造成的生态破坏是山西的主要生态环境问题。煤炭开采对生态环境的影响，主要体现在对水资源和土地资源的破坏。煤炭开采造成水资源损失，地下水漏失造成人畜吃水困难，土地质量下降，煤炭开采造成地表塌陷对农业生产有影响，对房屋、水利设施和交通设施都有影响。据调查，由于地面塌陷，使 5 639 间房屋、433 处水利工程、40 座水库、79 万 m 输水管道受损，铁路、公路、桥梁等构筑物也受到损坏。

由于不合理的开采与粗放式的生产经营，工矿区土地破坏严重。到目前为止，全省累积塌陷、破坏和煤矸石、尾矿等压占土地已达 7 560 km^2，而且每年以 50 km^2 的速度递增，是全国矿区土地破坏最严重的省份。工矿区土地破坏包括矿井、矿区、塌陷土地、煤矸石、尾矿、废矿渣等占用土地，还包括矿物淋溶雨水、矿物粉尘等对周围土地的污染。工矿区土地破坏的分布与矿藏资源的分布密切相关，分布非常广泛，只要有采煤的地方，就有破坏。工矿区土地破坏遍及全省多个地市，以大同、朔州、晋中、晋城、长治、临汾、阳泉、吕梁、太原等地市破坏较为严重。

矿山开采的另一大生态问题是地下水漏失。据测全省平均每开采 1 t 原煤，损耗水资源 2.39 m^3。到 2000 年全省因采煤水资源受影响的面积已达 20 352 km^2，占全省总面积的 13%，严重破坏区达到 2 670 km^2；导致井、泉水位下降或断流者 3 218 处，造成 1 678 个村庄、81.27 万人口、10.82 万头大牲畜饮水困难，0.65 万 hm^2 水浇地变成旱地。

煤炭开采，特别是超量开采，不仅破坏了山西的地下水系，而且明显地影响到周边省份。例如平定县娘子关泉，是直接流入河北境内的水源，近年来水量急剧下降，有干涸的危险；平顺县辛安泉是河南省林县红旗渠水源，现在水量也不足 20 世纪 80 年代的一半；起源于历山的沁水河也是供应河南省的重要水源，目前水量和水质都受到了严重的挑战。山西境内的汾河、滹沱河、桑干河等主要河流的水量显著减少，且污染严重，这也不同程度地影响着周边省份。

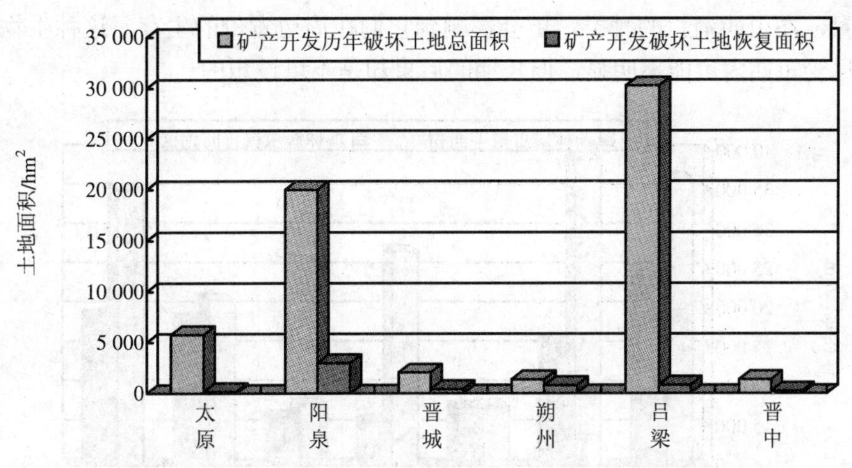

图 4-4-1　2000 年山西省部分地（市）矿产开发土地破坏与恢复情况图

4.5 生物栖息地破坏，生物多样性降低

生态学研究表明：生态系统的稳定性与生物结构的复杂性密切相关。通常来说，越是复杂的系统，其互补性越高，稳定性也越好，构成生态系统复杂性的基本要求就是物种多样性。即生态系统的物种多样性越高，系统就越稳定，反之，系统的简化、均化过程则导致系统的失衡和振荡。

生态系统的多样性是指物种存在的生态复合体系的多样化和健康状态，即生境、生物群落和生态过程的多样化。

森林是以树木和其他木本植物为主体的一种生物群落，森林生态系统是森林群落和其他外界环境共同构成的生态系统。其特点是：生物种类多，生态系统结构复杂，系统稳定性高，物质循环的封闭程度高，生产效率高，可以调节气候、涵养水源、保持水土、防风固沙、净化空气，它可以保护生物多样性。首先，森林生态系统本身就是生物多样性的重要组成部分，本身千差万别，构成生境和系统的多样性；第二，森林生态系统是生物多样性存在的前提条件，森林为多种植物提供了生境，也为动物和其他生物提供栖息条件和隐蔽条件及食物条件，因此，森林对于生物多样性有着特殊的意义，在一定程度上，森林生态系统的存在和多样性，对生物多样性起着决定作用。但是，长期以来，尤其是历史上，山西森林破坏触目惊心，导致山西目前仍是一个森林资源贫乏的省份。全省现有林地面积为 206 万 hm²，森林覆盖率 13.17%，加上灌木、四旁树折合面积，共有森林面积 314 万 hm²。全省人均森林面积仅为全国平均水平的 1/2，森林覆盖率比全国平均值低 2.2 个百分点，排在第 22 位。人均占有林地 0.04 hm²，仅占全国平均水平的 1/3。与周边省份森林覆盖率相比，陕西为 24.15%，河北为 13.35%，均高于山西。

森林破坏，致使不少生物的生存环境受到破坏，使得山西生物多样性损失很大，一些种已灭绝，一些种处于濒危状态。而且，山西生态环境的破坏，损毁了不少生物生存的环境，使生物资源大量减少，生物多样性急剧下降，这也不同程度地影响到周边省份的种群数量，在山西消亡的种类，更会影响到它们在周边省份的生存。这种生物多样性的影响，尽管短期内可能不明显，但长期的后果却是不堪设想的。

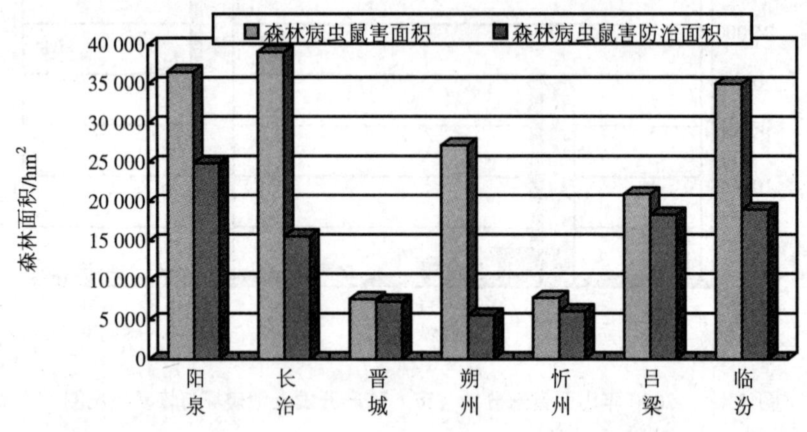

图 4-4-2 山西省部分地（市）森林病虫鼠害情况柱状图

4.6 水资源缺乏，浪费和污染严重

山西是全国水资源严重缺乏的省区之一。2000 年全省水资源总量为 81.5 亿 m^3，仅占当年全国水资源总量 28 124 亿 m^3 的 0.29%，人均水资源占有量仅为全国平均的 1/9。2000 年农村人畜吃水困难的自然村 5 300 余个，涉及人口 300 余万。水资源不足是山西生态环境脆弱的根本原因，也是经济发展与生态恢复的强大制约因素。

然而，山西浪费水资源现象却相当严重。在农业方面，浇地都以大水漫灌为主，2000 年全省每公顷水浇地耗水量为 3 533 m^3/（hm^2·a），是渗灌、滴灌等节水灌溉的 3～7 倍；1999 年万元工业增加值耗水为 308 m^3。

水污染严重，造成质量型缺水。2001 年山西河流水质监测结果表明，全省有近 2/3 的河段失去使用功能。因水污染而影响到人畜吃水的自然村 1 006 个，涉及人口 74.14 万人；因地球化学污染而影响的自然村 1 370 个，人口 143.13 万人。

4.7 农村生态环境问题日益突出

4.7.1 化肥施用量逐年增长，氮肥利用率低

山西 2000 年化肥施用总量 350.23 万 t，平均每公顷施肥量 455.96 kg，比 1986 年（243.13 kg）增长 87.5%，氮肥流失率占 27.8%，造成环境污染和资源浪费。农药施用量 1 300 t，平均每公顷施用 5.04 kg，其中生物农药仅占 15.4%。

4.7.2 秸秆焚烧仍未杜绝，利用率低

2000 年山西省秸秆焚烧量为 23.0 万 t，占秸秆总量的近 2%，作为牲畜饲料的约占 27%，还有较大利用潜力。

农村能源仍以煤炭为主，生物质能源仅占 4.23%，在生活能源中薪柴、秸秆占到 40%。

4.8 污染严重，恶化了生存环境，加重了社会负担，制约了经济发展，加剧了生态失衡，影响了可持续发展

山西城市空气质量处于较重的污染水平。全国污染严重的 30 个城市中，山西占 13 个，名列前 5 名的是临汾、太原、忻州、阳泉和榆次。全省 26 条河流 104 个断面中，各项指标均能达到水体功能标准的断面仅占 8.7%，工业固体废物历年累计堆存量 28 624 万 t。1998 年危险废物产生量 13 万 t，城市垃圾围城与白色污染等隐患极大地威胁着地下水及供水水源地的安全。加之人口持续增长，汽车尾气污染的加重，化肥、农药的不科学使用，乡镇工业的不健康发展等都成为当前山西环境污染所面临的严重问题。

日趋严重的环境污染，恶化了人们的生存空间，降低了人们的生活质量，给人民群众的身心健康带来十分明显的危害。据环境管理部门对全省 11 个城市 1999 年 1—10 月的空气质量指数比较分析，11 个城市中，81.6%的时间处于“对易感人群症状有轻度加剧，对健康人群出现刺激”的轻度以上污染状态。其中，“对健康人群普遍出现症状，对心脏病、肺病患者症状显著加剧”的中度以上污染的时间占 10.8%，使“健康人群有明显的强烈症状，提前出现症状”的重度以上污染的时间占到 26.9%。有关专家曾以国家环保总局公布的我国北方 22 个城市的环境质量指数为标准，将山西 11 个主要城市的环境质量与其进行比较分析，发现排在前 10 名的城市中有 8 个是山西省的城市。世界银行曾经公布了全球空气污染最严重的 20 个城市，太原市名列榜首，其中 TSP 是世界卫生组织规定标准的 8 倍，SO_2 是世界卫生组织公布标准的 3 倍。有关部门的调查显示，山西省癌症死亡率及其他类疾病的分布变化与空气污染密切相关，如太原城区癌症死亡率为 16.54 人/10 万人，高于周边地区 0.16～3.13 倍，而先天性畸胎率污染区比无污染区高达 35.57%，各类呼吸道疾病的发病率高达 84.59%，肺功能、儿童血清免疫球蛋白等各项指标也均表现出明显的差异。应当指出的是，血清免疫球蛋白是人类机体的主要抗体，对多种病毒、细菌等均有灭活和解毒作用，空气污染导致其数量的降低，是山西各类呼吸道疾病、肺癌、哮喘等发病率明显高于全国其他地区的重要原因。

日趋严重的环境污染，使区域经济的发展背上沉重的包袱。为保障社会经济发展和人民生活质量，山西省每年在环境综合整治等方面不得不投以巨资。据不完全统计，能源基地建设 20 年来，山西省累计在环境保护方面的投资高达 61.7 亿元，年均投资 3.085 亿元，1999 年人均环境投资额 28.13 元。除了政府和企业的投资外，山西的人民群众也为环境污染付出了沉重的代价。据调查，近年来，山西省城乡肺癌发病率和死亡率较 20 世纪 70 年代上升了 30%～50%，恶性肿瘤占厂矿职工死亡人数的 30%，各类呼吸道疾病、职业病的发病率和残废率也都明显增加，人们的生存环境受到严重威胁，人口质量

下降，生活负担增大。据统计，1989—1996 年，全省仅国有经济单位的医疗卫生和丧葬抚恤费便增加了 10.4 倍，即使排除物价上涨，其涨幅也高达 5.45 倍，为全国同期涨幅点的 10.9 倍。统计部门的抽样调查表明，1985 年全省城镇居民人均医疗费年支出额为 5.9 元，占年支出额的 1.1%，1999 年其费用已上升到 208.57 元，所占比重也上升到 6%，数额上涨了 34.35 倍，比重上涨了 4.5 倍。而全国城镇居民平均支出费用上涨的倍数仅仅为 13.7 倍，所占比重上涨的倍数为 1.1 倍。

严重的环境污染，也恶化了投资硬环境，造成资金和人才的流失，使企业的发展受到一定的影响。环境污染和生态破坏使得山西省 1999 年用于其综合整治的费用高达 27.4 亿元，占当年国内生产总值的 1.82%，由此而造成的资金机会成本损失达 63.24 亿元，占当年国内生产总值的 4.2%。山西省多年来经济发展迟滞，社会水平低下，巨额的环境与生态投资是造成这一局面的重要原因。然而，即使这样，全省依然存在严重的环境欠账。据测算，山西仅消除现有的环境欠账，便需投资 188.8 亿元，占 1999 年全社会固定资产投资金额的 32.8%。如此巨额投资，无疑将成为山西经济发展沉重的负担，从而使全省经济、社会、环境协调发展的矛盾更为尖锐。

农业部门提供的数据表明，近 20 年来山西各类自然灾害的发生频率明显上升，成灾面积也日趋扩大，与 1990 年相比，1999 年山西省农业受灾面积扩大了 57.3%，成灾面积扩大了 109%。

按照可持续发展理论，一个地区只有当且仅当其全部资本存量（自然资本、人力资本、产品资本）随时间保持一定增长时，其发展才是可持续的。从山西经济社会发展的实践来看，在全省的自然资本中，资源资本正在日趋减少，其煤炭资源 200 m 内探明储量仅有 2 661.6 亿 t，按现有的开采水平、规模和速度，仅能开采 70 多年，其中，优质侏罗纪煤仅占 1.6%。环境与生态资本将更加有限，不仅现有的环境污染无法在近期内消除，按现有的污染排放情况，每年又将造成 90 多亿元的新的环境损失。而人才流失和科技创新能力低下又使得其不可能弥补因自然资本减少而带来的可持续发展能力净减少的损失。中国科学院可持续发展研究报告的评估表明，在其评估的 7 项指标中，山西省生存支持系统排在全国 30 个地区的第 28 位，环境支持系统排在全国第 29 位，智力支持系统排在全国第 22 位，政府效率排在全国第 26 位，可持续发展总能力排在全国第 25 位。

5 生态环境经济损失估算

估算生态环境破坏的经济损失十分困难。首先，原始生态状态下的生态环境价值就没有较好的尺度进行量度。第二，生态破坏的经济损失应该包括直接经济损失、间接经济损失和潜在经济损失。然而目前我们能比较粗略估算的只能是前者，后两者都未找到比较有效的大家都认可的方法，所以估算结果还不能被大多数人认同。第三，生态环境的有价论才问世不久，价值估算的指标也未能确定，因此，不同的人估算的结果差异很大。第四，估算经济损失的基础工作十分薄弱，参数的数量和质量差距都很大。所以我们本次估算主要是利用已有的工作成果，对直接经济损失加以归纳汇集，起到抛砖引玉的作用，希望更多的专家、学者和领导来关心和重视它，为科学决策提供更可靠的依据。

5.1 地面塌陷损失估算

截至 1995 年，全省共采煤 50.98 亿 t，造成 6.55 万 hm^2 土地塌陷。

——工程费用法　采用填充开采法，可以阻止地面塌陷，但吨煤成本至少提高 10 元。2000 年全省煤炭总产以 2.5 亿 t 计，则造成的损失为 25 亿元。

——政策规定法　国家政策要求，采矿引起地面塌陷，必须恢复，否则矿山应以每亩 10 万元的费用将塌陷土地（农田）征收。山西截至 1995 年塌陷土地 6.55 万 hm^2，其中农田 2.67 万 hm^2，约占 40.7%。据调查，平均每开采 5 189t 原煤塌陷 1 亩土地，2000 年采煤量以 2.5 亿 t 计，塌陷土地面积应为 0.32 万 hm^2，其中农耕地 0.13 万 hm^2，需付征地费 19.6 亿元。此外，还有草地等其他土地破坏，也应该不下于 25 亿元。

5.2 水资源破坏损失估算

据省计委一课题研究结果，山西省采煤造成水资源破坏的经济损失占全省 GDP 的 2.8%，即 45.9 亿元。

据研究，山西平均每开采 1t 原煤损失水资源 2.39 m^3。2000 年损失水资源应为 6 亿 m^3，引黄入晋工程向太原送水为 6.4 亿 m^3/a，大致与年采煤损失的水资源量相当。据专家估算，当引黄工程达到设计要求时，其水的成本价为每吨 5.6 元（1997 年价），按此估算，则水资源损失为 33.6 亿元。

5.3 水土流失造成的直接经济损失估算

5.3.1 肥料流失经济损失估算

水土流失土地主要以农田、林地和草地为主（见表 4-5-1）。水土流失导致土壤养分流失，造成土壤贫瘠化。20 年来水土流失造成农林牧业减产等累积损失，我们用氮、磷、钾肥折算，即用替代市场价值法求之。山西省表土比较瘠薄，一般全氮含量为 0.04%～0.10%之间，取其平均值约为 0.07%，平均侵蚀模数为 3 000 t/km²。2000 年全省水土流失面积为 9.3 万 km²，每吨氮肥按 2 000 元计，这样每年水土流失损失氮肥约为 4.5 亿元。山西土壤全磷含量平均为 0.071%，同样依据侵蚀模数计算，2000 年水土流失损失磷肥约为 5 亿元。山西省土壤全钾含量大约为 0.013 1%，但林地一般缺钾不明显，平时也不会施用钾肥，而农田和草地则对钾肥有较强的依赖性。所以，这里钾的损失仅按农田和草地面积计算。2000 年水土流失损失钾肥约为 3.5 亿元，年损失氮、磷、钾的价值合计为 13 亿元。

表 4-5-1　山西省 20 年水土流失面积变化情况表　　单位：万 hm²

年　份	水土流失总面积	农田面积	林地面积	草地面积
1980	949.6	284.3	399.0	266.9
1985	949.6	285.0	408.0	257.0
1990	996.5	299.0	418.5	279.0
1995	1 061.0	318.3	424.4	318.3
1999	1 080.0	324.0	454.0	302.0

5.3.2 河道、水库淤积经济损失估算

到 2000 年全省水库淤积 13.2 亿 m³。据水利部最新遥感调查，山西省有各类水库 746 座，总库容 44.4 亿 m³ 中已被淤积 13.2 亿 m³，相当于每年损失水资源 13.2 亿 m³。若水的价格以 0.5 元/m³ 计，则年损失费用约 6.6 亿元。

两者合计水土流失造成的经济损失为 19.6 亿元。

5.4 土地沙漠化造成的经济损失估算

土地沙漠化损失包括三部分内容：一是多年来沙漠化造成粮食减产的损失；二是沙漠化引起草地产量的减少，对畜牧业造成的损失；三是由于沙漠化引起景观消失，进而对旅游业产生影响而造成的损失（间接损失）。

山西省土地沙漠化面积逐年扩大（见表 4-5-2），现以 1999 年为例计算。据 1999 年监测资料，晋西北和晋北 18 个县共有沙化土地面积 78.36 万 hm²，其中流动沙地 0.28 万

hm²，半固定沙地 25.05 万 hm²，固定沙地 40.52 万 hm²，闯田 12.51 万 hm²。沙化程度不同，损失大小是不一样的。综合考虑，按各类沙地平均损失粮食产量的 20%估算，即 1 hm² 减收 300 kg（晋西北平均亩产 100 kg），1999 年因农田沙化损失粮食 1.56 亿 kg，折合价值 2.03 亿元。20 年损失依不同时期的面积计算，约为 17.96 亿元。沙漠化影响草地鲜草产量的 30%左右，在晋西北草地产量约为 13 000 kg/hm²，总的减少鲜草产量 9.8 亿 kg，一只标准羊需鲜草 1 460 kg，1999 年损失 26 万只羊，则损失价值 0.8 亿元。20 年损失依不同时期的草地面积计算，约为 12.51 亿元。两项加起来，因沙漠化 1999 年损失价值 2.83 亿元。按 15 年全部恢复为草地，年均恢复 5.224 hm²，恢复费用 5 000 元，年恢复费 2.6 亿元。

景观消失影响旅游的价值，这里暂不考虑。

表 4-5-2　山西省 20 年土地沙漠化面积的变化　　　　单位：万 hm²

年份	沙漠化总面积	农田面积	草地面积	沙荒地面积
1980	60.90	37.80	21.30	0.91
1985	65.85	42.64	21.73	1.04
1990	72.60	47.20	23.96	1.01
1995	76.45	50.46	24.50	1.15
1999	78.36	52.10	25.06	1.20

5.5 草地退化损失分析

根据统计资料，山西省草场退化总面积 2000 年为 373.3 万 hm²，见表 4-5-3 和表 4-5-4。全省草地平均产草量按 15 000 kg/hm² 鲜草计，退化影响产草量平均按 15%计，则平均每公顷减少产草 2 250 kg。一只标准绵羊每年所需鲜草 1 460 kg，每只标准羊按 200 元计，则 1999 年因草地退化损失价值为 11.5 亿元，每公顷每年损失人民币约 308.2 元。

若按恢复费用法估算，在今后 15 年内对退化草地全部恢复，平均年恢复面积 25 万 hm²，每公顷恢复费用以 4 500 元计，则平均每年需投入 11.25 亿元。过去 20 年中退化草地的面积有所波动，总体上变化不大（见表 4-5-3），因为有治理，有人工种草，也有破坏。在黄土丘陵区治理速度快于破坏速度，但在大面积的低中山区则破坏大于治理。

表 4-5-3　山西省各类草地退化情况表

草地类级	总面积/万 hm²	未退化		退化等级及面积/万 hm²									
				Ⅰ		Ⅱ		Ⅲ		Ⅳ		Ⅴ	
		面积	（%）	面积	（%）	面积	（%）	面积	（%）	面积	（%）	面积	（%）
1	44.00	0	0	0	0	5.1	11.6	8.6	19.6	17.2	39.1	13.1	29.8
2	140.1	2.8	2.0	4.4	3.1	41.5	29.7	56.7	40.5	29.3	21.0	5.4	3.9
3	60.51	0	0	3.6	6.0	8.1	13.4	28.7	47.5	18.9	31.3	1.21	2.0
4	80.0	2.1	2.7	6.3	7.9	26.5	33.2	27.4	34.3	16.5	20.7	1.2	1.5
5	58.7	6.0	10.2	8.6	14.7	15.8	26.9	6.1	10.4	20.7	35.3	1.5	2.6

草地类级	总面积/万 hm²	未退化		退化等级及面积/万 hm²									
				Ⅰ		Ⅱ		Ⅲ		Ⅳ		Ⅴ	
		面积	（%）	面积	（%）	面积	（%）	面积	（%）	面积	（%）	面积	（%）
6	11.44	1.7	14.9	3.9	34.1	4.1	35.9	1.1	9.7	0.64	5.6	0	0
7	3.34	0.6	18.0	0.8	24.6	0.9	27.0	0.54	16.2	0.3	9.0	0.2	6.0

表 4-5-4　山西省不同时期 3 级以上草地退化面积

项　目	草地退化面积/万 hm²				
	1980 年	1985 年	1990 年	1995 年	1999 年
3 级以上草地退化面积	201.5	285.4	276.3	240.5	238.2

5.6 森林破坏恢复费用

新中国成立后，山西一直重视林业建设，每年都大力绿化荒山，发展林业，森林面积在不断增长，到现在森林覆盖率已达到 16.2%。新中国成立以来的 50 年间，累积造林面积达 844.4 万 hm²。2000 年造林面积约 40.48 万 hm²，每公顷造林费用按世界银行项目每公顷投资 4 000 元计，当年造林费用约为 16 亿元。

综上不完全统计，2000 年山西省生态破坏造成的直接经济损失约为 108.53 亿元（见表 4-5-5），大约相当于 2000 年 GDP（1 643.8 亿元）的 6.6%。

表 4-5-5 山西省生态环境破坏 2000 年经济损失估算（不完全统计）

项　目	数　量	损失值/亿元
水土流失/万 km²	9.33	19.6
土地沙化/万 hm²	2.224	2.83
草地退化/万 hm²	25	11.5
造林恢复/万 hm²	20	16
地面塌陷/万 hm²	4.82	25.0
水资源破坏/亿 m³	6	33.6
合　计	—	108.53

表 4-5-6　山西省生态破坏经济损失分析一览表

生态环境类型		年　份					20 年累计值
		1980	1985	1990	1995	1999	
生态环境破坏量面积/万 hm²	水土流失	949.6	949.6	996.5	1 061.0	1 080.0	1 080.0
	土地沙漠化	60.9	65.85	72.6	76.45	78.36	78.36
	土地盐渍化	53.7	53.7	53.7	53.7	53.7	53.7
	森林恢复	1.5	3.0	6.5	6.6	8.8	138.0
	草地退化	201.5	285.4	276.3	240.5	238.2	238.2

生态环境类型		年份					20年累计值
		1980	1985	1990	1995	1999	
生态环境破坏损失值/亿元	工矿区土地破坏	72.65	72.9	73.15	73.4	75.6	75.6
	农业生态条件恶化（受灾面积）	309.6	213.3	209.4	303.4	329.4	4 354.8
	水土流失	12.3	8.51	8.37	12.1	13.0	233.9
	土地沙漠化	2.44	2.63	2.90	3.06	3.10	30.47
	土地盐渍化	3.40	3.50	3.51	3.86	3.86	77.2
	森林破坏	—	—	—	—	—	—
	草地退化	6.05	8.56	8.29	7.22	7.40	−153.0
	工矿区土地破坏	5.09	5.10	5.12	5.14	5.29	88.64
	农业生态条件恶化	6.19	4.32	14.65	21.23	23.04	243.6
生态环境建设投资/亿元	水土流失	0.05	0.10	0.15	0.2	0.3	3.1
	土地沙漠化	0.03	0.03	0.05	0.06	0.08	0.95
	土地盐渍化	—	—	—	—	—	—
	森林破坏	3.0	6.0	13.0	13.2	17.6	276.45
	草地退化	0.05	0.06	0.10	0.15	0.2	2.5
	工矿区土地破坏	—	—	—	—	—	—
	农业生态条件恶化	0.02	0.05	0.10	0.15	0.30	−2.10
总损失值/亿元	水土流失	12.35	8.6	8.52	12.2	13.3	237
	土地沙漠化	2.47	2.66	2.95	3.12	3.18	31.42
	土地盐渍化	3.40	3.50	3.51	3.86	3.86	77.2
	森林破坏	3.0	6.0	13.0	13.2	17.6	276.45
	草地退化	6.1	8.62	8.39	7.37	7.6	155.5
	工矿区土地破坏	5.09	5.10	5.12	5.14	5.29	88.64
	农业生态条件恶化	6.24	4.37	14.75	21.38	23.34	245.7
占GDP的百分比（%）	生态环境总损失值	35.62	38.85	56.24	66.37	74.47	1 111.91
	GDP值（亿元）	108.761 9	218.989 6	429.273 6	1 034.476 2	1 506.7845	6 070.010 5
	占GDP的百分比（%）	35.51	7.74	13.10	6.42	4.92	18.32

6 基本结论

山西自然生态环境脆弱，承载能力相对低下；人口增长过快，植被覆盖率低，草地退化严重，粗放的掠夺性利用土地，土地利用结构不尽合理；农村生态环境问题日益突出；水资源短缺、浪费和污染严重；资源开发型经济结构加重了生态环境的压力；人工生态环境有所改善，自然生态系统破坏严重；单一生态问题有所解决，系统性流域问题严重；生态保护和建设的任务十分繁重。

6.1 自然生态环境脆弱，承载能力相对低下

6.1.1 多山的山地高原地形

山西是一个山地型的高原，丘陵山地面积约占全省国土面积的 80%，平原谷地仅占 20%。农业生产条件欠佳，特别是在人口急剧膨胀的今天，要解决吃饭问题是困难的。

山西地势比东边的河北、南面的河南均高出 1 000 m 左右，也高出西及西南的黄河河谷数百米，故河流落差大、水流急、冲刷力强、水土流失严重，对农业、植被的生长很不利。

6.1.2 黄土覆盖面大

山西大部分土地被黄土覆盖，黄土是第四纪风成堆积物，其组成物质多为粉沙颗粒，胶结程度差，遇水极易分散，再加上垂直节理发育，故土壤侵蚀均极强烈。加之分布于相对高差达数百米，甚至上千米的丘陵、高原地区，使强烈的水土流失雪上加霜。

6.1.3 各生态因子匹配欠佳

光照较丰富，但降水量少。降水的空间、季节和年际分配不均。山西降水仅晋东南一隅及西部高山区较多，晋中、晋北和晋西降水较少，而蒸发量又较大，属半干旱气候区。降水集中在夏季，而夏季又多暴雨，不但不易保留，还极易造成水土流失，对农业发展和植被的生长都不利。农业多靠灌溉，否则产量低而不稳。植被生存条件差，一旦破坏，恢复相当困难，特别是森林植被恢复难度更大。

生长期较短。山西冬季时间长，晋北更是如此，由于高温时间短，加上水分不足，土壤形成和生物小循环过程较缓慢，生态系统的自调能力较弱。

6.2 人口增长快，超过环境承载能力

2000 年山西总人口 3 247.8 万人，人口密度为每平方公里 207.8 人，高于全国平均（每平方公里 131.9 人）水平。2000 年人口自然增长率 7.48‰，比 1986 年（12.62‰）降低了 5.14 个千分点。1986—2000 年的 14 年间人口平均自然增长率为 9.0‰。2000 年全省城镇人口 925.18 万人，占全省总人口的 28.5%，农村人口 2 322.62 人，占 71.5%，城市化水平低于全国平均（36.2%）水平 7.7 个百分点。人口过多，是山西生态环境恶化的重要因素。晋西及晋西北地区人口平均密度也在每平方公里 90 人左右，为国际上公认的半干旱地区适度人口密度（每平方公里 20 人）的 4.5 倍。

6.3 土地利用不尽合理

在生产力落后的地区，增加粮食产量的主要手段就是扩大耕地，农民不断地用最粗放的办法开“荒”种地，导致耕地面积不断扩大又不断丢弃。到 2000 年，全省耕地总面积为 442.4 万 hm^2，占全省国土总面积的 28.5%，尽管如此，全省人均粮食占有量才 263 kg，远低于全国的平均水平，仍然没有解决粮食自给问题。盲目扩大耕地，使山西省大于 3° 的坡耕地占到 41.8%，即 218.7 万 hm^2。坡耕地是毁掉林草后的作品，坡耕地及撂荒地是山西省水土流失的主要制造者，其流失强度随坡度增加而急剧增加。据省水保所对晋西北黄土丘陵区的测算，坡度 5° 的坡耕地流失土壤约 1 500 t/（km^2·a），坡度大于 25° 的坡耕地流失土壤达到 15 000 t/（km^2·a），相差达 10 倍。

6.4 农村能源压力——樵采

农村能源是破坏植被的又一杀手。村庄附近植被总是最少，村庄越大荒山秃岭的范围也就越大，尤其是偏远山区（见图 4-6-1）。

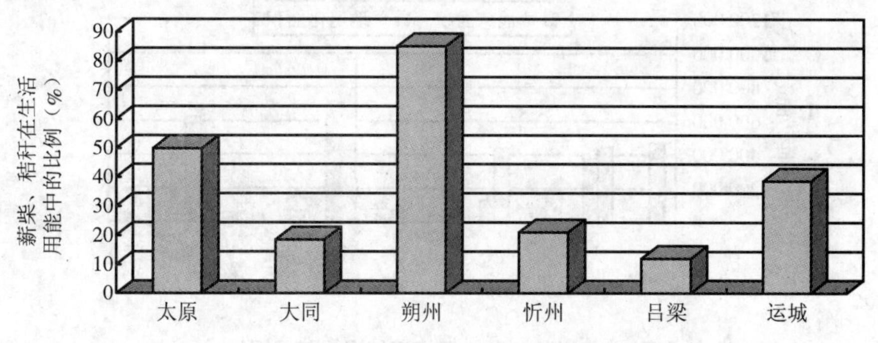

图 4-6-1　2000 年山西省部分地（市）农村薪柴、秸秆在生活用能中的比例

6.5 乱砍滥伐——毁林用材

长期以来，森林破坏一直就没有停止过，乱砍滥伐屡禁不止，以山区县破坏最为严重。建筑用材、矿山坑道桩木、农民薪柴等直接取源于森林，天然林的生长更新赶不上砍伐利用。森林的破坏，损毁了不少生物的栖息地，使得山西的生物多样性降低。

6.6 资源开发型经济结构加重了生态环境压力

能源基地建设 20 多年，山西形成了以能源、原材料为主体的产业经济结构，结构型污染与黄土高原生态脆弱地带局限的环境容量之间的矛盾愈发激烈。据对 1995—2001 年全省产业结构变动趋势分析，6 年间能源和原材料产业大幅度增长，其中铝、成品钢材、钢、铜、生铁、发电量分别增长了 255%、128%、79%、63%、45%和 40%，原材料占工业总产值的比重提升了 12.5 个百分点，拉动重工业占工业总产值比重提升了 5.02 个百分点，2002 年拉动全省经济增长的主要力量依然是冶金、煤炭、电力等传统行业。

与此对应的是，2001 年与 2000 年相比，大同、阳泉、朔州、忻州、晋中、离石、孝义、永济 8 个城市二氧化硫年日均值浓度有不同程度上升，大同、晋城、朔州、运城、晋中、平定 6 个城市总悬浮微粒物年日均值浓度也有不同程度上升。这说明，山西产业结构调整以来，高污染产业比重有增高趋势，在局部地区加剧了生态环境容量与结构型污染之间的矛盾。

6.7 超载放牧，草地退化

2000 年山西退化草地总计达到 373.3 万 hm^2，这些草地均为纯天然草坡，只利用不养护，草地严重超载，“三化”现象严重。如吉县可利用草地载畜量仅为 3 万个羊单位，而全县养羊总数达 13 万之多，确系掠夺式的利用。

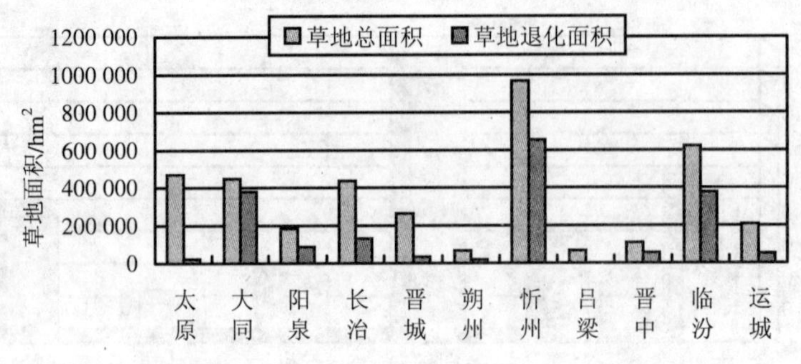

图 4-6-2　2000 年山西省草地退化状况图

此外，放牧山羊，还啃食林木幼苗，使林木幼苗难以保存，林牧矛盾尖锐。

6.8 水资源衰减严重，节水势在必行

1984 年和 2000 年比较，山西水资源总量从 142 亿 m^3 减至 81.5 m^3，衰减 42.6%，许多重要河流断流长度已达 47%。更为严重的是地下水超采在各大盆地越来越严重，1993 年太原盆地地下水漏斗已超过 400 km^2，最大降深超过 100 m，运城盆地超采面积 1 800 km^2。水资源生态出现劣化趋势，发展节水山西势在必行。

6.9 部门分割影响了生态保护与建设成果

新中国成立以来，山西在生态环境保护与建设方面做了许多工作，取得了很大成绩，同时也存在一定问题，投入和成绩并不成正比，整个形势大致和全国趋势一样，即局部有所改善、整体仍在恶化。究其原因在于“重建设、轻保护，边建设、边破坏，你建设、他破坏，一方建设、多方破坏”以及建设不配套等局面严重存在。产生这一现象的根本原因有两个：

一是决策多元化和投资多渠道。和生态环境有关的几种要素，如水、森林、草地、土地、耕地等的保护和开发利用分属于不同的部门，其计划、规划、开发利用往往是单独审批，又各有部门的要求，难以实施综合决策，于是出现了局部合理、可行，整体则产生诸多不尽合理现象。与决策多元化相伴而生的是投资来源的多渠道，各工程难以整合，故整体效益不高。

二是认识落后，管理无序造成了低效益。不注重生态环境保护与恢复，矿产资源开发在这一点上就十分明显。在植树造林方面“有人栽、无人管”现象严重，如从 1950 年以来，统计造林总面积约为 844.4 万 hm^2，可 2000 年全省人工林总面积（即造林保存面积）仅 53.54 万 hm^2，仅仅相当于造林面积的 6.34%。

7 对策建议

山西生态环境本来就十分脆弱，加上人口的压力以及人们对自然资源的掠夺式开发利用，造成水土流失、植被被毁、土地塌陷、水资源漏失等一系列严重的生态环境问题。产生这些问题的根本原因固然有自然因素，但人为因素是主要的，那就是农民要摆脱贫困、政府要求发展。愿望并没有错，动机也是好的，但贫困与发展并没有得到很好的解决，反而严重阻碍了可持续发展的能力。问题到底在哪里？仔细分析原因有两个：

第一是人口过多，人不仅是生产者，同时还是消费者。当资源存量不能满足人们的消费欲望时，唯一手段就是向自然索取，山西人口从新中国成立初期（1949 年）的 1 281 万增加到 2000 年的 3 248 万，增长 1.54 倍。在劳动生产率极低的小农经济年代，唯一出路就是向土地索取，这种长期自发的盲目行动，导致山西的土地、植被、矿产、水等资源的极度衰退。

另一个原因是没有遵循自然规律，基层对政策理解有误，特别是片面理解了“以粮为纲”、“粮食是基础的基础”这些决定性的大政方针，因此几乎是不择手段去获取粮食。忽略了“因地制宜，宜林则林，宜牧则牧，宜荒则荒，宜农则农”和“农林牧副渔全面发展”的方针。

根据上述情况，山西省生态环境保护与恢复应根据山西生态环境特点，遵循农业发展以林牧为主的总方针。坚持如下原则：

① 以可持续发展战略为指导，坚持经济发展与生态保护和恢复并重，生态保护与恢复优先的原则。

② 决不放松粮食生产，坚持农村人口粮食自给和满足发展畜牧业必需用粮原则。

③ 坚持生态保护和恢复与农民脱贫致富相结合原则。

④ 坚持将生态保护与恢复资金纳入地方财政原则，为生态环境逐步得到改善提供资金支持和政策支持。

⑤ 坚持因地制宜，农、林、牧和乔、灌、草综合治理，绿化荒山，大幅度提高植被覆盖率的原则。

7.1 宏观战略对策

一个科学的宏观战略，是事业成败的关键，山西生态环境保护宏观战略的核心应该是科学的合理的利用土地，调整土地利用结构。

7.1.1 大规模退耕，合理利用土地

耕地保留数量取决于两个重要因素：

第一，生态保护与恢复的需要，即人与自然和谐相处。本来生态保护需要考虑的因

素很多，此处仅考虑最主要的因素——水土流失。研究证明，坡耕地是造成山西省严重水土流失最根本的人为因素。而坡耕地水土流失量又和坡度大小呈正相关（见表 4-7-1），坡度为 15° 的坡耕地土壤流失量是坡度为 5° 的坡耕地的 2.4 倍；而坡度增加到 25° 时，其土壤流失量则增加到 3.3 倍。

表 4-7-1 不同坡度条件下的水力侵蚀试验结果

日期（月日）	坡度/°	降水量/mm	降雨历时/min	总侵蚀量/（t/km²）	侵蚀量为 5° 的倍数
6.26	5	49.8	30	2 438	1
6.26	15	48.9	30	5 821	2.4
6.27	25	47.1	30	7 911	3.3

摘自《晋西黄土高原土壤侵蚀规律实验研究文集》一书（水利电力出版社）。

山西省水保所对山西吕梁山以西黄土丘陵沟壑区测算的结果是：坡度小于 5° 的坡耕地流失土壤约为 1 500 t/（km^2·a），坡度大于 25° 的坡耕地则为 15 000 t/（km^2·a），相差达 10 倍。

第二，取决于粮食需求，这是耕地保留数量的另一个制约因素。鉴于山西农业应该以林牧为主的发展总方针，山西只需要坚持满足农民有足够的口粮和一定数量的饲料用粮即可。因此，根据目前我国的粮食生产和国际粮食市场情况，城市和工业用粮可由市场解决，不在考虑之列。山西对国家的贡献应该是林畜产品，特别是畜产品。鉴于此，山西农民人均粮食需要量考虑为 350～400 kg，即全省粮食总产量为 80 亿～90 亿 kg，与目前全省粮食总产量大致相当。根据山西的土壤、热量条件和现有的条件好的耕地的实际产量证明，在保证适时浇灌的前提下，每公顷一熟作物产量可达 6 000～7 500 kg，即亩产 400～500 kg，高标准节水旱作农田，每亩也可产 300kg。根据这一估算，提出如下耕地宏观总量控制方案：

方案 1：按资料Ⅳ（详见表 4-7-2）保留坡度 7° 以下的耕地，即保留耕地 290 万 hm^2，若再加上梯田中保留 1/3 则为 323 万 hm^2；按资料Ⅲ保留 310 万 hm^2，相当于水浇地加旱地中的平川地、沟川地、梯田和垣地；按资料Ⅴ若保留一、二等耕地则为 273 万 hm^2。比较各种资料，方案 2 在操作时可以以坡度 7° 为基础，适当考虑耕地条件和地区需要而增减。总耕地面积可控制在 300 万 hm^2 左右，即农民人均耕地近 0.13 hm^2。

方案 2：按资料Ⅳ保留 15° 以下耕地，即畜耕上限，保留耕地数为 448 万 hm^2，校正后为 428 万 hm^2；按资料Ⅴ，除在方案 1 一、二等耕地的基础上，再将三等耕地中条件好的保留 150 万 hm^2 左右；资料Ⅲ在方案 2 的基础上再增加保留坡耕地 50 万 hm^2。此方案在操作时可考虑保留 350 万 hm^2（5 250 万亩），在坡度方面一般控制在 10° 左右，特殊区域也绝对不要超过 15°，即农民人均耕地 0.15 hm^2 左右（详见表 4-7-2）。

结论：上述两个方案可作为阶段控制目标。方案 2 作为中期目标，即 2010 年达到，在 2010 年以前将坡度大于 15° 的坡耕地大约 140 万 hm^2 退耕还林还草；方案 1 作为远期目标，即 2015 年将坡度大于 7° 的坡耕地退耕，保留耕地约 300 万 hm^2。鉴于此，需要退耕的数量大致为 2010 年以前，退耕 140 万 hm^2（2100 万亩），2010—2015 年，再退 50 万 hm^2（750 万亩），总退耕地 2 850 万亩（见图 4-7-1）。

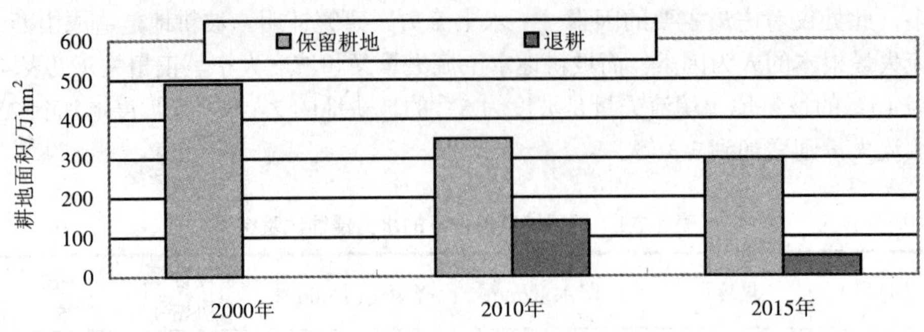

图 4-7-1 山西省不同时期退耕和耕地保留数量方案图

表 4-7-2 山西省不同出处（含不同年代）耕地面积汇集表 单位：万 hm^2

耕地状况		资料Ⅰ		资料Ⅱ		资料Ⅲ			资料Ⅳ			资料Ⅴ		
		数量	比例（%）	数量	比例（%）	数量	比例（%）	累加**	数量	比例（%）	累加**	数量	比例（%）	累加**
总面积		581.4	100	445.7	100	477.6	100		523.4	100		523	100	
按形态分	水浇地	1.23***		109.7	25.3	95.0	19.9	95.0						
	一般水浇地					70.8	14.9							
	保浇地					24.2	5.0							
	旱地	580.2		336.0	74.7	381.6	80.1							
	平川地					50.2	10.5	145.2						
	沟川地					34.0	7.1	179.2						
	河滩地					8.3	1.7	187.5						
	垣地					17.0	3.6	204.5						
	梯田					105.4	2.2	309.9	93.9	17.9	93.9			
	坡地					166.5	35.0	476.4						
按坡度分	＜3° 平耕地								210.8	40.3	304.7			
	3～7° 机耕上限								75.0	14.3	379.7			
	7～15° 畜耕上限								68.7	13.1	448.4			
	15～25°								60.5	11.6	508.9			
	＞25°								14.5	2.8	523.4			
按*质量分	一等											129	24.7	129
	二等											144	27.5	273
	三等											229	43.8	502
	四等											21	4.0	523

注：*一、二、三、四等耕地内涵见前文；**累加指耕地数量纵向相加；***此面积为水田面积。

资料Ⅰ：遥感解译数据；资料Ⅱ：2000 年统计数据（2000 年）；资料Ⅲ：《山西省土地资源》（1990 年）；资料Ⅳ：《中国黄土高原耕地坡度分级数据集》（1985 年）；资料Ⅴ：《黄土高原整治研究》（1985 年）。

7.1.2 恢复草被、发展草业

山西草地面积辽阔，但退化严重，质量低下，优质草地比例很小，条件稍好的草地均被开垦为农田。要充分认识草地对干旱的较强适应性以及草地良好的生态效益和经济效益，重视草地的恢复与重建。把雁门关畜牧经济区的建设思路，扩展到全省的绝大部分地区。

（1）草地有良好的生态效益

——草地有良好的水土保持作用，在坡度相同的条件下，土壤的侵蚀强度与林草的覆盖度关系密切，当覆盖度达到60%～90%时，其侵蚀强度与坡耕地比较，可以降低90%以上，尽管草地比林地或灌木加草地稍差，但却能将4 320 t/（km^2・a）的侵蚀模数减至340 t/（km^2・a）（见表 4-7-3），达到水土保持要求的无害侵蚀标准 1 000 t/（km^2・a）以下。但覆盖度差的林地和草地其作用均大为降低。可见种草也是保持水土的重要措施，其功能与林灌近似。对于水土流失更为严重的地区，在生物措施和工程措施一起运用时，是可以达到预期效果的。

表 4-7-3　不同类型林草地的土壤侵蚀模数

试验处理	覆盖率（%）	地面坡度/°	侵蚀模数/［t・（km^2・a）］	与对照相比（%）
刺槐幼林	70～85	27	18.0	0.4
刺槐成林	65～80	27	31.5	0.7
柠条幼林	20～50	27	1 471.7	34.1
柠条成林	灌木层 65～70 草 20～30	27	4.7	0.1
沙棘林	80～90	27	577.1	13.4
沙打旺草地	60～90	27	340.0	7.9
红豆草草地	25～40	27	1 823.8	42.2
紫花苜蓿草地	10～25	27	1 584.8	36.7
侧柏+紫穗槐	30～50	27	953.1	22.1
沙棘+油松	60～70	27	1 171.4	27.1
沙棘+杨树	50～60	27	1 465.2	33.9
牧荒坡	50～60	27	1 146.2	26.5
坡耕地（对照）	30～50	27	4 320.5	100.0

摘自《黄土高原水土流失与治理模式》一书（中国水利电力出版社 1997 年）。

——草地是建设生态型农业经济的重要环节。种草养畜，畜粪肥田，减少化肥施用量，给发展绿色食品和有机食品创造了必要的条件。

（2）草地有良好的经济效益

种草养畜，是农业结构调整的重要方面。提高畜牧业在农业中的比重是农业发展的方向，也是农业现代化的标志，是传统农业向商品农业转变的必然趋势。

——种草比种粮收入高。在黄土高原地区，坡地种草，其产量高值区第一年可达8 150 kg/hm^2（鲜草），第二年进入高产期，可增至 30 000 kg/km^2（鲜草），价值至少是2 000 元。同样的区域种粮一般在 1 000 kg 左右，价值不过 1 200 元，高产区若能达到1 500 kg，价值也不会超过 1 800 元。山西雁北有一农业户种紫花苜蓿、草玉米和草高粱共 4 hm^2，圈养羊 280 只、牛 10 头（折合羊单位 50 个计）年纯收入 3.2 万元，平均每公顷收入 8 000 元。同时牛羊粪尿用于农田肥料，还节约化肥价值 1 200 元。如果种粮以高产农田 6 000 kg/hm^2 计，可获销售价值 7 200 元，若扣去化肥、农药和种子成本，最多剩下 6 000 元。永和县自 1988 年引进小尾寒羊圈养以来，对平均亩收入比较结果是：种粮 100 元，棉花 250 元，油料 200 元，种草养羊为 700 元。可见种草养畜，直接经济收入均高于种粮。

比种树见效快。种树的效益难以计算，争论也颇多。但从退耕土地自然条件（不宜种速生阔叶林）看，一般乔木生长都很慢且不易成活，即使成活也很难见到经济效益（见表 4-7-4）。下表中三种乔木平均年生长量仅 0.704 m^3 有机物质，若全以较好木材价值（600 元/m^3）计，每公顷每年也仅有不到 430 元，显然不能和种草相比。况且这种效益要若干年后才能见效，而种草第二年即可受益。

表 4-7-4　人工乔木林的生物量（河曲县砖窑沟）　　单位：t/hm^2

类 型	林 龄	乔木层					年平均
		树 干	树 枝	树 叶	根 系	合 计	
河北杨	24	8.340	2.540	1.220	3.000	15.100	0.630
*油松林	22	3.845	2.698	3.060	1.734	11.337	0.515
刺槐林	17	9.189	4.096	1.105	5.070	19.460	1.145
小叶杨	5	1.309	0.722	0.427	1.044	3.502	0.704

摘自《黄土高原整治研究》第 142 页，*河曲县阴山林场。

由此看来，种草养畜是避开生态环境劣势、发挥生态环境优势的最佳产业，是贫困山区农民脱贫致富的根本途径，也是生态保护为农民建一个致富产业的重要组成部分。

（3）草地是生态经济系统的重要环节

草食动物舍饲圈养，集约养殖，可充分利用作物秸秆。山西是农林牧协调发展的生产区，农业秸秆颇多，是养畜饲料的重要来源之一，这是多级转化利用太阳能的重要组成部分；舍饲圈养，还是保护草地植被免遭退化的根本举措，也是提高养畜业经济效益的重要途径。

草食动物舍饲圈养，为解决农村能源开发沼气创造了条件。沼气利用有重大的生态意义和社会意义。一是绿色植物所固定的太阳能的再次利用，极大的减少了能源浪费；二是杜绝农民樵采破坏林木植被；三是改变农村居住环境卫生条件，是农村现代化的一部分；四是沼渣和沼水都是优质有机肥料，可降低农业成本，为生产有机食品创造了条件。有资料称，7 只羊的粪尿可以肥 1 亩农田，所以种草养畜就构成了农业生态循环经济系统（见图 4-7-2）。

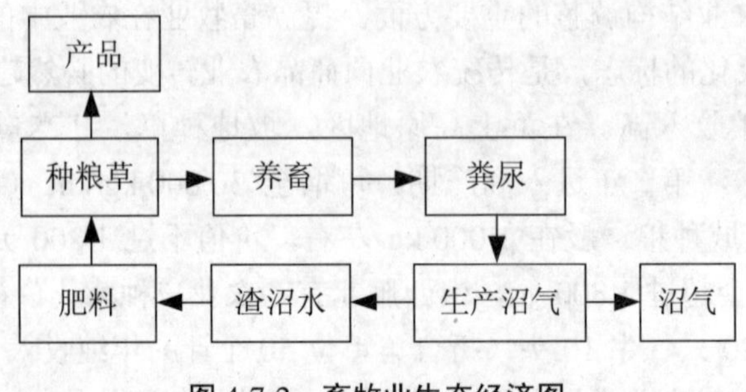

图 4-7-2　畜牧业生态经济图

由此可以看出，对种草的科学操作和利用，可以实现生态、经济、社会三效益的有机统一。

7.1.3 封山造林，绿化荒山

森林是陆地生态系统的主体，在保持水土、调节小气候、防风固沙等多方面均能发挥很好的作用。它对景观的美化，对生物多样性的保护更是独树一帜。然而种树特别是要使其生长良好，发挥生态效益，却需要一定的条件。在不适合种树的地方种树，显然达不到预期的效果，还会造成巨大的人力物力损失，这类事情山西并不少见。

专家指出，林木生长需要满足三个条件：一是土，二是水，三是温度，三者缺一不可。对于山西来说土和温度在大多数条件下都能得到满足，水分则是主要限制性因素。根据山西的气候条件特征，可将气候划分为半湿润气候区和半干旱气候区。其大致界限为阳泉—太岳山—河津（或乡宁）一线，此线东南以及太行山区和吕梁山区为半湿润地区，宜于林木生长。所以造林的重点应该是晋东南和太行山、吕梁山等高山地区以及半干旱区的山脉阴坡及沟谷地区。

7.1.4 山西农、林、牧用地大致估算

农业用地在本节开始就已经作了比较充分的论证，中期目标确定为 300 万 hm^2，约占全省土地总面积的 19.2%（以 20%计），故这里只将草地和林地分别估算。

据遥感解译，山西省的土地利用中，交通、居民工矿、水域和暂不能利用土地分别为 16.8 万 hm^2、72.4 万 hm^2、34.0 万 hm^2 和 25 万 hm^2，四项合计为 126.2 万 hm^2，占全省国土总面积的 8.1%。

根据以上计算，可供造林（灌）种草的总面积是 1 136 万 hm^2，占国土总面积的 72.7%。

估算一：据遥感调查资料，2000 年全省有中高覆盖度草地面积为 172.8 万 hm^2。耕地面积（可能包括了曾经是耕地现已撂荒的土地）以 581.39 万 hm^2 计，则应退耕地面积应为 281.39 万 hm^2。若将其主要还草，再加上原有的中高覆盖度草地，则草地总面积应为 454.19 万 hm^2，约占土地总面积的 29.1%，其余约 43%（即 670 万 hm^2），当属林业用地。其结果为：农∶草∶林∶其他=20∶29∶43∶8。

估算二：山西的地面物质组成大致是 53%为黄土，47%为土石山区。根据山西目前的植被状况，土石山区恰好是森林和灌丛草坡分布区，其中仅有少部分亚高山草地，约占土地总面积的 1.15%（即遥感资料的高覆盖度草地）。另外大约有 6%为暂不可利用土地，剩余土地大约为 39.8%，恰好是山西省宜林（灌）地区，而其余地区则为半干旱地区更适合草类生长。

以上两种估算方法很相近，即均逼近于 30%用于种草，40%用于种树，20%用于农田，10%为其他用地和暂时难利用土地，即农∶草∶林（灌）∶其他=20∶30∶40∶10。此比例关系和山西省的地形比例中的平地∶丘陵∶山地=19.7∶40.3∶40，大致相吻合，只在丘陵区调整较多，基本符合实际情况（见图 4-7-3）。

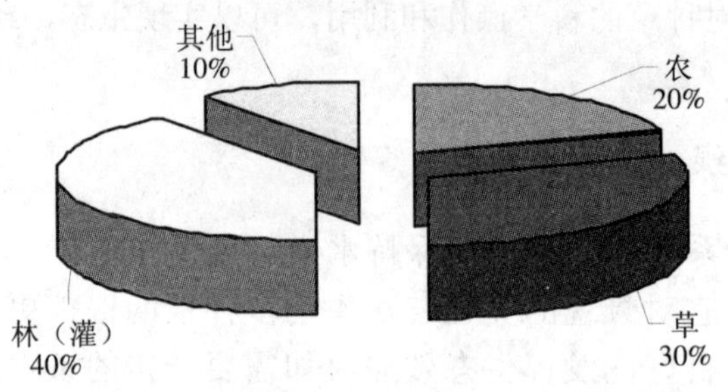

图 4-7-3　山西省农、林、草用地结构图

根据以上判断，山西省用地大致分配为：耕地面积 300 万 hm^2，比省国土资源厅提供的数据少 134.2 万 hm^2（即需要退耕的土地）；林地面积大致为 625 万 hm^2，比林业部门提供的林业用地面积 691 万 hm^2 少 66 万 hm^2；草地面积约为 470 万 hm^2，比畜牧部门提供的草地面积 497.4 万 hm^2 少 27 万 hm^2。当耕地退到 3° 时，还有约 60 万 hm^2 耕地退下，届时可根据当地实际情况，安排林果或牧草。

需要说明的是林业用地面积中包括乔木林用地和灌木林用地，在具体操作上因地制宜进行划分。一般说来阴坡及近几十年森林采伐后的土地应该以造乔木林为主，瘠薄而干旱的阳坡宜先造灌木林，再根据植被演替规律更替为乔木。

7.1.5 严格控制人口数量，实施生态移民

过多的人口是生态环境破坏的根本原因。国际上认为，半干旱区人口承载力一般为每平方公里 20 人，山西省平均为每平方公里 204 人，即使是生态环境最脆弱的晋西黄土高原丘陵沟壑区，平均人口密度也已达到每平方公里 90 人左右，超过承载力的 4 倍。严重的人口超载，构成了山西省生态环境最直接的威胁。控制人口数量的根本办法：一是严格执行计划生育政策，重罚超生超育子女农户；二是立即着手建立农村社会养老保障制度，解除农民的后顾之忧，保证农业人口不再增长，稳定在目前的水平，进而逐步减少。

实施生态移民。一些偏远山区，由于生存条件恶劣，应该结合城市化和产业结构调整实施生态移民。其条件是：村庄小，各种社会设施（如学校、交通、通讯等无法实施，或成本太高，没有开发前景）发展极为困难；脱贫致富艰难，没有可持续发展能力；人畜吃水困难，且不易解决；坡度小于 15° 的耕地人均不足 2 亩的村庄；其他。有关部门计划，全省至 2008 年移民约 23 万，应积极组织实施，并安排 2008—2020 年移民计划。

7.2 技术保证对策

7.2.1 编制山西省生态功能区划和生态保护规划

生态功能区划和生态保护规划是进行生态恢复和生态保护的基础，是协调部门行动使之成为分工协作，避免重复劳动、无效劳动及人力、物力浪费的根本措施，是实现区

域经济、社会和生态三个效益统一的技术保证和前提条件。

山西地形气候复杂，生态类型多样，不同的区域保护和利用的目标、方式、手段和最终效果都不同。生态功能区划，就是要在充分分析山西生态差异和利用特征的前提下，具体划分不同的功能区和功能亚区，以及进一步划分功能小区，阐述多功能生态系统类型结构及空间分布特征；评价不同生态功能区的生态服务功能及其利用保护途径；指出生态环境的敏感性分布特点及其高敏感区；为提出各个不同功能区的生态环境保护与社会经济功能发挥的协调统一提供科学依据。在生态功能区划的基础上编制生态环境保护规划，科学安排各生态功能区的生态保护目标、保护对策、资金投入、分阶段实施步骤、各部门分工协作等具体操作事宜，从而以最佳方式实现生态、经济、社会效益的统一，保证生态保护与恢复取得预期效果。

7.2.2 贯彻《全国生态环境保护纲要》，实施“三区”推进战略

对重要生态功能保护区实施抢救性保护，在河流源头区、水源涵养区、洪水调蓄区、重要湿地分布区、水土流失重点防治区、防风固沙区等建立生态功能保护区。

以环境影响评价和“三同时”制度为手段，对重点资源开发的生态环境施行强制性保护。

以试点、示范为突破口，对生态环境良好区和农村生态环境实施积极性保护。建立自然保护区，大力推广生态示范区建设。

7.2.3 建立技术服务指导网

建立技术服务指导网的目的是改变传统落后的生产方式，建立商品大农业模式，实现生态和经济“双赢”。其任务是：

①根据当地自然经济情况，科学地确定农林牧用地数量，将其规划落实到县，甚至乡、村，并指导操作。

②指导耕地、草地、林地建设的具体工程技术。

③根据当地不同的自然条件，筛选出合适的并具高产优质的粮（蔬、油等）、林、灌、草、禽、畜等优良品种，并指导其科学种植、管理和病虫害防治。

④帮助政府规划、建议适合于当地资源特点的、市场前景好的农、副及土畜产品产业，提供市场信息及销售策略。

⑤帮助地方政府指导农民按照生态学及生态经济学原理，建立循环经济体系。

⑥推行免耕法，减缓发生在我国北方的沙尘暴天气。沙尘暴固然是土地沙化、荒漠化的结果，但耕地起尘绝对是一个不可忽视的因素。改革传统耕作方式，采取作物高秆留茬以减少地表风速，推广免耕法保持表土结皮则是有效抑制耕地起尘、改良土壤性质、提高作物产量的有效措施。推行此耕作技术，势在必行，特别是晋西、晋北风沙区，黄土塬峁区更为必要。

⑦举办各类培训班，培养当地技术人才。

7.3 生态投资对策

改善生态环境和其他一切事业一样都需要人、财、物的投入，适当的投入是改善生态环境最基本的物质保证。

7.3.1 投入政策

①建立生态补偿机制。坚持谁受益谁付费原则，实行中下游水资源受益城市（县、区）给河流上游（源头）地区生态补偿费，以补偿上游地区为保护生态环境所做的局部利益的牺牲；资源开发者必须补偿因开发活动造成的生态损失费用。生态补偿费用由省环保局统一监管。

②增加生态保护资金投入，把生态保护与建设纳入基础设施建设。省政府要设立生态环境保护专项资金，在生态保护的资金投入和政策上给予优惠支持，各级政府要增加生态环境保护的资金投入，把生态保护与建设纳入当地基础设施建设当中。

③发展节水灌溉。利用最少的耕地，获取足够的粮食及农产品。节水灌溉是退耕的前提，也是山西耕作业的出路，这是生态恢复的物质基础。据 2000 年统计，山西有水浇地 110 万 hm^2，多为落后的大水漫灌，平均每公顷耗水 3 000 m^3 以上。而节水灌溉技术，每公顷耗水仅 1 000 m^3 左右，节水 2/3，且效果更好。这就是说，如果采用节水灌溉，用水量仅需目前的 2/3，甚至 1/3（新疆石河子节水灌溉区，每公顷用水不到 500 m^3），则水浇地即可增加一倍，达到 200 万 hm^2，还可节水约 1/3，甚至 2/3，以做他用。剩下的 100 万 hm^2 耕地再努力建设水窖等旱井蓄水，利用微灌技术及其他保水技术努力建成高标准节水旱作农田，争取达到每亩 300 kg。

④大力恢复草被。山西绝大多数退耕地更适合种草、灌。加之灌草地具有生态和经济双重效益，是农民脱贫致富的希望所在。人工高效草地，是集约化养畜的保证。

⑤封山造林。从前面的分析可知，山西的林灌用地，多为或者坡度较陡、或者土层瘠薄的石质土地，好在这些地方降水较多，以封为主，辅以人工帮助恢复，方能收到较好效果。所以资金和技术投入尤为必要。

7.3.2 资金投入估算

山西降水偏少旱灾频繁，保证农业（耕作业）稳产高产的核心是灌溉。山西水资源缺乏且地区分布不均，唯一的出路是全面实施节水灌溉，这是解决农民吃饭问题的根本。根据山西已建设的节水灌溉设施估算，大约每公顷平均投资约为 15 000 元，全省可能和需要修建节水灌溉面积 200 万 hm^2，共需投资 300 亿元。

①草被恢复。草被恢复既为保护生态又为发展畜牧业，大规模提高草的产量是畜牧业发展的前提，实践证明山西的草场建设有巨大的潜力和前途。目前，山西的人工草场建设十分落后，到 2000 年，仅 22 万 hm^2，距建设目标 450 万 hm^2 相差甚远。据有关部门的资料，山西退耕土地和原有的退化土地，都适合建高效人工草场。全省按拟兴建 400 万 hm^2 计，共需投入粮食 93.8 亿 kg，现金 110.7 亿元，其中国家投入 28.2 亿元。按 15

年完成总任务，则每年应投入粮食约 6.3 亿 kg，现金 7.4 亿元，其中国家投资 1.9 亿元（见表 4-7-5），完成恢复草被面积 26.7 万 hm^2。

②封山造林。山西需要恢复林灌的土地总面积约 300 万 hm^2，恢复费用为粮食 150 亿 kg，现金 118.2 亿元，其中国家投资 39.4 亿元。以 15 年完成总任务计，每年需投入粮食 10 亿 kg，现金 8.0 亿元，其中国家投资 2.7 亿元（见表 4-7-5），完成恢复林灌植被 20 万 hm^2。

表 4-7-5　山西省生态保护与恢复（农、林、草）建设投资总表

项　目	恢复林地	恢复草被	节水农业	合 计
恢复总面积/万 hm^2	300	400	200	900
其中：退耕面积/万 hm^2	125	125		250
荒山（坡）面积/万 hm^2	175	275		450
资金总投入/亿元	118.2	110.7	300	528.9
其中：国家补助/亿元	39.4	28.2		67.6
还需筹集/亿元	78.8	82.5	300	561.3
粮食投入/亿 kg	150	93.8		243.8
其中：国家投入/亿 kg	150	93.8		243.8
年均总投资/亿元	8.0	7.4	20.0	35.4
其中：国家补助/亿元	2.7	1.9		4.6
尚需筹集/亿元	5.3	5.5	20.0	30.8
年均粮食投入/亿 kg	10	6.3		16.3
其中：国家投入/亿 kg	10	6.3		16.3

注：荒山荒坡恢复林（灌）每公顷按 4 500 元计（日元贷款项目《山西日报》2002 年 6 月 26 日）；恢复草被每公顷按 3 000 元计。

综上所述，山西省生态工程总投资约为粮食 244 亿 kg（均由国家投入），现金 530 亿元，其中国家投入 67.6 亿元。以 15 年计，每年需要投入粮食 16.3 亿 kg（均由国家投入），现金 29 亿元，其中国家投入 4.6 亿元。需要筹集的资金为 361.3 亿元，平均每年约为 24.1 亿元。

7.3.3 资金来源与操作

（1）退耕还林（草）补助资金

根据国家政策，山西耕地应退面积约为 250 万 hm^2（以《山西省土地资源》数据计），每退 1 hm^2 耕地国家补助粮食 1 500 kg、300 元劳务费，还林补助期 8 年，还草和经济林补助期均为 5 年，第 1 年还有 50 元的苗木费。由此算得退耕还林还草国家总计补助粮食约为 243.8 亿 kg，现金 67.6 亿元，约占总现金投入的 15.8%。这是一笔巨大的投入，关键是用好。

（2）拨专款扶持节水灌溉农业

国家在决策退耕还林还草的伟大工程时，最根本的目的是改善生态环境，建设祖国秀美山川。要实现这个宏伟目标，首要是保证农民有饭吃帮助农民脱贫致富，否则这个目标难以实现，即使实现也是短暂的，因而对耕作业的投入是这项工作的最本质部分。

从国际上看，发达国家都给予农业以巨大扶持，以提高农业在国际市场上的竞争能力。所以建议对农田节水灌溉设施，应像能源、交通、基础设施、生态工程一样纳入国家的基本建设，拨专款予以扶持。山西大约需要 300 亿元左右。

（3）土地复垦

按照《山西省土地复垦规划（1996—2010 年）》，全省复垦总面积将达到 5.40 万 hm^2，约占塌陷面积的 48%，其中耕地 3.99 万 hm^2，占 74.2%；园地 0.32 万 hm^2，占 5.9%；林（草）地 0.75 万 hm^2，占 13.9%；其他用地 0.17 万 hm^2，占 3.2%；矸石压占地 0.15 万 hm^2，占 2.8%。按上述规划进行复垦，每亩土地大约需投资 1 500～2 000 元，即从每生产 1 t 原煤中，收取土地复垦费 1 元，进行专款专用，即可改善缓解开矿对生态环境的影响。

（4）生态移民补助

有关部门计划山西要在 2008 年以前移民 23 万余人。因为这些农民都是贫困人口，全靠政府补助，计划每人补助 2 500 元，共需约 5.75 亿元。

（5）多渠道筹集资金

资金保证是生态保护与恢复的根本。从上述分析可知，目前资金除退耕还林还草有国家补助政策以外，还需筹集约 461 亿元，若能将 300 亿元的节水灌溉资金纳入国家计划，那么还剩下 161 亿元需要解决，若按 15 年完成则每年需投入 10.7 亿元，这笔资金从目前来看不算很多，应该能够解决。这些资金除地方财政给予一定补助外，还需要多方筹措。一方面要积极寻找国际援助和国际金融组织贷款，另一方面更要积极争取中央的农业、林业、水利、国土、环保、扶贫等部门大力支持，特别要争取省内外企业和企业集团以及个人产业的开发进入。

7.3.4 建立一套行之有效的保障体系

山西生态环境保护工作已扎实起步，为了保证生态环境保护目标的实现、任务的落实、工作的有序，必须有一系列强有力的保证。

（1）行政保障

生态环境保护涉及政府以及计委、农业、林林、水利、国土等多个部门的工作，而我国现行的是部门管理形式，虽然《全国生态环境保护纲要》赋予环保部门综合协调与监督的职能，但由于历史原因的惯性，在管理与协调上仍有许多阻力和困难，造成生态环境保护工作抓起来低效、混乱等问题，国家资金的划拨也易造成分散和浪费。所以需成立山西省生态环境保护与建设管理中心，办公室设在环保局，对外行文由省环保局代章（或中心专门有章），便于加强全省生态环境保护工作的领导，组织协调各部门工作，建立行之有效的生态环境保护监管体系。该中心的职责是：

负责建立山西省生态环境保护和建设联席会议制度的工作，统筹协调各级、各部门在生态环境保护和建设中的重大问题；负责建立和完善生态环境保护目标责任制，把各项任务、责任落实到各级政府和各部门，并实行考核，奖罚制度；负责建立生态环境保护与建设的审计制度，确保投入与产出的合理性和生态效益、经济效益与社会效益的统一；开展生态文化建设活动。

（2）经济保障

建立山西生态环境保护与建设基金，出台生态环境保护与建设的政策和措施。山西要“生态脱贫”，必须多方筹资，增加投入。山西是我国的能源重化工基地，过去山西为支援东部及国家的经济建设付出了环境质量（也是生存质量），今天提出“补偿”问题是应该的，也是必需的。应明确提出开征“山西能源基地生态环境补偿税”，征收期限不少于15年。

可持续发展已是人类的共识，生态环境安全、资源安全等都是国家安全的范畴。资源是国家所有，应由国家统一管理。一方面，要求国家给山西后代留有资源安全或经济发展的余地，充分考虑持续发展问题。另一方面，要求国家加大用于地方发展的“资源税”或“环境补偿费”，建议实行“资源地方所有制”（是国有的一种形式），保持区域间的可持续发展，实现空间和时间的生存条件一致。

7.4 管理对策

7.4.1 提高认识，贯彻“预防为主、保护优先”方针

山西生态环境保护要贯彻预防为主、保护优先的指导思想，坚持生态保护与生态建设并举，经济发展与生态保护相协调。以发展经济为中心，以调整人的经济行为为主，以生态工程措施为辅，重点解决森林、草原、水资源和矿产资源不合理利用等人为生态破坏问题；以自然恢复为主，人工建设为辅，对重点生态破坏地区的生态重建和恢复，要顺应自然规律，大力推进人工封育、围栏、退耕还草还林还水等措施，积极发展农村能源，对现有的天然林地、天然草场、天然湿地实行最严格的生态保护。

要充分利用新闻媒体的舆论导向作用，宣传环境保护政策和知识；揭露破坏生态环境的违法行为，使群众认识到生态环境保护的重要性和迫切性；特别要提高各级党政领导的环境意识，树立可持续发展和科学保护生态的理念；引领群众主动参与环境保护公益事业，积极监督和揭露环境违法行为，在全社会形成一个良好的生态保护舆论氛围；完善信访、举报和听证制度；环境保护部门要提高自身素质，加强环境管理，通过严格执法影响和教育企业和群众，自觉维护生态环境安全。

7.4.2 改变传统发展模式，调整产业结构

提高全社会，尤其是各级领导干部的生态环境保护意识，改变那种掠夺性开采、粗放式生产破坏资源，只求数量增长，忽视质量发展空间，只顾眼前利益的短期行为的传统经济发展模式，是搞好生态环境保护的主观基础和客观要求。资源是有限的，随着人们生活水平的日益提高，人口的不断膨胀，人口资源环境与经济发展的矛盾越来越尖锐，已经到了非重视不可的地步。我国加入世界贸易组织以后，注重生态保护和资源合理利用的世界经济体制开始渗入我国，将生态环境保护纳入社会经济发展成本核算已成为共识。

——企业必须坚持“保护性开发，建设性保护”的生态环境保护方针，将环境保护

真正纳入企业经营管理运行体制当中。政府要积极引导企业走可持续发展道路，在综合决策、经济政策、市场营销等方面，要充分考虑环境保护，对于有利于环境保护的技术、产品等应施行优惠政策，鼓励发展绿色产品。严禁新上无经济规模、污染重、高耗能、高耗水、资源浪费严重的企业；布局不合理的要搬迁；污染重的企业要结合技改限期治理；治理无望的企业要坚决关停；停止新上高耗水项目。

——农业方面要加大陡坡耕地退耕还林还草和自然封育的力度，积极发展旱作农业，开发和建设绿色食品基地，创建绿色农业品牌；畜牧业的发展要实现从数量型增长向质量型增长的转变，落实草场承包责任制，科学核定载畜量，超载区要优先解决季节性超载问题，提高秋末牲畜的出栏率；积极开发秸秆饲料，逐步推行舍饲圈养办法；大力推广优良品种，提高畜产品的深加工水平。

——因地制宜，科学造林，限制森林草地资源开发，大力推广适合于当地生态环境的优良树种；大力发展林业精深加工，提高林产品的附加值，淘汰浪费和消耗林木资源的生产方式；积极开拓国外木材市场，缓解省内需求矛盾；大力发展以塑以钢代木，减少省内木材消耗；坚决停止天然林采伐，干旱半干旱地区严格限制速生丰产林建设；陡坡山地严格控制用材林建设，生态环境脆弱的地区，应划为禁垦区、禁伐区，停止林木的采伐、加工利用；加强野生生物资源的开发管理；坚决制止滥挖具有水土保持和固沙作用的各类野生植物；严厉打击珍稀野生动植物的非法贸易。

——水利建设，必须考虑全流域水资源的合理分配，科学兼顾生态用水、生活用水、生产用水，合理分配流域上、中、下游用水量；坚持开源与节流并重，坚持节水优先，治污为本，综合利用，充分发挥有限水资源的综合效益；对于擅自围垦填占的河道，要限期退耕还水。

——土地资源开发要依法严格执行报批和补偿制度；加强对交通、能源、水利等重大基础设施建设用地的监督管理，防止其施工、生产过程用地的生态环境破坏，防止水土流失和土地沙化；严格控制建设项目占用生态用地，同时禁止任何未经审批的开垦，要把25°以上的坡耕地在5年内全部退耕还林还草。

——矿产资源的开发应依法按规划开发，防止地质灾害发生。在自然保护区、风景名胜区、森林公园，严禁开矿。与地矿部门共同查清地质灾害源，凡可能加剧和诱发滑坡、泥石流、河道淤积等地质灾害而又不具备保护措施的，应停止或缓建开发项目。已有的开发活动，应进行全面清理整顿。所有大中型建设项目，除进行环境影响评价外，还要作出水土保持方案，尽量避免和减少对耕地、草原、森林、水资源的破坏。

——加强对旅游资源开发利用的生态环境保护，确保旅游设施建设与自然景观相协调，合理设计旅游线路，使旅游开发与生态环境的承载能力相适应；加强自然景观、景点的保护，限制对重要自然遗迹的旅游开发，从严控制重点风景名胜区的旅游开发，对不符合规划要求建设的设施，要限期拆除；旅游区的污水、烟尘和生活垃圾必须达标排放和科学处置。

——加快城镇化步伐，严格控制人口增长，做到人口规模与水资源承载能力相协调、与能源利用相协调、与污染治理相协调；开展园林城市创建活动，加强城市公园、绿化带、片林草坪的建设与保护，大力推广庭院、墙面、屋顶、桥体的绿化和美化。

7.4.3 坚持环境保护与经济建设、社会发展相协调

把环境保护纳入有关部门的经济管理与企业管理中去。山西省当前的环境污染和破坏，主要来自经济生产活动，尤其是工业生产活动。把环境保护纳入有关部门的经济管理与企业管理中去，是从微观上控制环境污染与生态破坏，使环境保护规划得到具体落实，从而使环境保护与经济发展相协调的重要措施。要把环境管理和资源管理，包括工业污染防治、“三废”综合利用、节约能源、节约用水、保护水资源、水土保持、扩大绿化面积、矿藏合理开发与共生矿综合利用、生态恢复与防护等都纳入和渗透到有关部门的经济管理与企业的生产管理中去，而且要有具体的考核指标以及相应的监督检查制度。

7.4.4 加强领导和协调，建立生态环境保护综合决策机制

建立和完善各级政府对本辖区生态环境质量负责，各部门对本行业和本系统生态环境保护负责的责任制；明确资源开发单位、法人的生态环境保护责任；成立山西省生态环境保护领导组，组织协调全省的生态环境保护工作，各市（地）、县也要成立相应机构；要建立社会经济发展与生态环境保护综合决策机制，在制定重大经济技术政策、社会发展规划、经济发展计划时，应充分考虑生态环境保护问题，将生态环境保护纳入各级政府经济、社会发展的长远规划和年度计划，保证对生态环境保护的资金投入；建立生态环境保护与建设的审计制度，实行严格的考核、奖罚制度。

7.4.5 强化法制建设，使生态环境保护步入法制轨道

加强生态环境保护法制建设是合理利用环境与资源、防治环境污染和生态破坏、协调环境与经济的关系、促进现代化建设健康发展、改善生态环境的重要措施之一。要严格执行现有环境保护和资源管理的法律、法规，严厉打击破坏生态环境的违法犯罪行为；抓紧有关生态环境保护法律法规的制定和修改完善工作，尽快颁布制定《山西省生态环境保护条例》、《山西省资源开发建设项目生态环境管理办法》等，把生态环境保护纳入法制轨道；充分发挥各级人大、监委和政协等有关部门在生态环境保护工作中的作用，开展生态环境保护执法检查，严惩破坏生态环境的违法行为，对造成破坏的，要追究责任人的刑事责任，做到有法必依、执法必严、违法必究。

7.4.6 注重生态建设的人才与技术培训，提高生态保护的科技水平

各级政府要把生态环境保护科学研究纳入科技发展计划；要做好生态建设项目的宏观管理、项目管理、实用技术、项目实施与操作等各项各类技术的培训工作，确保项目的建设质量和正常的运行管理；加强生态环境保护科学研究，强化适用技术的推广应用，加速科技成果向现实生产力的转化，增加治理、建设和开发的科技含量，加快生态环境建设步伐；加强对建设项目的技术指导和质量监控，要让技术指导和质量监控成为项目建设期内的经常性工作；加强农村生态环境保护、生物多样性保护、水土保持、矿山生态恢复与防护的科学研究和技术推广，提高生态环境保护的科技水平。

7.4.7 深刻理解可持续发展战略，实施生态移民

实施退耕还林还草是我国可持续发展战略的重要措施之一。退耕还林之后，靠土地求生存的农民怎么办？尤其是生活在生态遭到严重破坏、自然条件恶劣地区的人们，因而在积极争取国家生态补偿支持，逐步巩固退耕还林成果的同时，在重点林区和生态环境重点治理区域，应将对生态区产生严重破坏的山庄窝铺的农民搬迁出来，广开就业门路，推动农村劳动力的转移，并支持一部分农民就地转移，成为造林大户、育苗大户。

实施生态移民，可以减轻重点林区和生态环境重点治理区域的环境压力，改善农民生存环境，推进农村的城镇化进程，是可持续发展战略的具体体现。

7.4.8 健全和完善生态环境保护监督管理体制

完善机构改革，保证环保部门对生态环境保护的全面监督机制。按照生态系统方式，理顺管理体制；各级资源开发与生态环境监督管理，必须政企分开；生态保护必须坚持统一立法、统一规划、统一监管；省、地市、县要设生态环境监理站，建立生态环境保护监测网络；资源开发、生产力布局、经济结构调整与生态建设必须坚持环境影响评价和“三同时”制度；形成政府负总责，环保部门统一监督，有关行业主管部门分工负责的生态环境保护管理体系；加强内部生态建设，强化生态职能。

参考资料

1 白中科，赵景逵. 工矿区土地复垦与生态重建. 北京：中国农业科技出版社，2000.

2 金瑞林. 环境与资源保护法学. 北京：高等教育出版社，1999.

3 《山西植物志》编辑委员会. 山西植物志. 北京：中国科学技术出版社，1992.

4 马子清. 山西植被. 北京：中国科学技术出版社，2001.

5 山西省统计局编. 山西统计年鉴 1985. 太原：山西人民出版社，1985.

6 山西省统计局编. 山西统计年鉴. 1987. 太原：山西人民出版社，1987.

7 山西省统计局编. 山西统计年鉴. 1990. 北京：中国统计出版社，1990.

8 山西省统计局编. 山西统计年鉴. 1993. 北京：中国统计出版社，1993.

9 山西省统计局编. 山西统计年鉴. 2001. 北京：中国统计出版社，2001.

10 山西省计划委员会. 山西国土资源概论. 北京：中国环境科学出版社，1994.

11 山西省土地管理局. 山西土地资源. 北京：中国大地出版社，1998.

12 山西大学黄土高原地理研究所. 黄土高原整治研究 ：黄土高原环境问题与定位试验研究. 北京：科学出版社，1992.

13 蒋定生，等. 黄土高原水土流失与治理模式. 北京：中国水利水电出版社，1997.

14 钱林清，等. 山西气候. 北京：气象出版社, 1991.

天津篇

1 总论

天津市生态环境现状调查以《中东部地区生态环境现状调查总体方案》为指导，按照《天津市生态环境现状调查实施方案》确定的工作目标、调查范围与基准年、调查内容、调查方法与技术路线以及工作步骤组织实施。

1.1 工作目标

①掌握天津市生态环境现状及其动态变化。

②建立天津市生态环境状况基本数据库和为生态环境管理与决策服务的查询数据库。

③编制天津市生态环境现状调查报告和多媒体演示系统。

④为开展天津市生态功能区划和生态保护规划提供依据。

1.2 调查范围与基准年

①调查范围为天津市行政区域范围内的 18 个区、县和天津经济技术开发区。

②调查基准年为 1986 年和 2000 年。

1.3 调查内容

①国家确定的 24 项普遍调查内容。

②国家要求天津独立完成和参与完成的 4 项典型案例调查内容。

A. 天津湿地生态环境调查（天津市独立完成）；

B. 华北地区地下水生态环境调查（天津市与有关省市配合国家完成）；

C. 环渤海周边地区生态调查（天津市与有关省市配合国家完成）；

D. 物种入侵典型案例生态调查（天津市与有关省市配合国家完成）。

③天津市确定的 14 项专题调查内容。

A. 天津市污灌区生态环境状况调查；

B. 天津市生物多样性调查；

C. 天津市地表水资源利用状况调查；

D. 天津市森林生态环境状况调查；

E. 天津市土地资源状况调查；

F．天津市农村生态环境状况调查；
G．天津市矿产资源开发利用状况及对生态环境影响调查；
H．天津市自然灾害状况调查；
I．天津市地面下沉状况调查；
J．蓟县山区水土流失状况调查；
K．天津市城镇建设状况调查；
L．天津市风景旅游区生态环境状况调查；
M．天津市石油开发利用状况及对生态环境影响调查；
N．天津市土地沙化状况调查。

1.4 调查方法与技术路线

①“条块”结合，以部门调查为主体，区、县调查为基础。

②现有资料收集、汇总、分析与遥感调查相结合，以统计数据为准，以部门专项调查研究成果为补充。

③普遍调查与典型专题调查相结合，通过调查深入揭示生态环境现状、存在问题及成因。

④技术路线，见图 5-1-1。

1.5 工作步骤

天津市生态环境现状调查分为 5 个阶段实施：

①调研准备阶段。

②数据采集、汇总、分析、上报阶段。

③典型调查、专题调查阶段。

④调查报告编写阶段。

⑤建库完善阶段。

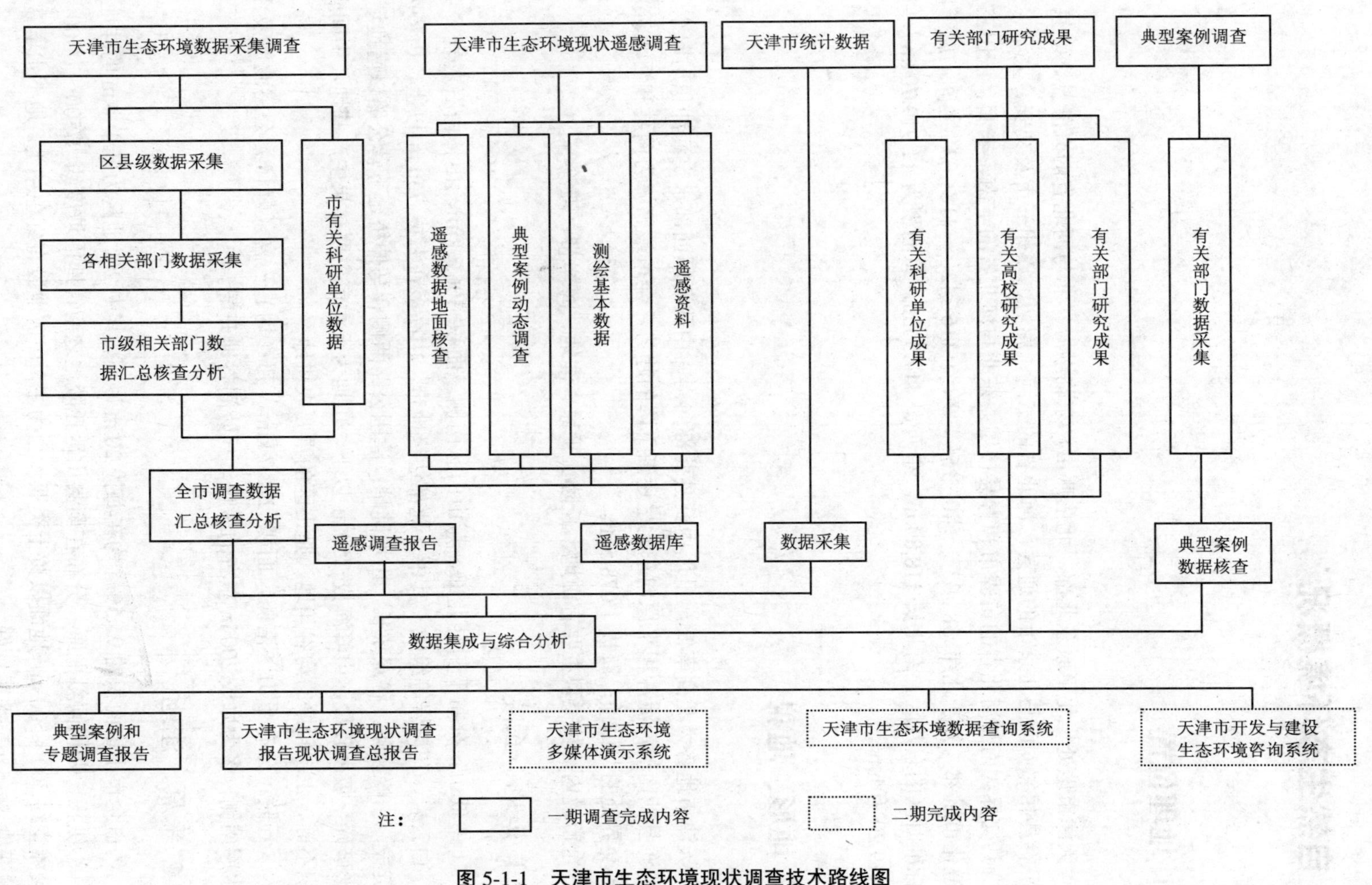

图 5-1-1　天津市生态环境现状调查技术路线图

2 自然生态环境概况

2.1 地理位置

天津市地处华北平原东北部，北依燕山，东临渤海。北与河北省的兴隆县、北京市的平谷县相邻；西与北京市的通县，河北省的三河、廊坊、霸州三市及文安、大城、香河三县交界；南与河北省的黄骅市和青县接壤；东北与河北省的丰南、丰润、玉田三县和遵化市毗邻。介于北纬 38° 33′～40° 15′，东经 116° 42′～118° 03′之间，属于国际标准时区的东八区。南北长 118.8 km，东西宽 117.3 km，总面积为 11 919.70 km^2，折合 119.20 万 hm^2。

2.2 地形、地貌

天津市地势为北高南低，呈现由蓟县北部向南、由武清区西部永定河冲积扇向东、由静海县西南的河流冲积平原向东北呈逐渐下降的趋势。全市最高峰为蓟县和河北省兴隆县交界处的九山顶，海拔 1 078.5 m。

全市境内地貌类型主要有山地、丘陵、平原、洼地、海岸带、滩涂等。

2.2.1 山地、丘陵

①中低山：分布于蓟县北部，燕山山脉南侧，面积 306.7 km^2，山体由石灰岩、页岩、白云岩、花岗岩等组成。其中，北部边缘地带，山高多在海拔 750 m 以上，山势突兀挺拔，山峰巍峨，谷深狭长，山坡陡峭；津围公路两侧和马伸桥至下营公路以南地域，地形破碎，坡度较缓，山峰海拔 750 m 以下，山地为天津市主要林果生产基地，山间有面积不等、土层较厚的沟谷川地，是山区的重要农耕地。

②丘陵：分布于山区南侧，面积 228.7 km^2。邦（均）—喜（峰口）公路北侧及于桥水库南侧，多为海拔 200 m 左右的缓丘，丘陵间谷地开阔。

2.2.2 平原、洼地

约占全市土地面积的 95.5%，均在海拔 20 m 以下，其中 2/3 地区为低于 4 m 的洼地。

①洪积、冲积倾斜平原：分布在蓟县山地丘陵地之南，地面坡度约 1/500～1/300，河漫滩宽约 300～500 m，地面以黄土类亚沙土为主，山前地段有红色粘土。地下水丰富，埋藏深度 3～5 m，水质良好。

②冲积平原：分布在燕山山前洪积、冲积平原以南，滨海以西的广大地区。该平原地

势低平，海拔均在 10 m 以下，地面坡度为 1/10 000～1/5 000，受河流交叉沉积影响，地面有小规模缓坡和蝶型洼地交错起伏，河流泛区分布有沙丘、沙地。

③海积、冲积平原：分布在宁河、潘庄、北仓、杨柳青一线以南，南运河以东，汉沽、塘沽、甜水井一线以西，海拔在 2.5m 左右，地面坡度小于 1/5 000，地面河网密布。

④海积平原：位于海积、冲积平原以东和海啸所达上界之间的狭长地带，海拔 1～3 m，地面坡度小于 1/10 000，现仍受海水影响，多盐滩、沼泽和低湿地，表面组成物质以盐质粘土为主。

2.2.3 海岸带和滩涂

位于特大高潮位线以下地区。海岸物质粒径小于 0.05 mm 的占 50%以上，属于泥质海岸。通常有龟裂带、潮间浅滩及水下岸坡等。

2.3 土壤

天津市的土壤，受地形影响形成地带性土壤与非地带性土壤并存，而以非地带性土壤为主的分布势态。土壤类型主要分为六种，即：山地棕土壤、褐土、潮土、沼泽土、水稻土及滨海盐土。

①山地棕壤：主要分布于蓟县海拔 700～800 m 以上的山地，属天津市地带性土壤，仅见于山地；表层有枯枝落叶，下层为腐殖质层，含有机质和全氮较高，团粒结构，pH 值为 5.86～6.63，呈弱酸性，土层薄，侵蚀比较严重。

②褐土：多分布于蓟县海拔 700～800 m 以下至 50 m 的低山丘陵地区，也属地带性土壤。其腐殖质层较薄，有机质及全氮含量丰富，缺磷；排水良好，无盐碱化威胁，pH 值呈中性或弱酸性，适种性广。

③潮土：广泛分布于属冲积平原的宝坻、武清、宁河、静海及新四区。土体构型复杂，沉积层次明显，大部分土壤有机质、全氮、速效磷含量偏低，含钙丰富，盐渍化明显。

④沼泽土：主要分布在大洼底部积水地段。土壤有机质一般较高，质地粘重，在脱水条件下呈现向潮土过渡特征。

⑤水稻土：主要分布在近郊各区及汉沽、塘沽、宁河等区县。全市绝大多数稻田特征不典型，土壤表土松软，心土板结，养分含量增加，含盐量下降。但由于水源保证率差，稻田常因缺水改为旱作，造成土壤熟化程度回落和含盐量复升。

⑥滨海盐土：主要分布于塘沽、汉沽、大港三区。土壤质地黏重，含盐量大，有机质含量偏低，沿岸土地多辟为盐田，滩涂和港汊多用于虾、贝等水产养殖。

以上六大土类，又可细分为 17 个亚类，55 个土属，459 个土种，以潮土分布最广。全市土壤肥力属中等偏下水平。

2.4 气候、气象

天津市位于北半球中纬度，属暖温带半湿润季风气候类型，四季分明，春秋短，冬夏长。春季多风，干旱少雨，夏季炎热，雨水集中，秋季天高气爽宜人，冬季寒冷，干燥少雪。

天津市年平均气温为 12℃，日平均最高温度为 26.1℃，日平均最低温度为－5℃。滨海地区、海河两岸和市区气温年较差较小，为 30.1～30.9℃，其余区县气温年较差偏大，最大达 31.9℃。天津市全年无霜期为 180～205 天，云雨天气少，热量资源充足，年日照时数为 2 610～3 090 h，其中汉沽最多，宝坻最少。年＞10℃积温为 4 000℃～4 200℃，年太阳总辐射量在 502.4～565.2 kJ/cm^2 之间。由此可见，天津市太阳能资源丰富，适宜农作物生长季节的积温较高，能满足粮食、棉花、水果、蔬菜等作物的需要。

天津市年降水量约为 500～800 mm，少于同纬度大陆东岸其他地区，年蒸发量为 1 683～1 912 mm。降水量在一年内各季分布不均，6、7、8 三个月集中了全年降水量的 75%，其中七八月份占 65%。降水量年际分配不均，年降水量最多与最少相差 4 倍之多。

天津市冬季受蒙古、西伯利亚高气压控制，多为西北风，夏季受西太平洋副热带高压影响多东南风和偏南风。全年平均风速为 3.3 m/s。

2.5 水资源

天津市素有“九河下梢”之称，河网密布、洼淀众多，流经境内的一级河道有 19 条，二级河道 79 条，河道径流基本上是汛期降雨形成。全市共有大型水库 3 座、中型水库 12 座、小型水库 60 座、水系干流闸坝 13 座，境内水库、堤坝总库容为 27.15 亿 m^3。

2.5.1 地下水

地下水资源总量为 8.32 亿 m^3（含深层、微咸水），全市浅层淡水可动用的贮存资源为 5.41 亿 m^3，其中全淡区为 3.14 亿 m^3，浅层淡水区为 2.27 亿 m^3。咸水砂层天然容积贮存资源为 220.97 亿 m^3，其中矿化度 2～5 g/L 的微咸水为 47.97 亿 m^3，大于 5 g/L 的咸水为 173.0 亿 m^3，地下水可采资源为 8.17 亿 m^3/a，其中山区可采资源为 0.86 亿 m^3/a，平原全淡水为 3.46 亿 m^3/a，平原咸水区为 3.85 亿 m^3/a。

全市共分为两个水文地质区，即山区水文区和平原水文区，地下水主要是第四系松散岩类孔隙水含水岩组成，北部由近山河流的洪积、冲积物组成的全淡水区，范围从蓟县至武清区北部，面积约为 2 664 km^2，常年补给量约 4.47 亿 m^3，该水区水质良好。从淡水区以南为咸地下水区，面积约 6 991 km^2，宜作为备用、补充水源。

2.5.2 地表水

天津地处海河流域下游，河网密布，洼淀众多，流经市境的 19 条一级河道，总长度 1 095 km，79 条二级河道，总长度为 1 360 km。海河流域多年平均径流量为 212 亿 m^3，由于径流变率小、流量分配不均、上游来水减少，地表水资源总量仅为 10 亿 m^3。

2.6 植 被

天津市植被区系以华北成分为主，草本植物多于木本植物。植被区系的组成为暖温带落叶阔叶林，混有温带针叶林和次生草灌丛。全市共有 11 个植被类型，以非地带性植被占优势，其中尤以农作物分布最广，只有北部山区垂直地带性变化明显，其植被属于暖温带落叶阔叶林类型，混有温带针叶林和次生灌草丛。植物成分具有明显的混合性，同时还具有植物起源的古老性和野生植物成分的多样性，全市共有 1 200 多种植物，占全国的 3.87%，隶属于 150 余科，近 600 属，其中被子植物种类 1 100 多种，占总量的 94.66%，还有蕨类植物、苔藓植物、裸子植物。

①针叶林：以油松为主。蓟县盘山、西水厂、八仙桌子、太平沟、黑水河一带，海拔 360～800m 之间的阴坡及半阴坡均有分布。

②针阔叶混交林：油松、栓皮枥林分布在盘山东部，海拔 400 m 以下地带；油松、槲枥林分布在盘山西部，海拔 500 m 左右的天成寺一带。

③落叶阔叶林：分布在蓟县常州村以东，八仙桌子、盘山、古强峪、西水厂、九龙头等地。在海拔 400～800 m 地段，可见落叶阔叶林破坏后发育而成的次生落叶林、杂木林和人工培育的落叶阔叶林。主要树种有槲栎、栓皮栎、吴茱萸、坚桦、大叶白蜡、照山白、山杏、荆条类等。

④灌草丛：分布在蓟县海拔 50～800 m 之间的广大低山丘陵地带，为原始森林植被破坏后形成的次生灌草丛，以荆条、酸枣、菅草、白羊草为主。

⑤杂草草甸：分布在平原低洼地区，多为洼地失水后形成的撂荒地，植被以白茅、狗尾草为主。

⑥盐生草甸：分布在滨海一带，受海水浸渍，土壤含盐量很高，仅生长一些耐盐的植物，如盐生碱蓬、獐毛、芦苇等。

⑦沼泽植被：分布在积水洼淀坑塘四周，主要为芦苇、碱菀、盐地碱蓬等沼泽植被。

⑧水生植被：分布在水库坑塘、河滩或常年积水的淀泊等水域中，主要有芦苇、菖蒲、慈菇、盒子草、水芹、旋复苑、水葱、狐尾藻、金鱼藻、黑藻等。

⑨沙生植被：分布在永定河故道及风吹沙地，主要有刺穗藜、猪毛菜等。

⑩人工林：在蓟县山区村寨附近多为木本粮油林、果园、薪炭林及绿化林，主要树种有板栗、核桃、山楂、柿、苹果、梨、桃、杏、葡萄、刺槐、油松等。广大平原区的村落、河岸、渠旁、路边、园林栽植林木多为落叶阔叶林，有杨、柳、小叶柃、泡桐、槐、榆、臭椿及苹果、梨、桃、杏、枣、葡萄等。

⑪农田种植作物：分布在山间谷地及广大平原，主要有小麦、玉米、高粱、谷子、

水稻、棉花、花生、豆类、向日葵及各种蔬菜。

2.7 动 物

天津具有山地、丘陵、平原、洼淀和林海等不同地形地貌条件和气候、水文、土壤的地区差异，从而构成了复杂多样的生态环境，为野生动物的栖息和繁育提供了一定的场所。天津市动物资源分类情况见表 5-2-1。

表 5-2-1 天津市动物资源分类

名称		类	门	纲	目	科	种
鸟类					17	48	235
两栖类						3	5
爬行类					3		16
鱼类	淡水鱼				9	15	66
	近海鱼						68
底栖动物	内陆水域		3	6			69
	近海水域		11	19			142
浮游动物		4					117

野生动物在我国动物地理区划中属于古北界、东北亚界、华北区，动物系组成具有明显的过渡性，以古北界华北型为主。各类动物共计约有 1 180 余种，包括陆栖、海生哺乳类动物、鸟类、两栖类、爬行类、鱼类、底栖动物、浮游动物。天津的野生动物在地区分布上不平衡，呈现出山地、丘陵及沿海地区多，平原地区少的分布格局。

（1）陆栖哺乳类动物

天津有陆栖哺乳类动物 40 多种。大型哺乳类动物主要生活在蓟县北部山区；小型哺乳类动物山区、平原均有分布，而以平原农耕环境最为常见。

（2）鸟类

据初步调查统计，天津市的鸟类有 235 种，隶属于 17 个目，48 个科。

（3）两栖类

天津两栖类动物较少，仅发现有 3 科 5 种。

（4）爬行类

天津有爬行类动物约 3 目 16 种。

（5）鱼类

天津临海是华北许多大河的入海地，河渠、湖泊、洼淀交错分布，鱼类资源比较丰富。按其生活习性可以分为陆栖淡水鱼与近海海鱼。初步调查，天津有淡水鱼类 66 种，隶属于 9 目 15 科；近海鱼类有 68 种。

（6）底栖动物

底栖动物是杂食性底层鱼类的天然饵料，在水域食物链中处于重要地位，分为内陆水域底栖动物和近海水域底栖动物。据调查，天津市共采集到 69 种内陆水域底栖动物，分属于 3 门 6 纲；近海水域底栖动物有 142 种，隶属 11 门 19 纲。

（7）浮游动物

据调查，天津市各内陆水域共采集到浮游动物 4 类 117 种。天津市近海水域浮游动物已鉴定出的有毛颚类和桡足类。

2.8 海洋资源

2.8.1 海洋自然资源

（1）滩涂资源

天津滩涂位于陆地堆积平原与水下岸坡的交接部位，基本呈“C”字型弧形分布。其上界抵人工海堤，下界在零米深线附近，高潮时被水淹没，低潮时出露，滩涂十分发育，宽度在 3 000～7 300 m 之间，海拔高度 0～3.5 m，坡降 0.4%～1.4%，滩面具有龟裂、生物洞穴与沙波构造等微地貌形态，是研究现代海岸沉积与动态最直接的地区。

（2）海洋生物资源

①浮游生物：浮游生物可分为浮游植物和浮游动物两大类。据调查渤海湾西部浮游生物的主要种类有 135 种。

② 游泳生物：渤海湾西部水域共有鱼类 56 种，分别隶属 13 个目，约占黄海及渤海鱼类种的 1/4。按其活动范围，可分为地方性种群系统和洄游性种群系统两大类。

③ 底栖动物：渤海湾西部水域底栖动物种类较多，共计 181 种，隶属 11 个门类。主要门类有多毛类 53 种、甲壳类 51 种、软体动物 47 种、底栖鱼 10 种、棘皮动物 9 种等。

④ 潮间带生物：天津沿海潮间带生物共 96 种，其中软体动物 27 种、多毛类 25 种、甲壳类 23 种、鱼类 13 种、腔肠动物 3 种、棘皮动物 2 种、腕足动物和纽虫动物各 1 种。

（3）海水资源

①盐及盐化工：天津海域海水一般在 2.5～3 波美度，成盐质量高，氯化钠含量在 95%以上。天津的原盐 85%是工业用盐，目前在国内外广泛应用。

②海水直接利用：利用海水是缓解滨海新区水资源不足的一项重要措施。目前大港电厂利用海水做冷却水以及采用海水淡化替代部分生活用水等，正在使用中。

（4）海洋油气及海洋能源资源

①油气资源：渤海油气区发现 10 个油气田及 20 个含油构造，探明石油地质储量与天然气储量前景均十分广阔。

②海洋能源资源：天津近海拥有潮汐能、波浪能、盐度差能和风能资源。

2.8.2 海洋空间资源

海洋空间利用包括海上、海中、海底三部分。当前世界先进国家的海洋空间利用已从传统的交通运输，扩大到生产、通信、电力输送、储藏和文化娱乐五个方面。目前天津市主要进行了运输空间利用、储藏空间利用和海岛资源开发。

2.8.3 滨海旅游资源

天津海岸是淤泥质海岸，植被覆盖不佳，从自然景观和环境条件看，滨海旅游业的发展受到一定的限制。然而，天津海岸带地区有不少水库、坑塘洼地蓄有淡水，芦苇丛生，鸟类、鱼类在此繁衍栖息。再加上一些引水工程、港口建筑设施等，仍有发展滨海旅游业的条件。主要的旅游资源包括滨海地区的文物古迹、渤海湾古海岸贝壳堤、海水浴场、近海石油平台、大沽灯塔等。

2.9 矿产资源

2.9.1 矿产资源

天津市已探明的矿产资源有 30 多种，大体分布为两大部分，即：北部山区以固体矿产为主，主要有建筑灰岩、白云岩、花岗岩、辉绿岩等非金属矿产和金、锰、钼、铜、锌、铁等金属矿产，以及优质矿泉水、麦饭石等特有矿产；南部平原区及海域以能源矿产为主，主要有石油、天然气、地热等矿产。

（1）石油天然气

勘探证实，天津市的陆地及渤海海域都蕴藏着丰富的石油和天然气资源，至 20 世纪 80 年代末陆地范围内探明石油地质储量几十亿吨以上，油田面积达百余平方公里，天然气（含伴生气）数百亿立方米，含气面积 80 余 km^2。

（2）煤

煤是天津市的又一重要能源矿产，含煤地层主要出现在基岩深埋区和基岩浅埋区，分布面积达 6 000 余 km^2，占全市总面积的一半以上，主要含煤建造有侏罗系含煤建造和石炭二叠系含水量煤建造。已探获储量的有大高庄井田（精查）和大杨各庄勘探区。

（3）地热

天津地区地热资源是属于非火山沉积盆地型中、低温热水型地热，主要分布在宝坻断裂以南约 9 638 km^2 范围内，大体上分为新生界热储层和基岩热储层两大类。依据地温梯度为 3.5℃/100 m 的等值线为底界在天津地区划分出 10 个地热异常区。

（4）水泥灰岩

水泥灰岩是天津市非金属矿产中的优势矿种，已探获工业储量的矿产地有 5 个，均位于蓟县城关北的府君山向斜两翼，探明总储量 1.8 亿 t，是天津市水泥工业生产的重要资源。

（5）紫砂陶土

天津市蓟县紫砂陶土矿赋存于中上元古界两个层位，即串岭沟组及洪水庄组之伊利石页岩。实际能计算储量面积 10 km^2，深度 30 m，其露天储量约 7 亿 t，从数量和质量上分析可与南方江苏宜兴陶器工业的紫砂泥粘土相比媲。

（6）锰方硼石

天津市蓟县城东穿房峪乡的东西水厂一带具有世界上唯一的锰方硼石矿床。矿床赋存于中元古界长城系高于庄组第二段白云质灰岩中。

2.9.2 开发和利用中的矿产资源

①石油天然气。

②金矿。

③水泥灰岩。

④白云岩。

⑤重晶石。

2.10 旅游资源

2.10.1 人文旅游资源

1986 年 12 月，国务院批准天津为国家级的历史文化名城，主要是依据其近现代的辉煌历史遗迹、文化遗存，特别是保存至今的丰富多彩的人文景观，构成别具特色的人文旅游资源，包括洋溢异国情调的风物建筑、众多的历史事件遗址、名人旧居、独特的地方民俗文化。目前有保留价值的文物遗址仍有 1 300 多处，其中列入全国重点文物保护单位的 6 处，市级文物保护 120 处，区县文物保护 67 处。

主要旅游区有：中心城区综合旅游区；塘沽滨海旅游度假区；蓟县风景旅游区；杨村军事娱乐旅游区；西青民俗旅游区；东丽湖旅游度假区；静海团泊洼风景旅游区；宝坻集市贸易旅游区；大港水上野趣旅游区；七里海湿地旅游区。

2.10.2 自然保护区

天津有相当丰富的自然景观资源。已正式批准建立的 8 个自然保护区，集中体现了天津的自然景观特色（见彩图 3）：

①盘山自然风光名胜古迹自然保护区。

②八仙山国家级自然保护区。

③蓟县中上元古界国家级自然保护区。

④天津古海岸与湿地国家级自然保护区。

⑤东丽湖自然保护区。

⑥武清港北固沙林自然保护区。

⑦团泊洼鸟类自然保护区。

⑧北大港湿地自然保护区。

3 全市经济社会发展与总体规划概述

3.1 社会经济发展状况

天津市作为我国四大直辖市之一，是北方重要的经济中心。全市辖 18 个区、县，20 个乡，120 个镇和 99 个街道办事处。其中市辖区 15 个，市区有：和平区、河北区、河东区、河西区、南开区、红桥区；环城区有：北辰区、东丽区、津南区、西青区，武清区和宝坻区；滨海区有：塘沽区、汉沽区、大港区。市辖县 3 个，有宁河县、静海县、蓟县。全市总面积 11 919.7 km^2。

2000 年天津市总人口为 1 000.88 万人，比 1986 年增长了 185.91 万人。其中农村人口为 280.35 万人，比 1986 年减少了 97 万人；城镇人口为 720.53 万人，比 1986 年增长了 282.91 万人。人口密度由 1986 年的每平方公里 718 人增加到 2000 年的每平方公里 840 人，每平方公里增加了 122 人。2000 年高中以上人口为 298.84 万人，占全市人口的 29.86%，文盲人口 49.31 万人，占全市人口的 4.93%。人口自然增长率由 1986 年的 9.3‰降到 2000 年的 1.55‰。天津市的城镇化规模正在不断扩大。

"九五"期间，天津市国内生产总值年均增长 11.3%，提前 4 年翻两番。财政收入年均增长 15.9%，财政收入占国内生产总值的比重已到 14.9%。年财政收入由 1986 年的 54.5 亿元增加到 2000 年的 244.8 亿元，国内生产总值由 1986 年的 194.67 亿元增加到 2000 年的 1 639.36 亿元，增长了 7.4 倍。2000 年国内生产总值比 1999 年增长了 10.8%。第一产业由 1986 年的 16.51 亿元增加到 2000 年的 73.54 亿元，增长了 3.45 倍；第二产业由 1986 年的 122.49 亿元增加到 2000 年的 820.17 亿元，增长了 5.7 倍；第三产业由 1986 年的 55.67 亿元增加到 2000 年的 745.65 亿元，增长了 12.4 倍。2000 年天津市第一产业、第二产业和第三产业占国内生产总值的比重分别由 1986 年的 8.5%降为 4.5%、由 1986 年的 62.9%降为 50%和由 1986 年的 28.6%增加到 45.5%。全市人均国内生产总值为 17 940 元，比 1999 年增长 10%，按现行汇率，人均国内生产总值为 2 169 美元。见表 5-3-1。

表 5-3-1　天津市各类产业 GDP 比例及产值概况　　单位：亿元

年份	第一产业		第二产业		第三产业		国内生产总值	年财政收入
	比重	产值	比重	产值	比重	产值		
1986	8.5%	16.51	62.9%	122.49	28.6%	55.67	194.67	54.5
2000	4.5%	73.54	50%	820.17	45.5%	745.65	1 639.36	244.8
增长倍数		3.45		5.7		12.4	7.4	3.5

农民人均年纯收入由 1986 年的 635 元增加到 2000 年的 4 370 元，增长了 5.88 倍；城镇人均年纯收入由 1986 年的 988 元增加到 2000 年的 8 141 元，增长了 7.2 倍；2000 年天津市贫困标准线为 241 元/（人·月），贫困人口数为 4.5 万人，占全市人口的 0.45%。由此可见，随着改革开放政策的进一步深化，天津市国民经济持续增长，第三产业得到快速发展，社会生产力不断提高。

2000 年全年农业总产值 155.6 亿元，比上年增长 3.7%。农业结构调整效果明显，全年调减粮食作物种植面积 8.53 万 hm^2，增加高效优质经济作物面积 4.47 万 hm^2，产品结构进一步优化，引进推广国内外名特优新品 200 多种，从而确保了灾年实现丰收。

2000 年全市工业经济效益创历史最高水平，全市独立核算工业企业实现利税 282.78 亿元，同比增长近六成，实现利润 171.94 亿元，同比翻一番；国有及国有控股企业实现利税 105.88 亿元，首次突破百亿元。全市工业积极推进结构调整，大力发展高新技术产业，嫁接改造传统行业，努力扩大产品出口，有效地推动了全市工业生产快速增长。

2000 年天津市实施了改造津河、畅通工程等一系列城市基础设施建设，城市面貌发生了新的变化。全年铺装道路长度 3 607 km，面积 4 161 万 m^2，使市民的出行更加便利，而其他公共事业，如公交、家用燃气、集中供热、城市绿化等均得到了快速的发展。城市人均居住面积 13.8 m^2，比上年增加 0.7 m^2。农村人均居住面积 23.61 m^2，比上年增加 0.75 m^2。

2000 年天津市共有艺术表演团体 15 个，文化、科技、博物馆共 32 个，公共图书馆 31 个，电影放映单位 232 个。演出各类剧目 1 560 场，接待观众 144 万人次。医疗卫生事业不断发展，年末全市共有医疗机构 2 983 个，其中医院 488 个，卫生防疫机构 25 个，妇幼卫生机构 18 个，全市卫生机构拥有床位 4 万张，拥有专业卫生技术人员 6.5 万人。体育事业取得新的成绩，天津选手在全国性以上级别比赛中，共获得金牌 22.5 枚，银牌 3.5 枚，铜牌 13.5 枚。群众性体育活动进一步普及，全市共有社区健身场所 228 个，活动面积 37 万 m^2，全民健身活动广泛开展。

教育继续加快发展。到 2000 年，天津市共有各类学校 3 350 所，在校学生总数 1 622 216 人，专任教师总数 163 221 人，其中高等学校 21 所，在校学生 117 690 人，专任教师 10 137 人；普通中学 690 所，在校学生 570 577 人，专任教师 39 197 人；小学 2 323 所，在校学生 717 146 人，专任教师 46 697 人。

科技综合实力不断增强。据 2001 年全国清查，天津市科技研发投入占国民生产总值的比重达 1.51%，居全国第 4 位。到 2000 年全市共有各类专业技术人员 549 844 人，平均每万人中有科技人员 525 人，平均每万名从业人员中有科技人员 2 739 人，属于高级职称的专业技术人员共有 47 364 人。2000 年取得重大科研成果 1 263 项，申请专利 27 350 项，科技成果推广应用率达 78.1%。

文体设施日益完善。到 2000 年天津市共有公共图书馆 31 个，博物馆 32 个，艺术表演团体 15 个，电影放映单位 232 个，社区健身场所 228 个，活动面积 37 万 m^2。

交通邮电通讯加快了建设步伐，2000 年全年完成增加值 177.09 亿元，比 1999 年增长 10%。

3.2 城市总体规划概述

天津市的定位是：环渤海地区的经济中心，要努力建设成为现代化港口城市和我国北方重要的经济中心。

规划目标：到 2010 年，天津要基本建成我国北方重要的经济中心，成为全国率先基本实现现代化的地区之一。即：建设技术先进、外向度高的现代化工业基地和功能完备、辐射力强的商贸金融中心，基本形成与北方经济中心相称的经济结构、经济规模和综合实力；建设现代化的交通体系，灵敏高效的信息网络，充足可靠的水源、能源供应，完善配套的市政公用设施，先进发达的文化教育，舒适实用的居民住宅，高质量的生态环境，以及文明整洁的城市容貌，基本形成与现代化国际港口大都市相称的城市构架，为把天津基本建成现代化的国际大都市奠定基础。

2010 年，建立起比较完善的社会主义市场经济体制，经济总量要上两个新台阶，全市国内生产总值从 1995 年的 920.1 亿元（当年价）增加到 3 350 亿元（1995 年价格），考虑城市规划的超前性，留有适当容量。人民生活要有显著提高，在全面提前达到小康水平的基础上实现更加富裕。

产业布局：建立在新型城乡协调发展机制基础之上的第一产业；建立通过进一步集聚和有机扩散，形成专业化与综合化相结合、梯度分布的第二产业；建立多层次分布的服务业网络体系；建立具有天津地域特色的区域性旅游体系；建立由物流中心、物流园区、配送中心等组成的物流体系。

积极加强第一产业，调整提高第二产业，大力发展第三产业。一、二、三产业的比例调整为 2∶43∶55。第一产业以城郊型、外向型为发展方向，积极发展高产、优质、低耗、高效农业和生态农业，加速农业产业化的进程。第二产业以结构调整为重点，加快发展汽车、电子、化工和冶金四个支柱产业，积极培育和发展现代通信、生物医药、计算机软件和环境工程等高新技术产业。第三产业重点发展金融、商贸、科技、信息、交通运输、房地产及旅游服务等产业。

大力发展知识经济，全面贯彻科教兴市战略。全市科技进步对经济增长的贡献率达到 60%左右。切实控制人口增长数量，提高人口素质，建立全面发展的终身教育体系，普及高中教育。

努力提高人民生活水平和质量。改善居住条件，基本实现一户一套住房，城市人均使用面积达到 16～18 m^2，住房成套率达到 95%以上。

进一步发展文化、体育、卫生等社会事业，加快各类文化体育、卫生设施建设。

全面实施可持续发展战略。主要环境指标达到国内大城市领先水平，创建环保模范城市，生态环境实现良性循环。

增强区域观念。加强天津与环渤海地区及我国北方地区经济的联合与协作，努力提高天津的流通与服务功能。规划建设沟通跨区域的高速公路、铁路及供气、输油管道等大型基础设施，形成高度发达的基础设施体系；以天津滨海城区为新的经济增长点，继续加快对内、对外开放步伐；加快金融、贸易、商务办公等服务设施建设，形成面向环渤海地区及我国北方地区的金融、商业、贸易、科技、信息、交通和会议展示中心，切实体现天津服务于首都和环渤海地区的经济中心职能。

全市形成由中心城市、县城、中心城镇和一般建制镇构成的四级城镇体系。沿京津塘高速公路和海河至天津港方向作为城市发展主轴，重点城镇自西向东依次为：武清城区、中心城区、海河下游工业区和塘沽城区等。沿津围公路和津静公路方向作为城市发展次轴，重点城镇自北向南依次为：蓟县县城、宝坻城区、杨柳青、静海县城等。其余中小城镇均采取沿主要交通走廊分布，形成放射型城镇网络。

4 生态保护与建设

4.1 机构与法制建设

4.1.1 机构建设状况

在市委、市政府的高度重视下，天津市和 18 个区县及天津经济技术开发区、天津港保税区、天津新技术产业园区都建立了环境保护局，并实现了市环保局对区县环保局的双重领导，各级环保机构人员总数已达 1 830 名。一些资源管理部门也建立了生态保护机构，全市生态保护队伍不断壮大（见表 5-4-1）。

表 5-4-1　天津市环保机构建设情况

机构	编制人员/人				实有人员/人			
	行政	事业	管理	监理	监测	科研	其他	总数
市环保局	105	579	150	57	207	201	169	784
区（县）环保局	323	555	363	151	431		101	1 046
合计	428	1 134	513	208	638		270	1 830

4.1.2 法制建设状况

1984 年以来，市人大、市政府相继颁布了 16 项地方性环保法规和规章，并制定了 4 项地方环境标准，初步形成了天津市环保法规体系（见表 5-4-2）。环保、农业、林业、水利、海洋、地矿等部门按照各自职责不断加强和完善生态保护工作及污染防治和生态保护的执法力度，同时建立了较为完善的监督执法网络。

表 5-4-2　天津市地方环境立法情况

序号	法规类别	法 规 名 称	发布机关	发布日期
1	环境保护地方性法规	天津市环境保护条例	天津市人大常委会	1994-11-30
2		天津市引滦水源污染防治管理条例		2002-04-18
3		天津市大气污染防治条例		2002-07-18
4	环境保护政府规章	天津市征收排污费办法	天津市人民政府	1984-10-31
5		天津市机动车排放污染物管理办法		1990-02-01
6		天津市防止拆船污染环境管理实施办法		1993-08-07
7		天津市防治废气、粉尘和恶臭监督管理办法		1994-04-08
8		天津市防治烟尘污染管理办法		1994-05-18
9		天津市防治水污染管理办法		1994-07-28

序号	法规类别	法 规 名 称	发布机关	发布日期
10	环境保护政府规章	天津市建设项目环境保护管理办法	天津市人民政府	1994
11		天津市海域环境保护管理办法		1996-01-09
12		天津市噪声污染防治管理办法		1996-01-09
13		天津市放射性废物管理办法		1992-08-04
14		天津市有毒化学品污染环境防治办法		1999-07-16
15		天津市危险废物污染环境防治办法		1999-12-15
16		天津市超薄塑料袋和一次性发泡塑料餐具管理办法		2000-07-12

4.2 生态保护

4.2.1 自然保护区建设与管理

1984 年以来，全市先后共建立了 8 个不同级别、不同类型的自然保护区，总面积 154 899 hm^2，占全市国土总面积的 12.99%，高于全国自然保护区覆盖率 9.8%的平均水平，在中东部地区位居前列。尤其是蓟县中上元古界国家级自然保护区的建立，使得距今 18 亿至 8 亿年前，世界罕见的、保存最完整的地层剖面得到有效保护。对自然保护区实行了由环保部门综合管理，主管部门分管负责，保护区管理机构具体管护的管理体制，编制了《天津市自然保护区发展建设规划》，逐步开展了保护区的各项管理和执法活动，见表 5-4-3。

表 5-4-3 天津市自然保护区建设情况

序号	自然保护区名称	级别	建立时间	面积/hm^2	主要保护对象	所在地区	主管部门
1	蓟县中上元古界国家级自然保护区	国家级	1984-10	900	中上元古界地层剖面	蓟县	市环保局
2	八仙山国家级自然保护区	国家级	1995-11	1 049.1	森林生态系统生物物种基因库	蓟县	蓟县人民政府
3	古海岸与湿地国家级自然保护区	国家级	1992-10	99 000	贝壳堤、牡蛎滩、古海岸遗迹、湿地生态系统	宁河县，大港、津南东丽、塘沽区	市海洋局
4	盘山自然风光名胜古迹自然保护区	省（市）级	1984-12	710	森林生态系统、风景名胜古迹	蓟县	蓟县人民政府
5	团泊洼鸟类自然保护区	省（市）级	1995-07	6 000	珍稀候鸟、湿地生态系统	静海县	市林业局
6	北大港湿地自然保护区	省（市）级	2001-12	44 240	湿地生态系统、珍稀候鸟	大港区	大港区人民政府
7	东丽湖自然保护区	区（县）级	1997-04	2 200	水生物、湿地生态系统	东丽区	东丽区人民政府
8	武清港北固沙林自然保护区	区（县）级	1997-10	800	森林生态系统	武清区	武清区林业局

4.2.2 重要生态系统保护

（1）引滦水源保护

成立了天津市引滦水源保护领导小组和办公室；划定了引滦水源保护区，颁布了《天津市引滦水源污染防治管理条例》；在引滦沿线建立了水质连续自动监测系统和专群结合的监督管理网络；对引滦沿线污染源进行了限期治理，实施了以保护引滦水源为重点的"碧水工程"，加强了与滦河上游地区的合作，形成了上下游共同保水、治水的局面，确保了引滦水质始终保持稳定达标状态。

（2）湿地保护

天津是湿地资源较为丰富的城市，近 10 年来对重要湿地，尤其是大面积的天然湿地采取了抢救性的保护措施。环保、林业、海洋、水利部门相继在七里海、北大港、团泊洼、东丽湖等地建立了 4 个不同级别的以保护湿地生态系统为主要对象的自然保护区，共使 61 940 hm^2 天然湿地受到保护，分别占全市湿地总面积和天然湿地总面积的 36%和 46%。

（3）海洋保护

围绕贯彻实施《海洋环境保护法》，完成了天津市近岸海域环境功能区划，颁布了《天津市防止拆船污染环境管理办法》和《天津市海域环境保护管理办法》，建立了较为完善的海洋环境管理体系和多部门联合执法检查制度，正在实施《渤海天津碧海行动计划》，通过大规模兴建城市污水集中处理工程、分批改造一二级河道、治理滨海地区碱渣山、禁止销售和使用含磷洗涤用品等，使陆源污染得到一定控制。

（4）森林保护

天津市森林资源短缺，且分布不平衡，1984 年以来在森林资源较集中的蓟县和土地沙化较重的武清区先后建立了八仙山、盘山、九龙山、港北 4 个不同级别的以保护森林生态系统为主要对象的自然保护区和森林公园，使 15 285 hm^2 的林地、近百种天然和人工林木及上千种动植物得到有效的保护，森林火灾面积和病虫鼠害面积逐年减少，20 世纪 90 年代比 20 世纪 80 年代分别减少 20%和 64%，乱砍滥伐林木的行为基本得到遏制，同时还实现退耕还林 1 000 hm^2。

4.2.3 生态示范区建设

1996 年以来，天津市蓟县、宝坻、大港、宁河 4 个区县先后被国家列为全国生态示范区建设试点。蓟县经过 5 年的努力，完成了生态示范区建设的十大工程，于 2001 年通过国家验收，成为天津市第一个国家级生态示范区。宝坻生态示范区建设已具备申报国家验收条件，见表 5-4-4。

表 5-4-4　天津市生态村（乡）镇建设情况

生态村（镇）	生态村		生态镇（乡）		总计	生态示范区试点
	市级	局级	市级	局级		
个数	13	29	2	2	46	4

4.2.4 农村生态保护

（1）大力开展生态村镇创建活动

结合小城镇和改善农村人民生活，全市 12 个有农业的区县自 1995 年以来已累计创建了 46 个市级和 2 个局级（市环保局、农业局）生态村、镇（乡）（见表 5-4-4）。

（2）广泛实行秸秆禁烧和综合利用

划定了天津市秸秆禁烧区域，发布了禁烧秸秆的通告和规定，调整了秸秆禁烧重点区域的种植结构，推行了留茬免耕的耕作方式和秸秆制气、制肥等综合利用方法，不断加大了秸秆禁烧的监督执法力度，基本实现了机场周围、高速公路和一批主要交通干道沿线地区不在露天焚烧秸秆。全市秸秆禁烧面积达到 17 万 hm^2，2000 年比 1990 年秸秆焚烧量减少 90%，全市秸秆综合利用率已达到 47%。

4.2.5 城市生态保护

（1）调整城市布局和产业结构

实施工业东移的发展战略，建立了天津滨海新区和一批卫星城镇，对坐落在市中心区的污染企业采取了分期分批搬迁治理改造的措施，大力发展高新技术产业、环保产业和服务业，使人口、工业高度集中和城市布局、产业结构不合理带来的城市生态环境压力得到一定缓解。

（2）推进城市环境污染防治

1999 年底初步完成了对全市 2 782 家重点工业污染源限期治理任务，2000 年底基本实现了全市主要工业污染物排放总量基本得到控制。

（3）开展创建环境保护模范城市和环境保护模范社区活动

1998 年天津市大港区被命名为全国首批“国家环境保护模范城区”，宝坻区和天津经济技术开发区被市政府命名为“天津市环境保护模范城区”。全市先后有 24 个街道建设成环境保护模范社区。

4.3 生态建设

4.3.1 林业生态建设

1949 年初，天津市林地仅有 2 020 hm^2，森林覆盖率不足 1%。50 年来特别是改革开放 20 年来，通过全市人民坚持不懈地开展植树造林、绿化津城活动，使天津林业生态建设有了长足的发展，到 1997 年底全市有林地面积 85 800 hm^2，森林覆盖率 7.59%。

4.3.2 建成区绿化

天津市建成区总面积为 424.06 km^2，2001 年绿化覆盖率 26%，绿地率 17.8%，人均公共绿地面积 5.9m^2，初步形成以市中心与滨海新区为“双心轴向”的城市主体绿化布局。近年来结合城市改造、道路拓宽和一二级河道治理，完成了一大批绿化配套工程。

2001 年建成了长 73 km、宽 50 m 的外环线内侧绿化林带。天津滨海新区经过不断探索和努力，取得了盐碱地绿化的突出成绩，使昔日的盐碱滩和碱渣山变成今日的绿洲和公园，建成区绿化覆盖率、绿地率、人均公共绿地面积分别由 1990 年的 6.14%、1.88%和 1.97 m^2 增长到 1999 年的 16.89%、12.67%和 7.92 m^2。

4.3.3 矿山开采恢复工程

1996 年以来，结合产业结构调整和生态示范区建设，天津市蓟县对原有开山采石企业分期分批给予关停，同时实施植被恢复和复耕还田工程，“九五”期间共复耕土地 166.67 hm^2，矿山绿化 12 hm^2，植树 30 万株，使昔日的废沙坑上长出了农作物，荒山坡上绿树成荫。

4.3.4 市区一二级河道整治

为改善天津水环境，天津市制定了《海河流域天津市水污染防治规划》，计划投入 175 亿元实施 “碧水工程”。用了 2 年多的时间，相继治理了墙子河（现改名津河）、卫津河、北运河、子牙河、月牙河、外环河、复兴河、海河（水源保护的部分）共 8 条流经市区的一二级河道，总长度 103.54 km。

4.3.5 控制水土流失与小流域治理工程

天津市水土流失主要集中在蓟县北部山区，1986 年水土流失总面积为 52 235 hm^2，占蓟县国土面积的 30%。到 2001 年底，全县水土保持面积已达到 291.73 km^2，小流域治理面积累计达到 38 161 hm^2，建成谷坊坝 11 741 条，长 234 820 m，塘坝 72 座，容量 437 万 m^3。小型水库 12 座，小型集雨型微型蓄水工程 1 085 座，到 2000 年水土流失总面积已减少到 40 814 hm^2，比 1986 年减少了 9 420.5 hm^2。

5 天津市土地资源利用现状及评价

5.1 地理位置与行政区划

5.1.1 地理位置

天津是我国四大直辖市之一，总土地面积 11 919.70 km^2，人口 1 001.14 万人（2000 年统计数），每平方公里平均 840 人。

天津市地处华北平原东北部，北依燕山，东临渤海，陆域四周与河北省和北京市接壤。辖区最南端位于大港区太子村乡捷地减河中心线（北纬 38° 33′ 00″），最北端位于蓟县黄崖关（北纬 40° 15′ 02″），最东端位于汉沽盐场东侧涧河口中心线（东经 118° 03′ 35″），最西端位于静海县王口乡滩德干渠（东经 116° 42′ 05″）。南北长 188.8 km，东西宽 101.3 km，周长 900 余 km。海岸线北起涧河口，南至歧口，全长 133.4 km，潮间带面积 2.86 万 hm^2（42.9 万亩）。

天津自古被称为“九河津要，海河之冲”，经解放后 50 多年建设，已形成我国北方重要的经济中心、综合性工业基地和对外联系口岸。天津有发达的铁路、公路、水运、空运交通网络和现代化的通讯系统，与国内各地和世界 160 多个国家、地区相联结。随着改革开放的不断深入发展，天津已经拥有经济技术开发区、天津港保税区和天津新技术产业园区，为城乡一体化发展提供了优越的物质基础和外部环境。

5.1.2 行政区划

天津市的行政区划分为市属区和市辖县，市属区包括：市内六区（和平区、河东区、河西区、河北区、红桥区、南开区），滨海三区（塘沽区、汉沽区、大港区）和其他六区（东丽区、西青区、津南区、北辰区、武清区、宝坻区）；市辖县包括：蓟县、宁河县、静海县。据 2000 年统计，全市共有 91 个街道办事处、1 646 个居民委员会以及 114 个镇、98 个乡和 3 834 个村民委员会。

天津市幅员几经演变，1949 年全市辖 11 个区，总土地面积 151 km^2，市郊农村面积仅 40～50 km^2，没有独立的行政区设置，天津市周围农村设天津县（县政府所在地为现军粮城），属河北省天津专区，同年，塘大市划为天津市，为塘大区。中华人民共和国成立，天津市经中央批准为直辖市。1952 年天津县划归天津市领导，天津行政区扩大至 2 253 km^2。1953 年建立津东、津西、津南、津北 4 个郊区。1958 年 2 月，天津市划归河北省，为省辖市、省会。之后，将原天津、沧州等专区的 14 个县划归天津市，1960 年天津市幅员一度扩展至 34 411.08 km^2，东临渤海，西接北京市、保定专区、石家庄专区，南至德州市，北至长城。1961 年，重建天津专区、沧州专区，天津市幅员减至 2 253

km²，之后，因汉沽区和黄骅、静海 2 县的 5 公社划入天津，市域扩大到 4 984 km²。1967 年，天津市复改为中央直辖市。1973 年，河北省所辖宁河、武清、宝坻、静海、蓟县 5 个县划入天津市。1979 年，河北省遵化县的 3 个公社划入蓟县，此时形成的全市幅员沿袭至今。见表 5-5-1。

表 5-5-1 天津市行政区的变迁

时 期	面积/km²	区域四至	行政区变动情况
1949-01-15 （天津解放）	151.34	东至：赵沽里、大毕庄、月牙河 西至：大围堤、西横堤 南至：大围堤 北至：丁字沽、天穆村、宜兴埠	接收原天津市范围，设 11 个行政区（即 1～11 区）
1952-06-30	2 253.35	东至：渤海 北至：宁河、宝坻县 西至：静海县 南至：黄骅县 西北至：武清县	天津县全部划归天津市，面积 2 077 km²
1953-03	2 253.35	四至同上	撤销天津县建制，原天津县分 4 个郊区，其中： 津东区：349.81 km² 津西区：448.02 km² 津南区：446.85 km² 津北区：449.97 km²
1958-12-20	31 894.08	东至：渤海 西至：北京市、保定、石家庄专区 南至：山东德州市 北至：长城	原天津专区和沧州专区的 12 个县划归天津市
1973-07-07	11 204	东至：渤海，与唐山专区为邻 西至：天津专区，与北京市为邻 南至：沧州地区 北至：承德地区	河北省所辖宁河、武清、宝坻、静海、蓟县划入天津市，下辖 17 个区县，面积为： 市区：153 km² 汉沽区：416 km² 塘沽区：859 km² 四郊：2.848 km² 五县：6.928 km²
1979-05-05	11 305	四至同上	将河北省遵化县的官场、出头岭、西龙虎峪 3 个公社的全部和石门公社、小辛庄公社的部分大队划入天津市蓟县，面积：101 km²
1979-11-06	11 305	四至同上	设立大港区，面积 928 km²；至此天津市共辖 6 个市区（中心区），4 个郊区，3 个滨海区和 5 个县

5.2 天津市土地资源利用现状

全市土地总面积为 1 191 970.312 hm^2，共分为农用地：包括耕地、园地、林地、牧草地、水面（未含水利设施用地）；建设用地：包括工矿及居民点用地、交通用地、水利设施用地；未利用地：共 8 个一级地类、40 个二级地类。其利用现状结构、布局分述如下：

根据天津市规划局2000年土地利用现状变更调查资料，天津市共有农用地692 818.6 hm^2（10 392 279.0 亩），占土地总面积的 58.1%。在农用地中，耕地 483 416.1 hm^2（7 251 241.2 亩），占 40.6%；园地 37 157.3 hm^2（557 358.9 亩），占 3.1%；林地 33 913.2 hm^2（508 698.5 亩），占 2.8%；牧草地 606.4 hm^2（9 096.1 亩），占 0.1%；水面 137 725.6 hm^2（2 065 884.6 亩），占 11.6%。建设用地 373 422.3 hm^2（5 601 334.5 亩），占全市土地总面积的 31.3%。在建设用地中，居民点及工矿用地 225 701.2 hm^2（3 385 518.0 亩），占 18.9%；交通用地 34 475.5 hm^2（517 133.2 亩），占 2.9%；水利设施用地 113 245.5 hm^2（1 698 683.1 亩），占 9.5%。未利用土地 125 491.0 hm^2（1 882 365.1 亩），占土地总面积的 10.5%。见表 5-5-2。

表 5-5-2　天津市土地利用结构（2000 年）

土地类型		面　积/		所占比例（%）
		hm^2	亩	
农用土地	耕　地	483 416.1	7 251 241.2	40.6
	园　地	37 157.3	557 358.9	3.1
	林　地	33 913.2	508 698.5	2.8
	牧草地	606.4	9 096.1	0.1
	水　面	137 725.6	2 065 884.6	11.6
	小　计	692 818.6	10 392 279.0	58.14
建设用土地	居民点及工矿用地	225 701.2	3 385 518.0	18.9
	交通用地	34 475.5	517 133.2	2.9
	水利设施用地	113 245.5	1 698 683.1	9.5
	小　计	373 422.2	5 601 334.3	31.3
未利用土地		125 491.0	1 882 365.1	10.5
合　计		1 191 971.8	17 879 554.68	100.0

近 20 年天津市土地利用类型的动态变化趋势是，耕地、牧草地、水域呈下降趋势，而园地、林地、居民点及工矿用地、交通用地和未利用土地呈增加的趋势，且 2000 年比 1990 年园地、林地和未利用土地增加幅度比较大，水域和牧草地减少幅度比较大，见表 5-5-3。

表 5-5-3 天津市土地利用类型的动态变化（1982—1990—2000 年）

土地利用类型	1982 年详查/hm²	1990 年详查/hm²	1990 年比 1982 年增减（%）	2000 年调查/hm²	2000 年比 1990 年增减（%）
耕 地	541 651.20	495 526.56	−8.5	483 416.08	−2.44
园 地	14 958.87	32 794.46	119.2	37 157.26	13.3
林 地	26 913.20	21 029.90	−21.9	33 913.23	61.26
牧草地	10 391.73	685.26	−93.4	606.41	−11.51
居民点及工矿用地	160 370.13	209 746.77	30.8	225 701.20	7.61
交通用地	30 045.13	32 666.51	8.7	34 475.55	5.54
水 域	313 509.93	315 745.51	0.7	250 971.18	−20.51
未利用土地	56 507.00	83 779.45	48.3	125 491.01	49.79

*2000 年水域面积为农用水面 137 658.75hm² 与水利设施用地 113 245.54hm² 之和。

5.2.1 农用地

（1）耕地

2000 年末，天津市耕地面积 483 416.1 hm²（7 251 241.2 亩），占土地总面积的 40.6%。其中灌溉水田 70 796.7 hm²（1 061 950.0 亩），占耕地的 14.6%；水浇地 222 941.8 hm²（3 344 127.4 亩），占耕地的 46.1%；旱地 162 938.8 hm²（24 440 81.9 亩），占耕地的 33.7%；菜地 26 738.8 hm²（401 081.9 亩），占耕地的 5.5%，详见表 5-5-4。

表 5-5-4 2000 年天津市耕地类型及分布 单位：hm²

区 域	耕地小计	灌溉水田	水浇地	旱 地	菜 地	比重（%）
天津市	483 416.08	70 796.67	222 941.83	162 938.79	26 738.79	100
市 区	315.61	27.21			288.40	0.1
塘沽区	6 312.89	4 750.63	279.56	238.55	1 044.15	1.3
汉沽区	3 792.25	3 070.34	293.42	12.86	415.63	0.8
大港区	20 649.93	1 080.32	14 123.20	4 967.11	479.29	4.3
东丽区	17 096.91	10 035.23	2 345.24	2 098.73	2 617.12	3.5
西青区	19 790.12	4 129.54	9 817.47	9.60	5 835.51	4.1
津南区	16 848.91	7 447.99	6 394.98	302.89	2 703.06	3.5
北辰区	19 510.57	1 598.75	6 013.38	9 196.98	2 701.47	4.0
宁河县	64 146.69	28 907.37	31 397.55	3 008.27	833.50	13.3
武清区	96 686.75	571.41	70 571.21	22 338.07	3 206.06	20.0
静海县	85 321.70	171.12	7 220.09	74 481.48	3 449.01	17.6
宝坻区	77 536.50	5 503.51	38 220.88	31 826.08	1 986.03	16.0
蓟 县	55 407.23	3 503.25	36 264.85	14 460.17	1 178.95	11.5

耕地主要分布在武清、静海、宝坻、宁河、蓟县5个县区，合计占全市耕地的78.4%。其中，灌溉水田主要分布于宁河、东丽、津南、宝坻四县区；水浇地主要分布在武清、宝坻、蓟县、宁河四县区的冲积平原和洪积冲积平原；旱地主要分布在低山丘陵坡地、山前洪积台地和河谷阶地，以静海、宝坻、武清、蓟县四县区居多，约占全市旱地总面积的 87.8%；菜地主要分布在西青、静海、武清、津南、北辰五县区，约占全市菜地面积的66.9%。

（2）园地

2000 年天津市共有园地 37 157.3 hm^2（557 358.9 亩），占土地总面积的 3.1%。其中果园 36 981.2 hm^2（554 718.5 亩），占园地的 99.5%；桑园 17.8 hm^2（266.9 亩），占园地的 0.05%；其他园地 158.2 hm^2（2 373.5 亩），占 0.4%（见表 5-5-5）。

表 5-5-5　2000 年天津市园地类型及分布　单位：hm^2

区　域	园地小计	比重（%）	果　园	桑　园	其他园地
天津市	37 157.26	100	36 981.23	17.79	158.23
市　区	10.13	0.03			10.13
塘沽区	299.15	0.8	293.22		5.93
汉沽区	1 882.01	5.1	1 882.01		
大港区	798.93	2.2	795.67		3.27
东丽区	498.39	1.3	498.39		
西青区	1 652.26	4.4	1 652.26		
津南区	262.68	0.7	262.68		
北辰区	3 453.66	9.3	3 449.43		4.23
宁河县	1 540.47	4.1	1 538.13		2.33
武清区	3 600.59	9.7	3 600.59		
静海县	1 929.48	5.2	1 912.87		16.61
宝坻区	1 417.51	3.8	1 417.51		
蓟　县	19 811.99	53.3	19 678.47	17.79	115.73

园地主要分布在蓟县、武清、北辰三区县，合计占全市园地面积的 72.3%。其中，果园主要分布在上述三区县，桑园仅分布在蓟县，其他园地主要分布在蓟县、静海和市区等地。

（3）林地

2000 年天津市林地面积 33 913.2 hm^2（508 698.5 亩），占全市土地总面积的 2.8%。其中，有林地 12 970.2 hm^2（194 552.7 亩），占林地的 38.2%；灌木林 2 460.2 hm^2（36 903.0 亩），占林地的 7.3%；疏林地 1 442.7 hm^2（21 640.9 亩），占 4.3%；未成林造林地 15 282.7 hm^2（229 240.8 亩），占 45.1%；迹地 1.3 hm^2（19.1 亩）；苗圃 1756.1 hm^2（26 342.0 亩），占林地的 5.2%（见表 5-5-6）。

表 5-5-6 2000 年天津市林地类型及分布 单位：hm²

区 域	林 地	比重（%）	有林地	灌木林	疏林地	未成林造林地	迹地	苗 圃
天津市	33 913.23	100	12 970.18	2 460.20	1 442.73	15 282.72	1.27	1 756.13
市 区	1.10							1.10
塘沽区	62.65	0.2	3.53		3.81			55.30
汉沽区	22.93	0.06	0.00					22.93
大港区	176.27	0.5	0.80					175.47
东丽区	196.20	0.6	29.79					196.41
西青区	720.45	2.1	326.35			388.47		5.63
津南区	36.28	0.1	16.63					19.65
北辰区	477.69	1.4	106.37	9.66	34.26	40.46		285.74
宁河县	191.47	0.6	25.41		14.60	3.00		148.47
武清区	1 751.31	5.2	1 254.73	119.67		0.03		376.89
静海县	416.31	1.2	182.30	109.61	48.92	8.53	1.27	77.59
宝坻区	603.74	1.7	293.87	12.53	5.07	41.28		250.99
蓟 县	29 244.97	86.2	10 730.40	2 208.73	1 334.92	14 800.95		169.98

林地主要分布在蓟县，占全市林地面积的 86.2%。其中，有林地、灌木林、疏木林和未成林造林地与林地的分布一致，绝大部分都集中在蓟县；迹地仅分布在静海县；苗圃的分布则比较平均，主要分布在武清、北辰、宝坻、大港四区，占全市苗圃总面积的 62.0%。

突出问题是：未成林造林地的面积比重大，占林地面积的 45.06%；全市林地面积仅占土地面积的 2.8%，在全市 12 个农业的区县中，林地面积占全市总林地比重小于 1%的 6 个，小于 2%的 9 个，即使面积较大的武清区仅占 5.2%；森林稀缺，比重偏低，农田和生态环境缺乏保护问题十分突出。

（4）牧草地

2000 年天津市共有牧草地面积 606.4 hm²（9 096.1 亩），占土地总面积的 0.05%。其中，天然草地 3.6 hm²（53.9 亩），占牧草地的 0.6%；人工草地 602.8 hm²（9 042.2 亩），占牧草地的 99.4%。详见表 5-5-7。

表 5-5-7 2000 年天津市牧草地类型及分布 单位：hm²

区 域	牧草地	比 重（%）	天然草地	人工草地
天津市	606.41	100	3.59	602.81
塘沽区	309.04	51		309.04
北辰区	4.07	0.7	1.86	2.21
宁河县	72.77	12		72.77
静海县	123.26	20.3		123.26
宝坻区	97.27	16	1.73	95.53

注：市区和汉沽区、大港区、东丽区、西青区、津南区、武清区、蓟县 8 个区县无牧草地分布。

牧草地主要分布在塘沽、静海、宝坻三区县，合计占全市牧草地面积的 87.3%，其中塘沽一区就占了 51%。在牧草地中，人工草地占绝大多数，以塘沽、静海、宝坻最为集中。

（5）水面

2000 年天津市共有水面面积 137 725.6 hm^2（2 065 884.6 亩），占土地总面积的 11.6%。其中河流水面 28 053.1 hm^2，占水面总面积的 20.4%；水库水面 49 590.9 hm^2，占水面的 36.0%；坑塘水面 60 081.6 hm^2，占水面的 43.6%（见表 5-5-8）。

表 5-5-8 2000 年天津市水面类型及分布 单位：hm^2

区 域	水面小计	比 重（%）	河流水面	水库水面	坑塘水面
天津市	137 725.64	100	28 053.13	49 590.89	60 081.62
市 区	507.50	0.4			507.50
塘沽区	10 131.91	7.4	1 159.33	3 936.95	5 035.63
汉沽区	5 709.57	4.1	585.53	1 207.33	3 916.70
大港区	26 518.76	19.3	3 171.40	17 447.47	5 899.89
东丽区	6 727.71	4.9	1 081.69	1 327.20	4 318.82
西青区	13 552.35	9.8	2 976.05	1 164.28	9 412.02
津南区	5 888.51	4.3	1 655.21	795.77	3 437.53
北辰区	4 855.01	3.5	1 635.26	488.52	2 731.23
宁河县	13 562.30	9.8	3 141.33	3 520.07	6 900.89
武清区	9 532.77	6.9	1 530.77	846.47	7 155.53
静海县	16 414.33	11.9	5 681.44	6 334.60	4 398.29
宝坻区	9 197.92	6.7	3 926.40	1 127.13	4 144.39
蓟 县	15 126.99	11	1 508.71	11 395.09	2 223.19

天津地处九河下梢，历史上水资源充沛，分布大面积湿地、洼淀、湖泊、坑塘，20 世纪 20 年代天津全域仅水域面积达 524 700 hm^2，占当时天津地域范围总面积的 45.9%，近一个世纪以来天津湿地持续减少，至 2000 年天津陆地水域面积约减少了 75%。

水面主要分布在大港、静海、蓟县、宁河、西青五区县，合计占全市水面的 61.8%，其中大港一区就占了近 1/5。在水面中，河流水面主要分布在静海、宝坻、大港、宁河四区县，占全市河流水面的 46.6%；水库水面主要分布在大港、蓟县、静海三区县，占全市水库水面的 70.9%；坑塘水面以西青、武清、宁河、大港四区县分布最为集中，占了全市的 48.9%。

由于天津市陆域土地中大部分土地为退海地，地势低洼，地下水位高，水质含盐量和土壤盐碱化程度也高，不利于造林。因此，水面、湿地在天津的生态保护工作中具有十分突出的地位，湿地锐减的生态影响显著。

5.2.2 建设用地

（1）居民点及工矿用地

2000 年天津市居民点及工矿用地 225 701.2 hm^2（3 385 518.0 亩），占土地总面积的 18.9%。其中，城镇用地 36 272.8 hm^2（544 093.0 亩），占居民点及工矿用地的 16.1%；农村居民点用地 81 178.2 hm^2（1 217 673.1 亩），占 36.0%；独立工矿用地 58 518.8 hm^2

（877 781.4 亩），占 25.9%；盐田 43 638.2 hm^2（654 573.4 亩），占 19.3%；特殊用地 6 093.1 hm^2（91 397.1 亩），占 2.7%。见表 5-5-9。

表 5-5-9　2000 年天津市居民点及工矿用地类型及分布　　单位：hm^2

区 域	居民点及工矿用地小计	比重（%）	城 镇	农村居民点	独立工矿用地	盐田	特殊用地
天津市	225 701.20	100	36 272.87	81 178.20	58 518.76	43 638.23	6 093.14
市 区	15 842.98	7	15 406.91	308.01	127.61		0.46
塘沽区	39 906.96	17.7	4 375.09	1 471.55	6 496.59	27 362.07	201.67
汉沽区	20 115.30	8.9	2 011.60	1 065.25	753.95	16 250.23	34.27
大港区	20 152.89	8.9	2 843.31	3 119.45	12 934.25	25.93	1 229.96
东丽区	11 295.17	5	1 239.53	3 553.87	6 097.53		404.25
西青区	11 608.41	5.1	1 649.01	4 775.35	4 990.51		193.53
津南区	8 118.81	3.6	699.47	4 244.89	2 931.53		242.91
北辰区	9 406.47	4.2	929.35	2 779.99	4 806.36		890.76
宁河县	12 683.81	5.6	1 367.53	7 139.33	3 594.15		582.80
武清区	21 693.39	9.6	1 897.33	13 971.75	4 702.00		1 122.31
静海县	17 373.08	7.7	1 660.85	9 281.10	5 966.31		464.81
宝坻区	17 244.75	7.6	586.74	14 376.49	1 993.85		287.67
蓟 县	20 259.17	9	1 406.15	1 5091.16	3 124.13		437.74

全市居民点及工矿用地的分布情况是，城区占 7%；近郊区占 53.4%；远郊区县占 39.5%。其中，城镇用地的 80.4%分布在城区和近郊区，其面积为 29 154.3 hm^2（437 314.1 亩）；农村居民点的 73.7%分布在远郊地区，面积为 59 859.8 hm^2（897 897.6 亩）；独立工矿用地的分布较为广泛，以大港、塘沽、东丽、静海等区县较多；特殊用地主要分布大港、武清、北辰等区，占全市特殊用地的一半左右。

（2）交通用地

2000 年天津市交通用地 34 475.5 hm^2（517 133.2 亩），占土地总面积的 2.9%。其中，铁路用地 3 413.9 hm^2（51 208.9 亩），占交通用地的 9.9%；公路用地 8 626.7 hm^2（129 399.9 亩），占 25.0%；农村道路用地 20 172.0 hm^2（302 580.4 亩），占 58.5%；民用机场用地 659.1 hm^2（9 886.0 亩），占 1.9%；港口码头用地 1 603.9 hm^2（24 058.0 亩），占 4.7%。详见表 5-5-10。

表 5-5-10　2000 年天津市交通用地类型及分布　　单位：hm^2

区 域	交通用地小计	比重（%）	铁路	公路	农村道路	民用机场	港口码头
天津市	34 475.54	100	3 413.93	8 626.66	20 172.03	659.07	1 603.87
市 区	7.10	0.02			7.10		
塘沽区	2 819.11	8.2	381.53	494.04	345.41		1 598.13
汉沽区	728.84	2.1	147.87	194.43	384.67		1.87

区域	交通用地小计	比重（%）	铁路	公路	农村道路	民用机场	港口码头
大港区	850.23	2.5	47.27	180.89	619.20		2.87
东丽区	2 900.71	8.4	260.87	912.53	1 084.92	642.40	
西青区	2 484.54	7.2	249.17	630.61	1 604.76		
津南区	1 113.44	3.2	21.53	282.53	808.38		1.00
北辰区	2 130.27	6.2	373.77	934.43	822.07		
宁河县	2 646.72	7.7	101.85	627.16	1 917.71		
武清区	4 983.69	14.5	493.13	1 383.61	3 106.95		
静海县	4 940.08	14.3	465.89	1 110.33	3 363.86		
宝坻区	4 654.84	13.5	182.93	1 095.27	3 359.97	16.67	
蓟　县	42 15.97	12.2	688.11	780.83	2 747.03		

天津交通用地的 62.2%分布在远郊区，以武清、静海、宝坻、蓟县居多。其中，铁路用地主要分布在蓟县、武清、静海、塘沽四区县，占铁路用地的 59.4%；公路用地主要分布在武清、静海、宝坻、北辰四区县，占公路用地的52.4%；农村道路用地的 71.9%分布在远郊地区；民用机场主要分布在东丽区。

（3）水利设施用地

2000 年天津市共有水利设施用地 113 245.5 hm²（169 8683.1 亩），占土地总面积的 9.5%。其中，沟渠 98 504.6 hm²，占水利设施用地的 87.0%；水工建筑物 14 740.9 hm²，占 13.0%。详见表 5-5-11。

表 5-5-11　2000 年天津市水利设施用地类型及分布　　单位：hm²

区域	水利设施用地小计	比　重（%）	沟　渠	水工建筑物
天津市	113 245.53	100	98 504.67	14 740.90
市　区	21.94	0.02	21.94	
塘沽区	2 594.39	2.3	2 191.63	402.77
汉沽区	1 909.31	1.7	1 712.11	197.19
大港区	8 030.32	7.1	5 331.73	2 698.59
东丽区	5 912.36	5.2	5 720.43	191.93
西青区	5 738.91	5.1	5 153.03	585.88
津南区	4 244.64	3.7	4 093.95	150.69
北辰区	5 447.99	4.8	4 135.31	1 312.68
宁河县	28 944.25	25.6	25 831.41	3 112.84
武清区	11 993.08	10.6	10 514.43	1 478.65
静海县	16 314.71	14.4	15 822.18	492.53
宝坻区	16 685.92	14.7	15 563.09	1 122.83
蓟　县	3 407.72	3	2 413.40	994.32

水利设施用地主要分布在宁河、静海、宝坻、武清四区县，合计占全市水利设施用地

的 68.3%。在水利设施用地中，沟渠占绝大部分比重，达到 87.0%，主要分布在宁河、静海、宝坻、武清四区县，占 68.8%；水工建筑物主要集中在宝坻、宁河、大港三区县，占 41.5%。

5.2.3 未利用土地

2000 年，天津市共有未利用地面积 125 491.0 hm^2（1 882 365.1 亩），占土地总面积的 10.5%。其中，荒草地 38 943.2 hm^2（584 148.0 亩），占未利用土地的 31.0%；盐碱地 8 269.0 hm^2（124 034.4 亩），占 6.6%；沼泽地 64.1 hm^2（961.6 亩），占 0.05%；沙地 129.7 hm^2（1 945.2 亩），占 0.1%；裸土地 39.2 hm^2（588.5 亩），占 0.03%；裸岩石砾地 1 930.1 hm^2（28 952.2 亩），占 1.5%；田坎 1 510.8 hm^2（22 661.6 亩），占 1.2%；苇地 21 302.4 hm^2（319 536.7 亩），占 17.0%；滩涂 41 544.1 hm^2（623 162.0 亩），占 33.1%；其他 11 758.3 hm^2（176 374.9 亩），占 9.4%。详见表 5-5-12。

表 5-5-12　2000 年天津市未利用地类型及分布　　单位：hm^2

区 域	未利用土地小计	比重（%）	苇地	滩涂	荒草地	盐碱地	沼泽地	沙地	裸土地	裸岩地	田坎	其他
天津市	125 491.00	100	21 302.45	41 544.13	38 943.20	8 268.96	64.11	129.68	39.23	1 930.15	1 510.77	11 758.33
市 区	69.15	0.06			43.76		0.67					24.72
塘沽区	13 405.25	10.7	3 683.04	7 256.04	1 981.40	257.84	56.87					170.07
汉沽区	9 819.91	7.8	952.31	7 847.60	670.79	153.19	2.73				60.00	133.29
大港区	28 441.12	22.7	2 146.51	14 432.32	7 265.08	4 575.15		20.93				1.13
东丽区	3 255.23	2.6	961.46	146.71	2 014.05				0.07		46.76	86.79
西青区	813.81	0.6	116.56	71.47	611.20	10.33						4.25
津南区	2 412.75	1.9	928.91	2.92	1 412.70	5.19		0.29			0.20	60.75
北辰区	2 562.01	2	510.09	851.50	1 159.51						0.07	40.85
宁河县	19 347.65	15.4	5 802.83	3 493.56	7 088.00	40.03					782.60	2 140.62
武清区	7 107.88	5.7	4 151.76	69.67	2 101.14	785.31						
静海县	5 180.59	4.1	557.06	134.71	3 082.89	1 005.94	3.84	5.45	3.09		53.09	334.51
宝坻县	21 527.59	17.2	1 189.04	1 226.07	8 828.97	1 435.97		103.00				8 744.53
蓟 县	11 548.05	9.2	302.87	6 011.57	2 684.31				36.07	1 930.15	566.25	16.83

资料来源：天津市 2000 年土地利用变更调查资料。

天津市未利用土地主要分布在大港、宝坻、宁河、塘沽四区县，合计占全市未利用土地面积的 66.0%。其中，荒草地主要分布在宝坻、大港、宁河三区县，占全市荒草地的 59.5%；盐碱地集中于大港区，此一地就占全市盐碱地的 55.3%；沼泽地的 88.7%都分布在塘沽区；79.4%的沙地分布在宝坻区；裸土地主要分布在蓟县，占 91.9%；裸岩石砾地全部集中在蓟县的山区和半山区；田坎主要分布在宁河和蓟县，占 89.3%；苇地主要分布在宁河、武清、塘沽、大港四区县，合计占全市苇地面积的 74.1%；滩涂以滨海三区分布最为集中，合计占全市滩涂面积的 71.1%；其他未利用地主要分布在宝坻和宁河两县，占全市的 92.6%。

5.3 土地利用的特点

①绝大多数土地已利用，未利用地开发要慎重。

天津市土地面积中已利用地面积为 1 066 240.9 hm^2（15 993 613.0 亩），占全市总面积的 89.5%，未利用土地面积为 125 491.0 hm^2（1 882 365.1 亩），占 10.5%。在未利用土地中，以滩涂和荒草地居多，分别有 41 544.1 hm^2（623 162.0 亩）和 38 943.2 hm^2（584 148.0 亩），占未利用土地面积的 33.1%和 31.0%，其中很大一部分应当属于生态用地，是维护天津生态系统平衡的一个功能区，开发为有经济价值的用地（包括耕地）一定要慎重。

②农业用地比重大，耕地、水面居主导地位。

天津农业用地包括耕地、园地、林地、牧草地以及水面五大类，面积为 692 818.6 hm^2（10 392 279.0 亩），约占全市土地总面积的 58.1%。如果扣除未利用土地，则比例高达 65.0%，充分反映了天津市大都市圈的土地利用仍以农业用地为主的基本特征，这是天津市与国际上许多著名国际大都市圈在土地利用方面的显著差异，见表 5-5-13 和表 5-5-14。

表 5-5-13　日本三大都市圈用地结构

年份	总面积/km^2	农用地比例	城市绿地、开敞空间比例	交通用地比例	居民点用地比例	工业用地比例
1995 年	53 600	13%	62.9%	4.7%	6.3%	1.1%

表 5-5-14　汉城土地利用结构

年份	地域范围	面积/km^2	农用地比例	商业、工业、政法用地比例	居住用地比例	开敞空间比例	公园、休闲用地比例	交通用地比例	水运用地比例
1998 年	汉城市域	605.5	5.9%	7.6%	35.5%	25.8%	2.3%	12.9%	10%
	汉城都市区	325.9		13.0%	60.8%		4.0%	22.2%	

在农用地中，耕地 483 416.1 hm^2（7 251 241.2 亩），占农用地的 69.8%，水面 137 725.6 hm^2（2 065 884.6 亩），占 19.9%，两项合计达 89.7%，反映了耕地、水面居主导地位的特点。

③建设用地结构中居民点及工矿用地占较大比重，城区与郊区建设用地比重差异明显。

全市建设用地总面积为 373 422.3 hm^2，占全市土地总面积的 31.3%，其中居民点及工矿用地 225 701.2 hm^2（3 385 518.0 亩），占全市建设用地总面积的 60.4%；交通用地 34 475.5 hm^2（517 133.2 亩），占 9.2%；水利设施用地 113 245.5 hm^2（1 698 683.1 亩），占 30.3%，表现出以居民点及工矿用地为主的特点。

建设用地在城区、近郊区和远郊区所占比重分别为 94.6%、40.2%和 25.0%，表现出由城区到近郊至远郊逐渐递减的特征。

5.4 土地利用中存在的问题

①土地利用结构不尽合理。

交通用地比重偏低，只占全市土地总面积的 2.76%；林地比重小，1996 年林木覆盖率仅为 11.3%，且集中分布于山区，平原地区林木覆盖率很低，滨海地区更低，还不足 3%；耕地种植结构有待改善，蔬菜和经济作物比重偏低，按天津目前的水资源缺乏和地面沉降状况，利用井水种植水稻面积偏大。各区县已经开始对农业土地利用结构进行调整，例如汉沽区大面积发展葡萄，其果园面积与耕地的比例为 1∶2，对改善生态环境、合理利用水资源、提高农民收入都有益处。2000 年天津市土地利用结构见表 5-5-15。

表 5-5-15　2000 年天津土地利用结构对比分析表

项目	总面积	耕地	园地	林地	牧草地	水域	居民地及工矿用地	交通用地	未利用土地	盐田及港口用地
面积/万 hm^2	119.2	48.6	4.1	3.9	0.2	31.3	22.2	3.6	5.4	
用地比例（%）		40.8	3.4	3.3	0.2	26.3	18.6	3.0	4.5	
调整方向		降低农用地比例，将部分农用地变为城市绿地和开敞生态用地					增加其中居民点用地，降低工业用地	增加交通用地	应作为生态用地	

②土地利用率比较低。

农业生产经营还比较粗放，中低产田占全部耕地的 60%；工业仓储用地指标偏高，尚有部分空闲场地；村镇用地偏大。土地生产潜力尚需发挥，至 1996 年底，全市仍有 6 万多 hm^2 未利用土地尚需开发。

突出问题还在于，城市、工业、仓储、村镇用地中绿地率和绿化覆盖率水平低，且在城市改造、村镇建设、开发建设过程中仍然重视不够。

因此，铺摊占地、粗放经营的土地利用方式，造成目前天津市生态欠账、环境不佳的状况。

③部分土地用养矛盾突出，生态环境质量较差。

北部山区部分土地水土流失，造成岩石裸露，土层变薄，地力减退；一些地区对土地重用轻养或长期单一种植，导致土壤中氮、磷、钾的比例失调，土壤肥力综合水平下降；城市和工业企业排放的废气、废水、废渣，造成土壤中重金属和其他有毒难降解物质的积累，以及土质沙化、碱化，土地生态环境质量下降，影响了农业生产水平的提高。

5.5 天津市土地沙化、盐渍化及发展状况

5.5.1 土地沙化的状况

天津地处海河下游，历史上留下多处风沙化土地，主要集中在永定河泛区、潮白河泛区、青龙湾泛区、蓟运河泛区及北运河泛区。解放后，由于各条河流进行了流域治理、兴修水库、疏浚河道，基本上没有洪水泛滥，没有新形成的大面积沙化土地。而原有的沙化土地，通过几十年来以植树造林为主要措施的治理，沙化土地基本得到控制。

（1）分布现状

据市林业局 1995 年沙化土地普查显示：天津沙区总面积 181 278 hm^2，其中沙化土地 25 697 hm^2；沙化土地中半固定沙地 1 558 hm^2，占沙化土地的 6.1%；固定沙地 10 383 hm^2，占沙化土地的 40.4%；沙改田 13 757 hm^2，占沙化土地的 53.5%。全市没有流动沙地。在固定、半固定沙地中，乔木固定沙地 11 442.6 hm^2，占 95.8%，草类固定沙地只有 498.4 hm^2，仅占 4.2%。其分布状况见表 5-5-16。

表 5-5-16 天津市沙化土地分布状况表　　单位：hm^2

河流名称	范围	区域总面积	沙化土地面积
蓟运河	蓟县：桑梓、三岔口 宝坻县：牛道口、赵各庄、高庄、三岔口、北坛、方家庄、霍各庄、新安镇	29 440	4 690
潮白河	宝坻县：王卜庄、黑狼口、口东、糙甸、史各庄	20 860	3 082
青龙湾河	宝坻县：大口屯、南仁孚、大白、大唐、尔王庄、牛家牌 武清区：下伍旗、双树、崔黄口、北蔡村、大良、河北屯	63 573	3 093
北运河	武清区：大王古、城关	10 333	1 557
永定河	武清区：王庆坨、汊沽港、石各庄、陈咀 北辰区：双口、上河头 西青区：杨柳青	35 606	11 430
新开河	东丽区：大毕庄	4 053	492
漳河、周河、淋河	蓟县：官庄、洇溜、出头岭、西龙虎峪、官场	17 413	1 353
合计	蓟县、宝坻县、武清区、北辰区、西青区、东丽区	181 278	25 697

（2）土地沙化成因

天津市沙化土地主要为河流泛滥冲积淤积形成。海河流域有多条多泥沙的河流，以永定河、潮白河最具代表性。历史上，下游河道不断摆动，并且随着上游地区的农业开发、植被的破坏，河水携带泥沙量不断增多，决口、改道频率加快，在河流两侧形成多处冲积扇，洪水泻后下浮物沉积，经风力作用逐步形成沙化土地。

（3）土地沙化造成的主要生态环境问题

土地沙化造成的主要生态环境问题就是发生沙尘天气。沙尘天气的发生一般需要两个条件：一是足够强劲持久的风力，强冷空气是形成沙尘天气的驱动力；二是地表丰富

松散干燥的尘土。天津市沙化土地多为低产沙改田，春季地被植物稀疏，土壤疏松干燥，具备形成浮尘、扬沙天气的物质基础。同时该区地处京、津、冀三省市结合处，位于天津市城市上风口，内蒙古、山西、河北几大沙地的下风口，既是天津市扬沙起尘的沙源地，也是外部风沙入侵天津市的必经之路。

沙尘天气往往给人类社会的生产生活和自然环境带来危害。特别是具有突发性、影响范围大的强沙尘暴过程，危害程度绝不亚于一场台风和暴雨。沙尘暴天气主要危害方式有大风灾害、风蚀沙割、沙埋、冻害、引发火灾等，对农业生产、工业生产、交通、通讯、电力网及建筑物等方面带来严重经济损失，还往往造成人畜死亡和大范围环境污染。沙尘暴夹着沙土、粉尘遮天蔽日而来，对空气、水源造成严重污染，对人体、动物、植物产生公害，增加疾病的发生。

（4）防沙治沙历史及成效

天津市 20 世纪 80 年代后期至目前，随着社会对沙漠化问题的日益关注，全国治沙步伐进一步的加快。治沙工作有了突破性进展，1987 年起天津市被纳入国家重点生态工程——三北防护林二期工程；1990 年编制了防沙治沙十年发展规划；2000 年起天津市蓟县区域治沙工程被国家列入环北京地区防沙治沙工程；2001 年起天津市全部沙区县被列入国家三北防护林四期工程。通过 20 余年的治理，天津市沙化土地已由解放前的约 6.67 万 hm^2 减少到 2.67 万 hm^2，沙区生态环境有了明显改善，林木资源总量大幅增长，到 1998 年底沙区林木覆盖率已达到 19%。

生态效益明显。据有关部门提供的数据表明，全年扬沙日数 20 世纪 70 年代为 14.9 天，80 年代为 8.3 天，90 年代减至 3.9 天；浮尘出现的日数，70 年代为 8.8 天，80 年代为 8.4 天，90 年代减至 3 天；大风日数也明显减少，70 年代为 34.2 天，近几年减至 22.1 天。

经济效益可观。粮食亩产由过去的 25～30 kg 上升到现在的 500 kg；固沙经济林已经进入了盛果期；20 世纪 80 年代初在武清港北、城关营造的沙兰杨等速生丰产林，树木平均胸径已达 30 多 cm，平均单株价值 300 多元，最高单株达 500 元。林业作为沙荒治理的支柱产业，在沙区人民脱贫致富奔小康的道路上正发挥着不可替代的作用。

社会效益显著。造林治沙改变了生态环境，也改善了农业生产条件，增加了土地资源，也增加了农民收入，使工程区内经济结构发生了根本变化，为经济的发展奠定了坚实的基础，同时还提高了人民生活质量。

5.5.2 土壤盐渍化动态变化及成因

天津市多退海之地，在暖温带半湿润气候下，春季蒸发作用强烈，地下水中的盐分沿土壤毛细管，随水分上升到地表，水散盐存，易在平原微域地貌引起积盐。尤其是滨海地区，成土母质含有大量盐分，加之海水的入侵，土壤在强烈蒸发下，表层强烈积盐。因此，历史上盐渍化土壤较多。除上述自然因素外，渠边渗漏、大水漫灌、稻田和旱田的插花种植以及排灌不配套等，抬高了部分地区的地下水位，致使土壤产生次生盐渍化。1980 年第二次土壤普查，按照轻度盐化（0.2%～0.3%）、中度盐化（0.3%～0.6%）、重度盐化（0.6%～1.0%）的标准，全市共有盐渍化土壤 20.13 万 hm^2，其中轻度盐化 14.53 万 hm^2，中度盐化 5.2 万 hm^2，重度盐化 0.37 万 hm^2。

1991 年，全市土壤养分动态监测，按照全国统一标准，即轻度盐化（0.1%～0.2%）、中度盐化（0.2%～0.4%）、重度盐化（0.4%～0.6%）、盐土（>0.6%）的盐分分级，全市土壤盐渍化土壤为 24.27 万 hm^2，其中轻度盐渍化 14.59 万 hm^2，中度盐渍化 7.58 万 hm^2，重度盐渍化 1.53 万 hm^2，盐土 0.55 万 hm^2（表 5-5-17）。

表 5-5-17　天津市 1991 年土壤盐渍化统计表　　单位：hm^2

区县	盐渍化总面积	轻度盐渍化	中度盐渍化	重度盐渍化	盐土
蓟　县	22 168.60	22 168.60			
宝坻县	19 196.67	15 338.80	3 080.53	677.27	100.07
武清区	34 439.13	24 437.00	8 050.93	1 532.67	418.53
宁河县	26 777.67	22 005.33	4 082.93	689.40	
静海县	58 977.13	37 183.67	18 744.20	2 340.07	709.20
东丽区	7 176.67		5 160.00	2 016.67	0.00
西青区	20 424.93	11 610.73	5 968.93	1 350.07	828.20
津南区	15 832.13		9 987.33	3 496.07	2 348.73
北辰区	20 679.53	11 034.67	8 893.73	764.47	
塘沽区	2 692.53		2 246.93	445.60	
汉沽区	3 291.00	2 187.13	1 100.80	3.07	
大港区	11 051.00		8 532.80	1 409.07	1 109.13
全市总计	242 707.13	145 965.93	75 835.80	15 391.40	5 513.87

1991 年与 1980 年比较，天津市盐渍化土壤由 1980 年的 19.79 万 hm^2，下降为 1991 年的 9.12 万 hm^2，而含盐量大于 0.6%的盐土由 0.37 万 hm^2 增加到 0.55 万 hm^2。总的说来，土壤盐渍化面积是下降的，这是多年来进行农田建设、改土治水和大面积种稻淋盐的结果。

从全市土地盐渍化状况分析，1986 年天津市盐渍化土地总面积 385 885 hm^2，占国土面积的 32.4%，其中耕地盐渍化土地面积 207 891.05 hm^2；2000 年盐渍化土地面积 347 296.5 hm^2，占国土面积的 29.1%，其中耕地盐渍化土地面积 189 180.86 hm^2，年扩展速率为–0.76%。盐渍化土地面积趋于减少的主要原因是由于近年来兴修水利改善了排水条件，加大了对耕地的改造与治理力度。通过推广先进成熟的土壤改良技术，如暗管排咸技术，做到用地与养地相结合，使土壤理化性质得到很大提高。特别是市政府 1996 年 11 月颁布了《天津市基本农田保护条例》，对促进保护耕地、防止土地退化也起到了积极地促进作用。

未来发展趋势，合理开发利用土地资源，充分挖掘土地资源潜力已成为今后农业部门的一项重要工作。因此，防止土地盐渍化将得到各级领导的高度重视，与其相关的设施、技术投入会明显提高，盐渍化土地面积会得到有效控制，并呈现逐年减少的趋势。值得注意的是蓟运河流域由于海水上朔，使江洼口以下河水含盐量大幅度提高，河两岸的树木已大批死亡，河岸两侧的土地已经不同程度的咸化，影响农作物的生产。土地盐渍化问题依然是必须密切关注的困扰农业和生态环境建设的主要问题之一。

5.6 天津市域土地利用的经济效益评价

5.6.1 评价指标体系

（1）评价指标

选择不同土地利用类型单位面积的国内生产总值作为衡量天津大都市圈土地利用经济效益的尺度。

具体选择的评价指标如下：

① 总地均 GDP（万元/km^2）。

总地均 GDP 的定义是：行政区内的 GDP 总量除以该区总面积。

② 市区地均 GDP（万元/km^2）。

市区地均 GDP 的定义是：市区内的 GDP 总量除以市区面积。

③ 农业用地 GDP。

农业用地 GDP 的定义是：第一产业总量除以该区内农业用地总面积。

④ 建设用地 GDP。

建设用地 GDP 的定义是：第二、三产业总量之和除以该区内建设用地总面积。之所以采用第二、三产业总量之和，原因是难以确定第二、三产业所分别对应的建设用地面积。

根据所获得的基本数据资料，本部分农业用地和建设用地面积采用了土地利用总体规划中的土地利用分类体系。但它们的含义与土地利用总体规划中的“农用地”和“建设用地”也不完全相同。考虑到土地利用效益评价的需要，应扣除那些不产生经济效益、经济效益极小或难以直接估算经济效益的土地。本部分农业用地面积扣除了土地利用总体规划“农用地”分类中的河流水面面积，增加了“建设用地”中的沟渠面积。建设用地面积中扣除了土地利用总体规划“建设用地”中的农村居民点、农村道路、特殊用地、沟渠和水工建筑物用地面积。

（2）评价单元

本研究以天津市（包括各区县）的行政区域作为评价单元。

5.6.2 评价结果

（1）天津市与其他大城市土地利用经济效益的比较

① 五大城市 2000 年的国内生产总值及产业结构：

五大城市 2000 年的国内生产总值及产业结构情况如表 5-5-18 所示。

表 5-5-18　2000 年五大城市国内生产总值及产业结构

城市	国内生产总值/万元		第一产业（%）		第二产业（%）		第三产业（%）	
	地区	市区	地区	市区	地区	市区	地区	市区
天津市	16 393 600	13 928 800	4.5	2.6	50	50.1	45.5	47.3

城市	国内生产总值/万元		第一产业（%）		第二产业（%）		第三产业（%）	
	地区	市区	地区	市区	地区	市区	地区	市区
北京市	24 787 600	23 323 050	3.6	2.7	38.1	37.7	58.3	59.6
上海市	45 511 500	40 986 400	1.8	1.0	47.5	47.4	50.6	51.6
重庆市	15 896 000	7 862 000	17.8	8.4	41.3	48.9	40.9	42.7
广州市	23 759 129	21 651 125	4	3.0	43.4	41.7	52.6	55.2

数据来源：《中国城市统计年鉴 2001》。

以国内生产总值比较，天津市排在第四位，为 1639.4 亿元，比排名最后的重庆市仅多出 49.8 亿元；与其他 3 个城市的差距较大，比北京市少 839.4 亿元，仅为上海的 36%，见图 5-5-1。

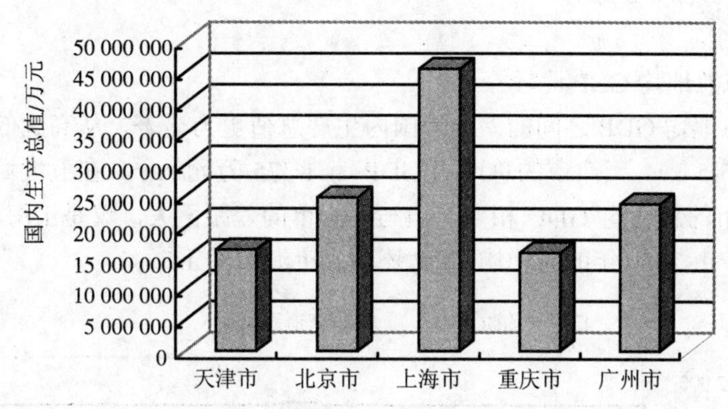

图 5-5-1　2000 年五大城市国内生产总值比较

从国内生产总值的产业结构看，天津市第二产业所占比重高于其他几个城市，而第三产业所占比重则低于除重庆市之外的 3 个城市。重庆市的第一产业产值占总产值的比例最大，达 17.8%。其他 4 个城市的第一产业产值占总产值的比例较小，均在 5%以内。值得注意的是，天津市的产业结构与上海市较相近，但国内生产总值却与后者相差数倍，见图 5-5-2。

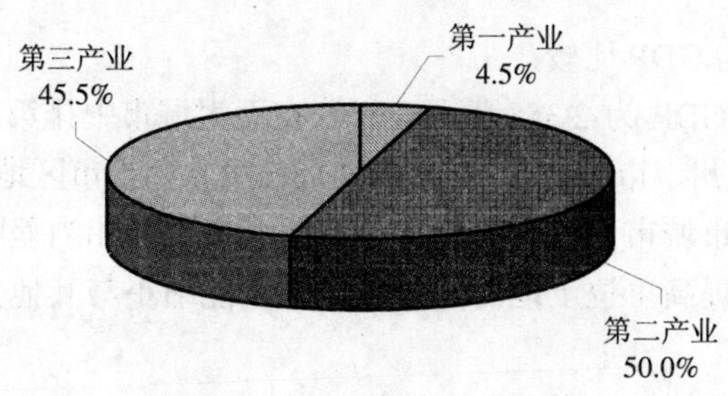

图 5-5-2　2000 年天津市国内生产总值的产业结构

② 五大城市土地经济效益比较：

2000年五大城市总地均GDP与城市市区地均GDP情况如表5-5-19所示。

表5-5-19　2000年五大城市市区地均GDP比较

城　市	土地面积/km^2	市区面积/km^2	市区占总面积比例（%）	总GDP/万元	市区内的GDP/万元	市区内的GDP占总GDP比例（%）	总地均GDP/（万元/km^2）	市区地均GDP/（万元/km^2）
天津市	11 920	5 908	49.6	16 393 600	13 928 800	85.0	1 375	2 358
北京市	16 808	6 496	38.6	24 787 600	23 323 050	94.1	1 475	3 590
上海市	6 341	3 924	61.9	45 511 500	40 986 400	90.1	7 177	10 445
重庆市	82 403	14 876	18.1	15 896 000	7 862 000	49.5	193	529
广州市	7 434	3 719	50	23 759 129	21 651 125	91.1	3 196	5 822

数据来源：《中国城市统计年鉴2001》。

A．各城市总地均GDP比较：

5个城市总地均GDP之间的差异较国内生产总值更为显著，从高到低的排列顺序略有变化（见图5-5-3）。天津市的总地均GDP为1 375万元/km^2，在五大城市中依然排第四位，与北京市的总地均GDP相当，但与上海市的差距巨大，仅是上海市总地均GDP的19.2%。天津市2000年的总地均GDP还不到上海市的1/5。

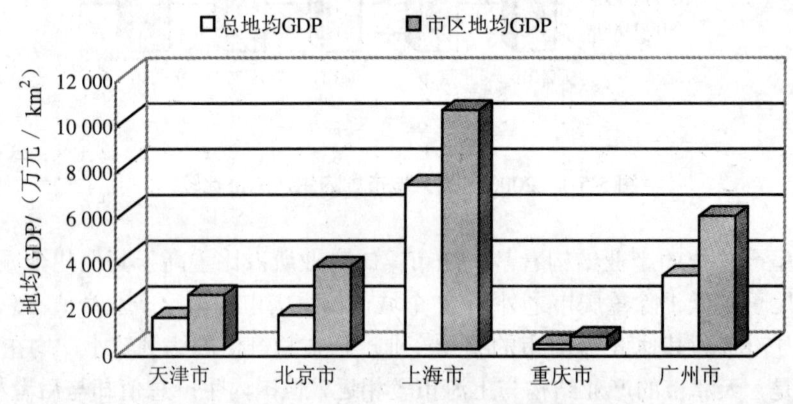

图5-5-3　2000年五大城市土地经济效益比较

B．城市市区地均GDP比较：

天津市市区地均GDP为2 358万元/km^2，在五大城市中排第四位，为上海市市区地均GDP的22.6%，广州市市区地均GDP的40.5%，北京市市区地均GDP的65.7%。

由此看来，天津市城市土地利用效益与其他城市仍有相当差距，必须大幅度提高第二、第三产业产值，提高单位土地的经济效益，才能缩小与其他大城市在经济发展方面的差距。

（2）天津市各区县的土地利用经济效益分析

① 天津市各区县的土地利用结构分析：

从表5-5-20中数据看，2000年农业用地面积较大的区县为宁河县、静海县、蓟县、武清区和宝坻区，均超过了 1 000 km^2。其中农业用地面积最大的为武清区和蓟县，达

1 205 km²；市内六区、塘沽区和汉沽区的比例较小，低于 30%，其他区县的比例基本都超过了 50%。市内六区的农业用地只有 8.6 km²。见图 5-5-4。

表 5-5-20　2000 年天津市各区县土地利用结构

区 域	行政面积/km²	农业用地		建设用地		其他用地面积	
		面积/km²	比例（%）	面积/km²	比例（%）	面积/km²	比例（%）
市内六区	167.8	8.6	5.1	155.3	92.6	3.8	2.3
塘沽区	758.4	181.5	23.9	407.1	53.7	169.9	22.4
汉沽区	439.8	125.3	28.5	193.6	44.0	120.9	27.5
大港区	1 056.2	503.0	47.6	160.3	15.2	392.8	37.2
东丽区	478.8	291.6	60.9	91.5	19.1	95.7	20.0
西青区	563.6	378.9	67.2	75.2	13.3	109.5	19.4
津南区	389.2	254.8	65.4	39.4	10.1	95.1	24.4
北辰区	478.5	308.0	64.4	70.4	14.7	100.0	20.9
宁河县	1 431.4	1 022.0	71.4	56.9	4.0	352.4	24.6
武清区	1 573.5	1 205.6	76.6	84.8	5.4	283.2	18.0
静海县	1 480.3	1 143.6	77.3	92.0	6.2	244.6	16.5
宝坻区	1 509.7	1 004.9	66.6	38.8	2.6	466.0	30.9
蓟县	1 588.2	1 205.0	75.9	60.0	3.8	323.3	20.4
各区县总计	11 915.3	7 632.7	64.1	1 525.3	12.8	2 757.3	23.1

数据来源：天津市国土规划资源局提供的 2000 年土地利用变更资料。

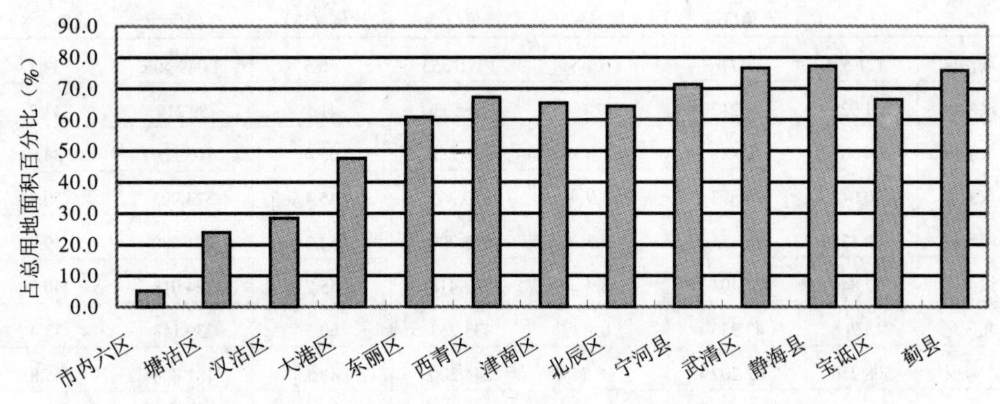

图 5-5-4　2000 年天津市各区县农业用地情况

建设用地的情势则大不相同。市内六区、塘沽区、汉沽区和大港区的建设用地面积较大，均在 150 km² 以上。其中建设用地面积最大的为塘沽区，达 407.1 km²；宝坻区和津南区的建设用地面积最小，均低于 40 km²。从建设用地面积占各区县总面积的比例来看，市内六区所占百分比高达 92.6%，塘沽区和汉沽区也超过了 40%，其他区县的比例基本都低于 20%。农业用地面积较大的宁河县、静海县、蓟县、武清区和宝坻区，其建设用地比例甚至在 7%以下。见图 5-5-5。

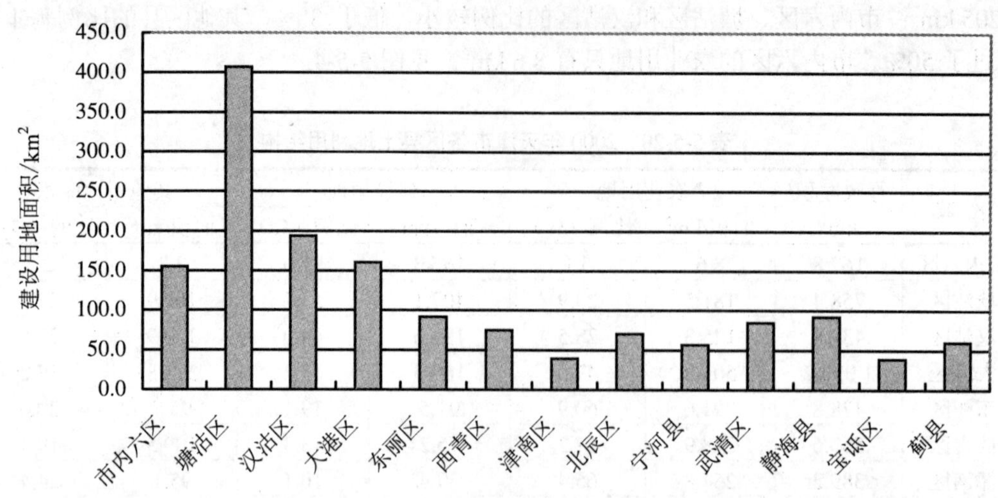

图 5-5-5　2000 年天津市各区县建设用地情况

② 天津市各区县国内生产总值及其产业结构分析：

2000 年，塘沽区的国内生产总值总量为 3 171 535 万元，位居各区县榜首，其中第一产业产值所占比例仅为 0.4%，第二产业占 66.5%，第三产业占 33.1%。见表 5-5-21。

表 5-5-21　2000 年天津市各区县国内生产总值及其产业结构

区 域	GDP 总量/万元	第一产业		第二产业		第三产业	
		产值/万元	比例（%）	产值/万元	比例（%）	产值/万元	比例（%）
塘沽区	3 171 535	11 776	0.4	2 110 353	66.5	1 049 406	33.1
汉沽区	141 929	24 212	17.1	58 503	41.2	59 214	41.7
大港区	304 109	5 600	1.8	193 280	63.6	105 229	34.6
东丽区	640 043	24 873	3.9	290 265	45.4	324 905	50.8
西青区	730 135	43 435	5.9	395 700	54.2	291 000	39.9
津南区	547 840	21 404	3.9	302 418	55.2	224 018	40.9
北辰区	715 768	43 333	6.1	433 287	60.5	239 148	33.4
宁河县	508 210	82 202	16.2	244 200	48.1	181 808	35.8
武清区	812 295	150 516	18.5	382 647	47.1	279 132	34.4
静海县	604 488	82 695	13.7	358 901	59.4	162 892	26.9
宝坻区	699 000	98 000	14.0	350 000	50.1	251 000	35.9
蓟县	653 077	116 558	17.8	268 810	41.2	267 709	41.0

注：表中塘沽区的数据包括 TEDA 开发区和保税区。区县的数据为区属数而非全区的数据。

数据来源：《天津市统计年鉴 2002》。

各区县中第一产业产值最高的是武清区，为 150 516 万元，占总产值的百分比也为各区县之首，达 18.5%。见图 5-5-6、图 5-5-7。

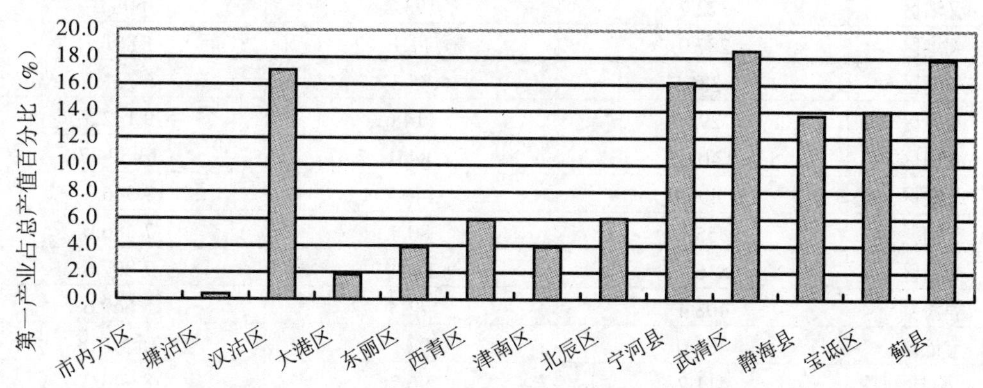

图 5-5-6　2000 年天津市各区县第一产业占总产值情况

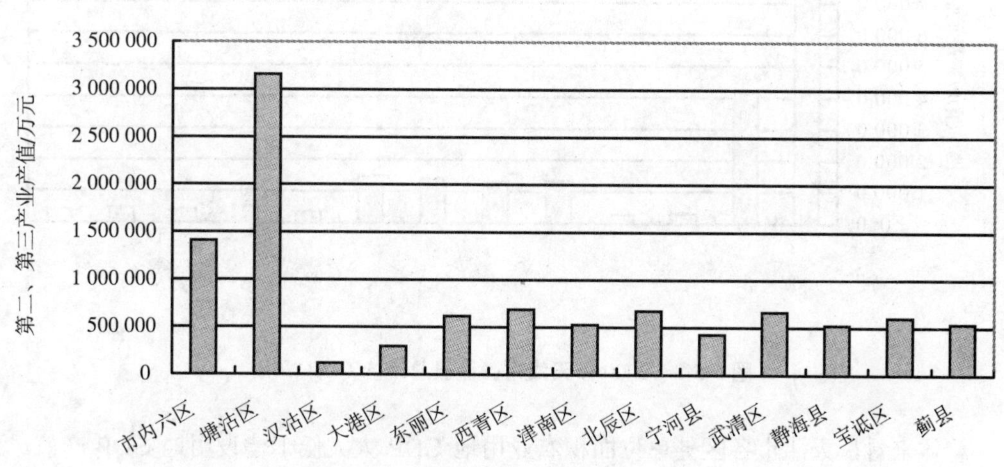

图 5-5-7　2000 年天津市各区县第二、第三产业情况

③ 天津市各区县的土地利用经济效益分析：

2000 年天津市各区县土地利用经济效益情况如表 5-5-22 所示 。市内六区和塘沽区的总地均 GDP 最高，新四区（东丽区、西青区、津南区和北辰区）的总地均 GDP 也超过了 1 000 万元/km^2，而其他 5 个远郊区区县（宁河县，武清区，静海县，宝坻区和蓟县）均低于 600 万元/km^2。汉沽区和大港区的总地均 GDP 最低，这主要是统计口径的问题，这两个区的国内生产总值均为区属数而非全区数据。见图 5-5-8。

表 5-5-22　2000 年天津市各区县土地利用经济效益　　单位：万元/km^2

区 域	总地均 GDP	农业用地 GDP	建设用地 GDP
天津市	1 375.6	96.3	10 252.0
市内六区	8 399.2	0.0	9 070.2
塘沽区	4 181.8	64.9	7 762.1

区 域	总地均 GDP	农业用地 GDP	建设用地 GDP
汉沽区	322.7	193.2	608.0
大港区	287.9	11.1	1 861.7
东丽区	1 336.7	85.3	6 721.1
西青区	1 295.4	114.6	9 132.5
津南区	1 407.5	84.0	13 374.7
北辰区	1 496.0	140.7	9 546.3
宁河县	355.1	80.4	7 486.0
武清区	516.2	124.9	7 807.6
静海县	408.4	72.3	5 669.6
宝坻区	463.0	97.5	15 507.8
蓟县	411.2	96.7	8 943.2

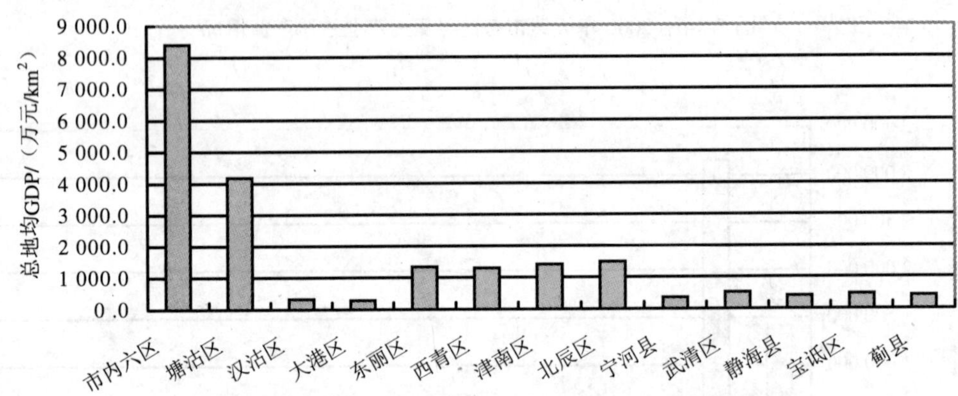

图 5-5-8 2000 年天津市各区县总地均 GDP 情况

总体来看，天津市各区县单位面积农业用地 GDP 大大低于建设用地 GDP 产值。也就是说，单位面积建设用地的经济效益大大高于农业用地的经济效益。

除个别区外，各区县农用地 GDP 之间差别不大，一般在 60 万～150 万元/km^{2}之间。见图 5-5-9。

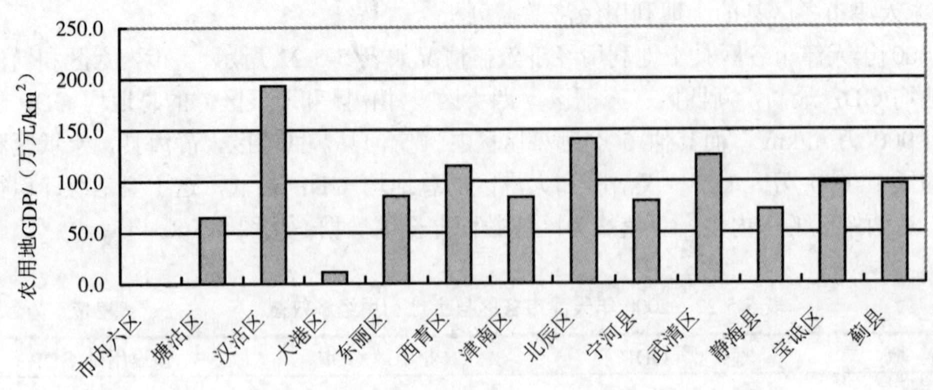

图 5-5-9 2000 年天津市各区县农业用地效益

各区县建设用地 GDP 差别较大。宝坻区和津南区的建设用地 GDP 最高，分别为 15 507.8 万元/km^2 和 13 374.7 万元/km^2，主要原因是这两个区的第二、第三产业产值较高，分别达 601 000 万元和 526 436 万元，而建设用地面积最小，分别只有 38.8 km^2 和 39.4 km^2。塘沽区和汉沽区的建设用地 GDP 并不太高，主要原因是这两个区的国内生产总值数据只是区属数，低于全区数；另外，这两个区的建设用地中的盐田面积较大，分别为 27 362.1 hm^2 和 16 250.2 hm^2，以及非区属企业占地面积较大系统计因素。见图 5-5-10。

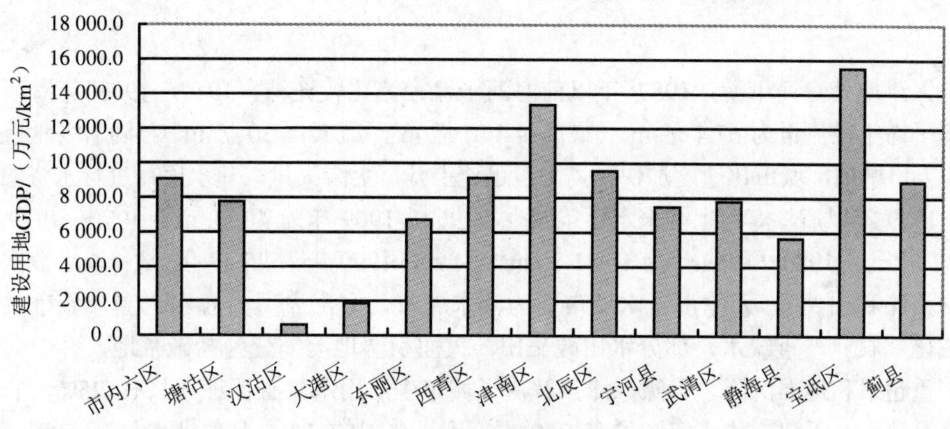

图 5-5-10　2000 年天津市各区县建设用地效益情况

6 天津污水灌溉现状调查

6.1 天津市污水灌溉的发展历程

天津地处海河下游，1957 年以前海河干流径流比较充沛，1917—1958 年海河干流入津平均年径流量为 67.4 亿 m^3（最高年 170 亿 m^3，最低年 30 亿 m^3）。随着各地经济发展和人口增加，城市化速度加快，需水量迅速上升，上游大量兴建水库，进行水资源再分配。1959 年以后，海河上游来水逐年减少，1960—1969 年为 40 亿 m^3，1970—1979 年为 46.82 亿 m^3，1980—1989 年为 10.82 亿 m^3，1990—1999 年为 25.47 亿 m^3（以上数据均不包括引滦和引黄）。天津由富水城市变为缺水城市，突出表现为海水上溯，城市供水水质咸化，农业严重缺水，部分水田改旱田，大面积湿地萎缩变为盐碱荒地，并引起地下水严重超采和地面沉降。引滦入津只解决了城市生活用水，且保证率只有 75%，农业仍然严重缺水，天津亩均水资源只有 250 m^3，不足全国的 1/8，且保证率只有 50%。水资源严重缺乏导致了天津大面积发展污水灌溉。

天津市的污水灌溉，是随着海河流域水资源的变迁逐步发展演变而来的。回顾天津污水灌溉的历史，大致可分为以下几个时期：

①以污水为肥源。

1957 年以前，郊区农民利用污水灌溉农田和养鱼，当时主要是利用污水中的肥料，分布面积也较小。

②水肥并用。

1957 年华北大旱，1958 年天津为保护海河水源，在海河口建闸和改建市区污水管网，使海河干流“咸淡分家，清浊分流”。1959 年在郊区开挖了大沽排水河和北塘排水河，接引市区污水入海。20 世纪 60 年代以后，天津郊区由于农田缺水，开始大面积利用排污河的水灌溉农田。1972 年北京排污河通过天津向渤海排放污水，武清区开始大面积引污水灌溉，宝坻县亦通过青龙湾河引北京污水灌溉，北郊区则通过郎圆引河和机场排水河污灌，宁河县除利用北京排污河污水外，还利用永定新河污水灌溉。这一时期的污水灌溉是水肥并用，以解决水源为主。

天津污灌的发展同兄弟省市大体一致，并得到国家主管部门的指导和关切。1957 年建工部、农业部、卫生部联合发动 12 个大城市进行污水灌溉农田实验工作，1959 年明确提出“变害为利，充分利用”的方针，对天津污灌起了促进作用。

在南北排污河源头的东郊（大毕庄）、西郊（西营门、南河、李七庄）农民除污水灌溉外，还大量使用排污河污泥作肥料。经测算，在南北排污河沉积的污泥，约 250 万 m^3。其中南排污河约 200 万 m^3，北排污河约 50 万 m^3。

③在发展污灌中，逐步强调必须控制污染。

20 世纪 70 年代以来，由于污灌引起的污染日益突出，国家有关领导部门不断强调应在污灌中注意控制污染。农业部于 1972 年明确提出“积极慎重发展污灌”的方针，并于 1979 年颁布经国家批准的农田灌溉水质标准；1976—1982 年又组织开展全国主要污灌区普查，指出不少灌区由于灌溉水质不符合要求，造成农产品品质下降，生产的粮食带残毒以及浅层地下水受重金属、氰化物污染等危害。当时国内对污水能否灌田颇有争论，有的认为污灌“提高了农业产量，也未出现明显污染”，有的认为污灌“近看是福，远看是祸”。1980 年 7 月在中国环境科学学会和中国农学会联合召开的污灌与环境学术讨论会上，对污灌的效益和存在问题做了较全面的研究总结。一致认为：水资源缺乏与日益严重的水污染导致污水灌溉将进一步发展，但污灌本身就是一个综合的污水处理系统，决不能马虎，否则造成污染搬家，危害健康，会走向反面。

天津市政府对污灌问题的认识是清楚的，因而 20 世纪 70 年代后期，在恢复被地震毁坏的家园而百废待兴的时候，为控制污灌区的污染，保护水体和农田，就着手筹备对城市污水进行净化处理，于 1984 年建成当时国内最大的纪庄子污水处理厂。市政府同时组织天津市环境监测中心、土肥所、水产所、水科所、天津医学院及沈阳林土所、农业部环保所等单位进行污灌区环境质量调查，并把“天津市水资源合理利用与水污染综合防治”列为科技攻关项目，相继对污水资源化、重金属污染防治、污灌区环境影响评价与灌区区划、污水分散治理与集中治理相结合以及农用污泥标准等课题开展科学研究，将研究成果首先在排放重金属的行业和南排污河灌区组织实施。1993 年东郊污水处理厂的建成，又为北排污河灌区农灌水质的改善提供了条件。但是由于纪庄子与东郊两厂的污水处理量只占市区污水的 40%，尚有咸阳路、双林、张贵庄、北仓等排水系统的污水未经处理，分布于郊县城镇和区县开发区的污水也未经处理；又由于污水净化后回用于农业的配套工程建设没有跟上，以及尽量利用净化污水灌溉农田的思想和组织工作不够有力，使污水处理的实际效益受到影响，例如东郊污水处理厂上游污水在进入污水厂以前就被截流灌溉，污水处理厂的污泥又被用于农田，从而使污灌区的农田污染继续发展。

④乡镇企业的污水排放使污灌范围扩大，农业和环境污染加剧。

20 世纪 80 年代以后，乡镇企业异军突起，其工业产值迅速上升，成为全市工业生产的“半壁江山”。许多污染严重的乡镇企业，包括冶金、电镀、化工、制革、造纸、印染等，其污水排放量达每年约 6 500 万 t，均就地排入农灌河渠、库塘。同时，汽车、冶金、电力、化工和石油化工等方面的国有大型企业和外资、合资企业也纷纷在四郊五县建厂，进一步扩展了工业污水的排放范围。从而不仅加剧了水环境的污染，使农业污染事故频频发生，而且使天津污水灌溉的农田由原来集中于 3 个污灌区，变为遍及全市各区县。污灌的水质类型也趋向多样，既保留城市与工业混合污水的大面积直接灌溉，也有直接利用工业污水灌溉，更多的是利用被污染的河水“间接污灌”，使天津污灌面积与调查的直接利用污水灌溉结果比较，面积成倍增加。

从严重污染的河流中取水灌溉，污水“间接再用”现象普遍存在。一般径流条件下，天津各河流含 20%～50%工业或城市污水。水质一般为“劣五类”或超农灌标准，因此，取这类水灌溉也应列入污水灌溉范畴。

从以上 4 个时期的变化，可以明显地看出，污水已是天津农业的主要水源，污灌问题已成为天津农业的主要环境问题。对污灌农田污染进行治理和控制，是保障天津农业可持续发展的当务之急。

6.2 天津市污水灌溉与污泥施用概况

6.2.1 污灌区农业生产基本条件

天津市污灌区属温带半湿润季风型大陆性气候，春旱秋涝。年平均降水量为 557 mm，最低降水量为 271.1 mm，已经接近国际公认降水稀少地区。一年之中 60%的雨量集中在 7—8 月，春耕春种的 3—5 月降水量仅为全年的 12%，冬灌季节降水量为全年的 3%左右。因此春冬农灌季节用水十分紧张。由于天津市地表水和地下水资源十分缺乏，因此，城市污水便成为农业生产的补充水源。

污灌区土壤发育在第四世纪沉积物上，母质类型简单，绝大部分为近代河流冲积物，其次为洪积物及海相沉积物。污灌区分布在平原低洼地带，土壤主要为潮土。南排污河上游常年污灌区多分布在壤质潮土上，中下游污灌区多分布在粘质潮土及盐化潮土上；北排污河污灌区绝大部分分布在粘质潮土上；武、宝、宁污灌区多为壤质潮土，部分为沙质潮土，中下游灌区几乎全部为粘质潮土。

6.2.2 污水灌溉的类型

根据灌溉水的来源、水质及周年灌溉的连续性，可将污水灌溉分为直接污灌和间接污灌两大类型。直接污灌是指直接利用城市污水和工业废水进行农田灌溉；间接污灌是指利用被污染且水质已经劣于农田灌溉水质标准的地表水进行农田灌溉。

直接污灌又可分为三种类型：纯污灌、清污混灌、间歇污灌。

纯污灌：即常年全部用污水灌田。其特点是除引灌污水外，往往同时施用污泥，并多居排污河上游及沿岸。

清污混灌：清水与污水混合灌溉或交替灌溉的农田，皆称清污混灌农田。

间歇污灌：即只进行冬灌，或作物生长期不连续引用污水灌溉的农田，这部分农田多居于有清水来源的地区，或是污水水质较差的河段附近，还有一部分是居于清水、污水来源均较困难的地区。

北塘排污河污灌区的东丽区多为纯污灌、清污混灌，其次为间歇污灌。大沽排污河灌区在津南区全部为清污混灌，历史上有一定面积的间歇污灌。西青区主要是清污混灌，其次为纯污灌、间歇污灌。

在武、宝、宁污灌区，武清区为大面积污灌区，以清污混灌面积为主，其次为间歇污灌、纯污灌；宝坻、宁河县只有清污混灌。北辰区以间歇污灌为主。

6.2.3 天津污灌区区域分布及面积

天津市污灌区包括三大排污河系统，即北（塘）排污河灌区、南（大沽）排污河灌区和北京排污河灌区（又称武、宝、宁灌区），见表 5-6-1、表 5-6-2 及图 5-6-1。

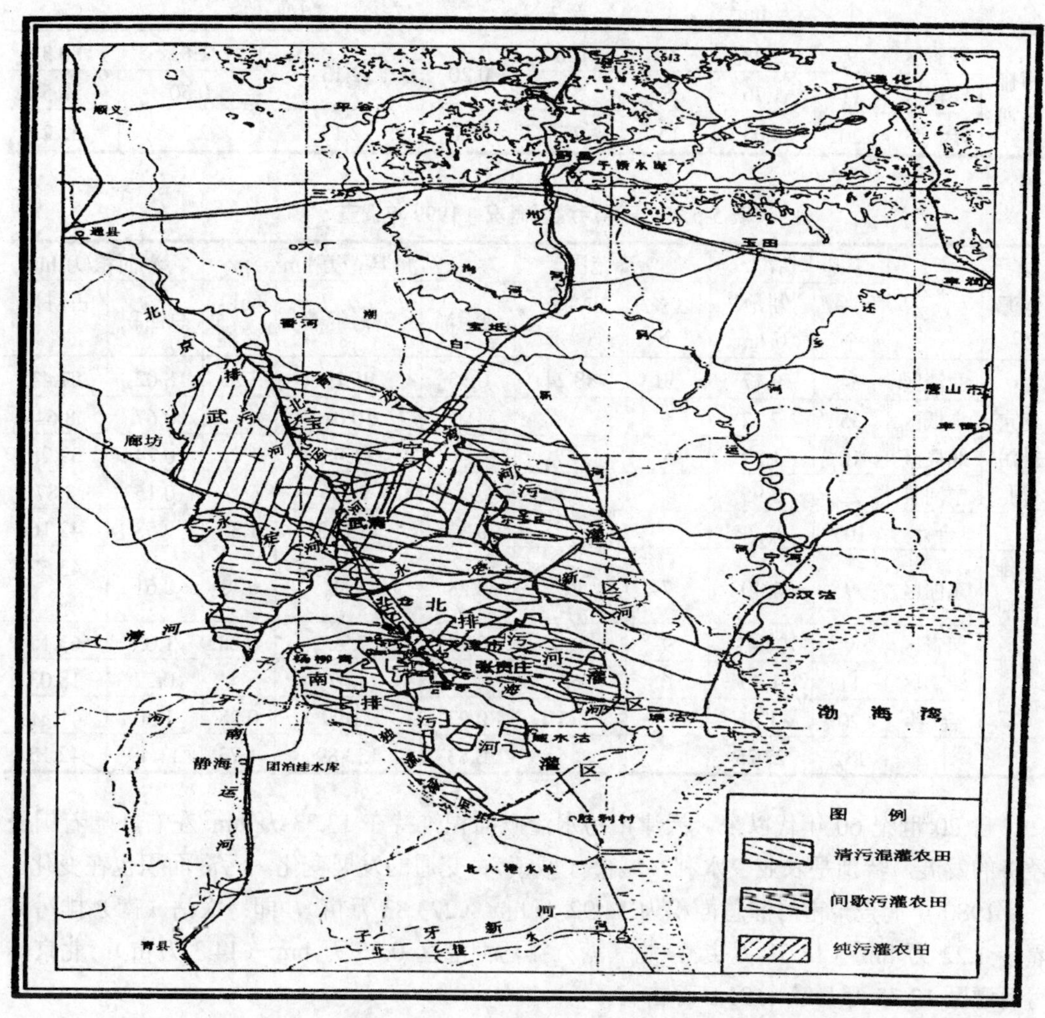

图 5-6-1　天津市污灌区分布示意图

表 5-6-1　天津污灌区概况（1987 年调查）

水源	郊县名称	基本情况		污灌范围		污灌类型/万 hm²			污灌面积/万 hm²	
		区乡/个	耕地/万 hm²	区乡/个	占总乡（%）	纯污灌	清污混灌	间歇污灌	总面积	占耕地（%）
北京排污河	武清区	33	9.57	25	76	3.87	1.67	1.87	7.40	77.3
	北辰区	12	2.64	5	42	0.00	0.00	0.95	0.95	36
	合计	45	12.21	30	67	3.87	1.67	2.82	8.35	68.4
北排污河	东丽区	9	1.60	7	78	0.37	0.85		1.23	76.7

水源	郊县名称	基本情况		污灌范围		污灌类型/万 hm^2			污灌面积/万 hm^2	
		区乡/个	耕地/万 hm^2	区乡/个	占总乡（%）	纯污灌	清污混灌	间歇污灌	总面积	占耕地（%）
南排污河	西青区	9	2.28	9	100	0.20	2.13		1.83	80.3
	津南区	11	1.76	6	55				0.50	28.5
	合 计	20	4.03	15	75	0.20	2.13		2.33	57.7

表 5-6-2　天津污灌区概况（1999 年调查）

水源	郊县名称	基本情况		污灌范围		污灌类型/万 hm^2			污灌面积/万 hm^2	
		区乡/个	耕地/万 hm^2	区乡/个	占总乡（%）	纯污灌	清污混灌	间歇污灌	总面积	占耕地（%）
北京排污河	武清区	34	9.17	30	88.24	0.33	95.19	1.35	8.02	87.47
	宝坻区	35	7.72				10.01		0.67	8.64
	北辰区	12	1.87	5	42		11.03		0.74	39.28
	宁河县	22	3.95				2.30		0.15	3.87
	合计	103	22.72			0.33	118.53	1.35	9.58	42.16
北排污河	东丽区	9	1.40	7	78	0.28	3.38	0.11	0.61	43.57
南排污河	西青区	9	24.47	9	100	0.23	7.92	0.28	1.03	63.15
	津南区	11	1.50	6	55		4.07		0.27	18.03
	合 计	20	3.13	15	75	0.23	11.99	0.28	1.30	41.51
总 计		132	27.25			0.83	133.89	1.73	11.49	42.15

自 20 世纪 60 年代以来，天津市污水灌溉面积维持在 13.33 万 hm^2 左右，随着国民经济的发展，特别是农业、水利、城市（城镇）、交通的发展变化，污灌面积也在变化。

1980 年调查全市污灌总面积为 14.92 万 hm^2（223.83 万亩），即：大沽（南）排污河灌区 1.22 万 hm^2（18.32 万亩）；北（塘）排污河灌区 0.95 万 hm^2（14.3 万亩）；北京排污河灌区 12.75 万 hm^2（191.2 万亩）。

据 1983—1987 年调查，三大排污河灌区直接污灌总面积为 11.89 万 hm^2（178.3 万亩），其中，南排污河污灌面积扩大为 2.33 万 hm^2（34.9 万亩），年消耗污水量 1.5 亿 m^3；北排污河灌区 1.23 万 hm^2（18.4 万亩），年消耗污水量 0.8 亿～1 亿 m^3；而北京排污河灌区，由于武清区北部一部分乡实行井灌，使该县污灌面积减少 2.43 万 hm^2，为 7.4 万 hm^2（111 万亩），污灌用水量 1.2 亿～1.5 亿 m^3，加上宝坻、宁河污灌面积共约 8.33 万 hm^2（125 万亩）。而静海县利用南运河、青年渠、争光渠河水灌溉的农田，塘沽用黑潴河水灌溉的农田，蓟县利用城关污水和化肥厂废水灌溉的农田，都可以列入直接污灌的范围，因此全市直接污水灌溉农田的总面积仍维持在 13.33 万 hm^2 左右。

由于海河流域的下游段各河流都含有大量部分处理或全部未经处理的废水，城市工业和农业普遍从严重污染的河流中取水，污水的大量“间接再用”或“暗中再用”现象普遍存在。在一般径流条件下天津蓟运河、潮白新河、永定河、南运河、大清河等河流都含 20%～50%工业废水或城市污水。这些河水水质一般都属于“劣五类”，从这类河流取水灌溉，无疑也是污水灌溉的一种，已将这类水质灌溉纳入间接污水灌溉的范畴，据此统计天津市的污灌面积成倍增加。

到 20 世纪 90 年代，由于居民对食品结构和质量的要求不断提高，农民环境意识增强，认识到污水灌溉可能造成的危害，尽可能少用或不用污水，尤其不直接利用工业废水，使农田污灌面积相对减少。西青、东丽、武清、宝坻四区先后建立了绿色食品、放心菜、优质农产品基地，减少了部分污水灌溉面积。例如东丽区的军粮城、幺六桥、新立镇等地建立了优质水稻基地已改用袁家河和地下水灌溉；程林庄放心菜基地部分改用海河水灌溉；部分农田改为淡水养殖。“七五”以来在武清区和宝坻区发展地下水灌溉，增加机电机井数千眼。改革开放以来，城市的迅速扩展、各区县开发区建设、市区工业大量外迁、乡镇和个体经济发展、公路建设等占用了大量农田，特别是环城郊区污灌农田面积发生较大变化。

1999 年调查，天津市污水灌溉面积为 234 030 hm^2（合 351.045 万亩），占全市耕地面积的 48.24%，占灌溉总面积 66%，占河水灌溉面积 97 %；其中直接利用污水灌溉 114 880 hm^2（合 172.320 万亩）占污灌区耕地面积的 42.08%，占全市耕地面积的 26.37%（其中纯污灌面积为 8 280 hm^2，占直接污灌面积的 7.2%；清污混灌面积为 81 900 hm^2，占直接污灌面积的 71.3%；间歇污灌面积为 24 690 hm^2，占直接污灌面积的 21.5%）；间接利用污水灌溉 119 150 hm^2（合 178.725 万亩），占全市耕地面积的 24.48%。1991—1998 年全市每年污水灌溉的水量 4.19 亿～7.39 亿 m^3，平均为 6.15 亿 m^3，约占灌溉总水量的 40.4%。

6.2.4 三大排污河灌区概况

（1）北（塘）排污河灌区

本灌区（东丽区）污灌历史，一般在 30～40 年。污水河全长 34 km，农用污水量约 1.0 亿 t/a，污灌作物主要是水稻、旱作粮食及蔬菜，近年来菜田污灌面积有所减少。在污灌区上游的菜田，除污灌外，从 20 世纪 60 年代开始同时还施用污泥，施用面积约 0.11 万 hm^2，亩施用量在 5 000 kg 以上。

1987 年东丽区除小东庄乡、李庄子乡外，其他 7 个乡均利用污水灌溉，污灌面积达 1.23 万 hm^2，占全区总耕地面积的 76.7%；其中常年污灌约 0.37 万 hm^2，占总耕地面积的 23%，主要分布在荒草坨乡、军粮城乡、万新庄乡、新立村乡及部队农场。清污混灌和间歇污灌约 0.85 万 hm^2，占总耕地面积的 53%，主要分布在大毕庄乡、军粮城乡、万新庄乡、新立村乡和幺六桥乡等。

1999 年调查排入北排污河的污水总量为 39.94 万 m^3/d，东丽区污灌面积 0.61 万 hm^2，占全区总耕地面积的 43.08%，其中纯污灌面积 0.28 万 hm^2，清污混灌面积 0.23 万 hm^2，间歇污灌面积 0.11 万 hm^2。在污灌面积中蔬菜污灌面积 0.22 万 hm^2，稻田污灌面积 0.38 万 hm^2，果园污灌面积约 110 hm^2。

（2）南排污河灌区

污水河全长 60 km，污灌历史 20～47 年。

1987 年该灌区（西青区和津南区）的污灌范围包括 16 个乡和 4 个国营农场的 2.33 万 hm^2 农田，污灌面积占两区总耕地面积（4.08 万 hm^2）的 57.1%。其中，大田作物污灌面积 1.77 万 hm^2，占大田作物总面积的 61.1%；菜园污灌面积为 0.24 万 hm^2，占菜田总面积的 29.7%；水田污灌面积为 0.33 万 hm^2，约占水田总面积的 81.1%。

西青区农田总面积为 2.28 万 hm^2，因其污水水质较好，污灌历史也较长，全区 9 个乡全部污灌，污灌面积达 1.83 万 hm^2，占农田总面积的 80.4%，大田作物及水田污灌面积达 90%左右，菜田也有一半以上污灌。全区污水冬灌面积达 1.53 万 hm^2，主要为大田，如杨柳青镇、大寺镇和王稳庄乡。

西青区各乡除污灌外，还兼施河道底泥或纪庄子污水厂污泥，主要有南河镇、张窝乡、李七庄乡、西营门乡和大寺乡。旱田施用污泥面积占全区旱田的 6.1%，园田占 7.5%，污泥总施用面积占总耕地面积的 5.1%，1982 年以前施用污泥面积达到 0.29 万 hm^2。

津南区由于双林泵站出水较差，水量较少，污灌面积仅 0.50 万 hm^2，占农田总面积的 28.5%。全区有 6 个乡实行污灌，菜田污灌面积少，只占菜田总面积的 4.8%；水稻污灌面积达 0.16 万 hm^2，占水稻总面积的 67.4%；大田作物污灌面积 0.22 万 hm^2，占大田作物总面积的 19.3%，主要是冬灌。

南排污河灌区除主要纳污河道上游水田和部分菜田及八里台乡水田以纯污灌为主外，其他农田均为清污混灌和间歇污灌。纯污灌面积占污灌总面积的 3%，清污混灌占 64%。间歇污灌占 33%。该灌区污灌历史最长 43 年，最短 15～16 年，一般 27～32 年。

1999 年调查，排入南排污河的污水总量约为 71.16 万 m^3/d，农用污水量约 1.29 亿 t/a；本灌区总污灌面积为 1.30 万 hm^2，其中西青区 1.03 万 hm^2，占全区总耕地面积的 63.15%，纯污灌面积 0.23 万 hm^2，清污混灌面积 0.53 万 hm^2，间歇污灌面积 0.28 万 hm^2。蔬菜污染面积占 0.68 万 hm^2，稻田占 0.28 万 hm^2，其余为果园其他作物。

（3）北京排污河灌区

北京排污河全长 93 km，从武清区里老闸进入天津后，至华北闸进入永定新河，由北塘口入海，主要承泄北京市工业废水和生活污水。近年来由于北京来水量减少，污灌面积较 20 世纪 80 年代有所减少，其中武清区和北辰区共减少了 2.43 万 hm^2。北京排污河污水主要用于灌溉大田作物，也有少部分灌溉菜田，如南蔡村。武清区目前有 25 个乡进行污灌，占总乡数的 76%，纯污灌面积达 3.87 万 hm^2，清污混灌面积 1.67 万 hm^2，间歇污灌面积 1.87 万 hm^2，总污灌面积 7.40 万 hm^2，占总耕地面积的 77.3%。北辰区有 5 个乡进行污灌，占总乡数的 42%，主要是间歇污灌，计 0.95 万 hm^2，占耕地面积的 36%。

宝坻县污灌水源主要来自青龙湾河，一部分来自窝头河和洵河。青龙湾河污水主要来自北京排污河，沿途经大口屯、牛家牌、大白庄、大唐庄、尔王庄等乡。窝头河污水主要来自宝坻县城和县开发区，洵河污水主要来自北京和河北。宝坻污灌面积约 0.11 万 hm^2。

1999 年调查，本灌区农用污水量 1.3 亿 t/a，总污灌面积 9.58 万 hm^2，占区总耕地面积的 42.10%。其中以武清区为污灌面积最大，全县共 34 个乡，有 30 个乡污灌，污灌面积 8.03 万 hm^2，其中清污混灌面积 6.35 万 hm^2，纯污灌面积 0.33 万 hm^2，间歇污灌面积 1.35 万 hm^2。菜田占 0.43 万 hm^2，小麦占 3.67 万 hm^2，水稻占 0.1 万 hm^2，其他为大田作物及杂粮。

宝坻区只有清污混灌面积 0.67 万 hm^2，宁河只有清污混灌面积 0.15 万 hm^2，北辰间歇污灌面积 0.74 万 hm^2，三区污灌面积多为大田作物。

宁河县潘庄、造甲城、大贾等乡引北京排污河和永定新河污水灌溉农田，污灌面积约 0.6 万 hm^2。

（4）污水养鱼

从 1958 年起，天津西青区的几个生产队，开始利用城市污水养鱼，当时城市污水大部分为生活污水，水中营养物质较多，夏季在鱼塘中加入 1%的污水，春秋季加入 2%的污水，促使浮游生物繁殖，增加鱼的饵料，此法成本低，产量高。1980 年以前，污养发展较慢，仅限于近郊西湖村、八里台、李七庄、侯台、王顶堤等几个队，污养面积约 400 hm^2，年产鱼量 1 500 t，大部分在市区销售。

1980 年以后，为解决天津市吃鱼难的问题，各郊区县大抓渔业，淡水养殖加速发展，并促进了污养的发展。很多渔业队开渠引污，扩大污养鱼塘面积，全市污养水面 1990 年达到 2 360 hm^2，比 1980 年增加 5 倍，主要分布在西青、津南两区，此外东丽区、武清区也有少量污养水面。年产量约 8 850 t，比 1980 年增加 4.9 倍，污养鱼品的 40%在市内销售，60%销往市外，主要销往东北、山西等地。

1990 年以后，全市污养面积进一步发展，据不完全统计，1995 年已达 0.67 万 hm^2 以上，主要分布在西青、津南、东丽、北辰等郊区，武清区、宁河县亦有一部分。污养面积较大的村有侯台、王顶堤、小南河、小孙庄、八里台、西小站、李明庄、军粮城、东堤头等。污养鱼大量销往河北、山西、东北等地。由于天津多数一二级河道已受到严重污染，已超过五类水体水质标准，即使非直接引污养鱼，不少鱼塘的水质也达不到渔业水质标准。

除淡水养殖鱼塘实施污养之外，河口地区养虾业，尤其是北塘及其以上河道的养虾池，受污水影响也较大。

6.2.5 污水灌溉污水量和水质

（1）近年污水灌溉引用污水量

据水利部门 1995—1998 年统计，全市农业灌溉引用污水量（包括直接污灌和间接污灌引用）年平均为 7.13 亿 m^3，其中武清区引用污水量最大为 2.37 亿 m^3，其次为宁河、静海、西青、东丽等年均引用污水 0.8 亿 m^3 左右，其他区县约为 0.1 亿～0.5 亿 m^3 左右，汉沽区耕地较少，年均引用污水灌溉量不足 0.5 亿 m^3。见表 5-6-3。

表 5-6-3 天津市各区县 1995—1998 年引用污水灌溉水量

区县名称	污水灌溉水量/亿 m^3			
	1995 年	1996 年	1997 年	1998 年
蓟县	1 936	2 211	1 113	1 104
宝坻	8 081	4 523	4 577	3 888
武清	20 335	30 986	23 427	20 204
宁河	5 860	6 347	6 830	8 480
静海	5 938	894	1 594	8 759
东丽	8 621	7 300	9 030	5 062
津南	5 155	4 365	5 556	3 301
西青	7 904	8 203	7 194	9 839
北辰	5 121	5 389	5 134	4 573
塘沽	3 138	1 326	2 657	2 127

区县名称	污水灌溉水量/亿 m^3			
	1995 年	1996 年	1997 年	1998 年
汉沽	398	35	529	363
大港	963	2 355	1 029	1 350
合计	73 450	73 934	68 670	69 050

（2）污水灌溉水质和污泥重金属污染概况

① 天津南北排污河灌区水质和污泥概况：

天津是老工业城市，市区各种工业废水与市政居民污水混合排放，20 世纪 90 年代以前工业废水比重高达 50%～70%，90 年代以来随着工业结构调整和市区工业外迁，工业节约用水取得成效，部分耗水量大的污染行业被淘汰（如造纸、印染、化工等），市区工业用水比重逐渐下降，到 2000 年约为 50%。天津市区城市污水中主要成分为有机物、无机盐类、营养盐类和悬浮物，但也含有大量的有毒物质，主要包括重金属、难降解有机物（可致癌，致畸形，致突变）、酸碱盐类和病原体、病毒等。这些物质通过食物链、地下水对人体健康造成危害，并对水体、土壤、生物构成的生态系统造成很大影响，一旦污染土壤和地下水则很难治理，且费用昂贵。

天津南北排污河灌区引用的污水，分别主要来自北塘排污河的赵沽里泵站系统、张贵庄泵站系统和程林庄泵站系统；大沽排污河的咸阳路泵站系统、纪庄子泵站系统、双林泵站系统；此外还有来自杨柳青、张窝、大寺、咸水沽等城镇排放的污水及分布于各村镇的石油化工、化工、造纸、印染、制药、电镀等工业废水；在纪庄子污水处理厂和东郊污水处理厂建成之前，不仅市政污水均未得到处理，工业废水的处理率也较低。纪庄子污水处理厂和东郊污水处理厂建成之后，污水处理率占 40%左右，仍然有 60%左右的污水未经处理，处理后和处理前的污水混合灌溉，降低了污水处理厂的成效。“七五”之前，各类排放重金属的企业尚未得到很好治理。因此，长期以来南北排污河灌区灌溉水水质为严重污染水质。

污水中 COD_{Cr} 含量约 400～800 mg/m^3，各项病原菌和寄生虫等生物性污染指标也严重超标，一段时期污水中部分重金属也超标。污水中还含有“三致”（致畸形、致癌、致突变）难降解有机污染物，其中不少属于国际上确认的优先有机污染物。

2000 年以前，天津市区每年通过市政排污系统，排放污水 5 亿 m^3 左右。粗略统计，自 1986—1995 年，每年排放悬浮物约 6 万～9 万 t，化学耗氧量约 16 万～23 万 t，挥发酚 140～381 t，氰化物 23～54 t，重金属镉约 1～2 t，汞约 0.5 t，砷约 7 t，铬 50～100 t。10 年共排放镉约 15～30 t，汞约 4.7 t，砷约 68 t，这些重金属的 50%以上已通过污水、污泥进入农田，尤其以排污河上游农田污染最为严重。

目前沉积于排污河中的含重金属污泥，据估算已达 300 余万 m^3。不论是污水处理厂污泥，还是排污河底污泥，镉、锌、铜、砷等多项重金属指标超过国家标准，例如赵沽里系统、咸阳路系统排放的镉、锌、铜超标严重，双林系统砷、锌超标严重，两排污河均有镍、铬超标。纪庄子污水处理厂污泥中锌超标，东郊污水处理厂污泥中铜、锌超标。20 世纪 90 年代以后，污泥中镉含量逐年减轻。污泥中重金属含量情况见表 5-6-4、表 5-6-5、表 5-6-6 及表 5-6-7。

表 5-6-4　1987 年天津市南北排污河不同河段中污泥重金属含量

采样河段		元素/（mg/kg）					
		Cu	Pb	Zn	Cd	Hg	As
南排污河	咸阳路	1 057.5	37.8	2 345.7	9.32	5.05	11.3
	李七庄	704.0	451.4	1 439.0	9.26	13.2	14.7
	青泊洼	168.2	110.2	806.7	1.45	1.25	13.8
	双　林	550.8	359.4	4 466.9	4.39	1.25	59.7
	咸水沽	371.2	344.8	4 850.0	3.72	1.02	41.5
	葛　沽	174.3	64.8	—	1.62	1.09	20.8
北排污河	东大沽	61.4	36.2	906.6	0.54	0.86	22.2
	赵沽里	830	514	3 024	18.9	4.36	20.97
	张贵庄	1419	95.7	1 107	2.85	1.70	14.98
	小王庄	434	115	697	1.70	0.633	7.74
	程林庄	497	128	1 485	0.962		14.34
	南大桥	1 483	1 332	2 152	13.5	5.33	14.4
国家农用污泥标准		500	1 000	1 000	20	15	75

表 5-6-5　1991—1994 年南北排污河不同河段中污泥重金属含量

采样河段		元素/（mg/kg）			
		Cd	Hg	Cu	Zn
南排污河	咸阳路	9.22	3.62	731	1 776
	王顶堤桥	15.3	2.08	174	524
	纪庄子	2.48	6.89	268	886
	陈台子	4.87	2.62	334	1 152
	跑水洼	3.80	2.391	157	931
	双　林	4.07	1.98	172	3 241
	南马集	4.55	1.83	228	2 387
	咸水沽	2.60	0.658	74.7	866
北排污河	赵沽里	4.08	6.86	100	3 424
	靖江路桥	37.4	5.16	1312	3 474
	坦克团桥	20.7	4.51	890	2 887
	程林庄	19.2	4.85	814	2 606
	南大桥	2.34	6.57	145	641
	李明庄	33.1	3.31	963	3 218
	贯庄	37.2	5.85	126.4	3 472
	山岭子	12.0	3.24	471	1 165
国家农用污泥标准		20	15	500	1 000

表 5-6-6 1996—1997 年天津市南北排污河河道污泥重金属含量

采样河段		元素/（mg/kg）							
		Cu	Zn	Pb	Cd	Hg	As	Ni	Cr
北排污河	范围值	64～886	106～4 367	53～679	0.75～41	0.45～9.6	6.25～29	36～520	53～1 404
	平均值	556	1 676	322	12	5.18	18	166	480
	最大值点位	坦克团桥	李明庄	坦克团桥	李明庄	李明庄	坦克团桥	南程林	南程林
	超标率（%）	72	56	0	6	0	0	17	17
南排污河	范围值	31～610	153～3 322	26～1 714	0.28～29	0.56～10	8.87～114	37～344	79～1 323
	平均值	182	1381	384	7.84	5.50	31	126	346
	最大值点位	咸密交汇	南马集	双林	纪庄子	纪庄子	南马集	纪庄子	南马集
	超标率（%）	8	77	15	15	0	15	15	8
国家农用污泥标准		500	1 000	1 000	20	15	75	200	1 000

表 5-6-7 1996—2000 年纪庄子和东郊污水处理厂污泥重金属含量

采样地点			元素/（mg/kg）						
			Cu	Zn	Pb	Cd	Hg	Cr	As
纪庄子污水处理厂	生污泥	5 年范围值	60～216	544～2 826	44～321	0.8～23	7～19	48～256	12～18
		5 年平均值	163	1434	127	8	11	146	16
	消化污泥	5 年范围值	38～190	143～1 378	41～401	0.1～19	6～27	76～232	14～20
		5 年平均值	136	988	167	7	13	129	17
东郊污水处理厂	生污泥	5 年范围值	311～1 326	1 514～5 627	151～514	1.1～20	9～17	364～1 108	14～31
		5 年平均值	885	3 327	298	10	11	621	22
	消化污泥	5 年范围值	323～1 580	1 602～5 073	140～652	1.5～23	8～16	228～1 520	13～25
		5 年平均值	938	3 247	354	11	11	663	21
国家农用污泥标准			500	1 000	1 000	20	15	1 000	75

② 北京排污河灌区水质概况：

在北京排污河灌区污水主要来自北京市，也接纳沿途城镇污水和工业废水，由于经过几十公里的净化，即使在未建污水处理厂之前，到达里老闸的污水按 BOD 和 SS 指标衡量，接近二级污水处理厂出水水质，但仍然劣于地表水Ⅴ类水质标准，生物性污染指标污染仍然严重，优先有机污染物污染问题依然突出。同样受北京污水影响，青龙湾减河、北运河灌溉水水质也劣于地表水Ⅴ类水质标准。

机场排水河主要接纳杨村镇污水和工业废水，超过农田灌溉水质标准。

从总体上，北京排污河灌区主要河流灌溉水质劣于地表水Ⅴ类水质标准或超过农田灌溉水质标准，但重金属污染相对较轻。重点污染指标是生物性污染指标和优先有机污染物。

③ 其他河流灌溉水质：

由于天津入境地表水水质普遍受到上游污染，多数河流虽然仅在汛期来水，但水质均劣于地表水Ⅴ类水质标准或农田灌溉水质标准；进入天津后，又接纳城镇污水和工业废水，水质进一步恶化。造成了天津大面积间接污灌农田。入境河流水质详见表 5-6-8 和表 5-6-9。

表 5-6-8　天津入境国控断面综合污染指数一览表

1998 年		1999 年		2000 年	
站　位	综合指数	站　位	综合指数	站　位	综合指数
北运河土门楼	39.31	沧浪渠翟庄子	172.19	沧浪渠翟庄子	134.49
里老闸	38.08	北排水河翟庄子	105.32	五星	126.35
台头	32.61	九宣闸	90.07	北排水河翟庄子	119.80
来家庄	30.95	台头	87.18	青龙湾土门楼	82.57
青龙湾土门楼	29.85	大庄子	63.02	大庄子	75.80
大套桥	28.74	北运河土门楼	51.19	丰北闸	56.19
丰北闸	27.95	五星	50.36	来家庄	54.87
子牙河八堡拦河闸	20.19	青龙湾土门楼	46.47	北运河土门楼	52.46
江洼口	18.76	里老闸	41.81	江洼口	49.67
九宣闸	9.33	子牙河八堡拦河闸	40.95	大套桥	46.92
泃河九王庄	8.54	江洼口	30.53	里老闸	40.33
泃河桑梓	7.07	丰北闸	25.55	凤河韩村闸	31.79
小河闸	6.95	东港拦河闸	25.13	泃河桑梓	8.31
辛撞闸	6.44	大套桥	22.99	辛撞闸	7.98
沙河桥	3.15	凤河韩村闸	21.51	九宣闸	6.30
淋河桥	2.75	泃河桑梓	10.04	沙河桥	5.36
蓟县黎河桥	2.54	泃河九王庄	8.07	蓟县黎河桥	4.40
		辛撞闸	7.99	泃河九王庄	3.59
		蓟县黎河桥	5.56	淋河桥	2.86
		沙河桥	3.83		
平均	24.33	平均	48.31	平均	55.86

表 5-6-9 1998—2000 年入境国控断面污染程度分类

统计项目	综合指数	分类指数	污染程度
沙河桥	7.67	0.349	轻度污染
蓟县黎河桥	7.06	0.321	轻度污染
泃河桑梓	8.73	0.397	轻度污染
辛撞闸	8.26	0.375	轻度污染
江洼口	28.71	1.51	中度污染
大套桥	22.66	1.03	中度污染
丰北闸	24.91	1.47	中度污染
北运河土门楼	31.73	1.44	中度污染
子牙河八堡拦河闸	19.10	0.868	中度污染
台头	38.97	1.77	中度污染
九宣闸	30.33	1.38	中度污染
里老闸	42.45	1.93	中度污染
青龙湾土门楼	43.73	1.99	中度污染
五星	87.42	4.37	严重污染
大庄子	71.78	4.22	严重污染
东港拦河闸	25.23	1.26	中度污染
沧浪渠翟庄子	156.78	9.22	严重污染
北排水河翟庄子	117.79	6.93	严重污染
来家庄	26.88	1.22	中度污染

6.3 污水、污泥农用问题的严重性

近 40 年的污水灌溉和污泥施用，将未经净化处理的城市污水、工业废水和污泥用于农业生产，其危害是触目惊心、十分深远的，主要有以下几个方面：

6.3.1 农田土壤污染严重

由于天津污水水质很差，长期用污水灌溉和施用污泥，已经产生诸多环境问题。对照国家颁布的农田土壤环境质量标准，近郊 4 个区的农田普遍受到重金属的污染，据 1987—1994 年市环保部门监测，污染元素多达 24 个，其中超过国家土壤环境质量标准的元素有 6 项，依次是镉、汞、锌、铜、铬、镍。在近郊菜田所监测的 150 个点位中，超过国家土壤环境质量二级标准的点位占全部监测点位的比例是（详见表 5-6-10）：

东丽区：镉 72%、汞 18%、锌 24%、铜 18%、铬 6%、镍 6%；

西青区：镉 45%、汞 53%、锌 47%、铜 32%、镍 5%；

北辰区：汞 40%。

经过多年的污灌和施用污泥、垃圾，以及受大气沉降、汽车尾气等污染，天津市农田土壤被重金属污染并高于当地土壤环境背景值的总面积已超过 11.33 万 hm^2，超过土

壤污染起始值的 2.27 万 hm^2。严重污染的农田分布在四郊，超二级标准的农田总面积约 0.4 万 hm^2，其中以菜田污染最重（见表 5-6-10），其次是稻田，旱田较轻。东丽区菜田表土中镉的平均含量 0.86 mg/kg，为菜田土壤背景值的 9.4 倍，相当于国家二级标准的 1.4 倍。“菜篮子工程”主要基地大毕庄乡土壤污染严重，93%的点位土壤中的镉含量超过二级标准，74%的点位超过三级标准，蔬菜质量明显受到影响，全乡土壤中的镉平均含量高达 1.78 mg/kg，最高点位达 5.20 mg/kg，超标 8.7 倍，超过土壤背景值 57 倍。荒草坨乡（华明镇）农田土壤镉平均含量 1.15 mg/kg，超二级标准点位占 76.7%，超三级标准点位占 41.3%。西青区李七庄乡和南河镇菜田土壤中的镉，平均含量达 0.91 mg/kg 和 1.15mg/kg，接近和超过三级标准水平。东丽区菜田土壤汞、铜、锌污染也较重，表土汞平均含量 0.676 mg/kg，高于背景值 19 倍之多。西青区菜田汞平均含量 1.18 mg/kg，高于背景值 34 倍，超过国家二级标准。

东丽、西青两区菜田的镉污染超过国家土壤质量标准面积达 0.12 万 hm^2，且分布于近郊重点蔬菜产区，见表 5-6-10。

表 5-6-10　天津近郊四区菜田土壤环境质量分级

地　区	元　素							
	镉	汞	砷	铜	铅	铬	锌	镍
东丽区（n 值）	142	19	17	17	17	17	17	17
Ⅰ背景		5.26%	29.41%			5.88%	17.65%	11.76%
Ⅱ尚清洁	2.11%	5.26%	64.71%	41.18%	64.71%	64.71%	17.65%	70.59%
Ⅲ轻度污染	14.08%	42.11%	5.88%	29.41%	35.29%	11.76%	23.58%	11.76%
Ⅳ中度污染	11.27%	21.05%		11.76%		11.76%	17.65%	
Ⅴ重污染	19.01%	5.26%		17.65%		5.88%	11.76%	5.88%
Ⅵ严重污染	53.52%	10.53%					11.76%	
西青区（n 值）	38	18	19	19	19	17	19	19
Ⅰ背景	13.16%		42.11%	5.26%	63.16%	41.18%	5.26%	36.84%
Ⅱ尚清洁	7.89%	5.56%	42.11%	31.58%	36.84%	29.41%	21.06%	47.37%
Ⅲ轻度污染	13.16%	11.11%	15.79%	10.53%		23.13%	15.79%	5.26%
Ⅳ中度污染	21.05%	27.78%		21.05%		5.88%	10.53%	5.26%
Ⅴ重污染	21.05%	27.78%		31.58%			31.58%	5.26%
Ⅵ严重污染	23.86%	27.78%				5.88%	15.79%	
津南区（n 值）	10	10	10	10	10	10	10	10
Ⅰ背景	50%		30%	20%		70%	10%	30%
Ⅱ尚清洁	40%	40%	50%	40%	90%	30%	10%	70%
Ⅲ轻度污染	10%	40%	20%	40%	10%		20%	
Ⅳ中度污染		20%					30%	
Ⅴ重污染								
Ⅵ严重污染								
北辰区（n 值）	10	10	10	10	10	10	10	10
Ⅰ背景	70%		40%	20%		60%	10%	40%
Ⅱ尚清洁	20%	40%	60%	30%	80%	40%	40%	60%
Ⅲ轻度污染	10%	20%		30%	20%		40%	

地 区	元 素							
	镉	汞	砷	铜	铅	铬	锌	镍
Ⅳ中度污染				10%				
Ⅴ重污染		30%		10%			10%	
Ⅵ严重污染		10%						

稻田的重金属污染也主要分布在东丽和西青两区。据 1991—1994 年监测，东丽区土壤镉平均含量达 0.807 mg/kg，超过国家二级标准的农田面积为 0.16 万 hm^2，其中荒草坨乡（华明镇）占 0.14 万 hm^2，达重污染水平，超三级标准的严重污染面积 0.06 万 hm^2（华明镇 510.8 hm^2）。西青区约有 0.048 万 hm^2 超过国家二级标准，达重污染水平，主要分布在南河镇、李七庄乡和西营门乡，污染严重的侯台、付村土壤的镉含量已超过三级标准。

近郊麦田土壤受重金属污染严重的区域主要在南河镇，该镇农民曾在麦田大量施用污泥。在适宜条件下，土壤中的重金属形态和价态变化，可能对农业生产环境造成严重急性危害，甚至使作物完全绝收，土地丧失生产能力。1996 年 7 月，津南区双港镇南马集村近 13.33 hm^2 菜田严重污染，蔬菜烂根、烂心，终致死亡，直接经济损失约十几万元。经农业部环保所现场调查和土培试验，结论是：因 7 月份有一拖斗罐废盐酸（浓度约 30%左右）3.4 t，不慎翻入村庄以西三号河支渠内，造成三号河底污泥及园田土壤中重金属大量释放，使非溶解性金属化合物转化成溶解性金属化合物，重金属中镍、钴离子造成 13.33 hm^2 菜苗受害致死。由此看出，累积在河底及土壤中的大量重金属，只要条件适宜，随时都会造成对农作物生长发育及产品质量的危害。

常年污灌和施用污泥，也使农田土壤积累了有毒有机污染物。1992 年在四郊、五县选取污灌和非污灌土壤样品 20 个，用 GC/MS 方法定样品测定二氯甲烷—甲醇提取相中有机化合物，检出正烷烃同系物、脂肪酸及其酯、邻苯二甲酸、多环芳烃、有机氯杀虫剂、三萜类等 110 种有机污染物，其中许多是致癌物。土壤中有机毒物含量以近郊四区特别是菜田土壤为最高，尤其是多环芳烃、邻苯二甲酸盐类和有机氯农药等毒性大、难分解的致癌、致畸、致突变物质已经通过污水、污泥进入土壤、作物（尤其是蔬菜）和地下水，从而威胁人体健康。据天津医科大学对污灌区污水、土壤、地下水、作物等各种有机提取物 Ames 实验结果，均显示了不同程度的致突变性。

6.3.2 部分农作物中的重金属含量超过食品卫生标准

近郊农作物的重金属污染分布状况与土壤相同，在施用污泥和污灌上游地区均能检出超过食品卫生标准的样品。据 18 个样点的小麦样品监测显示，南河镇部分麦田的小麦含镉超标，如董庄子小麦含镉达 0.13 mg/kg，另有 11%的样品达中度污染水平。对 20 个水稻样点监测结果，主要超标污染物仍为镉，超标率达 10%，其中东丽区李明庄、于明庄、西青区侯台均有超标样品检出；85%以上的样品受铜、锌、铅污染，79%的样品砷含量达轻度污染，29%的样品汞含量达中度污染。华明镇是东丽区主要产稻乡，该乡稻米污染最重。

对蔬菜监测结果，在东丽区 20 个村中，有 7 个村的叶菜类检出镉含量超过食品卫生标准，它们是徐庄子、赵沽里、大毕庄、南何庄、南孙庄、赵庄子、范庄子，占测点数的 35%，另有 35%的测点达中度污染水平。西青区潘楼、小卷子、辛院 3 个村也有超标镉蔬菜检出。污染最重的东丽区徐庄子村，7 种蔬菜含镉超标，最高超标 4 倍，而该乡叶菜产量占东丽区 1/3。据天津医学院对施污泥、污灌蔬菜监测结果，证明大毕庄村蔬菜诱变性增高，解决该乡蔬菜污染问题已刻不容缓。

6.3.3 污水养鱼的污染

污水养鱼虽然有较高的经济效益，但据 1992—1995 年监测结果表明，污养水质中有 8 项指标超标，其中 BOD、铜、石油类、氰化物超标率几乎达 100%，鱼体外周血清微核率显著升高，达 0.24‰～0.92‰，平均 0.47‰，为于桥水库清洁水养鱼微核率的 3～12 倍，说明污水中毒性物质已使鱼体细胞突变水平发生很大变化。不仅如此，镜检中还发现细胞核断裂、核异型和核质形态的改变。污养还造成鱼体畸形率升高，鱼病多发。此外由于鱼塘水缺氧，死鱼时有发生。

6.3.4 北京排污河灌区的地下水污染

北京排污河灌区是天津最大的污灌区，污灌已造成地下浅层淡水资源的污染。1988 年对武清地下水的监测表明，7 个井位中，高锰酸盐指数、氨氮、溶解氧、挥发酚均有超标。

1991 年 6—12 月监测结果，COD 平均值高达 31.91 mg/L，超标率达 83%。氨氮平均值 0.97 mg/L，超标 0.94 倍，超标率达 40%。这些数字说明北京排污河对地下水的有机污染和氮污染已很明显。中科院环化所在北京东南郊、武清、津北等地各测点同时检出有机物多达 32 种，其中 16 种属于美国 EPA 优先控制污染物。1995 年天津环境监测中心对武清区北部污灌区 9 口井监测结果，检出多环芳香烃类、氯酚类、酞酸酯类、杂环类、有机酸类、烷烃类、烯烃类等 140 多种污染物，其中有 38 种属于优先控制污染物，武清的浅层淡水已不适宜饮用。以上结果表明，难以降解的有机物已迁移入武清地下水中，可能成为该区的主要环境问题。武清区目前已在发展深井自来水，以防农民饮用不卫生的浅井水。

6.3.5 灌区内河道普遍受到污染

在天津南北排污河灌区，共有二级河道 22 条，水面面积 1.66 万 hm^2，由于引污灌溉，水体普遍受到严重污染，没有一条河流水质达到相应的五类水质标准。

与引污灌溉有关的一级河道如北京排污河、北运河、青龙湾河、独流减河、南运河、金钟河、马厂减河等，历年的综合污染指数均超过 10 以上，是天津一级河道中污染最重的。目前，潮白新河西南方向河流除大清河、子牙河外，几乎全部超过五类水体标准，总污染面积约 4 万 hm^2。河流的严重污染，使水生生态系统遭到破坏，也给河水养殖和海水养殖造成损失，有的损失很严重。

6.3.6 污水污泥利用对人体健康的危害

天津医科大学通过近 15 年的研究，得出以下结论：

① 天津市排污河污水水质生物性污染比较严重，造成灌区土壤、蔬菜、浅层地下

水的严重污染，污染程度远远超过使用粪肥的清水区。

② 污灌区婴幼儿腹泻发病率显著高于清灌区；学龄前儿童蠕虫感染率达 74.7%，显著高于一般城市感染率。

③ 由于污水中有大量易降解和难降解的有机污染物中某些物质为染色体断裂剂、纺锤体毒剂和诱变活性物质，对生物有遗传毒性作用。如：

污灌区土壤有机提取物致突变为阳性（Ames 实验）；

污灌区土壤有机提取物小鼠骨髓细胞微核明显升高；

污灌区蔬菜诱变活性增高，说明蔬菜已吸收了诱变活性物质；

污水鱼外周血红细胞微核出现率高达 0.2‰～1.3‰，而清水鱼只有 0.07‰～0.08‰。

以上情况说明，由于利用原污水灌溉和养鱼，使农田土壤、地下水、蔬菜和鱼均不同程度受到某些致突变物质的污染，这些物质可直接进入人的食物链，对人体健康造成威胁。

④ 不论是在南排污河灌区还是北排污河灌区，恶性肿瘤死亡率均高于清水区，施污泥区还明显高于污水区。污染最严重区域，人群的恶性肿瘤发病率也最高。

综上所述，利用未经净化处理的污水灌溉农田，虽对农业有水肥效益，对抗旱减灾和降低农业生产成本发挥了很大作用，对于减轻污水对渤海湾的污染也有一定作用，但由此产生的对土壤、作物、水产、地下水、河道的严重污染及其对人群健康的危害是令人触目惊心的。目前用原污水进行灌溉，是以牺牲人群健康和生态环境为代价的。其根本原因在于污水灌溉系统缺乏科学的设计和必须严格遵循的法律法规及标准，缺乏统一的权威管理机构进行管理和监督，这是一个严重的教训。

6.4 经净化处理的污水回用于农业的原则

6.4.1 解决天津农业缺水的途径

天津是国内严重缺水城市之一。水资源短缺和水环境污染的双重威胁，制约着天津经济发展和农业与生态环境建设。按照联合国提出的标准，淡水资源消耗量占全国淡水总量的 20%～40%为中高度缺水，大于 40%为高度缺水。按这一标准衡量，天津年淡水资源消耗量超过可用清水量的 40%，达 80%以上，属高度缺水地区。联合国还提出解决淡水资源短缺的三条办法，一是更有效地利用淡水资源，二是控制河流和湖泊污染，三是更多地利用净化后的再生废水。

目前天津淡水普遍受到严重污染，蓟运河、子牙河等重要河流已多年不作为城市供水水源，引滦的水只能供给城市和工业用水，而且保证率只有 75%。农业灌溉用水主要来自汛期河道蓄水和城市污水，且保证率不足 50%。天津市在平水年份农业缺水约 4.4 亿 m^3，今后随着工业和城市用水增长，农业用水将更加短缺。把充分利用现有地表水源、防止水体污染和更多地利用净化后的污水作为解决水资源短缺的战略措施，同样是天津必须遵循的原则。

目前天津每年的城市污水和工业污水产生量约 9 亿 m^3，而且是基本稳定的水源。

因此，必须把开发利用经处理净化后的改良污水作为保障天津农业可持续发展和环境生态建设的一项重大措施，以保持农业稳产高产，保证农产品品质，保障水资源和土地资源持续利用，防止地表水与海洋污染和由超采地下水引起的地面沉降，使经济与环境协调发展。其核心内容是水资源再净化与再利用，保障人体健康和使自然资源免受破坏。为达此目的，要做好以下工作：必须把污水处理后的农业回用系统看作是包括污染治理—输水河流—农田水利系统—农田土壤作物—承接水体（包括海洋、地下水）的一个复杂的人工—自然生态系统。

按照生态学整体优化的观点，完善的、无害化的污水改良回用灌溉系统应能最大限度的使污水中的水、肥资源加以回收利用，并使之在利用中循环再生，达到资源优化的目的。同时应将土壤植物系统不能接受的特殊有害物质，在其发源地（工厂等）就地处理或处置，使它不能进入农业生态系统中去。这是保证污水处理后回用于农业，保证农业可持续发展，并使农田生态系统不至于被破坏、人类健康得以保护、水体污染得以控制和减轻的关键所在。

6.4.2 建立科学灌溉的系统工程

科学的天津污水处理灌溉系统是一个覆盖全市 1 万多 km^2 的巨大生态工程系统，是涉及多部门、多学科的环境生态工程，必须科学规划、精心设计、精心施工、实行统一严格管理，使之成为一个环境生态效益良好、资源得以永续利用、促进经济与环境协调发展的良好工程系统。解决天津污水农业回用问题必须用系统工程的方法，其主要内容应当包括：

（1）控制污染源

凡是农业生态系统不能接受的有毒物质，包括可造成土壤性能破坏的酸碱盐类以及污染土壤、毒害作物或污染食物链的重金属和其他无机离子（B、Mo、Se…）、人工合成的有毒有机物，以及致病微生物等，应在污染源进行有效治理。首先要充分利用资源，实行清洁生产，尽量节约和循环用水，最大限度地减少终端废水排放，并最终进行治理。目前天津市工业布局过于分散，给工业污水治理和控制造成很大困难，也直接威胁邻近地区的农业生产，为此工业布局应进一步规划和调整。例如：分散于西青、静海、大港等地的化工企业应当调整和集中，废水不达标准不准其排入农用渠道；分布于农业区的其他工业企业，坚决限期治理，否则应该关停；海河流域上游应严格控制发展耗水高、污染重、排放特殊有毒物质的企业，要将这类企业集中于滨海等地区，以保证天津主要河道和主要农业区的安全。

（2）城市生活和工业污水都必须先治理后回用

天津各郊县是农业副食品生产区，按卫生要求，污水至少必须经过二级处理或相当于二级处理，才能保证灌溉水的质量，当务之急是必须使已建成的纪庄子和东郊两大污水处理厂稳定正常运转，并建立起回用污水的配套水利工程（大多可利用原有工程）。目前正在建设咸阳路污水处理厂和北仓污水处理厂、扩建纪庄子污水处理厂，使全市 80%以上污水得到处理，加上北京已处理的污水，天津农业安全就基本有了保障。进而处理双林系统的污水，杨村、杨柳青、咸水沽等城镇的污水。经过处理净化后的改良污水，每年将达 5 亿 m^3 以上，这对于解决天津东部、南部地区农业用水将起重大作用，对恢复水生生态系统功能将是可靠的保障。鉴于农业用水的季节性与污水稳定排放之间的矛盾，为了充分利用这些水资源，需建立一定的储存水库和调节系统，实行生态优化组合，使非灌溉季节的改良污水也能得到调节或储存，供旱季利用，并减轻对水体的污染。

（3）滨海新区的污水利用

滨海新区每年自产约 1.8 亿 m^3 污水，还有途经大沽口和北塘口入海的市区 2 亿～3 亿 m^3 污水，均应经过处理后充分用于滨海区的生态建设，并将其列入生态建设规划。目前滨海区拥有大片盐碱荒地和滩涂，其中用于工业开发和城镇建设的只能是少数。其他土地应当连片集中，用于生态建设，首先要治理盐碱，一部分用于造林，形成有规模的和有一定森林郁闭度的滨海防护林体系；一部分用于园林绿化，一部分用于湿地恢复。要划定较大范围的湿地和林地保护区，加以保护，不能开发。这些环境生态工程建设需要大量水源，除丰水年份可能有部分地表水外，主要应依靠当地净化后的污水。在经济开发地区周围已经废弃的盐田、盐汪子、卤水池等，也可用改良污水，将其改造成湿地系统，包括苇塘和水面，作为改良污水入海前的氮、磷等营养盐的净化工程系统。通过这些措施，不仅滨海生态建设用水有了保证，渤海的主要污染物氮、磷也将进一步得到控制和削减。

6.4.3 分类利用现有各种水资源

缺水地区水资源可持续开发利用的战略，要综合考虑分析各种水资源，包括当地的和外来的、已有的和潜在的、低质的和优质的，尽量做到现有资源的合理调度与库存，以及保护开发和节约利用。为此，要逐步做到：

①全面实行清污分流，充分利用有限的径流：

要恢复海河、蓟运河等原有的河流功能，并使其免受进一步污染而造成水资源损失。倘将地表水资源供应和利用恢复到较高水平，预计每年可向城市增加提供 6 000 万～7 000 万 m^3 洁净的地表水，同时可削减乃至完全控制对地下水的超采，最终控制地面下沉。

②逐步实行水资源多级管理，做到优质优用：

要将以高价获得的优质外调水和地下水供给关系人民健康的生活用水、淡水养殖用水、蔬菜用水及工业优质用水，将一般地产水、改良污水、微咸水等供应农业灌溉、市政杂用、工业低质用水和某些环境用水（如绿化造林，改造盐碱土，恢复湿地等）。具体实行水质分级的原则是：天津城市和农业用水可分五级进行管理。即：第一级饮用水，第二级工业及城市一般用水，第三级淡水及海水养殖和菜田用水，第四级粮食作物用水，第五级园林绿化、林业及恢复湿地用水。第一级按Ⅱ、Ⅲ类水质标准进行管理，第二级按Ⅳ类水质标准进行管理，第三级按Ⅴ类及渔业水质标准进行管理，第四级按Ⅴ类及农田灌溉水质标准进行管理，第五级按农田灌溉水质标准进行管理。

根据上述原则，养鱼用水、菜田用水水质应高于生化二级处理出水，特别要严格控制卫生学指标、重金属和难降解有机物。有关相对应的指标除按渔业水质标准严格加以控制外，对我国和国际上确定的优先有毒物质和病毒的控制标准应尽快加以研究和制定。

对于农业灌溉用水还应按污水性质进行分类。应严格控制含有一类污染物包括重金属、人工合成难降解有机物等的工业废水直接进入农灌系统，因此化工、农药、有色金属、电镀、冶金等工业废水不能直接进入农田生态系统，必须在农业生态系统环境容量允许的限度之内按总量控制的要求严格控制。城市生活污水与食品、酿造工业的废水等以可降解有机物和营养盐类为主的污水，经处理符合标准后，可按水质分级要求，用于相应作物的灌溉。

为了防止对地下水的污染，还应根据水文地质条件，实行改良污水回用分区。在山前冲积扇，沙质土壤分布区和无良好粘土隔水层的区域，以及水源保护区，不宜发展污水灌溉。因此，蓟县冲积扇和宝坻、武清北边浅层淡水分布区，以及引滦水源保护区，不宜发展污水灌溉。途经这些区域的污水河，都应有防渗衬砌。

6.4.4 保证措施

建成天津改良污水农业利用系统，使污水处理净化后回用于农业，实现天津农业可持续发展的目标，必须在政策、法规、管理、规划、资金、科研和监督等方面给予保障。

建立一个全市性、权威性和统一的水资源管理机构。成立一个既管水资源和水供应，又管污水处理和再利用的综合部门，负责对有效地利用现有水资源、防止水污染和污水处理及再利用，进行统一调度和管理。

建立由环保、卫生、农业、监察等部门组成的监督机构，对污染源、灌溉水质、农产品品质，按国家标准进行统一监督管理。禁止农田用原污水灌溉和施用污泥，帮助水利部门对水资源利用进行分级管理，并建立相应的监测机构。

工业部门要改变浪费资源、技术落后、粗放经营的局面，实现技术改造和清洁生产，尽可能减少乃至实现有毒污染物“零排放”。

制定全市水资源规划，严格实施清污分流、分级管理。划分水源河道、生态河流、调控河流和排污河等不同等级河道，分别接纳不同水质等级的水资源。

制定全市特别是滨海地区的生态规划，划定“自然保护区”类型的生态建设用地，建成回用或改良污水的生态工程（包括生态林地、湿地或草地），并组织专门机构进行经营和管理。

适当提高水价和以质论价用经济手段促进节水措施的落实，保证污水处理厂建设资金和运行费用。

加强科学研究、重点研究：污水中难降解“三致”有机毒物的危害、来源和控制技术；制定各类作物的灌溉水质标准，尤其是灌溉水中“三致”污染物标准；研究已被污染农田土壤的治理技术；污水再净化与再利用的生态工程技术。

7 森林资源利用现状调查

森林是陆地生态系统的主体，它不仅具有为社会提供木材、果实的经济价值，而且还有保护环境、防风固沙、蓄水保土、涵养水源、净化大气、保护生物多样性和栖息地、吸收二氧化碳以及生态旅游的功能。由于森林资源是可再生资源，它有自然生长和枯损的发展过程。同时由于人类经营利用活动和自然灾害因素的影响，森林资源的分布、数量、质量都处于动态变化的状态中。因此，本次调查结果主要是根据第三次、第五次森林清查的结论得出的。

7.1 天津市森林资源的历史变迁

天津市平原占总土地面积的 90%以上，由于东部濒临渤海，塘沽、汉沽、大港、东丽、津南和宁河 6 个区县绝大部分地区的土地均为“海退地”，历史上没有森林，也不具备森林存在的条件。据考证，据今 3 000 年前的殷周时期，现在天津的中心市区尚在海边，海岸线在张贵庄至葛沽一带；西汉时期（约 2 000 年前），海岸线东迁至军粮城至上古林一带；到 700 年前的元朝时期，海岸线退至北塘到塘沽以及马棚口一线。由于历史上黄河多次改道，挟带大量泥沙至渤海湾，形成冲积平原。这部分地区历史上虽未形成过大片森林，但在形成陆地以后的晚期，存在有散生的孤立木和小灌木林。

宝坻、武清和蓟县南部一带平原高山地区，属于河北平原的一部分，是古黄河（禹河）的下游。据考证，在商周以前，曾密布着以栎类树木为主的暖温带夏绿林，森林覆盖率约在 25%左右，但由于不合理的开发利用和破坏，在秦统一中国时，森林已经荡然无存了。以后，虽然有人工造林，但由于历代王朝的封建统治，不可能搞大面积的造林。因此，这部分平原地区至新中国成立前残留树木主要分布在村庄、学校等居民点及墓地四周和河流、道路两旁，没有大面积成片林地存在。

蓟县北部山区属于燕山山脉的南缘。据对出土文物考古鉴定和包孢粉分析，两三千年前，这一带曾生长着以松树为主的针叶森林，在浅山丘陵地带还生有枣、栗、榛等经济林。以后在很长的历史时期内，几经滥伐毁坏，到明清时，只在局部有小片天然次生林。由于蓟县山区东北部的林木靠近遵化县清东陵，属于清代皇陵禁地，受到特殊保护，得以幸存下来。到新中国成立时，约保存下来天然林 660 多 hm^2。另外，在西水厂、盘山等处还有几片面积不大的天然次生林，人工栽培的经济林分布在山区村庄附近，解放时面积约有 5 300 多 hm^2。

据典型调查和统计分析，天津市在解放初期，森林覆盖率为 1.3%左右。

7.2 天津市森林资源的现状与动态变化

7.2.1 森林资源现状

据市林业局1998年森林资源调查成果显示，全市森林资源主要数据如下：

（1）各类有林地面积

天津市有林地面积为133 000 hm^2，占土地总面积的11.88%。其中有林地85 800 hm^2，占林业用地面积的64.5%，主要分布于蓟县和除汉沽以外的各郊县；平原绿化率8.36%，灌木林 7 600 hm^2，主要分布在武清、静海、北辰和宝坻等区县；疏林地 2 000 hm^2，有93.03%分布于蓟县；未成林造林地 5 600 hm^2，蓟县占 90.43%；迹地 33 hm^2，只分布在静海县；苗圃 1 600 hm^2，分布较广泛。在有林地面积中，人工林面积占 95.7%，天然林面积占 4.3%，森林覆盖率 7.59%。从总的情况看，天津市成片林地较少，且分布不均，北部山区蓟县境内林地集中，而东部及沿海包括塘沽、汉沽、大港、宁河、津南、东丽、静海等区县林地稀疏。

从有林地构成上来看，经济林面积占有林地面积的比重由第三次森林资源清查的41.9%增加到第五次森林资源清查的 50%；用材林面积占有林地面积的比重由第三次森林资源清查的 0.64%增加到第五次森林资源清查的 1.4%；防护林面积占有林地面积的比重由第三次森林资源清查的 56.8%减少到第五次森林资源清查的 45.3%；特用林面积占有林地面积的比重由第三次森林资源清查的 0.64%增加到第五次森林资源清查的 3.3%；竹林和薪炭林面积为 0。由此可见，经济林面积所占的比重较大，而防护林面积所占的比重呈下降的趋势，森林类型比例向不合理的方向发展。

天津市活立木总蓄积 2 504 600 m^3，林分总蓄积 1 602 500 m^3，人工林总蓄积 1 548 200 m^3，天然林总蓄积 54 300 m^3。

（2）森林覆盖率

全市森林覆盖率为 7.59%，其中平原绿化率 8.36%，各区县森林覆盖率很不均衡，最高为蓟县，达到 38%；平原绿化率最高为北辰区，达到 14.5%。各区县森林覆盖率及平原绿化率状况统计见表 5-7-1。

表 5-7-1　各区县森林覆盖率及平原绿化率状况统计

区县	森林覆盖率（%）		平原绿化率（%）	
	第三次清查	第五次清查	第三次清查	第五次清查
宝坻	—	13.8	—	—
北辰	—	14.5	—	14.5
大港	2.98	4.9	2.98	4.9
东丽	—	9	—	—
汉沽	9.8	—	—	—
蓟县	13.58	38	2.26	10.63
津南	7.06	9.4	7.06	9.4

区县	森林覆盖率（%）		平原绿化率（%）	
	第三次清查	第五次清查	第三次清查	第五次清查
静海	9.5	12	—	—
宁河	—	—	4	9.5
塘沽	2.07	2.8	—	—
武清	10.2	13.4	10.2	13.4
西青	6	12.61	—	—

（3）各类活立木蓄积

从森林蓄积量来看，天津市有林地面积由第三次森林资源清查（1984—1988 年）的 62 300 hm^2 增加到第五次森林资源清查（1994—1998 年）的 85 800 hm^2，增长了 37.7%。活立木总蓄积由第三次森林资源清查的 1 577 900 m^3 增加到第五次森林资源清查的 2 504 600 m^3，增长了 58.7%。林分总蓄积由第三次森林资源清查的 1 148 900 m^3 增加到第五次森林资源清查的 1 602 500 m^3，增长了 39.5%，其中天然林蓄积量由第三次森林资源清查的 107 200 m^3 减少到第五次森林资源清查的 54 300 m^3，减少了 49.3%；人工林蓄积量由第三次森林资源清查的 1 041 700 m^3 增加到第五次森林资源清查的 1 548 200 m^3，增长了 48.6%。天然用材林和薪炭林蓄积量均为 0 m^3，天然防护林蓄积量减少了 38.2%，天然特用林蓄积量减少了 76.2%。森林覆盖率由第三次森林资源清查的 5.42%增加到第五次森林资源清查的 7.59%。由此可见，森林生态系统呈现数量上增长的趋势，尤其是人工林蓄积量的增长幅度较大，但是天然林蓄积量的减少幅度也很大，天然林的砍伐程度较严重，对于天然林的保护力度不够，生态系统的调节能力下降。

从林业部门第三次（1988 年）和第五次（1998 年）森林资源清查结果看，天津市森林资源变化明显，上述指标中除天然林蓄积量大幅度减少外，其他均有不同程度增加。见表 5-7-2。

表 5-7-2 天津市第三次、第五次森林资源现状与动态变化情况

指 标		森林资源清查		增减率（%）
		第三次	第五次	
林业用地面积/hm^2		102 100	133 000	+30.26
有林地面积/hm^2		62 300	85 800	+27.7
活立木总蓄积/m^3		1 577 900	2 504 600	+58.7
林分总蓄积/m^3		1 148 900	1 602 500	+39.5
人工林	面积/hm^2	34 500	82 100	+137.97
	蓄积/m^3	1 041 700	1 548 200	+48.62
天然林	面积/hm^2	1 400	3 700	+174.28
	蓄积/m^3	107 200	54 300	−49.34
森林覆盖率（%）		5.42	7.59	+40
平原绿化率（%）		4.31	8.36	+94

（4）林龄构成

从林龄构成上来看，幼龄林面积由第三次森林资源清查的 12 400 hm^2 增加到第五次森林资源清查的 20 900 hm^2，增长了 68.5%，幼龄林面积占全部林地面积的比重由第三次森林资源清查的 34.3%增加到第五次森林资源清查的 48.7%；中龄林面积由第三次森林资源清查的 19 600 hm^2 减少到第五次森林资源清查的 12 400 hm^2，减少了 36.7%，中龄林面积占全部林地面积的比重由第三次森林资源清查的 54.1%减少到第五次森林资源清查的 28.9%；近熟林面积由第三次森林资源清查的 3 300 hm^2 增加到第五次森林资源清查的 6 000 hm^2，增长了 81.8%，近熟林面积占全部林地面积的比重由第三次森林资源清查的 9.1%增加到第五次森林资源清查的 14%；成熟林面积由第三次森林资源清查的 900 hm^2 增加到第五次森林资源清查的 3 200 hm^2，增长了 2.6 倍，成熟林面积占全部林地面积的比重由第三次森林资源清查的 2.5%增加到第五次森林资源清查的 7.5%；过熟林面积由第三次森林资源清查的 0 hm^2 增加到第五次森林资源清查的 400 hm^2，增长了 400 倍，过熟林面积占全部林地面积的比重由第三次森林资源清查的 0%增加到第五次森林资源清查的 0.93%。由此可见，幼龄林面积所占的比重较大，成熟林和过熟林面积所占的比重较小，林龄结构不合理，生态功能较差。

（5）林业灾害

从林业灾害情况来看，20 世纪 70 年代森林火灾面积为 75 hm^2，80 年代为 48 hm^2，90 年代为 40 hm^2；20 世纪 90 年代病虫鼠害面积为 145 931 hm^2，80 年代为 249 453 hm^2，90 年代病虫鼠害面积比 80 年代减少了 41.5%； 80 年代病虫鼠害防治面积为 139 836 hm^2，90 年代为 120 515 hm^2。由此可见，由于采取有效的措施，林业灾害面积呈逐年递减的趋势。

7.2.2 森林资源动态变化及原因分析

1988 年全市林业用地面积为 102 100 hm^2，1998 年为 133 000 hm^2，净增 30.26%。据分析，主要原因是：

① 未成林造林地转化为森林。1991 年全市有 6 000 hm^2 未成林造林地，经抚育管护现已培育成森林。

② 疏林地转化为森林。调查间隔期内，疏林地面积由 1 133 hm^2 减少到 310 hm^2。减少的原因一方面是一部分疏林地经过这几年封山育林、抚育改造已达到森林标准，成为森林；另一方面是由于疏林地标准由前期的郁闭度 0.1～0.3 变为本期的 0.10～0.19，造成部分疏林地直接转为森林。

③ 其他地类转化为森林。调查间隔期内，全市宜林地面积由 16 733 hm^2 降至 3 021 hm^2，表明原有的大部分宜林地经人工造林和封山育林，已变成森林。另外，经济林和枣粮间作的大面积发展，致使部分农地转成森林。

④ 森林覆盖率变化。调查间隔期内，全市森林覆盖率从第三次森林资源清查的 5.42% 提高到第五次森林资源清查的 7.59%，净增 2 个百分点。主要是森林面积增加所致，其次是灌木林和四旁树增加造成的。

⑤ 灌木林地面积变化。调查间隔期内，全市灌木林地面积由 2 000 hm^2 增加到 10 153 hm^2，净增 8 153 hm^2。究其原因，一是技术标准的改变造成其面积的扩大，即灌木林地的郁闭度由 40%降至 30%；二是通过采取封山育林措施，使原来郁闭度小于 30%的荒地逐步达到灌木林地标准，成为灌木林地。

⑥ 活立木蓄积量变化。调查间隔期内，全市活立木蓄积量由 406 万 m^3 增加到 525 万

m^3，净增 119 万 m^3。主要是森林蓄积量、四旁树蓄积量增加所致，分别增加了 95 万 m^3 和 24 万 m^3。

⑦ 针、阔树种结构变化。目前，全市阔叶树种仍占绝对优势，但针叶树种所占比重已由前期的 12.2%提高到 18.2%，表明树种结构得到一定改善。

⑧ 林种构成变化。天津市森林主要由防护林、经济林、用材林、特用林四大林种组成。1991 年全市四大林种所占比例分别是 51.9%、42.9%、2.6%和 2.6%。1998 年全市四大林种所占比例分别是 52.7%、40.4%、2.2%和 4.7%，基本上仍以防护林和经济林为主。在全市四大林种组成中，经济林占到有林地面积的一半，从产值来看，林业总产值呈逐年上升趋势，1998 年林业产值相当于解放前的 25.8 倍。而特用林比例的快速上升则主要是这几年林业主管部门加大了森林公园、自然保护区的建设造成的。

⑨ 林龄结构构成变化。1991 年全市幼龄林占 36.1%，中龄林占 48.3%，近熟林占 11.4%，成熟林占 4.2%。1998 年幼龄林、中龄林、近熟林和成熟林所占比例分别为 43.8%、32.3%、9.6%和 14.3%。全市林龄结构由以中龄林为首发展为以幼龄林为首，主要是近年加大了造林绿化力度，新植幼树较多所致。

⑩ 林地生产力变化。1991 年全市林分平均每公顷蓄积量为 $61m^3$，1998 年为 $52m^3$，平均每公顷蓄积量下降 $9m^3$。主要是调查间隔期内，大面积近、成熟林被采伐，新植幼林生长量较小造成的。

7.3 森林资源特点

①资源相对缺少，覆盖率低。

由于天津市 94%的国土面积是平原，山区面积很少，原有森林资源匮乏，天然次生林只有不到 1%。

②森林资源分布不平衡。

因受地理环境影响，天津市森林资源分布很不均衡。从行政区域来看，主要分布在蓟县、宝坻、北辰、武清、静海五县，五县总森林资源占全市的 70%以上。其余塘沽、汉沽、大港、宁河因受近海影响，资源量、覆盖率相对较低。

各区县实有林地面积如表 5-7-3 所示。

表 5-7-3　1998 年天津市各区县实有林地面积

排序	区、县	年末实有林地面积/hm^2	比例（%）
1	蓟　县	48 867	43.8
2	武清区	13 902	12.47
3	静海县	13 855	12.43
4	宁河县	12 995	11.66
5	宝坻区	11 935	10.71
6	东丽区	2 757	2.5
7	西青区	2 694	2.4
8	北辰区	1 673	1.5

排序	区、县	年末实有林地面积/hm²	比例（%）
9	塘沽区	1 550	1.4
10	汉沽区	527	0.47
11	大港区	407	0.37
12	津南区	281	0.25
合 计		111 445（167.16 万亩）	

③经济林在森林资源中占有重要地位。

在天津市四大林种组成中，经济林占到 40.4%，面积仅次于防护林，排在第二位，目前已建成三大果品基地。从产值来看，林业总产值也呈逐年上升趋势，1998 年林业产值相当于解放前的 25.8 倍。

④林种单调，树种单一。

天津市所处的地理位置独特，全市土地面积较小，而且多为平原区和低洼盐碱荒地，全市森林资源主要由防护林和经济林组成，用材林、特用林只占 6.9%，全市没有薪炭林。从树种构成来看，树种较单一，其中榆树、杨树、槐树、油松、柳树 5 种树占了 80% 左右，其他树种仅占 20%。

7.4 林业建设中存在的问题

①社会对建设以林业为主体的生态环境的认识缺乏应有的高度，林业生态建设作为生态环境建设的主体地位没有得到充分体现和足够的重视。尤其是作为一项社会公益性事业，其繁重的任务与投入严重不足的矛盾十分突出，原有的投入结构不适应市场经济条件下林业生态体系建设的需要。

②新《土地法》的实施和新一轮土地承包，使林业建设用地落实很困难，给下一步林业生态环境建设规划的实施带来难度。

③培育发展林木资源和巩固现有建设成果关系处理不当。

④林业生态工程在管理办法和管理模式上已不适应时代发展的要求。

⑤物种多样性差，生态系统功能脆弱。

⑥中心城区周边区域林木覆盖程度低，没有形成对中心城区的生态绿化保护圈。

⑦中心城市林业和绿化建设片面强调美化、硬化，忽视生态效益，造成市区多年以来的城市热岛效应，没有形成城市绿肺和输送新鲜空气的廊道。

⑧天津市目前主要病虫害有美国白蛾、松毛虫、侧柏毒蛾、桑天牛、光肩星天牛、杨扇舟蛾、春尺蠖、榆兰叶甲、花曲柳窄吉丁、杨柳树烂皮病等。

在上述病虫害当中，尤以美国白蛾、光肩星天牛、杨扇舟蛾为重。20 世纪七八十年代的榆兰叶甲已退为次要虫害。究其原因主要是近年来天津市造林面积越来越大，但树种较单一，主要以杨、柳为主，所以光肩星天牛发生面积增大。相反，榆兰叶甲主要危害榆树，但天津市目前榆树面积较 20 世纪七八十年代面积大为减少，所以除局部地区外，全市基本上榆兰叶甲没有造成危害。

至于美国白蛾在天津市蔓延，主要是检疫封锁不力，人为传播严重，加上天津市又有其喜食的白蜡、臭椿、桑树等，所以造成损失较大。

除此以外，近几年气候影响也较大，尤其是暖冬暖春，害虫越冬存活率高，虫口密度相对较大。

7.5 林业建设对策

7.5.1 总体思路

以邓小平理论和党的十五大精神为指导，认真实践江泽民同志“三个代表”重要思想，全面贯彻落实党中央、国务院关于生态建设的重大战略部署和市委七届八次、九次全会精神，以提高人民生活水平的新三件事为切入点和落脚点，按照国家林业局提出的“严管林、慎用钱、质为先”的要求，以重点生态工程为龙头，带动整体绿化工作再上新水平，全力推动绿化造林跨越式发展，使林业绿化工作与农村经济改革、经济结构调整、经济腾飞相接轨、相融合。通过造林绿化和生态环境的改善为天津市进入 WTO 后的经济发展奠定环境基础，改善投资、融资环境，为经济的发展创造良好的生态环境。

7.5.2 总体布局及建设目标

按照分区突破、分类经营的原则，在“五县增资源，四区上档次，滨海三区有突破”的总体战略布局下，根据天津市地形、植被、土壤等自然特征和土地资源情况、地域特点，将天津市林业生态环境建设在地域上区划为四大区，即环城林业生态区、平原林业生态区、山地林业生态区、滨海林业生态区。森林覆盖率 7.59%，平原绿化率 8.36%，使全市水土流失、土地荒漠化现象得到有效控制。

① 环城林业生态区。该区包括东丽、津南、西青、北辰新四区，土地总面积 169 487 hm^2，现有林地面积 20 197.5 hm^2，森林覆盖率 11.9%。“十五”期间规划造林面积 5 409.3 hm^2，新增林地面积 3 245.6 hm^2，森林覆盖率达到 13.8%。主要目标是建设环绕城市中心区周边地区的生态保护圈。

② 平原林业生态区。该区包括宝坻、武清、宁河、静海、蓟县平原部分，土地总面积 632 245 hm^2，是天津市粮食、经济作物的主要产区。现有林地面积 85 821 hm^2，森林覆盖率 13.6%。“十五”期间规划造林面积 28 236.7 hm^2，纯增林地 16 942 hm^2，有林地达到 102 763 hm^2，森林覆盖率达到 16.2%。主要建设内容为防风固沙林、农田防护林、生态公益林、速生丰产林及高效经济林。

③ 山地林业生态区。该区涉及蓟县北部山区，土地总面积 70 655 hm^2，有林地面积 47 556 hm^2，森林覆盖率 67.3%。“十五”期间规划造林面积 6 115.3 hm^2，纯增林地 3 669.2 hm^2，有林地达到 51 225.2 hm^2，森林覆盖率达到 72.5%。主要目标是建设以水土保持、涵养水源为主要功能的生态林，承担起净化水源、维系贮水功能、保护水源安全的巨大社会重任；结合山区综合开发，建设绿色果品基地，改造低产、低质、低效果园，发展名、特、优、新品种，提高果品产量和质量；同时大力发展以森林资源为依

托的森林旅游业，把蓟县建成天津的“后花园”。

④ 滨海林业生态区。该区涉及塘沽、汉沽、大港三区，土地总面积 220 300 hm^2，有林地 10 346.1 hm^2，森林覆盖率为 4.7%。“十五”期间规划造林面积 7 572.5 hm^2，纯增林地 4 543.5 hm^2，有林地达到 14 889.5 hm^2，森林覆盖率达到 6.8%。作为天津重点开发建设的滨海新区，林业生态环境建设担负着改善滨海经济区投资环境、提高居民生产和生活空间质量、保护农区农业生产、抵御海风海潮及其他自然灾害等多项功能。从综合开发利用滨海地区自然资源和逐步改善生态环境出发，本着通道突破、农区突破、居民点（村镇、单位等）突破的三突破原则，以点带面、重点推进、综合治理，形成以林业为依托，集生态保护、风景旅游、休闲娱乐为一体的生态环境体系。

8 水资源开发及利用状况调查

8.1 水资源特征

8.1.1 降水

采用 1956—1998 年系列分析，天津市全市多年平均降水量为 586.6 mm。蓟运河山区、海河北系平原、淀东清南平原的多年平均降水量分别为 720.8 mm、590.8 mm、561.3 mm。详见表 5-8-1。

表 5-8-1　天津市年降水量表

水资源分区	面积/km^2	均值/mm	50%/mm	75%/mm	95%/mm
蓟运河山区	727.0	720.8	701.5	570.8	415.4
海河北系平原	6 059.2	590.8	578.8	487.0	373.1
淀东清南平原	5 133.5	561.3	541.2	443.9	333.2
全　市	11 919.7	586.6	567.5	477.5	375.9

8.1.2 地表径流量

采用 1956—1998 年当地地表径流量系列分析，全市多年平均地表径流量为 10.55 亿 m^3。详见表 5-8-2。

表 5-8-2　天津市当地地表水资源　　单位：亿 m^3

水资源分区	多年平均	50%	75%	95%
蓟运河山区	1.90	1.77	1.17	0.64
海河北系平原	4.68	4.09	2.54	1.11
淀东清南平原	3.97	3.29	1.84	0.65
全　市	10.55	9.14	5.57	2.34

8.1.3 地下水资源量

天津市境内的地下水分布，按水文地质条件分为三个分区：山区基岩裂隙水区、平原全淡水第四系孔隙水区、平原咸水覆盖下的深层淡水孔隙水区。为便于统计分析，本规划中按上述水资源利用分区情况，对地下水资源量进行分析计算，结果如下：

蓟运河山区：资源量 0.69 亿 m^3，为岩溶水。

海河北系平原：资源量 4.2 亿 m^3，其中矿化度＜2 g/L 的浅层淡水 3.68 亿 m^3，岩溶裂隙水和孔隙水 0.52 亿 m^3。

淀东清南平原：资源量 0.53 亿 m^3，均为矿化度＜2g/L 的浅层淡水。

全市不含深层承压淡水的地下水资源量 5.42 亿 m^3，其中矿化度＜2 g/L 的浅层淡水 4.21 亿 m^3，岩溶水、孔隙水 1.21 亿 m^3。全市含深层承压淡水的地下水资源量为 7.3 亿 m^3，详见表 5-8-3，按行政分区分布情况见表 5-8-4。

表 5-8-3　天津市地下水资源　　单位：亿 m^3

<table>
<tr><th colspan="2">水资源分区</th><th>合计</th><th>浅层水</th><th>岩溶、孔隙水</th><th>深层承压淡水</th></tr>
<tr><td colspan="2">蓟运河山区</td><td>0.69</td><td>0.00</td><td>0.69</td><td></td></tr>
<tr><td colspan="2">海河北系平原</td><td>4.20</td><td>3.68</td><td>0.52</td><td>0.68</td></tr>
<tr><td colspan="2">淀东清南平原</td><td>0.53</td><td>0.53</td><td>0.00</td><td>1.20</td></tr>
<tr><td rowspan="2">全市合计</td><td>不含深层承压淡水</td><td>5.42</td><td>4.21</td><td>1.21</td><td></td></tr>
<tr><td>含深层承压淡水</td><td>7.30</td><td></td><td></td><td>1.88</td></tr>
</table>

表 5-8-4　天津市地下水资源分布情况　　单位：万 m^3/a

区　县	地下水类型	可开采量
塘沽区	浅层水	
	深层水	1 888
汉沽区	浅层水	
	深层水	1 001
大港区	浅层水	
	深层水	2 587
东丽区	浅层水	105
	深层水	1 256
西青区	浅层水	1 314
	深层水	792
津南区	浅层水	
	深层水	1 152
北辰区	浅层水	1 075
	深层水	887
武清区	浅层水	9 916
	深层水	1 361
蓟　县	岩溶水	8 477
	孔隙水	14 366
宝坻区	浅层水	13 621
	深层水	1 378
宁河县	浅层水	3 039
	深层水	3 186
静海县	浅层水	2 259
	深层水	3 010
市　区	浅层水	116
	深层水	261
合　计		73 047

海河北系平原有深层承压淡水 0.68 亿 m³，淀东清南平原有深层承压淡水 1.20 亿 m³ 可供开采。合计全市有深层承压淡水 1.88 亿 m³ 可供开采。

8.1.4 水资源总量

按上述当地地表径流量和地下水资源量分析计算，天津市全市地表水资源多年平均值 10.55 亿 m³，地下水资源量 5.42 亿 m³，扣除重复计算量 0.71 亿 m³，全市水资源总量为 15.26 亿 m³，全市平均产水模数为 12.80 万 m³/km²。其中：

蓟运河山区：多年平均地表水资源量 1.90 亿 m³，地下水资源量 0.69 亿 m³，分区水资源总量为 2.59 亿 m³，分区平均产水模数为 35.63 万 m³/km²。

海河北系平原：多年平均地表水资源量 4.68 亿 m³，地下水资源量 4.20 亿 m³，扣除重复计算量 0.71 亿 m³，分区水资源总量为 8.17 亿 m³，分区平均产水模数为 13.48 万 m³/km²。

淀东清南平原：多年平均地表水资源量 3.97 亿 m³，地下水资源量 0.53 亿 m³，分区水资源总量为 4.50 亿 m³，分区平均产水模数为 8.77 万 m³/km²。

全市和水资源分区的水资源量情况详见表 5-8-5。

表 5-8-5 天津市水资源总量 单位：亿 m³

水资源分区	地表水资源量				地下水资源量	重复计算量	水资源总量均值
	均值	50%	75%	95%			
蓟运河山区	1.90	1.77	1.17	0.64	0.69		2.59
海河北系平原	4.68	4.09	2.54	1.11	4.20	0.71	9.49
淀东清南平原	3.97	3.29	1.84	0.65	0.53		6.08
合计	10.55	9.15	5.55	2.40	5.42	0.71	15.26

注：地下水资源量不含深层承压水。

8.2 河流水系

天津市位于海河流域最下游，海河流域由九大水系组成，其中北三河、永定河、大清河、漳卫南运河、黑龙港运河及海河干流等七大水系流经天津入渤海。

天津境内一级河道 19 条，河道总长度 1 095.1 km；二级河道 79 条，总长 1 363.4 km。天津市境内各主要河流概况见表 5-8-6。

历史上的天津曾是水量充沛、水质清洁的城市。入境水量 1949 年 145 亿 m³，20 世纪 50 年代年均 94.3 亿 m³，60 年代中期以来，伴随经济发展、人口增加等人为因素，工农业用水急剧增加，上游地区层层拦截，修建了几百座大中型水库，致使天津市入境水量急剧减少，70 年代年均入境水量 11.9 亿 m³，仅相当于 50 年代的 12.6%，到 80 年代年均入境水量减少到 9.18 亿 m³，其中入境水量最低的年份 1981 年仅为 0.76 亿 m³，从而造成天津市水资源严重短缺的局面。为缓解工农业用水的需求，不得不过量开采地下水，地下水的过量开采又造成地面沉降，天津市地面沉降面积已占辖区总面积的 61.24%。

为了解决天津水资源短缺的困难局面，1981 年 9 月中央政府拨巨款兴建引滦入津大型输水工程。该工程由河北省大黑汀水库引滦河水，经长达十几公里的隧洞引入黎河，进入于桥水库，再由于桥水库输送至天津市区，全长 234 km。1983 年 9 月引滦入津工程正式通水，在 75%的保证率下每年可向天津供水 10 亿 m^3，使天津城市供水条件得以改善。当潘家口和大黑汀两座水库蓄水量不足，难以向天津满负荷供水状况下，不得不引黄济津以暂缓天津城市的供水危机。1917—2001 年天津入境水量见表 5-8-7。

表 5-8-6 天津市主要河流基本情况一览表

水系	河流名称	起止地点		河道长度/km	流域面积/km^2及比例（%）	河道原主要功能
		起	止			
北三河	蓟运河	九王庄	防潮闸	189.0	6 227（55.1）	泄洪、排涝、农灌、工业用水
	泃河	红旗庄闸	九王庄	55.0		泄洪、排涝、农灌
	引泃入潮	罗庄渡槽	郭庄	7.0		泄洪、农灌
	青龙湾减河	庞家湾	大刘坡	45.7		泄洪、农灌
	潮白新河	张甲庄	宁车沽	81.0		泄洪、农灌
	北运河	西王庄	屈家店	89.8		泄洪、农灌、工业用水
	北京排污河	里老闸	东堤头	73.7		排污、排涝、农灌
	还乡新河	西准沽	闫庄	31.5		泄洪、农灌
永定河	永定河	落垡闸	屈家店	29.0	327（2.9）	泄洪、农灌
	永定新河	屈家店	北塘口	62.0		泄洪
大清河	大清河	台头西	进洪闸	15.0	2 637（23.3）	泄洪、农灌
	子牙河	小河村	三岔口	76.1		泄洪、农灌
	独流减河	进洪闸	工农兵闸	70.3		泄洪、农灌
	子牙新河	蔡庄子	洪口闸	29.0		泄洪、农灌
漳卫南运河	马厂减河	九宣闸	北台	40.0	8（0.1）	泄洪、农灌
	南运河	九宣闸	十一堡	44.0		农灌、排涝
黑龙港运河	沧浪渠	翟庄子	防潮闸	27.4	40（0.3）	农灌、排涝
	北排水河					农灌、排涝
海河干流	海河干流	三岔口	大沽口	72.0	2 066（18.3）	泄洪、排涝、城市备用水源、景观、工业用水、农灌

表 5-8-7 1917—2001 年天津市入境水量

年份	入境水量/亿 m^3	年份	入境水量/亿 m^3	年份	入境水量/亿 m^3
1917	130	1929	104	1941	76
1918	87	1930	74	1942	77
1919	95	1931	67	1943	76
1920	71	1932	74	1944	100
1921	80	1933	86	1945	111
1922	86	1934	78	1946	99
1923	81	1935	63	1947	84
1924	170	1936	56	1948	104
1925	144	1937	89	1949	145
1926	93	1938	107	1950	119
1927	77	1939	262	1951	52
1928	69	1940	95	1952	30

年份	入境水量/亿 m^3	年份	入境水量/亿 m^3	年份	入境水量/亿 m^3
1953	70	1970	17.11	1987	14.73（含引滦）
1954	149	1971	10.61	1988	26.03（含引滦）
1955	112	1972	1.28	1989	8.43（含引滦）
1956	156	1973	18.3	1990	13（含引滦）
1957	75	1974	7.58	1991	19.19（引滦 5.29）
1958		1975	3.83	1992	8.30（引滦 9.31）
1959	86	1976	1.90	1993	5.27（引滦 8.23）
1960	17.1	1977	22.6	1994	31.43（引滦 10.22）
1961	44.8	1978	16.94	1995	38.40（含引滦）
1962	42.4	1979	19.05	1996	83.57（含引滦）
1963	85.7	1980	0.41	1997	12.88（引滦 8.50）
1964	147	1981	0.34	1998	21.70（引滦 6.32）
1965	28.25	1982	3.20	1999	8.70（引滦 7.58）
1966	29.95	1983	1.64	2000	15.506（引滦 4.88、引黄 3.27、河道入境 7.35）
1967	39.32	1984	3.81		
1968	12.91	1985	11.60（含引滦）	2001	13.42（引滦 5.29）
1969	33.22	1986	12.27（含引滦）		

8.3 水环境现状

8.3.1 地表水环境质量现状

1996—2000 年天津市主要河流水质监测统计结果表明：5 年来，重要河流水体始终以咸和有机污染为主要特征，几乎所有被监测河流水质中氨氮、非离子氨、高锰酸盐指数、生化需氧量等指标均有不同程度的超标，各项目中以氨氮和非离子氨污染程度最重。其中，氨氮在独流减河、青龙湾河、金钟河、北京排污河、马场减河、永定河和北运河超标最为严重，非离子氨在永定河、独流减河、北运河、蓟运河、还乡河、引句入潮和大清河污染最重，高锰酸盐指数、生化需氧量均以独流减河的污染最为严重。毒性指标中挥发酚和总砷超标较多，挥发酚在独流减河、蓟运河、金钟河和洪泥河污染程度最重，总砷在独流减河和金钟河超标较重。咸污染是天津市主要河流污染的另一特征，这与天津市所属地理位置有关。见表 5-8-8。

1996—2000 年海河主要污染物污染状况，见表 5-8-9、表 5-8-10。

表 5-8-8 1996—2000 年天津市主要河流水质综合指数统计

河流名称	综合指数						分类指数	执行标准	实际类别	污染程度
	1996 年	1997 年	1998 年	1999 年	2000 年	5 年平均				
句河	8.56	17.35	8.55	16.30	12.26	12.60	0.663	Ⅳ	＞Ⅴ	中度污染
引句入潮	17.84	13.00	23.48	21.21	63.65	27.84	1.47	Ⅳ	＞Ⅴ	中度污染
蓟运河	28.32	47.32	64.22	113.62	90.17	68.73	3.62	Ⅳ	＞Ⅴ	重度污染
潮白新河	26.10	43.54	41.32	54.71	68.32	46.80	2.46	Ⅳ	＞Ⅴ	重度污染
北运河	46.45	50.12	48.91	53.69	61.38	52.11	2.74	Ⅳ	＞Ⅴ	重度污染
还乡河	20.66	53.73	45.68	49.94	81.83	50.37	2.65	Ⅳ	＞Ⅴ	重度污染
永定河	30.78	41.52	66.23	45.14	121.04	60.94	3.21	Ⅳ	＞Ⅴ	重度污染
子牙河	12.97	9.97	17.14	14.64	38.77	18.70	0.98	Ⅳ	＞Ⅴ	中度污染
南运河	14.77	11.59	75.33	74.16	7.21	36.61	1.93	Ⅳ	＞Ⅴ	中度污染
独流减河	56.56	64.20	277.53	877.49	1048.7	464.90	24.47	Ⅳ	＞Ⅴ	严重污染
大青河	24.91	13.96	40.79	109.10	—	47.19	2.48	Ⅳ	＞Ⅴ	重度污染
马场减河	9.58	13.19	21.06	15.52	—	14.84	0.781	Ⅳ	＞Ⅴ	中度污染
青龙湾河	28.77	29.28	25.05	39.64	68.09	38.17	2.01	Ⅴ	＞Ⅴ	重度污染
永定新河	67.33	63.11	64.98	75.78	70.41	68.32	3.60	Ⅴ	＞Ⅴ	重度污染
北京排污河	30.63	37.75	30.35	34.67	39.94	34.67	1.82	Ⅴ	＞Ⅴ	中度污染
金钟河	27.50	35.57	37.81	94.72	62.91	51.70	2.72	Ⅴ	＞Ⅴ	重度污染
洪泥河	39.39	32.74	29.13	18.53	29.05	29.77	1.57	Ⅴ	＞Ⅴ	中度污染
武河	—	—	14.51	11.75	9.53	11.93	0.63	Ⅴ	＞Ⅴ	中度污染

表 5-8-9 1996—2000 年海河上游段主要污染物污染状况分类

年份	严重污染 $P\geq4$	重度污染 $4>P>2$	中度污染 $2>P>0.5$	轻度污染 $P<0.5$
1996		氨氮 2.28	pH 值 0.77，总硬度 0.74，氯化物 0.66，氟化物 0.69，高锰酸盐指数 1.09，生化需氧量 0.86	悬浮物 0.09，溶解氧 0.32，石油类 0.27，挥发酚 0.33，总砷 0.04，总汞 0.06
1997		氨氮 3.45	pH 值 0.71，总硬度 0.60，高锰酸盐指数 0.91，生化需氧量 0.90，氯化物 0.53	悬浮物 0.07，氯化物 0.45，溶解氧 0.37，石油类 0.14，挥发酚 0.24，总砷 0.04，总汞 0.03
1998	氨氮 5.91		pH 值 0.89，总硬度 0.69，氟化物 0.79，氯化物 0.98，高锰酸盐指数 1.14，生化需氧量 1.13，挥发酚 0.89	悬浮物 0.05，溶解氧 0.39，石油类 0.47，总砷 0.05，总汞 0.11
1999	氨氮 4.62		pH 值 0.89，总硬度 0.69，氟化物 0.79，氯化物 0.98，高锰酸盐指数 1.03，生化需氧量 1.00	悬浮物 0.07，挥发酚 0.31，溶解氧 0.31，石油类 0.21，总砷 0.10，总汞 0.04
2000		氨氮 2.57	pH 值 0.91，总硬度 0.73，氟化物 0.92，氯化物 1.03，高锰酸盐指数 1.20，生化需氧量 1.04	悬浮物 0.07，挥发酚 0.26，溶解氧 0.30，石油类 0.37，总砷 0.04，总汞 0.03

表 5-8-10　1996—2000 年海河下游段主要污染物污染状况分类

年度	严重污染 $P \geq 4$	重度污染 $4 > P > 2$	中度污染 $2 > P > 0.5$	轻度污染 $P < 0.5$
1996	氯化物 13.5， 氨氮 10.74	总硬度 3.43	pH 值 0.54，氯化物 1.10， 悬浮物 1.19，石油类 1.06， 高锰酸盐指数 0.82， 生化需氧量 0.61	溶解氧 0.27， 挥发酚 0.04， 总砷 0.06， 总汞 0.08
1997	氯化物 19.05， 氨氮 10.43	总硬度 3.79	石油类 0.60，悬浮物 1.58， 高锰酸盐指数 0.85， 生化需氧量 0.65， 氯化物 0.95	溶解氧 0.22，pH 值 0.43， 总砷 0.04，总汞 0.03， 挥发酚 0.03
1998	氨氮 24.06， 氯化物 21.21	总硬度 4.48， 悬浮物 2.29	氯化物 1.22，石油类 1.18， 高锰酸盐指数 1.20， 生化需氧量 0.89	悬浮物 0.05，溶解氧 0.39，总砷 0.06，pH 值 0.35，总汞 0.12，挥发酚 0.07
1999	氨氮 21.61， 总硬度 5.26， 氯化物 33.12	悬浮物 2.29	石油类 0.72，氟化物 1.19， 高锰酸盐指数 0.90， 生化需氧量 0.70	挥发酚 0.09，溶解氧 0.25，总砷 0.10，总汞 0.04，pH 值 0.27
2000	总硬度 11.7， 氯化物 45.71， 氨氮 25.33	悬浮物 2.13， 总砷 3.50	石油类 0.51，氟化物 1.26， 高锰酸盐指数 1.35， 生化需氧量 1.13	挥发酚 0.05，溶解氧 0.27，pH 值 0.34，总汞 0.16

8.3.2 地下水环境质量现状

1996—2000 年天津市区第二含水组水环境质量监测结果见表 5-8-11。

表 5-8-11　天津市区第二含水组地下水水质变化状况

监测项目	监测项目平均值/（mg/L）					地下水分类
	1996 年	1997 年	1998 年	1999 年	2000 年	标准（III）/（mg/L）
Cl^-	448.60	365.25	427.66	510.60	418.23	≤250
SO_4^{2-}	284.37	259.87	303.79	342.44	298.02	≤250
总硬度*	506.37	399.32	418.18	526.40	438.02	≤450
固形物	1 428.60	1 306.01	1 487.02	1 705.60	1 473.42	≤1 000
取样总数（个）	33	29	25	22	20	

注：*总硬度以 $CaCO_3$ 计。

就表 5-8-11 分析，1996—2000 年 5 年间，第二含水组地下水水质已超过III类标准，表明天津市区第二含水组地下水普遍受到污染，主要污染物依次为：固形物＞Cl^-＞SO_4^{2-}＞总硬度。另据有关资料，市区北部第二含水组地下水水质优良，完全可作为备用的饮用水水源。

天津市域内（市区外）污灌区二组水普遍受到污染见“6 天津污水灌溉现状调查”有关部分分析。

8.4 水资源开发利用现状

8.4.1 供水量现状分析

1998 年全市总供水量 24.80 亿 m^3，其中当地地表水水源工程供水 10.55 亿 m^3，引滦供水 6.12 亿 m^3，开采地下水 7.83 亿 m^3，海水替代淡水 0. 3 亿 m^3。供水组成见图 5-8-1。

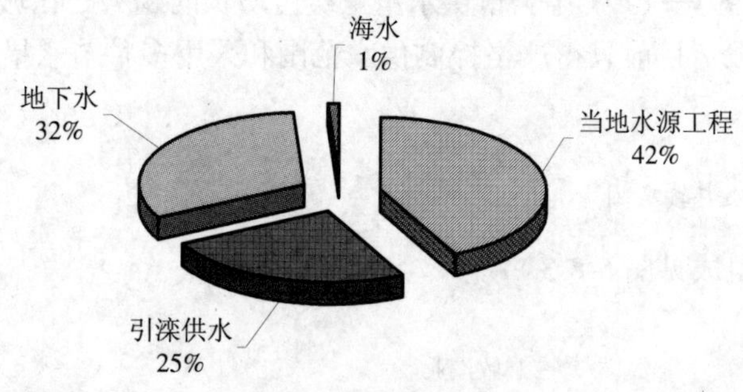

图 5-8-1 天津市现状供水组成

全市总供水量中工业供水 7.54 亿 m^3，城市生活供水 4.40 亿 m^3，城市河湖补水 0.50 亿 m^3，以上三项城市供水为 12.44 亿 m^3；农田灌溉供水 14.88 亿 m^3，农村生活供水 1.27 亿 m^3，林牧渔业供水 3.12 亿 m^3，以上三项农村供水为 19.27 亿 m^3。1991—1998 年天津市供水情况见表 5-8-12，图 5-8-2。

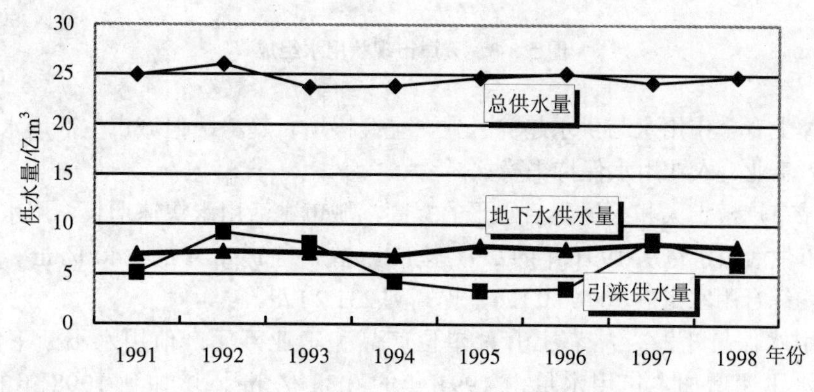

图 5-8-2 天津市 1991—1998 年供水趋势图

表 5-8-12　天津市 1991—1998 年供水情况表

供水水源	供水情况/亿 m³							
	1991 年	1992 年	1993 年	1994 年	1995 年	1996 年	1997 年	1998 年
地表水	17.65	18.41	16.25	16.64	16.5	17.23	15.78	16.67
其中：引滦水	5.14	9.22	8.12	4.29	3.38	3.62	8.50	6.12
地下水	7.00	7.30	7.16	6.92	7.88	7.57	8.13	7.83
海水替代淡水	0.30	0.30	0.30	0.30	0.30	0.30	0.30	0.30
引用污水	5.16	4.61	5.41	5.49	7.35	7.39	6.87	6.91
总供水量	24.95	26.01	23.71	23.86	24.68	25.10	24.21	24.80

注：总供水量中不包括农灌引用污水量。

综前所述，1991—1998 年全市供水量呈缓慢增长的趋势。在城市供水方面，因引滦分配天津水量有限，目前只得严格控制供水范围和采用多种节水措施，使城市供水量增长缓慢。

8.4.2 用水量现状分析

天津市用水组成见图 5-8-3。

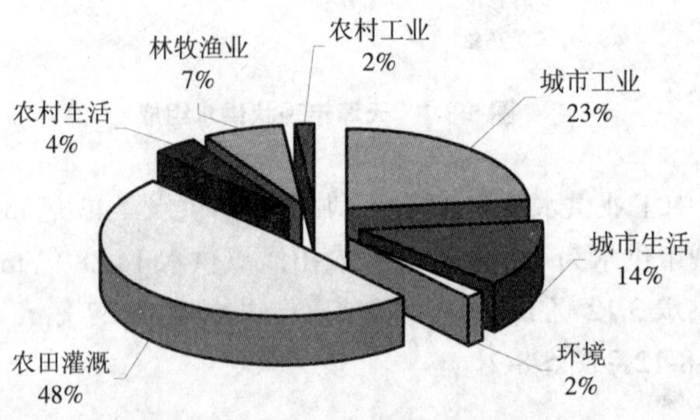

图 5-8-3　天津市现状用水组成

从总体上看全市用水与供水趋势一致，呈缓慢增长趋势，但城市生活用水量呈快速增长趋势，工业、农业用水保持平稳。

随着城市规模扩大和人民生活水平的提高，城市生活用水快速增长，用水定额不断提高。城市生活用水量从 1991 年的 2.97 亿 m³，增加到 1998 年的 4.40 亿 m³，年均增长 5.0%。人均综合用水定额从 166.0 L/d，提高到 231.2 L/d。

工业用水保持平稳，略有上升，单位产品和工业万元产值用水不断下降。农村工副业用水迅速增加，年用水量由 1991 年的 0.33 亿 m³，增加到 1998 年的 0.53 亿 m³，年均增长率 6.1%。由于高新技术产业崛起，引起产业结构发生变化，以及节水措施的采用，全市工业万元产值综合用水定额从 1991 年的 84.4m³ 降低到 1998 年的 28.2m³。工业结构变化及用水定额变化情况见表 5-8-13。

表 5-8-13　天津市工业结构及用水定额变化趋势

年份	工业产值/亿元		产业结构（%）		万元产值用水量/m^3	
	全市	高新技术	全市	高新技术	全市	高新技术
1991	786.60	93.67	100	11.9	84.4	33.1
1992	997.91	128.39	100	13.1	65.1	26.5
1993	1 401.84	231.34	100	16.5	47.1	18.6
1994	1 754.30	293.06	100	16.7	38.4	14.3
1995	1 879.65	408.84	100	21.8	37.7	10.3
1996	2 177.42	515.07	100	23.7	32.3	9.1
1997	2 450.21	566.70	100	23.1	25.2	8.8
1998	2 562.62	667.01	100	26.0	28.2	8.2

注：表中工业万元产值用水量中未含海水。

农村生活、农田灌溉、林牧渔业等项用水基本保持稳定。农村生活人均综合用水量1991—1998 年基本维持在人均 90 L/d 水平，农村生活用水没有增长。农田灌溉亩均用水量 1991 年与 1998 年基本一致，为每亩 282 m^3。天津市用水趋势见表 5-8-14，图 5-8-4。

表 5-8-14　天津市 1991—1998 年用水趋势

用水部门	用水趋势/亿 m^3								
	1991 年	1992 年	1993 年	1994 年	1995 年	1996 年	1997 年	1998 年	年均增长率（%）
城市生活	2.97	2.78	2.83	2.93	3.61	3.73	3.81	4.40	5.8
城市工业	6.94	6.80	6.90	7.04	7.39	7.33	6.18	7.54	1.2
城市河湖	0.50	0.50	0.50	0.50	0.50	0.50	0.50	0.50	0
农村生活	1.27	1.26	1.17	1.25	1.22	1.19	1.21	1.27	0
农田灌溉	14.70	15.74	14.03	13.96	15.88	16.51	16.03	14.88	0.1
林牧渔业	3.40	3.30	3.40	3.30	3.43	3.22	3.35	3.12	−1.2
总用水量	29.78	30.38	28.83	28.98	32.03	32.48	31.08	31.71	0.9

注：总用水量包括农灌引用污水量。

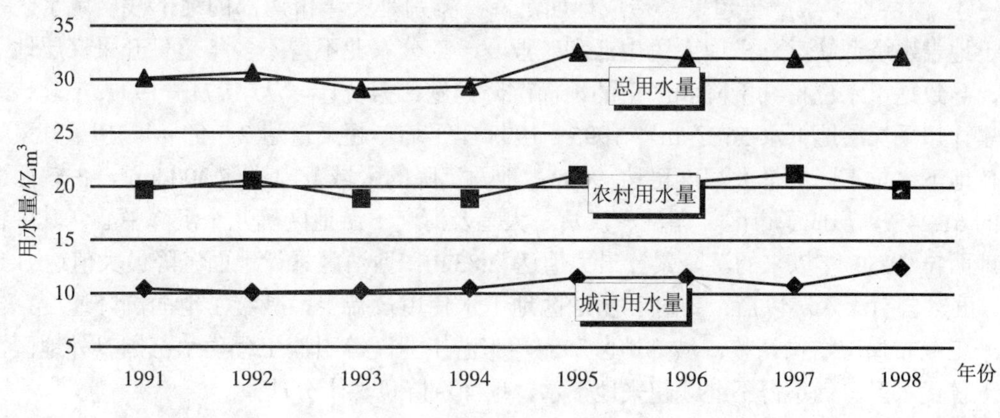

图 5-8-4　天津市用水量趋势图

8.4.3 水资源开发利用现状评价

1991—1998 年，全市地表水年平均供水量（包括引滦）16.89 亿 m^3，其中当地地表水源工程年平均供水量 10.84 亿 m^3。全市地表水资源均值为 10.55 亿 m^3，入境水量可开发利用的部分为 11.94 亿 m^3，扣除重复计算量和损失量，地表水开发利用率达 76%。

1991—1998 年，全市地下水年平均开采量 7.47 亿 m^3，全淡水区开发利用量 3.27 亿 m^3。由于南部地区深层地下水可开采量仅 1.8 亿 m^3，实际开采量达 4.2 亿 m^3，超采 130%。

在地表水开发利用方面，南部地区较北部地区高。南部地区地表水资源量少，大清河一般年份已无入境水量，而已建工程蓄水能力已超过可利用的水资源量，因此该区地表水资源已无进一步开发的潜力。北部地区地表水资源相对丰富，北运河、潮白河、蓟运河入境水量较多，而已建工程蓄水能力相对较小，地表水资源还有一定的开发潜力。

地下水开发利用方面，北部全淡水区赋存条件好，地下水资源丰富，还有较大的开发潜力。南部地区的浅层地下水主要是咸水区和微咸水区，深层淡水已超量开采，尤其在中心城区及周围地区以及滨海地区的塘沽、汉沽、大港区和静海县超采尤为严重，必须加以控制和限制开采，已无开发潜力。

8.4.4 水资源开发利用中存在的主要问题

① 水资源严重短缺。天津市全市人均水资源占有量为 160 m^3，仅为全国人均水资源占有量的 1/15，是全国人均水资源占有量最少的省市。由于上游用水量增加，入境水量逐年减少，加剧了天津市水资源短缺的困境。

② 水资源按地区分布不均匀，北部水资源相对多于南部，而蓄水工程的布局则是北部地区蓄水能力较小，南部地区蓄水能力较大，致使南部地区的一些蓄水工程一般年份无水可蓄。

③ 城市供水水源保证率低，供水保证率不能满足城市安全用水要求，供水范围受限制。天津市除于桥水库通过引滦工程可提供城市用水外，其他供水工程由于水源没保证且水质差，只能作为农业水源。城市引滦水量早已达到设计能力。

④ 深层地下水严重超采，造成地面沉降。特别是天津市南部的地下浅层咸水区，由于地表水资源缺乏，当地人民生活和工业及一部分农业不得不多年超量开采深层地下水，导致地下水位持续下降和严重的地面沉降问题。据统计，从 1971—1997 年，该地区累计超采深层地下水 56 亿 m^3，1995—1998 年平均年超采量达 2.5 亿 m^3。超量开采导致使地下水位下降的最大深度已达 90 m；地面沉降的区域范围达 7 300 km^2，占辖区面积的 61.24%，形成了市区、塘沽、汉沽、大港及海河下游地区等几个沉降中心，其中市区地面自 1959 年以来的沉降累计最大值达 2.83 m，塘沽区累计地面沉降最大值达 3.11 m。虽然自引滦入津以后，市区和塘沽区地下水使用量减少，减缓了地面沉降速度，但由于工业布局、结构调整，城郊地区和海河下游工业区等引滦工程供水范围以外地区，尚无替代水源，仍不得不继续超采地下水，地面沉降仍然十分严重。

⑤ 水环境恶化和水污染加剧。由于点污染和面污染加剧及各河水量逐年减少，水体自净能力降低，各河水体污染严重，水质恶化。

⑥ 现状水资源利用效率偏低，还存在不同程度的水资源浪费现象。

⑦ 现状水价不尽合理，目前天津市城市用水水价虽达到全国平均水平，但水价与缺水状况还很不适应。水利工程供水价、自来水综合售水价及污水处理费高于成本；地下水资源费与自来水水价比价失调，不利于节水工作的深入推广和水资源的优化配置。

8.5 水资源供需分析

8.5.1 预测分区及水平年

需水预测按城市、农村分别进行。城市需水按中心城区、滨海城区、新四区城区和五县（即原五县）城区预测；农村需水按蓟运河山区、海河北系平原、淀东清南平原三个分区预测。

规划中心城区为外环线以内地区。

滨海城区包括塘沽、汉沽、大港 3 个区的城区和辖区内建制镇。

新四区城区包括东丽、津南、西青、北辰 4 个区的城区和辖区内的建制镇。

原五县城区包括宝坻区、武清区两区和蓟县、宁河县、静海县三县的城区和辖区内建制镇。

规划基准年为 1998 年。预测水平年分别为 2005 年、2010 年。

8.5.2 社会经济发展目标

1999 年 8 月，国务院对《天津市城市总体规划（1999—2010 年）》做了批复，进一步明确了天津市的城市定位。天津市的经济发展目标见表 5-8-15。

表 5-8-15　天津市经济发展目标

类别年度	全市户籍人口/万人	城镇人口/万人	农村人口/万人	国内生产总值/亿元	工业总产值/亿元
2005	1 045	740	305	2 379	5 460
2010	1 100	840	260	5 000	8 400

8.5.3 需水量预测

（1）城市需水量预测

不同水平年城市总需水量见表 5-8-16 和表 5-8-17。

表 5-8-16　不同水平年城市需水量预测成果表　　单位：亿 m³

地区名称	水平年	需水量				合计
		工业用水	生活用水	河湖环境用水	商品菜田	
中心城区	2005	3.44	4.54	1.00	2.10	11.08
	2010	3.54	5.21	1.20	2.10	12.05

地区名称	水平年	需水量				合计
		工业用水	生活用水	河湖环境用水	商品菜田	
滨海区	2005	2.92	1.65	0.00	0.00	4.57
	2010	3.34	2.16	0.20	0.00	5.70
新四区	2005	0.90	0.90	0.00	0.00	1.80
	2010	1.06	1.20	0.60	0.00	2.86
原五县	2005	1.60	1.02	0.00	0.00	2.62
	2010	1.87	1.30	0.10	0.00	3.27
总计	2005	8.87	8.11	1.00	2.10	20.08
	2010	9.81	9.87	2.10	2.10	23.88

表 5-8-17 水资源分区不同水平年城市需水量预测成果表 单位：亿 m^3

地区名称	水平年	需水量				合计
		工业用水	生活用水	河湖环境用水	商品菜田	
蓟运河山区	2005	0.40	0.11	0.00	0.00	0.51
	2010	0.48	0.15	0.02	0.00	0.65
	2015	0.54	0.18	0.02	0.00	0.74
海河北系平原	2005	1.71	1.02	0.00	0.00	2.73
	2010	2.00	1.31	0.11	0.00	3.42
	2015	2.27	1.50	0.11	0.00	3.88
淀东清南平原	2005	6.76	6.98	1.00	2.10	16.84
	2010	7.33	8.41	1.97	2.10	19.81
	2015	7.77	9.58	2.47	2.10	21.92
合计	2005	8.87	8.11	1.00	2.10	20.08
	2010	9.81	9.87	2.10	2.10	23.88

（2）农村需水量预测

根据《天津市总体规划》，2010 年天津市农业人口 260 万人，耕地面积 42 万 hm^2，其中水田 5.33 万 hm^2，水浇地 28 万 hm^2，菜田 4 万 hm^2，鱼塘 4 万 hm^2，果林 2.67 万 hm^2。

各水平年农村需水量如下：

2005 年 50%、75%需水 24.42 亿 m^3、27.04 亿 m^3；

2010 年 50%、75%需水 24.58 亿 m^3、27.24 亿 m^3；

不同水平年农业需水量预测见表 5-8-18 和表 5-8-19。

表 5-8-18 天津市不同水平年农村需水量预测表 单位：亿 m^3

项 目	2005 年需水量		2010 年需水量	
	50%	75%	50%	75%
农田灌溉	18.36	21.00	18.34	21.00
林牧渔副	4.12	4.11	4.15	4.15
农村生活	1.24	1.23	1.23	1.23
农村工业	0.70	0.70	0.86	0.86
合计	24.42	27.04	24.58	27.24

表 5-8-19　天津市水资源分区不同水平年农村需水量预测表　　　单位：亿 m^3

水资源分区	2005 年需水量		2010 年需水量	
	50%	75%	50%	75%
蓟运河山区	1.40	1.61	1.35	1.55
海河北系平原	13.47	14.91	13.56	15.18
淀东清南平原	9.55	10.52	9.67	10.51
合计	24.42	27.04	24.58	27.24

8.5.4 可供水量预测

可供水量按城市和农村分别进行预测。城市供水水源主要是引滦、于桥水库和地下水；农村供水水源主要是当地地表水和地下水。

（1）当地地表水可供水量预测

大型水库：对 1956—1998 年系列分析，50%、75%、95%保证率的可供水量分别为 3.33 亿 m^3、2.66 亿 m^3 和 1.34 亿 m^3。

中小型蓄水工程及二级河道以下河渠的蓄水水源主要是本地区产水，其供水能力按照不同频率的产水量和蓄水工程及河渠的有效蓄水能力进行分析。全市当地地表水可供水量见表 5-8-20。

表 5-8-20　天津市当地地表水可供水量　　　单位：亿 m^3

流域名称		地表水可供水量					
		2005 年			2010 年		
		50%	75%	95%	50%	75%	95%
蓟运河山区		0.11	0.05	0.00	0.11	0.05	0.00
海河北系平原		7 36	5.94	2.08	7.12	5.86	2.05
淀东清南平原		2.84	1.47	0.27	2.84	1.46	0.28
合　计		10.31	7.46	2.35	10.07	7.37	2.33
其中	城市	1.30	1.30	1.30	1.30	1.30	1.30
	农村	9.01	6.16	1.05	8.77	6.07	1.03

（2）地下水可供水量

按照地下水资源的可持续开发利用和生态环境保护原则，结合天津市实际利用情况，地下水可供水量中主要考虑浅层淡水（矿化度小于 2 g/L）和岩溶水，也包括已开采利用的深层地下水。

全市地下水可供水量共计 8.32 亿 m^3（其中深层地下水 1.88 亿 m^3）。全市地下水可供水量见表 5-8-21。

表 5-8-21　天津市地下水可供水量　　　单位：亿 m^3

水资源分区	蓟运河山区		海河北系平原		淀东清南平原		合计		
	城市	农村	城市	农村	城市	农村	全市	城市	农村
地下水资源量	0.11	0.25	0.52	5.0	0.58	1.86	8.32	1.21	7.11

（3）海水可利用量

目前天津市海水利用：一是用于电厂冷却，二是用于工业（制碱）。年利用海水量约 14 亿 m³，可替代淡水 0.30 亿 m³。

（4）引滦可供水量

引滦入津工程于 1983 年 9 月建成通水，水源为滦河上的潘家口水库。根据国务院国办发[1983]44 号文件规定，引滦潘家口水库分配给天津市的水量，75%保证率为 10 亿 m³，95%保证率为 6.6 亿 m³。扣除损失入市区净水量，保证率 75%、95%分别为 7.50 亿 m³、4.95 亿 m³。

（5）可供水总量

天津市现状各水平年不同保证率情况下的可供水量见表 5-8-22。

表 5-8-22　现状天津市可供水量预测表　　单位：亿 m³

水资源分区		2005 年可供水量			2010 年可供水量		
		50%	75%	95%	50%	75%	95%
蓟运河山区	城市	0.11	0.11	0.11	0.11	0.11	0.11
	农村	0.25	0.25	0.25	0.25	0.25	0.25
海河北系平原	城市	0.90	0.90	0.90	0.90	0.90	0.90
	农村	11.06	9.64	5.78	10.83	9.56	5.75
淀东清南平原	城市	9.30	9.30	6.75	9.30	9.30	6.75
	农村	4.70	3.33	2.14	4.70	3.33	2.14
合计	城市	10.31	10.31	7.76	10.31	10.31	7.76
	农村	16.12	13.27	8.17	15.89	13.19	8.14
	合计	26.43	23.58	15.93	26.20	23.50	15.90

8.5.5 供需平衡分析

2005 年：与需水量相比，50%保证率，城市缺水 9.77 亿 m³，占 49%，农村缺水 8.30 亿 m³，占 34%；75%保证率，城市缺水 9.77 亿 m³，占 49%，农村缺水 13.77 亿 m³，占 51%。

2010 年：与需水量相比，50%保证率，城市缺水 13.57 亿 m³，占 57%，农村缺水 8.72 亿 m³，占 35%；75%保证率，城市缺水 13.57 亿 m³，占 57%，农村缺水 14.05 亿 m³，占 54%。

天津市各水资源分区不同水平年供需分析结果见表 5-8-23。

表 5-8-23　按现状条件各水资源分区供需分析成果表　　单位：亿 m³

水资源分区			供需分析					
			2005 年			2010 年		
			50%	75%	95%	50%	75%	95%
蓟运河山区	城镇	供水量	0.11	0.11	0.11	0.11	0.11	0.11
		需水量	0.51	0.51	0.51	0.65	0.65	0.65
		平衡结果	−0.4	−0.4	−0.4	−0.54	−0.54	−0.54

水资源分区			供需分析					
			2005 年			2010 年		
			50%	75%	95%	50%	75%	95%
蓟运河山区	农村	供水量	0.36	0.3	0.25	0.36	0.3	0.25
		需水量	1.4	1.61		1.38	1.55	
		平衡结果	−1.04	−1.31		−1.02	−1.25	
海河北系平原	城镇	供水量	0.9	0.9	0.9	0.9	0.9	0.9
		需水量	2.73	2.73	2.73	3.42	3.42	3.42
		平衡结果	−1.83	−1.83	−1.83	−2.52	−2.52	−2.52
	农村	供水量	11.06	9.64	5.78	10.83	9.56	5.75
		需水量	13.47	14.91		13.56	15.18	
		平衡结果	−2.41	−5.27		−2.73	−5.62	
淀东清南平原	城镇	供水量	9.3	9.3	6.75	9.3	9.3	6.75
		需水量	16.84	16.84	16.84	19.81	19.81	19.81
		平衡结果	−7.54	−7.54	−10.09	−10.51	−10.51	−13.06
	农村	供水量	4.7	3.33	2.14	4.7	3.33	2.14
		需水量	9.55	10.52		9.67	10.51	
		平衡结果	−4.85	−7.19		−4.97	−7.18	
合计	城镇	供水量	10.31	10.31	7.76	10.31	10.31	7.76
		需水量	20.08	20.08	20.08	23.88	23.88	23.88
		平衡结果	−9.77	−9.77	−12.32	−13.57	−13.57	−16.12
	农村	供水量	16.12	13.27	8.17	15.89	13.19	8.14
		需水量	24.42	27.04		24.61	27.24	
		平衡结果	−8.3	−13.77		−8.72	−14.05	

8.6 水资源可持续利用保障体系

8.6.1 改革水资源管理体制

参照国内外一些大都市水管理的成功经验，结合天津市实际情况，拟进行天津市水资源管理体制改革，以建立全市统一的水事务管理部门为方向，负责全市防洪、供水、节水、排水、水资源保护、污水处理和再生水利用等诸方面，以利于水资源管理的统一、高效。

8.6.2 完善政策法规体系

为保障水资源的可持续利用，把水事务管理纳入法制管理的轨道，“十五”期间拟制定和修缮的地方性法规主要有：

①《天津市水资源管理条例》；

②《天津市工业、生活用水水源供水管理条例》；

③《天津市节约用水管理条例》；

④《天津市地下水资源开发利用管理办法》；

⑤《天津市污废水排水费计收管理办法》;

⑥《天津市工业、生活用水定额标准》。

8.6.3 建立合理的水价体系

天津市城市用水水价经过多年调整，目前已达到全国平均水平，但现行水价与天津市缺水状况还很不适应。因此，改革水价，利用经济杠杆的作用，建立适应天津市水资源特点的水价体系，对保障天津市可持续发展具有重要意义。

根据对可利用水量和未来用水需求情况的分析，以及既要考虑成本回收，又要考虑到各方面的承受能力等因素，天津市水价改革分步实施的初步方案见表 5-8-24。

表 5-8-24 天津市规划水价表

分类		规划水价/（元/m³）				
		2001 年	2002 年	2003 年	2004 年	2005 年
生活及工商业水价		2.70	3.30	3.90	4.50	5.00
其中	水利工程供水	0.65	0.80	0.90	1.00	1.10
	自来水供水价	0.84	1.10	1.50	1.80	2.10
	污水处理费	0.60	0.65	0.70	0.80	0.90
	综合水资源费	0.61	0.75	0.80	0.90	0.90
地下水资源费		1.80	2.20	2.80	3.40	4.00
农业灌溉地表水价		0.10	0.20	0.28	0.35	0.40
其中	水利工程供水	0.08	0.16	0.22	0.27	0.30
	水资源费	0.02	0.04	0.06	0.08	0.10
农业灌溉地下水资源费		0.10	0.15	0.25	0.35	0.40
工业用再生水		0.20	0.50	0.70	0.85	1.00
农业用再生水		0.04	0.06	0.08	0.10	0.10

8.6.4 合理调整开发利用布局

根据天津市地下水资源状况，合理调整地下水开发利用布局，使有限的地下水资源得到合理充分的利用。

（1）未超采区

充分开发有潜力的山区和海河北系平原全淡区。农田灌溉与用水量较小的工业和生活开采第四系松散层中的地下水，城镇与大型企业开采隐伏基岩贮水构造地下水，建立供水水源地。扩大开采后，可将地表水引向下游，补充下游水源的不足。

（2）深层淡水超采区

① 划分开采区，不同开采区采用不同的措施和政策。

将滨海城区的开发区、保税区、南疆码头一带划为地下水禁采区，禁止开采深层地下水。

将市区外环线以外 5 km 范围内和西青区的杨柳青、东丽区的军粮城、津南区的咸水沽、宁河县的芦台镇、静海县的静海镇等划为严格限采区。

对中心市区、塘沽区、汉沽区、大港区等城市规划范围内和武清区的杨村镇，因有稳定的地表水源，且为地面沉降比较敏感的地区，采用逐年压缩 10%～20%的开采量的办法，用 5～10 年时间逐步过度为禁止开采深层地下水区域。

对上述区域以外的有咸水区划定深层水一般限采区，除保证生活和工业基本用水外，农业灌溉原则上不开采深层地下水。

② 大力开发浅层淡水和微咸水。

在浅层淡水与微咸水分布的地区，根据含水层的岩性、厚度、水质、富水性等采用不同形式成井工艺，加大浅层淡水与微咸水的开发力度。

③ 改善成井工艺。

在成井方式上，采用加大滤水管跨度，浅、中井滤水管可适当延伸进咸水层中，或在具有深层淡水、咸水和浅层淡水的井中，隔掉咸水层，使浅层淡水与深层淡水串通，人为地造成许多浅层淡水向深层淡水含水层中补给的“天窗”，由于深层水的水位埋深远远大于浅层水，可起到增大浅层水对深层水的补给的作用。

④ 开发第四系孔隙水水源地。

A．开展地下水人工调蓄和储能工作。

B．增加地表蓄水设施能力，扩大供水量和供水地区。

C．加强贮水构造以及深层地下水资源的勘查评价工作。

D．开展咸水改造利用。

发展咸水和深层淡水混合用于农田灌溉，在内陆地区利用地下咸水进行养殖试验，开展咸水储能和咸水淡化研究工作。开采利用咸水，降低潜水位，增大降雨入渗补给量，收到淡化咸水和改良水质的效果。

8.6.5 实施科学管理

① 编制、完善用水定额和相应的实施管理办法。

② 探索建立计划水权与水权交易市场调节相结合的管理机制，推动节水工作的持续发展。

③ 建立企业用水论证制度和节水企业的达标考核制度。

④ 加强取水许可的审批工作。

⑤ 开展水资源优化配置和多种水资源联合调度运行的研究工作。

⑥ 继续开展节水技术和节水产业化的研究工作。

9 湿地生态环境现状调查

9.1 湿地生态环境现状

9.1.1 湿地类型与面积

天津“九河下梢”的地理位置与濒临渤海的近岸环境，使天津发育着多种湿地类型，根据国家环保总局对本次生态调查的技术要求，数据采集以地面调查、遥感调查两种方式进行。天津湿地调查数据来源是：

市环境监测中心与相关部门合作完成的湿地遥感调查；

林业局提供的湿地地面调查数据。

（1）湿地遥感调查

① 遥感调查湿地分类：

按照国家总课题组生态调查的湿地分类系统，天津湿地分为人工湿地和天然湿地两个一级类型、9 个二级类型。人工湿地分为水田、坑塘、水库、沟渠、盐田 5 个二级类型，天然湿地分为河流、滩地、沼泽、湖泊 4 个二级类型。湿地类型的含义见表 5-9-1。

表 5-9-1　天津市湿地分类表

<table>
<tr><th colspan="2">一级类型</th><th colspan="2">二级类型</th><th rowspan="2">含义及遥感图像判读依据</th><th rowspan="2">备注</th></tr>
<tr><th>编号</th><th>名称</th><th>编号</th><th>名称</th></tr>
<tr><td rowspan="5">1</td><td rowspan="5">人工湿地</td><td>11</td><td>水田</td><td>指水稻田</td><td rowspan="5">主要指水田、坑塘、水库、沟渠、盐田等受人工控制和影响的湿地类型</td></tr>
<tr><td>12</td><td>坑塘</td><td>主要指各类池塘，如养虾池、养鱼池、砖厂废弃坑等水面</td></tr>
<tr><td>13</td><td>水库</td><td>有人工加固堤坝的长久存水区域</td></tr>
<tr><td>14</td><td>沟渠</td><td>无加固岸或简易加固岸的渠道（遥感解译图上的双线河）</td></tr>
<tr><td>15</td><td>盐田</td><td>晾晒盐的池塘</td></tr>
<tr><td rowspan="4">2</td><td rowspan="4">天然湿地</td><td>21</td><td>河流</td><td>主要有 3 种类型，永久性河流、季节性或间歇性河流、泛洪平原湿地（即河漫滩）</td><td rowspan="4">主要是指河流、滩涂（包括海涂）沼泽、湖泊等湿地</td></tr>
<tr><td>22</td><td>滩地</td><td>主要指近海及海岸湿地，如浅海水域、潮间淤泥海滩、河口湿地、三角洲湿地等</td></tr>
<tr><td>23</td><td>沼泽</td><td>指沼泽和沼泽化草甸湿地，本区主要发育为内陆盐沼、草甸湿地、草本沼泽等</td></tr>
<tr><td>24</td><td>湖泊</td><td>指永久性淡水湖和季节性淡水湖，本区主要为城区内公园水域</td></tr>
</table>

② 遥感调查湿地面积：

本次湿地调查采用高分辨率的航空遥感数据进行各类型面积的统计。数据源采用的是 2000 年出版的 1∶10 000 地形图，该地形图是利用 1998 年摄影的彩色红外航空影像进行纠正后制作成的正射影像图，影像图分辨率为 1 m，2000 年在正射影像图的基础上制作出天津全域地形图，地形图反映的土地利用现状是 2000 年。

提取湿地各类型面积采用的方法是：在地形图上按照湿地类型将湿地范围矢量化，并将湿地分类，求出各图斑的面积，再将各湿地类型面积汇总，最后求出所有湿地总面积，图中最小图斑面积为 25.2 m。

本次遥感调查工作过程中采用了 AUTOCAD、POTOSHOP 等软件。

通过计算统计，天津市湿地总面积 35.18 万 hm^2，占国土总面积的 30.07%，其中人工湿地面积为 31.47 万 hm^2，天然湿地面积 4.36 万 hm^2，分别占湿地总面积的 87.83%和 12.17%，占国土总面积的 26.40%和 3.66%，遥感调查的数据显示，人工湿地构成了天津湿地的主体（见表 5-9-2）。

表 5-9-2　天津市各类湿地面积统计表（遥感数据）

湿地类型	种类	面积/hm^2	占湿地总面积比例（%）	占全市国土面积比例（%）
人工湿地	水田	127 956.45	35.71	10.74
	坑塘	115 264.43	32.16	9.67
	水库	39 377.10	10.99	3.30
	沟渠	21 683.24	6.05	1.82
	盐田	10 431.90	2.91	0.88
	小计	314 713.12	87.83	26.40
天然湿地	河流	16 885.44	4.71	1.42
	滩地	23 290.71	6.50	1.95
	沼泽	3 246.18	0.91	0.27
	湖泊	219.39	0.06	0.02
	小计	43 641.72	12.17	3.66
合计		358 354.84	100	30.07

表中数据调查时间为 2000 年。

（2）湿地地面调查

地面调查数据来自林业局 20 世纪 90 年代后期调查成果。1996 年 1 月至 1997 年末，天津市林业局对天津湿地进行了一次全面调查，这次调查是根据《全国湿地资源调查与监测技术规程》所确定的湿地分类标准进行的。按照统一要求，天津湿地可划分为近海及海岸湿地、河流湿地、湖泊湿地、沼泽和沼泽化草甸湿地四大类，在四大类的基础上又分为浅海水域湿地、潮间淤泥海滩湿地、永久性河流湿地、永久性淡水湖湿地、水库湿地、草本沼泽湿地 6 种类型。

由林业局提供的湿地调查结果显示，全市湿地总面积 171 780 hm^2，占全市国土总面积的 14.41%。其中，永久性河流湿地面积最大，达 55 120 hm^2，占天津湿地总面积的 32.0%；水库湿地和潮间淤泥海滩湿地也占较大比重，分别占湿地总面积的 22.2%和 21.6%。湖泊湿地和近海及海岸湿地构成了天津湿地的主体（见表 5-9-3）。

表 5-9-3　天津市各类湿地面积统计表（地面调查）

湿地类型	类型	面积/hm^2	占湿地面积比例（%）	占全市国土面积比例（%）
近海及海岸湿　地	浅海水域	21 070	12.3%	1.77
	潮间淤泥海滩	37 020	21.6%	3.10
河流湿地	永久性河流	55 120	32.0%	4.62
湖泊湿地	永久性淡水湖	12 330	7.2%	1.03
	水库	38 060	22.2%	3.19
沼泽和沼泽	草本沼泽	8 180	4.7%	0.69
合　计		171 780	100%	14.41

表中数据调查时间为 1997 年。

（3）遥感与地面数据对比分析

由于湿地分类体系、调查方式、调查时间的不同，地面调查数据与遥感调查数据差异较大。主要表现为：湿地总面积遥感数据较大，地面数据面积较小；相同类别的湿地遥感调查与地面调查数值差异较大，如遥感调查河流湿地面积比地面调查面积小；地面调查无人工湿地面积统计等。数据来源不同导致结果的不吻合应该是正常的，两者也没有可比性，但有些数据差异较大，其原因主要有以下几点：

① 遥感调查统计数据偏大主要是由于影像图精度较高。遥感调查的图斑分辨率为 1 m，由于精度高，可将面积较小的水面和各类池塘算进湿地面积中，最小解释图斑是 25.2 m，从而使人工湿地面积大增；地面数据是人工实地调查而得，以大范围湿地为主，8 hm^2 以下湿地忽略不计。近 20 年来，天津湿地的变化趋势是：湿地的破碎化、人工化，各类小片养殖水面偏多是天津湿地的特点，8 hm^2 以下湿地面积累计后面积较大。

② 地面调查的湿地中，河流湿地占较大比重，占湿地总面积的 32.0%，明显高于遥感调查数据，其原因有二：一是遥感数据把河流与沟渠分别纳入天然湿地和人工湿地两个一级分类系统中，使河流湿地面积偏小；二是遥感调查以实际状况为基础统计面积，而地面调查数据难以与实际完全相符。

③ 遥感调查反映的是 2000 年湿地的实际状况，而地面调查开始于 1996 年，结束于 1997 年底，野外调查与室内工作全部完成历时两年，调查时间差使反映的湿地现状不同。

9.1.2 湿地分布特点

天然湿地的分布主要受控于地理环境，而人工湿地的分布除与自然条件密切相关外，受区域经济生产活动的影响较大，见彩图 4。

（1）河流湿地

河流众多与支流纵横交错是天津主要的景观特征，区内河流的河床较宽，水流缓慢，河漫滩发育，河流湿地主要分布于一级支流的河漫滩中，二级河道相对较窄，湿地发育不明显。全市有一级和二级河道 101 条，总长度达 2 500 km。其中一级河道总长 1 453 km，具有典型的平原区河流特点，河床较宽、水流缓慢、河漫滩发育。

（2）滩涂湿地

即近海及海岸湿地，主要分布于北纬 38° 20′ 至 39° 30′ 的渤海湾海岸地区，南至歧口，北至河口，跨越天津市大港、塘沽、汉沽 3 个行政区，全长 153 km，该类湿地又可划分为以下两种类型：

① 浅海水域湿地。

浅海水域湿地分布于 5 m 等深线以内、平均宽约 1 400 m 的浅海海域，该湿地的地貌特征是由于冲淤作用，形成了河口水下三角洲及海湾三角洲平原、溺谷、潮脊、潮沟。该湿地也是水生生物资源较为丰富的地区。

② 潮间淤泥海滩（潮间带）湿地。

位于高潮线与低潮线之间，上界为人工堤岸，下界为零米等深线，宽度 3 000～7 300 m，高潮时可被水淹没，低潮时露出水面，形成滩地，为典型的粉沙淤泥质浅滩湿地。

③ 沼泽和沼泽化草甸湿地。

零星分布于南部和西部，此类湿地所占比重较小，随着气候的持续变暖、水资源总量的减少，该类型湿地正处于逐渐消失之中。

④ 湖泊湿地。

永久性淡水湖湿地是天然湿地的重要组成部分，其面积较小，主要分布于中部和东部地区。遥感调查统计资料显示，湖泊湿地主要为建成区内的公园水域。

⑤ 水库湿地。

全市有水库 100 座，其中，库容 1 亿 m^3 以上的为大型水库有 2 座，即于桥水库和北大港水库；库容 1 000 万 m^3 至 1 亿 m^3 的为中型水库有 11 座；库容 1 000 万 m^3 以下的为小型水库有 87 座（山区 12 座，平原 75 座）。蓄水总库容 11 亿余 m^3。水库湿地分布于各个区县，其他较重要水库主要为团泊洼、东丽湖、东七里海，主要分布于西南部、中东部地区，面积稳定。

⑥ 水田湿地。

水田湿地是天津湿地的重要组成部分，面积 12.79 万 hm^2，占湿地总面积比重最大，达 35.71%。受各区县经济发展的制约，水田主要分布于海河、潮白新河、蓟运河、永定新河流域，面积波动较大。

⑦ 坑塘湿地。

坑塘湿地面积为 11.53 万 hm^2，所占比重仅次于水田，达 32.16%。坑塘湿地主要由虾池和鱼塘构成，广泛分布于沿海区域、永定新河流域、独流减河流域。另有一部分坑塘由砖厂废弃坑构成，主要分布于青龙湾流域。

⑧ 沟渠湿地。

天津市的沟渠遍布于全市所有区域，面积 2.16 万 hm^2，占湿地总面积的 6.05%。

⑨ 盐田湿地。

此类型湿地为沿海地区所特有，天津的盐田湿地面积达 1.04 万 hm^2，近 20 年来，分布与面积变化相对稳定。

9.1.3 湿地效益评价

湿地效益是湿地所具有的功能、用途和属性的价值，它包括生态效益、经济效益和社会效益。湿地评价，有些效益是可直接利用的资源，如生物资源、土地资源和泥炭资源等，这些资源可以直接用货币形式来计算其价值，但有些是非商品性使用价值，如生态旅游等。湿地社会效益与生态效益，如防洪、补充地下水、调节气候、净化水源等功能是不能直接以货币价值来体现的，这一间接使用价值是不能忽略的。

（1）经济效益评价

① 生物资源：

植物资源：天津市湿地植物资源较为丰富，有纤维植物、药用植物、食用植物和饲料植物、观赏植物等多种。

动物资源：湿地野生动物是大自然宝贵的再生资源之一，天津湿地是 235 种鸟类的栖息地，同时也是各类鱼种繁殖、生存的环境，天津市浅海水域湿地生长有带鱼、小黄鱼、黄姑鱼和毛蚶、贝类等海洋生物 150 多种，著名的渤海对虾就产在这里。在河流、湖泊、水库、沼泽等湿地生长着 60 多种鱼类，分属 9 目 15 科，并以鲤科鱼类为主。

② 生态旅游资源：

湿地生态旅游是一种欣赏、研究、调查自然以及维持湿地自然环境的旅游活动。旅游者是以湿地作为观光、游览或研究的对象，观察湿地多彩景观和丰富的物种以及优美的环境，维持湿地自然环境为目的的旅游活动。因此，湿地具有多种旅游价值。

科学价值：研究古地理、古气候与地理环境的变迁具有重要意义，如七里海湿地自然保护区和大港海岸古贝壳自然保护区；研究珍稀、濒危鸟类的繁殖与栖息环境及迁移的路线和规律，海岸湿地、水库湿地、河流湿地等湿地具有这一功能。

娱乐价值：湿地为旅游者提供欣赏优美环境的娱乐场所，使旅游者呼吸清新的空气，享受大自然之美。如东丽湖、团泊洼等湿地开辟的旅游度假村。

教育价值：湿地是大、中、小学的课外教学场所，科学实习基地和天然博物馆，它有向人们进行湿地保护宣传、教育的价值，能够增加人们的自然科学知识，并有提高人们保护生物多样性、增强生态环境意识的功能。

美学价值：湿地风景秀丽，给人们视觉上的美感，能够陶冶情操，净化心灵，培养人们对美好生活的热爱，提高人们的文化修养，保护湿地良好的生态环境，对于全面建设小康社会具有重要价值。

③ 土地资源：

湿地地面平整，土壤肥沃，潜在肥力高，水源相对充足，适于耕作。因此，天津市大片漫滩湿地、河谷平地被开垦为水田，可以说，天津市的绝大多数水田来源于湿地的开发。

（2）湿地生态效益

湿地的生态效益，主要表现在水源涵养、蓄水调洪、补充地下水、调节区域气候、降低土壤盐碱度、通过生物沉积和同化输出作用净化水质以及保护生物多样性等。

湿地地表过湿，有常年积水或季节性积水，它具有保水、涵养水源的生态效益；湿地能够蓄洪防灾，广大平原区河流的沿岸地带是湿地密集分布区，对于洪水的调节作用极为显著；湿地是地表水的承泄区，丰富的地表积水补充地下水资源，提高地下水位，湿地一旦遭到破坏或进行不合理的开发利用，则会导致地下水位下降、地下水资源量减少，对工农业生产带来不利影响；生物多样性是生物长期进化的结果，保护湿地生物多样性，不仅因其具有直接使用价值，直接为人类提供各类资源，而且有些物种具有间接地支持和保护经济活动、调节生境状况的生态价值，还有些物种的价值，目前尚不清楚，如果一旦破坏，物种消失，后人则没机会再利用，无法选择。

9.1.4 重点湿地

（1）团泊洼湿地

团泊洼湿地，丰水期面积 6 000 hm^2，分布在静海县。

① 主要动植物种类：

湿地动物资源：

湿地鱼类资源：据调查鱼类共 25 种，分别隶属 5 目 9 科，其中重要经济鱼类 10 种，其他鱼类经济意义不大。

湿地两栖、爬行类动物资源：团泊洼两栖类动物有 1 目 2 科 3 种，爬行类动物有 1 目 1 科 5 种。

湿地鸟类资源：鸟类资源丰富，共有 123 个种类，主要为旅鸟和候鸟，留鸟数量很少。

湿地植物资源：主要有 21 科 42 个种类。

② 湿地描述：

静海县团泊地区环境幽雅，团泊洼水库拥有水面 51 km^2，被称为“华北明珠”，还有丰富的植被和水生动物，从而为鸟类提供了良好的栖息环境。数百种鸟类常年在此生息繁衍。据调查，团泊地区有鸟类 164 种，其中国家重点保护的一级动物有黑鹳、白鹳、大鸨，二级动物有天鹅、鸳鸯、白琵鹭。每年春秋两季，还有成千上万的候鸟在此路过停歇，其中许多种类是中日两国《保护候鸟及其栖息环境协定》中明令保护的。

③ 土地利用情况：

由于该地区人口较多，农业比较发达，土地资源十分紧缺，能够利用的土地均得到了较好的使用，围湖开垦较为严重，湿地面积逐年缩小。

④ 干扰和威胁：

长期过度开垦使水库面积减少，无计划的渔业生产对团泊洼水库生态环境造成严重影响，自然生态系统遭到一定程度的严重破坏。

由于比邻城镇，工业发达，人口众多，使得生活污水、周边农田施用的化肥、农药等不断随雨水冲入湖中，特别是工业发达，工业废水对水库质量影响很大。

⑤ 保护状况：

成立了团泊洼鸟类自然保护区，使团泊洼自然生态环境得到了一定程度上的保护。

⑥ 湿地主要经济效益：

团泊洼水库主要用于工业、农业用水、水产养殖、旅游开发。

（2）七里海湿地

七里海水库，丰水期面积 1 707 hm^2，坐落在天津市宁河县西南部，距渤海约 15 km，潮白新河南北贯穿，将七里分成东西七里海。

① 主要动植物种类：

动物资源：

湿地鱼类：据调查七里海的鱼类共25种，分别隶属5目9科，其中重要经济鱼类10种，其他鱼类经济意义不大。

湿地两栖、爬行类：七里海两栖动物共3种，属1目2科。

湿地爬行动物：共5种，属1目1科。

湿地鸟类：七里海水库植物类型多样，生物量大，给鸟类提供了丰富的食物条件，特别是为多种迁徙鸟类的理想栖息地，七里海的湿地鸟类共有123 种，隶属7目18科。

植物资源：

七里海湿地植物种类有46科196种。

② 湿地描述：

七里海湿地是天津古海岸与湿地国家级自然保护区的一部分，为永久性淡水湖，七里海是典型的古潟湖湿地生态系统，野生动植物种类丰富，是许多珍稀和濒危鸟类迁徙、栖息繁殖的基地。

③ 土地利用情况：

由于人口众多，工农业系列产品发达，土地资源十分紧缺，能利用的土地都得到了充分的利用。

④ 干扰和威胁：

由于人口众多，工业发达，生活污水和周边农田施用的化肥、农药等不断随雨水冲入水库。特别是工业废水是造成水污染的主要原因。

保护状况：七里海隶属天津古海岸与湿地国家级保护区。

⑤ 湿地主要效益：

用于农业灌溉，工业用水并从事水产养殖、旅游等。

（3）北大港湿地

北大港水库，丰水期面积 14 667 hm^2，坐落在天津市大港区。自然特征为渤海湾西岸平原低洼地上一个浅水贮水库及相邻的季节性淹水沼泽和开垦的土地。水库周围长53.8 km，可蓄水5亿m^3，水深平均1.5 m。气候状况为冬季寒冷而干燥，夏季炎热而多雨，四季分明，年平均气温11℃，1月平均气温–4℃，7月平均气温26℃，年降雨量550 mm，年蒸发量1 120.5 mm。

① 主要动植物资源：

动物资源：

湿地鱼类：北大港水库淡水鱼类资源丰富，共有24种。

湿地两栖、爬行类动物资源：北大港两栖类动物有1日2科35种。

湿地鸟类：北大港水库资源丰富，种类众多，为鸟类栖息提供了良好的环境，鸟类丰富，主要有旅鸟和夏鸟、留鸟种类很少。

植物资源：

北大港水库湿地植被比较稀少，浮游植物 58 属。绿藻最多，硅藻次之，蓝藻较少。水生植物可分成 12 个群落单位，主要有芦苇沼泽及沉水植物 8 种、浮水植物 2 种、挺水植物7种、中生及湿生植物40种，共计60种。

② 土地利用情况：

由于大港地区工业发达，农业土地资源非常紧张，土地利用较高，基本没有闲置地，围湖开垦较为严重。

③ 干扰和威胁：

由于人口众多、工业发达、生活污水和工业废水大量流入水库，造成水污染。

④ 保护状况：

未建立保护区，但相关部门进行了管理。

⑤ 湿地主要效益：

北大港水库主要用于工农用水、水产养殖，在汛期兼有滞洪、防洪作用。

9.2 湿地环境变化及趋势分析

9.2.1 湿地的形成

天津平原是海退地而成，陆年相对较短，加上河道纵横，自成陆以来就多洼淀，河流纵横、坑塘众多是天津主要的自然景观。

距今 1 400 年前，现天津海岸大致在今军粮城一带，成陆后的天津平原沼泽遍野。据《水经注》中记载，“其泽野有九十九淀，枝流条分，往往迳通”，《明史》地理志中也有“三角淀在南即古雍奴，周二百余里，诸水所聚，有直沽在县东南，卫河、白河、丁字沽合流，于此入海”的描述。河流入海总汇是天津的特征之一，而它的另一特征是和渤海紧密相连。天津平原的形成，与海水退却、河流摆荡有着极为密切的关系。海水退却形成了大小不一的潟湖，而永定河在自身的发育过程中，曾经在冲积扇上长期来回改道，它的泥沙在填平洼淀和垫高地面中起到了相当大的作用。清代《悔翁全记》“淀河十六则”载“淀水大则一片汪洋，水涸则支流、旱港无数，其间宽窄、深浅不一”。

天津平原发育着我国典型的湿地景观，水域的广泛分布，温带雨热同季的气候特征使这里水生、陆生植物种类繁多，并为各种野生动物栖息创造了良好的条件。湿地环境是自然生态系统中生物多样性最为丰富的地区之一，天津湿地在历史上曾具有调节区域气候、保护水体、净化水质、补充地下水的作用，更有防洪排泄保证城市安全度汛、消减泥沙保证河道畅通的功能。

9.2.2 湿地环境变迁

20 世纪初，天津的自然景观是水域连片、河流纵横，湖泡、坑塘星罗棋布。据有关资料显示，20 世纪 20 年代天津全域仅水域面积就达 5 247 km^2，占全区总土地面积的 45.9%。按地域分布，当时天津湿地的分布特点大体上以海河为界，分为南北两大部分，北部湿地面积相对较小，分布着塌河淀湿地、里自沽洼、黄庄洼、大黄堡洼、七里海湿地等，其自然景观除散落在较高地势上的村落和勾通村落的简易道路外，其他地域均被水域所覆盖；南部湿地面积大而广阔，天津湿地与河北省的白洋淀、胜芳三大水乡连接成片，呈现出千里泽国的景象。

按照生态系统的理论，一个生物或生态系统的生存和繁荣取决于综合的环境条件，各种限制因子的变化对生态系统构成影响。对于湿地生态系统来说，光、温度和水是有重要生态意义的环境因子，水因子的改变无疑对湿地生态系统的存在与改变产生影响。

近一个世纪以来，天津天然湿地面积呈现持续减少趋势，天然湿地面积已由上世纪初占全区总国土面积的45.9%减少到2000年的3.6%（遥感数据），而且近年来这种减少态势仍在继续，取代天然湿地的是大片的人工景观，以农田、鱼虾养殖场、工业用地和城镇居民点用地、交通用地为主。水面的迅速消失、大面积湿地的萎缩和破碎化是湿地景观演变的重要特征，彩图5是天津市中南部地区100年来不同时段天然湿地的演变趋势。天然湿地面积的缩小和景观的破碎化是自然与人为因素共同作用的结果。

9.2.3 湿地减少的自然因素

据调查，近百年来，天津地区的降水量处于不断减少的趋势。特别是20世纪后50年，降水量减少的态势更为明显，从图5-9-1可清晰看出，1949—2001年天津年降水总量的减少趋势。随着全球气候的变暖，年平均气温的不断升高，天津的年平均气温也处在缓慢上升阶段，图5-9-2可见，1949—2001年，天津年平均气温升高明显。降水量减少与气温升高无疑使地表蒸发量增大，自然界水量的减少对湿地存在构成严重威胁。

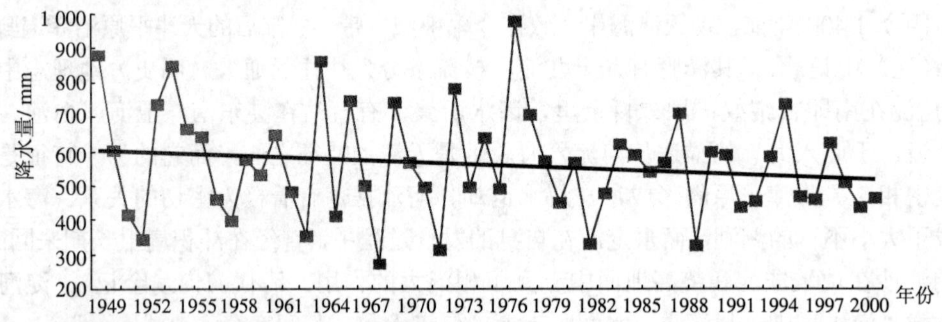

图5-9-1 天津市降水量年变化趋势（1949—2001年）

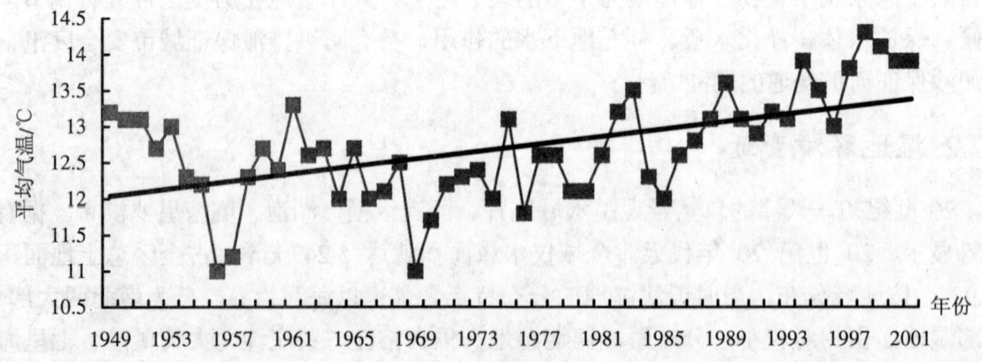

图5-9-2 天津市平均气温年变化趋势（1949—2001年）

9.2.4 湿地减少的人为因素

人为因素的影响是天津湿地减少的主要原因。

被誉为“自然之肾”的湿地，不仅是人类最重要的生存环境，也是众多野生动物、植物的重要生存环境之一，生物多样性极为丰富，具有多种生态功能和社会经济价值。由于人类的浅见及来自生存的压力，天津的湿地由于来水减少和不合理的过度开发，湿地数量和质量急剧下降，生态环境遭到不同程度的破坏。

天津湿地面积的减少分为两个不同阶段，第一阶段是 20 世纪初至 70 年代末，此阶段湿地减少的原因是以淤积造田、河流改造、流域上游大范围兴修水库为主。第二阶段是近 20 年，湿地减少的主要原因：一是城市地域快速扩展、工矿业及农业等经济高速发展对湿地环境的大量占用；二是人口骤增、经济发展使城市对水资源的需求急剧加大、河流断流、地下水的过量开采等原因使湿地的补给受阻，湿地逐渐干涸，而大量污染源的产生，对各类湿地环境质量构成威胁。

（1）20 世纪初至 20 世纪 70 年代末

① 淤积造田。

为了增加耕地、减少水害，人们用淤积造田的方式取得更多的土地，减少洪水泛滥的面积。如天津 1936 年开始了较大规模的淤积改造工程，这次淤积造田使著名的“塌河淀”湿地在天津消失。位于天津东北的塌河淀是天津较大的一片湿地（今东丽、北辰区境内），在“天津卫志”中有着较详细记载：“塌河淀载在城东北去城三十里，俗称前代塌陷为淀，周围百余里”。经过近 20 年的不懈改造，塌河淀湿地终于到解放后淤积成农田。

② 河流改造。

为了彻底根治海河，在华北平原上有过许多次大的河流改造工程，天津与北京、河北一道在海河中下游地区先后开挖和疏浚了黑龙港、子牙新河、开挖了永定新河、北京排污河、潮白新河等。据有关资料显示，仅 20 世纪 70 年代，天津及周边地区在海河流域先后开挖疏浚骨干河道 31 条，总长达 2 800 多 km，修筑大堤 2 700 多 km，修大小渠道 12 万多条，兴建桥梁、闸涵等建筑物 5 万多座，共动用土方 31 亿 m^3。如此宏伟工程在“改天换地、战胜自然”的同时，使补给湿地的水源大为减弱，陆地水源的减少无疑对湿地面积的减少起着重要作用，它使众多洼淀因得不到水源补给而干涸。

③ 兴修水库。

兴修水库是人类有效地利用水资源的一种方式。仅 20 世纪 60—70 年代，人们在海河上游先后新建和扩建了 32 座大、中型水库和 500 多座小型水库，控制了山区流域面积的 83%，使天津平原的来水量急剧减少。据统计，在全面兴修水库以前，天津各河上游来水量和地产水的比例是 8∶2，入水量大小直接取决于上游来水的多少，而天津的地产水多年来保持不变。如 1950—1957 年上游来水约达 100 亿 m^3，汛期占 40%，平时占 60%，而在上游兴建一批水库后，1958—1964 年每年来水骤减至 10 亿 m^3，水源减少量达 90 亿 m^3，而 1965 年以后平均每年来水仅剩 5 亿 m^3 左右了，外来水的减少使天津湿地面积迅速减少。

以上原因使天津湿地面积迅速减少，大片湿地干涸：

1960 年天津大洼一里自沽湿地干涸；

1963 年天津贾口洼湿地干涸；

1965 年天津黄庄洼湿地干涸；

1966 年天津北大港、七里海、团泊洼湿地干涸；

1968 年天津大黄堡洼湿地干涸；

1969 年天津东淀湿地干涸。

天津的水域面积由 20 世纪 20 年代的占国土总面积 45.9%减少到 50 年代的 27.3%，又降至 70 年代的 8.5%。至 20 世纪 70 年代以后，天津开始兴修水利，搞了多项水库工程，水库、坑塘面积有所回升，水域面积的比例有所增加，如团泊洼湿地、北大港湿地、七里海湿地得到一定程度的恢复。从图 5 9 3 中可见，天津天然湿地占国土总面积的比例是逐渐减少的趋势。

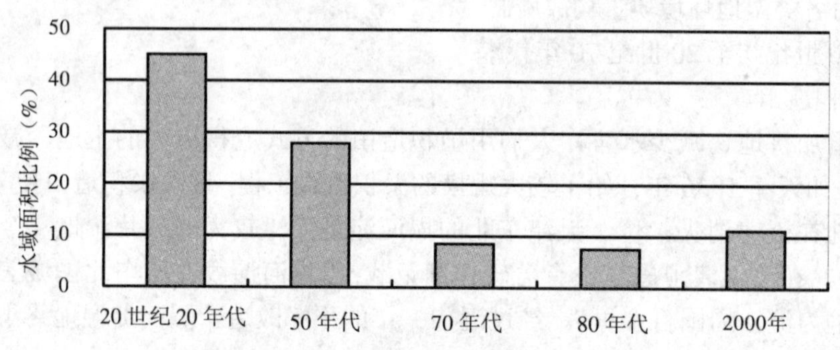

图 5-9-3　100 年来天津市湿地变化趋势

（2）近 20 年天津市湿地动态变化

改革开放以后，我国的国民经济发展进入一个崭新的历史时期，天津的经济增长开始步入快速发展阶段，人口的迅速增加，工业产值的连年递增，全区用水总量的增长，使天津城市用水总量达到了前所未有的高峰。从 20 世纪 70 年代末、80 年代初，天津的用水紧张局面就已经显现出来，地表水的严重不足，使人们不断地向地下要水，80 年代开始，天津的地下水开采量逐年上升，造成潜层地下水位迅速下降，由此影响到陆地表面蒸发量的增大。目前部分淡水区地下水位已达到补给极限，在原蒸发量无大的改变的情况下，地下水位的降低，必然使土壤饱和水的蒸发加大，而使表土干裂。

湿地面积的大小与水资源量的多寡关系极为密切，人类生产、生活离不开水资源，近 20 年来，天津湿地面积的减少主要表现在经济高速发展所带来的对各类湿地的占用、污染的产生以及生态用水的持续减少。

① 城市拓展使湿地面积减少。

城市边缘区的向外拓展，使城市周边区湿地迅速减少。近几年来，由于干旱少雨以及城市建设等原因占用水面，天津市中心区的河湖水面总面积在逐年减少。据统计，1999 年，中心城区河湖水面总面积为 3 894 hm^2，比 1998 年减少了 141 hm^2，比 1996 年减少了 444 hm^2，房地产业的迅速崛起，使城市的土地迅速增值，由于缺乏规划，城区内及边缘区大片湿地的填埋主要用作城市居民楼的建设，如华苑居民区、梅江居民区等。彩图 6 是 1986 年和 2000 年遥感调查影像，两个时段可清楚地看到湿地被城市拓展所占用的情况。

② 开发区及石油工业等对湿地的占用。

改革开放后，天津的经济得到了前所未有的发展，天津经济技术开发区以及大港工业区的建设占用了大量的河流湿地、湖泊湿地以及近海及海岸湿地。经济技术开发区于 20 世纪 80 年代中期建立，占用了大量的滩涂，占地总面积达 33 km^2。蕴藏丰富石油资源的大港区经过几十年的建设，面积已达 1.56 万 km^2，大港区的大部分地域是建在海岸滩涂湿地上的。

③ 农村经济发展对湿地的占用。

天津的耕地资源较少，逐年开垦河滩地使湿地面积逐年减少。此外，改变天然湿地面貌用做它用的湿地也在逐年增加，如人工湿地逐年增加。农村总体用地紧张，也使得天然湿地面积下降。近 20 年来，乡镇企业的崛起及村镇办小型经济开发区都占用了大量湿地。

④ 污染使得湿地水环境质量下降。

水质污染对天津湿地的环境质量构成严重威胁。仅“九五”期间，全市工业废水排放量 1.5 亿～2.5 亿 t，虽然工业废水的处理率已达到较高水平，但污染物对各河流、湖泊的水质仍有极大的影响，使诸多河流、湖泊滩地和水域呈现出黑色或黑褐色，严重地段鱼虾绝迹、寸草不生。如作为天津重要湿地的北大港水库，其水质污染严重，1996—2000 年的水质监测表明，其水体已呈现出较重的咸污染和中度污染水平的有机污染，污染指标集中在氯化物、氨氮、总硬度、高锰酸盐指数和生化需氧量。独流减河仅次于人口、工业相对集中区，未处理废水直接排入河中，湿地污染也较明显。

9.3 经济发展与水资源利用的关系辨析

天津市城市化水平在我国位居第三，仅次于上海、北京，但水资源压力则最重，城市化率与水资源利用量关系密切。城市化是由于社会生产力发展而引起的城镇数量增加及其规模扩大、人口向城镇集中的过程，城市化程度最主要指标是其城镇人口占总人口比重，城市人口的增加意味着水资源用量加大。

9.3.1 城市人口增长与水资源利用

解放后的天津城市人口增长可以划分为两个阶段。第一阶段是 1949—1978 年，这一阶段的城市化发展处于停滞阶段。1949 年城市化率为 48.65%，在近 40 年时间里，城市化水平虽有所波动，但直至 1978 年，城市化水平仍徘徊在 48.29%。第二阶段，城市人口迅速增长，城市化率从 1978 年的 48.29%快速增长到 2000 年的 58.09%。城市用水的增长随着城市化进程的速度加快而成倍增长。自 1978 年以来，城市生活用水量增长趋势明显，这与城市化水平的加快和城市人均用水量的增长密切相关。

9.3.2 城市工业结构与水资源利用

城市化过程也是工业化过程，城市工业结构与水资源的用量相关，天津的大耗水工业在整个工业结构中占有较大比重，如化学工业、冶金工业、电力工业、化纤工业的用水量占工业用水总量的82.57%。虽然工业用水的重复率已逐渐提高，但仍需取用相当数量的新鲜水。

9.3.3 人类活动对湿地生态系统的影响

（1）过量开采地下水对湿地的影响

过量开采地下水使湿地生态系统的水源补给阻断，地下水位下降使湿地生态系统因水源干涸而干裂，直至消亡。目前，天津市中心城区 42 年累计地面沉降值最大地区为：北运河、子牙河及新开河交汇地区，最大累计沉降值 2.87 m；河东区大王庄累计沉降值 2.58 m，沉降大于 2.0 m 的面积已达 50 km^2；滨海新区地下水开采量也较大，如汉沽区多年累计沉降 2.95 m，已有 9 km^2 的面积低于平均海平面。

（2）人类活动对湿地水质的影响

由于大量未经处理的废水直接排入湿地水体，严重污染了河湖水体，加上农业大量使用的农药及化肥，使湿地水质和土质恶化到令人担忧的程度，破坏了湿地生态系统丰富的生物资源和生物生产力，使得湿地涵养水分、蓄积洪水、调节气候等功能急剧下降。湿地生态环境恶化，资源利用过度，生物多样性受损。

北大港湿地保护区是天津市重要的湿地保护区之一，也是天津市引黄济津输水的通道和备用水源地。由于受到气候干旱和周边环境的人为影响（马厂减河污水汇入北大港水库），北大港水库的水质已经受到了影响，库区水体的有机污染指标、总硬度、氯化物等指标偏高。2000 年的监测结果显示，高锰酸盐指数超过地表水三类标准 3.5 倍，是五类标准的 2.4 倍。总氮污染尤为严重，超过五类水体标准 3.4 倍。氯化物均值超过地表水五类标准 12.3 倍。2002 年 10 月的监测结果显示总氮含量达到 10 mg/L，氯化物为 10 000 mg/L，水体污染有加重的趋势。水体污染造成了水生生物种群的生物多样性的下降，种群单调，生物生产力降低。

（3）人类活动对湿地生物量的影响

湿地植物产量的变化主要表现为人类活动导致湿地退化，从而导致湿地生物生产力变化。如芦苇沼泽退化为芦苇草甸时，其生产力不断下降，两者在物质产量上相差 2.4～8 倍。农业和石油开发对湿地植被产量影响很大，主要影响是灌溉水源不足。在七里海，过去有 1/2 的苇田能够适时灌水，近年来，由于连年干旱，上游灌溉供水不足，能适时灌水的苇田已不足 1/2，加之在各河道设闸拦水，又切断了上游来水的补给，使苇田沼泽发生退化。另外，大港油田石油污染对油田区域的湿地威胁较大。如在水源充足又没有石油污染的区域，芦苇产量每公顷可达 6.5 t，而在水源不足、石油污染严重的区域，每公顷芦苇产量只有 5 t 左右。

湿地动物生物量变化主要受人类活动影响。长期以来，农业和石油开发对在此停歇、栖息、繁殖的湿地动物产生巨大影响。湿地鸟类是湿地区系的主要物种，并为可更新的自然资源，在湿地生态系统食物链中一般处于顶端，对其生态环境状态的变化反映十分敏感，一般都将湿地鸟类作为湿地环境的指示动物。天津市现存的湿地鸟类受到人类的经济活动影响十分明显，其种类相对变化较小，而种群数量却有明显下降，许多珍贵稀有水禽已很难见到。由于在河流上和潮沟上修建河闸及拦潮闸，阻断动物的洄游路径，减少了上游淡水供应量，造成水土盐分变化，加之石油污染，使沿河或沿潮沟上溯、洄游的动物数量大量减少，如中华戎蟹、天津厚蟹；因捕捞和环境污染，也导致动物数量减少。沿海渔民为了发展养殖业，对沿海贝类资源进行掠夺式滥捞乱捕，使资源量严重减少；近海鱼类资源由于过度捕捞，也面临枯竭的危险。

（4）人类活动对湿地生态功能的影响

随着天津市天然湿地面积的减少和景观斑块的破碎化，湿地能纳洪蓄水的面积也不断减少，其蓄水调洪能力亦不断下降，从而造成湿地生态功能的变化。生态环境脆弱，生物多样性降低，从而对天津市生态环境产生严重的不良影响。区域资源开发对河流及近海水生生态系统的影响主要表现为农业开发过程中农药、化肥对其污染的影响以及油田开发对河流、湖泊、沼泽水质的影响。油田开发对芦苇湿地的影响主要表现在油污染、油管破裂、泄漏原油及井喷等事故造成水体污染和芦苇产量和质量的下降。湿地虽然具有排污、降污能力，但这种能力是有限的。区域资源开发，尤其是油田开发对稻田、虾池、蟹池、坑塘、水库等人工生态系统的影响严重：根据调查，在大雨季节，因积水过多，将携带的油污漫溢到附近的稻田、虾池、蟹池和坑塘水库而污染植株和水体，经逐年积累，造成水体和土壤的污染。

9.4 湿地保护现状与存在的主要问题

9.4.1 湿地自然保护区现状与成就

天津市湿地自然保护区建设起步于 20 世纪 80 年代初，环保、农林、地矿、园林、规划等部门为创建自然保护区做了大量工作。20 年来，在市委、市政府的领导和国家有关部门的指导下，天津市相继建立了不同级别、不同类型的 4 个湿地自然保护区。初步形成了环保部门综合管理与林业、农业、海洋等部门分部门管理相结合的湿地自然保护区管理体制，各部门分工合作，促进了自然保护区事业的发展。

天津市现有的湿地自然保护区管理机构和主管部门为：林业部门 1 个，海洋部门 1 个，其他部门（区县政府）2 个，见表 5-9-4。

表 5-9-4 天津市现有湿地自然保护区管理部门分类

序号	保护区名称	主管部门
1	天津古海岸与湿地国家级自然保护区	天津市海洋局
2	天津北大港湿地自然保护区	大港区政府
3	团泊洼鸟类自然保护区	天津市林业局
4	东丽湖自然保护区	东丽区政府

各自然保护区的管理机构建设、管理人员配备逐步到位。截至 2001 年底，天津市 4

个湿地自然保护区中，已全部建立了管理机构，绝大多数配备了专职管理人员。

9.4.2 湿地保护存在的问题

（1）天然湿地急剧减少

本次调查成果显示，人工湿地占总湿地面积的 89.56%，天然湿地仅占 10.44%，近 20 年来，天津湿地面积在继续减少。

（2）湿地保护区存在的问题

天津市湿地已建成 4 个自然保护区，但也存在着诸多问题，主要有如下方面：

① 一些具有相当保护价值的湿地区域尚未建立保护区，没有得到有效的保护，不能适应自然保护工作需要。

天津市由于成陆较晚，在滨海新区形成众多坑塘洼淀和水库，沼泽洼地总面积达到 273 700 hm^2，特别是滩涂湿地成为一大特色，这些湿地应分期分批建立自然保护区加以保护。

② 湿地自然保护区建设发展不平衡，没有引起有关方面的普遍重视，部分已建立的保护区内生态破坏较严重，如贝壳堤损坏比较严重。另外，由于没有处理好资源保护与开发利用的关系，部分已建立的自然保护区过度发展旅游，造成物种资源的破坏和生态环境的恶化。

③ 自然保护区管理工作落后于建设速度，少数保护区虽有管理机构，但人员不落实或管理人员中只有行政人员，没有配备专业技术人员，人员素质较低，结构不合理，管理水平参差不齐。

④ 经费投入严重不足，无正常渠道保证。由于资金不足，制约了湿地保护区事业的进一步发展。个别保护区甚至连工作人员工资都不能及时发放，严重影响了队伍的稳定性，更不能适应加强管理的工作需要。

⑤ 不适当的旅游开发，对湿地环境造成影响。湿地生态旅游与湿地保护是矛盾的对立统一体。湿地开展旅游后，随着人群的涌入，给湿地带来一些破坏，如修建服务设施等，如果布局不当，或占地过大，必然破坏湿地环境，造成环境污染，如东丽湖旅游开发对湿地环境的影响。

⑥ 大多数保护区科学研究力量薄弱，科研项目落实较少，影响保护区建设的持续发展。

9.5 湿地保护对策

9.5.1 运用生态学的理论，搞好土地利用规划

生态系统发展原理，对于人类与自然的相互关系有着重要的影响：生态系统发展的对策是获得“最大保护”（即力图达到对复杂生物量结构的最大支持），而人类的目的则是“最大生产量”（即力图获得最高可能的产量，单位土地面积上获得最大效益），这两者是矛盾的。认识人类与自然间这种矛盾的生态学基础，是确定合理的土地利用政策的

第一步。

人类不可能在同一系统中使两个对立的标准都达到最优化，解决这种困难有两种可能：在收获的量与生活空间的质之间不断地调和；或者是我们制订出分隔景观的计划，即在不同的地段上应用不同的对策，把某些区域很好地保护起来。按照生态学的理论进行城市规划、湿地保护，在城市扩展时，把湿地面积圈进城市区域中来，即可延续湿地生态系统的自身演替，又可发挥湿地的各项生态功能，对于调节城市气候、减弱热岛对城市的影响、提高城市环境质量大有益处。

9.5.2 尽快立法保护湿地

目前，世界上绝大多数国家对湿地保护已经开始法制化。我国的三大生态系统中，森林和海洋均已通过立法得到有效保护，唯独湿地至今没有一部法律可以遵循。湿地保护无法可依是湿地问题形势严峻的主要原因之一。从土地的使用价值看，城市土地的商业财产的价值要比开放空间的土地高出许多倍。然而，从长远看，为维持较好的城市环境质量，两者都具有同等重要的意义。所以，成功的土地利用规划，必须要有一个强有力的法律为依据加以保证，尽快立法保护湿地已刻不容缓。

9.5.3 适应城市化发展趋势，促进水资源可持续利用

① 促进和加快南水北调工程的实施。

从区域外调水是缓解天津用水紧张的重要途径。海河流域人均水资源量很低，但水资源利用率却很高，已达 90%。按照天津市目前水资源需求趋势看，今后的年缺水量仍达数亿立方米，若仅靠引滦入津、引黄入津以及节水措施已不能从根本上解决天津市水资源紧缺问题，因而必须加快南水北调工程的实施。

根据党中央的战略决策，南水北调工程将分为东、中、西三条线路向北方输水，年调水量每年将达 400 亿～500 亿 m^3，大约相当于我国北方增加了一条黄河的水量。届时天津市将与周边地区一样，得到充分的水资源补给，在城市用水紧张状况将得以极大缓解的同时，湿地的生态用水紧张的局面也将得到极大的缓解。

②调整产业结构，发展节水型工业。

调整产业结构，发展节水型工业，增强国际竞争力，是新时期天津市工业发展的战略选择。贯彻国家可持续发展战略，限制、制约那些质量差、效益低、耗水量大，不能持续、健康发展的产业，为一批质量优、效益高、耗水量低、具有持续健康发展条件的绿色产业、环保产业提供发展良机，培育新的经济增长点。

在工业调整中，重点对化工、冶金、化纤、印染等耗水量大、污染较重的产业进行改造和升级，进一步发挥劳动密集型产业的比较优势，积极发展节水型高新技术产业和新兴产业，以信息化带动工业化，发挥后发优势，实现社会生产力的跨越式发展。

③优化城市布局，保证生态用水。

推进城市化进程要遵循客观规律，要与经济发展水平和自然环境的承载力相适应，要因地制宜、因水制宜，优化城市布局，走符合天津区域状况的城市化道路。其城市发展首先要继续以滨海新区建设为重点，完善城市功能，发展第三产业，在外调淡水资源的基础上，打破传统的节水模式，大力实施中水回用、海水淡化、苦咸水淡化三大工程；

其次，完善区域性中心城市功能，发挥母城的辐射带动作用，根据中心区域人口集中、工商业集中的特点，尽快建设与市区污水量相适应的污染处理厂，开发中水资源，建设多种类型的节水型生态小区；第三，科学引导周边卫星城有序发展，积极发展小城镇，城镇设置要有利于水资源的保护，特别是有利于水污染集中控制和减少小企业的污染。

④水资源可持续利用措施。

加强科研，提高解决重点水环境问题的能力。根据天津市水污染特点，抓紧对高浓度有机废水处理技术和特殊行业的废水处理技术的研究，并注意研究解决与农村面源污染相关的技术难题。

健全机制，加快水价改革步伐。积极引入市场机制，拓展融资渠道，鼓励和吸引社会资金和吸引外资投向城市污水处理和回用设施项目的建设和运营。尽快理顺供水价格，对工业用水实行差别水价政策，对火力发电、冶金、纺织、石油化工、造纸和酿酒等高耗水、高污染企业用水实行高水价。逐步建立激励节约用水的科学、完善的水价机制，努力推广节水器具，尽快开征污水处理费，并将收费标准调整到保本微利的水平。

加强领导，完善法规，使城市供水、节水和水污染防治工作全面上水平，把建设节水型城市纳入国民经济和社会发展总体计划之中。

10 近岸海域生态环境现状

天津市所属海岸线南起歧口，向北经塘沽、北塘、蛏头沽、大神堂至涧河口，全长153.33 km，海域面积约3 000 km^2（东经118° 03′，北纬38° 36′），水量约168亿m^3。区内除铁路、公路及海堤等高程接近4 m外，其余滨海地带的标高多在2 m左右。天津市海岸类型属于沉降平原粉沙淤泥质海岸。天津市海岸带范围内（自岸线向陆地延伸10 km）陆域面积2 266.53 km^2（其中农业用地587.42 km^2）。

天津是海河五大支流南运河、北运河、子牙河、大清河、永定河的汇合处和出海口，有“九河下梢”之称；又是子牙新河、独流减河、永定新河、潮白新河、蓟运河等河流的入海地，可谓“河海之要冲”。

10.1 自然资源概况

10.1.1 港口资源概况

天津市海岸带的开发利用是国土整治计划中的一个重要组成部分，也是天津市经济发展战略中的一个重要方面，必须根据国民经济发展的目标和要求，确定开发利用的指导原则和合理布局，以达到经济效益、社会效益和环境效益的高度结合，加速国民经济的发展。

天津市海岸线全长153.33 km，天津市海岸系数（即海岸线长度与国土面积之比）高于全国海岸线的平均数。天津市海岸带现有大量荒地及已围带用地。这些土地属滨海低平原和洼地类型，地势平坦，土质粘重含盐分较大，地下水矿化度高，不宜于农业发展，为海岸带的工业、港口、交通、城镇开发提供了良好的空间条件。目前，天津港区面积近200 km^2，其中陆地面积20 km^2，天津港锚地面积130 km^2，其他的水域面积近50 km^2。整个港区划分为3个：天津港主航道以北区域为北疆港区，主航道以南区域为南疆港区，海河内区域为海河港区。

渤海是一个内海，保护海洋环境免遭污染对沿海地区的可持续发展有重大意义。尤其随着渤海沿岸港口、石油和工业的开发，更需从区域的观点来保护海洋水域不受污染。所以，对近岸海域的开发利用必须进行详细的可行性研究。

10.1.2 石油、天然气资源

天津地区的油气资源主要分布在大港、津南、塘沽和汉沽区内。天津平原及渤海海域蕴藏着丰富的石油和天然气资源，以探明石油地质储量几十亿吨，油田面积百余平方公里，天然气（含伴生气）数百亿立方米，含气面积80多km^2。经勘探，已先后发现了港东、港西、唐家河、板桥等11个油气田，现已开发了10个油田。渤海油田勘探范围位于渤海盆地东北部，地处陆上辽河、大港、胜利三大油田的自然延伸带，具有优越的生油地质条件。目前预测资源数量可达数十亿吨，已发现含油构造 45 个，已有 4 个油田投入开采，3 个油田正在进行建设。

天津地区的油气资源开发潜力很大，具有较大的经济开采价值。

10.1.3 生物资源

天津沿海水域生活着较为丰富的海洋生物，按其生活方式和生活区域可分为浮游生物、游泳生物（鱼类）、底栖生物和潮间带生物四大类。

（1）浮游生物

① 浮游植物：

沿岸浅水浮游植物数量总平均量为每立方米 32.28 万个，有 162 种浮游生物，其中浮游植物有 98 种，以硅藻种数（87 种）最多，甲藻 5 种，绿藻 2 种，金藻 1 种，蓝藻 3 种，本海区的藻类多分布在近岸。

② 浮游动物：

沿岸浅水浮游动物总生物量平均值为 253.71 mg/m^3，浮游动物 55 种，优势种有夜光虫、中华哲水蚤、刺尾歪水蚤和强壮箭虫等。此海域浮游动物和浮游生物量较其他海域为高，为渔业提供了丰富的饵料。

③ 浮性鱼卵、仔稚鱼：

该海区的浮性鱼卵和仔稚鱼隶属 6 目 18 科 33 种。鱼卵和仔稚鱼分别占 59.4%和 40.56%。在 33 种鱼卵和仔稚鱼中的优势种有班鲦、青鳞鱼、鳀鱼、赤鼻棱鳀、叫姑鱼等。

（2）游泳生物——鱼类

渤海湾西部水域有鱼类 56 种，分别隶属 13 目，约占黄渤海鱼类的 1/4，包括地方性种群和洄游性种群两大类，主要种类有鳓鱼、黄鲫、山黄鱼、白姑鱼、银鱼等。鱼类年平均相对资源量为 33.5 kg/（网·h）。

（3）底栖动物

该海区的底栖动物多达 181 种，隶属 11 个门类。其优势种为角板虫、绒毛细足、日本棘刺蛇尾等，作为经济种的有对虾和三疣梭子蟹。其中底栖动物年平均生物量为 41.5 g/m^3，平均密度为每立方米 153 个；对虾和三疣梭子蟹等大型无脊椎动物年平均相对资源量为 21.38 kg/（网·h）。

（4）潮间带生物

天津沿海潮间带生物有 96 种，其中软体动物 27 种、多毛类 25 种、甲壳类 23 种、鱼类 13 种、腔肠动物 3 种、棘皮动物 2 种、腕足动物和纽虫动物各一种。本海域平均生物量为 91.66 g/m^3，平均密度为每立方米 599.4 个。在此海域中，不论生物量还是密度，都是软体动物占绝对优势。

天津市浅海作为初级生产力及次级生产力的浮游生物、浮游动物、底栖生物的现存量，仍然维持在较高的水平，作为鱼类饵料资源仍很丰富。近年来，由于天津海域受到各方面环境污染的影响和重捕轻养、酷捞滥捕，破坏了海洋生物资源的生态平衡，导致了主要经济鱼类，尤其是底层鱼类资源的减少，致使不少传统的经济鱼类形不成鱼汛。

10.1.4 盐田资源

天津沿海海水一般在 2.5～3 波美度，最高达 3.51 波美度，成盐质量高，氯化钠含量达到95%～96%。天津市长芦海晶集团公司现有盐田资源229.46 km^2，卤水储量9 170.56万 m^3，年产原盐 127.06 万 t。天津市的沿海盐田主要集中在塘沽区和汉沽区内。其中汉沽区盐场盐田区的面积是 139.6 km^2，卤水储量 109 万 m^3，年产原盐 90 万 t。

近年来，由于盐田周围的开发利用，减少了盐田的生产面积，且由于周围环境污染，造成生产的原盐质量下降。

10.1.5 海洋能资源

（1）潮流

① 潮流性质：天津市潮流性质均为正规半日潮流，低层与表层不尽相同。大沽灯塔以西，北起蓟运河口，南至驴驹河口东南海域为不正规半日潮流，其余各处均为正规半日潮流。

② 潮流的运动形式：渤海湾潮流运动为往复流形式涨潮时指向岸边，落潮时指向湾口。天津海区地处湾顶，往复流尤为显著。

③ 涨落潮流历时及流速：天津海区落潮历时大于涨潮历时，而涨潮流速大于落潮流速。落潮历时在 5 小时 5 分至 7 小时 18 分，涨潮历时为 4 小时 30 分至 9 小时 45 分。涨落潮流速差一般在 20 cm/s 左右。天津沿海最大潮流流速均小于 100 cm/s，一般在 40～80 cm/s，为弱流区，而海河口至大沽灯塔南北两侧又为全域流速最弱海区。

（2）天津沿海的潮汐特性

根据目前通用的划分潮汐类型标准。除南堡和歧口附近为正规平日潮外，其余各处均属于不正规半日潮，而神仙沟口为正规日潮。

天津沿海地处渤海湾顶部，浅水潮十分显著。

天津沿海平均潮差的分布特点是湾顶大于湾口，其差为 1～1.5 m 不等，天津新港为2.49 m，歧口为 2.51 m，大河口为 2.31 m，呈北高南低分布。

天津新港平均潮差的季节变化是：全年有两个峰值，分别出现在 5 月和 8 月，以 5月最大为 2.64 m，8 月为 2.48 m；最小潮差出现在 2 月，为 2.31 m，年较差为 0.33 m。

南堡落潮历时最大为 8 h，涨潮最小为 4 小时 12 分，一般各处落潮历时在 6 小时 21 分至 7 小时，涨潮历时为 5 小时 23 分至 6 小时 1 分不等。

（3）天津海域海水温度变化

天津海域海水温度随季节变化而变化，春季太阳辐射逐渐加强，由于近岸海水受陆地热辐射的影响，致使其增温速度较外海快。一般近岸温度大于 13℃。夏季海水温度变化趋势基本与春季相同。但比春季高 12～13℃。秋季与前两个季节相反，太阳辐射逐渐减弱，气温下降，海水向陆地的热量输送加强，海水处于降温过程。一般水温外海高于近岸。冬季海水温度处于最低值，一般近海岸海水温度达–5℃。

10.1.6 旅游资源

天津市海岸带洼地众多，河流纵横，长期以来生物生长，形成了独特的自然生态系统，经过人为加工即可成为较好的风景旅游区。如北大港、黄港、官港和大黄铺等平原水库区均有较好的旅游资源。目前，已建成北大港湿地自然保护区（市级）。天津海岸坡降缓慢，是较为理想的海滨浴场开发地，现在已建成一个较为现代化的海滨浴场。天津市海岸带的地质旅游资源，首先是渤海湾沿岸有 4 道明显的贝壳堤，它是天津地区沧海变桑田的历史见证，是研究天津地理、地质的宝贵资料。但是，由于对贝壳堤的保护不利，现已有部分地段被人为破坏。宁河县北丰台镇的天尊阁和大沽口炮台均已列为市级重点文物保护项目。

10.1.7 海涂资源

天津滩涂位于陆地堆积平原与水下岸坡的交接部位。上界抵人工海堤，下界在零米深线附近，高潮时被水淹没，低潮时露出。天津滩涂十分发育，宽度在 3 000～7 000 m 之间，海拔高度 0～3.5 m 坡降 0.4%～1.4%。滩涂表层沉积物以淤泥质粉沙、粘土质粉沙、沙质粉沙、细沙为主，内含泥砾、软体动物的贝壳和碎片。沉积物粒度自高潮位向低潮位逐步变细，具有明显的分带性。因受陆地和海洋水动力作用不同，滩涂堆积地貌形态有异，形成潮间浅滩、河口凸滩和障壁岛链三种类型。天津滩涂面积约 370 km^2，大部分尚未充分开发利用，它为港口建设和海水（对虾、毛蚶等贝类）及淡水（罗非鱼、梭鱼、蟹）养殖业的发展提供了充足的土地资源。

10.1.8 湿地资源

天津市海岸带约有 1 000 km^2 的草地、海涂和水域尚待开发利用，在这片土地上生长着大面积的芦苇（其中，仅北大港水库就有长苇面积 71.3 km^2），另外还生长着大米草群落等，在这一区域中生活着相当数量的底栖生物（鱼、虾、蟹、贝等）及野禽（野鸭、海鸥、鹭等）。这一地区蕴藏着巨大的经济开发潜能。如七里海湿地生态区，由水面湿地和生物共同构成典型、完整的湖沼湿地生态系统。据初步调查，这里有维管束植物 12 个群落 66 种，主要是芦苇群落、水葱群落、水稗子群落、扁杆麓草群落、芦苇—香蒲群落及多种藻类植物群落；浮游植物 80 多种；浮游动物 120 种；低栖动物 70 余种；鱼类 60 余种；鸟类 100 多种；哺乳动物 10 余种及两栖类、爬行动物等。天津滨海湿地的野生动植物物种丰富，是渤海鱼类饵料供应地之一，也是许多珍稀和濒危野生动物迁徙、栖息、繁衍的基地；同时，还有泻洪、滞洪抵御旱涝、调节小区域气候的作用等。

10.2 海域开发利用状况

10.2.1 港口现状及远景发展

天津港由海港、河港两部分组成。多年前天津港还是个很小的码头，而现在已发展成为中国乃至世界著名的国际贸易港，为世界各国的文化、经济交流和经济发展作出了巨大的贡献。目前已形成 3 个港区：北疆港区、南疆港区和海河港区。港区码头长度约 13.324 km，泊位 51 个均在万吨级以上，其他为辅助生产泊位。在这段海岸线上共建设了各类码头 100 多个，其中 48 个生产泊位均在万吨级以上，其他为辅助生产泊位。1998 年，天津港进出港的船舶总数达 8 000 多艘次，年货物吞吐量达到了 6 818 万 t，其中集装箱完成 101.1 万箱。

天津港的泊位总长度为 11 619 m，仓库面积为 223 915 m^2，堆场面积 2 239 811 m^2。天津港的码头有：集装箱码头有 8 个泊位，年吞吐能力 120 万箱；散粮码头，年装卸能力为 350 万 t；客运码头现有 5 个泊位，其中 3 万 t 级客运泊位 3 个；天津煤码头，年装卸能力为 2 000 万 t；焦炭年装卸能力为 1 000 万 t；杂货码头，现有泊位 40 个，有较高的装卸能力；另外还有散粮码头、方形货码头、散装石油化工码头、石油化工码头等。

天津港 1998 年主要货类结构见图 5-10-1。

天津港 1998 年内外贸进出口货物构成见图 5-10-2。

天津港集装箱全局完成对照见图 5-10-3。

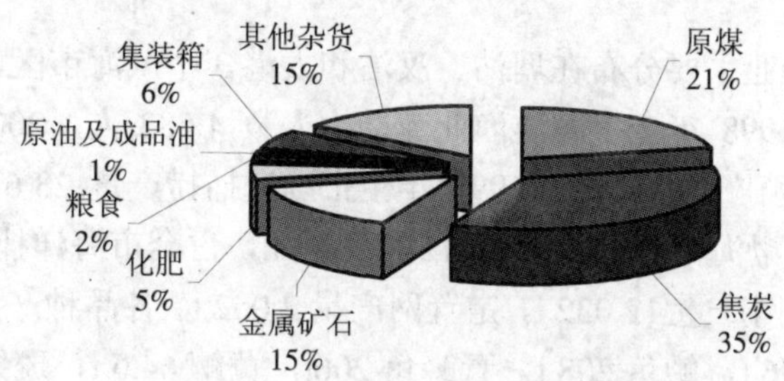

图 5-10-1 天津港 1998 年主要货类结构

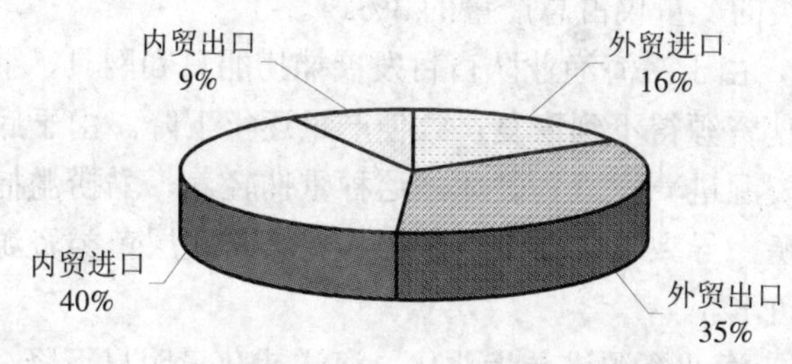

图 5-10-2 天津港 1998 年内外贸进出口货物构成

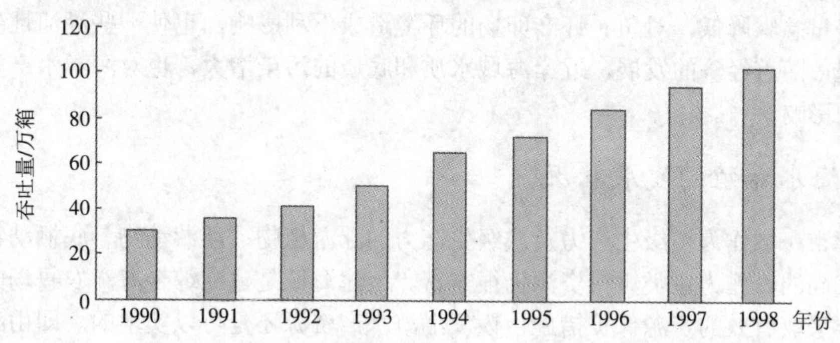

图 5-10-3 天津港集装箱全局完成对照

天津港的远景规划是，到 2000 年天津港吞吐量将超过 7 000 万 t，其中集装箱吞吐量达到 140 万 TEV，天津港将建成万吨级深水泊位 12 个。2010 年天津港吞吐量将超过亿吨，其中集装箱吞吐量达到 500 万 TEV，天津港将建成 10 万 t 级深水泊位 8 个。

目前，天津港在生产过程中有两个单位产生废水：供油公司罐区的油污水和集装箱洗箱废水。而天津港区废水的主要来源是港区内的生活污水。天津港 1998 年进港船舶 8.072 艘次，离港 8 240 艘次，比 1989 年增加了 4 800 艘次，天津港的货物吞吐量为 6 818.4 万 t/a，比 1989 年增长了 4 381.4 万 t/a，其中油品吞吐量比 1989 年增长 4 倍。

天津港随着经济的发展，货物运出量会不断上升，船舶进出港的艘次也随之加大，港区内的人为活动也会更加频繁，这势必会给港区海域带来更大的环境污染负荷。为此，建议在港区现有污水处理的基础上，进一步扩大污水处理能力。

10.2.2 天津市捕捞业现状

天津市的海洋捕捞业主要分布在塘沽、汉沽和大港 3 个滨海市区，共有渔业乡（处）5 个，渔业村 24 个。1998 年全市海洋渔业劳动力人数 4 583 人。2000 年全市渤海捕捞产量 35 098 t，海水养殖产量 4 742t；1998 年全市渤海捕捞产量 23 617t，占全市海洋捕捞产量的 79.7%，全市渤海海洋捕捞产值 12 115 万元，占全市海洋捕捞产值的 72.1%。渤海捕捞产量中，流刺网产量 12 032 t，定置网产量 2 052 t。各品种产量中，鲅鱼 892.8 t，鲳鱼 39.6 t，梭鱼 449.96 t，鲈鱼 208 t，青鳞鱼 206t，黄鲫 64.6 t，斑鰶 471 t，对虾 24 t，虾蛄 4 155 t，毛虾 1 997t，毛蚶 1 040t，海螺 196t，牡蛎 2 193 t，海蟹 555 t，海蜇 159 t；其中青鳞鱼、毛虾、牡蛎等低值品种的产量占总产量的 55.1%，而梭鱼、鲳鱼、对虾、鲈鱼等高经济品种鱼类的产量仅占总产量的 3%。

20 世纪 70 年代，由于沿海渔业队盲目发展捕捞船只和网具，捕捞量和捕捞强度超过了资源更新能力，使资源得不到恢复，致使产量逐年下降。由于底拖网、流刺网和转轴网的发展，使渔业资源进一步遭到破坏。这种重捕轻养，酷捞滥捕的现象，破坏了海洋生物资源的生态平衡，导致了主要经济鱼类，尤其是底层鱼类资源的减少，以致使传统的经济鱼类形不成鱼汛。

20 世纪 80 年代，渔业资源进一步恶化，海洋捕获量明显下降。总之，目前天津海域主要经济鱼类资源已严重衰退。

海洋水产资源衰退的原因是：捕捞强度过大；资源繁殖保护政策不完善；河口建闸，径流入海量急骤降低，对鱼、虾产卵场的环境造成不利影响，也使一些溯河性生物种类资源衰退；随着经济的发展，近岸海域水质和底质的污染增大，也对海洋水产资源造成了很大的影响。

10.2.3 海水养殖的发展状况

天津市海域作为初级生产力及次级生产力的浮游植物、浮游动物、底栖动物的现存量还是较高的，作为鱼类饵料资源仍很丰富。天津海域是建立综合海洋农牧场的理想地区。只要采取有效的资源保护措施，恢复渤海水产资源还是可以实现的。即由酷渔滥捕转向海洋农牧化，建立栽培渔业中心，利用现有的富营养化水域，发展海洋水产资源增养殖。在海上进行鱼虾类养殖和放牧，使海洋资源得以恢复。充分发挥渤海这个天然大鱼池的优势，大力发展海水养殖事业。自 20 世纪 80 年代初，天津市逐步发展海水养殖事业，到 2000 年天津市的海水养殖面积已达 4 438 hm^2。这不但促进了天津市的经济发展，同时也缓解了天津市水产品的市场需求。进一步恢复和增殖贝类资源，合理利用滩涂增养殖鲜活饵料，科学地进行鱼、虾、蟹、贝类的人工繁殖和鱼虾的增殖放流，实现渤海湾的农牧化。保护和恢复近海资源，适当压缩与合理安排定置网具，完善并健全资源繁殖保护政策和法规，严格控制水质指标，保证海洋渔业的良性发展。

10.2.4 天津市盐业生产情况

天津市盐业生产历史悠久。天津不但有盐业生产的良好地理位置，而且气象条件也有利于海盐生产。天津海域的海水一般在 2.5～3 波美度，最高达 3.51 波美度，成盐质量高，氯化钠含量高达 95%～96%。天津盛产海盐，近 10 年中天津市盐田面积基本变化不大，2000 年天津有盐田面积 42 937 hm^2，生产原盐 250 万 t。近年来，由于滨海的建设和开发，盐田的面积有所缩小，同时随着经济的发展，盐田周围开办了数个储煤场并修建了公路和铁路，对盐田产生较严重的污染，加之近岸水域水质质量下降，使得原盐的产量和质量均呈下降趋势。

天津盐业生产过程中所使用的海水均循环使用，产盐后的卤水全部综合利用，因此盐业生产对近岸海域没有太大的环境污染。

10.2.5 石油、天然气开采的情况

经勘探，已先后发现了港东、港西、唐家河、板桥等 11 个油（气）田，现已开发了 10 个油田，目前已有 4 个油田投入开采，3 个油田正在进行建设。大港油田在沿海区域有 21 口井，其中油井 17 口，水井 4 口均属于陆地油田。现在大港油田年产原油 430 万 t，年产天然气 35 438.9 万 m^3。大港油田的勘探开发已触及到沿海地区和环境敏感地区，因此，对天津市海岸带地区的石油和天然气的开发，应进一步加强管理，合理开发石油和天然气资源，防止对天津市海域的污染，使之成为推动海岸带经济发展的重点区域。

10.2.6 地下水及地热资源的开发利用

天津市地下水资源量不丰富，尤其滨海地区地下水资源甚为贫乏，滨海地区地下水是周边补给的，而侧向补给微弱，淡水资源供需之间的不平衡现象十分严重。由于缺乏统一管理，滨海地区在 20 世纪 70 年代后大规模开采地下水，导致不合理的过量开采，引起严重的恶果：连年水源紧张，水位大幅度下降，废井出现，漏斗扩展及地面沉降严重。

天津地区地热资源属于非火山沉积盆地中低温热水型地热。天津市地热资源丰富，主要分布在宝坻断层以南约 9 638 km^2 的范围内。根据地质构造和地热场分析，分为新上界热储层和基岩热储层两大类。依据地温梯度 3.5℃/100 m 的等值线为底界，在大洋地区划分出 10 个地热异常区，沿海地区有 6 处，已探明天津地区地热储层面积 2 434 km^2。

10.2.7 陆源排放现状

天津市近岸海域的生态环境质量破坏主要是由流域范围内上游和本地陆域排放造成的，主要来源为入海河口和市政下水口，其次为混排口、直排口。入海河口主要是海河、蓟运河、独流减河、潮白新河；中心城区市政下水口以北塘排污河、大沽排污河为主；排放的污染物以 COD、无机氮、无机磷、石油类为主。

10.3 养殖污染现状

10.3.1 概况

天津市的养殖业主要以滩涂养殖业为主，主要养殖品种为中国对虾，养殖区主要分布在沿海的塘沽区、汉沽区、大港区、宁河县和东丽区。

天津市的海水养殖生产历史悠久，过去以港养为主。1985 年市委、市政府提出“苦干三年，吃鱼不难”以后，天津市的海水养殖生产有了长足的发展。目前天津市海水养殖面积约 0.45 万 hm^2，主要分布在塘沽区、汉沽区、大港区，主要养殖品种有中国对虾、三疣梭子蟹、梭鱼、日本对虾等。养殖模式以虾鱼混养为主，占养殖面积的 72.3%。由于养殖水源污染严重和高度富营养化，加之虾病的暴发（每年的发病面积大都占养殖面积的 30%以上），天津的海水养殖产量由 1989 年的 7 121 t 逐年下降，1993 年的产量仅 1 613t，海水养殖业由此步入低谷。

近几年，通过优化品种结构、推广积极的防病措施等手段，海水养殖生产逐步走出低谷，目前正在逐步恢复之中。1998 年全市海水养殖产量 3 226 t，其中中国对虾产量 2 306 t，占养殖总产量的 71.5%，鱼类产量 563.6 t，三疣梭子蟹产量 158.8 t，日本对虾产量 22.7 t，河褪鱼产量 62.2 t，其他品种的产量 140.3 t。养殖平均亩产 49.9 kg，生产总产值 13 006.8 万元，纯效益 4 977.9 万元，从业人员 3 418 人。

养殖面积和产量的变化情况见图 5-10-4。

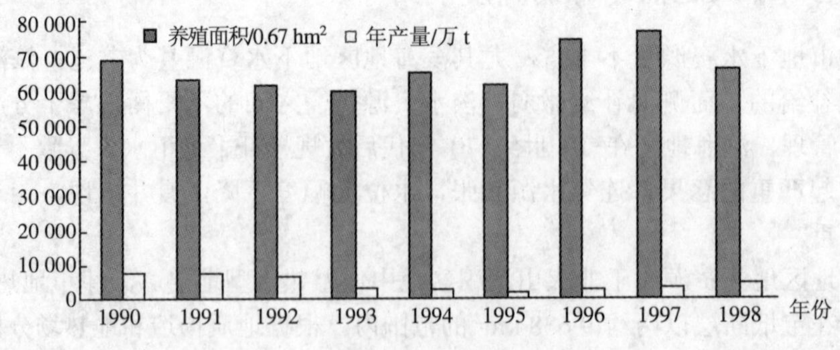

图 5-10-4　天津市滩涂养殖业基本情况

由图中可以看出，自 1993 年以来，养殖业年产量处于低产状态，1996 年和 1997 年养殖面积虽有一定的增加，但产量增加的并不多，相反，1998 年养殖面积与前两年相比虽有所下降，但产量反而有所回升。

10.3.2 污染物排放情况

海水养殖生产的污染物主要来源包括过剩饵料、药物、清池废水和污泥等。

（1）过剩饵料

海水养殖生产的饵料投放以高质量的配合饵料为主，配以卤虫、低值贝类等生物饵投喂，以适时、适口、适量为原则，因此残饵很少。大水面粗养（约为 0.13 万 hm^2）基本上不投饵。自 1993 年病毒性虾病大规模暴发以后，养殖生产者大多采取养殖前期不投饵或投放少量卤虫等生物饵料，养殖中期虾病开始流行，出一部分虾，等到过了虾病高发期后再适当投喂的办法以减少损失，因此正常投喂配合饵料的面积仅占总养殖面积的 1/3 左右。

投饵量年度变化情况见图 5-10-5。

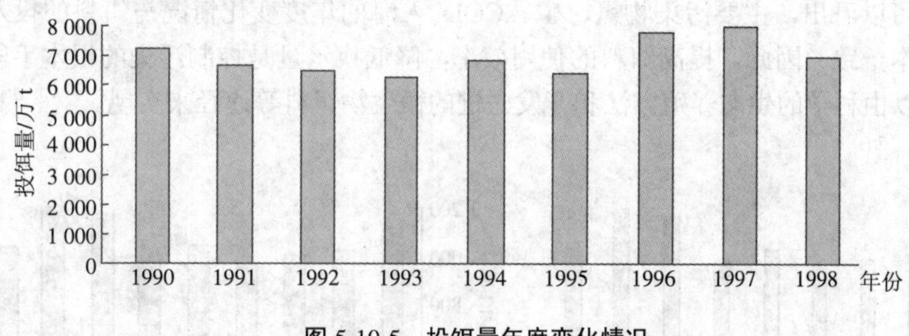

图 5-10-5 投饵量年度变化情况

（2）药物

天津市海水养殖使用的主要药物是漂白粉或生石灰，漂白粉用量为 50×10^{-5}～8×10^{-5}（体积分数），若用生石灰则每公顷 150～300 kg 左右。有时也投放少量的沸石粉和硫酸铜。

投药量情况见图 5-10-6。

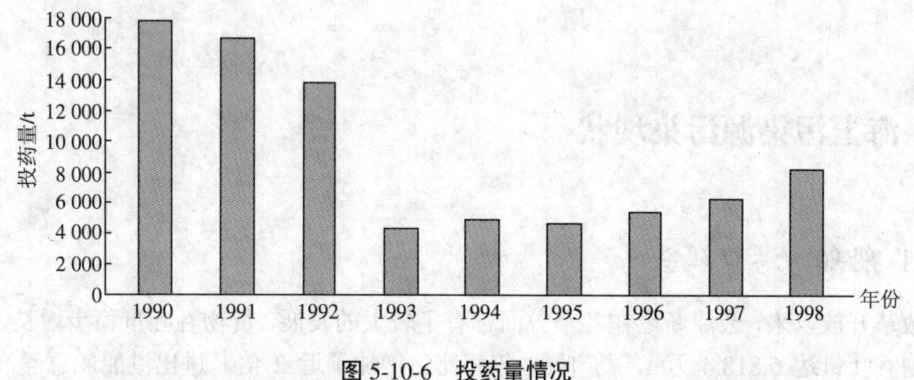

图 5-10-6 投药量情况

（3）清池废水和污泥

自 1993 年以来，天津市海水养虾因水源污染加剧和虾病流行的影响，大多采用全封闭内循环用水的方法，基本每年仅收虾以后排水一次。清池以暴晒法为主，污泥和清池废水很小，换水情况见图 5-10-7。

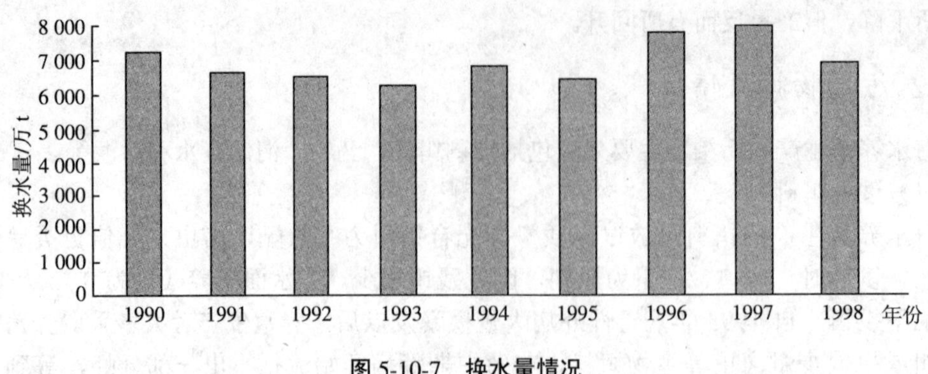

图 5-10-7 换水量情况

（4）主要污染物排放

滩涂养殖氮、磷入海情况见图 5-10-8，COD 入海情况见图 5-10-9。

由此可以看出，主要污染物氮、磷、COD 入海的年度变化情况与饵料的投入量变化趋势基本一致。因此，提高饵料的使用效率、降低换水量是控制污染的根本手段，这个目标可以由科学的生态养殖方法和开发先进的微生物饵料等途径来实现。

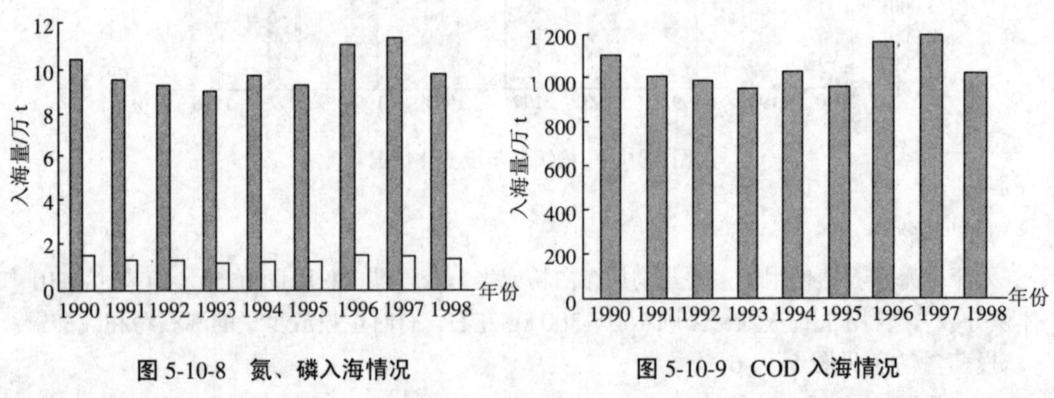

图 5-10-8 氮、磷入海情况

图 5-10-9 COD 入海情况

10.4 海上污染源污染现状

10.4.1 船舶、港口码头

改革开放以来，天津新港在各个方面都有了较大的发展，货物吞吐量稳步增长，1998 年货物吞吐量达 6 818.4 万 t，与 1989 年相比，增加了近 2 倍，进出港船舶总艘次增加了 3 倍以上。

天津新港船舶和货物吞吐变化情况见表 5-10-1 和图 5-10-10。

表 5-10-1　天津新港船舶和货物吞吐变化情况

年份	货物总量/万 t	油品/万 t	艘次（艘）	吨位/t
1989	2 437.0	83.9	2 322	3 385
1990	2 063.3	113.0	3 243	3 237
1991	2 377.6	92.0	3 529	3 528
1992	2 928.6	93.2	4 152	4 157
1993	3 719.2	144.6	4 910	4 859
1994	4 652.1	81.7	6 037	5 937
1995	5 786.6	98.7	6 882	6 907
1996	6 188.3	306.1	7 452	7 459
1997	6 789.3	471.4	8 016	7 998
1998	6 818.4	425.7	8 072	8 240

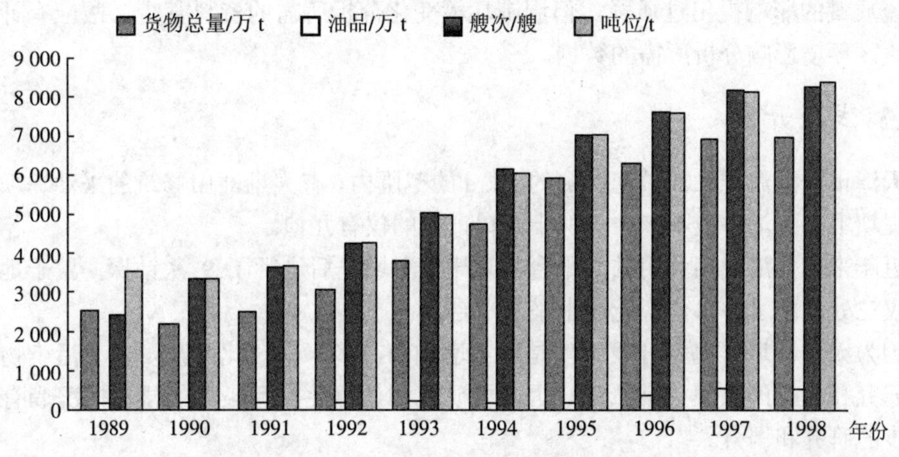

图 5-10-10　天津新港船舶和货物吞吐变化情况

天津新港船舶污染物排放控制的主要手段为污水岸上处理。大型船舶除事故以外，所有污水均通过收集系统集中排入岸上的污水处理装置。小型船舶，如绝大部分渔船的污水控制尚不完善，但因各种原因，此方面的数据尚未纳入日常监测系统，故本次调查无法评价其对海洋污染的影响。但从海洋水环境质量监测的石油类数据和陆源石油类入海量数据分析，石油类污染主要来自海上污染源得到了各方面的认同。

10.4.2 海上倾废区

天津市海洋倾废区于 1992 年正式选址，1995 年通过并上报。中心点坐标为东经 117° 58′ 45″，北纬 38° 59′ 5″，直径 1 km，面积 0.75 km²。倾废区自建成以来，主要倾倒废物为航道、港池二类疏浚物和骨灰，每年平均倾倒废物 200 万 m³，倾倒骨灰年平均约 300 具。

经对天津港区及其附近海域约 400 km² 范围底泥观测数据分析，海床泥沙的中值粒径为 0.002 0～0.006 6 mm，平均中值粒径为 0.004 8 mm，属淤泥质海滩，各监测点粒径差别不大。观测数据的分析结果表明，沿外航道轴线的泥沙中值粒径要比两侧滩地略细，而外海的泥沙粒径又比近海的泥沙要细。

通过泥沙样品溶出实验结果分析，天津港外抛疏浚物属三类疏浚物，达到本倾废区允许的排放标准，疏浚物溶出实验结果见表 5-10-2。

表 5-10-2 疏浚物中主要监测成分及含量 单位：mg/kg

地点	Cu	Pb	Zn	Cd	总 Cr	总 Hg	As
天津港一区一段	34.45	29.97	103.2	0.31	80.18	0.073	12.3
二突堤	39.59	34.17	118.6	0.33	82.72	0.064	11.6
航道西段	50.68	28.26	48.84	0.18	74.56	0.062	10.2

从表 5-10-2 中可以看出，锌含量偏高，但仍达到倾废区的倾倒标准。

经常规监测结果分析，目前的倾倒量满足允许倾倒量的要求，该海域的水深变化不大。但近年来河北省唐山市和天津市的人大代表均对该倾废区对其周围海域及近岸海域水环境质量的影响提出过质疑，但周围环境变化分析所需的资料甚少，故应有计划地收集倾废区环境影响分析所需的数据。

10.4.3 浅海开发

天津市浅海海域独流减河两侧约 5 km 的范围内，有大港油田修筑的采油堤坝 10 条，每条堤坝上的采油井数不一，多的十几口，少的仅有几口。

近年来，大港油田利用钻井平台在天津市海域先后进行了 9 次钻探，鉴于地下油量少，仅三处保留了井口，现无海上采油平台。

因为天津市近岸海域开发强度是逐年增加的，多年来对此类开发活动污染物排放状况的研究和数据的收集非常匮乏。因此要研究和估算此类污染物的排放情况尚有待于做进一步的研究和调查。

10.5 海水水质现状综述

10.5.1 水质评价

①一类海区污染最严重，四类海区污染较轻（见图 5-10-11）。

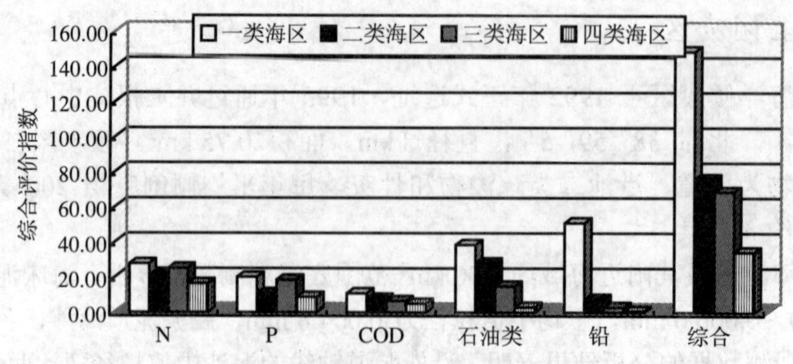

图 5-10-11 主要水质因子不同海区综合评价指数变化情况

由图 5-10-11 可以看出，按海区污染综合指数排序：

无机氮、活性磷：一类海区＞三类海区＞二类海区＞四类海区；

COD、石油类、铅：一类海区＞二类海区＞三类海区＞四类海区。

由上述分析和综合指数的变化情况可以得出结论：一类海区污染相对较重，四类海区污染相对较轻。

②水质好转，铅污染加重（见图 5-10-12）。

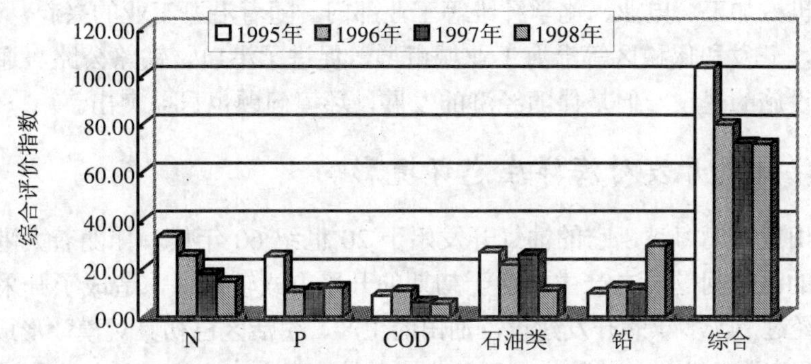

图 5-10-12　主要水质因子不同年度综合评价指数变化情况

由图 5-10-12 可以看出，按污染物年度综合指数排序：

无机氮：1995 年＞1996 年＞1997 年＞1998 年；

活性磷：1995 年＞1998 年＞1997 年＞1996 年；

COD：1996 年＞1995 年＞1997 年＞1998 年；

石油类：1995 年＞1997 年＞1996 年＞1998 年；

铅：1998 年＞1996 年＞1997 年＞1995 年。

由上述分析和综合指数的变化情况可以得出结论：总体上 1995 年污染相对较重，从趋势变化情况看，海洋水质在逐渐好转，特别是无机氮的好转趋势较为明显。但从铅污染综合指数的变化来看，污染呈逐年加重的趋势，说明铅污染的控制有待于进一步加强。

③陆源、海上污染兼而有之。

无机氮、活性磷、COD 以陆源污染为主；

石油类污染主要来自海上污染源；

海上污染源和陆源对天津市近岸海域铅污染均有贡献。

④丰水期污染最重。

总体上评价各海区均为丰水期污染重，其次是枯水期。从 1997 年反常情况分析，这与入海径流量关系密切。

⑤主要污染因子以营养盐为主。

主要污染因子为无机氮、活性磷、COD 和铅。

10.5.2 海洋沉积物评价

①污染呈加重趋势。1997 年污染重于 1995 年。

②主要污染因子为重金属。主要污染因子为铜。

10.6 海洋开发利用对生态环境的影响

天津沿海地区有丰富的石油和天然气资源，为天津市开发利用海岸带提供了良好的能源，目前伴随着石油和天然气的开发，天津市沿海地区已形成了海洋化工、石油化工、港口海运、机械加工、电业、化学纤维等工业部门。随着沿海工业的兴起，形成了塘沽、汉沽、大港、开发和保税区等沿海工业城市群，促进了港口、铁路公路、通讯、商业、市政等基础设施的建设。但是伴随经济的发展，环境问题也日益突出。

10.6.1 海洋油气开发对海洋生态环境影响

大港油田地处渤海湾，它的油气开发始于 20 世纪 60 年代，伴随着大港油田的油气开发，环境的污染问题随之产生。由于初期的开采方式较落后，造成了开采区对周边环境的影响。经过 30 多年的开发建设，油田的生产、生活区已初具规模，形成了集石油生产加工业和配套服务业为一体的大型石油生产基地。目前，大港石油年产原油 430 万 t，天然气 354 389 m^3。随着油田生产的不断发展，勘探开始的范围不断扩大，且开发生产已延伸到沿海地区和环境敏感区。现在油田在沿海区域有 21 口井，其中油井 17 口，水井 4 口，均属于陆地油田。

在油田生产过程中，产生环境油污染的原因有：打井过程中含油超标的废泥浆；采油过程中所产生的含油污水；在修井试井等井下作业时排出的含油废液；由于管理不善造成的原油跑冒滴漏；石油作业过程中，由于地下压力的变化或其他原因出现的井喷等事故；由于人为的破坏造成原油的大量泄漏等。在这些过程中，不可避免地会造成对近岸海域环境的污染。

近年来，由于管理不善及油田周边极少数人员素质较低，偷盗原油事件屡有发生，如 1978 年由于村民偷油将一油罐 60 t 原油全部放出，造成大面积的原油污染，采油井周边的偷油也造成了采油区域的油污染。

10.6.2 海洋捕捞对海域环境的影响

天津市海洋捕捞业主要分布在塘沽、汉沽、大港 3 个滨海区内共有渔业乡（处）5 个，渔业村 24 个，1998 年全市群众渔业劳力人数 4 583 人。目前天津市有大小渔港 8 处，捕捞渔船 998 艘，总功率 46 420 马力，生产渔船功率低于国家下达给天津市“九五”期间近海控制 53 950 马力的指标。

天津市近海捕捞渔船 10 年发展情况见表 5-10-3。

表 5-10-3 天津市近海捕捞渔船 10 年发展情况表

年 份	渔船数量/艘	总马力数/马力	单船平均功率/（马力/艘）
1989	763	50 580	66
1990	746	45 360	61
1991	728	46 329	64

年 份	渔船数量/艘	总马力数/马力	单船平均功率/（马力/艘）
1992	773	47 072	61
1993	887	53 647	60
1994	881	47 990	55
1995	902	44 519	54
1996	953	50 160	52
1997	983	41 926	42
1998	998	46 420	46

由表 5-10-3 可以看出，近年来天津市渔船数量在持续增长，但增长幅度并不大。而总马力数在波动降低，对照单船平均功率来分析可以看到，单船平均功率也在降低，说明渔船在向小型化发展。

天津市近海捕捞渔船 10 年发展变化情况见图 5-10-13。

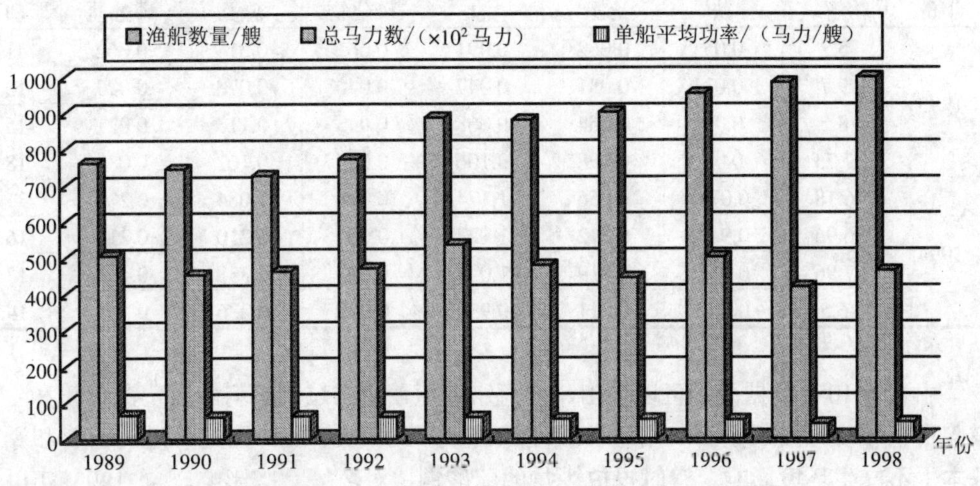

图 5-10-13 天津市近海捕捞渔船 10 年发展变化情况

由上表可以看出，天津市近海渔船 10 年来发展基本是稳定的，捕捞强度（总马力指标）逐年回落。在船只数量略有增加的情况下，渔船平均功率逐年减小，捕捞渔船发展趋于小型化。

在近 10 年中，天津市近海捕捞生产渔场和产量变化不大，总的情况是渔船的经营方式以股份制分散经营为主，渔船结构以小型木质渔船为主，作业渔场以渤海为主，作业网具以流刺网为主，捕捞品种以低值、小宗中上层鱼类为主。

由于天津市捕捞生产受所处的地理位置、捕捞能力、作业习惯及渔业管理等诸多因素的限制，天津市捕捞产量的变化很难、客观地全面反映渔业资源的变化。同时，由于缺乏较为系统的渔业资源和环境条件变化的调查研究，很难说明捕捞业的发展对海域环境的影响。

1989—1998 年的 10 年间，天津市渔船马力变化情况是，随着船只数量的增长，船只马力呈递减的发展趋势；群众生产渔船数量 1989 年为 763 艘，50 580 马力，至 1998 年达到 998 艘，46 420 马力，渔船数量增长 31%，而渔船马力减少 8%，群众渔船向小型化方向发展，这些都与渤海渔业资源的变化有关，即渤海渔业资源逐渐缩小。

目前渤海海域的航运污染和石油污染也十分严重，近 10 年来，在渤海海域发生的百吨级以上的溢油事故就达 10 余起。由于渤海海域拥有辽河、大港、胜利三大油田，石油污染事故频繁发生。渤海近岸海域已呈现出较强的富营养化状态，赤潮灾害面积逐渐扩大，赤潮发生频率逐年加快。面对这样巨大的污染源，天津市 900 余艘小马力渔船的污染排放量与之相比，显得极其微小。

10.6.3 海水养殖业对海域生态环境的影响

海水养殖生产的污染物主要包括过剩饵料投放、药物的投放、清池的废水和污泥等。虾池水质监测情况见表 5-10-4。

表 5-10-4　1993—1994 年养虾水质情况调查表　　单位：mg/L

年份	溶解氧	铁	锰	油	硫化物	总氮	磷酸盐	COD
1993	5.2	0.05	0.062	0.091	0.061	0.314	0.062	41.62
	9.7	0.03	0.031	0.047	0.040	0.078	0.023	13.57
	8.5	0.03	0.064	0.068	0.043	0.113	0.021	15.22
	7.75	0.04	0.098	0.106	0.055	0.102	0.033	18.87
1994	6.18	0.073	0.056	1.174	0.008	1.084	0.286	21.81
	6.96	0.049	0.012	1.127	0.005	0.210	0.214	16.75
	7.96	0.051	0.019	1.048	0.007	0.338	0.203	17.76
	6.5	0.037	0.011	0.939	0.005	0.226	0.165	14.80

由表 5-10-4 数据分析可以看出，因海水养殖使用的过剩饵料较少，漂白粉和生石灰投入量也较少，投入生石灰用量一般在每公顷 150～300 kg。因此，过剩饵料和漂白粉基本上不产生环境影响。有时投放少量的硫酸铜，对环境有些影响。自 1993 年以来，天津市海水养虾，因水源污染加剧和虾病流行的影响，大多采用全封闭内循环用水的方法，基本每年仅收虾以后排水一次，清池以暴晒法为主，故污泥和清池废水很少。

10.6.4 天津港对海域的环境影响

天津港是我国最大的人工港，港口的大部分泊位及码头前沿和货场用地是围海造地形成的。

天津港自 20 世纪 70 年代初，为缓解港口压船，出口货物不能及时运出的矛盾，开始大规模港口建设，全部工程分别在 1981 年和 1985 年分两批投产使用。后又经过多年的港口开发建设，发展成为现在的 3 个港区：北疆港区、南疆港区和海河港区。目前，港区的生产性废水只有供油公司罐区的油污水及集装箱洗箱废水，而港区主要的污水是港口工作人员的生活用水。

北疆港区：生产废水是天津港供油公司罐区的含油废水和集装箱公司洗箱废水（主要是危险品箱），经处理达标后，排入港区市政管线。生活污水，一部分为天津四港池以西区域的单位所产生的生活污水，没有经过处理，排入港区市政管线后，直接排入渤海；另一部分是天津港四港池以东区域的单位所产生的生活污水，排入东突堤污水处理场。

南疆港区：按照设计，港区内油轮及化学品船舶的压载水及各单位罐区的生产废水，根据污水的性质，集中或通过管道进入南疆污水处理中心。所有生活污水必须排入南疆污水处理中心。目前，南疆污水处理中心未进入正常连续运行状态。

天津港口的废水排放量为 260 万 t，主要是北疆港区四港池以西区域所产生的废水（四港池以东区域经处理的废水，作为散货堆场及交通道路的喷洒除尘用水），主要污染物年入海量：COD（化学耗氧量）174 t、无机氮 8.8 t、无机磷 1.32 t、油类 16.5 t。

10.6.5 地下水开采对岸边及近岸海域的生态环境影响

近年来，由于过量和集中开采地下水，引起塘沽、汉沽、大港等区较大范围的地面沉降，大于 1 m 的沉降面积达 241.2 km^2，其中塘沽沉降速率为 188 mm/a，居我国首位。地面沉降已给工农业生产、城市建设带来了很大的损失和危害，同时对近岸海域的生态环境也带来了一定的影响。

10.7 突发污染事故分析

10.7.1 海上溢油事故与损害

据不完全统计，天津港区内，在 10 年之中发生约 70 次溢油事故，大部分溢油事故发生在港口码头附近而少量的发生在锚地。事故情况见表 5-10-5。

表 5-10-5 海上污染事故发生情况统计

年份	入海量油/kg	有毒有害物质/kg	港区事故次数	锚地事故次数
1989	430	10	6	
1990	910		8	
1991	3 070	3 010	14	
1992	1 180	30	5	
1993	8 130		5	
1994	800		8	
1995	6 460		7	2
1996	8 500		3	1
1997	5 390		3	2
1998	790		5	
总计	35 600	3 050	64	5

天津港的溢油事故大部分是由于管理不善人为造成的。从 1995—1998 年的监测结果来看，天津市近岸海域除四类海区外，其他环境功能区的石油类污染物均是各年度的主要污染物，其中 1995 年在一类海区石油类是引起枯水期污染最主要的污染物，其最大超标倍数达 32.20 倍，超标率为 56%。天津近岸海域的油污染除大港油田开发和海洋石油开采造成的油污染外，海上溢油事故也是造成天津近岸海域油类污染严重的一个重

要原因。天津市近岸海域的溢油事故不但破坏了近岸海域的生态环境，且对海水养殖业的发展构成了一定的危害，但由于目前尚未开展这方面的调研工作，故在此不能提供具体的损害情况和今后对本海域生态环境的影响。

10.7.2 有毒有害危险品入海事故与危害

近 10 年内，有毒有害危险品泄漏事故，在天津海域内仅在 1991 年发生过一次重大海洋环境污染事故，事故发生的原因是由于"芳进"号轮的值班人员擅自脱岗，致使 3 000 kg 苯泄漏，造成大面积海域污染。这一环境污染事故给本海区的生态环境带来较严重的影响，破坏了本海区的生物资源。一般来讲，有毒有害危险品的泄漏不易回收，且造成的环境污染不易消除，具有一定的危害时限。对海洋生物具有较大的破坏作用。因此对这种环境污染事故应给予足够的重视，以预防为主，对装运这类物质的船只，加强管理，避免此类污染事故的发生。事故发生后，应及时进行处理，将污染降低到最低限度。

10.7.3 赤潮和海水养殖突发性事故及危害

近岸海域环境污染主要是人类活动造成的，而且它带来的危害也越来越严重，近岸海域水体富营养化的状况日趋扩大，赤潮灾害也越来越频繁，严重制约着海水养殖业的发展，使海洋生态环境遭到破坏。

近几十年来，我国沿海赤潮的发生呈明显上升趋势。据不完全统计，20 世纪 60 年代仅有 3 次，70 年代为 9 次，80 年代为 74 次，90 年代赤潮频繁发生，到目前为止，有记录的赤潮已达 380 多次。我国因赤潮灾害造成的损失，少则几千万元，多则上亿元。

赤潮的具体成因还不十分清楚，据分析海水污染造成海域富营养化以及气候持续干热、少雨、风速不大等环境条件是诱发赤潮的重要原因。

近 10 年来，天津海域较有影响的赤潮（资料来源为：国家海洋局北海分局、市海洋局、国家海洋局北海分局塘沽海洋站）：

1989 年 8 月下旬至 9 月下旬河北黄骅、天津海域发生大范围赤潮，赤潮主要呈酱紫色、棕褐色，影响特大。1992 年 10 月 9—22 日大沽锚地发生大面积赤潮，呈片状、条带状，颜色为棕褐色。渤海赤潮监测情况见表 5-10-6。

表 5-10-6　1999 年 7 月渤海赤潮监测报告表

时间	地点	经纬度范围	面积/km^2	赤潮特征	赤潮生物	颜色
07-02 8:40	河北岐口	38° 52′，117° 47′；38° 495′，117° 41′；38° 38′，117° 47′	400	不规则条带分布		
07-02 12:01	天津大沽锚地	38° 58′，117° 56′；39° 01′，117° 58′；39° 03′，117° 53′；39° 03′，117° 35′	25			酱紫色

时间	地点	经纬度范围	面积/km²	赤潮特征	赤潮生物	颜色
07-03 9:25	河北岐口	38° 49′，117° 41′		条带状零星分布		棕色
07-03 12:00	天津大沽锚地		500	条带状分布		酱紫色
07-04 8:58	河北岐口	38° 49′，117° 41′；38° 33′，117° 38′；38° 20′，117° 55′；38° 30′，118° 05′；38° 49′，117° 51′	1500	条带状	闪光原藻	酱紫色
07-04 11:15	老黄河口附近	38° 15′，119° 05′；38° 08′，119° 07′；38° 16′，118° 48′；38° 21′，118° 29′	400			酱紫色

1993 年受赤潮病毒影响，天津市养虾业损失 2.5 亿元。

1998 年 10 月上旬，天津、新港附近海域发生约 800 km² 的赤潮，主要赤潮生物为膝沟藻（最大密度每毫升 808 个）和叉角藻（最大密度每毫升 68 个）。

1999 年 7 月 3—4 日天津大沽锚地、河北岐口一带海域先后发现大面积赤潮，开始为 400 km²，后来发展为 1 500 km²。

就目前而言，赤潮的防治经费太高，在海洋中，一旦发生赤潮，人力几乎无法控制。要控制赤潮的发生，主要靠治理陆源污染物，防止向海洋排污。

10.7.4 海水入侵事故及损害

天津地区海水侵袭的主要原因是风增水。由于天津沿海地区地势低洼，在台风、热带风暴、冷暖空气结合的强东风作用下，一旦潮位超过警戒水位 4.9 m，即有部分地区遭海水侵袭，形成灾害。从以往情况看，每隔几年就有一次大的海水侵袭灾害。

目前，多数地段已经修筑了海挡，对防潮将具有积极的作用。另外天津市于 1999 年 4 月成立了海洋预报台，每天发布海洋预报，遇有海洋灾害，如风暴潮、巨浪、严重海冰将发布预警报。海水入侵情况见表 5-10-7。

表 5-10-7　天津地区风暴潮灾害情况

时间		实际高潮位/m	天文高潮位/m	影响程度
公历	农历			
1964-03-25—26	2-23—24	4.77	2.60	未成灾
1965-11-07	10-15	5.72	3.80	未成灾
1966-02-10	01-21	4.45	3.40	冲毁岐口附近 100 km 海堤和大部分桥梁，断绝交通
1969-04-23	03-07	4.64	3.67	未成灾
1972-07-27	06-17	5.40	4.14	乐亭、秦皇岛一带 69 个大队遭海水侵袭，33 个村庄被围困

时间		实际高潮位/m	天文高潮位/m	影响程度
公历	农历			
1985-08-02	06-16	4.84	4.23	未成灾
1985-08-19	07-04	5.40	4.22	天津新港、新港船厂等被淹，损失几千万元以上
1992-09-01	08-05	5.82	4.28	天津地区经济损失 4 亿元
1992-10-02	09-07	5.10	4.03	未成灾
1997-08-20		5.46		天津沿海海堤、码头货物、油井、虾池、原盐等损失达 14 845 万元

10.8 海域主要生态环境问题分析

天津海域位于渤海湾底部，海岸线北起涧河口南至歧口，总长 153.33 km。海岸低缓平直，土地以湿土、盐化湿潮土和盐化潮土为主，海域沿岸海拔 2～3 m，潮间带宽 3～5 km，土质为第四纪松散沉积物，构成典型的淤泥质海岸，海域环境自净能力较差。天津市海域环境的主要问题：

①污染排放是造成海域生态环境恶化的主要原因。

天津海域接纳的污染物来自陆源、海上交通、海上石油钻井平台等。其中 80%的 COD 来自陆域污染源排放的污水（包括工业废水、生活污水和面源排放），主要污染物是无机氮、无机磷、油类和耗氧有机物。污染物排放量大大超过海域环境承受能力，且污染物排放量增长速度快于治理设施的增长速度。造成污染源防治水平低，排污量大，历史欠账过多。大多数城市污水处理厂没有脱磷脱氮工艺，因此，对陆源污染物排海进行总量控制是保证近岸海域水质达标和控制海域水体富营养化的根本手段。

②突发性大量排污，造成水产养殖业和海洋捕捞业受损。

汛期突发性大量排污，造成水产养殖业和海洋捕捞业受损。渔业资源逐渐朝低龄化、小型化、低质化方向演变，海洋生物多样性受到一定损害。应对陆域污染废水加强日常管理，达标排放，减少污水储存，防止汛期随雨水大量排放。

③天津沿海岸养殖业迅速发展也是造成近岸海域水体富营养化的原因之一。

天津沿海岸已开发数万亩养虾池，由于不合理投放饵料，虾池水质恶劣，直接入海后也是造成近岸海域水体富营养化的原因之一。

④耕地施用大量化肥和农药造成河口区氮、磷污染严重。

陆域耕地施用大量化肥和农药，除部分被植物吸收外其余大部分随排沥雨水进入河渠，最后入海，是造成河口区氮、磷污染严重的主要因素，也是造成富营养化的原因之一。

⑤京津地区大量使用含磷洗涤剂也是造成磷污染的原因。

京、津、冀等地生活污水的最终归宿是天津市近岸海域。长期以来，该地区大量使用含磷洗涤剂，大量残留在水体中的磷随污水最终进入近岸海域，使水体中的磷污染负荷增加。

⑥海上船舶和采油平台排污是造成油污染的重要因素。

油类污染远海高于近海，且超标严重，主要来自海上船舶和采油平台排污。特别是海上事故性溢油，更是造成油污染的重要因素。海上重大污染事故应急体系尚未形成，应加强采油平台和船舶排污的监督管理，尽快组建海上油污染防治组织。

⑦海洋生态环境遭到破坏，使海产品产量锐减。

天津海域有史以来是鱼虾洄游、产卵、繁衍的良好场所。随着人口的不断增长和对海洋的开发利用增强，近岸海域环境污染呈加重趋势，赤潮发生频率增加，范围扩大，油污染和突发性污染事故增多，使海洋生态环境遭到破坏。海洋捕捞强度大和其带来的环境污染是造成近海渔业资源衰减的两个重要原因。

⑧入海淡水（径流）急骤减少，水循环变化巨大，使近岸海区生态衰退。

⑨涉海环境科学研究投入不足，应用技术滞后。

10.9 对策与建议

天津近岸海域环境监督管理，虽然做了很多工作，取得了一些进展，但近岸海域环境质量依然没有达到要求标准，因此，还存在很多问题，主要是：

①天津近岸海域氮、磷来源分担率不清，需要做深入细致的调查研究。

众所周知，海域的污染物主要是氮和磷，尤其是以近岸海域为重。摸清氮和磷的来源，并确定分担率，特别是入海口的分担率，尤为重要。

常规认为，氮和磷的来源大体为 4 个方面：工业、农业、生活和养殖业，分别从不同的入海口排入海域。问题是：

工业污染源对氮和磷排放没有标准要求，基本没有监测数据；

农业面源，天津地处华北平原，多年干旱少雨，农作物虽施用化肥，但由于地面径流（汛期除外）少，大部分农田沥水在沟渠网上循环、蒸发；

淡水养殖一水多用，基本不外排；

城市污水处理厂基本没有脱磷脱氮措施；

各入海口氮和磷分担率不详。

上述问题还需要做深入细致的调研和有关政策、法规标准的补充完善。如：建立沿海地区工业污染源氮和磷的监测制度；建立农业面源氮和磷流失及径流携带氮和磷入海的研究项目；提出沿海已建成的污水处理厂限期完善脱磷脱氮技术要求，对在建拟建城市污水处理厂增加脱磷脱氮指标；加强滩涂养殖业科学管理等。

②陆源水环境污染依然显著，氮和磷削减未纳入《海河流域天津水污染防治规划》。

天津地区主要的水环境问题可以归纳为：

饮用水源和城市备用水源（海河干流、北大港水库）污染；

河流污染严重，工业用水水质恶化；

引污灌溉产生的农业生态问题和地下水污染；

近岸海域污染。其主要原因，一是污染源没有得到有效控制，二是水资源严重短缺，二者交互作用，形成了区域性污染的显著特征。

《海河流域天津水污染防治规划》对天津市水环境作了比较全面而透彻的分析，并提出了宏大的治理规划。问题是《海河流域天津水污染防治规划》涉及的 45 个控制断面，只考虑了 COD 单因子影响，氮、磷污染物控制没有考虑，建议在推动实施《海河流域天津水污染防治规划》的同时，考虑氮、磷污染因子的控制问题。

③海上流动源污染源排污控制难度大。

通过调查得知，近岸海域油类污染在局部地区有加重的趋势，对海上固定源可进一步加强监督管理和防治措施，来改善该区域的环境质量，但是控制海上流动源——船舶随意排污的问题难度较大，当巡视发现油带，船只已无踪迹。建议海事部门加强对船舶排污的监督管理，严防船舶偷排、逃排船上含油污水，一旦发现严加处罚。

④流域规划中的硬件设施尽快上马，是有效削减入海污染物的关键。

目前海河、辽河的水污染防治规划，已被国务院批准，其中需要建设的各种规模不等的污水处理厂上百项，各地特别是滨海地区和港口应采取有效措施，开辟筹集资金渠道，促使城镇污水集中处理工程尽快建成，有效削减入海污染物总量。

⑤入境河流污水对天津市近岸海域环境质量形成较大威胁。

天津市地处“九河下梢”，是海河流域五大支流的汇合处和入海地。在通过天津市境内的 19 条河流中，除 3 条饮用水输水河道外，其他 16 条河道中有 12 条 COD 超过《地面水环境质量标准》（GB 3838—88）Ⅴ类标准。与此同时，国家对上游入境河流断面的 COD 控制指标大大放宽，加重了水环境污染负荷，直接影响天津市近岸海域的环境质量。

⑥海洋环境监测存在的问题与建议。

据本次调查了解到，海洋监测虽有分工，但部门之间的壁垒作用（包括陆源监测）造成现有监测数据可比性差，数据不能共享，甚至业务重叠，造成人力、物力、财力的巨大浪费。建议从国家到地方，发挥各职能部门肩负海洋监测的作用，建立和完善水环境监测信息网络，做到数据共享。

⑦加强环保系统内部海洋环保机构的建设。

21 世纪是海洋世纪，海洋环保日益被世人瞩目。就目前环保系统内部自上而下队伍（包括机构）现状而言，很难承担 21 世纪海洋环保工作的重担。环保系统内部的海洋管理队伍（机构），如何找准位置，赋予职责且工作内容可操作，加强海洋环保工作建设尤为重要和迫切。建议组织对环保系统内部海洋环保队伍和赋予职能的现状，进行调查，提出相应的对策，以满足海洋环保事业的需要。

⑧加强渤海近岸海域环境污染控制的科研投入。

11 生物多样性保护现状调查

生物多样性可以在三个水平上给以描述：物种的基因多样性；物种多样性；物种的集合或生态系统多样性。

生物多样性是人类社会赖以生存的基础。但由于人口的增长、经济的发展，人类对生境的破坏和生物资源的索取日益加剧，使生物多样性受到很大损失，这种损失影响到生物多样性的利用价值，从而影响到人类社会的生活。

生物多样性对于人类的价值可分为直接价值和间接价值两种。生物多样性的直接价值在于它能直接满足人类社会的需求。生物多样性的间接价值在于它能维持生态系统的功能，调节气候、保持土壤肥力、净化空气和水，从而支持人类社会的经济活动和其他活动。

据估计，在已知的 24 万种维管束植物中，约有 25%是可食用的。世界上 90%的食物来源于 100 个物种。各种家禽、鱼类、海产为人类提供必要的蛋白质，各种蔬菜、水果、菌类均为人类日常生活所必需。

人们为了能够持续利用生物资源，对生物多样性的保护日益关心，100 多个国家对《生物多样性公约》的签约就是一个例证。我国也是签约国之一，我国政府历来重视生物多样性的保护工作。在 1987 年发布了《中国自然保护纲要》，其中的第七章就是物种的保护。

天津市位于我国北方，具有良好的动植物生存环境，有山地、丘陵、平原、洼淀和临海等不同的地形、地貌条件和气候、水文、土壤的地区差异，从而构成了复杂多样的生态环境，为野生动植物的生长栖息和繁育提供了一定场所。

11.1 野生动物资源

天津市目前已发现的各类野生动物资源有哺乳动物、鸟类、两栖类、爬行类、鱼类、底栖动物类、浮游动物类等七大类。在众多的动物中，有国家一二级重点保护动物 43 种，其中一级保护动物 6 种，二级保护动物 37 种。详见表 5-11-1。

表 5-11-1　国家重点保护动、植物种表

保护物种名称（中文名）	学　名	保护等级
植物 1.野大豆	*Glycine soja*	II
2.水曲柳	*Fraxinus mandshurica*	II
3.核桃楸	*Juglans mandshurica*	II
4.黄蘖	*Phellodendron amurense*	II
5.独叶草	*Kingdonia uniflora*	II
6.紫椴	*Tilia amurensis*	II

保护物种名称（中文名）	学　名	保护等级
动物 1.金钱豹	*Panthera pardus*	Ⅰ
2.黄喉貂	*Martes flavigulla*	Ⅱ
3.金雕	*Aquila chrysaetos*	Ⅰ
4.乌雕	*Aquila clanga*	Ⅱ
5.猎隼	*Falco cherrug*	Ⅱ
6.红脚隼	*Falco vespertinus*	Ⅱ
7.红隼	*Falco tinnunculus*	Ⅱ
8.雀鹰	*Accipiter nisus*	Ⅱ
9.白尾鹞	*Circus cyaneus*	Ⅱ
10.普通鵟	*Buteo buteo*	Ⅱ
11.毛脚鵟	*Buteo lagopus*	Ⅱ
12.大鵟	*Buteo hemilasius*	Ⅱ
13.小隼	*Microhierax melanoleucos*	Ⅱ
14.灰背隼	*Falco columbarius*	Ⅱ
15.游隼	*Falco peregrinus*	Ⅱ
16.白头鹞	*Circus aeruginosus*	Ⅱ
17.鹰鸮	*Ninox scutulata*	Ⅱ
18.纵纹腹小鸮	*Athene noctus*	Ⅱ
19.短耳鸮	*Asio flammeus*	Ⅱ
20.草原雕	*Aquila rapax*	Ⅱ
21.草原鹞	*Circus macrourus*	Ⅱ
22.赤腹鹰	*Accipiter soloensis*	Ⅱ
23.松雀鹰	*Accipiter virgatus*	Ⅱ
24.（黑）鸢	*Milvus migrans*	Ⅱ
25.鹊鹞	*Circus melanoleucos*	Ⅱ
26.红角鸮	*Otus scops*	Ⅱ
27.雕鸮	*Bubo bubo*	Ⅱ
28.长耳鸮	*Asio otus*	Ⅱ
29.鹗	*Pandion haliaetus*	Ⅱ
30.大鸨	*Otis tarda*	Ⅰ
31.黑鹳	*Ciconia nigra*	Ⅰ
32.白鹳	*Ciconia ciconia*	Ⅰ
33.白枕鹤	*Grus vipio*	Ⅱ
34.灰鹤	*Grus grus*	Ⅱ
35.白额雁	*Anser albifrons*	Ⅱ
36.大天鹅	*Cygnus cygnus*	Ⅱ
37.小天鹅	*Cygnus columbianus*	Ⅱ
38.鸳鸯	*Aix galericulata*	Ⅱ
39.疣鼻天鹅	*Cygnus olor*	Ⅱ
40.白尾海雕	*Haliaeetus albicilla*	Ⅰ
41.角䴙䴘	*Podiceps auritus*	Ⅱ
42.白琵鹭	*Platalea leucorodia*	Ⅱ
43.小青脚鹬	*Tringa guttifer*	Ⅱ

常见的动物种类分述如下：

11.1.1 哺乳类动物

有陆栖哺乳类和海生哺乳类两种。

陆栖哺乳类主要有金钱豹、狼、狐、猪獾、狍子等 40 多种，多分布在蓟县北部山区。小型哺乳动物以平原农田多见。

海生哺乳类动物有斑海豹、海豚等。

11.1.2 鸟类

据调查，天津市的鸟类有 235 种，隶属于 17 个目，48 个科。不同的生态环境栖息繁衍着不同的鸟类。天津的鸟类从渤海沿岸到燕山山脉，有一定的分布规律。根据鸟类生活习性、活动规律及集居情况，大致可分为 4 个栖息区。

（1）渤海沿岸鸟类栖息区

天津有 150 多 km 的海岸线，沿海滩涂广阔，近岸水塘众多，水草丰美，鱼、虾、虫多，吸引了大量小鸟到这里栖息，每年春秋季节，大量迁徙到此聚会。

（2）洼淀、水库鸟类栖息区

天津洼淀、水库多，水清草密，环境幽雅，食物丰富，是鸟类栖息、繁育的优良环境。鸟类种类、数量集聚最多的地方是北大港水库、团泊洼水库、七里海水库及湿地、黄港水库、官港湿地、大黄堡湿地、于桥水库等。

（3）平原农田村落鸟类栖息区

天津平原区的河岸、渠旁、路边、居民区，树林成带、成网、成片，也为鸟类栖息、繁育提供了场所。

（4）山地丘陵森林及灌草丛鸟类栖息区

天津北部蓟县山区、中山地区多为茂密的落叶阔叶天然次生杂木林、针叶林和针阔叶混交林；这里树多、草多、果多、虫多，交通闭塞，环境幽雅，形成了鸟类迁徙、栖息、繁殖的优良生态环境。

11.1.3 两栖类

天津两栖类动物较少，仅发现 3 科 5 种，有蟾蜍科、蛙科、姬蛙科。

11.1.4 爬行类

天津有爬行类 3 目 16 种，主要有龟鳖目、蛇目、蜥蜴目。

11.1.5 鱼类

天津是华北海河流域入海地，河渠、湖泊、洼淀众多，鱼类资源较丰富，按习性分为陆栖淡水鱼与近海海鱼。陆栖淡水鱼有 66 种，隶属于 9 目 15 种，主要有鲤鱼、鲫鱼、青鱼、草鱼、鲢鱼、麦穗、泥鳅等。近海海鱼有 68 种，主要有黄鲫、小草鱼、小黄鱼、鲈鱼、梭鱼、虾虎鱼等。

11.1.6 底栖动物

底栖动物是杂食性底层鱼类的天然饵料，在水域食物链中处于重要地位。天津市内陆水域底栖动物有 69 种，属于 3 门 6 纲，有软体动物、节肢动物、环节动物、底栖昆虫等。

近海水域底栖动物有 142 种，隶属 11 门 19 纲。最多的是多毛类，有 43 种；软体类 37 种；甲壳类 37 种；棘皮类 7 种。

11.1.7 浮游动物

内陆水域浮游动物有 4 类 117 种，包括原生动物 23 种、轮虫类 34 种、桡足类 31 种、枝角类 29 种。

近海水域浮游动物占优势的是强壮箭虫。

11.2 野生植物资源

天津有维管束植物约 1 200 余种，包括蕨类植物、裸子植物、被子植物，分属于 149 科 597 属。天津野生植物的生态类型主要有 9 类 21 个群落。见图 5-11-1。

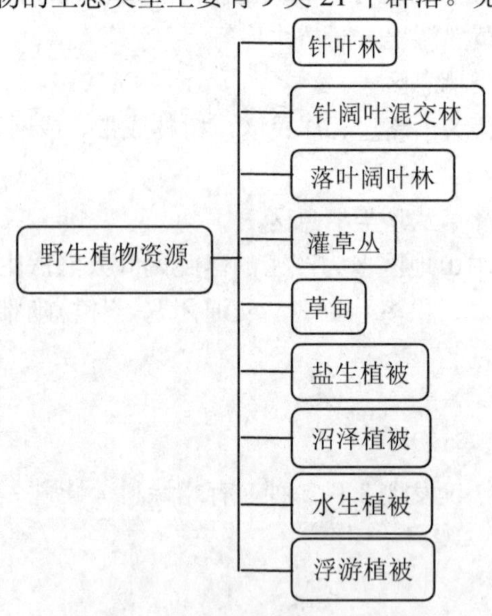

图 5-11-1 野生植物资源分类图

11.2.1 针叶林

天津市的针叶林植被类型分布在蓟县北部山区，以油松、侧柏为主，形成两个针叶林群落。

（1）油松—多花胡枝子群落

本群落主要分布在蓟县，群落外貌整齐，生长发育良好，群落覆盖度平均为 85%左右，形成纯林。

（2）侧柏—多花胡枝子群落

本群落主要分布在蓟县，群落结构简单，种类组成单一，以侧柏为优势种，构成天然侧柏林，总覆盖度为60%～80%。

11.2.2 针阔叶混交林

本类型主要分布在蓟县，通常是以油松、侧柏、栓皮栎、槲栎等相混交构成针阔叶混交林。

（1）油松、栓皮栎、吉氏木兰群落

该群落大多是原始森林破坏后缓慢恢复的次生针阔叶混交林，以油松和栓皮栎为群种，覆盖度一般为60%左右。

（2）油松、槲栎、二色胡枝子群落

群落以油松和槲栎为优势种，伴生有栓皮栎、蒙古栎、山杏及臭椿等，总覆盖度为70%。

11.2.3 落叶阔叶林

本植被类型主要分布在蓟县北部。

（1）蒙古栎林

蒙古栎林属原始森林破坏后自然更新的次生林，海拔 800 m 以上，覆盖度为90%左右。蒙古栎林具有暖温带落叶阔叶林森林植被类型的典型特征，群落结构完整，生长旺盛，这种自然森林植被在华北地区已不多见，是水源涵养林的主要植被。

（2）吴茱萸、方叶白蜡、坚桦杂木林

属天然次生林，覆盖度在90%左右。

（3）山杨林

分布在八仙山自然保护区，是蒙古栎林破坏后繁育的山杨次生林，覆盖度为 90%左右。

（4）北鹅耳枥林

北鹅耳枥是在老树被砍伐后的树桩上萌生发育而成，群落覆盖度较大，常在 90%左右。

（5）核桃楸林

分布于八仙桌子，该群落为自然发育而形成的森林，以核桃楸为优势种，成片状或带状分布。

11.2.4 灌草丛

该植被类型由灌木、草本植物所组成。灌草丛植被分布在海拔 200～800 m 之间的北部低山丘陵地带，约占山区面积的70%以上。

11.2.5 草甸

该植被多分布在天津低平原大洼地区。原为喜湿的沼泽植被，后因上游拦蓄水源减少，地下水位下降，多为洼淀湿水，由多水的沼泽环境变成了缺水的旱环境，沼泽植被已被耐旱的草地植被所代替。

草甸植被群落结构简单，种类成分稀少，群落总覆盖度为 70%，平均草高 30 cm 左右，白茅、狗尾草为优势种。

11.2.6 盐生植被

本类型分布在天津沿海地带，海拔 0～2 m，地势低平，经常受到海水和海潮的浸渍，土壤含盐量很高，常在 1.1%～2.9%左右。根据盐土环境的不同和植物优势种的生理状况，天津的盐生植被可被划分为专性盐生植物群落类型和兼性盐生植物群落类型。

（1）盐地碱蓬群落

该群落属于专性盐生植物群落类型，位于近海区域，直接受海水和海潮浸泡。群落生长发育极为旺盛，据实测 1 m^2 有盐地碱蓬 1 526 株，覆盖度在 95%以上。它又称吸盐植物，是海滨滩涂的先锋植物、改造盐土生态环境的先驱者。

（2）盐地碱蓬、獐毛草群落

本群落分布在专性盐生植物群落的外缘，很少受海潮的影响，地势逐渐抬高，土壤逐渐脱盐。以盐地碱蓬和獐毛草为优势种，总覆盖度为 90%左右，生活力极为旺盛，其特征是他们能生长在一定浓度（1.0%）的盐土生态环境中，吸取大量盐分，而不在体内积累，随蒸腾作用排出体外，又称为泌盐植物。

（3）盐地碱蓬、芦苇群落

分布在盐地碱蓬单优势群落上方或河口两岸湿润土壤上，以覆盖度为 85%以上的盐地碱蓬为背景，其中长着成丛、成片或单株的芦苇，属于兼性盐生植物群落。

（4）碱菀、芦苇群落

生长在土壤含盐在 0.3%以下的地区。

（5）碱菀、盐地碱蓬群落

分布在滨海一带地势低洼的小洼淀或小洼塘区域，多系盐场废弃后遗留下来的常年积水的洼塘。本群落以碱菀、盐地碱蓬为优势种，覆盖度常在 90%左右。

11.2.7 沼泽植被

本群落环境大多为淡水水域，很少为半咸淡水。市内各大中型洼淀、水库均有成片分布，占地面积超过 0.67 万 hm^2。以芦苇为上层优势种，常见香蒲伴生，覆盖度达 90%～95%，群落结构由三部分组成：挺水植物，主要有芦苇、香蒲、扁杆薰草等；沉水植物，主要有角果藻、茨藻及狐尾藻等；群落边缘杂草，主要有小香蒲、野西瓜苗、野大豆、刺儿菜、鹅绒藤、蒿等。

11.2.8 水生植被

本植被类型含有挺水型植物 7 种、沉水型植物 11 种、浮水型植物 2 种，加上水库边缘及河滩地湿生及中水生植物共有 26 种 53 属。

11.2.9 浮游植被（略）

11.3 动植物资源特点

11.3.1 动物资源特点

①动物区系组成的过渡性。

天津市的野生动物在我国动物地理区划中，属于古北界、东北亚界、华中区。西北面与古北界中亚亚界的蒙新区接壤，东北面与东北亚界的东北区相连，南面与东洋界中印亚界的华中区毗邻，各区之间缺少明显的天然屏障，天津动物区系组成具有明显的过渡性。

②动物种群的多样性、差异性。

天津境内有山地森林草丛、平原田野、滨海湿地和辽阔的海域。复杂多样的生态环境，为多种野生动物的栖息、繁育、迁徙提供了条件。同时天津又位于动物区系东洋界与古北界、北方型与东北型的过渡带上，动物之间的相互渗透、交混，更增加了种群的多样性和差异性。

③动物种群分布的不平衡性。

天津的野生动物不仅在类群组成上差别悬殊，而且在地区分布上也是很不平衡的。从整体上看，呈现出山地丘陵地区多、沿海地区多、平原地区少的分布格局。属于世界濒危及国家重点保护的鸟类重点分布在两个地区：树栖鸟类主要分布在蓟县北部山区；水禽鸟类主要分布在塘沽、汉沽、大港沿海地区及七里海、黄港、官港、北大港、团泊洼等水库芦苇沼泽湿地一带。

11.3.2 野生植物资源特点

①物区系成分有较大的混合性。

天津的野生植物在世界植物区系分区上属于泛北极植物区，植物地理成分具有明显的混合性。

②植物起源的古老性。

天津常见的银杏、臭椿、栾树、松树、栎属、榆属、扬属、荆条、酸枣、黄背草、白羊草等，均为第三纪保留下来的现存优势种类。

③植物成分的多源性。

由于天津野生植物区系成分的混合性，其植物成分来源也比较复杂，主要有 5 个方面：来源于西伯利亚成分；来源于欧亚大陆草原成分；来源于东亚—北美成分；来源于中国—日本成分；来源于热带亲缘成分。

④植物种类的多样性。

天津由于野生植物成分的多源性，也必然构成植物种类的多样性，共约 1 200 种，隶属于 149 科 597 属。

11.4 开发利用中存在的问题

11.4.1 缺乏管理，滥采滥捕，造成资源严重减少

对于植物资源，缺乏必要的强制性管理，一些群众无视有关法律法规，随意采挖、随意割伐，给资源带来了很大破坏和浪费。如对山区药用植物资源的采挖，一是乱采乱挖，二是采光挖绝，使某些药用资源遭到毁灭性破坏。再如沿海渔民为了发展养殖业，对沿海贝类资源进行抢夺式滥捞乱捕，使资源严重减少；近海鱼类资源由于过度捕捞，也面临枯竭的危险。

11.4.2 缺乏系统研究，处于无序状态

对天津市的丰富的物种资源，以及如何合理开发利用，缺乏系统的研究。目前天津市没有建设物种基因库，也没有全市性的较大规模的植物园，对地方特色物种、珍稀濒危物种，缺少深入研究，使资源的保护、利用、深度开发、生产系列产品只停留在自生自灭状态。

11.4.3 生境丧失与片段化，造成物种栖息地的减少

由于城市化的加速发展，使得物种生存的环境丧失，改变了其原有生态条件。如湿地的减少和水利工程的建设、围垦，使湿地中的动植物种大量丧失；开山采矿，破坏了森林植被，影响了物种的栖息、繁衍。据统计，人类对生境的影响，导致生物生境的丧失率在 24%～94%之间。我国原有野生生境 423 066 km^2，现存仅有 164 996 km^2，生境丧失率达到 61%。在东南亚国家，大部分生境丧失率在 50%以上。

11.5 外来物种入侵典型案例：美国白蛾危害情况调查

外来种指有意（引种）和无意产生的外来种入侵。引种经验证明 10%成功，80%不成功，10%成为有害种。如我国的葛藤（*Pueraria lobata*）到美国，大叶醉鱼草（*Buddleja davidii*）到新西兰，南美的凤眼莲进入我国都成害成灾；欧洲大米草（*Spartina* spp.）引入我国沿海岸，起初对护岸确有好处，但现在滋长扩展成害；长江、珠江鱼种引入塔里木河，使土著种新疆大头鱼（*Aspiorhynchus laticeps*）和塔里木裂腹鱼（*Schizothorax biadulphi*）数量减少，处于濒危。无意带入的例子有紫茎泽兰（*Eupatorium adenophorum*）在云南山地蔓延成灾；原南美的马铃薯晚疫病病原菌（*Phytophthora infestas*）1845 年在爱尔兰使马铃薯全枯死，造成 150 万人饿死；松材线虫（*Bursphelenchus xylophilis*）和美国白蛾（*Hyphantria cunea*）近年来严重危害我国林业，每年损失几十亿元。最新报道，我国每年因入侵种损失 574 亿元（复旦大学 2002），1842 年后外来种（含恶性杂草）已入侵 380 种。

11.5.1 森林病虫害发生概况

天津市位于九河下梢，东部临海，土地盐碱，地下水位较高，适于生长的树种较少。主要树种有杨、柳、榆、槐、椿、白蜡、油松、柏树等。由于树种单一，病虫害发生面积较大。20 世纪 80 年代初，天津市对森林病虫害进行了全面普查。经查，天津市森林病虫害有 6 个目、29 个科、168 种（其中虫害 147 种、病害 21 种）。主要有松毛虫、杨柳树蛀干害虫、榆蓝叶甲、杨扇舟蛾、柳毒蛾、春尺蠖、花曲柳窄吉丁、杨树溃疡病、杨树腐烂病等。近 20 年来，又发生了侧柏毒蛾、杨小舟蛾、美国白蛾、杨柳树烂皮病等病虫害，每年发生面积约 1.33 万 hm^2，近年来发生较为稳定。20 世纪 70 年代和 80 年代初危害严重的榆蓝叶甲，由于受树种更新改造的影响，已造不成太大威胁。杨扇舟蛾、花曲柳窄吉丁、杨柳树蛀干害虫等害虫发生呈上升趋势。

11.5.2 外来物种——美国白蛾（*Hyphantria cunea*）入侵的基本状况

美国白蛾属鳞翅目，灯蛾科，学名为 *Hyphantria cunea*，是一种世界性的检疫害虫，它具有适应性强、繁殖快、蔓延速度快、防治难度大等特点。美国白蛾原产于北美，广泛分布于美国和加拿大南部，南至墨西哥，1922 年首次发现。

1940 年，美国白蛾在欧洲首先发现于匈牙利的首都布达佩斯附近。1940—1944 年间，美国白蛾发生的范围还较小，但到 1946 年，该虫已迅速蔓延到 10 000 km^2 的面积，大量树木的叶子被吃光。1947 年扩散范围几乎占据了匈牙利整个国土的一半。1948 年蔓延到匈牙利全境，并开始向北侵入捷克斯洛伐克境内，向南侵入南斯拉夫境内。

1949 年美国白蛾传播到罗马尼亚，1951 年传入奥地利，1952 年传入前苏联，1961 年传播到波兰，1976 年传播到法国。

亚洲方面，1945 年传入日本，1958 年传入韩国，1961 年美国白蛾从韩国传入朝鲜，开始发现于板门店，现已占据了朝鲜的大部分领土。

1979 年，在与朝鲜一江之隔的我国辽宁省丹东市发现了美国白蛾，并蔓延到大连、本溪等辽宁东部，继而传遍辽宁省西部。1984 年进入山海关、秦皇岛、北戴河，并继续向西传入到唐山市所辖区县。

美国白蛾是 1995 年 8 月在天津市首次发现，到 1995 年年底调查统计，有 6 个区县的 30 个乡镇（街）有不同程度疫情发生。到了 1998 年已蔓延到天津市津南区、东丽区、汉沽区、大港区、塘沽区、西青区、宝坻区、宁河县、武清区和市区等共 15 个区县，涉及 142 个乡镇（街），1 000 余个疫点，发生面积达 2.89 万 hm^2，这是天津市美国白蛾发生最严重的一年。

自美国白蛾传入天津市以来，在危害严重的地方，树叶被吃光，有的单株树有虫达数千只，一些行道树树叶被食光，林木呈现一片残败景象，就连农作物、杂草等也不能幸免。而且老熟幼虫到处寻找化蛹场所，到处乱爬，甚至爬到居民的墙外、屋内。由于是疫区，对外经济贸易受到限制，给天津市的改革开放、工农业生产、经济发展、人民群众正常生活造成很大的损失和影响。由于美国白蛾最爱喜食的树种主要为白蜡、臭椿、桑树、泡桐、苹果、葡萄及杨、柳、榆、槐等，而这些树种又是天津市的当家树种，因而严重地影响城市的绿化、美化。

11.5.3 控制外来物种——美国白蛾入侵的对策与措施

（1）控制外来物种——美国白蛾入侵的对策与措施

天津市控制美国白蛾入侵采取了一些对策与措施，尤其是 1999 年起，天津市美国白蛾查治工作列入国家林业局重点治理工程后，强化了对策与措施，取得了较好的效果。首先，调整、充实了以市政府副秘书长为主任，有林业局、财政局等部门领导参加的美国白蛾查治办公室，由美国白蛾查治办公室负责指挥、协调全市的美国白蛾查治工作。市政府还转发了《天津市美国白蛾治理管理办法》，实行以法治虫；第二，加大了宣传力度，充分发挥了新闻单位的作用，并在适当时机公开报道了治理美国白蛾活动和有关防治技术，并设立了美国白蛾举报热线电话，有些区县还开展了有奖举报，促进了群防群治，将治理美国白蛾工作引向深入；第三，市林业局制定了切合实际的"系统监控、围歼一代、灭点打缘、生防主线、社会发动、专业支撑"的综合治理策略，并在防治中得到很好的执行，取得了理想效果；第四，分类施策，加强了监测与预报工作；第五，建立了区县级、乡镇级除治专业队，实行承包责任制，与发动群众防治相结合；第六，坚持严格的检查、验收制度，每年 2～3 次的检查，促进了防治工作；第七，较为充足的资金作保证，国家、市、乡镇、村、个人均拿出一定的资金用于防治。

所以，这一系列对策和措施，保证美国白蛾查治工作正常开展并取得较好的效果。3 年的时间，发生面积由 2 893.33 hm^2 压缩到 90.67 hm^2。除了个别"防治死角"外，全市基本上控制了美国白蛾在天津市的危害，实现了有虫不成灾。天津市控制外来物种入侵取得了很大成绩，受到市政府领导和国家林业局的肯定。

（2）建议

① 对外来物种的入侵，各级领导必须重视，对已经入侵的，要实行责任制进行控制。

② 搞好宣传，充分发动群众，但是还要在一定范围、一段时间内注意保密问题。

③ 业务、技术部门要有明确的控制外来物种入侵的指导思想，制定切合实际的防治计划、防治方案。这就需要尽快了解外来物种的生物学特性（生活史），及时掌握其规律，加强监测和预报。

④ 要有健全的组织（专业防治队），先进的控制手段（先进、对路的机械和药物以及科学的施用方法）。

⑤ 要建立和实行严格的检疫制度，控制外来物种入侵。

⑥ 要有必要的、较为充足的资金作保证。

⑦ 要开阔视野，从林业的角度看，入侵的外来物种不仅局限于森林病、虫、鼠，还有一些有害的杂草，对杂草要引起高度重视。

⑧ 要明确一个思想，即物种入侵后，采取各种措施进行除治是必要的，但是要彻底消灭是很难做到的，只要控制其不成灾就可以了。

11.6 自然保护区建设与管理现状

自然保护区是指国家或地方为了保护自然环境和自然资源，促进国民经济持续发展，将一定面积的陆地和水体划分出来，并经各级人民政府批准而进行特殊保护和管理的区域。

自然资源和生态环境是人类赖以生存和发展的条件。人类在长期的社会实践中，认识到保护好自然资源和生态环境，保护好生物多样性，对人类的生存和发展具有极为重要的意义。

我国是世界上人口最多的国家，并正处在国民经济建设的高速发展时期，在确保经济建设高速发展的同时，如何保护好自然资源和生态环境，是目前迫切需要解决的问题。建设好自然保护区，对于维护典型的自然生态系统，维护自然生态的生机，保存自然历史的珍贵遗产；对于创造良好的生态环境，创造良好的人类生活空间；对于促进我国经济持续发展，促进国际合作，创造良好的投资环境，都具有十分重要的作用。

天津市建设自然保护区起步于 20 世纪 80 年代初，环保、农林、地矿、园林、规划等部门做了创建自然保护区的许多工作，在 1982 年召开的第一次自然保护工作座谈会上，提出了在天津创建自然保护区的建议。

目前，天津市已建成 8 个不同级别、不同类型的自然保护区。分述如下：

11.6.1 现有自然保护区建设现状

10 多年来，在中共天津市委、市政府的领导和国家有关部门的指导下，天津市相继建立了不同级别、不同类型的 8 个自然保护区，总面积（截至 1997 年底统计）为 154 899 hm^2，占全市国土面积的 12.9%，其中国家级自然保护区 3 个，面积 100 949 hm^2；市级自然保护区 3 个，面积 50 950 hm^2；区县级自然保护区 2 个，面积 3 000 hm^2。

各自然保护区基本情况分述如下：

（1）天津蓟县中上元古界国家级自然保护区

本保护区是 1984 年 10 月经国务院批准建立的国家级自然保护区。

① 地理位置：

天津蓟县中上元古界国家级自然保护区位于天津市蓟县北部的燕山山脉南翼，（天）津围（场）公路东侧。地理坐标为北纬 40° 16′～40° 21′，东经 117° 16′～117° 30′。东临天津蓟县八仙山国家级自然保护区，西连天津蓟县黄崖关长城，南靠天津市历史文化名城古渔阳和碧波荡漾的翠屏湖，北望河北省兴隆县雾灵山国家级自然保护区。保护区居北京、天津、唐山、承德四市腹地。

② 区域范围：

该保护区北起万里长城脚下的常州村，南至古渔阳城北的府君山，南北长约 24 km，东西宽约 350 m，总面积 900 hm^2。

③ 社会经济条件：

保护区内共有 4 个乡镇，21 个自然村，总人口 12 726 人，占全县总人口的 1.6%，共有劳动力 6 337 个，人口密度为每平方公里 1 414 人，劳动力为每平方公里 704 人，人均年收入为 1 282 元。

④ 自然条件：

保护区的主要地层是形成于距今 18 亿年至 8 亿年的蓟县中上元古界沉积岩，总厚度达 9 200 余 m，分为 3 个系、11 个组、105 层，主要岩石为碎屑岩类的砾岩、砂岩、粘土岩类的页岩、泥岩和碳酸岩类的白云岩、石灰岩。下伏地层为放射性同位素年龄 36 亿年的太古界迁西群跑马场组角闪斜长片麻岩变质岩系。上覆地层为距今 6 亿年古海沉积的下寒武统沧浪铺阶府君山组碳酸盐类岩石。

“吕梁运动”形成的燕辽沉降带，奠定了蓟县中上元古界地层发育的基础，中生代“燕山运动”使燕辽沉降带的沉积层褶皱隆起为燕山山脉，并同时伴有断裂与岩浆侵入活动。保护区内的主要断裂带有：黄崖关—罗庄子断裂；洪水庄—蓟县城关断裂；常州沟断裂；桑园—城下断裂等。

保护区的地貌属于著名的燕山山脉的南翼。主要地貌类型有中山、低山、丘陵、盆地、宽谷、峡谷等。中山、低山主要分布在保护区北部古长城沿线一带的石英岩系分布区，由于石英岩坚硬抗侵蚀风化能力强及断裂构造的影响，形成山高、坡陡、谷深、气势巍峨的地貌景观。丘陵、宽谷、盆地分布在保护区中南部的砂页岩、石灰岩、白云岩分布区，一般海拔 300～500 m，山体浑圆，坡度缓，土层较厚。保护区的地势北高南低，北端的九山顶山峰，海拔 1 078.16 m，是天津市最高点；最南端的府君山，海拔 350 m；中部有一些宽谷、盆地，海拔 100～200 m，地势平缓。

保护区的气候属暖温带、半湿润、大陆性、季风型气候。主要特点是，风向随季节变化而更替，四季分明，雨热同期，夏季是全年的高温期，又是全年的多雨期，保护区的平均降水量为 752.5 mm，主要集中在 6—9 月，占全年降水量的 80%左右，其中北部中低山区降水量超过 800 mm，南部丘陵区，年降水量超过 700 mm。高温期与多雨期的配合有利于区内动植物的生长发育。

保护区的土壤，因地貌、气候、植被的不同而异。海拔 800 m 以上的中山区，年降水量超过 800 mm，森林覆盖率在 60%以上，发育了山地棕壤，是华北暖温带地带性土壤类型之一。海拔 800 m 以下的低山、丘陵区、年降水量小于 800 mm，发育了淋溶褐土，属于华北暖温带的一种地带性土壤类型。

由于保护区的植被大多受到人为影响，森林多为天然次生林与人工林。北部中低山区分布着落叶阔叶杂木林和蒙古栎林，是华北暖温带落叶阔叶林地带性植被类型的典型代表，仍然保留着原始森林的某些特征。南部丘陵地区普遍分布的是原始森林破坏后自然更新的灌草丛植被和人工抚育的用材林、经济林植被。虽然所占面积不大，但因处在从暖温带到温带、从湿润区到干旱区的过渡带内，所以这里的植物具有区系成分多（有华北区系，热带、亚热带亲缘区系，东北区系，蒙古草原区系，西伯利亚区系）、植被类型多（针叶林、针阔叶混交林、灌草丛等）、植物种类多的特点，其中还有一些属国家重点保护的植物。

⑤ 自然资源：

A．矿产资源：

天津市蓟县中上元古界国家级自然保护区地质历史古老，上下连续 10 亿年，地层岩性种类复杂，因此在地质演化过程中形成了多种多样的金属、非金属矿产资源。其经济价值与科学价值非常独特的矿产资源有：

锰硼矿为首次发现，世界罕见；

紫砂矿分布广、数量大、品质优；

白云石矿，质纯、量大；

叠层石矿种类多，形态美，是著名的工艺品和建筑装饰材料（人民大会堂天津厅的大型壁画，取材于蓟县剖面的叠层石）。

此外，还有铀矿、天然油石矿、海绿石矿、重晶石矿、大理石矿、硅石矿以及金矿、银矿、铜矿、铁矿、钨矿等。

B．水资源：

地表水：保护区位于淋河与泃河的分水岭地带，向东的大小河流汇入淋河后注入于桥水库，每年为于桥水库补充 1.2 亿 m^3 的优质淡水；向西的河流汇入泃河后注入北京市平谷区的金海湖，平均每年流入金海湖的淡水达 1 亿 m^3 左右。

地下水：保护区内储存着极为丰富的地下水资源。从地质构造来看，由于区内碳酸岩地层分布广、厚度大，岩溶、裂隙发育，分布着穿芳峪贮水构造，磨盘峪贮水构造，赵家峪贮水构造，蓟县贮水构造，赋存着丰富的优质地下淡水资源。经有关单位和专家分析化验证实，保护区内基岩地下水属于单一的重碳酸钙镁型水，80%指标已达到国家规定的矿泉水标准，具有很大的潜在开发价值。

C．动植物资源：

保护区生长繁育着多种多样的动植物资源，植物种属多达 800 多种。其中黄檗、核桃楸、北五味子、野大豆、猫眼草、地锦草、京大戟等为国家重点保护物种。

按植物资源用途，可分为建筑用材植物、药用植物、淀粉植物、糖料植物、纤维植物、香料植物、编织植物、观赏植物和野生水果、野生粮油、野生蔬菜等多种。其中有不少野生植物是培育高产、优质新品种的天然种质基因。

保护区内地形复杂、植物类型多、气候适宜等特点，为动物的栖息繁衍提供了较好的条件。这里的动物已发现的有 60 多种，主要有哺乳类、鸟类、爬行类、两栖类、昆虫类、鱼类等多种多样的动物，其中属国家重点保护的有金钱豹、豹猫、红脚隼、雀鹰、长耳鸮等 20 多种，属天津市级保护的鸟类有 14 种。

D．旅游资源：

天津市蓟县中上元古界国家级自然保护区内群峰竞秀、峡谷幽深、洞奇石怪、流泉淙淙，空气清新宜人，自然风光谜人，自然奥秘诱人，是休闲度假、旅游览胜的好去处，探求自然之谜的难得场所。这里与黄崖关长城，盘山国家重点风景名胜区，八仙山国家级自然保护区、金海湖、翠屏湖、九山顶、清东陵、九龙山等风景区山水相连，近在咫尺，相映增辉，构成一个独具特色的旅游风景区线。

⑥ 主要保护对象、保护价值及意义：

A．保护对象：

主要保护对象是以保存特殊地质遗迹为主的中上元古界地层剖面，保护的地层总厚度达 9 200 余 m，划分为“长城系、蓟县系、青白口系”共计 11 个组 105 层，真实地记录着地球演化距今约 18 亿年至 8 亿年间的地质历史，赋存着反映当时的古地理、古气候、古构造、古地磁等大量的自然信息以及各种金属、非金属矿产资源。

B．蓟县中上元古界剖面的全球价值：

蓟县剖面代表的地质历史最长。据测定蓟县剖面底界为距今 18 亿年前，顶界为距今 8 亿年前，时限达 10 亿年。地球历史为 46 亿年，蓟县剖面所代表的地质历史即占整个地球历史的 1/4.6，蓟县剖面延续时间之长，在全球是绝无仅有的。蓟县剖面除时限长外，其底界年龄之老也是首屈一指的，比著名的里菲—文德剖面老2亿～3亿年。

蓟县剖面顶底清楚、保存完整、构造简单、出露连续、变质轻微。从老到新顺序排列在24 km一线上，其得天独厚的自然条件明显优于世界各国同时期的剖面，例如：著名的俄罗斯里菲—文德剖面和美国大峡谷剖面均是由相距数百公里的剖面拼接而成。

蓟县剖面对解开地球远古时期许多科学之谜有着不可替代的地位，对它的保护具有深远的国际地质科研的价值，这是因为地球早期历史的研究是当代地学领域科学研究的前沿，许多基本地质问题至今还未搞清楚。尤其是远古时期地质时代的细划分，板块构造机制的起源，生命演化中动植物的出现，岩石圈、水圈、大气圈、生物圈及其相互依存关系等环境地质规律还有待人们去发现和认识。在解决这些重大理论问题中，蓟县剖面以其丰富的地质记录和赋存的大量信息将为人类提供充足的科学依据。正因为如此，国际地质科学联合会国际对比计划所属的全球前寒武纪对比项日118工作组，早于1980年就把蓟县剖面列为世界3个层型剖面候选地之一。随着科学技术的进步和地质学的发展，蓟县剖面的重要性和在全球的科学价值将日益显露出来。因此，它不仅是中华民族的宝贵遗产，而且也是全人类共同的宝贵自然遗产。

C. 保护区建立的目的意义：

该保护区建立的目的是为了使这一大自然赐予人类的“地质瑰宝”得以有效的保护，永续利用，惠及子孙，为发展我国地质科学，加强国际间学术及信息交流，开展地质旅游及科普教育提供服务。天津市蓟县中上元古界国家级自然保护区的建立，就其保护“特殊地质遗迹”而言，无疑是填补了我国地质类自然保护区的空白。从其国内外的深远影响而言，自蓟县剖面被发现60余年来，特别是新中国成立后，经过国内外专家学者反复考察研究，充分证实了蓟县剖面之佳在亚欧大陆同时代地层中无与伦比，为世界各国所罕见。

（2）天津古海岸与湿地国家级自然保护区

本保护区是于1992年10月经国务院批准建立的国家级海洋类型自然保护区，也是天津市第二个国家级自然保护区和第一个海洋类型自然保护区。该保护区是在天津市政府1984年12月批准的“贝壳堤市级自然保护区”基础上扩展、升级而成的。

① 地理位置：

天津古海岸与湿地国家级自然保护区位于天津市东部，渤海湾西岸的滨海平原地区，范围涉及到汉沽、塘沽、大港、东丽、津南和宁河6个区县，总面积9.9万hm^2。其中核心区、缓冲区分布在津南、大港、塘沽以及宁河四区县。

② 社会经济条件：

贝壳堤重点保护区域分布在天津滨海地带，按照市政府制定的天津市跨世纪发展战略，即建设现代化工业基地——滨海新区的设想，近年来，滨海地区以其优越的地理位置、便利的交通网络、良好的投资环境，集聚了大批中外大中型企事业单位，建立了经济技术开发区、保税区、海洋高科技园区；建有海滨游乐场、官港森林公园等游乐场所。伴随经济的发展，一方面为本保护区的发展提供了机遇，同时也增大了对资源、环境的保护难度。

七里海湿地及俵口牡蛎滩保护区位于任凤、表口、淮淀、造甲、潘庄5个乡镇的部分地区，5个乡镇共有耕地面积1万hm^2，主要农作物为水稻、小麦、高粱，主要特产是芦苇、小站稻、紫蟹等。1997 年完成工农业总产值 35 亿元，人均收入 3 700 多元。该保护区邻接津榆、津汉公路，潮白新河南北贯穿其间，交通十分便利。

③ 自然条件：

保护区所在区域多为冲积海积平原和海积平原，土壤类型以盐化潮土、湿潮土、盐化湿潮土、沼泽土为主，地面高程 4m 以下，地势低平，坡降小于 2/10 000。本地区属大陆性季风气候区，具有明显的温暖带半湿润季风气候特点。四季分明，冬季寒冷干燥少雪，春季多风少雨，夏季炎热雨水集中，秋季气候宜人。主要植被为滨海盐生植被的盐地碱蓬植物群落、獐毛植物群落、白茅狗尾草植物群落；沼泽水生植被的芦苇植物群落等。

七里海湿地作为保护区的主要区域，生物物种多样，其中植物涉及 12 个群落，主要植物为芦苇；国家重点保护鸟类达 10 多种，如白鹳、大鸨、天鹅、鸳鸯等；在历史上鱼蟹类以银鱼、紫蟹最为著名。

七里海湿地及邻近乡镇所在区域为潘庄地热异常区，热水天然开采量 $1.66m^3$。天然可采地热贮量 1.8×10^{14} kJ。

④ 资源特点：

天津滨海平原地带的贝壳堤，是在全新世中晚期阶段性海退过程中，海岸相对稳定期，在高潮线附近由潮汐、海浪搬运堆积而成。组成物质以贝壳及贝壳碎片为主，夹粉沙、细沙、泥炭层或淤泥质粘土薄层。贝类种属以海螺、缢蛏、毛蚶、蓝蛤和牡蛎为主。贝壳堤分布为 4 道，大致与海岸线平行，呈垄岗状不连续分布。自西向东（既由陆向海）依次分别称为第四至第一道贝壳堤。

第四道贝壳堤在翟庄村西约 800 m 处，沿西北—东南（NW—SE）方向延伸，宽约 50 m，距现代海岸 22～27 km，形成于距今约 5 000～4 000 年。

第三道贝壳堤北段分布在东丽区荒草坨—小王庄—张贵庄—津南区巨葛庄—南八里台—大港区中塘一线，在大港区界内又分为三支，西支为大苏庄—小刘庄—窦庄，中支为坡江—友爱，东支为沙井子；南段自王肖庄延至河北省黄骅市境内，距现代海岸 11～35km。该堤形成于距今 3 800～3 000 年，宽度为 100～200 m。

第二道贝壳堤北起东丽区白沙岭，经军粮城—津南西泥沽—邓岑子—大港区上古林—老马棚口，向南进入河北省黄骅市，距现代海岸 0～20 km。形成于距今约 2 500～1 100 年。规模较大的地段有白沙岭，长约 750 m，最宽可达 100 m；西泥沽，长 2 000 m，平均宽约 4 000 m；邓岑子，长 2 630 m，宽约 260 m。

第一道贝壳堤北起汉沽区大神堂—蛏头沽，其中北段至塘沽区的青坨子、高沙岭、驴驹河、唐驹河等地，此段的贝壳堤呈新月形贝壳沙丘或小面积的贝壳滩出露；南段在大港区的马棚口一带，形成于距今约 700～500 年。物质组成以贝壳及其碎片为主，贝壳种属以四角蛤蜊为主。

牡蛎滩集中分布在宁河、宝坻、潮白河与蓟运河下游部分区域。牡蛎滩是生长于潮间带、潮下带海生软体动物牡蛎遗骸的堆积体，呈带状或斑块状分布，目前发现地点有 20 多处。主要带状分布的牡蛎滩有 4 道：宝坻南部的里自沽—东老口扬水站—蓼庄一线，形成于距今 6 700～6 600 年；卫星河西端史庄子—姜庄子一线，形成于距今 6 000～5 000 年；俵口的牡蛎滩形成于距今 5 700～2 300 年，该处牡蛎滩剖面巨大，高度达 5 m，长度超过 100 m，牡蛎种属主要是长牡蛎和近江牡蛎等，个体硕大，一般长 35～40 cm，最大的长 75 cm，一般厚 2～3 cm，最厚达 5 cm，宽约 10～15 cm，牡蛎个体约有 20～30 层，多者达 45 层；北淮淀的牡蛎滩形成于距今 3 800～2 400 年，据资料估算牡蛎滩分布面积约为 9 900 hm^2。

七里海湿地位于宁河西南部，距渤海约 15km，为海退后形成的古潟湖洼地，潮白河南北贯穿，将湿地分为东、西七里海，面积（核心区、缓冲区面积）约 9 500hm^2。

七里海地区在第四纪最末一次冰期后，因世界气候变暖，海面上升，曾被海水占据成为渤海湾的一部分，直到据今 1 000 多年前，还和渤海湾保持着联系，是一个典型的古潟湖环境。后来由于海岸线东移，河流泥沙淤积，七里海与海洋联结的通道堵塞，演变成了滨海湖沼湿地，湖底高程一般 2.0～2.4 m，最低处 1.7～1.9 m。

七里海湿地生态系，由水面、湿地和生物共同构成典型完整的湖沼湿地生态系统，据初步调查，这里有水生湿生维管束植物 12 个群落 66 种，主要是芦苇群落、水葱群落、扁杆藨草群落、水稗子群落、芦苇—香蒲群落及多种藻类植物群落；浮游植物 80 多种；浮游动物 120 种；底栖动物 70 余种；鱼类 60 余种；鸟类 100 多种；哺乳类动物 10 余种及两栖类、爬行类动物等。

⑤ 主要保护对象、保护价值意义：

本保护区保护对象为贝壳堤、牡蛎滩和七里海湿地生态系统。其中贝壳堤分布面积约为 1.02 万 hm^2，牡蛎滩和七里海湿地为 8.88 万 hm^2。

天津贝壳堤、牡蛎滩是全新世以来海陆变迁的产物，是特定的环境条件下形成的，是研究河流（主要是黄河）三角洲阶段性向海推进造陆过程的珍贵自然遗迹，它真实地记录了沧海变桑田的过程，是不可再生性资源。国内外众多专家、学者经过实地考察认为，天津曾是中国东部沿海平原贝类最为发育的地区之一，现今发现的贝壳堤、牡蛎滩规模大、序列清晰，在西太平洋各边缘滨海平原实属罕见，在国际海洋学、第四纪地质以及古海岸带生态环境的研究领域具有重要的科学研究价值。

天津滨海湿地的野生动植物物种丰富，七里海湿地是渤海鱼类饵料供应地之一，也是许多珍稀和濒危野生动物迁徙、栖息、繁殖的基地；同时，还具有泄洪、滞洪抵御旱涝、调节小区域气候的作用，对改善天津市的生态环境具有重要意义；在学术界，亦是国际间合作研究海洋学、古生物、古地理、古气候和湿地生态学较为著名的典型地区之一。

保护天津地区的贝壳堤、牡蛎滩和湿地，不仅是保护这些不能再生的自然遗迹，为深入研究几千年来的海陆变迁和自然生态环境演变保留下一块实验场所；同时也是为改善天津市的生态环境、平衡现代化大都市的综合布局奠定了基础；为进一步提高我国在海洋学、地质学、环境生态学等研究领域的学术水平创造了条件。

（3）天津八仙山国家级自然保护区

本保护区是 1995 年由国务院批准建立的国家级自然保护区。

① 地理位置：

八仙山自然保护区地处天津市蓟县东北部，燕山山脉南麓，古长城以北，介于东经 117° 32′～117° 34′，北纬 40° 12′～40° 14′，与河北省遵化县、兴隆县接壤。

② 区域范围：

八仙山自然保护区是蓟北山林的一部分，包括八仙桌子、黑水河、太平沟林 3 个区，南北长 15 km，东西宽 5 km，现状总面积 1 049 hm^2。

③ 自然条件：

八仙山是中生代“燕山运动”后形成的以剥蚀为主的山地，平均海拔高程约为 800 m，至清末宣统二年开禁之前，这里仍保持着原始森林面貌。

八仙山自然保护区是天津市地势最高、群峰汇集的地方，900 m 以上的山峰有 19 座，其中八仙山主峰（聚仙峰）海拔 1 052 m，是天津市最高峰之一。

八仙山自然保护区属于暖温带季风型大陆气候，年平均温度 10.1℃左右，年平均降水量 800 mm 以上，是华北地区的多雨中心之一，全年积温 3 800℃左右，春季多东南风，冬季多西北风，一般风力为 3～5 级，夏季相对湿度 60%～80%，无霜期 185 天左右。

八仙山保护区的土壤大部分是棕色森林土，其余为山地淋溶褐土，有机质含量 12.41%，pH 值为 6.38，氮、磷含量较高；光照充足，雨水充沛，为植被的生长发育创造了良好条件。

保护区的植物成分以华北区系为主，亦有属于东北植物区系而向南分布的种类，一些有热带亲缘关系的喜暖性植物也有分布。

保护区内有各种动植物 1 000 余种，分属于 220 多科，近 800 属，其中属于世界濒危与国家重点保护的动植物 100 余种，还生息、繁衍着华北其他地区已经稀少的物种，是生物物种种质基因库。另外，八仙山自然保护区还是引滦工程于桥水库的水源涵养地。

④ 资源特点：

保护区内乔木树种有 60 余种，优势种类主要有蒙古栎、槲栎、槲树、大叶朴、小叶朴、大叶白蜡、坚桦等；乡土树种也广泛分布，如山桃、山杏、山核桃、山荆子、山杨、山槭等；人工栽植的多种树木，如油松、侧柏、刺槐等，使保护区内林木蓊郁、遍山皆绿；藤本植物、蔓生植物，如猕猴桃、葛藤、铁线莲、南蛇藤、野葡萄、北五味子、防已、马兜铃、杠柳等；灌木植物，如迎红杜鹃、照山红、酸枣、鼠李、六道木、接骨木、荆条、孩儿拳头、胡枝子、悬钩子等；高等维管植物 360 余种，分属 110 多科，近 240 属，其中世界濒危植物和国家重点保护植物有野大豆、地锦草、猫眼草、京大戟、核桃楸、胡桃、黄檗、北五味子、刺五加、短柄乌头、皱叶乌头、珊瑚菜等。

保护区分布动物 400 多种，其中昆虫 250 多种，鱼类 2 种，两栖类 5 种，爬行类 15 种，鸟类 120 多种，兽类 30 余种。属于重点保护和世界濒危动物有金钱豹、豹猫、雕鸮、红角鸮、领角鸮、长耳鸮、灰林鸮、普通鵟、红脚隼、北鹡鸰等；勺鸡、雀鹰、榛鸡等为国家重点保护动物；属于《中日保护候鸟协定》规定保护的鸟类有夜鹰、家燕、金腰燕、树鹨、三宝鸟、山鹡鸰、红尾伯劳、虎纹伯劳、灰伯劳、黑枕黄鹂、虎斑地鸫、白腹鸫、斑鸫、红尾歌鸲、北红尾鸲、红交嘴雀、太平鸟、蓝歌鸲、大杜鹃、秃鼻乌鸦、朱雀、燕雀、白眉姬鹟、极北柳莺、冕柳莺等；而红啄木鸟、斑啄木鸟、星头啄木鸟、白背啄木鸟、凤头百灵、岩燕、喜鹊、黄腰柳莺、暗绿柳莺、灰脚柳莺等，都是天津市市级保护鸟类。

此外，一些地区特有的种属动物，在保护区内亦有发现。如庐山阳蜻、钝肩普缘蝽等，系长江流域、西南地区的特有种；点蝽、谷蝽，是分布于华南地区的种类；甲蝇属是典型的热带类群；一些属寒带的鱼类、热带地区的爬行动物等也有发现。

⑤ 主要保护对象、保护价值和意义：

八仙山自然保护区的保护对象是天然次生落叶阔叶林生态环境、野生动植物资源、生物种质基因库和水源涵养地。

中国暖温带落叶阔叶林植被在我国其他地方仅有零星分布，而天津市八仙山自然保护区内则大面积连续分布并发育完好，自然保持着天然森林特性，这对研究中国暖温带森林生态系统的形成和演替规律具有重要的科学价值，加强对自然环境、自然资源的保护和管理，对于促进国民经济和社会可持续发展具有十分重要的意义。

（4）盘山自然风光名胜古迹自然保护区

该保护区是 1984 年 12 月由市政府批准建立的自然风光名胜古迹自然保护区；1994 年 1 月，经国务院批准为国家级风景名胜区，盘山管理局已申报盘山自然保护区由市级升格为国家级自然保护区，规划面积由 710 hm^2 扩大为 10 600 hm^2，最近天津市已同意盘山申报国家级自然保护区。

① 地理位置：

盘山自然风光名胜古迹自然保护区坐落在京、津、唐、承四大城市的腹心，位于蓟县城西北 12 km 处，地理位置东经 117° 15′ ～117° 30′，北纬 40° 0′ ～40° 10′，海拔高度一般 300～500 m，最高峰挂月峰 864.4 m。

② 区域范围：

保护区邻近京哈公路、津围公路、津蓟铁路和京秦铁路，总面积 10 600 hm^2，其范围为：西起许家台乡与白涧乡乡界，东到五名山西脚下，南至官庄及许家台乡乡界，北接县界。

③ 社会经济条件：

保护区内涉及官庄和许家台 2 个乡镇，共 38 个自然村、28 661 人。这 2 个乡镇土地大部分属山区、果林，少部分为农田。村民主要从事经营果品、旅游运输、出售旅游纪念品，人均年收入 1 680 元。果品主要有盘山柿子、红果、核桃、板栗、苹果、梨等，干鲜果品为天津市农副产品出口生产基地。

④ 自然条件：

盘山自然风光名胜古迹自然保护区地层由中上元古界长城系、蓟县系海相沉积的白云岩和石灰岩及中生代的花岗岩所组成。

盘山地貌主要为低山丘陵地貌类型，海拔高度绝大部分为 300～500 m，主峰挂月峰海拔 864.4 m，山势陡峭，坡度大部分 20° ～30° 左右，不少地段悬崖峭壁达 70° ～80° 。由于节理发育和球状风化，形成怪石嶙峋的巨石地貌。

盘山自然风光名胜古迹自然保护区的气候属于暖温带季风型气候，四季分明，雨热同期，夏季是全年的高温期和多雨期，年降水量 800 mm 左右，主要集中在 6—9 月份。高温期、多雨期配合，有利区内动植物生长发育。

盘山自然风光名胜古迹自然保护区的土壤大部分为淋溶褐土，属于华北暖温带一种地带性土壤类型。海拔 800 m 以上的中山区，因地貌气候植被影响，发育了山地棕色森林土，也属于华北暖温带地带性土壤类型。

保护区的植被大多为天然油松林、侧柏林、栓皮栎林、槲栎林，植物成分区系复杂，以华北区系成分为主，还有东北区系、内蒙古区系及热带、亚热带区系成分。植被类型多，主要有落叶阔叶林有栎类林、栾树林、盐肤木林、山场林、核桃楸林；针叶林有天然侧柏林、油松林；还有油松、侧柏与栎类的针叶阔叶混交林以及灌草丛植被类型等。

⑤ 资源特点：

A．矿产资源：

盘山自然风光名胜古迹自然保护区在盘山花岗岩体侵入过程中形成多种金属与非金属矿产资源。经济价值较高的主要金属矿有：钨矿、钼矿、含铜磁铁矿、铜矿、铜铅矿、铅锌矿；非金属矿有：麦饭石矿、大理石矿等。另外，盘山花岗岩围岩地层还分布着大面积白云石矿、水泥石矿以及丰富的建筑砂石矿。

B．水资源：

盘山自然风光名胜古迹自然保护区地表水以盘山挂月峰为中心，成放射状发育，最终注入泃河水系。盘山地下水属于岩浆岩裂隙水和碎屑岩孔隙水类型。麦饭石分布区形成丰富的地下优质矿泉水，具有可观的开发利用价值。

C．野生动植物资源：

据初步调查，盘山自然保护区植物有 100 多科，200 多属，400 多种，其中，有重要经济价值的植物有用材林、野生花卉、中草药、野生水果、野生蔬菜等资源。动物有哺乳类 20 多种，鸟类 100 多种，两栖爬行类 20 多种，昆虫类 300 多种。

植物主要有：油松、侧柏、栓皮栎、麻栎、槲栎、槲树、旱柳、裂叶榆、小叶朴、迎红杜鹃、黄蘖、山核桃、华桑、三裂绣线菊、北马兜铃、霞草、白头翁、大花溲疏、山杏、野大豆、多花胡枝子、盐肤木、五角枫、栾树、酸枣、蒙椴、中华秋海棠、柴胡、照山白、柿树、暴马丁香、丹参、黄芩、柳叶沙参、大丁草、半夏、麦冬等。

常见哺乳动物有：金钱豹、豹猫、刺猬、大麝鼩、东方蝙蝠、蒙古兔、岩松鼠、花鼠、达乌里黄鼠、社鼠、黄鼬、狗獾、狼等。两栖爬行动物有：花背蟾蜍、中华蟾蜍、黑斑蛙、泽蛙、中国林蛙、兰尾石龙子、无蹼壁虎、北滑蜥、丽斑麻蜥、山地麻蜥、黄脊游蛇、王锦蛇、团花锦蛇、虎斑游蛇等。候鸟主要有：鸢、苍鹰、赤腹隼、雀鹰、普通鵟、鹊鹞、游隼、灰背隼、红脚隼、环颈雉、石鸡、岩鸽、山斑鸠、大杜鹃、小杜鹃、红角鸮、灰林鸮、普通夜鹰、楼燕、白腰雨燕、普通翠鸟、蓝翡翠、戴胜、蚁䴕、黑枕绿啄木鸟、家燕、金腰燕、岩燕、树鹨、山鹡鸰、白鹡鸰、黄鹡鸰、棕眉山岩鹨、红尾伯劳、虎纹伯劳、黑枕黄鹂、黑卷尾、发冠卷尾、灰卷尾、灰喜鹊、喜鹊、秃鼻乌鸦、大嘴鸦、红嘴山鸦、红嘴蓝鹊、蓝点颏、红点颏、北红尾鸲、棕头鸦雀、黄眉柳莺、极北柳莺、白脸山雀、金翅、黄雀、北朱雀、灰头鹀、白头鹀、田鹀、黄眉鹀、云雀等。

D．风景资源：

盘山自然风光名胜古迹自然保护区三盘挺秀，上盘奇松，中盘怪石，下盘秀水。奇峰怪石，著名的有挂月峰、弥勒峰、舞剑峰、莲花峰、紫盖峰、自来峰等山峰；有摇动石、天井石、悬空石、蟒石等众多奇石；还有泉流飞瀑，著名的有飞帛涧、涓涓泉、红龙池、响水涧；还有众多古树名木，如天成寺千年银杏、古柏以及迎客松、凤翘松等。

E．人文景观资源：

主要有：天成寺、万松寺、云罩寺、上方寺、古中盘、千像寺、少林寺、盘古寺等 72 座古寺庙，素有“东五台山”之称。有多宝佛塔、古佛舍利塔、定光佛舍利塔、太平禅师宝塔、普照禅师塔、古中盘塔林等 100 多座宝塔；摩崖石刻 300 多处，主要有入胜、摩天、萝屏、捧日等；唐代线刻佛像300多尊；从唐至清的历代帝王、文人墨客碑记15通。另外，还有多处抗日战争时期留下的革命遗址、遗迹，还有新建的“京东第一山”牌楼、山门及盘山客运索道等。

F. 主要保护对象、保护价值意义：

a 主要保护对象：

优越的森林生态环境；丰富的野生动植物资源；生物多样性的物种基因库；水源涵养地；珍贵的古树名木；著名的文物古迹。

b 保护价值：

盘山自然保护区森林茂密。以栎属植物为优势，包括多种阔叶树所构成的落叶阔叶林植被类型，是中国暖温带落叶阔叶林地带植被类型典型代表，对研究中国及全球的地带性植被分布规律具有重要的科学价值。

盘山繁育着丰富的野生动植物资源，是华北生物多样性的物种基因库，对中国保护生物多样性具有重要意义。

盘山自然保护区是一个巨大的花岗岩体，由四次侵入的多种花岗岩所构成，对研究全球花岗岩的特点形成规律有重要科研价值。

盘山自然保护区分布着多种岩浆矿与变质矿，与花岗岩的侵入关系密切。搞好盘山自然保护区的建设，对研究岩浆矿与变质矿形成机理有重要科学价值。

盘山奇特的地貌形态，是花岗岩地貌的典型代表，是研究花岗岩地貌的标准地区。

盘山生长着大量的百年以上的古银杏、古油松、古侧柏，是我国一笔巨大财富，具有重要的观赏与研究价值。

盘山自然保护区是华北地区水源涵养地之一。丰富的优质淡水和麦饭石矿泉水，具有重要的研究价值和经济价值。

盘山著名的古寺、古塔、古碑、摩崖石刻及革命遗址、遗迹，是中华民族悠久文化重要组成部分，有很高的保护价值、研究价值和社会效益。

（5）团泊洼鸟类自然保护区

该保护区在1985年由市政府办公厅提议成立县级的团泊洼水库保护小区的基础上，市政府于1995年6月正式批准建立的天津市团泊洼鸟类自然保护区。

① 地理位置：

团泊洼鸟类自然保护区位于天津市区东南部，静海县城东部，距市中心区 24 km，距静海县城21.5 km，东经117° 30′～117° 9′，北纬38° 51′～38° 58′。

② 区域范围：

该保护区以团泊洼水库为主，东起七排干，西至六排干，北起独流减河，南至青年渠。总面积6 000 hm^2，其中水面5 100 hm^2，水库总容量为1.8亿 m^3。

③ 社会经济条件：

团泊洼鸟类自然保护区附近有团泊乡、杨成庄乡、大丰堆乡、蔡公庄乡，尤其是紧邻的大邱庄镇，该镇经济较发达，年工农业总产值超百亿元。

④ 自然条件：

保护区土壤为盐化潮土、盐化湿潮土、湿潮土。海拔平均为 2.7～3 m。气候类型属暖温带大陆性季风气候，春秋短，冬夏季长，年平均气温11.9℃，年平均降水量540～

560 mm，年平均相对湿度 78%，无霜期 202 天，年蒸发量 1 600～1 900 mm，全年日照 2 699 h，水体 pH 值为 8.0～8.2，为弱碱性。

保护区内有着丰富的植物和动物资源，尤其鸟类。据专家调查，保护区内共有鸟类 50 个科 160 多种，其中一级保护鸟类有白鹳、黑鹳、大鸨；二级保护鸟类有苍鹰、松雀鹰、猎隼、红脚隼、鸳鸯、大天鹅、庞鼻天鹅、雀鹰、灰鹤、鹗。

⑤ 主要保护对象、保护价值意义：

主要保护对象为湿地珍禽、候鸟及水生野生动植物。

由于湿地是地球上最重要的陆地生态系统之一，在水的循环中起到中心作用，它具有泄洪、灌溉、供水、净化水质和调节气候的功能，特别重要的是湿地还是珍禽和水生野生动物繁衍和栖息的场所，具有脆弱易变的特点，受人为污染和自然条件的制约较大。因此，对整个湿地生态系统的保护是十分必要的，在保护该生态系统的同时，也保护了候鸟、野生植物的繁衍、生存的环境。

（6）东丽湖自然保护区

该保护区是 1997 年 4 月由东丽区政府批准建立的区级自然保护区，同时东丽湖已被滨海新区总体规划确定为温泉度假旅游区，现已初具规模。

① 地理位置：

东丽湖坐落在天津市东部东丽区境内，距市中心地区 24 km，其向南 15 km 为海河下游工业区，向东 19 km 为滨海新区，具有优越的地理位置，交通条件四通八达。

② 区域范围：

该保护区规划范围为：北至金钟公路，南至铁路北环线，西至湖西路（规划路），东至津汉公路和山广高速公路，区域总面积 2 200 hm^2，其中水面 800 hm^2，陆地部分 1 400 hm^2，湖边周长 12 km。

③ 社会经济条件：

湖边有两个村庄，李场子村和胡张庄村，以种植业为主，人口 2 154 人，农田主要为旱地，也有部分稻田、菜地，还有两处果园。

④ 自然条件：

东丽湖是为农灌目的而开挖的平原型水库，建成于 1978 年，库容 2 200 万 m^3，正常水位 6 m，死水位 3 m。该地区土壤类型为重壤质轻度盐化湿潮土，耕层有机质 1.4% 左右，全氮 0.07%，全盐量 0.11%，pH 值为 8.6，枯水季节地下水位在 1 m 以下。

东丽湖边部分水域用于鱼类养殖，水质条件良好，湖内放养银鱼、河蟹、鲤鱼、鲢鱼、草鱼等 20 多种水产品，每年约有 10 万只野禽在湖边繁衍生息。

水域中浮游生物种类有浮游动物草虾类幼体，浮游植物中的丝状蓝藻、丝状绿藻、圆筛藻、舟形藻、菱形藻、黄绿藻等。

该区域处于山岭子地热带，地热资源丰富，现有 1 800 m 深的热井一口，自流 450 t/h，出水温度达 97℃。目前已利用地热养鱼及蔬菜种植、瓜果基地，建成年产 5 000 t 的矿泉水厂。

⑤ 主要保护对象：

主要保护水生生物和湿地生态系统，使湖中水产资源的分布、生长、繁殖得到有效保护。

（7）武清港北固沙林自然保护区

该保护区是在 1987 年 10 月由武清区林业局批准建立的森林公园的基础上，按照自然保护区规划要求进行规划的。

① 地理位置：

位于天津市武清区城北下伍旗、双树、大良、北蔡村 4 个乡的三角地带，整个保护区分成南北两片，面积约 800 hm^2。

港北固沙林自然保护区位于北京、天津之间，距北京 85 km，距天津市区 52 km，交通方便，是周末度假的理想去处。

② 社会经济条件：

在保护区范围内包括 4 个乡、18 个自然村，土地总面积 4 267 hm^2，其中有耕地 2 600 hm^2，人均耕地 0.15 hm^2，超过全县人均 0.12 hm^2 的水平。该区域内有大面积沙荒，目前已累计造林 533 hm^2，虽然土地贫瘠，但由于土质为沙质，适合树木生长。

③ 自然条件：

该区域属暖温带半湿润大陆性季风气候，年平均气温 11.6℃，1 月份平均气温–5.1℃，最低气温–16℃；7 月份平均气温 26℃，最高气温 38.1℃；无霜期 211 天，年均降水量 606 mm，常见的灾害性天气为春旱。

该区属永定河下游沙质土，由青龙湾河、北运河决口冲积和风积而成，地势起伏，西北略高，向东南倾斜，海拔最高 10 m，地下水位 2～3 m，浅层为淡水区。

④ 林木资源：

该区域的林木资源早在 20 世纪初期就已形成，当时为天然林，20 世纪 50 年代初人工营造了防风固沙林，近年又营造了小片速生丰产林，树种绝大部分为杨树，少量为柳树、刺槐、紫穗槐等，目前林木现状统计见表 5-11-2。

表 5-11-2　武清港北固沙林自然保护区林木现状统计　　单位：hm^2

地类		北园	南园	合计
有林地	用材林	143.8	90.4	234.2
	经济林	117	24.2	141.2
	小计	260.8	114.7	375.5
疏林地		30.4	14.2	44.6
未成林造林地		124.7	34.3	159
苗圃地		9.4	4.8	14.2
宜林地		99.1	51.4	150.5
其他		25.3		25.3
合计		549.8	219.5	769.3

⑤ 主要保护对象：

主要保护对象为平原沙地森林生态系统，特别是使沙荒得以彻底改造，形成绿色防风屏障，起到降低风速、调节气温、减少地表蒸发、防止土地沙化、增加农业产量的生态协调作用。

（8）天津北大港湿地自然保护区

大港区位于天津滨海新区，是天津市工业重心东移的重要地区，也是我国重要的石化工业基地之一。由于天津滨海平原成陆是由海退形成的，因此大港区就以其独特的众多湿地生态环境为世界罕见。区内在 20 世纪 50—60 年代，水面广阔，沼泽湿地广泛分布，生物物种较为丰富。大港区自然保护区为古潟湖湿地自然保护区，包括大港水库和官港湖、钱圈水库、沙井子水库和李二湾水库以及独流减河河道和沿海滩涂。这些平原洼地式水库均属于天津市滨海古潟湖湿地系统，其中官港湖地区是目前天津市最大的森林公园，总面积 2 140 hm^2，现有各类树木 100 万株，芦苇 236 hm^2，并有广阔的水面。北大港水库面积 16 400 hm^2，库容 5 亿 m^3，主要作为天津市的备用水源地，兼具农灌、养殖、防洪等功能，库区内水生生物资源十分丰富，目前发现有 26 科 53 属 60 多种，春秋两季各种候鸟云集，初步观测表明，有国家一二级保护鸟类达十几种。其他两水库（钱圈、沙井子）位于大港水库附近，总面积达 1 547 hm^2，均为浅水水库，丰水期蓄水，平枯水期以农田灌溉、植苇、养鱼为主，目前已形成了比较良好的生态环境。自静海团泊洼水库鸟类自然保护区由于近年来不合理开发以及超量蓄水，淹没植被破坏了鸟类栖境以来，这两个中型水库起到了部分替代的作用，形成了新的候鸟聚集区。最南部的李二湾水库目前主要作为养殖区，以鱼虾为主，面积 3 067 hm^2。

下面对大港区的上述湿地环境做详细论述。

① 北大港水库：

A．地理位置：

北大港水库位于大港区中心地带，库区东面与津歧公路相隔 1 km，距渤海湾 6 km；西面通过马圈引河再经马圈闸与马厂减河沟通，并与赵连庄等 9 个村庄毗邻；东南部隔穿港公路与大港油田毗邻；北则与独流减河行洪道右堤紧邻。

北大港水库是华北地区最大的人工平原水库，建于 1974 年，库区占地面积 16 400 hm^2，占全区面积的 6.8%。设计库容 5.0 亿 m^3，库内地面高程最低 2.8 m（大沽高程），最高 4.5 m，一般海拔高程 3.5 m。四周主围堤周长 54.51 km，堤顶高 9 m，堤顶宽度 10 m。主堤前有防浪林台，台顶宽 30 m 左右，台顶高 7.5 m。在库内距主堤坝轴线 200～1 000 m 处，筑有防波堤一道，总长 35.482 km，堤顶宽度 8 m，堤顶高程 7.5 m。北大港水库的水源，主要来自西部的马厂减河和西北部的独流减河。

B．动植物资源：

北大港水库库区植物资源十分丰富，生长快、蕴藏量大，是天津市淡水鱼的集中产区和造纸工业的原料基地。

C．水生物资源：

北大港水生植物属于暖温带落叶阔叶林区域中的隐域植被，有沉水型植物 11 种，浮水型植物 2 种，挺水型植物 7 种，隶属于 9 科 15 属，加上库边湿生及中生植物共 26 科 53 属 60 种。全部水生植物均属世界广播种。

水库库区内所产的大量水生维管束植物，其中尤以供工业原料用的挺水型植物芦苇和蒲草的产量最高。

芦苇—香蒲群落分布在水库南北两端沼泽化的淤泥中，群落以芦苇和香蒲为主，生长高大茂密，覆盖度常在 90%以上；芦苇群落分布在水库四周，从水深 50 cm 直到湿土地带，或高出水面台地均有大量分布，生长非常旺盛，群落成分复杂，植株高度有的可达 2 m。

D．鱼类及水产动物资源：

由于北大港水库水浅泥厚，水深仅 1～2 m 之间，阳光可直射到底层，库底有很多腐殖质存在，水域广阔，极有利于浮游植物和水生植物的繁茂生长，因而水草丛生，水质肥沃，是鱼类及水产动物栖息、生长、繁殖的良好场所，资源十分丰富，历史上最高渔业产量达日产 50 000 kg 左右。

主要经济鱼类有鲫、鲤、白、鳊、草鱼、乌鲤和赤眼鳟等 10 余种，产量最多的是鲫鱼。另外，还有自然生长的泥鳅、鳝鱼、虾等水生生物。

E．野生动物资源：

水禽数量日渐增加，特别是在候鸟迁徙的季节，有十几种国家一二级保护种类在此栖息。

近几年发现了在此地越冬的天鹅，最多时达到数百只。常年在此栖息、繁殖的鸟类也很多，如黑嘴鸥等共计 30 余种。

F．植被：

芦苇及香蒲。

G．林果树木：

北大港水库大堤林台可绿化面积为 120 hm^2，自 1983 年开始积极开展绿化造林工作，14 年间，已绿化面积 93 hm^2，现有成活树木 20.8 万株（丛），其中紫穗槐 14 hm^2 共 11.85 万丛，白蜡 17 hm^2 共 2.15 万株，洋槐 40 hm^2 共 5.59 万株，榆树、椿树 8 hm^2 共 0.86 万株，果树 14 hm^2 共 0.4 万株。目前水库环形大堤林木茂密，绿树成荫，形成可观景象。

北大港水库管理处负责对该水库工程进行具体管理，并参加北大港水库渔业管理站的工作。自 1983 年起，发展了种植业、养殖业、加工业、服务业等一批经营项目。曾种植水稻、大豆，现有葡萄园 2 hm^2，苹果树 3 000 余株；先后建立了大港消防药剂化工厂、大港区有机硅化工厂、大港区津水塑编织袋厂、大港区新丰线材厂等数家企业；并采取合作与租用相结合的方式开展了养殖业及加油站、饭店等服务业。

H．保护的价值及意义：

大港水库是一座洼淀围堤的人工水库，水浅泥厚，阳光可直射底层，且库底有很多腐残质存在；水域广阔有利于浮游植物和水生植物的生长，芦苇以鸟岛的形状分布在水库中心（5 部分），是鸟类栖息的良好场所。目前已有国家二类保护动物白天鹅、白鹳、黑鹳、白枕鹤、鸳鸯、海鹭鸶、大鸨以及海燕、海鸥、骨顶、大雁、野鸭等聚集于此。芦苇湿地、浮游动植物和珍稀动物形成良好的生态系统，保护的价值和意义重大。

大港水库良好的湿地生态系统有利于空气中悬浮物的沉降，1997 年 5 月份降尘 9.717 t/km^2，灰尘年自然沉降量 1.9 万 t，对防止二次扬尘起到了积极的作用，湿地生态系统可作为大专院校科研教学基地和自然保护的宣传教育阵地。

② 官港森林公园：

官港地处大港区东北角，是古渤海退海遗留地，境内地势平坦，由西向东微微降低，大部分地区高程为 3.5 m，最高处 5 m，东西长约 5.4 km，总面积 2 140 hm^2，公园内天然湖面 556 hm^2，陆地面积 1 584 hm^2，1989 年更新开挖后，设计蓄水量 680 万 m^3。

野生动物资源：官港湖地区良好的自然资源生态环境，是鸟类栖息和繁衍的场所，经考察各种鸟类有 20 余种，主要有银鸥、苍鹭、绿头鸭、白骨顶、红脖、兰脖、百灵、啄木鸟、老鹰等。

野生植物资源：官港湖地区大部分地势低洼，原为沼泽，土地盐碱，野生植被较为茂盛，以芦苇较为突出。另外该地区还有部分野生的刺槐群落、柳群落、盐生草甸群落等植被类型，其中存有各种野生药用植物及野生花草，如蒲公英、益母草、车前子等。

地热资源：在 1 000～2 000 m 的地层中，大部分为地热资源，一般热水井水温在 66℃以上，是理想的天然低温软水资源。

1988 年天津市政府决定开发官港森林公园，1989 年更新整挖官港湖，从 1990 年起进行大面积的人工造林，1990—1997 年人工植树造林 148 万株，成活 90 多万株，占地 670 余 hm^2，主要树种有白蜡、国槐、火炬、臭椿及部分桑树、山海关杨、垂柳，另外还有种植了少量的江南槐、龙爪槐、灌木等，长势良好，整个公园森林面积是陆地面积的 41%。目前，官港森林公园已开发成为集旅游娱乐、水产养殖、芦苇生产为一体的多功能场所，开发游乐项目 24 项，吸引了大量的游客，收到了良好的经济效益。

③ 沙井子水库：

沙井子水库位于大港区西南部，在青静黄排水渠以北，红旗路以南，联盟村以西。1978 年建成投入使用，占地面积 680 hm^2，库容 0.2 亿 m^3，主堤长 12.2 km，该库历史上是河道形成的洼地。建库的主要作用为蓄水、灌溉和水产养殖。

沙井子水库水源取自青静黄排水渠，目前水库主要以水产品养殖为主，水库内的生态环境和动植物资源与大港水库基本一致。库区有芦苇坨地 6 个，面积 314 hm^2，芦苇生长茂密，库区水面大，水质良好，给候鸟栖息和繁衍提供了良好的自然生态环境。1997 年曾有 300 多只大天鹅在此落脚栖息。

④ 钱圈水库：

钱圈水库 1978 年建成投入使用，位于大港区西北部，在马厂减河以南，北大港农场以北，钱圈村东，马圈引河以西，占地面积约 867 hm^2，围堤长 12 km，设计库容 0.270 7 亿 m^3。该水库历史上是自然洼淀，与大港水库在地理形成上基本一致，水库蓄水主要来自马厂减河和青静黄排水渠。水库内物种资源丰富，芦苇茂密，吸引了十几种鸟类在此栖息，从北到南基本形成了钱圈水库—大港水库—沙井子水库—李二湾水库的鸟类栖息生态区。

⑤ 李二湾水库：

李二湾水库在大港区东南部，与上古林乡马棚口一村、二村接壤，南依北运河，北靠子牙新河，是天津市的泄洪河道，是自然形成的洼地。占地面积 3 067 hm^2，一般年份淡水面积 134 hm^2，丰水年份 1 000 hm^2，水深 1.5 m 左右，海水养殖面积 1 000 hm^2。该地是典型的芦苇湿地生态系统，芦苇高大茂密，水生物和鸟类资源丰富，由于 1996 年被泄洪冲刷，目前主要进行自然养殖和芦苇生产，没有进行大规模的开发。

11.6.2 现有自然保护区管理现状

（1）初步建立自然保护区法规体系

《天津市自然保护区条例》的编制工作已经完成。各自然保护区相继颁布了有关管理办法，使自然保护区的管理法规建设日渐完善。已完成并建立、健全管理办法的自然保护区有：天津市蓟县中上元古界国家自然保护区、八仙山国家级自然保护区。

（2）自然保护区的管理体制

初步形成了环保部门综合管理和林业、农业、海洋等部门分部门管理相结合的自然保护区管理体制，各部门分工合作，促进了自然保护区事业的发展。

天津市的现有自然保护区管理机构和主管部门为：环保部门 1 个、林业部门 3 个、海洋部门 1 个、其他部门（区县政府）3 个，见表 5-11-3。

表 5-11-3　天津市现有自然保护区管理部门分类

保护区名称	主管部门
天津蓟县中上元古界国家级自然保护区	天津市环保局
天津古海岸与湿地国家级自然保护区	天津市海洋局
天津八仙山国家级自然保护区	天津市林业局、蓟县政府
盘山自然风光名胜古迹自然保护区	蓟县政府
团泊洼鸟类自然保护区	天津市林业局
东丽湖自然保护区	东丽区政府
武清港北固沙林自然保护区	武清区林业局
天津北大港湿地自然保护区	大港区政府

（3）自然保护区的管理机构编制

各自然保护区的管理机构建设、管理人员配备逐步到位。截至 2001 年底，天津市 8 个自然保护区中，已全部建立了管理机构，绝大多数配备了专职管理人员，共有管理人员 400 多人。见表 5-11-4。

表 5-11-4　各保护区管理机构名称及人员数量　　单位：人

保护区名称	机构名称	管理人员数	专业技术人员
天津蓟县中上元古界国家级自然保护区	保护区管理处	14	4
天津古海岸与湿地国家级自然保护区	保护区管理处	45	20
天津八仙山国家级自然保护区	保护区管理局	60	4
盘山自然风光名胜古迹自然保护区	保护区管理局	131	19
团泊洼鸟类自然保护区	保护区管理站	2	
东丽湖自然保护区	东丽区水利局		
武清港北固沙林自然保护区	武清县林业局	7	3
天津北大港湿地自然保护区	大港区政府		
		小计：259	50

（4）自然保护区建设存在的问题

① 一些具有相当保护价值的区域尚未建立保护区，没有得到有效的保护，不能适

应自然保护工作需要。

天津市由于成陆较晚，在滨海新区形成众多坑塘洼淀和水库，沼泽洼地总面积达到273 700 hm^2，特别是滩涂湿地成为一大特色，这些湿地应纳入本次规划中，分期、分批建立自然保护区加以保护。

② 自然保护区建设发展不平衡，没有引起各方面的普遍重视，部分已建立的保护区内生态破坏较严重，放牧牛羊、开山采石和乱砍滥伐、捕猎野生动物时有发生，贝壳堤损坏更为严重。另外，由于没有处理好资源保护与开发利用的关系，部分已建立的自然保护区发展旅游过度，造成物种资源的破坏和生态的恶化。

③ 自然保护区管理工作落后于建设速度，少数保护区虽有管理机构，但人员不落实，或管理人员中只有行政人员，没有配备专业技术人员，人员素质较低，结构不合理，管理水平参差不齐。各保护区及森林公园等建设与管理情况见表 5-11-5。

表 5-11-5　自然保护区、森林公园、风景名胜区、地质公园建设与管理情况调查表

名称	所在市县	面积/hm^2	主要保护对象	类型	级别	建立时间	主管部门
天津蓟县中上元古界国家级自然保护区	蓟县	900	中上元古界地层剖层	自然保护区	国家级	1984-10	天津市环保局
天津蓟县中上元古界国家地质公园	蓟县	13 000	地质剖层	地质公园	国家级	2001	天津市环保局
天津蓟县八仙山国家级自然保护区	蓟县	1 049	森林生态系统、生物物种基因库	自然保护区	国家级	1995-11	蓟县人民政府
天津古海岸与湿地国家级自然保护区	宁河、大港、津南、东丽、塘沽	99 000	贝壳堤、牡蛎滩、古海岸遗迹、湿地生态系统	自然保护区	国家级	1992-10	天津市海洋局
天津盘山风景名胜区	蓟县	710	名胜古迹、自然风光	风景名胜	国家级	1994-01	蓟县人民政府
盘山自然风光名胜古迹自然保护区	蓟县	710	森林生态系统、风景名胜古迹	自然保护区	省（市）级	1984-12	蓟县人民政府
团泊洼鸟类自然保护区	静海县	6 000	珍稀候鸟	自然保护区	省（市）级	1995-07	天津市林业局
东丽湖自然保护区	东丽区	2 200	水生生物	自然保护区	区（县）级	1997-04	东丽区人民政府
武清港北固沙林自然保护区	武清区	800	森林生态系统	自然保护区	区（县）级	1997-10	武清区人民政府
北大港湿地自然保护区	大港区	18 540	湿地生态系统、珍稀候鸟	自然保护区	地（市）级	1999-08	大港区人民政府
天津北大港湿地自然保护区	大港区	44 240	湿地生态系统、珍稀候鸟	自然保护区	省（市）级	2001-12	大港区人民政府
天津九龙山国家森林公园	蓟县	2 126	森林生态系统	森林公园	国家级	1997-12	蓟县人民政府
天津海滨旅游度假区	塘沽区	2 250	自然景观	风景名胜	省（市）级	1998-08	塘沽区人民政府

④ 经费投入严重不足，无正常资金渠道保证。由于资金不足，制约了保护区事业的进一步发展。个别保护区甚至连工作人员工资都不能及时发放，严重影响了队伍的稳定性，更不能适应加强管理的工作需要。

⑤ 大多数保护区科学研究力量薄弱，科研项目落实较少，影响保护区的持续发展。

12 天津市石油开发利用状况及对生态环境影响

12.1 概　况

大港油田位于渤海之滨，是在黄骅坳陷陆地范围内所发现的油田总称。投入开发的油区在北大港构造带上，称为大港油田。

目前，天津市的陆上石油开发利用由中国石油大港油田公司承担。所属单位主要包括机关及直属单位、南部油气开发公司、研究中心、5 个采油作业区、原油集输公司、天然气公司等油气开发生产单位，员工约 12 000 余人。

油田勘探生产范围包括天津市五区二县，即大港区、塘沽区、汉沽区、津南区、武清区、静海县和宁河县；河北省三市十一县，即沧州市、黄骅市、泊头市、海兴县、盐山县、南皮县、献县、东光县、吴桥县、青县、交河县、孟村回族自治县等；山东省一市四县，即德州市、阜成县、宁津县、乐陵县、庆云县。大港油田陆地勘探面积为 15 619.68 km^2，其中在天津地区油区占地面积 130.32 km^2，属大港区 94.34 km^2，属静海县 28.28 km^2（团泊洼农场），属其他区县 7.7 km^2。

12.2 石油资源的开发利用及生态环境状况

12.2.1 石油资源的分布及其资源特征

大港油田从 1964 年开始地球物理勘探，截至 2001 年底，油田面积达 18 801.68 km^2，其中陆地面积 15 619.68 km^2，浅海 3 182 km^2。累计找到油气田 23 个，累计探明含油面积 640.70 km^2，累计探明原油地质储量 87 830 万 t，累计探明天然气面积 153.1 km^2，累计探明天然气地质储量 714.88 亿 m^3（包括河北省）。油田在天津市辖区内的油气资源主要分布在大港区的港东、港西、马西、千米桥、周清庄、王徐庄、板桥等油田以及塘沽区的塘沽油田。

大港油田地质条件十分复杂。由于受多期构造运动和断裂活动形成了多个生油坳陷、多套含油层系、多种类型的储油岩体和多种成因的圈闭类型，构成了在纵向上的多层含油、横向上不同层系含油连片。且油层厚、断块破碎、油藏复杂，属断层切割的断块油田。已探明地质储量 11 011 万 t，这些有利的地质条件，是大港油田发展为东部后起之秀的物质基础。

12.2.2 石油资源的开发利用状况

大港油田自 1964 年 1 月开始进行大规模的石油勘探，原石油工业部组建的河北石油勘探指挥部（1976 年改为大港油田指挥部）集中力量，1964—1965 年在港东、港西区块钻获工业油流，发现了可供开采的含油面积 20 余 km^2，同时还发现了周清庄、王徐庄油田。1968 年 9 月，大港油田的原油开始大量外输，当年原油、天然气产量分别为 28.16 万 t 和 4 亿 m^3，至 1969 年底，已经形成了年产原油 70 万 t 的生产能力。到 1971 年底，大港油田原油年产量达 169 万 t，累计生产原油 387.65 万 t。

1972 年，加强了大港油田的开发力度，1975 年原油产量达到 449.61 万 t，并加强了冀中地区的勘探，使大港油田成为我国东部的一个重要的石油工业基地。

大港油田的勘探开发历程大致可以分为 4 个时期，即 1964—1975 年的初步勘探建设时期；1976—1980 年的复式油气勘探期；1986—1990 年的滚动勘探开发期；1991 至今的以滩海、千米桥等区域为重点的勘探开发期。30 余年来，大港油田累计开采原油 1 亿多 t，为支持我国国民经济的发展和社会主义建设，做出了贡献。

目前，大港油田年原油生产能力稳定在 390 万 t 左右。

12.2.3 石油资源开发区的自然生态环境概况

（1）地形地貌

大港油田所在区域属于滨海冲积海积平原。大体分布在京沪铁路以东，沿渤海湾西岸呈半环状分布，由河流三角洲、滨海洼地、滨海沙堤组合而成。

区域内地形以平原为主，总趋势为周边高、中部低，北部地形自西北向东南倾斜，东南部自南向北倾斜，平均海拔在 3 m 以下，区域内缓岗、自然堤、废河道、洼地、水库、盐田、卤池等随处可见。大港油田所在区域海岸包括山地海岸和平原海岸两种，沿海岛屿较少。

（2）水文概况

① 降水：

大港油田所在地区夏季炎热多雨，冬季干旱，降水量年际变化大，年均降水量 550～680 mm。

② 地表水：

流经油田的河流均为入海的行洪排沥河道，兼有农灌功能。自北向南主要有独流减河、青静黄河、子牙河、北排河、沧浪渠 5 条河流，均属海河水系。

③ 地下水：

大港油田港内地区地下水有 4 个含水组。第一含水组埋深 180～250 m；第二含水组埋深 250～450 m；第三含水组埋深 450～650 m；第四含水组埋深 650～800 m。

（3）生态环境

大港油田辖区土地基本为盐碱荒滩和低洼苇地，种植结构简单，在港北、板桥地区鱼（虾）池较多，辖区内有大片湿地、水库，呈现沿海自然生态环境景观。

12.2.4 石油开发区生态保护

大港油田在生产建设迅速发展的同时，十分注意生态环境保护，20 多年来，通过坚持油田勘探开发与环境保护并重，坚持经济建设与环境生态协调发展，坚持污染者治理、开发者保护的管理原则，坚持预防为主、防治结合、综合治理的方针，在为国家经济建设做出贡献的同时，全面完成了天津市历年下达的各项环境保护指标，基本实现了经济效益、环境效益和社会效益的统一。

（1）水环境保护

采油污水处理回注。大港油田公司在天津市辖区内共建有污水处理站 7 座，对港东、港西、板桥等油田的原油采出水进行处理，目前每年处理污水约 1 500 万 m^3，有 1 300 万 m^3 处理后的污水可以回注到原地层。

采油废水外排达标治理。油田每年约有 200 万 t 采油废水经处理后对外排放。油田于 1998 年投入资金 800 万元对原东二站进行废水处理技术改造，处理达标率达到 100%，对保护油区地面水环境、减轻渤海近海污染、保护近海海洋生态环境有着积极的作用。

（2）大气环境保护

进行加热炉改造，推广使用天然气等清洁燃料。90%以上的老式方箱燃油锅炉改装为以天然气为燃料、热效率高、污染物排放低的新式快装炉和真空炉，节约了燃料成本，又大大降低了燃烧废气对大气环境的影响。

运用轻烃回收技术和密闭工艺流程，减少石油贮运过程中的碳氢化合物气体排放。所有原油大站均安装了轻烃回收装置，减少了资源浪费，同时，大限度地降低了对大气环境的污染影响。

（3）绿化美化矿区环境

油田在开发石油资源的同时，十分注重植树造林、绿化美化油区生态环境。经过 38 年来几代石油人的不懈努力，用勤劳的双手在原本的盐碱荒滩上建成了一个集石油勘探开发、油气生产、原油加工、机械制造、科研设计、后勤服务等行业于一体的能源生产基地的同时，油区的生态环境得到了较大的改善。2000 年，油田累计建成各类园林绿地共计 310 万 m^2，植树约 50 万株，绿化覆盖面积达 600 万 m^2；建成公园 10 余座，其中最大的滨海公园占地 16 万 m^2。目前，已有上百种园林植物在油区安家落户，各种植物群落以其优美的树形、似锦的繁花给人以美的享受。2000 年，油田中心矿区的居住环境“西苑含黛”被评为天津市十大美景之首。

（4）建低位水塘

大港油田利用低洼和盐碱滩涂修建低位水塘，新增湿地面积 8 km^2，水容量约 350 万 m^3，起到了保护生态环境的作用。

12.3 石油开发区生态环境状况分析

12.3.1 石油开发利用对生态环境的影响

石油开发利用属资源开发型建设，其生产活动过程会对生态环境造成一定的影响。主要分为以下三类。

（1）对水和土壤环境的污染及控制

①采油废水：

采油废水是伴随原油从地层开采出来的。在油田开发过程中，在采用人工注水的办法向油层补充能量的同时，采出原油的含水率也不断上升，大港油田的综合含水率达到87%以上。水和原油一起进入原油集输系统，经破乳、脱水后，形成油田特有的采油废水，经处理后大部分采油废水回注地层，仍有部分需要外排。

采油废水需要经过絮凝、沉降、过滤、吸附等处理工艺，达到回注水和污水排放标准。其污染物主要为石油类、挥发酚、硫化物、悬浮物和化学需氧量。

② 落地原油：

落地原油是指在油井生产过程中，管线的跑冒、生产过程事故、不法分子的破坏等事故，原油没进入集输管线而散落在地面。原油落地与地面的水、砂、泥土形成混合物，造成溶解气、轻烃挥发对大气环境污染。落地原油，经雨水冲刷，还会对地表水体造成污染。

大港油田落地原油在地表容易凝结，残留在表层土壤，一般 0～10 cm 土层残留率为 65%～97%，可以采用除掉附油表层土壤的方式予以回收。

③ 油井作业：

油井在生产过程中，要经常进行修井、清蜡、冲砂以及压裂、酸化等油井作业，其主要污染源是作业废水和落地原油。作业废水中携带了井底的污染物，若随意排放，对生态环境会造成严重危害。因此，对作业现场污水，通过管线回收集中进行废水处理；少部分用汽车拉运，集中于泥浆池进行处置。

（2）对大气环境的污染及控制

① 燃料燃烧废气：

主要来源于原油集输过程中使用的各种真空炉、快装炉和管线炉等工艺加热设备。燃料为清洁能源，燃烧废气直接排放，污染物为二氧化硫、氮氧化物、一氧化碳。

② 生产工艺废气：

主要是石油开发利用过程中的烃类气体挥发。其排放源包括油（气）井，以及计量站、接转站和联合站的原油罐及各种油气管线阀门，具有点多面广的排放特点。属无组织排放，其特征污染物是烃类轻组分。

（3）对声环境的污染及控制

污染源包括电机、柴油机、注水泵、风机等。野外大量抽油机噪声水平在 70～80 dB（A）左右，距离在 50 余 m 时，不会产生明显感觉。各采油站点的柴油机、大功率电机、风机和注水泵的噪声水平较高，一般在 90～105 dB（A）左右，对其室内工作环境有明显影响，主要采取隔离、配备劳动防护设施等措施减轻危害，但对环境影响不大。

（4）占用土地

到目前为止，大港油田在天津地区开发生产累计占地 2 685.2 hm^2，其中港内占地 1 626.67 hm^2，港外占地 1 058.53 hm^2，大都是盐碱荒地。

综上污染因素分析，大港油田石油开发对环境的主要影响主要是采油废水外排、燃料燃烧废气和工艺废气排放。

12.3.2 石油开发利用对周边区域水环境的影响

（1）采油废水外排情况和变化趋势

大港油田环境监测中心站自 1986 年以来每月对东二站的采油废水外排水质情况进行监测，见表 5-12-1。污水排放标准见表 5-12-2。

表 5-12-1　1986—2001 年东二站采油废水水质监测年均值汇总表　　单位：mg/L

年 份	pH 值	COD	硫化物	氰化物	石油类	挥发酚	六价铬	氯化物	砷	悬浮物	综合污染指数
1986	8.66	26.68	1.03	0.002	22.4	0.490		1 573		130	
1987	8.63	25.67	0.94	0.005	40.01	0.161		1 306		122	
1988	8.09	23.84	0.98	0.003	44.72	0.521		1 402		324	
1989	8.33	16.62	1.24	0.004	66.75	0.897		1 427		209	
1990	7.98	16.91	2.37	0.006	35.0	0.497		1 326	0.023	116	
1991	7.93	17.68	2.09	0.004	33.9	0.388	0.069	1 520	0.022	155	
1992	7.96	13.79	4.27	0.004	33.4	0.367	0.049	1 327	0.023	99	
1993	7.68	201	2.82	0.004	19.3	0.411	0.046	1 500	0.017	100	7.50
1994	7.92	299	4.59	0.005	25.0	0.646	0.074	1 606	0.018	106	12.39
1995	7.85	265	2.63		32.0	0.502	0.062	1 330	0.016	96	9.20
1996	7.87	286	1.40		30.0	0.524	0.050	1 373	0.015	96	7.93
1997	7.85	391	1.43	0.004	67.8	0.473	0.063	1 297	0.015	133	13.69
1998	7.76	340	2.95	0.004	42.2	0.586	0.091	1 429	0.018	149	11.54
1999	8.01	318	3.79	0.004	43.8	0.661	0.232	1 515	0.017	170	12.93
2000	8.30	111	0.22	0.002	4.9	0.076	0.057	1 970	0.010	145	3.44
2001	8.24	97.5	0.169		2.4	0.027	0.041	1 715	0.008	129	1.84

注：1986—1992 年的 COD 监测结果实际为高锰酸盐指数。

表 5-12-2　GB 3838—1996《污水水综合排放标准》（二级标准）　　单位：mg/L

参数项目	pH 值	化学需氧量	硫化物	氰化物	石油类	挥发酚	六价铬	氯化物	砷	悬浮物
标准值	6～9	≤150	≤1.0	≤0.5	≤10	≤0.5	≤0.5		≤0.5	≤200

从表 5-12-1 的监测结果和表 5-12-2 可以看出，pH 值、氰化物、砷等的多年监测结果均处于较低水平。

随着人们认识的不断深入、技术的不断进步和管理力度的加大，大港油田采油废水外排水质状况良好，一直保持稳定达标。

（2）油区的地表水环境质量状况和变化趋势

独流减河、青静黄河、子牙河、北排河和沧浪渠 5 条河流流经油田入海，是大港油田生产、生活废水和油区雨水的受纳水体，1986 年以来水环境质量状况变化。见表 5-12-3、表 5-12-4、表 5-12-5、表 5-12-6、表 5-12-7、表 5-12-8、表 5-12-9、表 5-12-10。

表 5-12-3　1986—2000 年地面水（河流）入海口水质监测年均值汇总表（独流减河） 单位：mg/L

年份	pH 值	溶解氧	高锰酸盐指数	氨氮	磷酸盐	石油类	氯化物	硝酸盐氮	亚硝酸盐氮	六价铬	挥发酚	砷	综合污染指数
1986	8.91	7.70	18.15	0.100		1.1	19 378		0.140	0.007			2.52
1987	8.22	5.74	32.61	0.027		0.92	17 673		0.068				3.18
1988	8.57	6.86	25.63	0.027		0.92	11 903		0.052	0.008			2.68
1989	8.19	6.44	6.84	0.49		0.20	18 268	0.020	0.016	0.026			1.00
1990	8.16	8.43	10.10	0.16			15 223	0.066	0.020				0.79
1991	8.10	7.54	13.87	0.41			11 395	0.051	0.037				1.24
1992	8.12	7.74	11.40	0.060		0.2	17 448	0.023	0.013				1.01
1993	7.72	8.36	4.85	0.234	0.038	0.1	19 566	0.004	0.008				0.59
1994	8.02	7.30	10.84	0.177	0.053	0.4	16 571	0.045	0.017				1.26
1995	8.36	7.67	4.29	0.514	0.354	1.64	13 813	0.467	0.044	0.011	0.007	0.013	2.31
1996	8.01	8.99	9.74	0.070	0.091	0.09	15 750	0.944	0.076	0.007	0.002	0.015	0.86
1997	8.31	7.71	11.11	0.172	0.160	1.16	17 946	0.199	0.060	0.023	0.002	0.014	2.08
1998	7.98	6.28	14.35	0.096	0.088	0.17	19 450	0.136	0.021	0.007	0.002	0.016	1.21
1999	8.01	6.58	24.18	0.147	0.104		21 218	0.133	0.021	0.036	0.002	0.008	1.73
2000	7.87	6.81	14.12		0.065	1.08	21 266	0.160	0.028	0.015	0.002	0.010	2.05
2001	7.96	7.11	16.64	0.121	0.079	0.94	20 784	0.398	0.019	0.016	0.002	0.009	2.15

表 5-12-4　1986—2000 年地面水（河流）入海口水质监测年均值汇总表（青静黄河） 单位：mg/L

年份	pH 值	溶解氧	高锰酸盐指数	氨氮	磷酸盐	石油类	氯化物	硝酸盐氮	亚硝酸盐氮	六价铬	挥发酚	砷	综合污染指数
1986	8.91	7.70	18.15	0.180		1.02	10 308		0.04	0.008			2.39
1987	8.60	8.14	22.95	0.088		0.59	14 466		0.036	0.017			2.21
1988	8.69	6.95	15.09	0.037		0.47	3 504		0.011	0.045			1.51
1989	8.46	7.73	12.64	0.020			7 103	0.051	0.006	0.028			0.86
1990	8.58	9.95	13.59	0.192		0.07	4 112	0.078	0.187				1.29
1991	8.29	5.97	18.34	0.80			1 876	0.077	0.139				1.90
1992	8.25	8.36	14.77	0.230		0.2	9 567	0.008	0.018				1.36
1993	8.25	9.49	13.14	0.058	0.084	0.5	8 979	0.281	0.022				1.44
1994	8.38	9.35	19.08	0.146	0.242	1.3	16 849	0.104	0.006				2.68
1995	8.06	9.00	6.67	1.39	0.405	0.5	7 530	2.075	0.058	0.015		0.027	1.93
1996	8.27	10.23	17.16	0.034	0.232	0.22	3 154	0.494	0.305	0.022	0.004	0.014	1.69
1997	8.46	7.62	19.31	0.134	0.136	1.64	6 469	0.171	0.015	0.057	0.002	0.014	3.03
1998	7.95	6.44	14.65	0.140	0.224	0.55	7 610	0.315	0.021	0.027	0.004	0.017	1.64
1999	8.27	5.87	27.83	0.062	0.157	0.38	22 082	0.328	0.034	0.070	0.003	0.010	2.31
2000	8.10	4.82	28.92		0.162	0.8	23 081	0.322	0.026	0.030	0.002	0.015	2.75
2001	8.09	5.55	28.68	0.104	0.369	0.38	15 103	0.330	0.023	0.032	0.018		2.38

表 5-12-5　1986—2000 年地面水（河流）入海口水质监测年均值汇总表（子牙河）　单位：mg/L

年份	pH 值	溶解氧	高锰酸盐指数	氨氮	磷酸盐	石油类	氯化物	硝酸盐氮	亚硝酸盐氮	六价铬	挥发酚	砷	综合污染指数
1986	8.81	6.69	20.92	0.220		0.88	11 538		0.037	0.007			2.46
1987	8.58	7.13	21.16	0.022		0.86	10 062		0.030	0.035			2.32
1988	8.60	6.43	20.39	0.013		1.30	6 018		0.009	0.076			2.68
1989	8.58	7.31	13.54	0.030			5 152		0.100	0.043			1.02
1990	8.55	8.51	17.91	0.220		0.05	6 656	0.074	0.004				1.40
1991	8.46	8.98	19.80	0.360			6 729	0.120	0.068				1.63
1992	8.26	8.90	12.02	0.336		0.2	7 737	0.012	0.014				1.24
1993	8.08	9.47	20.77	0.100	0.043	0.8	21 929	0.012	0.005				2.26
1994	8.27	8.00	30.37	0.221	0.065	2.0	19 936	0.138	0.008				4.18
1995	8.11	8.24	7.89	0.111	0.195	0.5	12 441	1.577	0.033	0.020		0.013	1.13
1996	8.05	8.70	11.89	0.031	0.187	0.1	10 712	0.296	0.151	0.017	0.003	0.023	1.06
1997	8.30	6.64	13.73	0.122	0.142	1.0	22 626	0.457	0.126	0.025		0.017	2.12
1998	8.02	6.26	12.17	0.231	0.130	1.0	15 285	0.323	0.040	0.016	0.004	0.018	2.00
1999	8.05	6.32	21.02	0.108	0.154	0.3	21 521	0.193	0.033	0.096	0.002	0.007	1.81
2000	8.50	6.76	18.19		0.292	0.68	27 920	0.221	0.038	0.075	0.002		1.93
2001	8.38	5.72	41.86	0.329	0.586	0.56	15 351	0.348	0.047	0.024	0.018	0.006	3.62

表 5-12-6　1986—2000 年地面水（河流）入海口水质监测年均值汇总表（北排河）　单位：mg/L

年份	pH 值	溶解氧	高锰酸盐指数	氨氮	磷酸盐	石油类	氯化物	硝酸盐氮	亚硝酸盐氮	六价铬	挥发酚	砷	综合污染指数
1986	8.74	6.84	28.78	0.460		0.90	14 121		0.140	0.011			3.26
1987	8.31	6.30	29.33	0.108		0.70	12 666		0.015	0.048			2.11
1988	8.48	7.72	24.05	0.032		0.58	7 940		0.170	0.023			2.38
1989	8.50	6.18	13.51	0.110			11 344	0.022	0.012	0.057			0.99
1990	8.47	8.58	19.20	0.220		0.05	6 975	0.277	0.490				1.97
1991	8.31	6.99	31.19	0.920		0.4	2 038	0.045	0.154				3.25
1992	8.76	8.65	27.19	0.683		0.4	12 729	0.008	0.010				2.68
1993	8.04	9.02	24.51	2.043	0.398	2.0	14 569	0.381	0.014				5.01
1994	8.06	6.74	20.96	0.477	1.064	0.5	14 607	0.391	0.162				2.38
1995	8.29	8.75	13.96	0.847	0.812	3.6	11 407	1.581	0.180	0.042	0.006	0.023	5.28
1996	7.95	9.80	16.54	0.074	0.190		16 510	0.211	0.018	0.018	0.003	0.091	1.17
1997	8.15	5.75	15.83	0.191	0.149	1.2	19 095	0.069	0.033	0.033	0.001	0.014	2.42
1998	7.85	4.31	14.90	0.328	0.343	0.67	13 394	0.168	0.036	0.036	0.003	0.020	1.92
1999	8.21	6.18	33.25	0.107	0.170	0.2	22 659	0.035	0.106	0.106	0.002	0.017	2.59
2000	8.08	6.24	148.0		0.189	0.55	21 813	0.070	0.026	0.026	0.002	0.016	10.44
2001	7.89	5.70	82.25	0.110	0.274	1.0	16 280	0.262	0.027	0.033	0.015	0.004	6.58

表 5-12-7　1986—2000 年地面水（河流）入海口水质监测年均值汇总表（沧浪渠）　　单位：mg/L

年份	pH 值	溶解氧	高锰酸盐指数	氨氮	磷酸盐	石油类	氯化物	硝酸盐氮	亚硝酸盐氮	六价铬	挥发酚	砷	综合污染指数
1986	8.54	3.83	53.22	2.14		1.28	11 632		0.240	0.012			6.49
1987	8.24	4.06	41.43	0.024		0.553	11 268		0.116	0.043			3.44
1988	8.10	4.08	24.07	0.030		1.41	9 328		0.287	0.033			3.32
1989	7.95	5.56	40.58	0.030		0.60	13 955		0.130	0.060			3.46
1990	7.71	3.48	66.35	6.73		0.28	7 309	0.561	0.010				9.20
1991	7.92	3.78	61.79	5.37		0.6	5 736	0.967	0.025				8.32
1992	8.39	7.50	28.61	3.732		0.2	16 739	0.029	0.031				4.63
1993	7.95	6.46	62.49	1.263	0.186	0.2	8 646	0.028	0.015				5.22
1994	8.10	7.13	33.02	0.210	0.417	0.2	24 553	0.194	0.151				2.69
1995	8.10	4.30	56.72	2.923	0.469	1.0	10 922	0.860	0.110	0.033	0.367	0.046	6.84
1996	7.90	4.47	86.96	0.318	0.297	0.88	15 618	0.242	0.089	0.063	0.093	0.030	6.98
1997	8.16	2.67	132.2	6.146	0.319	1.36	13 020	0.197	0.095	0.051	0.002	0.031	14.37
1998	7.95	2.52	86.77	0.544	0.372	1.3	9 996	0.367	0.065	0.118	0.004	0.020	7.51
1999	8.23	4.58	230.2	0.244	0.256	0.2	27 057	0.357	0.044	0.116	0.002	0.013	15.75
2000	8.33	7.43	536.2		0.143	1.6	16 546	0.281	0.070	0.192	0.004	0.007	37.42
2001	8.06	5.17	63.62	0.263	0.193	1.7	17 671	0.301	0.037	0.060	0.021	0.008	6.15

表 5-12-8　GHZB 1—1999《地表水环境质量标准》（V类）　　单位：mg/L

项　目	pH 值	溶解氧	高锰酸盐指数	氨氮	磷酸盐	石油类	氯化物	硝酸盐氮	亚硝酸盐氮	六价铬	挥发酚	砷
标准值	6～9	≥2	≤15	≤1.5	≤0.2	≤1.0	≤250	≤25	≤1.0	≤0.1	≤0.1	≤0.1

表 5-12-9　1986—2000 年地面水（河流）入海口水质监测数据分析表

项　目		高锰酸盐指数	氨氮	磷酸盐	石油类	亚硝酸盐氮	六价铬
参与计算数据个数		16	16	9	16	16	11
监测数据超标率（%）	独流减河	31.2	0	11.1	25.0	0	0
	青静黄河	62.5	0	55.6	18.8	0	0
	子牙河	62.5	0	22.2	25.0	0	0
	北排河	81.2	0.06	55.6	25.0	0	0.09
	沧浪渠	100	37.5	66.7	43.8	0	27.3

5 条河流水质变化趋势见表 5-12-10。

表 5-12-10　1986—2001 年河流地面水水质变化趋势分析表

<table>
<tr><th colspan="3">参 数</th><th>高锰酸盐指数</th><th>氨氮</th><th>石油类</th><th>亚硝酸盐氮</th><th>综合污染指数</th></tr>
<tr><td rowspan="8">1986—2001 年</td><td colspan="2">判定临界值（Wp）</td><td colspan="5">0.425</td></tr>
<tr><td>独流减河</td><td>秩相关系数</td><td>−0.1</td><td>0</td><td>0.1</td><td>−0.2</td><td>−0.1</td></tr>
<tr><td>青静黄河</td><td>秩相关系数</td><td>0.4</td><td>0.1</td><td>0.1</td><td>0</td><td>0.4</td></tr>
<tr><td>子牙河</td><td>秩相关系数</td><td>−0.1</td><td>0.1</td><td>0</td><td>0.3</td><td>0</td></tr>
<tr><td>北排河</td><td>秩相关系数</td><td>0.2</td><td>−0.2</td><td>0.1</td><td>−0.1</td><td>0.3</td></tr>
<tr><td colspan="2">趋势分析</td><td colspan="5">变化不显著</td></tr>
<tr><td rowspan="2">沧浪渠</td><td>秩相关系数</td><td>0.7</td><td>−0.1</td><td>0.3</td><td>−0.4</td><td>0.5</td></tr>
<tr><td>趋势分析</td><td>明显上升</td><td colspan="3">变化不显著</td><td>明显上升</td></tr>
<tr><td rowspan="3">1997—2001 年</td><td rowspan="3">青静黄河</td><td>秩相关系数</td><td>0.8</td><td>−0.6</td><td>−0.5</td><td>0.6</td><td>−0.1</td></tr>
<tr><td>判定临界值（Wp）</td><td colspan="5">0.900</td></tr>
<tr><td>趋势分析</td><td>明显上升</td><td colspan="4">变化不显著</td></tr>
</table>

从上表变化趋势看，1986—2001 年间独流减河、青静黄河、子牙河和北排河均没有显著变化，水质基本稳定；沧浪渠高锰酸盐指数和综合污染指数呈明显上升趋势。采油废水的受纳河流青静黄河 1997—2001 年间的变化，只有高锰酸盐指数呈现明显上升趋势，其余项目变化不显著。

（3）5 条河流总油与石油类浓度的比较

2001 年采用油的新的监测方法标准，对独流减河、青静黄河、子牙新河、北排河及沧浪渠进行总油和石油类浓度的对比，结果（年平均值）见表 5-12-11。

表 5-12-11　2001 年五条河流总油与石油类浓度监测对比表

河流名称	总 油/（mg/L）	石油类/（mg/L）
独流减河	2.3	0.94
青静黄河	1.7	0.38
子牙新河	1.6	0.56
北排河	2.9	1.0
沧浪渠	3.4	1.7

从上表看出：除沧浪渠外，其他 4 条河流石油类浓度均达到了Ⅴ类地表水环境质量标准；石油类约占总油的 1/3 甚至更低。监测表明，5 条河流的有机污染是以生活污水为主。

（4）结论

从外排采油废水和河流水质变化趋势来看，其总油与石油类对比结果得出结论如下：

1986—2001 年间采油废水、河流水质基本无明显变化，仅沧浪渠的有机物污染指标呈明显上升趋势。

除沧浪渠外，其他 4 条河流的石油类浓度符合地表水环境质量Ⅴ类标准。沧浪渠在天津市与河北省交界处，其主要污染物是上游各类企业排污、农田沥水和沿岸居民生活排放所致。

综上所述，1986—2001 年间石油开发利用有一定的水质污染。但监测表明，本地区水质以有机污染为主，大港油田的石油开发利用对本地区水环境质量污染有主导性的影响。

12.3.3 石油开发利用对周边区域大气环境影响

（1）燃料燃烧废气对大气环境的影响

石油开发利用过程中的燃料燃烧废气，来自于方箱炉、快装炉、真空炉和管线炉等工艺加热设备，执行 GB 9078—1996《工业炉窑大气污染物排放标准》。

目前，大港油田天津市辖区内有设备计 80 台，年燃烧天然气 7 742 万 m^3、油 80 t，年废气排放量 10 亿 m^3，其中天然气为主要燃料。

2001 年，大港油田对不同设备类型的燃料燃烧废气进行了抽样监测，见表 5-12-12，排放执行标准见表 5-12-13。

表 5-12-12　2001 年大港油田加热炉等设备烟气监测数据表

燃 料	二氧化硫/（mg/m^3）	氮氧化物/（mg/m^3）	一氧化碳/（mg/m^3）	烟气黑度（级）
气	未检出～182	未检出～198	未检出～1 814	
油	未检出	28～358	2～319	0

表 5-12-13　GB 9078—1996《工业炉窑大气污染物排放标准》（二级）

项 目	二氧化硫/（mg/m^3）		烟气黑度（级）	氮氧化物/（mg/m^3）	一氧化碳/（mg/m^3）
标准值	1 430	850	1	燃气 300/燃油 600	/
备注	1997 年 1 月 1 日前安装使用	1997 年 1 月 1 日起新、改、扩建的		参照津/DHJB 1—1999《锅炉大气污染物排放标准》	无规定

监测数据表明，大港油田用的加热炉、管线炉等工艺加热设备，未对油区环境造成明显影响。

（2）工艺废气对大气环境的影响

大港油田是天津市石油天然气生产基地。油气勘探、开发、集输、加工、贮运等生产环节有工艺废气排放。主要污染物为烃类；油田机动车和大型柴油机、加热炉等燃烧设备。主要污染物是碳氢化合物，排放源点多、面广，带有明显的行业特点。

据 1994 年大港油田环境监测中心站与天津市生态学会研究成果表明，大港油田非甲烷碳氢化合物的排放源为原油、汽油、天然气、石油液化气和汽车尾气，其贡献率分别为 46.64%、8.56%、20.05%、18.17%和 6.08%。由此可知，大港油田大气非甲烷碳氢化合物的主要来源是原油、天然气和石油液化气。

12.4 环境经济损益分析

大港油田在 1986—1995 年间，共投入环境污染治理资金 2 328.75 万元，完成污染治理项目 180 余项。治理设施的运转，既节约了能源，又减少了污染物排放，取得了较好的经济效益和环境效益。

大港油田从污染治理过程中的资源回收获得了经济效益。2000 年 6 个污水处理大站的环境经济损益分析见表 5-12-14。

2000 年大港油田处理原油采出水 1 601 万 t，年原油回收折算量 752.82t，按照原油平均价格 1 700 元/t 计算，其直接经济效益折算为 127.97 万元，相当于一个中等采油小队的年产量和产值。显示大港油田为保护区域生态环境、强化污染治理及实现社会、经济、环境效益做出了不懈的努力。

表 5-12-14 2000 年大港油田石油开发利用过程环境经济损益分析表

大站名称	采出废水经处理量/万 t	处理前石油类平均含量/（mg/L）	处理后石油类平均含量/（mg/L）	年原油回收折算量/t	直接效益折算/万元
东二站	369	62.2	14.4	176.38	29.98
滨大站	177	73.0	49.0	42.48	7.22
马西站	267	57.5	12.6	119.88	20.38
西一联	320	113.2	44.2	220.8	37.54
西二联	373	85.8	45.8	149.2	25.36
板大站	95	133.8	87.4	44.08	7.49
合计	1 601	—	—	752.82	127.97

12.5 石油开发利用过程中存在的问题及对策

12.5.1 石油开发利用过程中存在的生态保护问题

在石油开发利用过程前期，受勘探、作业、地面系统工程建设和修建居民区工程影响，对本地区原有自然生态会造成一定影响。在开发过程中，废水、废气和落地原油，对污染土壤和地表水系，也有一定影响。因此，大港油田区域内的陆生生态和水生生态保护问题还应高度重视。

（1）工程建设对土地及地貌的影响

油田在开发过程中，钻一口井，需要现场征地 80 m×80 m。施工过程中各种重型机械的碾压及推土机推土等也会扰动现场地表，影响植被生长。其中，油井的 15 m×20 m 井场为永久占地，地貌不能恢复自然植被。

除铺设的油、水管线和建设计量站、联合站等地面配套设施埋设于地下外，计量站、联合站等地面站点均为永久设施，会改变原有地貌。

（2）落地原油对土壤、水体及农作物、植被的影响

在石油开采及集输等生产过程中，由生产工艺、设备损坏和各种事故等产生的落地原油，渗入土壤表层，会对浅根系的农作物、植被（如小麦、大豆、沙蒿、碱蓬等）造成一定影响。

在消除落地原油污染时，剔除熟土表层土壤，对地表植被造成破坏，尚需长期恢复。

（3）采油废水对水体和农作物、植被的影响

油田采油废水达标排放，对水体和农作物、植被的影响不显著，仅呈现出经采油废水浇灌的芦苇长势茂盛的景观。

（4）石油开发所带来的生活污染

石油开发带动了地区经济发展，企业职工、家属的生产和生活产生的大量生活垃圾、生活废水，对生态环境带来的影响应该引起各有关部门的高度重视。

12.5.2 石油开发利用过程中的生态保护对策

（1）控制采油废水污染的对策

①强化达标污水回注，减少污水的外排。为控制地面下沉和缓解本地区水资源紧张的矛盾，采取达标污水回注措施，并提高污水回注率。

②开展污水回用，变废为宝。经过处理的废水达到污水综合排放标准，大力推行回灌，不仅解决了污水外排污染环境问题，而且将对缓解大港油田的缺水状况，降低企业用水成本起到积极作用。

③建立采油污水处理和回注的生产调度制度。各作业区生产调度部门随时掌握各污水处理站、回注站的生产运行情况，及时发现问题及时解决。

④建立污水外排逐级申报制度。外排水时必须逐级申报，按经作业区和油田公司环保管理部门核实调查后批准才能限量外排。

⑤污水达标排放。通过定量考核措施，实行污水排放的奖惩制度。

（2）控制燃烧废气、工艺废气污染的对策

①燃烧废气：积极进行加热设备改造，推广使用油井伴生气和天然气等清洁燃料，既减少油井伴生气直接排放和燃烧废气的污染，又节约能源、减少浪费。对热效率低、能耗大的设备分批进行限期治理；对现有加热设备要加强现场管理，提高操作技能，坚持设施正常运行。

②工艺废气：在大站治理改造时，重视碳氢化合物挥发，尽可能地采用密闭生产流程，降低污染。同时大力推广使用轻烃回收技术，节约能源，控制污染。

（3）落地原油污染的控制对策

对不法分子打孔盗油和地下管线老化破损造成的落地原油污染问题，一方面要加大行政管理力度，减少人为盗油破坏案件的发生；另一方面，油田要对管线腐蚀老化情况采取积极措施加以预防，同时大力推广清洁生产技术，减少原油落地对土壤的污染。

（4）地面工程建设带来的环境污染的控制对策

① 管线建设：管线应尽量采取平埋地下的方式进行铺设，最大限度地减少对地貌、

土质等自然景观的改变，使地面植被易于恢复。对必须在地面铺设的管线，也要采取土墩架设方式，防止全线培埂切断地表径流而带来的长期积水，影响地表环境。

② 严格管理计量站：联合站等地面工程建设，对工程建设要严格按照施工规范进行设计。优化合理选址，少占土地，工程要坚持“三同时”制度，有效防止工程建设对环境的不良影响。

13 农村生态环境状况

13.1 化肥、农药、农膜的使用状况

13.1.1 化肥施用状况及变化趋势

（1）化肥施用状况

化肥使用量不断增加，养分结构不平衡。近 20 年来，化肥施用量总体变化呈上升趋势，每年施用量在 40 万～50 万 t 左右。1990—2000 年间，化肥施用总量增加了 1.42 倍，1990 年全市化肥施用量为 6.89 万 t（以下按折纯量计），其中氮肥 4.67 万 t，磷肥 0.56 万 t，钾肥 0.30 万 t，复合肥 1.36 万 t，单位耕地面积施用量 159.70 kg/hm^2；2000 年全市化肥施用量 16.64 万 t，其中氮肥 11.82 万 t，磷肥 1.28 万 t，钾肥 0.82 万 t，复合肥 2.92 万 t，单位耕地面积施用量 392.20 kg/hm^2，见图 5-13-1 和图 5-13-2。高于全国施用 319.5 kg/hm^2 的平均水平，超过发达国家为防止化肥对水体造成污染而设置的 225 kg/hm^2 的安全上限 167.2 kg/hm^2（见图 5-13-3）。部分区（县）的化肥平均施用量超过了 400 kg/hm^2。

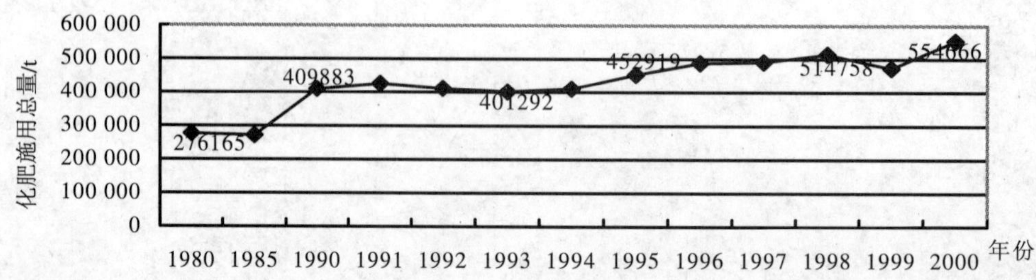

图 5-13-1 天津市化肥施用总量（1986—2000 年）

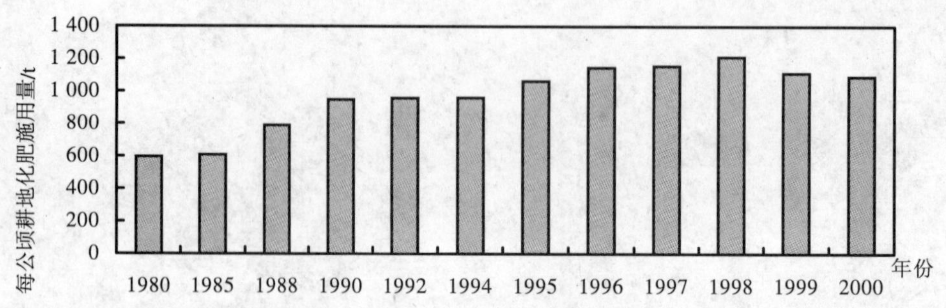

图 5-13-2 天津市每公顷耕地化肥施用量（1986—2000 年）

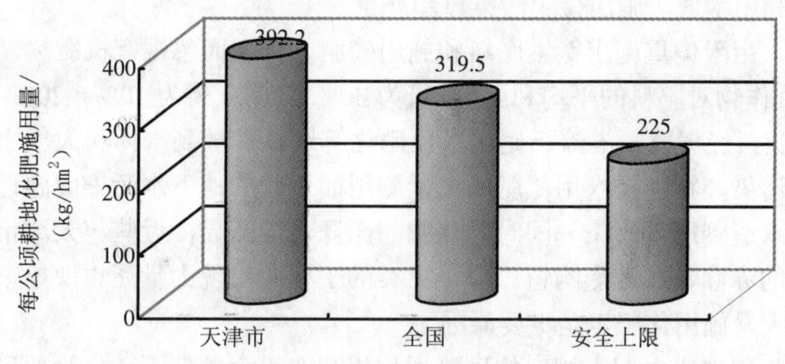

图 5-13-3 每公顷耕地化肥施用量比较

（2）化肥施用状况及污染特点：

① 施用化肥水平逐年呈上升趋势。

② 化肥施用比例不合理，氮（N）、磷（P_2O_5）、钾（K_2O）的施用比例为 1∶0.163∶0.121，显然，氮肥施用占主导地位。

③ 近郊菜田地区施用化肥水平污染比大田更为严重，粮食作物比经济作物严重。

化肥施用以氮肥为主，其次是磷肥、复合肥，钾肥施用量较少。氮肥的主要品种为尿素；磷肥主要品种为磷酸氢二铵、过磷酸钙。2000 年与 1990 年相比，化肥的绝对增长量仍以氮肥最多，增长了 1.5 倍，磷肥、复合肥、钾肥分别增长了 1.2、1.7 和 1 倍。显然，氮肥施用占主导地位。见图 5-13-4 和图 5-13-5。园田施用化肥水平高于农田，粮食作物高于经济作物。天津市 100%耕地全部施用化肥。

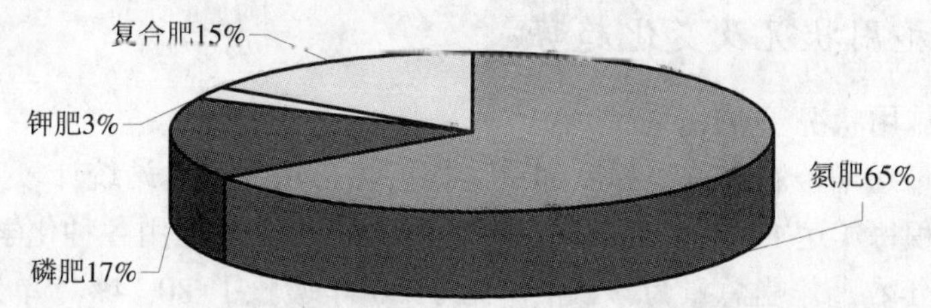

图 5-13-4 天津市 1990 年氮磷钾及复合肥比例

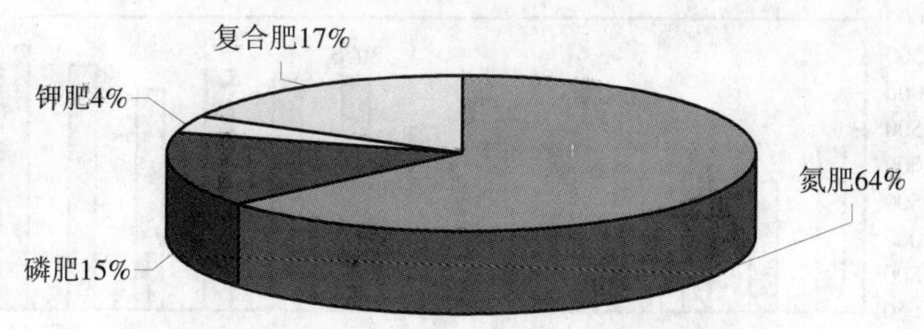

图 5-13-5 天津市 2000 年氮磷钾及复合肥比例

（3）化肥利用率低，施用化肥污染日趋严重

长期以来，由于偏重施用氮素肥料和施用磷肥、钾肥而忽视有机肥料，降低了氮肥的利用率。各种作物对肥料的平均利用率，氮为 30%～50%，磷为 10%～20%，钾为 30%～40%，其余的肥料经挥发、淋溶、硝化、反硝化等途径扩散到水体和大气中，使农村和农业环境受到污染，特别是农用氮肥的大量施用而引起的地下水污染问题已日渐严重，地表水和地下水遭到严重污染。同时，化肥的面源污染凸显，近些年天津市渤海水域经常发生大面积的赤潮，严重影响鱼、虾、贝类的生存并出现大量死亡现象，除排污河污水的污染外，大量施用化肥也是重要原因。

过量氮肥施用造成农田土壤中的硝酸根积累，在一定条件下转化为亚硝酸盐污染作物并通过食物链对人体产生明显的毒害作用。化肥中含有重金属，尤其磷肥中镉、氟等重金属含量较高，长期使用磷肥使土壤表土镉含量增加到原来的 5～10 倍。

天津市环保监测中心，1998 年对 9 种蔬菜品种进行 NO_3、NO_2—N 监测结果，82.5%的点位处于四级严重累积程度，7.5%的点位处于三级重度累积程度，2.5%的点位处于二级中度累积程度。这表明近郊蔬菜硝酸盐累积程度比较严重。

据天津市农业环境保护管理监测站，多年对 1 000 多个检测数据进行分析，蔬菜中硝酸盐超过 400 mg/kg 的百分率达 36.36%，超过 1 000 mg/kg 的蔬菜有小白菜、油菜、芹菜、大白菜和小萝卜。世界卫生组织和联合国粮农组织 1973 年规定的日摄入量不应超过 216 mg，在没有其他硝酸盐摄入的前提下，按每人每天摄入 0.5 kg 蔬菜计，蔬菜中硝酸盐含量不应超过 432 mg/kg，考虑其他肉制品、腌制品的摄入量，有人提出直接食用蔬菜硝酸盐含量不应超过 350 mg/kg，熟食也不应超过 1 000 mg/kg。受硝酸盐污染的蔬菜主要是叶菜类和根菜类。

13.1.2 农药施用状况及变化趋势

（1）农药施用状况

农药施用量递增，农药危害程度加重。据天津市植保质检站统计，主要农作物病虫害发生危害面积每年达 1 000 多万亩次，1970—2000 年，年均施用各种化学农药约 3 000～4 000 t，2000 年农药施用总量为 3 604t，比 1990 年增长了 80.74%，单位面积耕地用药量 8.49 kg/hm^2，比 1990 年增加了 38.6%，高于全国 7.5 kg/hm^2 的平均施用量。由于播种面积递减，使平均每亩农药施用量一直呈上升趋势，天津市农药使用量变化见图 5-13-6。天津市 100%耕地全部施用过农药。

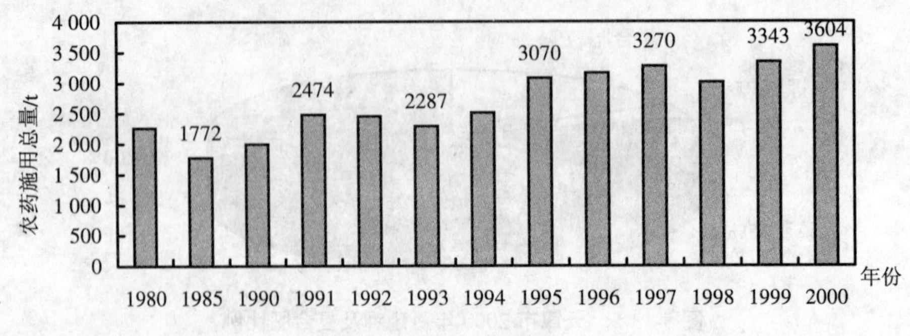

图 5-13-6　天津市农药施用总量变化（1980—2000 年）

（2）农药污染的特点

污染面积大，范围广，施用水平高于全国平均施用量；

农药品种杀虫剂比重过大，高毒、高残留有机磷农药污染较重，占农药施用总量的50%以上；

蔬菜、水果等经济作物农药使用次数多、超量，其污染状况比粮食作物更为严重。

（3）农药污染的影响

天津施用的农药有杀虫剂、杀菌剂、除草剂和生长调节剂四大类。施用后，对人及其他生物具有蓄积性毒害作用，通过生物富集和食物链造成了它们在动植物体内甚至人体的蓄积，对作物造成一定的污染影响。

目前，农药利用水平很低，农药也只有30%～40%能够被作物吸收，而其余的60%～70%残留在土壤中，并通过各种途径进入水体、农产品和人体中，造成严重的环境影响。天津市土壤、作物和蔬菜不同程度普遍遭受农药污染，更为严重的是，部分地区仍在使用禁用的高毒农药。蔬菜里一般有机磷农药检出率在 90%～100%，其污染顺序为叶果类＞茎菜类＞果菜类。

通过天津市农业环境保护管理监测站，对市场及生产基地蔬菜的检测结果表明：天津市蔬菜受农药污染较重，一是超标率高；二是检出范围大；三是农药品种多。所检的134 个菜样中总超标率为 21.64%。超标率最高的是甲胺磷，最大值 4.53 mg/kg，品种为大白菜。天津市因甲胺磷引起的中毒事件已多次发生。乐斯本检出率为 91.18%，超标率为 5.88%，甲拌磷超标率为 3.14%，对硫磷超标率为 4.82%，锌硫磷超标率为 5.06%。

蔬菜中农药残留污染的顺序为：甲胺磷＞乐斯本＞锌硫磷＞对硫磷＞甲拌磷。

由于作物对农药的吸收、富集以及通过食物链的传递使许多农、畜、禽产品中农药残留量过高，造成对人类的农药食物中毒。据不完全统计，平均每年有 10 万人中毒，1万人左右死亡。此外一些农药有致癌、致畸和诱变作用，因此，农药对人体健康的影响不容忽视。

13.1.3 农膜使用状况及变化趋势

（1）农膜使用状况

农膜使用量剧增，对生态环境产生不良影响。1990 年全市使用农膜量 4 760 t，2000 年农膜的使用量上升到 8 718 t，增长了 1.8 倍。残膜回收量由 1990 年 4 046t 增加到 8 020.6 t，使用农膜耕地面积由 1990 年的 33 654 hm^2 增加到 72 000 hm^2，增加了 1.14 倍，2000 年使用农膜耕地面积占全市耕地面积的 17.00%，比 1990 年增加了 1.18 倍（见表 5-13-1），部分区县农膜施用量增加很快，见图 5-13-7。

表 5-13-1　天津市农膜污染状况表

类　别	农膜污染状况	
	1990 年	2000 年
当年农膜使用量/t	4 760	8 718
残膜回收量/t	4 046	8 020.60
使用农膜耕地面积/hm^2	33 364	72 000
单位面积农膜使用量/（kg/hm^2）	141	121
使用农膜耕地面积占全部耕地面积的比例（%）	7.80	17.00

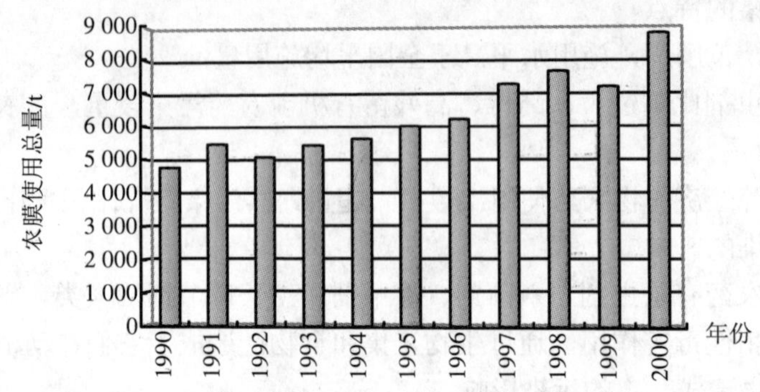

图 5-13-7 天津市农膜使用总量变化（1980—2000 年）

（2）塑料农膜污染特点

塑料农膜覆盖面广。地膜厚度薄，强度低，寿命短，易破碎，与棚膜相比清除很难，残留量大，因此地膜污染环境比棚膜更为严重。

塑料农膜收购价格低，无法调动农膜回收残膜的积极性，致使残膜回收十分困难。

塑料农膜是高分子聚合材料，不易腐烂，难于降解，在土壤中残留污染具有积累性。

导致农田土壤质量下降，影响田间耕作。

（3）塑料农膜污染影响

据农业部组织的地膜残留污染调查，天津市属于地膜残留污染较重的省（市）之一。长期大量使用塑料薄膜，对土壤和作物污染影响越来越明显。

农田残膜对土壤物理性质有极其显著的影响。增加土壤容重和比重，降低土壤孔隙度和含水量，影响土壤的透气性，阻碍水肥的运移，而且直接影响农作物根系的生长发育，导致农作物减产；散布于田间地头的残膜影响农田景观的同时，也极易缠绕犁头和农机轮盘，影响田间作业。

（4）塑料农膜在其他方面的危害

残留地膜碎片会随农作物的秸秆和饲料转运进入农家，牲畜（如牛羊等）往往误食残膜碎片，造成肠胃功能失调，严重时会引起厌食和进食困难，甚至导致死亡。

有些地方将残膜碎片焚烧，产生有害气体污染大气环境，造成二次污染。

13.2 秸秆利用和畜禽养殖状况

作物秸秆和畜禽粪便产生量不断增加，但综合利用率不高；秸秆在田间焚烧和粪便管理不善，造成环境污染。

13.2.1 秸秆利用状况

（1）状况

2000 年，各种秸秆产生总量 152 万 t，禁烧面积 17.02 万 hm^2，超额完成国家禁烧面积要求。全市秸秆资源的实际利用率为 49%，其中用作肥料和饲料的占 42%，用作燃料和工业用料的占 7%，秸秆资源利用情况见图 5-13-8。

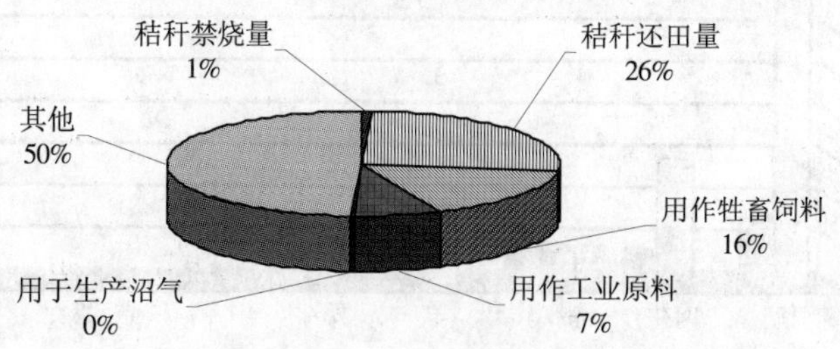

图 5-13-8 天津市秸秆资源的利用

（2）农作物秸秆露天焚烧环境影响严重

近年来，由于农民的生活水平提高，经济条件较好，秸秆的原有利用方法大部分已被弃用，部分秸秆直接在田间焚烧，其烟雾缭绕造成对空气的污染，使农村环境下降，不仅浪费资源，而且对公路、高速公路、铁路构成一定的影响，同时秸秆综合利用技术有待进一步完善。目前，秸秆综合利用的相关技术和成果、推广和利用困难，由于资金投入不足，秸秆还田和能源利用的技术推广和应用受到限制，真正实现普及和推广很难。

13.2.2 畜禽养殖状况

（1）畜禽养殖状况

近年来，畜禽养殖业迅猛发展，多数无处理设施，畜禽规模化养殖发展很快，但仍以散养为主。2000 年各种畜禽粪尿产生量为 1 518.89 万 t，其中猪 853.84 万 t，肉牛 284.23 万 t，羊 176.25 万 t，蛋鸡 80.85 万 t，奶牛 66.67 万 t，肉鸡 47.98 万 t，鸭 5.85 万 t，鹅 3.12 万 t。畜禽粪尿利用大多数采用传统的方法应用于农田，没有环保处理设施，有的养殖厂建设时未执行“环境影响评价”和“三同时”制度，造成环境污染。各种畜禽粪尿产生量比重见图 5-13-9，各种畜禽粪尿年产生量比较（1990—2000 年）见图 5-13-10。

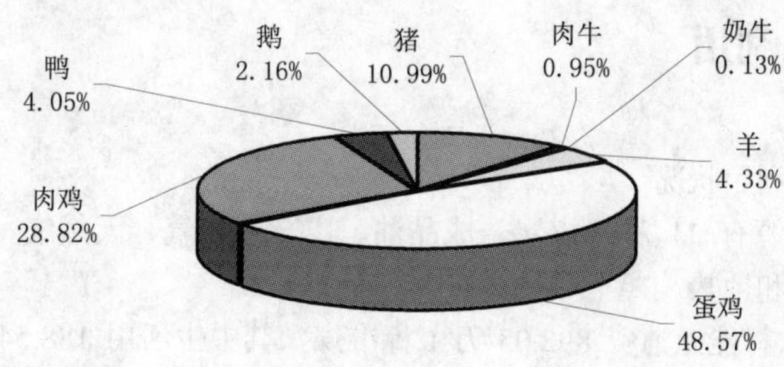

图 5-13-9 天津市畜禽粪尿产生量比重（2000 年）

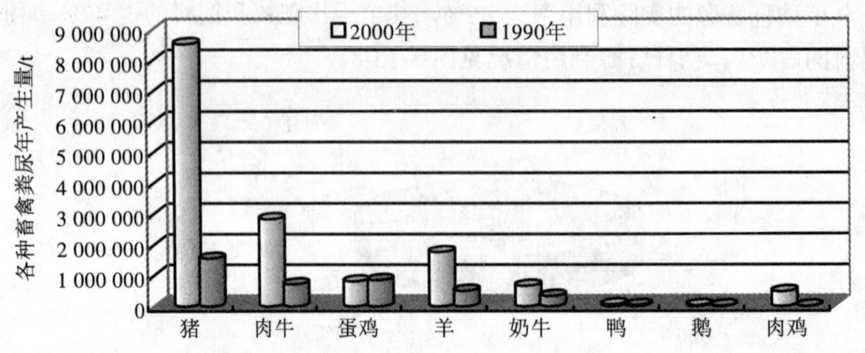

图 5-13-10　天津市各种畜禽粪尿年产生量比较（1990—2000 年）

（2）畜禽养殖污染特点分析

畜禽养殖污染物产生量大，以直排为主；

畜禽养殖分散、点多面广、多无处理设施；

畜禽养殖业环境管理薄弱、畜禽有机废弃物资源浪费严重；

污染主要集中在猪、肉牛、羊、鸡养殖业。

（3）禽畜养殖业环境污染问题突出

由于畜禽养殖业的环境管理问题长期没有得到应有重视，即便集约化程度较高的规模化畜禽养殖场，也缺乏最必要的干湿分离环境管理措施；有 90%左右的规模化养殖场没有污染治理投资；一些地方的规模化畜禽养殖场选址不当，构成了对周边地区的居民和环境的污染。

目前，大部分畜禽养殖场的畜禽粪便综合利用率很低，污染普遍存在。其畜禽养殖业的粪尿排泄物和废水中，含有大量的有机物、氨、磷、悬浮物及致病菌，并产生恶臭，污染物量大而集中。据调查，每头猪每天排放 BOD 204 g；每头牛每天排放 BOD 633 g，每只鸡每天排放 BOD 7.15 g。据国外资料报道，一头 450 kg 的肉牛每天排泄氮量为 430 g，猪的排泄物中含氮量高达 3.8%，畜禽粪便在堆放和贮藏过程中，会产生硫化氢、氨、甲硫醇等恶臭气体，必然造成对周边生态环境的严重破坏。

13.3 农村能源利用

（1）农村能源利用状况

天津市农村能源有 11 种：煤炭、成品油、电、液化气、天然气、薪柴、秸秆、沼气、太阳能、风能和地热。

2000 年全市农村能源消费 892.05 万 t 标准煤，其中生活用 188.54 万 t 标准煤，占 21.1%；农业生产用 71.01 万 t 标准煤，占 8.0%，乡镇企业用 632.50 万 t 标准煤，占 70.9%。农村能源消费结构，见图 5-13-11 和表 5-13-2。

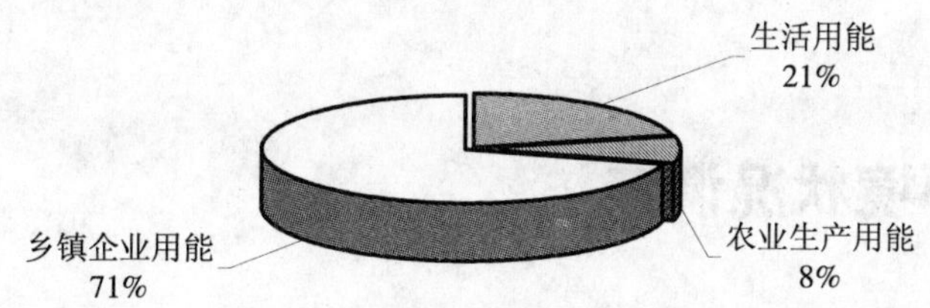

图 5-13-11 天津市农村能源消费结构图

表 5-13-2 天津市农村能源情况

年 份	沼气池/万户	省柴节煤灶/万户	太阳能热水器/万 m²	被动式太阳房/万 m²	风力发电机		风力提水机	
					台	装机/kW	台	灌溉/hm²
1984	0.95	3.15	0.006 3	—	—	—	—	—
1986	1.23	23.93	0.52	—	—	—	—	—
1988	0.94	30.12	2.70	0.42	25	3.75	—	—
1990	0.89	33.56	4.89	0.97	92	13.8	23	233.3
1992	0.86	37.23	7.55	2.12	117	17.6	52	529.9
1994	0.80	41.28	10.22	3.88	117	17.6	74	763.2
1996	0.69	45.29	13.07	4.30	104	15.6	79	813.2
1998	0.50	49.86	16.56	4.44	94	14.1	72	753.2
2000	0.41	54.76	19.08	4.44	46	6.9	66	729.89

（2）农村能源消费特点

天津为能源输入型城市，农村能源消费以煤炭和电为主体；

生产用能中农业和乡镇企业比重加大；

乡镇企业的能源消费量高低决定着全市农村能源的总消费量；

农村生活用能中商品能源需求量逐年加大。

（3）农村能源结构特点

天津市农村能源结构变化较快，电、液化气、油、煤等能源比重不断增加，对生物能、太阳能、风能和地热的开发利用较少。

13.4 农村人粪尿、生活垃圾及生活污水状况

农村人粪尿利用率低、生活垃圾和生活污水没有处理措施。2000 年农村人口 379.01 万人，人粪尿产生总量为 316.97 万 t，其利用率仅为 64.48%，与 1990 年相比差异不大，而且还田量尚有减少。本次调查，2000 年农村生活垃圾产生量为 96.65t，生活污水产生量为 7 220.25 万 t，农村生活垃圾和生活污水基本没有处理措施，这是造成广大农村生态环境面源污染的主要污染源。

14 城镇生态环境状况调查

14.1 天津市城镇和城市体系布局规划

14.1.1 天津市域城镇体系布局规划

天津市域城镇总体发展战略为：突出中心，强化近郊区，完善远郊县，加快滨海城区的开发建设。规划将市域城镇体系分为中心城市、县城、中心城镇和一般建制镇四级布局结构，形成规模合理的城镇体系。

（1）中心城市

中心城市由中心城区和滨海城区及多个组团组成。规划形成由中心城区（外环绿化带内）和 8 个外围组团（杨柳青、大寺、双街、小淀、新立、军粮城、咸水沽、双港）构成的分散组团式布局。

滨海城区以天津港为龙头，主要由塘沽城区、汉沽城区、大港城区、海河下游工业区组成，形成相互协调的城市布局结构。

（2）县城和区政府所在地

这里指的是宁河、静海和蓟县 3 个县城以及武清和宝坻 2 个区政府所在地。它们作为各自辖区内的政治、经济、文化中心，按照中等城市的标准进行建设。

宁河县城作为天津与东北各省市联系的主要通道和面向东北地区的窗口，建成重要的商贸集散地和以外向型经济为主导的综合性城市。

静海县城作为天津南部沟通河北和山东等沿海地区的主要城镇，建成以现代工业和商业批发为主，交通运输和旅游等第三产业协调发展，工业发达、商贸繁荣的城市。

蓟县县城作为市级历史文化名城和沟通京津冀地区风景旅游区的重要节点，建成以绿色食品加工工业为基础，旅游、商贸为主的花园城市。

武清区政府所在地作为沿京津塘高速公路高新技术产业带的重要节点和天津与北京联系的主要通道，建成以高新技术为主导的产业基地和外向型新兴科技城。

宝坻区政府所在地作为天津北部传统的商贸集散地，建成以副食品生产、供应和外向型工贸为主的城市。

（3）中心城镇

已确定重点发展的小城镇和建制镇中选出 30 个乡镇作为中心城镇，平均每个县 5～6 个，规划至 2010 年常住人口为每镇 1 万～3 万人。

（4）一般建制镇

规划至 2010 年一般建制镇数将达到 120 余个，建制镇常住人口控制在每镇 0.5 万人以内。

14.1.2 天津市域城市布局规划

城市总体布局为：沿京津塘高速公路和海河作为城市发展的主轴，其重点城镇自西向东依次为武清区政府所在地、中心城区、海河下游工业区和塘沽城区等。沿津围公路和津静公路作为城市发展的次轴，其重点城镇自北向南依次为蓟县县城、宝坻区政府所在地、杨柳青城区、静海县城等。其余中小城镇均采取沿主要交通走廊分布，形成以中心城区和滨海城区及多个组团为中心城市的放射型城镇网络。

中心城区为天津市政治、文化、金融、商贸中心，成为我国重要的商品集散地和进出口贸易中转枢纽、重要的资金运转调度中枢和全国的科研基地和信息中心之一。

外围组团：根据各组团的现状布局特点和发展方向，规划形成相对独立的组团，各组团与中心城区之间以绿地、果园、林地、菜地、水面、风景区等绿化空间相隔。规划以城市快速交通系统将中心城区与外围各组团有机地联系起来，给中心城区发展提供新的发展空间。

外围组团包括杨柳青、大寺、双街、小淀、新立镇、军粮城、咸水沽、双港。到 2010 年，总人口规模为 65 万人，总用地 65 km²。

滨海城区：滨海城区以天津港、经济技术开发区、保税区和塘沽区为重点，向外辐射至汉沽、大港城区和海河下游工业区，形成相互协调的城市布局结构。

14.1.3 城市化发展现状

全市原有乡镇 218 个。通过乡镇行政区划调整，撤并乡镇 71 个，减少 32.56%。平均每个乡镇人口由原来的 2.06 万人增加到 3.06 万人，全市建制镇总数达 120 个。城镇密度由 1986 年的每 100 平方公里 0.16 个增长到每 100 平方公里 1 个。城镇建设用地总面积也由 1986 年的 243.64 km² 增加到 2000 年的 385.9 km²，增长幅度为 58.4%。小城镇发展已由外延的速度扩张，转变为内涵质量的提高，从体制上为推进农村城市化打下基础，促进了城市化的快速发展。

14.2 天津城镇生态环境状况

14.2.1 天津市环境空气质量状况分析

（1）天津城区环境空气质量状况分析

“九五”期间，天津市大气环境质量呈逐年好转的趋势，但仍有部分指标超标。当前影响天津市大气环境的主要污染物是总悬浮颗粒物、二氧化硫和氮氧化物。

1980 年以来天津市城区环境空气中总悬浮颗粒物污染最重的年份是 1982 年，年平均值为 0.710 mg/m³。经多年消烟除尘和综合治理，总悬浮颗粒物浓度逐年下降，到 1991 年达到 0.249 mg/m³ 的最好水平；1992 年以后，由于经济快速增长，特别是老城区的改造，房地产开发等因素影响，总悬浮颗粒物呈加重趋势，1998 年年均值达 0.340 mg/m³，日均值超标率为 51.8%；2000 年年均值达 0.305 mg/m³，日均值超标率为 40.9%。

天津市常规空气监测的二氧化硫、氮氧化物、一氧化碳和总悬浮颗粒物年度监测统计结果见图 5-14-1、图 5-14-2、图 5-14-3、图 5-14-4 和表 5-14-1。

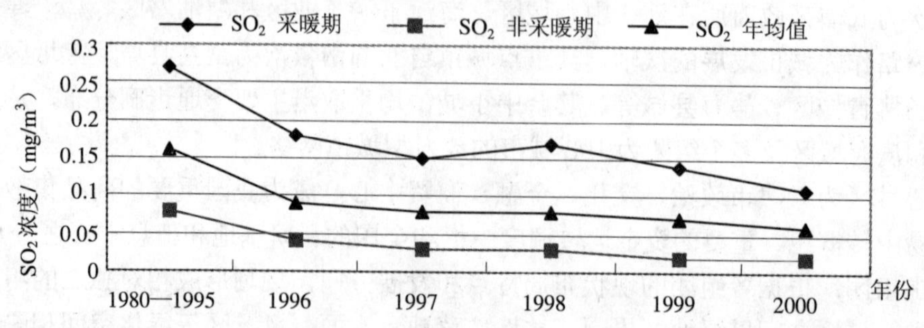

图 5-14-1　1980—2000 年城区 SO_2 浓度变化趋势

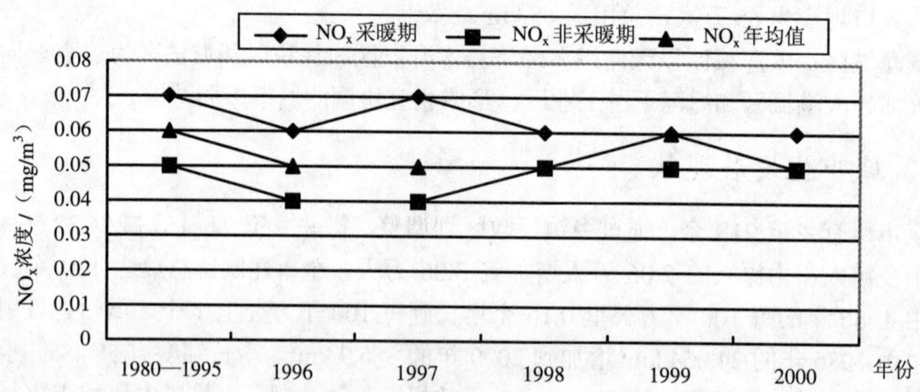

图 5-14-2　1980—2000 年城区 NO_x 浓度变化趋势

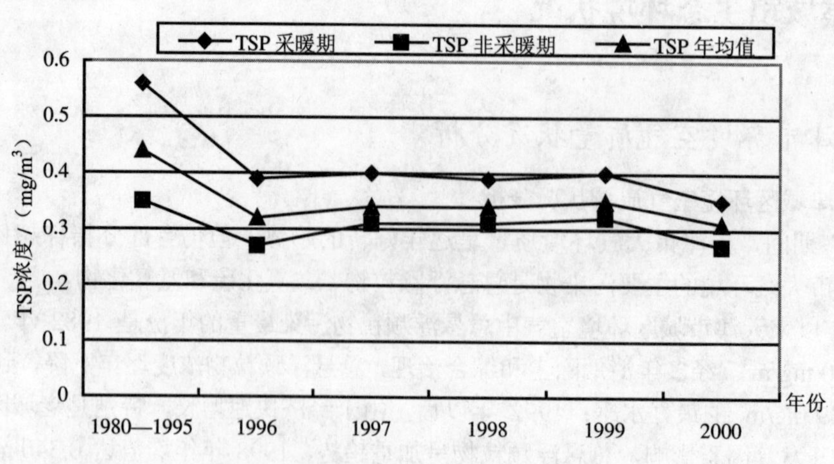

图 5-14-3　1980—2000 年城区 TSP 浓度变化趋势

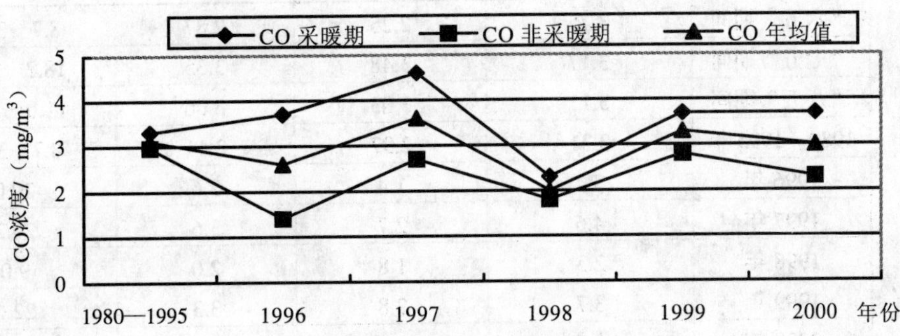

图 5-14-4　1980—2000 年天津市城区 CO 浓度变化趋势

表 5-14-1　1980—2000 年常规四项监测统计表　　单位：mg/m³

监测项目		采暖期	非采暖期	年均值	超标率（%）
SO_2	“六五”期间	0.29	0.09	0.17	35.2～46.1
	“七五”期间	0.24	0.08	0.15	12.0～46.1
	“八五”期间	0.27	0.06	0.15	27.3～38.6
	1980—1995 年	0.27	0.08	0.16	12.0～47.7
	1996 年	0.18	0.04	0.09	20.6
	1997 年	0.15	0.03	0.08	15.0
	1998 年	0.17	0.03	0.08	15.0
	1999 年	0.14	0.02	0.07	15.3
	2000 年	0.11	0.02	0.06	9.9
TSP	“六五”期间	0.77	0.53	0.63	79.5～88.0
	“七五”期间	0.50	0.31	0.39	34.2～75.9
	“八五”期间	0.37	0.21	0.28	23.7～45.1
	1980—1995 年	0.56	0.35	0.44	23.7～88.0
	1996 年	0.39	0.27	0.32	45.9
	1997 年	0.40	0.31	0.34	56.0
	1998 年	0.39	0.31	0.34	51.8
	1999 年	0.40	0.32	0.35	54.3
	2000 年	0.35	0.27	0.31	40.9
NO_x	“六五”期间	0.08	0.06	0.06	9.4～17.0
	“七五”期间	0.06	0.04	0.05	5.1～11.0
	“八五”期间	0.08	0.05	0.06	4.0～18.6
	1980—1995 年	0.07	0.05	0.06	4.0～18.6
	1996 年	0.06	0.04	0.05	5.0
	1997 年	0.07	0.04	0.05	5.8
	1998 年	0.06	0.05	0.05	4.5
	1999 年	0.06	0.05	0.06	5.3
	2000 年	0.06	0.05	0.05	5.2

监测项目		采暖期	非采暖期	年均值	超标率（%）
CO	“六五”期间	3.75	2.25	2.87	8.7～32.7
	“七五”期间	3.17	3.48	3.35	18.2～31.6
	“八五”期间	3.11	3.03	3.06	11.0～29.4
	1980—1995 年	3.31	2.97	3.11	8.7～32.7
	1996 年	3.7	1.4	2.6	20.0
	1997 年	4.6	2.7	3.6	29.2
	1998 年	2.3	1.8	2.0	9.0
	1999 年	3.7	2.8	3.3	22.6
	2000 年	3.7	2.3	3.0	14.8

由表 5-14-1 和图 5-14-1 至图 5-14-4 可以看出如下的变化情况：

① 二氧化硫：

天津市城区二氧化硫的污染采暖期明显高于非采暖期，1980—1995 年二氧化硫采暖期的污染程度平均是非采暖期的 3.4 倍，1996—2000 年二氧化硫污染状况与历年相同，采暖期污染始终重于非采暖期，偏高幅度为 3.66～6.32 倍，这表明天津市煤烟型污染的特征。从 1980—2000 年的变化趋势可见，二氧化硫年均值、采暖期均值、非采暖期均值以及日均值年超标率都呈逐年下降趋势，尤其是 1999 年、2000 年两年二氧化硫污染较“九五”初期明显减轻，表明天津市对控制燃煤所实施的一系列措施已见成效。

② 总悬浮颗粒物：

天津市总悬浮颗粒物总体污染水平较高，受冬季燃煤的影响，各年的采暖期均值明显高于非采暖期均值，而且日均值年超标率较高，“六五”期间曾达到 88%，2000 年有所下降为 40.9%。1980—1995 年采暖期浓度平均比非采暖期浓度高 0.6 倍，1996—2000 年间，前 4 年呈上升趋势，2000 年有所下降，采暖期均值比非采暖期均值的偏高幅度为 0.10～0.43 倍。此外，春秋季节的风沙尘天气、道路交通及土建施工扬尘也是加重总悬浮颗粒物污染的重要因素，因此春季污染普遍重于夏季。

③ 氮氧化物：

1980—2000 年天津市城区空气中氮氧化物年日均值变化幅度不大，大多数年份年日均值略有超过或与国家二级标准持平。氮氧化物污染采暖期浓度高于非采暖期，但采暖期与非采暖期之间差别很小。日均值年超标率不是很高。就 1996—2000 年来看，各年的采暖期均值均高于非采暖期均值，偏高幅度为 0.27～0.74 倍。城市发展、机动车保有量增加及车流量增大是氮氧化物污染有所加重的原因之一。

④ 一氧化碳：

天津市一氧化碳的常规监测是从 1982 年开始的，一氧化碳的年际变化波动较大，年均浓度值范围在 2.0～3.9 mg/m^3 之间，均未超过国家二级标准（4.0 mg/m^3）。1996—2000 近 5 年来日均值年超标率波动范围在 9%～29.2%，其中 1998 年日均值年超标率为最低（9%）。一氧化碳在一定程度上受到采暖期燃煤的影响，各年采暖期均值大多高于非采暖期均值，例如 1996—2000 年其偏高幅度在 0.10～1.64 倍。

1998 年天津市空气污染综合指数在全国 47 个重点城市的排序中居于倒数第 14 位，污染仍较严重。恶臭污染、工业粉尘、餐饮业油烟污染扰民问题比较突出。在中心市区、环城四区、滨海新区和五县 4 个区域中，中心市区污染重于其他区域，其他区域按污染严重顺序为环城四区、滨海新区和五县。

（2）天津新四区环境空气质量状况分析

天津市新四区地处城区边缘，与城区相邻。新四区较城区人口密度小，污染物扩散条件相对较好，因此，环境空气质量相对好于城区，但四项污染物的季节性变化特征与城区相同，见表 5-14-2。

表 5-14-2　1996—2000 年新四区常规四项监测统计表　　单位：mg/m^3

项　目		1996 年	1997 年	1998 年	1999 年	2000 年	“九五”均值	“八五”均值
SO_2	采暖期	0.096	0.098	0.086	0.080	0.067	0.086	0.076
	非采暖期	0.034	0.033	0.042	0.017	0.018	0.028	0.022
	年均值	0.065	0.065	0.064	0.048	0.038	0.055	0.048
NO_x	采暖期	0.082	0.066	0.061	0.046	0.053	0.061	0.048
	非采暖期	0.041	0.050	0.044	0.033	0.042	0.042	0.034
	年均值	0.062	0.058	0.053	0.040	0.047	0.052	0.042
TSP	采暖期	0.407	0.271	0.311	0.343	0.315	0.330	0.310
	非采暖期	0.267	0.220	0.239	0.278	0.287	0.259	0.230
	年均值	0.337	0.245	0.275	0.310	0.298	0.294	0.274
CO	采暖期	3.1	3.7	2.0	3.0	4.2	3.2	1.87
	非采暖期	2.1	2.2	1.5	2.5	2.0	2.1	1.84
	年均值	2.6	3.0	1.8	2.8	3.1	2.7	1.87

2000 年度新四区二氧化硫、氮氧化物及一氧化碳年均值均达到国家年均值二级标准，但总悬浮颗粒物的年均值超过年均二级标准 49.0%。1996—2000 年的 5 年间，新四区二氧化硫各期均值呈逐年下降趋势，1999 年、2000 年两年二氧化硫年均值低于国家年均值二级标准；氮氧化物在这 5 年中也基本呈下降趋势，后两年的年均值达到了国家年均值二级标准；总悬浮颗粒物污染有波动变化，1996 年的年均值最高，之后两年有所下降，近两年由于扬沙、浮尘和沙尘暴天气的增多，总悬浮颗粒物年均浓度值又有所上升；一氧化碳近 5 年的年均值也呈波动变化，1998 年均值为 5 年最低值，2000 年年均值为最高，但各年均值均达到国家日均值二级标准。

与“八五”期间相比，“九五”期间四项污染物的浓度均有不同程度的上升，其中，二氧化硫的升幅为 14.6%，氮氧化物的升幅为 23.8%，总悬浮颗粒物的升幅为 7.3%，一氧化碳的升幅为 51.7%。这说明近年随着新四区经济建设的发展，对环境已产生了一定程度的影响，需加以关注。

（3）天津滨海区环境空气质量状况分析

滨海区一直是天津市二氧化硫污染控制较好的区域，从 2000 年监测结果来看，二氧化硫各区及整个滨海地区的年均值均优于国家年均值二级标准；2000 年氮氧化物除塘沽区年均值超标 14%外，其他各区及滨海地区年均值均达标；总悬浮颗粒物的污染及超标情况较为严重，各区及区域年均值均超过国家年均值二级标准，但污染程度明显低于城区，见表 5-14-3。

表 5-14-3　1996—2000 年滨海区常规四项监测统计表　　单位：mg/m^3

项目		1996 年	1997 年	1998 年	1999 年	2000 年	“九五”均值	“八五”均值
SO_2	采暖期	0.072	0.042	0.056	0.028	0.045	0.049	0.050
	非采暖期	0.026	0.023	0.020	0.005	0.022	0.019	0.022
	年均值	0.050	0.033	0.038	0.016	0.031	0.034	0.036
NO_x	采暖期	0.060	0.046	0.049	0.035	0.043	0.047	0.054
	非采暖期	0.033	0.034	0.030	0.019	0.028	0.029	0.032
	年均值	0.047	0.040	0.040	0.027	0.034	0.038	0.040
TSP	采暖期	0.425	0.231	0.246	0.298	0.291	0.298	0.236
	非采暖期	0.406	0.209	0.307	0.240	0.254	0.283	0.208
	年均值	0.416	0.220	0.276	0.269	0.269	0.290	0.222

从 1996—2000 年的监测结果来看，滨海区二氧化硫及氮氧化物的年均值范围分别为 0.016～0.050 mg/m^3 和 0.027～0.047 mg/m^3，两项污染物均无一年超过国家年均值二级标准，且 5 年内呈波动下降趋势；总悬浮颗粒物除 1996 年均值超过国家日均值二级标准外，其后 4 年均达到日均值二级标准，其中 1997 年总悬浮颗粒物浓度值达到近 5 年最低值。从不同期别来看，各年度三项污染物均存在季节性差异，采暖期高于非采暖期，其中尤以二氧化硫最为明显。

与“八五”期间相比，“九五”期间二氧化硫、氮氧化物的 5 年均值略有下降，降幅分别为 5.5%和 5.0%；总悬浮颗粒物的 5 年均值有所上升，升幅为 30.6%。

（4）天津宝坻区、武清区和市辖三县环境空气质量状况分析

2000 年度宝坻区、武清区和市辖三县二氧化硫和氮氧化物两项污染物的年度均值分别为 0.036 mg/m^3 和 0.034 mg/m^3，与 1999 年度基本持平，但宝坻区、武清区和市辖三县年均值均达到国家年均值二级标准，全年日均值超标率分别为 0.9%和 0.4%，宝坻区、武清区和市辖三县总悬浮颗粒物年均值超过了国家年均值二级标准，环境空气质量总体好于城区，见表 5-14-4。

表 5-14-4　1996—2000 年宝坻区、武清区和市辖三县常规四项监测统计表　　单位：mg/m^3

项目		1996 年	1997 年	1998 年	1999 年	2000 年	“九五”均值	“八五”均值
SO_2	采暖期	0.036	0.049	0.038	0.056	0.063	0.048	0.042
	非采暖期	0.021	0.017	0.020	0.014	0.016	0.018	0.018
	年均值	0.029	0.033	0.028	0.035	0.036	0.032	0.030
NO_x	采暖期	0.035	0.039	0.045	0.040	0.040	0.040	0.030
	非采暖期	0.028	0.024	0.029	0.028	0.029	0.028	0.022
	年均值	0.032	0.031	0.037	0.034	0.034	0.034	0.026
TSP	采暖期	0.317	0.238	0.212	0.277	0.246	0.258	0.258
	非采暖期	0.261	0.180	0.206	0.219	0.228	0.219	0.210
	年均值	0.289	0.209	0.209	0.248	0.236	0.238	0.232

1996—2000 年的 5 年间宝坻区、武清区和市辖三县的二氧化硫和氮氧化物的年均值均低于国家年均值二级标准，且各年间年际变化平缓，二氧化硫年均值略呈上升趋势，

氮氧化物 1998 年达最高值，之后两年略有下降，两项污染物各年的采暖期均值均高于非采暖期；总悬浮颗粒物 5 年的年均值均高于国家年均值二级标准，1996 年年均值高于其他年度，继而有所回落，但 1999—2000 年又有所上升。

与“八五”期间相比，“九五”期间三项污染物的污染水平均有不同程度的上升，其中二氧化硫和总悬浮颗粒物的升幅较小，分别为 6.7%和 2.6%，氮氧化物的上升幅度相对明显，升幅为 30.8%。

14.2.2 天津市环境空气主要问题分析

①“九五”期间总悬浮颗粒物污染一直是环境空气污染的突出问题之一。

从以上现状分析可以看出，总悬浮颗粒物的污染问题在城区、新四区、滨海区、宝坻区、武清区以及市辖三县均很突出，造成此突出问题的主要原因分析如下：

冬季煤烟尘的影响。由于天津市以燃煤为主的能源结构特点，燃煤排放的煤烟尘长期以来是加重总悬浮颗粒物污染的主要原因之一。从历年的监测结果可见，天津市冬季采暖期的总悬浮颗粒物污染明显重于非采暖期。由于天津市集中供热仍处于较低水平，采暖燃煤低空面源影响尚较严重。另外，由于天津市今年来持续出现暖冬气候，且干旱少雨，燃煤采暖期频繁出现浓雾天气，这些均不利于空气中污染物的扩散稀释，造成天津市冬季空气中总悬浮颗粒物污染明显加重。

建筑施工、交通运输所产生的城市二次扬尘。“九五”期间，正值城市基础设施、城市建设高速发展时期，近年天津市各类建筑工程随处可见，道路改建、房屋建筑、平房拆迁等土建工程施工构成城市新尘源，加之不文明施工和管理不善，城市扬尘常年不断。另外，由于近年来天津市车流量迅速增大，而一些地段路况较差，车过一条龙的现象随处可见，由此造成交通扬尘加重。

受自然风沙尘的影响。“九五”末期的 1999—2000 年，我国西部地区频发沙尘暴，在冷空气和气旋的影响下，沙尘暴出现的强度、频次、范围都达到了近 50 年历史之最。受沙尘天气影响，沙尘日不仅增多，且沙尘发生期间总悬浮颗粒物污染严重，API 指数一般达中、重度污染水平。

②“九五”期间环境空气中二氧化硫污染虽有所减轻，但冬季污染仍较为严重。

“九五”期间，煤烟型污染仍是天津市环境空气污染的基本特征。受能源结构及燃煤影响，二氧化硫的污染问题仍不可忽视。由于天津市热化效率相对偏低，冬季采暖期民用燃煤量较高，由此形成的低空面源影响仍较突出。冬季二氧化硫与总悬浮颗粒物交替上升为影响空气质量的首要污染物，空气中硫氧化物的污染在部分局地区域仍较严重。“九五”期间，有 4 年二氧化硫的年均值处于超国家年均二级标准状态，其中 1996 年均值超标 56.7%。1997 年以来，天津市加大对煤质的管理控制和燃煤锅炉的改燃力度，采取改燃清洁能源、推广使用低硫煤及脱硫型煤、尾端治理等措施，这些措施非常及时和必要，使二氧化硫的污染逐年减轻，2000 年均值达到历史同期最好水平。

③“九五”期间环境空气中氮氧化物污染呈平缓渐重趋势。

“九五”期间环境空气中氮氧化物污染呈平缓渐重趋势，进一步表明机动车尾气污染对天津市环境空气质量日渐突出。5 年间氮氧化物的各年度均值中仅 1996 年达到国家年均标准，其他年份均呈现不同程度的超标。汽车尾气排放对道路两侧环境污染影响已十分明显，且污染呈加重趋势。据监测，主要干道两侧近 50 m 内氮氧化物和总悬浮颗粒物严重超标。由于“九五”期间监测方法较“八五”期间进行了改进，实现了 24 h 连续监测。根据机动车昼间污染重于夜间的特点，“八五”期间主要集中于日监测，监测结果高于“九五”期间。氮氧化物在“八五”期末出现较大幅度下降，自 1996 年呈现逐渐上升趋势。

④“九五”期间环境空气中铅污染基本得到控制，一氧化碳升降起伏较大。

1996—1997 年间，环境空气中铅污染呈加重趋势，为控制铅污染，市政府 1998 年大力推广无铅汽油，从当年 1 月 1 日开始在中心城区内禁止销售含铅汽油，6 月 1 日在全市范围实现汽油无铅化，使全市销售的无铅汽油已达到车用无铅汽油的标准，使天津市空气中的铅浓度有明显下降，2000 年环境空气中铅的浓度较 1999 年又有所下降，表明无铅汽油推广的效果。环境空气中一氧化碳在 1996—2000 年间变化升降起伏较大，与所采用的监测方法、监测频率有一定关系。“九五”期间天津市主要道路两侧与主要交通干线的一氧化碳污染较“八五”时期有所减轻。

⑤“九五”期间环境空气中降水质量下降，酸雨与酸雨率呈加重趋势。

“九五”期间，天津市空气中降水质量下降，酸雨与酸雨率呈加重趋势的问题值得关注。1996—2000 年间，天津市酸性降水问题较为突出，5 年中降水 pH 值年均值有两年等于酸性降水临界值，有两年略高于此值，2000 年则急剧下降至低于酸性降水临界值以下，pH 值年均值达 5.51，酸雨率仅次于 1998 年，居第二位。同时，降水中其他离子成分在 1999—2000 年间年均值上升幅度较“九五”前三年及“八五”期间明显，表明空气中可溶性气溶胶含量增高，加重了空气污染的复杂性。对于酸雨的成因尚需进一步研究，但是降水酸度的下降与空气中硫类等污染物的排放量密切相关，加强空气污染控制极为重要。

14.2.3 天津城市污水排放状况分析

（1）市政排水设施

市区有一级河道 5 条：子牙河，北运河，新开河，南运河，海河。二级河道有 17 条。污水排放分成六大系统即：咸阳路系统、纪庄子系统、双林系统、北仓系统、赵沽里系统、张贵庄系统，市区污水入大沽排污河占总量的 69.32%，入北塘排污河占总量的 27.08%。雨水排放设施：天津市降雨的特点是大部集中在 6—9 月份，由于地势低洼、降雨集中以及排水设施能力不足，造成多处积水地区。城市建成区扩大，排水设施空白区增加，市区雨后积水点增加，排水出路不畅，排水设施亟待进一步发展与完善。2000 年与 1996 年比较，全市排水量道干管长度由 1996 年的 1 976.93 km 增加到 2000 年的 2 300.94 km，增加了 324.01 km。排水泵站由 1996 年的 140 座增加到 2000 年的 152 座，增加了 12 座，泵站总排水能力由 1996 年的 540.81 m^3/s，增加到 2000 年的 570.07 m^3/s，增加了 29.26 m^3/s。污水管道普及率由 1996 年的 55.17%增加到 2000 年的 61.1%，上升了 5.93 个百分点。雨水管道普及率由 1996 年的 45.12%增加到 2000 年的 49.62%，上升了 4.5 个百分点，见表 5-14-5。

表 5-14-5 1996—2000 年天津城市排水设施统计

年份	市政排水干道/km	泵站排水能力/（m^3/s）	泵站数量/座
1996	1 976.93	540.81	140
1997	2 084.60	543.56	143
1998	2 157.99	547.88	145
1999	2 214.08	569.95	151
2000	2 300.94	570.07	152

① 市区污水排放状况：

1996 年与 2000 年比较，全年市区污水排放总量，由 1996 年的 5.511 亿 m^3 减少到 2000 年的 4.220 亿 m^3。平均每日污水排放量由 1996 年的 150.58 万 m^3 减少到 2000 年的 115.31 万 m^3。

1996—2000 年市区污水中，生化需氧量、悬浮物、氰化物、挥发酚等污染物排放量见表 5-14-6。

表 5-14-6 1996—2000 年市区污染物排放量 单位：t/a

项 目	市区污染物排放量				
	1996 年	1997 年	1998 年	1999 年	2000 年
悬浮物	48 218	50 502	71 638	58 572	41 188
化学耗氧量	146 457	171 973	136 391	108 602	90 118
生化需氧量	73 814	68 206	47 958	35 165	35 119
挥发酚	204.35	99.43	105.9	75.42	68.06
氰化物	17.26	36.59	15.10	20.06	5.578
砷	1.691	0.559	0.948	1.532	2.101
总铬	96.50	73.14	36.26	22.17	23.23
镉	1.690	3.292	3.453	8.046	0.990
汞	0.584	0.109	0.242	0.276	0.123

由上表可知，城市污水处理生化降解效果较好，2000 年比 1996 年污染物排放量明显减少。

② 城市污水处理状况：

天津市主要有两大污水处理厂——纪庄子污水处理厂和东郊污水处理厂。它们自建成以来，各项污水处理设施运行良好，由于经费不足，1998 年、1999 年污水处理率曾一度下降，2000 年基本恢复正常，污水处理率已达到 45.85%，城市污水经生物氧化处理后，出水中的生化需氧量、化学耗氧量、悬浮物等污染物大幅度降解，全部达到国家规定的二级污水处理出水水质标准。

两座污水处理厂每年处理污泥约 40 多万 m^3，生产沼气约 200 多万 m^3，可进行沼气发电，补充厂内能源。东郊污水处理厂沼气发电系统已于 1998 年 10 月与市区供电线路在厂内并网运行。

在农村地区的城镇基本没有任何污水处理系统，应加强对这些城镇污水的管理，以利于保护环境。

14.2.4 天津城市环境噪声状况

天津城市区域环境噪声“九五”期间呈平稳下降趋势，2000 年平均声级为 55.7 dB（A），主要声源为生活噪声和交通噪声。滨海三区城区环境噪声平均声级均小于 55 dB（A）。生活噪声仍是最主要的环境噪声源。通过多年环境噪声治理、整顿及噪声达标小区面积的不断扩大，生活噪声源强“九五”期间比“八五”期间平均下降了 2 dB（A）。

工业集中区噪声污染得到进一步控制，“九五”期间昼间、夜间平均声级均达标。商业中心区昼间、夜间声级超标严重，昼间超标 10 dB（A），夜间超标 14 dB（A）。“九五”期间交通干线两侧区域昼间平均声级达标，夜间超标 11 dB（A），比“八五”期间上升了 2 dB（A）。

天津市区道路交通噪声平均声级“九五”期间在车流量逐年上升的情况下有较明显下降，从 1999 年起已连续两年低于标准值 70 dB（A）。外环线平均声级为 76 dB（A），噪声污染仍较严重。

天津市环境噪声源按其强度依次为：道路交通噪声、工业噪声、社会生活噪声、其他噪声，其中其他噪声中施工噪声声级强度仅次于交通噪声。环境噪声按其覆盖面积的大小依次为：社会生活噪声、道路交通噪声、工业噪声、其他噪声。其中社会生活噪声占 43%，是影响天津市声环境质量的主要噪声源。

区域环境噪声值虽然符合声环境质量标准，但在全国 46 个重点城市排名中居于后列，在各类环境污染投诉案件中噪声扰民案件始终居于首位。

14.2.5 天津城市生活垃圾状况

2000 年市内六区及滨海三区清运生活垃圾总量为 198.66 万 t，全市平均日清运量为 5 443 t。全市生活垃圾堆肥处理量为 124.45 万 t，占全市生活垃圾总量的 62.7%。2000 年天津市环卫部门共清运粪便 18.13 万 t，其中经三格化粪池倒运排放 12.67 万 t，垃圾处理场堆肥处理 4.05 万 t，简易农用堆肥 1.41 万 t。

表 5-14-7 为 1996—2000 年生活垃圾清运量变化情况，从中看出“九五”期间天津市生活垃圾清运量增加 26.67 万 t，平均每年递增率为 3.9%。表 5-14-8 为 1996—2000 年人均及户均日产量变化情况，从中可发现“九五”期间双气户人均日产量最高为 0.33 kg/（人·d），最低为 0.30 kg/（人·d），变化不明显，单气户人均日产量最高 0.60 kg/（人·d），最低为 0.41 kg/（人·d），呈下降趋势。表 5-14-9 为“九五”期间双气户生活垃圾物理成分调查情况表，从中可看出垃圾中纸类、塑料含量呈上升趋势，骨壳、砖瓦、灰土、金属、玻璃有下降趋势。

表 5-14-7 1996—2000 年天津市生活垃圾清运量变化情况

年　份	清运量/万 t	递增率（%）
1996	171.99	4.9
1997	181.48	5.5
1998	188.02	3.6

年　份	清运量/万 t	递增率（%）
1999	189.89	0.9
2000	198.66	4.6

表 5-14-8　1996—2000 年天津市人均及户均日产量变化情况

年　份	户均日产量/（kg/户）			人均日产量/（kg/人）		
	无气户	单气户	双气户	无气户	单气户	双气户
1996	2.57	1.59	0.98	0.89	0.60	0.30
1997	1.96	1.39	0.99	0.67	0.47	0.32
1998	2.01	1.46	1.00	0.66	0.52	0.33
1999	0	1.19	0.92	0	0.41	0.32
2000	0	1.23	0.91	0	0.43	0.30

表 5-14-9　“九五”期间天津市双气户生活垃圾物理成分调查情况表　　单位：%

年 份	有机垃圾		无机垃圾		可回收废品					
	食品	骨壳	灰土	砖瓦	金属	玻璃	纸类	塑料	织物	草本
1996	74.85	0.51	4.93	1.06	0.39	1.78	7.75	6.52	1.22	0.86
1997	81.23	0.43	0.71	0.91	0.46	1.20	7.05	6.12	0.71	1.15
1998	81.73	0.25	0.84	0.84	0.03	1.42	6.29	6.67	1.03	1.24
1999	77.57	0.37	0.63	0.48	0.13	1.61	9.15	8.54	0.53	0.88
2000	78.43	0.23	0.54	0.44	0.21	0.97	8.84	8.02	1.02	1.13

大量废旧塑料膜、塑料袋、一次性塑料餐具和农用地膜随意抛弃，形成突出的“白色污染”，给景观和生态环境带来很大破坏；生活垃圾中混入工业垃圾、医院废物、电池等危险废物；垃圾减量化、资源化、无害化问题亟待解决。

14.2.6 天津城市绿化状况

1980 年全市共有树木 180.5 万株，大小公园 36 个，园林绿化面积 1 013.17 hm^2，市内六区绿化覆盖率 8%，人均绿地面积仅 1.1 m^2，与我国人均绿地 5 m^2 和世界 70%的国家人均绿地 10 m^2 的标准相距甚远。

“七五”以来，天津市结合城市改造，加快了城市绿化工程的建设。至“八五”期末，城市人均公共绿地面积增加到 3.2 m^2，城市公园增加到 143 个，总面积已达到 3 017 hm^2，市内六区绿化覆盖率达到 17.6%。其中扩建的海河带状公园成为贯穿全市的自然风景轴线。1987 年兴建的外环线绿化带作为城区绿色屏障已初步形成长 73 km，宽 500 m 的绿色环境保护圈。城市居民区庭院式绿化小区的风格，不仅美化了环境，同时创出了天津城市独特的风格与特色。1998 年全市拥有树木 1 613.38 万株，城市公园增加至 157 个，城市建成区绿化覆盖率已达到 22.84%，全市人均公共绿地上升到 4.06 m^2，2000 年城镇人均公共绿地面积已达到 10.71 m^2，见表 5-14-10。

表 5-14-10　天津城市园林绿化状况

项　目	园林绿化状况					
	1980 年	1985 年	1990 年	1995 年	1997 年	1998 年
树木/万株	185.50	517.87	932.61	1 382	1 541.49	1 613.38
公园/个	36	45	115	143	153	157
园林绿地面积/hm^2	1 013.7	1 239	1 852	3 017	3 307.3	5 531.35
人均公共绿地/m^2	1.10	1.63	2.19	3.20	3.7	4.06
建成区绿化覆盖率（%）	8.00	9.50	11.50	17.60	21.0	22.84

14.2.7 天津城市生态环境特征

①人口压力巨大。

人是城市生态系统的主体，在天津，巨大的人口压力是可持续发展的主要障碍因子之一。1840 年，天津只有 20 万人口；到 1949 年解放时，天津全市人口 402 万人；2000 年，人口即达到 1 000 万人以上，相当于解放初期的 2.5 倍。人口的持续快速增长对环境承载力构成空前压力，并带来了消费需求的急剧膨胀，导致了发达国家在 100 年间出现的环境问题，我们在 20～30 年间的快速发展中集中产生。

②环境容量下降。

天津市属华北平原生态脆弱区，环境容量小。随着水资源的开发，海河入海水量从 20 世纪 50 年代的 291.5 亿 m^3 降到 90 年代以后的 10 多亿 m^3，导致大部分河流成为季节性河流，全市丧失了 75%以上的湿地，水环境容量大大降低。

虽然土地资源较丰富，但由于土地的退化，盐渍化和沙化，使许多可利用的土地未得到有效利用。

城市部分地区大气污染严重，大气环境严重超载，郊县尚有一定大气环境容量；适时调整工业结构与土地利用格局，不仅能显著改善城区大气环境质量，还能创造新的发展机遇。

③城市区域处理污染物能力不足。

天津城区的污染物处理能力不能满足维持城市环境质量的要求。2000 年城市污水集中处理率只有 40.8%，大量污水未经处理直接排入水体或作为农业用水；生活垃圾处理率 71.2%，其中无害化处理率 53%，其他则放在城郊临时堆放点，不仅占用土地，而且是二次污染源，导致城市污染向郊区扩散。

④城市热岛效应。

天津市是一个以煤为主要能源的城市，大气环境污染为典型的煤烟型污染，近年逐步向复合型污染转变，市中心区大气质量最差。城区热岛效应十分明显，并具有明显的季节性变化，冬季最严重，春季最弱；在空间上表现为多中心，工业中心热岛效应最重，商业区次之，居民区最小。

⑤城市自我调控能力较弱。

天津市城市生态系统功能包括生产功能、生活功能和还原功能。

据统计分析，天津的生产功能居全国十大城市中的第三位；而天津的城市生态功能从自然、社会环境两个方面的 12 个要素中进行综合评价，按照 4 个级别划分，处于第三级水平，位于较差的地位。

天津的城市还原功能，由于环境容量下降，基础设施能力不足，造成城市生态系统自我调节、自我组织能力以及降解与还原城市生活中所排废物的能力较低，排放的各类污染物质远远大于其自然净化能力。因此，各种人工环境设施及人工过程在城市还原功能中的作用越来越大，并对维护天津城市的正常功能起着重要作用。

天津历来有较强的自我调节能力与社会经济稳定性。已建立了 40 多个门类比较完善的工业体系，在新中国成立后的 50 多年中，经济多样性也不断提高。但是与国内其他大城市比较，其文化的多样性较低，同时天津是依附首都北京发展起来的，这种文化特征虽然构成了稳定的社会结构，但是也导致了城市自我调控的能力不足。

15 天津市自然灾害状况调查

天津市是我国四大直辖市之一，是我国重要的工业基地，东邻渤海湾，又是重要的交通枢纽、我国北方最大的港口，处于华北平原的九河下梢和沧东断裂带。具有人口稠密、工商业发达、经济繁荣的特点。从历史上看，天津的自然灾害时有发生，对城市的发展具有很大影响，多次造成了人员伤亡和财产的重大损失。

遵照江泽民同志关于“坚持经济建设与减灾一起抓，把减灾纳入国民经济建设和社会发展的总体规划之中”的要求，必须对本地区的自然灾害环境有一客观的、实事求是的调查分析，才能对自然灾害的发生进行卓有成效的防范。

根据市政府的要求，对天津及邻近地区的地震、水利、地质、海洋、气象、农业病虫害等造成的灾害，从历史的资料及现状进行了调查分析，并提出了对策建议。

（1）气象灾害

天津市主要气象灾害有风暴、干旱等。在近几十年本地区曾多次出现风暴，工厂、农田遭龙卷风破坏，造成工厂停工、电力中断。它所带来的冰雹等气象灾害给农作物的生长造成了重大损失。1969 年在天津市发生的龙卷风，造成了天津电缆厂等数十家工厂遭破坏，造成重大经济损失。干旱是围绕城市工业发展和城乡人口生活困难的重要原因。天津市多年缺水，使工农业生产和发展受到了一定的限制。天津的缺水问题已引起市委、市政府的高度重视，由于缺水，不得不花费巨大财力从滦河引水进津，但仍解决不了问题。目前国家为了彻底解决京津地区的缺水问题，已对南水北调工程开始前期的实地调研工作，我们期待着这一工程的顺利实施，以解天津市水资源短缺的后顾之忧。

（2）洪涝灾害

天津市地处华北平原的九河下梢，由于特殊的地理位置决定了它是一个既怕旱又怕涝的城市。1939 年的大水，造成整个市区的大水灾，数十万人无家可归，流离失所，大水浸泡到百货大楼的二层，每天都有数百人冻饿而死。1963 年大水，天津危在旦夕，在党中央的领导下，在解放军的帮助下，河北省在遭受巨大损失的情况下，才保住了天津城。这次大水给天津市的农田及水产养殖业造成了巨大损失，因此，天津市投巨资修建防洪堤坝、开通通海泄洪工程等有效的防范措施。

（3）农业病虫害

天津市是全国重点沿海蝗灾区之一，每年发生蝗灾的面积为 1.33 万 hm^2，其中大港区最为严重。另外还有稻水象甲等 10 余种病虫害发生，对天津的农业已构成威胁。采取的对策主要是政府调控手段，采取飞机灭蝗和人工灭蝗相结合的方法，早准备早出动，把飞蝗消灭在幼虫阶段。

（4）海洋灾害

天津市主要海洋灾害有风暴潮灾害、赤潮灾害、海浪灾害。如 1895 年清光绪二十年四月，东南风如吼，雨如瀑布，沿海浪高 7m，淹没土房数千余家，铁路中断，海挡全部冲垮，“七十二”连营基地被冲的荡然无存，死者 2 000 余人。1963 年海啸高达 5m，东沽一带被淹房屋数千间。1992 年 9 月 1 日，塘沽潮位达 5.98 m，新港船厂等 10 多个单位的部分海挡被海水冲毁，有 3 400 户居民家进水，天津港积水 1 m 多深，海挡损失严重，经济损失达 4 个亿。另外，随着沿海城市的工业发展，污水排泄，形成了赤潮，对海洋生物污染很大。因此，海洋环境污染也不可轻视。

（5）地质灾害

天津市的地质灾害主要有地震灾害、地面沉降、山体滑坡等。其中地震灾害造成的损失较为严重。尤其是 1976 年唐山 7.8 级大地震，天津地区烈度为 8 度，造成 23 000 余人死亡，伤 113 000 余人，经济损失近 40 个亿人民币。地面沉降也是天津的一大地质灾害，特别是经济发达的滨海新区，每年都有不同程度的地面下沉。如塘沽区的上海道一带，已低于海平面 1.74 m。另外，海水倒灌也是一种不容忽视的灾害，如不采取有效措施，其后果不堪设想。

15.1 天津市地震活动概况

15.1.1 天津市历史地震灾害

历史上对天津造成影响较大的地震有：

①1057 年河北固安地震（39.5°；116.3°），震级为 6 级，震中烈度九度，文献称“幽州（北京）地大震，大坏城郭。北京宣武门外大忠寺杰阁遭摧毁，压死数万人”，天津市区位于震中东南方向，距离约 90 km，经查天津地区缺记载，按通常情况分析烈度可达六度左右，可能会有破坏。

②1068 年 8 月 14 日，河北省沧县、河间地震（38.5°；116.1°），震级为 6 级，震中烈度八度。据记载“河北地大震，坏城郭屋室，洲为甚”，并称大震“数亥不止，有声如雷，楼橹、居民多推覆。压死者甚多”。天津市区位于震中东北约 120 km。经查天津地区无记载，与 1967 年 3 月 27 日河间 6.3 级地震比较，天津地区应当强烈有感并有较严重破坏。

③1621 年 3 月河北永清、天津武清间地震（39.4°；116.8°），震级为 5.5 级，震中烈度七度，天津市区位于震中东南约 40 km。据武清县志记载“旧武清县城，东南城垛震落，屋壁半颓，民房尽坏，间有压死者”。

④1626 年 6 月 28 日山西灵丘地震（39.4°；114.2°），震级为 7 级，震中烈度九度，天津位于震中东南方向，距离约 260 km。这次地震对天津的烈度影响为五度，对天津市造成一定破坏。据史料记载“天津三卫宣大俱连震数十次，倒压死伤更惨”。

⑤1668 年 7 月 25 日山东临沂（县、城间）地震（35.3°；118.6°），震级为 8.5 级，震中烈度十二度，天津市区位于震中的北西方向，距离约 450 km，天津市烈度为六度。与 1967 年 3 月 27 日河间 6.3 级地震比较，天津地区应强烈有感和破坏。

⑥1679 年 9 月 2 日河北省三河、平谷地震（40.0°；117.0°），震级为 8 级，震中烈度十一度。天津位于震中南偏东方向，距离 97 km，烈度达七度。据史料记载天津“比舍倾，多尽室覆压者，人心慌悖，不逞之徒乘以劫掠”；蓟县“巳时地大震有声，遍于

空中，地内声响如奔车，如急雷，天昏地暗，城垣、官署破坏，房屋倒塌无数，压死人畜甚多，地裂深沟，缝涌黑水甚臭。日夜频震人不敢家居”；宝坻“自西北起坏房屋，民则无恙，八官庄共有瓦房 247 间，圮 104 间，坏 53 间；共有土房 435 间，圮 265 间，压死 3 人”；武清“巳时地震，有声如雷，公署庙宇圮者十之八，居民墙屋倾倒，压死甚多，平地忽裂，黑水迸出”；静海“官庄房屋破坏者”。

⑦1815 年 8 月 5 日天津南郊地震（39.0° 117.5°），震级为 5.5 级，震中烈度六度。震中位于南郊葛沽镇附近。据记载五日“亥时一震，次日寅时复震，户户有复者”。

⑧1888 年 6 月 13 日，渤海地震（38.5° 119.0°），震级为 7.5 级，天津位于震中西北方向，距离约 174 km，天津市震中烈度为七度。历史记载有“于五月初四申时三刻，忽然地动大震。房舍及人乱晃，头晕眼花，人皆向街巷外跑，亦有倒房塌墙”；有些木制建筑物发生轻微的移动，城市的标准钟停摆；塘沽一个码头上有个仓库的一面和一个小烟囱的一部分塌了下来，房屋普遍有裂缝；天津塘家口尽是土坯老房子，这次地震差不多都完了，屋里碗架上的碗、碟子都摔到地下来了。

15.1.2 近代对天津有较大影响的地震

详见表 5-15-1。

表 5-15-1 近代对天津有较大影响的地震

序号	震中位置	发震日期	震级	震源深度	震中距	震中烈度	天津烈度
1	河北隆尧	1966-03-08	6.3		290	九强	五
2	河北宁晋	1966-03-22	7.2	15	257	十	五
3	河北河间	1967-03-27	6.3	30	94	七	六
4	渤海	1969-07-18	7.4	35	219		五
5	河北里垣	1973-12-31	5.3	19	102	六	四
6	辽宁海城	1975-02-04	7.3		495	九	三
7	河北唐山	1976-07-28	7.3	22	102	十一	八
8	天津宝坻	1976-08-24	5.5	25	58		四
9	天津宁河	1976-11-15	6.9	17	53	八	六
10	天津宝坻	1976-12-02	5.1	25	58		四
11	天津宁河	1977-05-12	6.2	19	45	七	五
12	天津宁河	1977-11-27	5.6	16	50		三
13	河北隆尧	1981-11-07	5.8	20	258		三
14	山东荷泽	1983-11-07	5.9		400	七	三

15.1.3 天津市历史上地震造成的烈度情况

详见表 5-15-2。

表 5-15-2 天津市历史上地震造成的烈度情况

时间	震中距	次数	震级	影响程度
1345—1985 年	＜500km	＞260	＞4.0	有感
1345—1985 年	＜500km	15 左右	＞5.0	有不同程度破坏
1345—1985 年	＜450km	8	天津市烈度＞Ⅵ	市内 3 次、外围 5 次发生
1960—1985 年	市区	4	＞1.6，＜3.4	有感
1976-11-15 年	＜53	1	6.9	天津市内发生最大的地震
1976-07-28 年	＜102	81	7.8	破坏最严重、烈度为Ⅷ

15.1.4 未来 1～3 年天津市及邻区地震活动概况

目前，华北地区地震正处于 20 世纪第五活跃期的末期，未来 1～3 年仍可能发生 6 级左右地震。主要危险区为渤海极其周边地区，晋、冀、蒙三省交界地区。天津市应按照天津市防震减灾十年目标和要求进行抗震设防。

2003 年以后，华北地区地震活动可能进入一个相对平静阶段，地震活动频次会有所降低，但仍不能排除发生中强（或 5～6 级）地震

未来华北地震活动水平将走低，主要异常区是渤海海峡及其周边地区和京西北至北三省交界地区，2002 年或稍长时间内有发生中强地震的可能，首都圈地区发生中强地震的可能性不大，市及邻近地区有发生里氏 4.5 级左右地震的可能，短期内即有发震的可能。

15.2 天津市地质灾害状况

15.2.1 地质灾害状况及成因分析

矿山地质灾害主要分布在蓟县北部山区，蓟县矿产开采的历史可追溯到 20 世纪三四十年代，当时以金矿的小规模开采为主。到 20 世纪六七十年代建起了水泥厂并开始了建筑石料的开采。1973 年蓟县划归天津市，并确定为天津市的建材基地。自此，各种建筑建材原料开始了大规模的开发，主要开发水泥灰岩建筑碎石等，逐步建起了数百个厂矿。1995 年蓟县又被定位为天津市的后花园，这种大规模开发的势头才得到了逐步控制。但是几十年大规模的无序开发带来了诸多环境问题，生态环境受到了影响。诸如山体斜坡稳定性等受到不同程度的影响。破坏植被、粉尘污染、侵占耕地、水土流失，破坏了自然景观及地质旅游资源等。现简述如下：

（1）滑坡

五名山滑坡，位于城关小剪刀营北五名山东坡，此地属侵蚀、剥蚀低山丘陵区与山前倾斜平原的交汇部位，滑坡发生在南侧山坡上，此坡属顺向坡，平均坡度 25° ～30° ，与地层倾角大体一致，小剪刀营村在山坡下曾开设一个采石场，形成了 4 个较大的临空面和多级平台，滑坡发生的原因主要是在坡角逆岩层倾斜方向开采石料，将其下部支撑采空，形成陡倾角临空面，滑坡体在自重作用下顺层下滑。滑坡于 1991 年 10 月发生，

现已治理，但山体岩层已破碎，隐患仍在，如遇大雨，仍可能下滑。

公乐亭—大星峪—葫芦峪滑坡，这一带有几十个石料场，顺层开采，开采面相对高差 70～80 m，已发生数次滑坡，造成了两起人身伤亡事故。其中在吴庄—贾庄石料厂，长 100 m，开采面陡立，现仍在不断的继续向下加深开采，加大临空面，增加了滑坡的危险。大星峪开采段也存在二处潜在的滑坡崩塌危险区。

（2）崩塌

白涧、许家台、别山、新房子、大石峪、县水泥石矿等地段有几十个开矿点，以个体经营为主，无序开采，相对高差达 40～60 m，甚至达 90 m，沿走向临空顺层开采，加之岩体破碎，经常有块石落下，经常发生崩塌现象，并已造成伤亡，潜在的崩塌危险区也很多。

（3）泥石流

矿山开采尾矿未进行治理，易造成滑坡泥石流灾害。如狐狸峪矿曾因尾矿堆积形成冲沟而发生泥石流，毁田约 6.67 hm^2；铁岭水泥灰岩尾矿沿山坡顺坡堆积，倾角 38°，前缘长 100 m，前后缘相对高差 70～80 m，无尾矿坝，遇大雨引发泥石流灾害，已形成了对铁岭村民生命、财产的严重威胁。

15.2.2 矿山开采对生态环境的影响

（1）植被破坏

几乎所有的矿山开采都不同程度的破坏了植被。各石料场的开采面和作业面的山坡土均遭剥蚀，经雨水冲刷后，使山坡基岩裸露。各种废弃的尾矿堆积在沟内，经风吹雨冲侵占更多的耕地。挖砂取土破坏了耕地和植被。

据航片资料，植被破坏面积约为 10 km^2，其中白涧开采区约为 0.3 km^2，许家台—新房子—大石峪开采区 1.2 km^2，大星峪开采区 1.05 km^2，别山开采区 0.5 km^2，蓟县水泥灰岩开采区 0.36 km^2，许家台—官庄镇采砂场 3 km^2。

（2）水土流失

所有露天开采的矿山不同程度的都造成了水土流失现象。经统计计算，蓟县 1 470 km^2 面积内，水土流失的重度区［5 000～20 000 t/（km^2·a）］面积为 0.28 km^2，年流失量为 5 600 t；中度区［2 000～5 000 t/（km^2·a）］面积为 485 km^2，年流失量 49 万 t；轻度区［500～2 000 t/（km^2·a）］面积为 985 km^2，年流失量 49 万 t。蓟县每年流失水土资源为 46.6 万 t，平均每年每平方公里流失 1 000 t。

尤其是许家台—官庄镇采砂场地区水土流失尤为严重。该地区由无数大小采沙坑组成，多为个体矿点，无序开采，面积约 5 km^2，采坑 200～300 m^2，大的有 0.1～0.15 km^2，坑深 2～3 m 至 10 m 不等。

矿区地面植被完全破坏，不可恢复，并造成大面积土地沙化、水土流失严重，地貌景观完全被破坏。坑内积水，为地下流沙。

（3）自然保护区景观资源受到影响

蓟县自然风景保护区有：引滦水源于桥水库保护区，盘山自然风景保护区，黄崖关长城风景区，九龙山国家森林公园、八仙山自然保护区，蓟县九顶山自然风景区，中上元古界地质剖面保护区等。这是蓟县作为天津市后花园的重要基础，是硬件设施，应全力保护和发展。

由于矿山的无序开采，某些自然风景区受到一定影响。如盘山风景区的联合村、塔院、桃庄一带曾是花岗岩的采石区，多年采石的结果已使盘山的前山形成近 0.1 km^2 的秃山。铁岭石灰矿主要开采铁岭组二段的叠层石灰岩，过量开采已使极具研究价值和观赏的叠层石所剩无几，并且部分采掘面已经开采至中上元古界地质剖面保护区的边缘，对这一世界闻名的地质剖面形成严重威胁。另外，20 世纪七八十年代建设的数百个石料厂，因长年的开采形成的大量采掘面已使许多前山变成了白花花的秃山，严重破坏了蓟县山区的自然景观，这也就影响了它的观赏价值，给蓟县山区的旅游资源带来了不良影响，应引起严重关注。

（4）土地资源破坏

土地是不可再生资源，对我国这样一个人口众多，而耕地又少的国家，土地资源尤其显得宝贵。

① 采石场多位于山前或山沟两侧，采石的尾矿、废石屑随地下水冲刷到四周，侵蚀地表和耕地，导致土地沙化，已毁耕地超过 13.3 hm^2。

② 掘坑采沙，地表土壤全部破坏，土地沙化。如小米庄—邢庄一带采沙场，就出现这种情况。

③ 砖瓦厂取土破坏耕地，山前平原区的砖瓦厂几十个，均采用掘坑取土的办法，造成耕地极大破坏，基本都无法复原，形成大大小小的采坑，面积由 100 m×100 m 至 200 m×800 m 不等，坑深 3～10 m。所有砖厂都未进行回填复耕，部分较浅的采坑作为鱼塘污水池使用，这样就极易对浅层地下水水质造成污染。

（5）大气污染状况

矿山开采对大气的污染主要是粉尘和烟尘，据大气监测降尘量显示，矿山周围降尘量均超出国家标准，主要污染区位于：白涧、盘山、公乐亭—大星峪、别山及蓟县城关。其中尤以蓟县城关的污染严重，其污染源来自城北 3 个水泥厂，2 个白灰厂及城西到公乐亭一带的采石场。大气降尘量监测值见表 5-15-3。

表 5-15-3　大气降尘量监测值　　单位：t/（km^2·月）

监测位置	降尘量	降尘量总均值
中昌路神女	28.79	21.67
小辛庄	19.63	
洇溜	22.23	
官庄	16.02	

15.2.3 典型案例——五名山滑坡

（1）概况

五名山位于蓟县县城西 3.5 km 小剪刀营村北，曾于 1991 年 10 月 29 日发生一次较大型滑坡，滑坡发生时值中午，采石场人员正回村吃饭而不在现场，故未造成人员伤亡。

五名山高程为 201.8 m，相对高差 175 m 左右，滑坡发生在南侧山坡上，此坡属顺向坡，平均坡度 25°～35°，与地层倾角大体一致。小剪刀营村在山坡下部开设了 5 个采石场，并已形成 3 个较大规模的临面及多级平台。

（2）滑坡类型及特征

五名山滑坡发生在坡角与地层倾角基本一致的山坡上，应归属于顺层滑坡；从滑坡体深度来看，主滑体的厚度一般在 10～25 m 之间，属于中深层滑坡；滑坡发生的原因主要是由于在坡角逆岩层倾斜方向开采石料，将其下部支撑采空，形成一陡倾角临空面，滑坡体在自重作用下顺层下滑，而后壁及侧缘切层，所以以其滑坡力学作用方式分析，属于牵引式滑坡；从滑坡体物质组成来看，主要是薄层—巨厚层白云岩，属岩质滑坡。总结上述情况，五名山滑坡的类型应属于中深层牵引式岩质顺层滑坡。

滑坡由 3 部分组成，即中间滑坡体（主滑体），后缘以及北侧危岩体、南侧危岩体。其总覆盖面积约为 3.92 万 m^2，总体积约为 44.95 万 m^3，其中主滑体的总体积约为 22.15 万 m^3。

（3）滑坡形成机制分析

五名山滑坡的形成主要有 3 个影响因素。

① 岩层倾向、倾角与山坡坡向、坡度大体一致的顺向坡，以及地层中存在着的软弱夹层，是滑坡形成的潜在因素。五名山为一套薄层—厚层白云岩组成，地层产状为倾向 110°～120°，倾角为 26°～30°。发生滑坡的五名山南侧山坡为顺向坡，平均坡度为 25°～35°。地层产状与山坡向、坡度两者一致。另外，在滑动面上有一层厚数十厘米的泥沙质微薄层白云岩，遇水易软化，抗剪强度低，采石场人称其为“软浆子”，内摩擦角为 29°11′，粘聚力 9.5 kp，实属一软弱夹层，为滑坡发生发展的重要内在因素。

② 坡角不合理的采石削坡，形成临空面，失去了对岩体的支撑作用，是滑坡发生的诱发因素。

③ 小剪刀营村在滑坡体前缘及两侧有 5 个采石场，每天的爆破采石以及降雨，是滑坡形成的另一重要诱发因素。

15.3 天津市农业病虫害状况调查

历史上由于气候及地理环境的影响，天津市也是多种农作物病虫害的频发地区。农作物主要病虫害有 40～50 种之多（见表 5-15-4 天津市农作物主要病虫种类目录），其中以蝗虫［*Locusta migratoria manilensis*（Meyen）］、粘虫［*Mythimna separata*（Walker）］、稻飞虱［*Nilaparvata separata*（Walker）］、稻水象甲［*Lissorhoptrus oryzophilus*（Kuschel）］、温室白粉虱［*Trialeurodes vaporariorum*（Westwood）］等都曾给天津市农业生产造成较重的经济损失。在党和政府的领导下，全市人民与天斗、地斗战胜了一个又一个自然灾害，控制了农作物病虫害的猖獗发生，保证了农业生产连年丰收。但近年来由于受异常气候条件的影响，农作物病虫害又发生频繁，给农业生产带来极大威胁。

表 5-15-4　天津市农作物主要病虫种类（部分）

中文名	学 名
东亚飞蝗	*Locusta migratoria manilensis*（Meyen）
粘　虫	*Mythimna separata*（Walker）
稻飞虱（褐）	*Nilaparvata separata*（Walker）
稻水象甲	*Lissorhoptrus oryzophilus* Kuschel
水稻二化螟	*Chilo suppressalis*（Walker）
稻瘟病	*Magnaporthe grisea* Barr.
水稻纹枯病	*Thanatephorus cucumeris*（Frank）Donk
蔬菜病毒病	TUMV CMV TMV
大白菜霜霉病	*Peronospora parasitica*（Pers.）
黄瓜霜霉病	*Pseudoperonospora cubensis*（Berk.Et Curt.）
黄瓜枯萎病	*Fusarium oxysporum*（Schl.）
黄瓜疫病	*Phytophthora melonis* Katsura
黄瓜炭疽病	*Colletotrichum orbiculare*（Berk.&Mont.）Arx
黄瓜菌核病	*Sclerotinia sclrotiorum*（Lib.）de Bary
黄瓜细菌性角斑病	*Pseudomonas syringae pv lachrymans*（Smith et Bryan）Young，Dye & Wilkie
番茄晚疫病	*Phytophthora infestans*（Monl.）de Bary
番茄早疫病	*Alternaria solani*（Ellis et Martin）Joneset Grout.
番茄灰霉病	*Botrytis cinerea* Pers
辣椒疫病	*Phytophthora capsici* Leonian
茄子黄萎病	*Verticillium dahliae* Kleb
温室白粉虱	*Trialeurodes vaporariorum*（Westwood）
美洲斑潜蝇	*Liriomyza sativae*（Blanchard）
菜豆锈病	*Uromyces appendiculatus*（Pers.）Ung.
芹菜斑枯病	*Septoria apiicola* Speg.
韭菜灰霉病	*Botrytis squamosa*（Walker）
韭菜迟眼蕈蚊	*Bradysia odoriphaga*（Yang et Zhang）
棉蚜	*Aphis gossypii*（Glover）
茶黄螨	*Polyphagotarsonemus latus*（Banks）
甜菜夜蛾	*Laphygma exigua*（Hubner）
菜青虫	*Pieris rapae*（Linnaeus）

15.3.1 主要农作物病虫害发生防治情况及国内外典型实例

农作物病虫害给人类带来的灾难举不胜举，典型的首举 1845 年爱尔兰马铃薯晚疫病大流行，造成爱尔兰人的主要食物之一的马铃薯大面积绝收，导致数十万人饥饿死亡和大量的移民。1943 年由于水稻胡麻斑病的大发生，引起孟加拉邦的饥馑，死亡人数超过 200 万人（见表 5-15-5 及表 5-15-6）。

表 5-15-5 国外农作物病虫灾害发生事例表

发生时间	发生地点、规模及损失情况	资料来源
1845 年	爱尔兰马铃薯晚疫病大流行，马铃薯大面积绝收，导致数十万人饥饿死亡和大量移民	《农业植物病理学》
1940 年	日本西部稻飞虱、北部稻瘟病大发生，损失水稻 46.5 万 t	《国外植保资料汇编》
1943 年	孟加拉邦水稻胡麻斑病大发生，引起饥馑，死亡人数超过 200 万人	《农业植物病理学》
1974 年	日本水稻稻瘟病大发生，损失水稻 54.4 万 t	《国外植保资料汇编》
1986 年	印度尼西亚褐稻飞虱为害，10 万 hm^2 水稻失收	《国外植保资料汇编》
1986—1990 年	非洲蝗虫大发生，导致数百万公顷的作物和草原受到毁灭性危害，并导致了严重的饥荒。被称为在非洲大陆爆炸的“生物炸弹”	《中国东亚飞蝗发生与治理》

表 5-15-6 国内农作物病虫灾害发生事例表

发生时间	发生地点、规模及损失情况	备注
公元前 707 年	鲁：秋螽（穀梁传：螽虫灾也，公羊传：何以书，记灾也	《春秋》
公元前 218 年 10 月	蝗虫从东方来，蔽天	《汉书》
公元 2 年 4 月	君国大旱蝗，青州尤甚，民流亡	同上
公元 22 年	夏蝗从东方来，飞蔽，至长安，入未央宫，缘殿阁，草木尽	同上
公元 785 年	夏蝗东自海，西尽河陇，群飞蔽天，旬日不息，所至草木及畜毛靡有孑遗，饿殍枕道	《唐书》
1591 年	夏，天津大蝗群飞蔽天，声若雷雨，流粪遍地，落入民田，禾稼被食几尽	《天津市农林志》
1640 年	秋蝗、蔽天、食物至尽。津人民相食，尸骸遍野	同上
1929 年	天津发生蝗虫，为害农作物面积 20%～50%，天津、宁河两县农作物损失达 70%～77%	同上
1946 年	军粮城发生蝗蝻 1.33 万 hm^2，被害面积 133.33hm^2，消灭蝗蝻 2 500 kg	同上
1946 年	小麦普遍发生锈病，严重的减产 40%～50%	同上
1951 年	蝗虫发生，武清使用飞机除治 1 533 hm^2	同上
1953 年	天津稻瘟病发生 2 万 hm^2，占全市稻田面积的 90%	同上
1958 年	大白菜病虫害严重，产量大减	同上
1959 年	夏、秋蝗大发生 23.7 万 hm^2，副市长紧急动员 5 万人大军灭蝗	同上
1966 年	大港区发生蝗虫 8 万 hm^2，平均密度 90 头/m^2	同上
1970 年	部分区县发生二代粘虫 1.8 万 hm^2，三代粘虫 1.33 万 hm^2，23.4 hm^2 作物被吃光	同上
1985 年	全市发生蝗虫 2.6 万 hm^2，大港区最高密度达万头以上，小股蝗虫起飞	同上
1991 年	褐稻飞虱大暴发，全市稻区普遍受害，以滨海新区受害最为严重	工作总结
1992—1993 年	棉铃虫大发生，棉花受害严重，全市棉花面积锐减，广大棉农谈虫色变	工作总结
1994—1995 年	东亚飞蝗大发生，以静海、大港区最为严重	工作总结
1998—1999 年	大港部分蝗区蝗虫发生严重	工作总结

其次是蝗虫给人类带来的灾难。蝗灾是一种世界性的农业生物灾害，全世界约有 1/3 的大陆，包括近 100 个国家和地区不同程度地受到蝗灾的威胁，其中尤以非洲和亚洲的一些国家蝗灾发生最为频繁，危害也最重。而造成这种危害的主要是：具有暴发性、群集性和迁飞性的沙漠蝗［*Schistocerca gregaria*（Forskal）］和东亚飞蝗［*Locusta migratoria manilensis*（Meyen）］所致。

沙漠蝗在千年历史上是引发非洲蝗灾的头号害虫，其暴发年份的侵袭区可波及到整个非洲大陆、中东以及地中海沿岸的 57 个国家，总面积达 2 900 万 hm^2。仅 20 世纪以来，沙漠蝗就已有 5 次大发生，即 1913—1919 年、1926—1934 年、1941—1948 年、1950—1962 年和 1986—1990 年。近几次蝗灾每次都波及到 30～40 个国家和地区。特别是 20 世纪 80 年代中后期发生的这次蝗灾，使非洲数百万公顷的作物和草原受到毁灭性危害，并导致了严重的饥荒。为此有人曾将如此沙漠蝗灾称之为在非洲大陆爆炸的“生物炸弹”。

在我国造成蝗灾的主要有东亚飞蝗、亚洲飞蝗［*L.m.migratoria*（Linnaeus）］和西藏飞蝗（*L.m.tibitensis* Chen）。其中东亚飞蝗是造成我国乃至东南亚地区蝗灾的最重要的害虫之一。据考证我国历史上发生的近千次蝗灾中有 90%以上是由东亚飞蝗引起的，史书上曾把“蝗灾、水灾、旱灾”并称为三大自然灾害。如史书上记载的“飞蝗蔽天，赤地千里，禾草皆光，饿殍枕道，人饥相食”等蝗灾惨状不胜枚举，正如明代徐光启在其《农政全书》中所说“凶饥之因有三：曰水、曰旱、曰蝗。地有高卑，雨泽有偏波；水旱为灾，尚多幸免之处，惟旱极而蝗，数千里间，草木皆尽，或牛马毛幡帜皆尽，其害尤惨过于水旱”，可见蝗灾发生之严重。

（1）天津市蝗灾防治情况

天津是全国重点沿海蝗区之一，其蝗区分布范围为渤海沿岸距海岸线 10～30 km 的地带。如汉沽区的东尹乡、茶淀乡的洼地；塘沽区的宁车沽、邓善沽、松桥农场的草荒苇地；长芦盐场西部边缘荒地；北京清河农场荒地；大港区的大港水库、独流减河行洪道、子牙新河行洪道、官港、三角洼地及太平村镇沙井子乡的荒草地等。总面积约为 1.33 万 hm^2，其中大港水库和独流减河行洪道为重点常发蝗区。

① 东亚飞蝗发生规律：

历史上，东亚飞蝗为年发生 1～2 代区（或不完全 2 代区）但受大气温室效应和全球气候变暖的影响，自 20 世纪 80 年代中期以来，冬季暖冬，春季气温回暖早，夏季炎热，与 50 年代相比，气温普遍偏高 1～3℃，由于温度的升高，有效积温的增加，蝗虫发育速度加快，致使发生期提早 3～5 天，甚至 7～10 天，最终变成了完全 2 代区（有的年份甚至有不完全 3 代区的可能性，这也是近年来蝗虫龄期不整、世代重叠的原因之一）。即每年 5 月上旬蝗虫卵开始孵化，蝗蝻出土盛期一般在 5 月下旬至 6 月初，3 龄盛期一般在 6 月上旬，该代蝗虫称为夏蝗。夏蝗蝻一般经 30～35 天羽化为成虫，羽化后的成虫经 10～15 天开始交尾，交尾后 4～7 天开始产卵，产卵盛期一般在 6 月底至 7 月中旬，夏蝗卵一般经 15 天左右孵化出土，出土的蝗蝻称为秋蝗。秋蝗出土的始盛期一般在 7 月中旬，盛期在 7 月下旬至 8 月初，秋蝗蝻经 25～30 天羽化为成虫，羽化盛期在 8 月中旬至 9 月初，成虫羽化后 15～20 天开始交尾，9 月下旬开始有秋残蝗产卵，产卵盛期在 9 月底至 10 月中旬。

自 20 世纪 80 年代以来，东亚飞蝗发生的基本规律是每 5 年左右一次大发生。如 1985 年大港水库全面脱水，秋蝗大发生达 1 万多 hm^2，密度高达 2 000 头/m^2，到 9 月 20 日，一股成虫突然起飞，经过河北省的黄骅、海兴、沧县、孟村等县及中捷和南大港两个国营农场，降落面积东西宽约 30 km，南北长约 100 余 km，波及面积达 16.67 万 km^2。虽在秋后未造成大的危害，但却是解放以来我国首次跨省大迁飞，其影响极大。随后 1990 年、1995 年、1996 年、2000 年都是大发生年。

② 影响东亚飞蝗发生因素的分析：

影响东亚飞蝗发生的因素很多，其中主要以水文、气候、植被、土壤及天敌等因子的影响较大。

水文因子：新区大部分蝗区集中在水库、河道和荒地等，特别是大港水库、独流减河行洪道为蝗虫发生的重要基地，其主要原因是水库的水位不稳定，水位的变化又与气候条件和农业用水有密切关系，不同年份的气候变化引起水库水位的频繁变化，例如雨水较多的年份，水量充足水库可以大量蓄水，库区的水位迅速升高。在一定时期内如果保持稳定的水位蝗虫就不会发生，或者是水库堤埝少量发生不会造成蝗害。如果遇到干旱年份，由于大量蒸发以及农业抗旱大量用水，库区水位大量下降，当水位下降时期与夏蝗或秋蝗产卵前时间相吻合（即夏蝗和秋蝗产卵前期库区裸露出大量脱水地）就会吸引四周残蝗集中到脱水地产卵，为蝗虫的发生提供了基地保障，即人们常说的“水来蝗去，水去蝗来”。

气候因子：在春夏干旱年份，不但蝗卵死亡率高，而且蝗蝻出土非常不整齐，若在东亚飞蝗成虫发育、产卵阶段及卵的孵化时期遇到雨水调和的气候，就能提高蝗虫的产卵量、蝗卵的孵化率和蝗蝻成活率。

土壤因子：土壤的坚硬程度、土质类型以及含水量和含盐量对蝗虫的产卵均有一定的影响，土壤湿度适中的情况下，东亚飞蝗喜欢在土壤坚硬的道路、堤埝等处产卵，土壤干旱情况下，蝗虫会转移到比较低洼湿度适中的地区产卵，当粘土的含水量达到 18%～20%，壤土的含水量达到 15%～18%时适合产卵。土壤含盐量在 1%以下的蝗区适合产卵，含盐量超过 1%的蝗区只有极少数蝗虫产卵。

植被因子：蝗虫喜食的植物以芦苇为主，其次是稗草、狗尾草、马绊草、莣草等。同时植被的覆盖度亦影响蝗虫的产卵，东亚飞蝗喜欢在植被覆盖 50%以下的地方产卵。

天敌因子：在蝗区，蝗虫的天敌种类很多，据调查共有 65 种，其中节肢动物昆虫纲 3 目 5 科 15 种，蛛形纲蜘蛛目 10 科 41 种，脊椎动物两栖纲 3 种，鸟纲 5 种，微生物 1 种。其中有些天敌优势种群对抑制蝗虫的发生起着很重要的作用，例如天敌鸟—苇巫鸟［*Embwriza pallasi*（Cabaais）］。

③ 控制蝗灾已采取的措施：

A．政府调控手段。

东亚飞蝗作为一种跨地区、跨国界的迁飞性生物灾害，一旦发生，不但来势凶猛，而且涉及面广。20 世纪 50 年代以来，天津市开展大规模的蝗虫除治，采取了人工捕打、飞机药治与人工地面药治相结合的方法控制蝗害。20 世纪 80 年代中期，天津市治理蝗害仍然采取政府行为与群众运动相结合的方法，每次蝗虫大发生都是在市政府领导下，市农林局组织实施，市财政保证治蝗资金的筹集，各区县政府和农林局大力协作，有组织有计划的开展治蝗活动，国有荒地由市财政局提供治蝗经费，农田蝗区由各区县、乡、村集体出资，国家补助的方法筹集经费，这样可以有计划地组织飞机药剂防治和人工地面防治，并保证较好的防治效果。

B．监测防治体系建设。

天津市蝗虫防治体系的组织形式是成立市防蝗指挥部，由市农委主要负责人或市农林局局长任总指挥，市财政局农财处长、市植保站长及重点区县主管农业的副区长任副总指挥，下设防蝗现场指挥部，重点蝗区成立防蝗指挥分部，统一组织本区的治蝗工作。

监测体系建设，1986 年建立了大港区防蝗站，并配备了 15 名长年防蝗员和 15 名季节性防蝗员，1990 年农业部投资 15 万元在大港区建立了以蝗虫测报为重点的全国农作物病虫测报网大港区域测报站，负责为部、市提供蝗虫预测预报信息。通过机构的建立，人员的固定，为准确掌握蝗情，适时开展除治，提供了可靠的保证，为保证防治效果起到了积极的促进作用。

C．应急防治体系建设。

为改善查蝗、治蝗的交通、通讯条件，配套建设一批区域型治蝗物资储备库，以增强治蝗的快速反应能力和减灾能力。1999 年农业部实施了植保工程，由农业部和大港区各投资 20 万元实施“蝗虫应急防治设施建设”项目，通过一年实施，组建了设施完备、通讯快捷、行动迅速的高素质的应急防治队伍，极大的提高了防灾减灾能力。

（2）稻水象甲发生防治情况

稻水象甲（*Lissorhoptrus oryzophilus* Kuschel）是国际公认的水稻上的重要检疫对象。稻水象甲原产美国，1976 年传入亚洲的日本，1988 年传入韩国。我国发现此虫的最早记录是 1988 年 6 月，发生地点是河北省唐海县。天津市 1990 年 6 月首次在汉沽区东尹乡高庄村、宁河县芦台镇曹庄村发现此虫，而后在天津市的部分地区发现此虫。塘沽区首先在宁车沽南村、区良种场发现此虫。发现疫情以后，国务院、农业部、市区各级政府都非常重视，采取了一系列的封锁防除措施，通过观察研究其发生特点，寻求到有效控制此虫的方法。

① 虫情的变化与发展：

1990 年稻水象甲仅在天津郊区 6 个区县的 15 个乡镇发现，稻田发生面积 0.80 万 hm^2。1993 年，全市有稻田的 9 个区县均有此虫发生，涉及 61 个乡镇的 3.06 万 hm^2 稻田。1994 年统计，全市稻水象甲发生面积已达 3.28 万 hm^2。由此可以看到稻水象甲扩散速度之快。

② 发生特点：

国内发现的稻水象甲均是雌虫，一年发生一代，以成虫在稻田边适宜的场所越冬。越冬成虫 4 月中旬开始活动，先在越冬场所附近取食禾本科杂草，随水稻秧苗生长，逐渐迁入稻田取食。越冬成虫经过补充营养性器官成熟后行孤雌生殖循序产卵。本田插秧后，在田边活动的成虫就近迁入本田取食产卵。因此通过秧苗携带的成虫、卵及插后迁入的成虫都成为本田虫源。新区一季稻一般在 6 月 10 日前插完，6 月 15 日调查，成虫危害状况普遍出现，稻丛上可以很容易查到成虫。6 月下旬，田间成虫量逐渐减少，随水稻生长成虫危害状趋轻，幼虫危害进入始盛期。7 月中旬为蛹盛期，新一代成虫在 7 月下旬至 8 月上旬出现。随着新一代成虫羽化盛期的到来，田间成虫危害状逐渐明显。

③ 防灾对策：

稻水象甲已成为水稻生产上每年必然发生的害虫，监测除治不得松懈，以抓好越冬场所施药、狠抓越冬代成虫为主攻方向，辅以适期防治幼虫、消灭新一代成虫，减少虫源，保护水稻生长。

（3）褐飞虱发生防治情况

褐飞虱1991年在津、冀滨海稻区大暴发，受害稻田全部枯黄，惨不忍睹。

① 国内发生概况：

资料报道褐飞虱越冬北界在北纬 21°～25°之间，终年危害区在北纬 19°以南的海南省南部，少量越冬区在北回归线两侧，北纬 25°以北地区不能越冬。褐飞虱具有季节性南北往返迁飞的习性，迁飞扩散距离与大气环流有关。正常情况下，褐飞虱危害波及的最北界在黄河以南淮河流域。

② 灾情发生时间、地点及情况：

1991 年 7 月 25 日塘沽最早发现褐飞虱危害，在新城稻田发现飞虱虫口超标，及时发布了《注意查治稻飞虱》的病情情报。紧接着开展了普查，发现所有稻田飞虱虫口都超标，于 8 月 7 日又发布了《立即查治稻飞虱》的病虫情报，号召农民及时开展除治。8 月 15 日中心桥乡五十间房村稻田发生高密度长翅型成虫，稻田水变黑发臭，单株有虫超过百头。不同龄期若虫聚集稻株下部，单株有虫大大超标。从田间虫情分析，认为褐飞虱大量批次迁入，数代重叠发生，当地二代褐飞虱是导致水稻受害的主要虫口。水稻普遍枯死出现在 9 月 2 日，随时间延长，大部分稻田相继枯死，飞虱灾害遍及全区稻田，灾情延续到水稻收获。

③ 灾害损失：

汉沽区 0.28 万 hm^2 水稻全部受害，绝收面积 0.048 万 hm^2，损失稻谷 839 万 kg，直接经济损失 133.5 万元；塘沽区 0.21 万 hm^2 水稻绝收，其余稻田不同程度减收，减产稻谷 1 898 万 kg，直接损失 1 765 万元，农村社员口粮缺少 401 万 kg。

④ 抗灾救灾措施：

灾情发生后，各级政府非常重视，及时组织有关部门召开紧急动员会、除治现场会，号召立即开展除治。全国植保总站专家姜瑞中、汤金仪到塘沽调研指导，市区农业部门抽调干部深入乡村指导防治，调查虫情及防治效果。仅塘沽区除治稻飞虱出动人力 44 180 人，施药器械 17 000 台（架），农药投入 971 万元。尽管投入大，但终因稻飞虱来势凶猛，人们对其危害尚缺乏认识，生产责任制所限，仅取得了一定效果，没有完全控制危害，损失惨重。经验理当认真总结，教训更要深刻记取。为减轻灾情，保证受灾农民的生活，塘沽区政府号召城市居民捐献粮票，厂矿捐款救灾，区政府下拨救灾资金，保证了灾民度过灾年。

⑤ 灾情暴发原因分析：

当年南方水灾是造成褐飞虱大量北迁的因素，太平洋副热带高压北跳是导致褐飞虱跨越黄河的动力，津冀滨海稻区的持续高温、广阔的稻田是褐飞虱得以猖獗危害的条件。

褐飞虱在滨海稻区大暴发的事实，可以说是钻了人们对其尚缺乏认识的空子。由于其对适生条件的要求及常规大气环流特点，历史上在黄河以北只有少量成虫潜入，未对水稻生产构成威胁，在大气环流异常的状况下促使褐飞虱波及危害区北移的情况下，人们仍用灰飞虱、白背飞虱发生危害的水平看待褐飞虱，放松了警惕。在发现此虫后，虽然市、区植保站连续发布《病虫情报》，通知及时除治，但没能引起重视，犯了经验性错误，使迁入虫源自由自在地生长繁殖，虫口骤增，造成毁灭性危害。

除治褐飞虱的实践表明，此虫虽然严重，但并不是不可控制，在大面积枯死的稻田中仍有小片绿洲，其承包者重视植保部门发的《病虫情报》，按要求连续打药，水稻仍获得好收成。

⑥ 防灾对策：

注意大气环流特点，掌握南方稻区褐飞虱发生动态，建立灾害预警系统，做好早期预报，适时开展除治。

（4）温室白粉虱发生防治情况

温室白粉虱［*Trialeurodes vaporariorum*（Westwood）］20 世纪 70 年代末期在京津冀等地蔬菜上突发成灾，严重发生导致减产 40%～60%，对保护地蔬菜生产构成了威胁。如何解释粉虱大发生的原因，寻求有效的防治方法成为当时生产上急需解决的问题。通过开展对此虫的生物学观察及防治研究，结合社会调查，对其生物学特性进行了详细记述，对其大发生原因进行了分析，提出了综合防治策略，经过两年努力，基本控制了危害。

① 温室白粉虱大发生原因分析：

如何解释温室白粉虱大发生的原因，主要有两种观点。一种观点认为由国外传入；一种观点认为与保护地生产发展有关。通过调查研究，我们认为后一种观点的理由更为充足。主要依据是：其一，据有关研究人员观察记载，在北京 20 世纪 50 年代、天津 60 年代均见到此虫，这说明粉虱不是近处由国外传入；其二，调查中发现此虫在天津地区室外不能越冬，而露地作物上粉虱发生的轻重与距离有粉虱发生温室的远近及温室中越冬粉虱虫量多少有关。基于上述两点，结合调查研究，提出如下见解；

20 世纪 70 年代以前，粉虱在北方地区仅少数个体找到越冬场所而延续种族，尽管其在露地条件适合其生活时繁殖很快，但终因虫口基数较小，没能造成对蔬菜生产的威胁。在当时情况下，严寒是压低越冬虫口的重要因素。20 世纪 70 年代中期，随着保护地面积的扩大及冬季生产的快速发展，为粉虱提供了较多的越冬场所，温室中适宜的温度，使其免受严寒的侵袭，丰富的食物，为其生存提供了必需的物质条件，在这种环境中粉虱迅速繁殖，种群增长很快，可以说在人们对粉虱危害尚缺乏认识的情况下，粉虱曾有过一段不受抑制的自由生活。当虫口蓄积到危害密度时，一跃而在蔬菜上暴发成灾，给种植者带来措手不及的突然袭击。从粉虱的侵害循环来看，在早春季节，当室外条件适合其生活时，温室中的越冬成虫陆续外迁，飞到田野里造成危害。粉虱由温室向四周扩散，扩散方式由点到面。5 月份对距温室 5 m、10 m、20 m、40 m、70 m 距离上的各点中 20 个黄瓜叶片上成虫数量调查，分别为 79 头、54 头、36 头、6 头、2 头。此种扩散方式导致了温室旁露地作物受害较重的情况出现。随时间的推移，其扩散范围不断增大。当冬季来临，外界条件不利于其生活时，一部分成虫通过多种渠道进入生产温室、花窖或养花的室内越冬。没有找到越冬场所的成虫，随着严寒降临而死亡。粉虱的其他虫态一般是随秧苗或有粉虱寄生的农产品进入温室。进入温室虫量的多少，决定了作物生长季节受害程度的轻重。粉虱之所以猖獗危害，顽强生存，防治困难是由其短暂的生活史、广泛的寄主、绝对优势的雌虫和孤雌生殖特性、较长的寿命和顽强的生命力等生物学特性所决定的。

② 防灾对策

继续推广温室白粉虱综合防治技术，立足早期预防，压低虫口基数，保护作物免受其害。

15.3.2 植保防灾减灾对策

面对 21 世纪的到来，人类面临着环境和资源问题的严重挑战。越来越多的国家和人民已经认识到传统发展战略的局限性，接受了可持续发展的思想。1995 年和 1999 年召开的第 13 届和第 14 届国际植物保护大会根据“联合国环境与发展大会”（1992 年 6 月，巴西里约热内卢）通过的《关于环境与发展的里约热内卢宣言》和《21 世纪议程》这样一个把可持续发展思想付诸实践的全球性行动纲领而制定了“可持续的植物保护造福全人类”（“Sustainable crop Protection for the Benefit ofall”）和“面向二十一世纪的植物保护——化学面临生态学挑战”（“Plant protection Towards the Third Millenium—Where Chemistry Meets Ecology”）主题。由此可见，可持续的植物保护（Sustainable Crop Protection）是 21 世纪的必然选择，也是植保防灾减灾的必由之路。

世界各国对植保防灾减灾都很重视。如日本政府非常重视植保工作，从上自下建立了科学合理的管理体制，每年拨出巨款，扶持植保事业，他们认为要使预警在生产中真正发挥作用，首先要保证测报人员的长期稳定，以积累系统的历史资料，因此，日本政府（1980 年）除为测报科研工作提供 5 100 万日元，折合人民币 39.7 万元外，每年还规定为每名测报人员补助 2 万日元，仅此项支出费用就达 2.3 亿日元，折合人民币 177 万元。为普及植保防灾减灾知识，许多国家加大投入。如菲律宾在 1983—1986 年间，在 FAO（联合国粮农组织）的资助下培训农民的总投资为 44 万比索（合 21.2 万美元），培训农民 55 027 人。受训农民在防治病虫中节省的费用为 2 711 万比索（合 129 万美元），投入产出比为 1∶6 以上。其次各国在预警方面都应用了计算机技术。如联邦德国在县级植保机构都配备了 5～7 台计算机，有的县至少配备 10 台以上。通过计算机建立了病虫数据库，对原始数据进行统计分析，组建数学模型，快速作出预测，及时指导农民防治。同时也建立了专家咨询系统，为广大农户服务。随着科学技术的发展，3S 技术（RS：卫星遥感技术；GIS：地理信息系统技术；GPS：全球定位信息系统技术）也得到广泛的应用，使对病虫害的预警更准确、更及时。再有，在对病虫灾害防治的快速反应上，发达国家的机械化程度很高，如联邦德国植物保护全部机械化，大部分农户使用的是与拖拉机配套的悬挂式喷雾机械，喷雾幅度 10～18 m，用水量根据不同农药种类每公顷 100～400 L，而美国大部分农场都有农用轻型飞机，工作效率高，保证病虫灾害能及时得到防治。

我国植物保护工作与世界先进国家相比在许多方面还有不足，而天津市的植保工作差距更大，主要表现在以下几方面：

① 植保机构尚不健全。虽然 20 世纪 90 年代以来，各区都先后建立了灾害管理组织——区植保植检站，但目前除大港区外，塘沽区特别是汉沽区植保组织还很不健全，如汉沽区植保植检站仅有一名专业技术人员，并挂靠在区农技站内，塘沽区也仅有 2～3 名植保专业技术人员，这对于植保防灾减灾所承担的任务是不相称的。

② 仪器设备落后。植保设施即不平衡，也很不完善，大部分设施已老化、陈旧，塘沽、汉沽植保站至今没有一台计算机，各区都没有病虫系统观测圃，也没有大型的植保机械，远不能满足防灾减灾的要求。

③ 农民对植保防灾减灾知识了解甚少。因此，对病虫防治不及时、乱打药，不但增加了防治成本，而且防病治虫效果也不好，同时还对环境造成污染，破坏生态平衡。

根据国内国外植保防灾减灾工作的经验，结合天津市的实际情况，特提出如下对策：

① 政府的参与是可持续的植保防灾减灾的先决条件。

农作物病虫害的发生与防治除了受自然因素的影响外，人类的活动也是重要的因素。对于诸如蝗虫、粘虫、褐飞虱等迁飞性、暴发性害虫，分散经营的个体农民是难于驾驭的。特别是对蝗灾这一跨地区、甚至跨国界的生物灾害，一旦发生，不但来势猛，而且涉及面广（农业、化工、机械、民航、军队、市场、环保等），因此对于重大病虫害的防治是一项复杂的系统工程，要协调好各方面的关系，引起社会公众的关心，政府职能的巨大性和不可替代性是显而易见的。

天津市在蝗虫大发生时曾成立过监测防蝗指挥部，并起到了决定性作用。根据近年农作物重大病虫害的频繁发生，建议成立“天津市农作物重大病虫防治指挥部”常设机构，以协调、指挥防治工作，指挥部可由主管农业的副市长任总指挥，市农林局、市财政局、市民航局主要领导及新区主要领导同志任副总指挥，下设作战指挥部（或办公室）挂靠市植保站，负责日常工作，新区设现场指挥部，由新区主要领导或有关区政府、区农（林）业局、区植保站组成，日常工作由区植保站负责。如此，才能增强对植保防灾减灾工作的组织领导。多年来实践证明：诸如在防治东亚飞蝗、稻水象甲、美洲斑潜蝇、美国白蛾、大白菜软腐病等方面都是在政府的高度重视和指挥下取得良好的防治效果，因此政府的重视及各有关部门的协调行动，是战胜农作物重大病虫灾害的先决条件。

② 财政的投入是可持续植保防灾减灾的根本保证。

植保防灾减灾，特别是对于灾害的预警，完全是一项公益事业，若没有政府财力的投入，是难于开展预测预报的。另一方面，对于诸如东亚飞蝗这一类的害虫，因其灾害发生的特殊性（一是发生于国有荒地，二是跨区域迁飞）及其所造成的负面影响（一是国家的形象、国际的影响，二是毁灭性的损失、群众的恐慌心理和对社会稳定性的影响）决定了政府财力的投入。因此：

对于国有荒地、沿海滩涂、河道行洪区、水库洼淀等荒地的蝗灾及其他病虫害治理资金应以国家财政投入为主，而对于农田内的蝗虫及其他病虫害则应本着“谁受益，谁治理”的原则，以农民投入为主；

在病虫灾害经常发生的重点地区建立轻型飞机场，以提高应急防治能力；

建立生物农药加工厂，大力生产生物农药，减轻化学农药对环境的污染，保持生态平衡。

③ 植保设施建设是可持续植保防灾减灾的基础。

加强对农作物重大病虫灾害的监测和防治设施建设，是确保植保防灾减灾的基础。滨海新区植保设施即不平衡，也很不完善，大部分设施已老化、陈旧，远不能满足防灾减灾的要求，因此从21世纪可持续植保防灾减灾任务来说，应加强以下几方面的建设。

A．建立健全灾害管理组织机构。每个区都要建立健全植保组织机构，区级植保组织至少要有 3～5 名专职植保技术人员，只有较完善的组织机构，才能全面完成防灾减灾的任务。

B．建立完善的预警系统，提高对农作物病虫害的预测预报水平。提高对灾害的预警能力，是遇灾不慌、应变自如的根本。滨海新区地处沿海地带，对外、对内交往较多，国内外各种病虫传入该区的几率也较高。因此新区应建立自己完善的预警体系，实现区、乡、村联网，区级预警单位（区植保站）应建有不少于 0.33 hm^2 的病虫观测圃（如同气象站的观测圃），并在全市率先应用 3S 技术，使长期预报准确率达到 80%，中期预报准确率达到 90%，短期预报准确率达到 95%以上。

C．应急指挥系统的建设。为迅速指挥调动各方力量，应建立较为完善的应急指挥系统，应急指挥系统由市重大病虫防治指挥部（日常工作在市植保战）各区重大病虫防治指挥分部及（或）各区重大病虫防治现场指挥部（日常工作在区植保站）组成。基层病虫测报员一旦发现灾情（或有关部门预测出灾情）时要立即向各级指挥部报告，市、区指挥部根据灾情程度迅速做出决断，并通过植保专用高频无线电电话，指挥、调动各方力量，及时控制灾情。

D．快速反应部队的建设。快速反应部队分为空中和地面两种，地面快速反应部队以乡为单位，每乡配备 10～20 台背复式机动喷雾机，当灾情发生时，指挥部可立即组织起地面部队进行围歼；控制灾情的发展。空中快速反应部队可在新区适宜地点（大港防蝗站）建立一个超轻型飞机起降场，配备 2～3 架超轻型飞机，建一座救灾物资贮备库，一旦灾情暴发，可立即开展空中防治作业。

E．应急防治措施的制定。对于一般性农作物病虫害，可通过各级病虫测报站（点）进行监测，并通过国家指定的专门机构（各级植保植检站）向社会公开发布，并由这些专门机构指导广大农民进行防治。但对于检疫对象和诸如东亚飞蝗这种暴发性强、迁飞性大、发生地特殊、影响面广的灾害生物，则要由区级专门机构（防蝗站或植保站）进行监测，并通过市级专门机构有选择地予以发布，并采取相应的应急防治措施。以蝗虫为例，可根据蝗虫发生程度采取如下应急防治措施：

a.地面应急化学防治。地面应急化学防治主要适用于局部发生的重大病虫，如对于中等或中等偏轻程度发生的蝗虫，可采用：

武装侦察（带药调查），人工挑治：适用于 10 头/m^2 左右的低龄蝗蝻；

围堵防治：适用于已形成点片发生，100 头/m^2 左右的 3 龄前蝗蝻采取多人多机，围歼消灭；

兵团作战：对密度低（0.5～1 头/m^2）面积较大（万亩以内）地形复杂，不适宜用飞机防治地区的 3～4 龄蝗蝻可组织机防队进行防治；

补治扫残：主要针对飞机防治或地面防治后残留的蝗虫重新聚集并严重超过防治标准的高密度蝗区。

b.空中应急化学防治（飞机应急防治）。主要适用于突发面积大、人工在短期内难于控制住的蝗灾。可采用：

超轻型飞机应急防治，适用于大范围（5 万亩以内）高密度的群居蝗虫，因此可在大港区建立超轻型飞机简易机场，大大提高治蝗能力；

“运五”飞机应急防治：适用于大范围（5 万亩以上），高密度的群居型蝗虫。可使用天津国际机场，以提供可靠的保障。

超轻型飞机灵活机动，对临时机场跑道要求不严，一般蝗区均可适用，且作业线路可主要以人工地面信号指挥为主。但一旦灾情决定用“运五”飞机灭蝗，则要在作业前一个月以政府名义向国家空中管制单位（目前为北京空军司令部）申请空域、确定航空公司、飞机数量及编号、确定起降机场及备降机场，同时绘制作业区图，标明经纬度及障碍物高度，利用全球卫星定位系统（GPS）编制作业区内飞机往返作业飞行路线等。

④加强植保防灾减灾宣传，提高广大农民群众的防灾减灾意识。

防患于未然，提高防灾减灾的能力，关键是教育农民，目前就大多数农民群众来说，植保防灾减灾知识还很贫乏，因此可通过举办 FFS（农民田间学校，Farmer field school）将植保防灾减灾知识传授给农民，也可举办 TOT（培训者的培训，Train of trainer）使广大植保技术人员的知识得到更新。

⑤ 加快植保防灾减灾技术的研究，大力推广生物防治技术。

科学技术的不断发展，也给农作物重大病虫害的监测和防治提供了更大的空间，因此必须加快植保防灾减灾新技术的研究，尽快将 3S 技术运用于农作物重大病虫害的监测与防治上来，建立农作物重大病虫害的模拟模型，开展农作物重大病虫害的数值预报和可视化预报。

21 世纪是生物世纪，人与自然的和谐是新世纪的热点，因此，创造良好的生态环境，保持农业生态平衡，提高生物防治技术水平是新世纪的需要，也是历史发展的必然。以虫治（病）虫、以菌治（病）虫将得到进一步发展，特别是随着生物工程技术的发展，农作物病虫害的防治必将开辟一个全新的时代。

15.3.3 未来 10 年农作物病虫发生趋势展望

未来 10 年，随着科学技术的不断发展，一些病虫害将得到有效控制。如棉铃虫，随着抗虫棉的不断推广，对棉花的为害将下降。但由于生态环境的不断恶化、气候条件的异常变化以及农业生产技术的不断变革，都将直接影响农作物病虫害的发生、发展，将使一些现有的主要害虫，如东亚飞蝗、土蝗、玉米螟、小麦蚜虫等继续加重危害，一些次要病虫如水稻纹枯病、小麦根腐病及蔬菜土传病害及小菜蛾等将上升为主要病虫，而一些由国外传入的害虫如稻水象甲、美洲斑潜蝇等将成为常发性重要害虫，并对农业生产构成极大威胁。另外新的病虫也将有出现的可能，这些病虫害的发生如若控制不好，将给农业生产造成十分严重的经济损失，因此未来 10 年农作物病虫害的发生仍是十分严峻的，必须做好各项准确工作，搞好病虫害防治的预案，为农业生产保驾护航。

15.4 天津市海洋灾害调查

1895 年“清光绪二十一年四月，东南风如吼，……雨如瀑布，沿海浪高 7 m。淹没土屋千数百家，铁路冲断。海挡全部冲决”。七十二连营“基地被冲得荡然无存，死者 2 000 余人”。

1992 年 9 月 1 日，受 9216 号热带风暴北上的影响，塘沽潮位达 5.98 m。新港船厂等 10 多个单位的部分海挡被海水冲毁。沿海 3 个区 3 400 户居民家进水。天津港积水 1m 多深，沿海海挡潮损严重，经济损失约达 4 个亿。

天津的海洋灾害主要有以下几种：一是风暴潮灾害，虽古已有之，但 20 世纪 90 年代以来灾害出现频率增加，灾情显著加重；二是赤潮灾害，近十几年以来，变得频繁而又严重；三是海浪灾害，尽管渤海湾浪高一般小于 6 m，但由于水深很浅，成灾的可能性是很大的；四是海冰灾害，近十几年仅有轻度发生。

15.4.1 风暴潮灾害

天津的风暴潮灾害，大致可分为热带风暴或台风北上影响产生的风景潮、温带风暴潮和大潮暴雨 3 种类型。

（1）热带风暴或台风北上影响产生的风暴潮

受热带风暴或台风北上影响在渤海湾产生的风暴潮，一般出现在 7—9 月份。原因是：这个季节的海平面是全年最高的，比年平均海平面高出 25～35 cm，比冬季高出 50～70 cm，是一年中出现天文较高潮位的季节，一旦受热带风暴或台风北上影响，在渤海湾产生的风暴潮增水与较高潮位叠加的概率是很高的。

天津沿海地区的地理位置和海岸形态使风暴潮灾害特别严重。沿海处于渤海湾的底部，海岸地理形态使风暴潮能量容易积聚。热带风暴或台风直接袭击天津沿海的几率并不很高，但它们引起的东北至东南大风在沿海会产生强烈的向岸风和极为显著的增水及波浪。下面列出了自 1919 年以来由热带风暴或台风北上影响在渤海湾产生的风暴潮灾害。

“1911 年 8 月 30 日（农历七月七日）向岸台风使北炮台测站（水位）上升到前所未有的程度，大沽海平面 13.3 英尺”。

“1917 年 8 月 21 日，飓风潮位达 4.13m，大沽海军船坞和很多村庄被潮淹”。

“1938 年 8 月 11 日（农历七月十六）天津沿海海啸，潮水进入大沽，平地水深 1 m，汉沽区大神堂潮水汹涌，冲进屋内，有的没炕沿，北塘排水较快（调查资料）。注：潮位和 1965 年 11 月 7 日风暴潮近似，塘沽 5.1 m，歧口 5.5 m”。

“1939 年 8 月中旬，风暴潮，北炮台验潮站最高潮位 4.6 m。塘沽沿海房屋倒塌，陆地行舟；20 日，大沽地区被淹。潮水涌向天津。31 日潮位高达 5 m，大潮与洪水激荡，泛滥成灾。四、六、八号码头全没，货物流失；北炮台码头积水 1.5 m；大沽盐场仓库全部倒塌，存盐淌化；邓沽新开 10 副盐滩被冲毁；新河庄内积水齐腰，房屋大部分被冲倒，颗粒无收；京山铁路被冲断。塘沽境内积水 10 日方退。9 月上旬，连日风暴潮成灾，居民登船避难”。

“1949 年 7 月 30 日，风暴潮，大沽盐滩全淹。塘沽低洼处积水 1.3 m，冲毁渔港 4 个，倒塌房屋 83 间，晚秋作物淹损 7 成以上”。

“1949 年 10 月 31 日，台风，海潮倒灌，塘沽一带大部进水，低洼处积水 1 m 左右，房屋淹浸”。

“1959 年 6 月、8 月，2 次强潮倒灌。6 月，北塘涌进海潮；8 月，大沽滩地一度淹没”。

“1963 年 10 月 3 日，风暴潮，潮位达 4.5 m，塘沽盐场河南海挡损坏严重；1966 年 8 月，大海潮，潮位 4.61 m，全区积水，南北排污河受潮水顶托部分决口，淹泡农田 1.57 万亩”。

“1972 年 7 月 26 日，台风进入渤海，27 日在塘沽登陆，海水涌进码头”。

“1984 年 07 号台风致海河水位暴涨，超过警戒水位（3 m）0.36 m，杭州道大坝处决口 15 m”。

“1985 年 8 月 2 日强潮涌进塘沽新港码头，货场水深 0.3～0.5 m。19 日下午 17 时 30 分，大风暴潮，潮位最高达 5.5 m。塘沽盐场、大沽、北塘海挡全线漫溢，塘沽盐场最高潮位超过海挡 80 cm。海河堤防冲决 20 余 km。东沽洼地水深 2 m，北塘 3 140 户进水，全区被淹万余户，出现危险、倒塌房屋 1 166 间，工商企业、港口码头大部进水，造成经济损失 7 000 余万元”。

“1987 年 7 月 29 日，海潮涨至 4.64 m。8 月 26 日，达 4.72 m。潮浸加风雨内涝使塘沽大部积水，最深处达 1 m 以上，造成 12 472 户进水，危险、倒塌房屋 100 余间。长芦盐场淹没盐坨 277 个，损失原盐 23.7 万 t。港区全部进水，直接经济损失 1 700 余万元，海河沿岸农田被淹”。

1992 年由于受 9216 号热带风暴北上的影响，天津市遭到了 1949 年以来最严重的一次强潮袭击，有近 100 km 海挡漫水，被海潮冲毁 40 多处，大量的水利工程被毁坏，沿海的塘沽、大港、汉沽三区和大型企业均遭受严重损失。天津新港的库场、码头、客运站全部被淹，港区内水深达 1.0 m，有 1 219 个集装箱进水。新港船厂、北塘修船厂、天津海滨浴场遭浸泡，北塘镇、塘沽盐场、大港石油管理局等 10 多个单位的部分海挡被海水冲毁。天津防洪重点工程之一的海河闸受到较严重损坏。港口和盐场的 30 余万 t 原盐被冲走。大港油田的 69 眼油井被海水浸泡，其中 31 眼停产。沿海 3 个区 3 400 户居民家进水。有 1 200 hm^2 养虾池被冲毁。大港石油管理局滩海工程公司正在修建的人工岛，其钢板外壳被风暴潮和大风、大浪撕开 60 多 m 长的大口子”。“9 月 1 日 17 时 50 分，强风暴潮袭击天津沿海，塘沽潮位达 5.98 m，东北风 8～9 级，阵风 11 级，塘、汉、大三区受损严重，港务局码头 2 400 多个集装箱和大批散杂货被海水淹泡，天津港积水 1 m 多深，沿海海挡潮损严重，经济损失约达 4 个亿，是新中国成立以来天津市沿海最严重的一次潮灾”。

1997 年由于受 9711 号台风的影响，天津市沿海 8 月 20 日 16 时许，高潮位达 5.59 m〈塘沽海洋站海表 2〉。“同时伴有 8～9 级偏东北风（海上阵风 11 级）形成自 1992 年” “9.1 大潮以来的天津市第二个高潮位”。“这次风暴潮给沿海有关单位造成直接经济损失 6 761.46 万元……，码头货损 3 586 万元（估计数）和……海挡损失 2 024 万元，全市总共损失 12 821 万元”。

（2）温带风暴潮

渤海湾是温带风暴潮的频发海区。每年的春夏和秋冬之交大气环流的急剧变化经常在渤海湾造成 1 m 以上的增水。这类风暴潮增水与较高天文高潮位相遇会产生灾害性高潮位。温带风暴潮是天津滨海新区主要的风暴潮灾害之一。

1818 年，“清嘉庆二十三年四月，风暴潮，大沽炮台人、物有损，两只战船被冲上岸，两只木船搁浅，淹毙船工 2 人，倒塌房屋 15 间”。

1902 年“清光绪二十八年十月，海啸（风暴潮），塘沽、邓沽滩地淹，存盐漂损 5 万余包”。

1917 年 2 月，“风暴潮，将一只鲸鱼冲到蛏头沽海滩上岸”。

“1950 年 9 月 25 日（农历八月十六）一次大海潮淹没了大沽滩地（调查访问资料）”。

“1954 年 8 月 18 日连日大雨，各河泄洪，当日强海潮倒灌，海河堤防 7 处决口，淹泡 53.3 m^2，水深 1 m，积水 10 天，工农业和人民生活受损”。

“1963 年 10 月 3 日，风暴潮，潮位达 4.5 m，塘沽盐场河南海挡损坏严重”。

1965 年 11 月 7 日“受强冷空气配合风暴的影响，天津塘沽站最大增水 2.24 m，最高潮位达 5.72 m，超过当地警戒水位 0.52 m……塘沽码头短时上水和受损”。

“海水入陆岸延续 4 h，是枯水季严重灾害性异常增水少有例之一”。这也是在塘沽海洋站观测到的仅次于 9216 热带风暴影响引起 5.98 m 的第二个高潮位。

1992 年，“6 月 5 日一次温带风暴潮过程使塘沽港出现了 4.13 m 的高潮位，最大增水几乎与天文高潮同时发生；另一次发生在 10 月 2 日，塘沽最高潮位 5.21 m，超过警戒水位 0.51 m，过程最大增水与天文高潮同时发生，高潮增水 1.17 m，塘沽港局部低洼地区受潮水浸泡”。

1993 年，“11 月 16 日渤海发生一次较强的温带风暴潮，恰遇农历十月初三天文大潮期，沿海潮位较高，……观测到的最高潮位 4.86 m，超过警戒水位 0.16 m 使天津塘沽新港客运码头和航道局管线队等地，部分堤埝少量上水，新港船闸漏水，地沟返水”。

1996 年，“渤海湾有 3 次较强的温带风暴潮过程（7 月 30 日 15 时 10 分，10 月 30 日 5 时 20 分及 11 月 11 日 14 时 40 分）天津塘沽海洋站先后观测到 4.93 m、5.10 m 和 4.95 m 的最高潮位，分别超过警戒水位 0.23 m、0.40 m 和 0.25 m，天津市塘沽区部分地区堤埝少量上水，没有造成明显损失”。

（3）大风、暴雨和大潮引发的潮灾

近几十年由于水利工程建设和暴雨出现次数较少，由陆地暴雨造成洪水入海同时海上出现大潮，共同造成潮灾的情况不多。但历史上这种灾害时有发生。也必须引起足够的重视。

1871 年“清同治十年雨水过大，河流泛滥，海潮倒灌，以致浸溢数口，西南数百里间被淹侵，田庐冲坍，已戊巨灾”。

1887 年“清光绪十三年七月，连日大雨，河溢，风暴潮，大沽潮位 6 m 左右，秋禾淹”。

1890 光绪十六年六月初一至初五日降雨为 553.8 mm。“天津东风鼓浪，海潮倒灌，水难宣泄，城外练军营垒，并机器制造各局皆在洪水巨浸之中。官署、民房多有倒塌，驿道均阻断，巷路电线亦多摧折，文报消息不通”。

1892 年“清光绪十八年六月，大雨，海潮倒灌，塘沽、北塘等 31 村重灾”。

1895 年“清光绪二十一年四月，东南风如吼，入夜风益怒号，雨如瀑布，沿海浪高 7 m。淹没土屋千数百家，塘沽至北塘间铁路冲断。海挡全部冲决。从大沽口到歧口”七十二连营“基地被冲得荡然无存，死者 2 000 余人”。

“1917 年 8 月 21 日天津沿海刮起骤风，抬高水位，创大沽水平 13.5 英尺的记录，大沽海军船坞和很多村庄为潮水所淹”。

1926 年 8 月，蓟运河口大潮，从骚头沽庄后半里海嘴上岸，西北流经小圈、青陀庄、卤销局、邵家园，侵入蓟运河沿岸的滑子沽、船沽一带，稻地被咸水所侵，以致造成颗粒未收的局面（调查资料）。

“1939 年 8 月海河口北炮台验潮站最高潮位 4.6 m。塘沽沿海房倒屋塌，陆地行舟。8 月 19 日、20 日洪水涌向市内，大部地区被淹。北京市昌平县王家园 7 月 23—29 日降雨 515.5 mm。这年高潮位的出现是因为大洪水引起的”。

1941“7 月 20 日大潮，东北风，小雨下了 3 天，汉沽盐场一分场水深 1 m（调查资料)”。

“1954 年 8 月 18 日连日大雨，各河泄洪，当日强海潮倒灌，海河堤防 7 处决口，淹泡 53.3 km^2，水深 1 m，积水 10 天，工农业和人民生活受损”。

“1956 年 7 月 26 日，上游泄洪，强海潮，海河水位达 4.05 m，浸溢，淹泡 53.3 km^2，水深 1 m，积水最长时间达 10 天，工农业和群众生活受损”。

（4）防潮减灾斗争

自 20 世纪 80 年代中期以来，天津市各级人民政府、党政军民与风暴潮灾害进行了不懈的斗争。

8509 号台风暴潮发生以后，天津市科委组织了有关专家进行实地考察，会商天津防灾对策。沿海各有关部门开始重视防灾工作，天津市对原有的海挡进行了加固。

9216 号热带风暴使天津市遭到了 1949 年以来最严重的一次强潮袭击，天津市成立了防潮抢险领导小组，市长、副市长及市水利局、口岸委领导亲临现场指挥。投入抢险人员 1.5 万，物资 100 万元（据天津市防潮办提供）。

1997 由于受 9711 号台风的影响，天津市沿海形成自 1992 年“9.1”大潮以来的第二个高潮位。天津市 1 万人参加了防潮抢险工作。市、区、局领导亲临第一线组织指挥防潮抢险工作，投入物资折合人民币 100 万元（据天津市防潮办提供）。

1993—1995 年，各单位修筑防潮设施，总投入近 1 000 万元。自 1993 年以来国家和天津市共投资 2.4 亿元用于天津沿海海挡建设，修建高标准海挡 65 km（据天津市防潮分部提供）。针对潮灾，天津市政府于 1995 年决定成立天津市防潮分部，加强对防灾减灾的具体领导工作。汛期天津市防潮分部日夜值班监视风暴潮灾害发生和发展。1998 年天津市投入 55 万元建设了我国第一个实时潮位监测系统，并于 1999 年汛期投入运行，监视海况，向有关单位传递潮汐和和风暴潮预报信息（据天津市防潮办提供）。

（5）未来风暴潮灾害的估计

利用塘沽 50 年最高潮位，采用 P—Ⅲ方法统计，10～20 年一遇高潮位是 4.6～4.7 m，考虑到海平面上升和地面沉降，2010 年前后塘沽沿海极有可能出现大沽零点上 4.5～4.7 m（国家 85 高程基准上 2.9～3.1 m）的灾害性高潮位。

由于地面下沉和海平面上升及全球气温升高引起热带风暴和台风北上频次增加，今后十几年内塘沽沿海存在出现大沽零点上 4.8～5.1 m（国家 85 高程基准上 3.2～3.5 m，相当于 30～100 年一遇）的特大风暴潮位。

（6）对未来风暴潮灾害的防御对策

基于天津沿海地区地面沉降和风暴潮灾害发生频率高的情况，作如下建议：

①根据长远发展规划，统一防灾工程标准，进行高标准的设计和建设，一定要考虑沿海岸段的地面沉降和海平面上升对未来工程标高的明显耗损作用。

②制定长远的经济和沿海海岸旅游景区发展规划，建立生态保护发展远景目标。把防潮、海岸带保护与海岸带经济、旅游发展相结合。应建立广义的天津滨海旅游区。

③逐步树立在城市的沿海、沿河修防潮、防洪设施，就是建立了海岸、河岸旅游风景

带和环境保护良好机遇的设计思想。既要考虑防大灾的工程设施，又要兼顾开发长远的经济效益。把旅游区的海挡建设与生态建设结合起来，提高海挡的风景价值和经济效益。

④加强沿海防治海洋灾害的宣传和综合治理力度，提高全民和各有关单位的防灾减灾意识，加强与海事有关的法律法规的执法和监督力度。

⑤在荒芜的岸段，海挡应从潮间带后退一个较大距离，扩大纳潮量。既可减少风暴潮和风浪灾害的破坏力，又有利于保护海岸带生物多样性和海水养殖业发展。

⑥建议海挡向海一侧必须有护坡，护坡上有消波设施，堤顶要有防浪墙。考虑到地面下沉和软基的影响，堤顶建筑物不宜过重过大，以免坝基下沉严重或不平衡造成海挡损坏降低防潮能力。海挡向陆一侧基部外侧可建设交通设施。

⑦防潮设施必须要经常维护，防止人为和自然毁坏。

15.4.2 赤潮灾害

（1）赤潮灾害产生原因

陆源污染物排放进入渤海湾是造成渤海湾污染的基本原因。仅京、津、唐和沧州四市等排入渤海湾的生活污水和工业废水达 14.68 亿 t/a。大量的污水排入，导致渤海湾水质的急剧恶化。据 1998 年检测，渤海湾无机氮、无机磷、油类、铅、汞的超标率分别为 50%、38%、1%、56%、63%，化学需氧量的最大测值为 2.32 mg/L。水质的恶化，导致海洋生态环境的严重破坏。陆源和近海有机物排放量的不断增加，使海水富营养化越来越严重。加之全球气温持续升高，20 世纪 80 年代以来，渤海湾出现赤潮的概率显著增加，灾情也越来越重。

（2）20 年以来的赤潮灾害

1977 年 8 月 8 日至 20 日，天津大沽口一带海域发生以微型原甲藻为主的赤潮，面积约 560 km^2，使这一海域“定置张网无渔获”，大量死鱼漂浮于海面，使渔业遭受一定损失。

1989 年 8 月 5 日至 10 月 14 日，渤海海域的河北省黄骅市、唐海县和天津塘沽沿岸海域、莱州湾的局部海域相继发生了赤潮，赤潮面积达 1 300 km^2。赤潮以甲藻类占绝对优势，生物量过 2×108 个/L。这次赤潮损失严重，黄骅市对虾减产直接经济损失 0.28 亿元，唐海县 0.58 亿元以上，沧州地区 0.3 亿元以上，天津市 0.44 亿元，山东潍坊市 0.6 亿元，莱州市 0.25 亿元，总计经济损失近 3 亿元。

1997 年渤海湾（北纬 38° 28.8，东经 117° 44.30）出现赤潮，面积 3 km^2，水面呈酱红色。

1998 年 9 月 16 日至 10 月 19 日，渤海发生了有记录以来最大的赤潮。此次赤潮涉及到辽东湾西部海域、曹妃甸附近海域、渤海湾和莱州湾海域；持续时间长达 40 余天，赤潮最大覆盖面积达 5 000 km^2，此次赤潮为叉角藻赤潮，密度达每立方米 1.25×10^9 个，经过赤潮影响区贝类的检测发现了受赤潮污染的贝类体内有腹泻性贝毒（DSP）且含量较高。此次赤潮给辽宁、天津、山东沿海地区的水产养殖业造成了巨大损失。据不完全统计，此次赤潮造成的直接经济损失达 1.2 亿元。

1999 年 7 月 2 日至 7 月 8 日，渤海海域河北省歧口、天津大沽锚地和黄河口附近海域发生赤潮，总面积约 1 900 km^2，给河北、天津、山东沿海养殖业造成损失。

（3）未来赤潮灾害的估计和防治对策

① 未来赤潮灾害的估计：

2010 年前后的十几年内，在陆源和海上的排污状况不会有明显改善的条件下，因为渤海基本属于封闭海湾，自然净化能力很差；陆源和海上的富营养物排放量不断增加，渤海湾海水富营养化会加剧或维持目前的水平；以及渤海湾天文潮会自 20 世纪 90 年代末后会由较大变为较小和全球气温持续升高等因素影响，天津沿海赤潮灾害会出现较频繁和危害偏重的情况。

② 对未来赤潮灾害的防治对策：

制定渤海湾及沿海开发和环境保护的近期和长远目标及规划，制定与之相一致的政策和法规。把发展海洋产业与进行沿海环境保护有机地结合起来，做到开发和发展与环境保护并重。切实加强陆源排污的管理与治理，严把排污标准关，不达标不准排放。加强海洋环境保护的执法力度，不折不扣地执行“谁污染，谁治理”的环境法规。利用天津市海洋局的技术力量，开展赤潮灾害的监测工作。

国家海洋局《关于加强近岸海域赤潮预防与管理的通知》列出了对近岸海域赤潮预防与管理的措施：

A．要严格控制陆源污染物向海洋中超标排放。城市生活污水排放前要进行处理；新增设的排污口要远离水产养殖区和海洋生物资源丰富的海域，以控制和减少海域有机物污染和富营养化程度，减少赤潮的发生。

B．要科学合理开发利用海洋资源。在开发利用海洋资源时应充分论证，避免盲目开发。尤其要加强对容易受到赤潮危害的海水养殖业的指导和管理，指导渔民科学地选择养殖场所，合理安排养殖密度，控制养殖废水的排放，防止海水养殖自身污染。

C．要加强对近海赤潮的监视、监测。对近岸海域、海水养殖区、赤潮多发区，要增加监测频次、站点以及与赤潮相关的监测项目，及时向国家海洋局报告并向有关单位通报已发生或可能发生赤潮的信息。

D．加强对赤潮毒素检测以及海产品的管理。有些赤潮生物含有生物毒素，可能会对海洋鱼类和贝类等造成污染。请组织有关部门加强对赤潮发生海域的海洋水产品的检测和监管，以确保食用安全；加强赤潮灾后评估工作。在赤潮发生时和消失后，应及时对赤潮造成的损失进行实事求是地评估，直接经济损失的评估应包括渔业资源损失、水产养殖损失、旅游等其他海洋经济的损失等。

可开展粘土粉末对滨海新区沿海赤潮防治作用的研究和试验。

15.4.3 海浪灾害

渤海湾深入内陆，风浪相对较小。但台风北上和强冷空气南下也会造成狂浪区。

1979 年 11 月 25 日 2 时，“受冷空气和东北低压共同影响，渤海形成 4 m 以上巨浪，船舶测得最大风速 18 m/s，东北风，风浪 4 m，龙口海洋站最大风速 16 m/s，最大波高 6.5 m，最大风速 18 m/s，东北风，风浪 4 m……”，渤海 2 号“石油钻井平台……在拖航中翻沉，74 名工作人员除 2 人得救外，其余全部遇难，经济损失严重”。

1997 年 8 月，“20 日 16 时左右，在天津港锚地实测平均波高 3～3.5 m，由于潮位较高，天津港东突堤处出现 2 m 以上的拍岸浪，致使一部分物资因为没来得及倒运而受海水浸泡，仅 5 000 多 t 氧化铝被海水浸泡就损失近千万美元，停在码头上的高级轿车也被海浪卷入海中。汉沽区有 3 处海堤出现决口，虾池被冲，造成严重经济损失”。

15.4.4 海冰灾害

“海冰是渤海区域的主要自然灾害之一”。因为水浅和滩涂长，历史上滨海新区沿海出现过严重的海冰灾害。

“1936 年 1—2 月，……渤海湾全被冰覆盖，……一般冰厚 30～60 cm，最大 100 cm，堆积高度 3.5 m”。渤海湾“许多船只，尤为马力较小者，为大冰田（冰封）所困，任风、潮方向漂流，无法挽救”，“营口丸乘客九人由清凌破冰船载来，彼等在冰上步行二里始抵凌船”。

1947 年 1—2 月，渤海湾 “许多船只，尤为马力较小者，为大冰田（冰封）所困”。

1969 年 2 月中旬，大沽锚地附近海面道冰厚 30～40 cm，大沽灯船以东约 4 海里处海面堆积冰高 4～5 m……流冰夹走了塘沽航道所有浮鼓灯标，推倒了天津港务局回淤研究所观测平台，全部割断了“海一井”石油平台桩柱的钢管拉筋，还彻底摧毁了 15 根（锰钢板厚 22 cm 卷成的）空心圆筒桩柱（直径 0.85 m，长 41 m，打入海底 28 m 深）全钢结构的“海二井”石油平台。根据不完全统计，从 2 月 5 日至 3 月 5 日的一个月时间内，进出天津塘沽港的 123 艘客货轮中有 58 艘被海冰夹住，不能航行，随波移动……中央成立了破冰领导小组指挥抗冰救灾。

1977 年 1—2 月严重冰情，“渤海湾塘沽港航道冰厚 30 cm”，“海四井”海面冰厚 20～40 cm，最大 60 cm。有海冰预报，破冰船 C722、破冰船 C721 破冰引航。

20 世纪 70 年代后期以来，既因为气候的持续变暖，也由于航道开挖和疏浚，天津港的港池和航道越来越深，天津港近海冰情期显著缩短。

由于全球温室气体排放量不断增加引起全球气温持续升高，自 20 世纪 70 年代末至今，天津沿海冰情较轻。估计 2010 年前后渤海湾冬季仍存在出现海冰灾害的可能性。

16 主要生态环境问题及成因

16.1 水资源短缺，水生态失衡

①人均水资源占有量仅为全国人均值的 1/15。

天津是全国人均水资源量最少的省市之一，由于上游用水量增加，入境水量逐年减少，加剧了天津市水资源短缺的困境，见图 5-16-1。水资源供需分析表明，在 75%的保证率下，2005 年、2010 年缺水量分别为 23.54 亿 m^3 及 27.62 亿 m^3，分别相当于需水量的 50%及 54%。

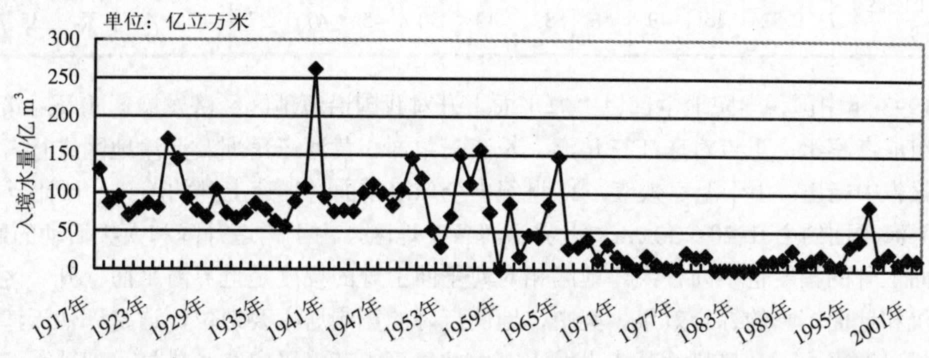

图 5-16-1　天津市历年入境水量变化图

②水资源分布不均，利用率低。

北部地区水资源多于南部，而蓄水工程则相反，造成北部蓄水能力不足，而南部有蓄水能力但一般年份无水可蓄的不合理状况。

天津市节水工作虽取得相当成绩，但水资源利用率偏低，水资源浪费现象仍很严重，如一些工业产品耗水量偏高、城市供水管网漏失率超过国家标准、农业传统的漫灌方式、城市再生水回用率不高等，是造成水资源短缺的内在因素。

③水资源短缺不得不超采地下水，导致地下水位下降、地面沉降严重。

据统计，从 1971—1997 年，天津市南部的地下浅层咸水区，累计超采深层地下水 56 亿 m^3，1995—1998 年平均年超采量达 2.5 亿 m^3。超量开采致使地下水位下降的最大深度已达 90 m。地面沉降面积达 7 300 km^2，占辖区面积的 61.24%，形成了市区、塘沽、汉沽、大港及海河下游地区等几个沉降中心，其中市区地面自 1959 年以来的沉降累计最大值达 2.83 m，塘沽区累计地面沉降最大值达 3.11 m。虽然自引滦入津以后，市区和塘沽区地下水使用量减少，减缓了地面沉降速度，见表 5-16-1。但由于工业布局、结构调整，城郊地区和海河下游工业区等引滦工程供水范围以外地区，尚无替代水源，仍不得不继续超采地下水，且开采布局不合理，超出应有供能力，造成严重的地面沉降。

表 5-16-1　天津市不同区域地面沉降年均值　　单位：/mm/a

地　区	地面沉降年均值/（mm/a）															
	1985年	1986年	1987年	1988年	1989年	1990年	1991年	1992年	1993年	1994年	1995年	1996年	1997年	1998年	1999年	2000年
中心城区（334 km^2）	86	66	43	21	15	11	13	12	19	14	11	17	14	11	11	14
塘沽区（200 km^2）	100	54	29	44	19	24	30	15	26	8	13	13	14	14	13	27
汉沽区（270 km^2）	82	42	46	53	68	66	38	72	52	46	32	42	35	20	45	39
大港区（295 km^2）	50	40	41	25	56	18	45	35	34	18	20	34	29	34	29	35
海河下游区（330 km^2）	73	52	46	49	56	32	42	50	45	47	27	42	41	38	35	40

1993 年中国科学院地学部以“海平面上升对我国沿海地区经济发展影响及对策”为题，组成考察组，重点对珠江三角洲、长江三角洲、黄河三角洲及天津地区进行考察。考察报告中指出：由于温室效应，21 世纪内全球海平面有加速上升的趋势，预计至 2050 年世界海平面约上升 20～30 cm。世界沿海各个地区，由于构造升降和人类活动的影响，海平面上升的幅度也不同。天津地区相对海平面上升的幅度是世界海平面上升、区域构造下沉和地面沉降的综合效果。其中，地面沉降的影响居主要地位，这是评估天津地区今后相对海平面上升趋势的基本出发点。由此估算，若能采取有力措施，把地面沉降速率控制在 6 mm/a 左右，预计至 2050 年，天津市区相对海平面上升幅度可能达到 50～60 cm。而滨海地区，由于地面沉降幅度大，按 10 mm/a 计，至 2050 年这一带相对于海平面上升幅度有可能达到 80～90 cm。这是指平均值，有些地带比此值还要大得多。

④地表水污染严重。

天津位于海河流域最下游，境内共设有 45 个国控断面，其中包括 19 个入境断面，10 个入海断面，16 个境内断面。监测结果表明：具有监测条件的 17 个入境断面中，仅有引滦上游饮用水源 3 个断面符合Ⅲ类标准，其余 14 个入境河流均为劣Ⅴ类水体，占入境断面的 82.4%，10 个入海断面超标率达 100%，80%的断面处于严重污染状态，主要污染物为 Cl^-、总硬度、COD、氨氮等，16 个境内断面中，2 个饮用水源断面均达Ⅲ类标准，2 个农灌河流断面达Ⅴ类，其余 12 个断面均为劣Ⅴ类，占境内断面的 75%，见表 5-16-2。

表 5-16-2　天津市地表水国控断面达标情况

项　目	入境断面	境内断面	入海断面
监测断面/个	17	16	10
超标断面/个	14	12	10
超标断面占（%）	82.4	75	100

由于入海河流污染严重，致使天津近岸海域 20 个监测断面中，轻污染断面 8 个，占 40%；污染断面 5 个，占 25%；重污染断面 6 个，占 30%；只有 1 个断面处于影响级污染程度占 5%。

入境河流有河皆枯、有水皆污，基本上接纳的是工业废水和生活污水，天津及上游省市水污染防治力度滞后于社会经济发展速度是造成地表水体严重污染的主要原因。

16.2 土地退化，面临盐渍化、沙化、污染残留威胁

①污灌区农业生态环境污染严重，危及人体健康。

天津污灌历史长达 44 年，2000 年污灌面积 114 880 hm^2，其中纯污灌面积 8 280 hm^2，清污混灌面积 81 900 hm^2，间接污灌 24 690 hm^2。

农田土壤被重金属污染的总面积已超过 11.33 万 hm^2。严重污染的农田分布在四郊，超二级标准的农田总面积约 0.27 万 hm^2，其中以菜田污染最重，其次是稻田，旱田较轻。1992 年在四郊、五县选取污灌和非污灌土壤样品 20 个，检出 110 种有机污染物，其中许多是致癌物。东丽、西青两区菜田镉污染超过国家土壤质量标准的面积达 0.12 万 hm^2，且分布于近郊重点蔬菜产区。

稻田的重金属污染也主要分布在东丽和西青两区。据 1991—1994 年监测，东丽区土壤镉平均含量达 0.807 mg/kg，超过国家二级标准的农田面积为 0.16 万 hm^2，西青区约有 0.048 万 hm^2 超过国家二级标准，达重污染水平。在适宜条件下，土壤中的重金属形态和价态变化，可对农业生态环境造成严重急性危害，如双港菜田绝收超过 13 hm^2，土地丧失生产能力。

近郊农作物的重金属污染，在施用污泥和污灌地区均能检出超过食品卫生标准的样品。据 18 个样点的小麦样品监测显示，85%以上的样品受铜、锌、铅污染，79%的样品砷含量达轻度污染，29%的样品汞含量达中度污染。对蔬菜监测结果，在东丽区 20 个村中，有 7 个村的叶菜类检出镉含量超过食品卫生标准。

1995 年天津环境监测中心对武清区北部污灌区 9 口井监测结果，检出多环芳香烃类、氯酚类、酞酸酯类、杂环类、有机酸类、烷烃类、烯烃类等 140 多种污染物，其中有 38 种属于优先控制污染物，武清的浅层淡水已不适宜饮用。

常年污灌和施用污泥，也使农田土壤积累了有毒有机污染物。尤其是多环芳烃、邻苯二甲酸盐类和有机氯农药等毒性大且难分解的致癌、致畸形、致突变物质已经通过污水污泥进入土壤、作物（尤其是蔬菜）和地下水，从而威胁人体健康。

污水灌溉、污水养殖是水资源短缺的必然产物，长期污灌、污养是农业生态环境退化的必然结果。农业生态严重退化对土壤、作物、地下水构成污染，通过食物链的传递，人类必然自食其果。

据研究污水污泥农用对人群健康的危害：

天津市排污河污水水质生物性污染比较严重，造成污灌区土壤、蔬菜、浅层地下水严重的生物性污染，污染程度远远超过使用粪肥清水区；

污灌区婴幼儿腹泻发病率显著高于清灌区，学龄前儿童蠕虫感染率达 74.7%，显著

高于一般城市感染率；

由于污水中有相当数量的难降解有机污染物，其中某些物质为染色体断裂剂、纺锤体毒剂和诱变活性物质，对生物有遗传毒性作用；

不论是在南排污河灌区还是北排污河灌区，恶性肿瘤死亡率均高于清水区，施污泥区还明显高于污水区，污染最严重区域，人群的恶性肿瘤发病率也最高。

②化肥、农膜大量施用，耕地质量下降。

2000年化肥施用量46.4万t，相当于1981年的2.18倍，单位面积施用量392.2 kg/hm^2，高于国家化肥施用安全标准（225 kg/hm^2）。

1985年，有机肥在总养分投入中的比重是48%（化肥占52%）。1995年有机肥的比例只占29.5%（化肥占70.5%）。农田养分处于亏缺状态，2000年中低产田面积为21.3万hm^2，全市缺钾土地面积为5.3万hm^2，缺磷面积为7.3万hm^2，缺氮面积为4.7万hm^2。

由于过分依赖化肥，施用有机肥较少，造成土壤板结，通透性不良，土壤肥力下降。

天津市于1980年开始推广使用农膜覆盖技术以来，农膜使用量不断上升。农膜在土壤中不易腐烂，不能被土壤分解、吸收。导致土壤孔隙度和含水量降低，影响水分、空气、养分的流通和输送，污染严重的地区还造成农作物出苗率减少、枯萎、死苗，从而影响农作物的品质和产量。

沙区总面积18.1万hm^2，占全市面积的15.2%，其中沙区土地2.6万hm^2；沙化土地中半固定沙地0.2万hm^2，固定沙地1.0万hm^2，沙改田1.4万hm^2，全市没有流动沙地。

盐渍化土地面积34.7万hm^2，占全市土地面积的29.1%。其中耕地盐渍化土地面积18.9万hm^2，占全市耕地面积的39.1%，与1986年相比，盐渍化耕地面积仅减少9%。其原因有二，一是城乡建设占用耕地，二是兴修水利改善排水条件。淡水资源是改善盐渍化土地的关键因子，水资源短缺是盐渍化土地改良效果缓慢的重要因素之一。

16.3 湿地锐减，生态功能降低

据历史资料记载，1923年天津湿地面积5 247 km^2，占当时全市总面积的45.9%，独特的地理位置，使天津境内河道纵横，河网密度大，12个0.67万hm^2（10万亩）以上的湖泊、洼淀与河渠贯通，水面辽阔，中小洼淀、湖泊星罗棋布，生物多样性丰富。由于人类活动和自然因素的双重作用，天然湿地锐减，到2000年湿地面积1 337 km^2，占全市总面积的11.22%。77年间湿地面积减少了74.5%。

由于湿地大面积减少，导致地表粗糙度增加，蒸发量加大，土地干化，湿度降低，区域降水量减少。据有关资料，2001年与1949年相比天津地区年均降水量减少约100 mm，年平均气温升高1℃。若如此往复，将对湿地生态构成严重威胁，湿地系统具有调节气候、调控洪涝、保护生物多样性、净化水质等多重功能。人类活动是导致湿地减少的主要原因，保护湿地，就是保护人类自己。

16.4 过度捕捞和环境污染，使海洋生态遭受破坏

16.4.1 近岸海域水质现状

详见表 5-16-3。

表 5-16-3 天津市近海海域水质现状

海区类别	主要污染物超标率（%）						
	无机氮	Pb	无机磷	Zn	Hg	石油类	粪大肠菌群
一类海区	93.33	86.7	53.33	53.33	40	—	—
二类海区	75	20.83	20.83	—	4.17	4.17	—
三类海区	41.67	8.33	41.67	—	—	—	25
四类海区	33.33	—	22.22	—	—	—	—

各类海区中无机氮的污染最重，污染程度属于污染级；总铅的污染较重，污染程度属于轻污染；无机磷、溶解氧和总锌的污染程度相对较轻，均属于影响级；而化学需氧量和总汞等其他污染物的污染程度则在允许的范围之内。按不同功能海区的保护目标来看，四类海区中，一类海区水质污染程度较重；二类、三类、四类海区水质污染相对较轻。近年来由于水质污染，天津海域赤潮频率明显加强。

16.4.2 近岸海域生态退化成因

① 陆源污染排放是造成海域生态环境恶化的主要原因。

天津海域接纳的污染物来自陆源、海上交通、海上石油钻井平台等。其中 80%的 COD 来自陆域污染源排放的污水（包括工业废水、生活污水和面源排放），主要污染物是无机氮、无机磷、油类和耗氧有机物。

② 汛期突发性大量排污，造成水产养殖业和海洋捕捞业受损。

③ 天津海水养殖业迅速发展是造成近岸海域水体富营养化的原因之一。

④ 施用大量化肥和农药造成河口区氮、磷污染严重。

⑤ 京、津、冀等地生活污水的最终归宿是天津市近岸海域。长期以来，该地区大量使用含磷洗涤剂，大量残留在水体中的磷随污水最终进入近岸海域，使水体中的磷污染负荷增加。

⑥ 历史上的天津海域是鱼虾回游、产卵、生长的良好场所。随着人口增长、经济发展对海洋的开发利用不断增强，近岸海域环境污染呈加重趋势，赤潮发生频率增加、范围扩大，油污染和突发性污染事故增多，使海洋生态环境遭到破坏。海洋捕捞强度大和环境污染是造成近海渔业资源衰减的两个重要原因。

16.5 城市生态建设滞后，生态环境亟待改善

近 20 年来，城市规模不断扩大。常住人口突破 1 000 万人，70%以上的人口集中在建成区内，人口密度过大，伴随社会、经济的高速增长，城市生态建设明显滞后，人为排放的污水、生活垃圾、危险废物、大气污染物、机动车尾气、热污染源等，对城市生态构成严重威胁。

2000 年城市废水排放量为 4.22 亿 t，其中工业废水 1.76 亿 t，生活污水 2.46 亿 t。污水处理厂的建设滞后，大量未处理的污水使大多河流污染严重。城市雨污水排入景观河道，水质受污染，藻类繁殖，水体富营养化，水生态失衡。

机动车数量激增，道路交通堵塞，声环境质量下降。机动车尾气污染呈上升趋势与煤烟型污染交互作用，构成新的大气污染源。

人均公共绿地的建设落后于城市化发展速度，城区内的水面不断被填垫，而地面硬化、人为热污染排放及城乡下垫面的差异等因素导致市中心区形成高温区。市区温度比周围区域高 0.5～2℃，湿度低 2%～8%，地表辐射多 15%～20%，风速小 20%～30%，热岛效应易产生向市区辐合的风环流，使城市空气中污染物不易扩散，污染加重，能见度降低，城市生态受到损害。2000 年市区能见度大于 10 km 的天数已由“八五”期间的 71%下降到 55%，见表 5-16-4。

表 5-16-4　1981—2000 年天津市中心区热岛效应

年　份	平均气温/℃	年　份	平均气温/℃
1981—1985	12.7	1991—1995	13.3
1986—1990	13.0	1996—2000	13.8

2000 年市内六区及滨海新区生活垃圾清运量 198.66 万 t，均被运送到城区外处理处置。在外环线以外 5km 范围内，垃圾卸地 221 处（占地面积小于 300 m^2 的未计入），共堆放垃圾 764.7 万 m^3，若将垃圾按 5×5 m 排列，可绕市中心区（外环线）4.25 圈，形成垃圾包围城市的尴尬局面，影响城市景观生态。

16.6 生态林总量不足，分布不合理，绿化质量有待提高

1997 年林地面积为 13.3 万 hm^2，占土地总面积的 11.88%，森林覆盖率为 7.59%。天津市现有的生态林主要有水资源涵养林、水土保持林、森林生态系统类型自然保护区、防风固沙林、沿海防护林、农田防护林、城市园林绿化林地等。

从第三次到第五次森林普查，经济林面积占有林地面积的比重由 41.9%增加到 50%；用材林面积比重由 0.64%增加到 1.4%；防护林面积的比重由 56.8%减少到 45.3%；特用林面积的比重由 0.64%增加到 3.3%；由此可见，经济林面积所占的比重较大，而防护林

面积所占的比重呈下降的趋势，森林类型比例向不合理的方向发展。生态系统趋于单一，生态系统的调节能力下降。

虽然森林生态系统呈现数量增长的趋势，尤其是人工林蓄积量的增长幅度较大，但是天然林蓄积量的减少幅度也很大，天然林的砍伐程度较严重，对于天然林的保护力度不够，生态系统的调节能力下降。

从林龄构成上来看，幼龄林面积增长了 68.5%，中龄林面积减少 28.9%；近熟林面积增长了 81.8%。成熟林面积只占全部林地面积的 7.5%，过熟林面积仅占全部林地面积的 0.93%。幼龄林面积所占的比重较大，成熟林和过熟林面积所占的比重较小，林龄结构不合理，生态功能较差，绿化质量有待提高。

综上所述，天津市经过多年的努力，虽然在生态环境保护和建设上取得了一定的成绩，但是由于人口数量的不断增加，城市规模逐步扩大，经济建设快速发展，资源和环境面临的压力越来越大，全市生态环境脆弱，承载能力下降，生态环境退化、恶化的趋势仍然存在，有的甚至还在加剧，尤其是水资源短缺、水生态环境问题突出，由此形成超采地下水、大面积污灌、地面下沉、土壤退化、湿地锐减等生态环境问题的恶性循环。对于这些问题，我们必须清醒地认识、认真加以对待。

17 生态环境保护与建设对策

通过天津市生态环境现状调查，揭示了因水资源匮乏及水质污染造成的水环境极度恶化；大面积污水灌溉导致土壤重金属超标并对食品安全形成威胁；超量开采地下水引发地面沉降地质灾害；耕地长期重用轻养及农用化学品施用，使土地有机质下降且氮、磷、钾比例失调；西北部面临沙化威胁，沿海地区土壤盐渍化现象严重；干旱和人为填占已使湿地面积锐减；北部山区开山取石造成不同程度的山体冲刷侵蚀和破坏；陆源污染及海洋开发活动使近岸海域受无机氮、无机磷、石油类和 COD 的污染侵害，水质富营养化，偶有赤潮发生等一系列生态问题。

生态环境问题的暴露，警示我们必须面对问题，审视其严重程度，树立忧患意识。生态环境保护关系后代子孙的生存和发展的可持续性。为此，正视生态环境问题，下决心开展生态环境保护和建设已成当务之急。本报告就天津市生态环境保护与建设提出以下对策建议。

17.1 宏观对策

①牢固树立资源保护意识和可持续发展理念。

可持续发展，是人类社会发展必要的战略选择，而且必须建立在资源的可持续利用和良好的生态环境基础上。要保护整个生命支撑系统和生态系统的完整性，保护生物多样性；解决一系列重大生态环境问题；保护自然资源以保持资源的可持续供给能力，减轻及避免对脆弱的生态系统的侵害和对已遭破坏和污染的生态环境系统进行治理和恢复。

天津虽辖域有限，但北有山区林地生态，东有海洋生态，广阔的平原生态和丰富的湿地生态，可谓生态系统多样，生态资源丰富。但由于发展过程对自然资源的巨大需求和过度开发，导致资源基础的削弱和退化。如何以最低的环境成本确保自然资源的可持续利用，已成为社会经济发展过程中的关键问题。

遵照生态规律，科学组织社会经济运行，建立必要的自然资源管理体系和相应制度。主要有：

在自然资源管理决策中推行可持续发展战略评价；

建立基于市场机制与政府宏观调控相结合的自然资源管理体系；

对水、土地、森林、海洋、矿产等自然资源分别制定开发利用与保护管理的相关制度；

建立综合的经济与资源环境核算体系；

促进流域性生态恢复计划建立。

②强化生态保护宣传教育和生态警示教育。

在当前生态环境恶化趋势还没有得到有效遏制，生态环境破坏范围在扩大、程度在加剧、危害在加重的严峻形势下，加强生态环境保护的宣传教育和生态警示教育十分重要。

持续多年的环境保护宣传教育多限于污染防治，宣传角度失之全面，颂扬和中性报道多，批评与揭露少，缺乏力度和深度。生态环境保护宣传教育和生态警示教育主要侧重点为：

强化在社会不同层面开展生态环境保护宣传教育，不断提高全民生态环境保护意识；

分级开展生态环境保护培训，深入开展国策教育、国家生态环境保护政策法规教育并结合天津市重要生态系统的保护和主要生态环境问题针对性开展培训；

充分利用全市各自然保护区现场观察及实践的条件和博物馆、科技馆等展馆的展示功能，开展不同类型的生态环境保护教育活动，尤其是搞好青少年和社会公众教育，提高公众参与意识；

加强新闻舆论监督并完善信访、举报和听证制度，提倡新闻媒体、社会公众和民间团体共同关心生态环境保护，参与生态环境保护实践活动并暴露生态环境的重大问题，揭露破坏生态环境的违法行为；

通过生态环境监测网络的逐步健全，建立生态环境预警系统，对影响生态环境变化的动向及重大生态环境问题向社会发布预报警示。

③完善生态环境保护法制建设，强化生态环境保护法制管理。

现行环境保护法规体系，尤其天津市环境法规中涉及资源和自然生态保护的法规几近空白，亟待完善生态环境保护法规和加强法制管理。

根据天津水资源极度短缺、湿地面积锐减及农村环境污染加剧的情况，急需制定的生态保护法规如：《湿地资源保护办法》、《自然保护区管理办法》、《耕地用水管理办法》、《农用地污染防治办法》等地方性法规和规章。

加大生态环境保护监督执法力度，依法打击破坏生态环境的违法行为。对毁坏林地、填占和破坏湿地、污染浪费水和土地资源的行为加大查处力度。

法制建设中应确立生态环境补偿机制。遵循水资源属全流域的公共财产及区域可持续发展公平性原则，建立健全全流域水资源合理分配和调控制度。

充分发挥市场机制在资源配置中的作用，生态保护法规建设中确立“谁破坏、谁治理；谁受益、谁补偿；谁开发、谁保护”的原则，以利于资源的节约和有效利用。

17.2 实施性对策

①以生态环境现状调查的基础，开展生态功能区划和编制生态保护规划。

在本次生态环境现状调查的基础上，分析生态问题、成因及其空间分布特征，根据区域生态环境要素、生态环境敏感性与生态服务功能空间分异规律，尽早开展天津市生态功能区划工作，为保护区域生态环境提供科学依据，为决策部门提供管理信息与管理手段。

在生态功能区划的基础理论上，合理确定不同功能区经济发展与环境保护目标，根据资源和环境承载力确定经济发展方向，研究确定生态敏感区和生态环境保护的重点，编制生态保护规划。

生态保护规划根据不同生态功能区的生态特点和资源情况，使重要生态功能区的主要生态功能得到保护，又使经济发展建立在生态可承受的范围之内，并使其在国民经济及社会发展规划中处于优先位置。

②分区推进，分类指导，发挥区域生态功能优势。

天津北部蓟县山区是重要水源涵养区、饮用水源保护区、国家级自然保护区、国家级风景名胜区、国家森林公园和国家地质公园集中的区域，要限制经济活动强度和资源开发力度，改变过去发展建材基地的经济发展思路，调整和关闭采石点，恢复植被，强化生物多样性保护，发展生态旅游和绿色食品基地、有机食品基地。

沿海区域湿地资源丰富，具有大面积海成或河成湖泊和滩涂，并有盐田、稻田等人工湿地，对调节华北地区气候，调蓄海河下游洪涝及保护生物多样性均有至关重要的作用。多年来围湖造田，建设填占及海岸工程等使湿地面积减少。禁止占用和恢复湿地，保护生物多样性，保护鸟类栖息地为当务之急，通过建立自然保护区实施抢救性保护措施，促进这一地区高新技术产业的发展和生态示范区的建设。

平原地区因水资源匮乏，制约了这一地区的工农业发展。这一地区应发展节水旱作农业、高效农业、养殖业、加工业。以水资源可利用量确定工农业生产规模，严格水资源管理制度和水资源价格调节制度。在充分开展节水措施的基础上开发再生水资源在工农业生产及生活中的应用以及生态用水、湿地用水的补充。

③推行产业结构调整，推进循环经济。

工业生产应继续淘汰、关闭浪费资源、污染环境的落后工艺和生产企业，以清洁生产技术取代资源耗损高、污染重的传统生产方式。从源头上减轻生态环境的压力，推动生态工业园区的建设。形成使“上游经济污染是下游经济的原料”之良性生态链，以实现零排放。

农业种植结构的调整应发展高效农业、多元种植合理轮作，发展养殖业和农产品加工业。推行生态农业园区的建设，形成园区内种植、养殖、加工的良性循环，充分利用光、热、有机资源，促进生态良性循环。

④建设节水型城市。

对于水资源极度匮乏的建成区，必须建设以开源、节流、治污和回用相结合的节水城市。

开源：除加快国家统一实施的水资源调控措施——南水北调外，充分挖掘和提高汛期蓄水能力；进行适宜气象条件的人工增雨措施；适度开发地下水资源；拓展在工农业生产、生活、园林绿化和补充生态用水的再生水资源；开发海水利用和海水淡化工程。

节流：结合工业结构调整，淘汰高耗水企业和工艺，推广工业用水闭路循环和节水新工艺；发展高效农业和节水旱作农业，推广喷灌、滴灌和免耕保墒等节水措施，发展经济林、生态林、牧草和苗木草皮等园林种植业，以替代高耗水农业；城市绿化避免耗水高的单一草坪绿化，发展乔、灌、草结合的多品种混植绿化；生活用水鼓励一水多用、中水利用和设备节水措施。

⑤严格防治近岸海域生态恶化趋势。

近岸海域生态恶化重要原因是无机氮、无机磷、油类和耗氧有机物污染及因过度捕捞和水循环变异造成的水产资源枯竭。

对主要来自陆域的污染物必须加强城市污水集中处理力度并采取脱磷、脱氮工艺；严格控制农用化学品的施用强度；保护和恢复沿海湿地及滩涂以发挥湿生植物对氮、磷的滞留；推广禁用含磷洗涤用品措施；控制海上采油和船舶污染并强化海上溢油应急措施；严格限制捕捞强度并实行休渔期；国家统一协调，以严格控制上游客水污染海域。

⑥控制并修复因污水灌溉造成的生态问题。

污水灌溉与污泥施用造成的土壤污染及对食品安全的影响已形成十分突出的农业生态问题。急需采取的控制与修复措施为：在城市污水集中处理率不断提高的前提下疏浚排污河，清除底泥，以利于再生水灌溉；多环芳香烃超标的污灌区改菜田为种植牧草和经济林；镉等重金属蓄积超标的污灌区实施退耕还林或发展园林种植业。

⑦加大科技支持，开展国际合作。

加强生态环境科学研究，组织社会各方面的科技力量，围绕生态环境保护及建设的关键问题实施科研攻关。

利用科研成果推广体系，把先进科研成果应用到生态保护和生态建设中，普及实用技术，提高生态环境保护的科技含量。

鼓励和组织大专院校和科研单位开展对生态环境的考察，建立以生态保护为主的产、学、研基地，将生态环境保护与科研、教学结合起来。

各种类型的自然保护区、生态园区向科研和教学部门开放，并通过对自然保护区的建设，形成集展示、科普、教学、科研为一体的生态环境保护科研、教学基地。

在履行国际公约的同时广泛开展国际交流与合作。从清洁生产、循环经济、资源利用、各类生态系统及生物多样性保护等多方面开展交流与合作的基础上，引入国外资金、技术和管理经验，提高生态环境保护与建设的水平。

⑧增加生态环境保护的资金投入，完善环境经济政策。

把生态环境保护与建设计划纳入国民经济和社会发展计划的同时，资金纳入财政预算，使之同步解决。

重点扶持生态环境基础设施建设，加大资金投入，落实污水处理与回用工程、垃圾处理工程、节水工程、旱作农业发展、自然保护区建设及生态移民等资金。

建立适应市场经济体制的生态环境保护多渠道投资机制。完善生态环境补偿政策和资源补偿政策。

设立天津市生态环境保护与建设引导基金。基于生态环境建设项目的近期经济效益较差、资金筹集难度大，需要一定政府投入作为生态保护建设专项资金，以吸引带动国内外其他资金的投入。

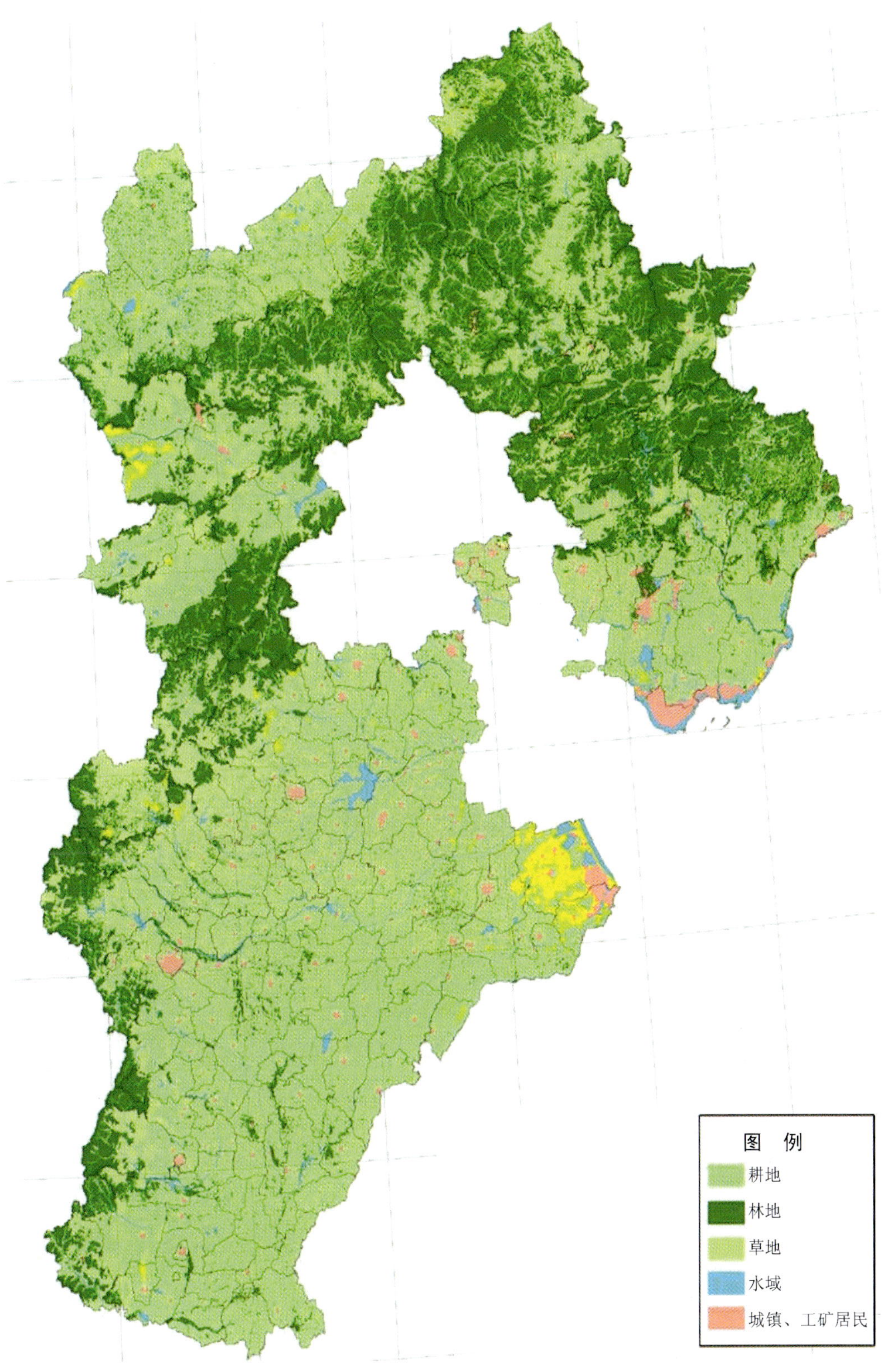

彩图1　河北省土地覆盖图

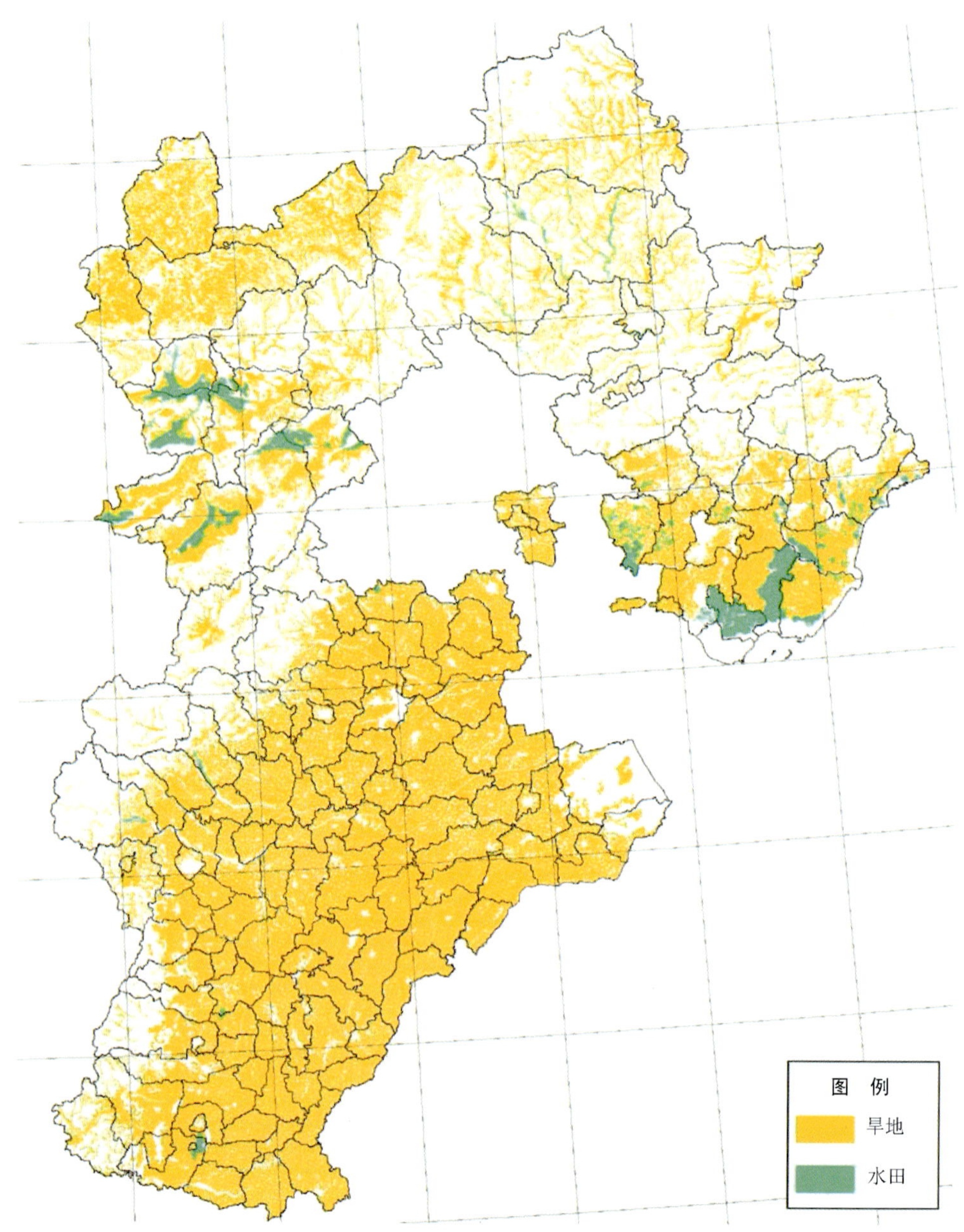

彩图 2　河北省耕地现状分布图

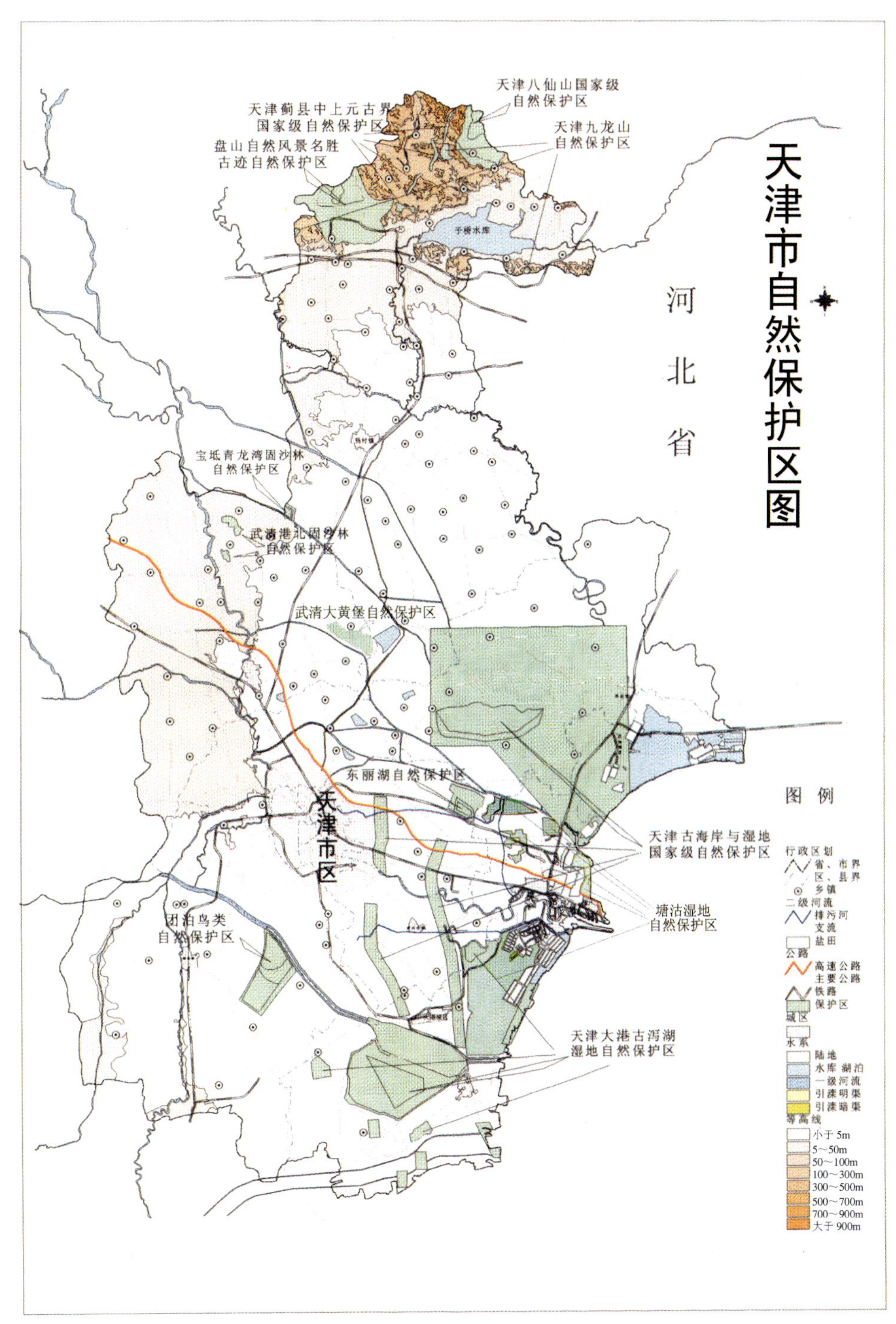

彩图3　天津市自然保护区图

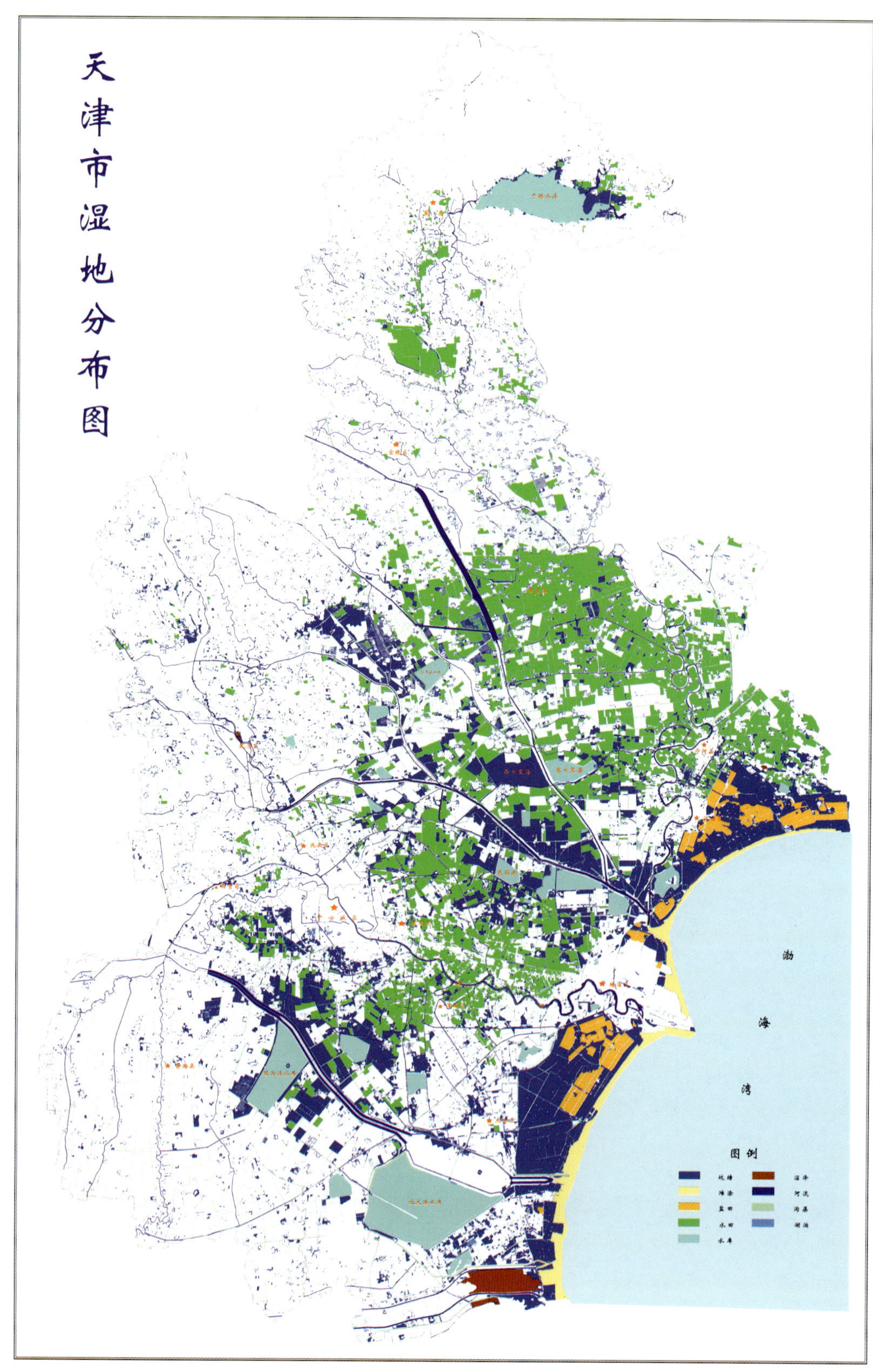

彩图 4　天津市湿地分布图

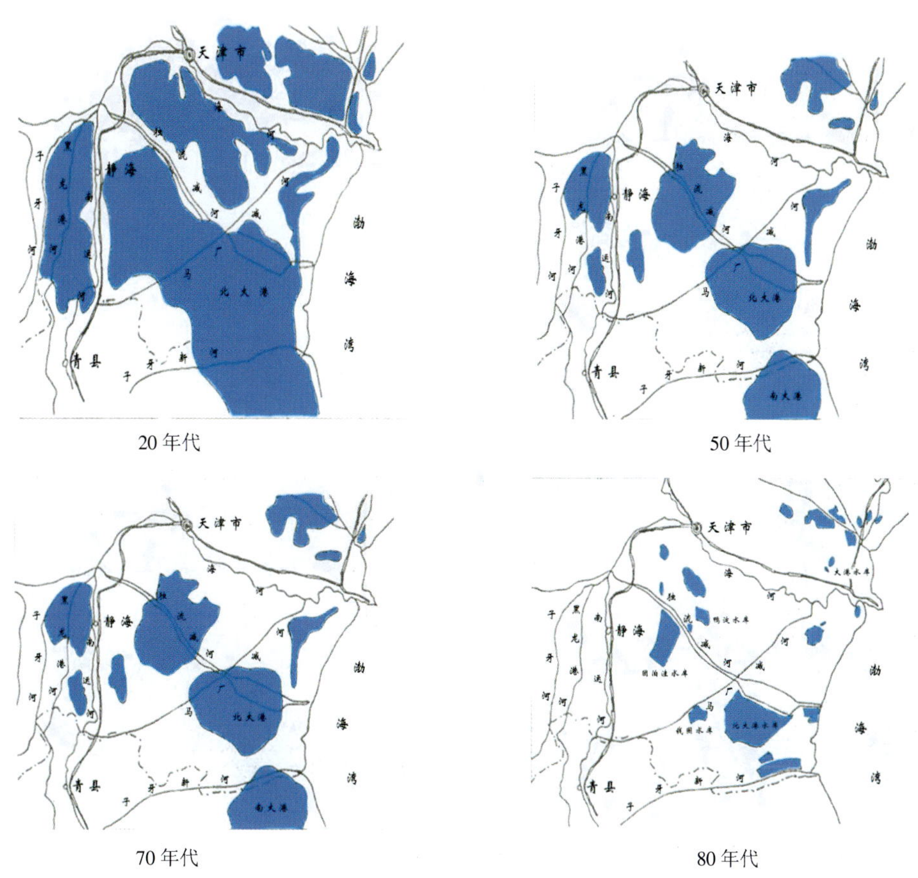

20 年代　　50 年代

70 年代　　80 年代

彩图 5　天津市 20 世纪中南部地区不同时段天然湿地演变趋势

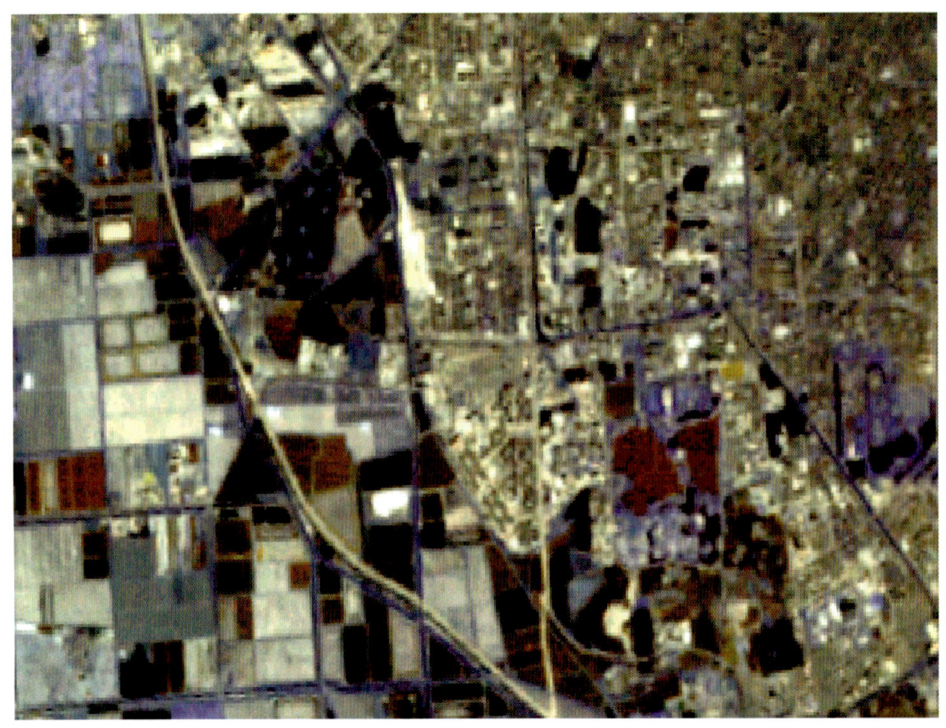

华苑、侯台 1986 年 SPOT 影像

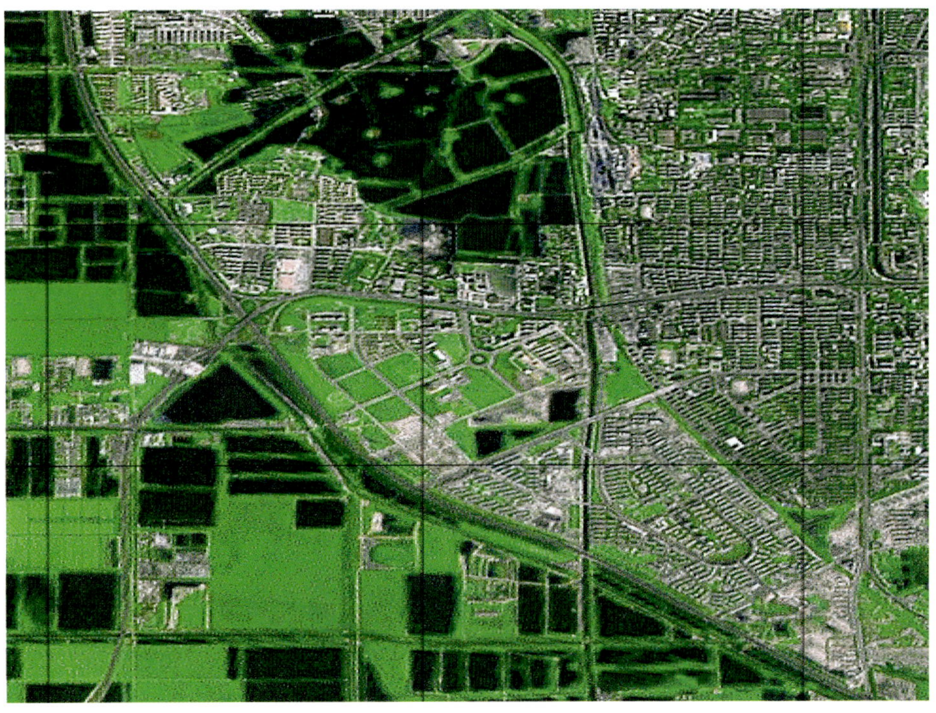

华苑、侯台 2000 年 SPOT 影像

彩图 6　1986 年和 2000 年华苑居民区遥感调查影像

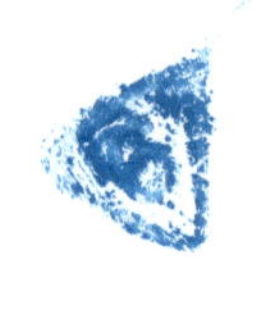